Jahrbuch

der

Schiffbautechnischen Gesellschaft

Dreiundzwanzigster Band

1922

Berlin

Verlag von Julius Springer

1922

ISBN-13: 978-3-642-90172-0   e-ISBN-13: 978-3-642-92029-5
DOI: 10.1007/978-3-642-92029-5

Inhalts-Verzeichnis.

Geschäftliches.

I. Mitgliederliste.

Schirmherr:

SEINE MAJESTÄT KAISER WILHELM II.

Ehrenvorsitzender:

SEINE KÖNIGLICHE HOHEIT, Dr.-Ing.
GROSSHERZOG FRIEDRICH AUGUST.

Vorsitzender:

Carl Busley, Dr.-Ing., Geheimer Regierungsrat, Professor, Berlin.

Stellvertretender Vorsitzender:

Johannes Rudloff, Dr.-Ing., Wirklicher Geheimer Oberbaurat, Professor, Berlin.

Fachmännische Beisitzer:

Gustav Bauer, Dr.-Ing., Dr. phil., Direktor der Vulcan-Werke, Hamburg.
Caspar Berninghaus, Ingenieur und Werftbesitzer, Duisburg.
Richard Müller, Geh. Oberbaurat, Berlin.

Victor Nawatzki, General-Direktor des Bremer Vulkan, Vegesack.
Carl Pagel, Professor, Technischer Direktor des Germanischen Lloyd, Berlin.

Beisitzer:

Arnold Amsinck, Vorsitzender des Vorstandes der Woermann-Linie A. G. und der Deutschen Ost-Afrika-Linie, Hamburg.
Eduard Gribel, Reeder, Stettin.

Philipp Heineken, Präsident des Norddeutschen Lloyd, Bremen.
Albert Vögler, Dr.-Ing., Generaldirektor d. Deutsch-Luxemb. Bergw.- u. Hütten-A.-G., Dortmund.

Geschäftsstelle: Berlin NW 6, Schumannstr. 2.

Fernsprecher: Norden 926.

Drahtung: Berlin, Schifftechnik.

Bankkonto: Disconto-Gesellschaft, Berlin, Stadtzentrale K. A. 417.

Postscheckkonto: Berlin 38 469.

1. Ehrenmitglieder:

SEINE KÖNIGLICHE HOHEIT, Dr.-Ing.
HEINRICH, PRINZ VON PREUSSEN
(seit 1901),

SEINE KAISERLICHE HOHEIT, KRONPRINZ WILHELM
(seit 1902),

SEINE KÖNIGLICHE HOHEIT GROSSHERZOG FRIEDRICH FRANZ IV.
(seit 1904).

Hermann Blohm, Dr.-Ing., Werftbesitzer in Firma Blohm & Voss, Hamburg
(seit 1918),

Carl Busley, Dr.-Ing., Geheimer Regierungsrat, Professor, Berlin
(seit 1920).

2. Inhaber der Goldenen Denkmünze der Schiffbautechnischen Gesellschaft:

SEINE MAJESTAT KAISER WILHELM II.
(seit 1907),

SEINE KÖNIGLICHE HOHEIT, Dr.-Ing.
GROSSHERZOG FRIEDRICH AUGUST
(seit 1908).

Carl Busley, Dr.-Ing., Geheimer Regierungsrat, Professor, Berlin
(seit 1913).

3. Inhaber der Silbernen Denkmünze der Schiffbautechnischen Gesellschaft:

Hermann Föttinger, Dr.-Ing., Professor an der Techn. Hochschule in Danzig
(seit 1906).

Ludwig Gümbel, Dr.-Ing., Professor an der Techn. Hochschule in Berlin
(seit 1914).

Gustav Bauer, Dr.-Ing., Dr. phil., Direktor der Vulcan-Werke, Hamburg
(seit 1916).

Karl Schaffran, Dr.-Ing., Vorsteher der Schiffbauabteilung der Versuchsanstalt
für Wasserbau und Schiffbau, Berlin
(seit 1920).

4. Fachmitglieder.

a) Lebenslängliche Fachmitglieder:

Allard, Erik, Ingenieur der Königl. Marine-
verwaltung, Stockholm, Mastersammelsgatan 6.

Baur, G., Geheimer Baurat, Fried. Krupp
A.-G., Essen.

Berghoff, Otto, Marinebaurat, Berlin C 54,
Dragonerstr. 23.

10 Berninghaus, C., Ingenieur und Werftbesitzer,
Duisburg.

van Beuningen, Frederik, Direktor der Maschinenfabrik en Scheepswerf, P. Smit jun.,
Rotterdam, Avenue Concordia 75.

Bignami, Leopold, Schiffbau-Ingenieur, Gorma,
Piazza Grilla Cattaneo 6.

Blohm, Rudolf, Dipl.-Ing., i. F. Blohm & Voß,
Hamburg 9.

Blohm, Walter, Dipl.-Ing., pers. haftender Gesellschafter der Kommanditges. Blohm & Voß,
Hamburg, Mittelweg 119.

Bodewes, G. H., Direktor der Lobith'sche 15
Scheepsbouw Maatschappij Lobith, Holland.

Bodewes, Jan, Direktor der Lobith'sche Scheepsbouw Maatschappij Lobith, Holland.

von Böös, Carl, Marinebaumeister, Karlskrona, Västra Amiralitetsgatan 10.

Brodin, Olof, Dipl.-Ing., Stockholm, Kornhamnstorg 53.

Bruhn, Johannes, Direktor von Norske Veritas, Kristiania, Post Boks 82.

20 Burgerhout, Adolf, Direktor d. N. V. Burgerhout's Machinefabrik en Scheepswerf, Rotterdam.

Burgerhout, Hugo, Direktor d. N. V. Burgerhout's Machinefabrik en Scheepswerf, Rotterdam.

Carlson, Carl, Ing., Inh. d. Schichauwerke, Elbing.

Cassel, Fredrik, Marinebaumeister d. R., Direktor der Ingeniörfirma Ture N. Steen Aktiebolag, Stockholm, Västra Trädgårdsgatan 4.

de Champs, Ch., Fregatten-Kapitän der Königl. Schwed. Marine, Schiffbau- und Elektro-Ingenieur von der Königl. Techn. Hochschule in Stockholm, Stockholm, Johannesgatan 20.

25 Claussen, jun., Georg, Mitglied des Vorstandes d. Joh. C. Tecklenborg A.-G., Geestemünde, Claussenstr. 4.

Cornehls, Otto, Direktor der Reiherstieg-Schiffswerfte u. Maschinenfabrik, Wandsbek, Ahornstr. 6.

Creutz, Carl, Alfr. Schiffbau-Ingenieur, Stockholm, Kommandörgatan 33 A.

Creutz, Claes Emil, Schiffsmaschinenbau-Ingenieur, Stockholm, Kommandörgatan 33A.

Ekström, Gunnar, Extra-Marine-Ingenieur, Stockholm, Alströmergatan 15/17.

30 Fasse, Adolf, Technischer Direktor der Ottensener Eisenwerk A.-G., Altona-Ottensen, Brunnenstr. 111.

Flohr, Justus, Dr.-Ing., Geheimer Baurat, Pyrmont.

Frahm, Herm., Direktor der Werft Blohm & Voß, Hamburg, Brahmsallee 40.

Giljam, Job, Werftdirektor, Rotterdam, West Kruiskade 26a.

Goecke, Marine-Oberbaurat a. D., Erlangen, Neue Str. 36.

35 Goedkoop, Daniel, Werftdirektor, Amsterdam, Keizergracht 729.

Goedkoop, Heyme, Werftdirektor, Huize „de Vyf", Laren (N. H.) Holland.

Göbel, Ludwig, Ingenieur, Groningen, Holland, Mersdagstr. 48.

Halldin, Gustaf, Marineingenieur, Karlskrona, Kockums Verkstad.

Hitzler, Theodor, Werftbesitzer, Groß-Flottbek, Bismarckstr. 18.

40 Howaldt, Bernh., Direkt. d. Antwerpener Schiff- u. Maschb. A.-G., Antwerpen, Rue van Schoonbek 174.

Jespersen, Theodor, Ober-Ingenieur, Kristiania, Karl Johannsgade 41.

Kahrs, Otto, Dipl.-Ing., Kristiania, Raadhusgatan 1/3.

45 Klose, A., Oberbaurat a. D., München, Habsburgerstr. 5.

Kraft de la Saulx, Ritter Friedrich, Ober-Ingenieur der Société Cockerill, Seraing, Belgien.

Leux, Carl, Schiffbau-Direktor, Prokurist bei F. Schichau, Elbing.

Lindberg, Elis, Marinebaumeister, Karlskrona, N. Kungsgatan 28a.

Lorentzen, Öivind, Dipl.-Ing., Kristiania, Karl Johannsgade 1.

50 Lorenz-Meyer, Georg C. L., Ingenieur und Direktor, Hamburg, Kl. Fontenay 4.

Nawatzki, V., General-Direktor des Bremer Vulkan, Vegesack.

Penning, Charles, Werftdirektor, Linnaeusparkweg 53, Watergraafsmeer, Holland.

Pingel, Johannes, Marinebaurat, Rüstringen, Schulstr. 100.

Posse, Laye, Marinebaumeister, Karlskrona, Ronnebygatan 26.

55 Rickmers, Andreas, Bremen.

Rodiek, Otto, beratender Ingenieur, Kiel, Hafenstr. 9.

v. Roeszler, Ernst, Oberinsp. u. Prokurist, Vorst. d. techn. Abtlg. d. ung. Fluß- u. Seeschiffahrt A.-G., Budapest VII, Damjanichgasse 36, 2. Hof Nr. 1.

Ruthof, Josef, Werftbesitzer, i. Fa. Christof Ruthof, Wiesbaden, Wilhelmstr. 17.

Sachsenberg, Georg, Kommerzienrat, Dessau, Albrechtstr. 126.

60 Schütte, Joh., Dr.-Ing. Geh. Regierungsrat u. Professor, Zeesen b. Königswusterhausen, Schütte-Lanz Str.

Spetzler, Carl Ferd., Dipl.-Ing., Menden, Kr. Iserlohn, Werlerstr. 3.

Steinike, Karl, Baurat, Schiffbau-Direktor a. D., Darmstadt, Herdweg 89.

Topp, C., Baurat, Stralsund, Knieperdamm 4.

Wilton, B., Werftbesitzer, Rotterdam-Westkousdyk.

65 Wilton, J. Henry, Werftdirektor, Rotterdam.

Wrobbel, Gustav, Dr. Ing. Oberingenieur der Lobith'sche Scheepsbouw Maatschappij, Lobith, Holland.

Zetzmann, Ernst, Schiffbau-Ingenieur, Bremen, Parkallee 79.

Ziese, Rud. A., Ingenieur, Klein-Zschachwitz b. Dresden.

Zoelly-Veillon, H., Ingenieur, Vorstandsmitglied und technischer Direktor bei Escher, Wyß & Cie., Zürich.

b) Ordnungsmäßige Fachmitglieder:

Abel, Paul, Ingenieur, Düsseldorf, Konkordiastr. 58.

Abel, Wilh., Schiffbau-Ingenieur, Professor am Technikum zu Hamburg, Hamburg-Ohlsdorf.

70 Abrams, Hermann, Schiffbau-Ingenieur, Papenburg a. Ems, Hauptkanal rechts 57.

Achenbach, Alb., Dipl.-Ing., Betriebsdirektor für Maschinenbau an der Reichswerft, Kiel, Feldstr. 94.

Achenbach, Friedrich W., Dr.-Ing., Berlin W 50, Culmbacher Str. 3.

Ackermann, Max, Schiffsmaschinenbau-Ingenieur, Hamburg 29, Husumer Str. 14.

Adolf, Einar, Schiff- u. Maschinenbau-Direktor, Kopenhagen, Orlogsvaerftet.

75 Ahlers, Ludwig, Schiffbau-Direktor der Firma Gebr. Sachsenberg, Roßlau a. E., Pötschstr. 8.

Ahlers, Otto, Ober-Ingenieur, Köln, Lupusstraße 45.

Ahlrot, Georg, Schiff- und Maschinenbau-Direktor, Malmö, Kockums Mek. Verkstads A.B.

de Ahna, Felix, Schiffbau-Ingenieur, Bremerhaven, Bogenstr. 15.

Ahnhudt, Marinebaurat, Charlottenburg, Württemberg-Allee 8.

80 Ahsbahs, Otto, Marinebaurat, Groß-Flottbek, Voßstr. 5.

Albrecht, J., Dr.-Ing., Schiffsvermessungs-Inspektor, Hamburg 39, Gryphiusstr. 11.

Alt, Otto, Dipl.-Ing., Oberingenieur der Germaniawerft, Kiel, Lornsenstr. 26.

Alverdes, Max, Zivilingenieur, Inhaber des Eilenburger Motoren-Werkes, Hamburg-Uhlenhorst, Bassinstr. 8.

Ambronn, Victor, Dipl.-Ing., Obering. d. Bremer Vulkan, Vegesack, Weserstr. 71/72.

85 Andersen, Paul, Schiffbau-Ingen., Bremen, Bremerhavener Str. 9.

Andresen, Heinrich, Schiffbau-Ingenieur, Kommanditär der Werft H. C. Stülcken Sohn, Hamburg 25, Oben-Borgfelde 3.

Arera, Hans, Ingenieur, Deutsch-Lissa b. Breslau, Marienstr. 12.

Arnold, Alb. C., Schiffbau-Ingenieur, Charlottenburg, Fritschestr. 30, IV l.

Arnold, Karl, Regierungsrat, Berlin-Steglitz, Arndtstr. 35.

90 Artus, Marinebaurat, Altona-Othmarschen, Beselerplatz 10.

Baath, Kurt, Dipl.-Ing., Oberingenieur und Prokurist d. Howaldtwerke, Kiel-Wellingdorf, Hansens Privatstraße 6.

Baetke, Friedrich, Schiffbau-Ingenieur, Hamburg 25, Ober-Borgfelde 25.

Baisch, Ludwig, Oberingenieur, Kiel, v. d. Goltz-Allee 17.

Bandtke, Hugo, Dipl.-Ing., Schiffb.-Betriebsingenieur des Bremer Vulcan, Blumenthal in Hannover, Lindenstr. 106.

95 Barg, G., Schiffbau-Direktor der Neptunwerft, Rostock i. M.

Bartel, Wilhelm, Ingenieur, Hamburg, Körnerstraße 18.

Bartsch, Hermann, Ingenieur, Patent- und techn. Bureau, Breslau 1, Junkernstr. 33/35.

Bauer, G., Dr.-Ing., Dr. phil., Maschinenbau-Direktor der Stettiner Maschinenb.-A.-G. Vulcan, Hamburg, Mittelweg 82.

Bauer, M. H., Direktor, Friedrichshagen b. Berlin, Hahns Mühle.

100 Bauer, O., Betriebs-Ingenieur d. Flensburger Schiffbau-Gesellschaft, Flensburg, Neustadt 36.

Bauer, V. J., Direktor der Flensburger Schiffbau-Gesellschaft, Flensburg, Neustadt 49.

Baumann, Karl, Schiffbau-Ingenieur, Leiter des Berufsamtes d. Stadt Altona, Altona-Othmarschen, Ziethenstr. 10.

Bausch, Fritz, Dipl.-Ing., Schiffbau-Zivil-Ingenieur, Köln, Xantener Str. 13.

Becker, Richard, Maschinenbau - Direktor Deutsche Werke A.-G., Kiel, Werftstr. 132.

105 Beeck, Otto, Ing., Stettin, Mühlenstr. 12 III.

Behn, Theodor, Dipl.-Ing., Stettin, Moltkestraße 20.

Behrmann, Georg, Oberingenieur, Kiel, Winterbeker Weg 32.

Benjamin, Ludwig, Zivil-Ingenieur, Hamburg 24, Ackermannstr. 32/34.

Berendt, Hermann, Dipl.-Ing., Oberingenieur bei Blohm & Voß, Hamburg 25, Claus Grothstr. 6.

110 Berendt, M., Ingenieur, Hamburg 25, Claus Grothstr. 6.

Berling, G., Dr.-Ing., Geh. Marinebaurat, Cöln-Mülheim, Genovevastr. 94.

Berndt, Rechnungsrat, Groß-Lichterfelde, Augustastr. 39 II.

Berndt, Carl A., Beratender Elektro-Ingenieur u. Expert d. Germ. Lloyd, Hamburg, Gänsemarkt 44.

Berndt, Bruno, Ingenieur, Boldiann auf Föhr, Gelbes Haus.

115 Berner, Otto, Ingenieur, Hamburg, Stockelhörnhof.

Besch, Marinebaurat, Berlin W 10, Königin-Augusta-Str. 38/42.

Beschoren, K., Dipl.-Ing., Technischer Leiter der Schiffswerft Christof Ruthof, Regensburg, Von der Tannstr. 20.

Betzhold, Dr. Oberregierungsrat, Groß-Lichterfelde-West, Steglitzer Str. 19.

Biedermann, Schiffbau-Dipl.-Ing. beim Norddeutschen Lloyd, Bremen, Donandstraße 14.

120 Bielenberg, Theodor, Schiffbau-Ingenieur bei Fried. Krupp A.-G., Germaniawerft, Kiel, Knooperweg 48 a.

Biese, Max, Maschinenbau-Betriebs-Ingenieur, Bremerhaven, Bürgermeister-Smidt-Str. 114.

Birkner, Ernst, Dipl.-Ing., Köln, Stammheimerstraße 125.

Blaum, Rudolf, Reg.-Baumeister a. D., Direktor der Atlas-Werke, A.-G., Bremen.

Blechschmidt, Regierungsrat, Marinebaurat a. D., Potsdam, Heinrichstr. 26.

125 Bleicken, B., Dipl.-Ing. Oberingenieur, Hamburg-Fuhlsbüttel, Farnstr. 31.

Block, Hch., Ingenieur, Hamburg 13, Magdalenenstr. 53.

Blohm, Eduard, Ingenieur, Hamburg, Werderstraße 29.

Blohm, M. C. H., Ingenieur, Hamburg, Isestr. 111.

Blümcke, Richard, Dr.-Ing., Direktor der Schiffs- und Maschinenbau-Akt.-Ges. Mannheim, Mannheim, Friedrichsring 16.

130 Blume, Herm., Maschinenbau-Ing., Vegesack, Weserstr. 57.

Bocchi, Guido, Schiffbau-Ingenieur, Sestri Ponente, Via Ugo Foscolo 5.

Bockhacker, Eugen, Geheimer Oberbaurat, Berlin-Wilmersdorf, Hohenzollerndamm 201.

Boeck, Carl, Dipl.-Ing., Berlin-Steglitz, Mariendorferstr. 4.

Boeckholt, H., Marinebaurat a. D., Bremen 13, Seewenjestr. 245.

135 Boettcher, Maximilian, Ingenieur, Hamburg 22, Am Markt 8.

Böhme, Herm., Direktor d. American Transportation and Trading Corporation, New York, Niederlassung Berlin, Berlin-Friedenau, Hauptstraße 70.

Bohnstedt, Max, Professor, Direktor der Höheren Schiff- und Maschinenbauschule zu Kiel, Knooper Weg 56.

v. Bohuszewicz, Oskar, Marinebaumeister a. D., Direktor u. Vorstandsmitglied der Düsseldorfer Maschinenb.-A.-G. vorm. J. Losenhausen, Düsseldorf, Kaiserswertherstr. 272.

Boie, Harry, Ingenieur, Hamburg 30, Wrangelstraße 10 I.

140 Böning, Otto, Schiffbau-Ingenieur, Hamburg 8, Mattentwiete 2.

Borchers, Heinr., Oberingenieur, Elbing, Äußerer Mühlendamm 3.

Bormann, Alfred, Schiffbau-Ingenieur, Wiborg (Republik Finnland), Wasagatan 13.

Börnsen, Heinr., Schiffsmaschinenbau-Ingenieur Hamburg, Nissenstr. 14.

v. Borries, Friedrich, Marinebaurat, Berlin W 15, Meierottostr. 5.

145 Böttcher, Max, Schiffbau-Ingenieur, Langfuhr b. Danzig, Robert-Reinick-Weg 8 I.

Boyens, Friedrich, Ingenieur, Elbing, Bismarckstraße 6 III.

Bramigk, Schiffbau-Ingenieur, Roßlau a. E.

Brandes, Marinebaurat, Wilhelmshaven, Wilhelmstr. 14.

Brandt, Paul, Dipl.-Ing., Düsseldorf, Herderstraße 63.

150 Breitländer, Wilh., Schiffsmaschinenbau-Oberingenieur u. Prokurist der Akt.-Ges. Neptun, Rostock, Schröderstr. 39.

Brennhausen, Curt, Dipl.-Ing., Oberingenieur i. Normen-Ausschuß d. deutsch. Industrie, Berlin-Grunewald, Friedrichsruherstr. 32.

Brettschneider, P., Ingenieur, Bremen, Nordstraße 59.

Breuer, C., Ingenieur, Hamburg-Kl.-Flottbek, Wilhelmstr. 8.

Brinkmann, G., Wirklicher Geheimer Ober-Baurat, Berlin-Schöneberg, Wartburgstraße 19.

155 Bröcker, Th., Maschinen-Ingenieur, Bremerhaven, Bürgermeister-Smidt-Str. 110.

Bröckmann, Friedr., Ingenieur, Bremen, Waller Heerstr. 48a.

Brodersen, Wilhelm, Marinebaumeister a. D., Betriebsdirektor der Fried. Krupp Germaniawerft, Kiel, Reventlow-Allee 14.

Broistedt, G., Oberingenieur, Düsseldorf, Bürgerstr. 23.

Bröking, Fritz, Marinebaurat a. D., Mannheim, Schiffs- u. Maschinenbau-A.-G.

160 Brommundt, G., Geheimer Marine-Baurat, Kiel-Gaarden, Werftstr. 120.

Brose, Eduard, Ingenieur, Elbing, Äußerer Mühlendamm 76.

Bruckwilder, Wilh., Dipl.-Ing., Zivilingenieur, Cöln a. Rh., Bayenstr. 57.

Brüll, Max, R., Oberingenieur der Woermann-Linie u. d. deutschen Ost-Afrika-Linie, Hamburg 20, Eppendorfer Baum 41.

Brumm, Ernst, Dipl.-Ing., Wellingdorf-Kiel, Wehdenweg 32.

165 Bruns, Heinrich, Konsul, Zivilingenieur, Kiel, Strandweg 84.

Brussatis, Reinhold, Marinebaurat, Wilhelmshaven, Viktoriastr. 21.

Bub, H., Schiffbau-Ingenieur, Bremer Vulcan, Vegesack, Hafenstr. 9.

Buchsbaum, Georg, Schiffbau-Oberingenieur beim Germ. Lloyd, Berlin-Friedenau, Goßlerstraße 11.

Bufe, C., Ober-Ingenieur, Elbing, Töpferstr. 1.

v. Bülow, Schiffbau-Ingenieur, Prokurist des 170 Germ. Lloyd, Gr.-Lichterfelde-Ost, Annastr. 2.

Burckhardt, Marinebaurat, Wilhelmshaven, Prinz-Heinrichstr. 47.

Bürkner, H., Dr.-Ing., Geheimer Oberbaurat, Gr.-Lichterfelde-Ost, Mittelstr. 1.

v. Burstin, Oberingenieur, Berlin SW. 11, Tempelhofer Ufer 34.

Busch, H. E., Ingenieur, Hamburg 13, Schlüterstraße 5.

Buschberg, E., Geheimer Baurat u. vortragender 175 Rat i. d. Marineleitung, Berlin-Schöneberg, Martin-Luther-Str. 58.

Büscher, Hans, Schiffbau-Ingenieur, Geestemünde, Mittelstr. 19.

Büsing, R., Maschinenbau-Direktor der Stettiner Oder-Werke A.-G., Stettin, Gießereistr. 17.

Buttermann, Ingenieur, Berlin-Grunewald, Hohenzollerndamm 111.

Büttgen, Dipl.-Ing., Schiffbau-Oberingenieur, Fried. Krupp A.-G., Germaniawerft, Kiel-Gaarden, Hohenzollernring 61.

Buttmann, Marinebaurat, Bremen, Schubert- 180 str. 42.

Butz, Walter, Schiffbau-Ingenieur, Neumühlen-Dietrichsdorf, (bei Kiel), Werftstr. 17.

Cantieny, Georg, Dipl.-Ing., Oberingenieur d. Maschinenfabrik Augsburg-Nürnberg, Nürnberg, Rennweg 62.

Claussen, Carl, Ingenieur, Bremen, Schwachhauser Heerstr. 237.

Cleppin Max, Marinebaurat a. D., Oberlehrer u. Professor an den technischen Staatslehranstalten in Hamburg.

Collin, Max, Marine-Oberbaurat, Danzig-Lang- 185 fuhr, Hermannshofer Weg 16.

Commentz, Carl, Dr.-Ing., Schiffbau-Ingenieur, Blumental (Hannover), Lindenstr. 106.

Conradi, Carl, Marine-Ingenieur, Kristiania, Prinsens Gade 2b.

Cordes, Gottfried, Ingenieur, Elbing, Wallstr. 1.

Cordes, Tönjes, Oberingenieur, i. Fa. Stülcken & Sohn, Hamburg-Steinwärder.

Cossutta Ferruccio, Ingenieur, Triest, Stabili- 190 mento Tecnico Triestino.

Coulmann Wilhelm, Marinecaurat, Charlotentburg, Mommsenstr. 33.

Dahl, Johannes, Ingenieur, Groß-Flottbek, Klaus-Groth-Str. 8.

Dahlby, Gustav, Schiffsmaschinenbau-Ingenieur, Bergsunds Verkstad, Stockholm.

Dammann, Friedrich, Schiffbau-Ingenieur, Hamburg-Langenhorn, Langenhorner Chaussee 197.

Dannenbaum, Adolf, Dipl.-Ing., i. Fa. Blohm 195 & Voß, Hamburg 19, Eichenstr. 54.

Degn, Paul Frederik, Dipl.-Ing., Direktor der Howaldtswerke, Neumühlen-Dietrichsdorf, Catharinenstr. 3.

Deichmann, Karl, Ingenieur, Hamburg, Kleiner Schäferkamp 33.

Delfs, Otto, Schiffbau-Ingenieur, Chef des Schiffbautechnischen Büros der Schiffswerft „Hansa" A. G. Tönning, Neustadt 16.

Demaj, Anton, Direktor der Maschinenfabrik S. Andrea der Austria-Werft A.-G., Triest 10.

Demnitz Gustav, Dipl.-Ing., Berlin-Karlshorst, 200 Prinz Adalbertstr. 36.

Dengel, Roderich, Marinebaumeister, Kiel, Feldstr. 77.

Dentler Heinr., Ober-Ingenieur u. Prokurist, Wismar, Lübsche Str. 89.

Deters, K., Direktor, i. Fa. H. Stinnes, Hamburg, Hamburger Hof.

Dieckhoff, Hans, Prof., Vorstandsmitglied der Woermann-Linie u. der deutschen Ost-Afrika-Linie, Hamburg, Gr. Reichenstr. 27.

205 Dietrich A., Schiffbaudirektor, Stargard in Pommern, Stettiner Str. 5.

Dietze, E., Schiffbau-Ingenieur, Blumenthal b. Bremen, Schloß Wätgen.

Dittmer, Georg, Oberingenieur u. Maschinen-Inspektor, Hamburg, Lappenbergsallee 11.

Dix, Joh., Geheimer Baurat u. Ministerialrat, Berlin - Wilmersdorf, Bregenzer Straße 6.

Doden, F., Dipl.-Ing., Bürochef für Kriegsschiffsmaschinenbau b. der A.-G. „Weser", Bremen, Bismarckstr. 98.

210 von Dojmi, Hans, Oberingenieur, Hamburg, Hartungstr. 12.

Domke, R., Marinebaurat, Wilhelmshaven, Hollmannstr. 13.

Donau, Zivil-Ing., Bremen, Rosenkranz 35.

Dörr W. E., Dipl.-Ing., Ueberlingen, Bahnhofstr. 29.

v. Dorsten, Wilhelm, Ingenieur, Schiffs- und Maschinen-Inspektor des Germanischen Lloyd, Mannheim-Freudenheim, Schützenstr. 24.

215 Drakenberg, Jean, Konsultierender Ingenieur, Stockholm, Malmtorgsgatan 5.

Dressel, Carl, Dr. phil., Dipl.-Ing. des Schiffbaufaches, Pankow, Hartwigstr. 110.

Dreyer, E. Max, Zivilingenieur für Schiff- und Maschinenbau, Hamburg, Steinhöft 3.

Dreyer, Fr., Schiffbau-Oberingenieur, Hamburg, Petkumstr. 19.

Dreyer, Karl, Elektroingenieur der Firma F. Schichau, Elbing, Arndtstr. 3.

220 van Driel, Abraham, Schiffbau-Ingenieur der staatlichen niederländischen Schiffahrts-Inspektion, Voorburg beim Haag, Achterweg 81.

Driessen, Paul, Schiffbau-Ingenieur, Rotterdam, Postbus 809.

Dröseler, Regierungsbaurat, Berlin SW 11, Hallesche Str. 19.

Dyckhoff Otto, Dipl.-Ing., Direktor d. Reichstreuhandgesellschaft, Direktion B. 1, Berlin NW 7, Friedrichstr. 100.

Dykes, Geo., Ingenieur, Hamburg, Hochallee 25.

225 Ebner, Karl, Binnenschiffahrts-Inspektor, Regierungsrat, Wien, Handelsministerium.

Eckolt Wilh., Marinebaumeister, Danzig, Danziger Werft.

Egan, Eduard, Dipl.-Ing., Ministerialrat, Direktor-Stellvertreter der ung. Staatsbahnen i. P., Budapest IV, Magyar Gasse 18.

Eggers, Julius, Dr.-Ing., Sachverständiger für Schiff- u. Schiffsmaschinenbau, Hamburg 1. Glockengießerwall 2.

Eggert, Wilhelm, Direktor d. Schiffswerft Unterelbe A.-G., Glückstadt (Holst.), Moltkestr. 23.

230 Ehrenberg, Marinebaurat, Berlin - Friedenau, Rubensstr. 36.

Ehrlich, Alexander, Schiffbau-Ingenieur, Stettin-Grabow, Gustav-Adolf-Str. 11.

Eichholz, Ernst, Ingenieur, Charlottenburg, Knesebeckstr. 4.

Eichhorn, Osc., Geh. Marinebaurat, Danzig, Gralathstr. 3.

Eidlitz von Felsóság, Kornél, Dipl.-Ing., Prokurist der ung. Seeschiff.-A.-G. „Adria", Fiume.

235 Eigendorff, G., Schiffbau-Ingenieur und Besichtiger des Germanischen Lloyd, Brake i. Oldenburg.

Elste, R., Schiffbau-Ingenieur, Hamburg 19, Bismarckstr. 1.

Elze, Theodor, Schiffbau-Ingenieur, i. Fa. Irmer & Elze, Bad Oeynhausen.

Engberding, Dietrich, Marinebaurat, Berlin-Schöneberg, Grunewaldstr. 59.

Engehausen, W., Betriebs-Ingenieur, Bremen, Lutherstr. 55.

240 Engström, Wilh., Maschinenbau-Betriebsingenieur der Göta-Werke, Gothenburg, Linnagatan 52.

Erbach, R., Dipl.-Ing., Obering. der Germaniawerft, Kiel, Königsweg 4.

Erdmann, Paul, Ing., Maschinenbesichtiger d. Germanischen Lloyd, Rostock, Friedrichstr. 7.

Erhardt, Julius, Dipl.-Ing., Direktor d. Fa. Gans & Co., Danubius A. G., Budapest X, Köbányai utca 31.

von Essen, W. W., Ingenieur beim German. Lloyd, Hamburg-Groß-Flottbek, Fritz-Reuterstr. 9.

245 Esser, Matthias, Direktor des Bremer Vulkan, Vegesack, Weserstr. 77a.

Evers, F., Schiffbaudirektor bei Nüske & Co., Stettin, Königsplatz 14.

Falbe, E., Dipl.-Ing., Direktor der Woermann-Linie, Hamburg, Große Reichenstr. 27.

Falk, W., Schiffbau-Ingenieur und Yacht-Agentur, Schiffbaulehrer a. d. Navigationsschule, Hamburg, Annenstr. 30.

Falkmann, Ivar Johan, Marine-Oberbaurat, Stockholm, Bauérgatan 10.

250 Fechter, Georg, Dipl.-Ing., Zivilingenieur, Königsberg i. Pr., Kaiserstr. 21.

Fechter, Gustav, Schiffbaumeister, Königsberg i. Pr., Schrötterstr. 36.

Feilcke, Fritz, Dipl.-Ing., Abteilungsvorsteher d. Schiffbaubüros der Vulcanwerke, Messenthin b. Stettin, Waldstr., Waldhaus.

Fesenfeld, Wilh., Studienrat und Dipl.-Ing., Bremerhaven, Bürgermeister-Smidt-Str. 75.

Fichtner, Rudolf, Dipl.-Ing., Berlin NW 52, Lüneburgerstr. 9.

255 Fimmen, Hermann, Schiffbau-Ingenieur, Carolinensiel, Ostfriesland.

Fischer, Carl, Dipl.-Ing., Techn. Direktor der Märkischen Industrie-Werke, Berlin, Waggonbauanstalt, Berlin-Grunewald, Schinkelstr. 10.

Fischer, Ernst, Schiffbau-Oberingenieur, Chef des Kriegsschiffbaubüros der Fried. Krupp A.-G. Germaniawerft, Kiel, Düsternbrook 56.

Fischer, Karl, Dipl.-Ing., Schiffsmaschinenbau-Oberingenieur, Danziger Werft, Danzig.

Fischer, Rudolf, Dipl.-Ing., Berlin W 50, Nürnberger Str. 44.

260 Fischer, Willi, Ingenieur, Altona a. d. Elbe, Philosophenweg 25.

Flamm, Osw., Geheimer Regierungsrat, Professor an der Techn. Hochschule, Nikolassee b. Berlin, Lückhoffstr. 30.

Fliege, Gust., Direktor, Bergedorf, Moltkestr. 5.

Flood, H. C., Ingenieur und Direktor der Bergens Mechaniske Verkstad, Bergen (Norwegen).

Flügel, Paul, Ingenieur und Maschinen-Inspektor, Lübeck, Viktoriastr. 1.

265 Fock, John, Oberingenieur d. Reiherstiegwerft, Bergedorf b. Hamburg, Reinbeckerweg 8.

Foerster, Ernst, Dr. Ing., Chef d. Schiffswesens der Hamburg-Amerika-Linie, Altona, Beselerstraße 8.

Föttinger, Hermann, Dr.-Ing., Professor, Danzig-Zoppot, Bädeckerweg 13.

Frankenberg, Ad., Oberregierungsbaurat a. D., Nürnberg, Frommannstr. 3.

Frankenstein, Georg, Schiffbau-Ingenieur, Stettin, Pölitzer Str. 80.

270 Fregin, Fritz, Dipl.-Ing., Prokurist d. Vulcan-Werke, Stettin, Mühlenstr. 9.

Freundlich, Erich, Dipl.-Ing., Düsseldorf, Feldstraße 11a.

Friederichs, K., Geheimer Rechnungsrat, Neu-Finkenkrug, Kaiser-Wilhelm-Str. 49.

Fritz, Walter, Oberingenieur d. Bergmann-Elektrizitäts-Werke A.-G., Abteilung für Schiffsturbinen, Berlin N 4, Invalidenstraße 102.

Fromm, Rudolf, Regierungsrat, Charlottenburg, Berlinerstr. 83.

275 Fromm, Walter, Ingenieur, Hamburg, Glockengießer-Wall 2 (Wallhof).

Früchtenicht, O., Schiffbau-Ingenieur, Werft vorm. Janssen & Schmilinsky A.-G., Hamburg-Steinwärder.

Früstück, Paul, Ingenieur u. Betriebsleiter, Wandsbek bei Hamburg, Lindenstr. 32.

Gaede, Heinrich, Schiffbau-Ingenieur, Bremerhaven, Am Hafen 59.

Gall, Hermann, Ingenieur u. Fabrikbesitzer, Hamburg, Agnesstr. 28.

280 Gamst, A., Fabrikbesitzer, Kiel, Metze Str. 12.

Garvens, Walter, Dipl.-Ing., Hamburg, Hartungstr. 18.

Garweg, Arthur, Dipl.-Ing., Hamburg 19, Bismarckstr. 31.

Gätjens, Heinr., Direktor der Hamburger Werft A.-G., Hamburg 20, Eppendorfer Landstr. 30.

Gebauer, Alex., Schiffsmaschinenbau-Ingenieur, Werft von F. Schichau, Elbing, Am Lustgarten 14.

285 Gebers, Fr., Dr.-Ing., Direktor der Schiffbautechnischen Versuchsanstalt, Wien XX, Brigittenauer Gelände 256.

Gehlhaar, Franz, Oberregierungsrat, Mitglied d. Schiffs-Vermessungs-Amtes, Berlin-Lichterfelde, Steinäckerstr. 10.

Geißler, Richard, Dr.-Ing., Patentanwalt, Berlin SW 11, Königgrätzer Str. 92.

Gemberg, Walter, Dipl.-Ing., Rotterdam, Aert van Nesstraat 20b (Heimat: Kiel, Königsweg 38).

Gerlach, Ferdinand, Direktor der Schiffswerft u. Maschinenfabrik „Hansa" A. G., Tönning, Neustr. 18.

290 Gerlach, Walter, Marine-Oberbaurat z. D., Südende, Steglitzerstr. 37.

Gerloff, Friedrich, Schiffbau-Direktor der G. Seebeck A. G., Geestemünde, Bismarckstr. 22.

Gerner, Fr., Betriebs-Ingenieur der Fried. Krupp A.-G., Germaniawerft, Kiel, Poststr. 45.

Gerisch, Arthur, Betriebsingenieur bei Blohm & Voß, Hamburg-Kl.-Borstel, Wellingbütteler Landstr. 22.

Giebeler, H., Schiffbau-Ingen., Hamburg 19, Eimsbütteler Marktplatz 2.

Giese, Alfred, Dipl.-Ing., Hamburg, Carolinen- 295 straße 16.

Giese, Ernst, Geheimer Regierungsrat, Charlottenburg, Grolmanstr. 63.

Gnutzmann, J., Schiffbau-Direktor, Danzig, Schichau-Werft.

Goebel, Ernst, Dipl.-Ing., Berlin-Charlottenburg, Roscherstr. 15.

Goos, Emil, Chef des Maschinenwesens der Hamburg-Amerika-Linie, Hamburg, Isestraße 111.

Gorgel, Dipl.-Ing., Berlin W 66, Leipziger 300 Str. 123a.

Grabow, C., Geheimer Marinebaurat, Rittergut Orle, Kr. Berent, Westpr.

Grabowski, E., Schiffbau-Ingenieur, Professor, Bremen, Friedrich-Wilhelm-Str. 35.

Graemer, L., Obering. u. Prokurist der Schiffswerft Nüscke & Co., A.-G., Stettin, Friedrich-Carl-Str. 18.

Grambow, Adolf, Ingenieur d. Germ. Lloyd, Hamburg, Emilienstr. 1.

Grauert, M., Geheimer Oberbaurat, Berlin-Steg- 305 litz, Humboldtstr. 14.

Green, Rudolf, Technischer Direktor der Dresdener Maschinenfabrik und Schiffswerft, Dresden-N., König Albertstr. 24.

Grimm, Anton, Schiffsmaschinenbau-Ingenieur, Brandenburg a. H., Krakauer Landstr. 30.

Grimm, Max, Dipl.-Ing., Regierungsrat im Reichswehrministerium, Marineleitung, Charlottenburg 9, Eichenallee 33.

Gromoll, Johannes, Schiffbau-Oberingenieur, Tönning, Am Hafen 36.

Groth, W., Ingenieur der Siemens-Schuckert- 310 werke, Hamburg, Semperhaus.

Grotrian, H., Schiffbau-Ingenieur, Professor an den Techn. Staatslehranstalten zu Hamburg, Hamburg-Ohlsdorf, Fuhlsbütteler Str. 589.

Grundt, Erich, Geheimer Baurat, Berlin W 30, Maaßenstr. 17.

Gümbel, Ludwig, Dr.-Ing., Prof., Charlottenburg, Schloßstr. 66 III.

Gummelt, Carl H., Schiffbau-Ingenieur, Geestemünde, Schillerstr. 26.

Gundlach, Emil, Techn. Direktor der Schiffs- 315 werft u. Maschinenfabrik vorm. Janssen & Schmilinsky A.-G., Hamburg, Eimsbütteler Straße 51.

Günther, Friedr., Ing., Bremen, Geestemünder Straße 4.

Gütschow, Wilhelm, Dr.-Ing. Danzig, Delbrück-Allee 2.

Haack, Otto, Schiffbau-Ingenieur, Inspektor des Germanischen Lloyd, Stettin, Bollwerk 1.

Habermann, Egon, Oberingenieur, Fahrzeug-Fabrik, A.-G., Eisenach, Karthäuserstr. 33.

Haböck, Jak., Ingenieur und Maschinenfabri- 320 kant, München, Ziebland 12.

Haensgen, Oscar, Maschinenbau-Oberingenieur u. Prokurist der Flensburger Schiffbau-Ges., Flensburg, Marienholzweg 17.

Haentjens, Peter, Dipl.-Ing., Montageleiter der Signal G. m. b. H., Kiel, Adolfstr. 81.

Haertel, Siegfried, Schiffbau-Dipl.-Ing., Nordenham a. Weser, Bahnhofstr. 12.

Haesloop, Reinhard, Schiffbau-Ingenieur, Bremen, A.-G. „Weser", Blumenthal i. H., Kaffeestr. 12.

Hagemann, H. Paul, Schiffbau-Ingenieur, Ham- 325 burg, Sievekings-Allee 14.

Hahn, Paul L., Schiffsmaschinen-Ingenieur, Sachverständiger für Schiffsmaschinen- und Kesselbau, Cassel-Wilhelmshöhe, Wilhelmshöher Allee 271.

Haimann, G., Dr.-Ing., Charlottenburg, Tegeler Weg 25.

Hammar, Hugo G., Schiffbau-Oberingenieur, Göteborgs Nya Verkstad A. B., Göteborg.

Hammer, Erwin, Ingenieur, Berlin-Tegel, Schlieperstr. 8.

330 Hammer, Felix, Dipl.-Ing., Rendsburg, Herrenstr. 19.

Hanke, Friedrich, Schiffsmaschinenbau-Ingenieur, Kiel, Waitzstr. 95.

Hantelmann, Kurt, Dipl.-Ing., Oberlehrer an der Seemaschinisten- u. Schiffsingenieurschule, Rostock, Schillerstr. 5.

Häpke, Gustav, Dipl.-Ing., Regierungsrat beim Reichsausschuß f. d. Wiederaufbau d. Handelsflotte, Berlin W 30, Luitpoldstraße 38.

Harbeck, Walter, Marinebaumeister, Hamburg 37, Alsterkamp 44.

335 Harms, Otto, Schiffahrts-Gesellschaft Ost, Köln 16, Ewaldistr. 5.

Hartmann, C., Baudirektor, Vorstand des Aufsichtsamtes für Dampfkessel- und Maschinen, Hamburg, Juratenweg 4.

Has, Marinebaurat, Rüstringen i. O., Birkenweg 14.

Hass, Hans, Dipl.-Ing., Dozent und Professor, Bergedorf, Hohler Weg 28.

Hechtel, H., Oberingenieur der Norderwerft, Harburg a. E., Bleicherweg 10.

340 Hector, D. C., Oberingenieur der Finnboda Varf, Stockholm.

Hedemann, Wilh., Dipl.-Ing., Schiffsmaschinenbau-Ing., Bremen, Isarstr. 86.

Hedén, A. Ernst, Schiffbau-Ingenieur, Göteborg, Mek. Verkstad.

Heidtmann, H., Schiffbau-Ingenieur, Hamburg 21, Hofweg 64.

Hein, Hermann, Dipl.-Ing., Oberingenieur der A.-G. Weser, Bremen-Oslebshausen, Oslebshauser Heerstr. 16.

345 Hein, Paul, Ingenieur, Hamburg, Bismarckstraße 80.

Hein, Th., Geh. Rechnungsrat, Charlottenburg, Kantstr. 68 I.

Heinemann, Richard, Zivilingenieur, Blankenese, Sülldorferweg 68.

Heinemann, Rudolf, Dipl.-Ing., Oberingenieur d. Schiffs- u. Maschinenfabrik (vorm. Janssen & Schmilinsky) A.-G., Hamburg, Moltkestr. 47.

Heinen, Joh., Ingenieur und Fabrikbesitzer, Lichtenberg bei Berlin, Herzbergstr. 24/25.

350 Heise, Wilh., Oberingenieur u. Bürochef der A. G. „Weser", Bremen, Lübecker Str. 32.

Heitmann, Johs., Schiffbau-Ingenieur, Hamburg-St. Georg, Langereihe 112.

Heitmann, Ludwig, Betriebsingenieur, Hamburg 19, Am Weiher 23.

Heldt, Adolf, Marinebaurat, Kiel, Esmarchstr. 53 I.

Heldt, Karl, Schiffbau-Ingenieur, Grankulla (Finnland), Villa Grönalund.

355 Hellemans, Thomas Nikolaus, Schiffbau-Ingenieur, Muntok auf Banka (Niederl. Indien).

Helling, Wilhelm, Mitinhaber d. Fa. Theodor Zeise, Altona-Ottensen, Friedensallee 7/9.

Helmig, G., Schiffbau-Ingenieur, Vegesack, Vulkanstr. 9.

Helsig, Dipl.-Ing., Oberingenieur der Germaniawerft, Kiel, Feldstr. 118.

Hemmann, A., Marinebaurat, Hamburg-Großflottbek, Voßstr. 14.

Hennig, Albert, Dipl.-Ing., Kiel, Düvelsbeker 360 Weg 29.

Henning, Johannes, Schiffbau-Ingenieur, Flugzeugbau, Manzell a. Bodensee, Villa Heider.

Hering, Geh. Konstr.-Sekretär, Berlin-Zehlendorf, Hauptstr. 60/62.

Hermanuz, Alfred, Dipl.-Ing., Cassel-Wilhelmshöhe, Wilhelmshöher Allee 271.

Herner, Heinrich, Dr. phil., Dipl.-Ing., Professor an der höheren Schiff- und Maschinenbauschule, Kiel, Sophienblatt 1.

Herrmann, Walter, Dipl.-Ing., Dresden-A., 365 Zellerstr. 21.

Herzog, Eugen, Ingenieur, Altenessen, Bruckmannstr. 90.

Hey, Erich, Marinebaurat, Kiel, Adolfstr. 64.

Hildebrandt, Hermann, Schiffbau-Direktor der G. Seebeck A.-G., Bremen, Großgörschenstr. 14.

Hildebrandt, Max, Schiffsmaschinenbau-Oberingenieur, Stettin, Pölitzer Str. 96.

Hilgendorff, Erich, Schiffbau-Betriebsingenieur, 370 Geestemünde, G. Seebeck A.-G.

Hillebrand, Friedrich, Dipl.-Ing., Geestemünde, Ludwigstr. 8.

Hillmann, Bernhard, Schiffbaubetriebs-Oberingenieur, Geestemünde, Joh. C. Tecklenberg A. G.

Hinrichsen, Erich, Schiffbau-Ingenieur, Hamburg 9, Schilfstr. 25.

Hinrichsen, Henning, Schiffsmaschinenbau-Ingenieur, Werft von F. Schichau, Elbing.

Hirsch, Alfred, Direktor der Maschinenfabrik 375 u. Schiffswerft Übigau A. G., Dresden-Übigau.

Hoch, Johannes, Direktor der Ottenser Maschinenfabrik, Altona-Ottensen, Friedensallee 42.

Hochstein, Ludwig, Oberingenieur, Wandsbek b. Hamburg, Waldstr. 7.

Hoefer, Kurt, Dr.-Ing., Berlin-Schmargendorf, Spandauer Str. 31.

Hoefs, Fritz, Maschinenbau-Direktor bei G. Seebeck, A.-G., Geestemünde, Seebecks Neue Werft.

Hölzermann, Fr., Geheimer Marinebaurat a. D., 380 Potsdam, Roonstr. 7.

Hoffmann, C., Direktor vom Travewerk der Gebr. Goedhart A. G., Siems bei Waldhausen.

Hoffmann, Rich., Dipl.-Ing., Budapest III, Obuda, Donau, Dampfschiffahrtsges.

Hoffmann, W., Betriebsingenieur der Werft von Blohm & Voß, Hamburg-Eimsbüttel, Marktplatz 4.

Hohn, Theodor, Bürochef für Schiffsmaschinen- und Kesselbau, Bremen, Schleifmühle 71.

Holle, Rud., Schiffbau-Ingenieur, Mannheim, 385 Eigelsheimerstr. 20.

Holthusen, Wilhelm, Besichtiger des Germ. Lloyd, Abtlg. Unterelbe, Hamburg, Hirtenstraße 12.

Holzhausen, Kurt, Dipl.-Ing., Swinemünde, Steinstr. 2.

Hoppenberg, Ernst, Ingenieur d. Felten & Guilleaume-Carlswerkes A. G., Cöln-Mühlheim, Buchheimerstr. 59.

Horn, Fritz, Dr.-Ing., Privatdozent a. d. Technischen Hochschule, Danzig-Zoppot, Fremtzinstr. 44.

Hornbeck, Albert, Ingenieur, Hamburg 20, 390 Tarpenbeckstr. 102.

Hosemann, Paul, Dipl.-Ing., Elbing, Westpr., Bismarckstr. 5.

Howaldt, Georg, Ingenieur, Lübeck, Friedrich Wilhelmplatz 1.

Hüllmann, H., Dr.-Ing., Professor, Geh. Oberbaurat, Berlin W 15, Württembergische Str. 31 bis 32 II.

Hundt, Paul, Maschinenbau-Ingenieur b. Joh. C.Tecklenborg A.-G., Geestemünde, Georgstr. 54.

395 Hupe, Heinrich, Schiffsmaschinen-Ingenieur, Papenburg a. Ems, Hauptkanal, links 28.

Hutzfeldt, M., Kaufmann, Hamburg 36, Johnsallee 24.

Ibsen, Julius, Dipl.-Ing., Berlin W 57, Bülowstraße 80.

Icheln, Karl, Schiffbau-Ingenieur, Hamburg 19, Oevelgönner Str. 32.

Ilgenstein, Ernst, Oberregierungsrat, Charlottenburg, Knesebeckstr. 2.

400 Immich, Werner, Dr.-Ing. Marinebaumeister, Oberingenieur b. Reichswerk, Rüstringen i. O., Holtermannstr. 26.

Isakson, Albert, Schiffbau-Oberingenieur, Inspektor des Brit. Lloyd, Stockholm, Bredgränd 2.

Jaborg, Georg, Marine-Oberbaurat, Wilhelmshaven, Wilhelmstr. 7.

Jacob, Carl, Dipl.-Ing., Betriebs-Ingenieur bei Blohm & Voß, Hamburg 24, Birkenau 4.

Jacob, Oskar, Prokurist u. stellvertretender Direktor, Gotzlow b. Stettin, Villa Ottohöhe.

405 Jahn, Gottlieb, Dipl.-Ing., Kiel, Niemannsweg 30.

Jahn, Joh., Dr., Reg.-Rat, Reichswirtschafts-Ministerium, Berlin-Wilmersdorf, SeesenerStr.26.

Janke, Paul, Marinebaurat, Danzig.

Janssen, Diedr., Oberingenieur, Bremerhaven, Bogenstr. 11.

Jappe, Fr., Betriebs-Ingenieur, Hamburg 30, Hoheluftchaussee 31.

410 Johannsen, F., Schiffbau-Ingenieur, Kiel-Wellingdorf, Wehdenweg 20.

Johannsen, Max Friedr., Ingenieur u. vereidigter Sachverständiger, Kiel, Eisenbahndamm 12.

Johansen, P. C. W., Technischer Direktor d. Baltica-Werft, Kopenhagen, Kjöbmagergade 62.

Johns, H. E., Ingenieur, Hamburg, Baumwall 3.

de Jong, Jan, Schiffbau-Ing., A.-G. „Weser", Bremen, Wernigeroder Str. 1.

415 Jordan, D., ungar. Eisenbahn- und Schiffahrts-Inspektor, Leiter der Schiffahrts-Sektion der ungar. General-Inspektion für Eisenb. u. Schiffahrt, Budapest II, Lánchid-Gasse 2.

Jourdan, Johannes, Ingenieur der Hamburg-Amerika-Linie, Hamburg 19, Moltkestr. 47.

Judaschke, Franz, Schiffbau-Ingenieur, Hamburg 39, Sierichstr. 170.

Jülicher, Ad., Schiffbau-Ingenieur und Inspektor des Germ. Lloyd, Bremen, Hartwigstraße 26.

Jürries, Wilh., Schiffbau-Ingenieur, Bremen, Lloydstr. 124.

420 Just, Curt, Marinebaurat, Wilhelmshaven, Hegelstr. 62.

Justus, Ph. Thr., Ingenieur und Direktor der Atlas-Werke A.-G., Bremen.

Kaerger, Alfred, Ingenieur, Groß-Flottbek bei Hamburg, Lüdemannstr. 12.

Kagerbauer, Ernst, Schiffbau-Oberingenieur a. D., Triest, Via Dei Giustinelli Nr. 1a.

Kalderach, J. F. A., Ingenieur, Charlottenburg, Weimarer Str. 34.

425 Kampffmeyer, Th., Dipl.-Ing., Marinebaurat, Schiffbaudirektor, Danzig, Rennerstiftsgasse 5.

Kappel, Henry, Oberingenieur, Cassel-Wilhelmshöhe, Landgraf-Karl-Str. 27.

Karstens, Paul, Ingenieur, Altona, Friedhofstr.15.

Kasten, Max, Schiffbau-Ingenieur, Hamburg 37, Isestr. 96.

Kästner, Arthur, Schiffsmaschinenbau-Ingenieur, Hamburg-Barmbek, Hamburger Str. 35.

430 Katzinger, Otto, Schiffbau-Ingenieur, Wien I, Habsburgergasse 1.

Katzschke, William, Marinebaumeister a. D., Oberingenieur d. Deutschen Werke, A. G., Berlin W 9, Bellevuestr. 12a.

Kaye, Georg, Regierungsrat, Berlin-Charlottenburg, Mommsenstr. 27.

Keil, Hans, Marinebaumeister, Kiel, Beseler-Allee 32a.

Keiller, James, Oberingenieur, Göteborg, Kungsportsavenyen 4.

435 Kell, W., Schiffsmaschinenbau-Ingenieur, Stettin, Steinstr. 3.

Kelling, Erich, Dipl.-Ing., bei A. Kelling, Berlin-Friedenau, Friedrich-Wilhelmplatz 1.

Kellner, Arno, Dipl.-Ing., Hamburg 13, Bogenstraße 4.

Kempf, Günther, Dr.-Ing., Bergedorf, Ernst-Mantius-Str. 22.

Kern, Wilhelm, Ingenieur, Stuttgart-Feuerbach, Mozartstr. 12.

440 Kertscher, Rudolf, Marinebaurat a. D., Berlin-Friedenau, Albestr. 27.

Keuffel, Aug., Direktor der Act.-Ges. „Weser", Bremen, Schwachhauser Heerstr. 69.

Kiel, Karl, Ingenieur, Hamburg, Rutschbahn 36.

Kienappel, Karl, Betriebs-Ingenieur, Elbing, Schiffbauplatz 1.

Kiep, Nicolaus, Dipl.-Ing., Schiffsmaschinenbau-Ingenieur, Kiel, Germaniawerft.

445 Kiepke, Ernst, Maschinen-Ingenieur, Stettin-Bredow, „Vulcan".

Killat, Konstruktions-Sekretär, Berlin-Wilmersdorf, Laubacher Straße 37.

Kirberg, Friedrich, Geh. Konstr.-Sekretär, Ministerial- Amtmann, Berlin - Steglitz, Ringstr. 57 I.

Kirches, Carl, Oberingenieur, Mannheim, Schumannstr. 5.

Klagemann, Johannes, Marine-Oberbaurat, Berlin-Wilmersdorf, Hohenzollerndamm 197III.

450 Klamroth, Gerhard, Professor, Geh. Marine-Baurat, Flensburg, Blädenstr. 7.

Klatte, Johs., Werftbesitzer i. Fa. J. H. N. Wichhorst, Hamburg, Leinpfad 60.

Klawitter, Fritz, Ingenieur u. Werftbesitzer, Danzig, i. Fa. J. W. Klawitter, Danzig.

Kleen, J., Oberingenieur, Hamburg, Pappelallee 46 I.

Klein, Marcel, Dr.-Ing., Direktor d. Dresdener Maschinenfabrik u. Schiffswerft A.-G., Uebigau b. Dresden.

455 Klewitz, Max, Ingenieur, Blumenthal (Hann.), Viktoriastr. 4.

Kliemchen, Franz, Dipl.-Ing., Oberingenieur der Dampfschiffahrtsgesellschaft „Neptun", Bremen, Am Wall 76.

von Klitzing, Philipp, Zivilingenieur, Hamburg, Alsterdamm 17.

Klock, Chr., Ingenieur, Hamburg, Schaarsteinwegsbrücke 2.

Kluge, Hans, Oberingenieur d. Vulcan-Werke, Hamburg-Gr. Borstel, Schrödersweg 34.

460 Kluge, Otto, Marine-Oberbaurat für Schiffbau, Wilhelmshaven, Viktoriastr. 21.

Knauer, W., Direktor des Bremer Vulkan, Vegesack, Gerh.-Rohlf-Str. 17.

Knierer, Clemens, Betriebsingenieur, Hamburg 22, Richardstr. 52.

Knipping, Paul, Dr.-Ing., Technischer Leiter der Werft Nobiskrug G. m. b. H., Rendsburg, Grothstr. 5.

Knoop, Ulrich, Dipl.-Ing. des Schiffbaufaches, Warnemünde,

465 Knörlein, Michael, Dipl.-Ing., Oberingenieur d. Fa. Weise Söhne, Halle a. S., L.-Wuchererstraße 87.

Knorr, Paul, Schiffsmaschinenbau-Ingenieur u. Professor an der höheren Schiff- und Maschinenbauschule, Kiel, Königsweg 14.

Knüppel, Wilh., Oberingenieur, Berlin W 15, Pariser Str. 35.

Koch, Carly, Direktor von A. Borsig, Berlin-Tegel; Hamburg, Glockengießerwall 1.

Koch, Erich, Dipl.-Ing., Berlin-Charlottenburg, Neue Kantstr. 25.

470 Koch, Hans, Marinebaurat, Flensburg, Friesische Str. 41.

Koch, Joh., Direktor, Neumühlen-Dietrichsdorf b. Kiel.

Koch, Rud. Ernst, Schiffbau-Ingenieur, Hamburg, Hansastr. 67.

Koch, W., Dipl.-Ing., Inspektor der Roland-Linie, A.-G., Bremen.

Koch, W., Ing., Lübeck, Kaiser-Friedrich-Str. 25.

475 Kockum, Frans Hendrik, Direktor der Kockums Mekaniska Verkstads Aktiebolag, Malmö.

Koehnhorn, Regierungsbaurat, Berlin NW 87, Levetzowstr. 21.

Köhler, Albert, Marinebaurat, Rüstringen, Bülowstr. 9.

Köhler, Alfred, Schiffbau-Ingenieur, Hamburg, Claudiusstr. 23.

Kolbe, Chr., Werftbesitzer, Wellingdorf bei Kiel.

480 Kolkmann, J., Schiffsmaschinenbau-Oberingenieur, Elbing, Hohezinnstr. 12.

Kölln, Friedrich, Dipl.-Ing., Oberingenieur u. Prokurist der Hamburger Elbschiffswerft A.-G., Hamburg 24, Eilenau 9.

König, Rob., Schiffbau-Ingenieur, Danzig, Werftgasse 4.

Konow, K., Geheimer Oberbaurat, Charlottenburg, Witzlebenstr. 33.

Kopp, Herm., Schiffbau-Betriebsdirektor, Kiel, Jägersberg 15.

485 Körner, Paul, Ingenieur, Langfuhr, Hauptstr. 5.

Koschmider, G., Dipl.-Ing., Schiffbau-Ingenieur, Hamburg 23, Jordanstr. 61.

Köser, I., Ingenieur, i. Fa. I. H. N. Wichhorst, Hamburg, Besenbinderhof 40.

Kötter, Georg, Zivilingenieur für Schiff- u. Schiffsmaschinenbau. Hamburg-Amerika-Linie, Abtlg. Maschine Hamburg-Kuhwärder.

Kraeft, Otto, Schiffbau-Ingenieur, Kiel-Gaarden, Stern-Brauerei.

490 Kraft, Ernest, A., Dr.-Ing., Oberingenieur der A. E. G., Berlin NW 87, Huttenstraße 12—16.

Krainer, Paul, Ordentl. Professor a. d. Techn. Hochschule Berlin - Halensee, Kurfürstendamm 136.

Kramer, Fritz, Direktor, Ing., Dockenhuden-Blankenese, Sülldorfer Weg 48.

Kramer L., Oberingenieur, Hamburg, Uhlenhorsterweg 28.

Krause, Hans, Marine-Schiffbaumeister, Malmö, Hamngatan 4.

495 Krebs, Hans, Marinebaumeister, Düsseldorf, Grafenberger Allee 129.

Krell, H., Geheimer Marinebaurat, Berlin-Grunewald, Kaspar-Theyß-Str. 32.

Krell, Otto, Professor, Direktor der Siemens-Schuckertwerke, Berlin-Grunewald, Kronberger Str. 26.

Kretschmer, Herbert, Schiffbau-Ingenieur, Landskrona (Schweden), Oeresundsvarret.

Kretzschmar, F., Schiffbau-Ingenieur, Zürich, Rotbuchstr. 36.

500 Krey, Hans, D., Dr. Regierungs- und Oberbaurat, Berlin W 23, Schleuseninsel im Tiergarten.

Krohn, Heinrich, Zivilingenieur, Neu-Rahlstedt b. Hamburg, Am Gehölz 17.

Krüger, C., Direktor, Reiherstieg-Schiffswerfte und Maschinenfabrik, Hamburg-Groß-Flottbek, Bogenstr. 18.

Krüger, Gustav, Ingenieur bei Blohm & Voß, Hamburg 19, Eppendorfer Weg 109.

Krüger, Hans, Marinebaumeister a. D., Direktor der J. Frerichs & Co. A. G., Osterholz-Scharmbek.

505 Krüger Hans, Dipl.-Ing., Charlottenburg, Wielandstr. 49, II.

Krumreich Emil, Ministerialamtmann, Berlin-Friedenau, Ringstr. 48 I.

Kruth, Paul, Masch.-Ingenieur, Hamburg 30, Eppendorfer Weg 211 III.

Kucharski, Walther, Ingenieur der Vulcanwerke, Hamburg, Gryphiusstr. 9.

Küchler Paul, Marinebaumeister, Kücknitz, Post Waldhausen.

510 Kuck Franz, Marine-Oberbaurat, Kiel, Feldstr. 134.

Kuehn Richard, Schiffbau-Ingenieur, Friedrichshafen a. Bodensee, Masch. u. Schiffb. G. m. b. H.

Kühne, Ernst, Oberingenieur, Bremen, Brückenstraße 41.

Kühnke, Marinebaurat, Bremen, Bulthauptstraße 21.

Kuhlmann, A., Betriebs-Oberingenieur der A.-G. „Weser‟, Bremen 13, Werftstr. 24.

515 Kuhlmann, Lothar, Ingenieur, Direktor der Schiffswerft A.-G., Linz a. D., Havenstr. 61.

Kurgas, Erich, Dipl.-Ing., Ober-Ingenieur der A.-G. „Weser‟, Bremen, Wachmannstr. 5.

Kuschel, W., Schiffbau-Oberingenieur, Hamburg, Moltkestr. 47.

Kutzner, Reg.-Baumeister, Wilhelmshaven, Kurzestr. 9.

Laas, Walter, Professor für Schiffbau an der Techn. Hochschule, Charlottenburg, Berliner Straße 171/172.

520 Lafrenz, Carl, Maschinenbau-Ingenieur, Neumühlen Dietrichsdorf, Schwentiner-Str. 11.

Laible, Friedrich, Ingenieur, Elbing, Altstädtische Wallstr. 13.

Lange, Alfred, Dipl.-Ing., Schiffbau-Betriebs-Ingenieur, Hamburg 30, Moltkestr. 47 part.

Lange, Claus, Schiffsmaschinenbau-Ingenieur, Neumühlen-Dietrichsdorf, Tiefe Allee 22.

Lange, Heinrich, Schiffbau-Ingenieur, Blankenese b. Altona, Friedrichstr. 10.

525 Lange, Johs., Dipl.-Ing., Regierungsrat, Charlottenburg, Röntgenstr. 14.

Langen, O. H., Dipl.-Ing., Bremen, Straßburger Straße 9.

Lankow, E., Ingenieur, Elbing, Äuß. Mühlendamm 20.

Laudahn, Wilhelm, Oberregierungsrat, Berlin-Lankwitz, Meyer-Waldeck-Straße 2.

Laurin, L., Werftdirektor, Lysekil, Schweden.

530 Lauster, Immanuel, Dr.-Ing., Direktor der M. A. N., Augsburg, Frölichstr. 14.

Läzer, Max, Schiffbau-Ingenieur, Kiel, Lornsenstraße 50.

Lechner, E., Marinebaumeister a. D., Generaldirektor, Köln-Bayenthal, Oberländer Ufer 118.

Lehm, Karl, Dipl.-Ing., Werftdirektor, Emden, Nordseewerke.

Lehr, Julius, Regierungsbaumeister a. D., Berlin W, Tauentzienstr. 11.

535 Leisner Ad., Schiffbau-Ingenieur, Kiel, Niemannsweg 32.

Lempelius, Ove, Dipl.-Ing., Oberingenieur der Flensburger Schiffb.-Ges., Flensburg, Schiffbrücke 57.

Leucke, Otto, Dr. phil., Dipl.-Ing., Direktor der Vereinigten Elbe-Norderwerft A.-G., Hamburg, Beim Andreasbrunnen 4.

Leux, Ferdinand, Boots- und Yachtwerft, Frankfurt a. M.-Niederrad.

Levin Friedr., Marinebaurat, Wilhelmshaven, Viktoriastr. 29.

540 Leymann, Hermann, Dipl.-Ing., Parchau (bei Burg bei Magdeburg), Klusbrücke.

Lienau, Otto, Professor, Dipl.-Ing., Oliva bei Danzig, Cöllner Landstr. 16.

Lilie, Arthur, Ingenieur, Danzig, Schichauwerft.

Lincke, Barnim, Dipl.-Ing., Züllchow, Pommern, Schloßstr. 18.

Lindbeck, J., Marineingenjör, Stockholm, Schweden, Marinförvaltningen.

545 Lindemann, Ehrich, Schiffbau-Ingenieur, Kiel-Wellingdorf, Rosenfelder Str. 26.

Lindenau, Paul, Werftbesitzer, Schiffswerft, Memel-Süderhuk, Festungstr. 4.

Linder, Ernst, Direktor, Stettin, Kaiser-Wilhelm-Straße 12.

Lindfors, A. H., Ingenieur, Alingsas b. Gothenburg, Schweden, Strand 3.

Linker, B. C., Zivilingenieur, Vertreter von Krupp, Hamburg, Trostbrücke.

550 Lippold, Fr., Schiffbau-Oberingenieur der Vulcan-Werke, Hamburg, Schröderstr. 17.

Loesdau, Kurt, Marinebaurat a. D., Breslau, Schloßplatz 9.

Löflund, Walter, Marinebaurat, Kiel, Holtenauer Str. 73.

Löfvén, Erik Elias, Marinebaumeister, Stockholm, Upplandsgatan 13 B.

Lohmann, Otto, Dipl.-Ing., Hamburg 20, Siemssenstr. 1.

555 Lommatzsch, Erich, Dipl.-Ing., Stettin, Grabower Str. 22.

Lorenzen, L., Ingenieur bei Blohm & Voß, Hamburg 36, Fehlandstr. 46/48.

Lösche, Joh., Marine-Oberbaurat, Wilhelmshaven, Kaiserstr. 104.

Losehand, Fritz, Maschinen-Ingenieur, Kiel, Germania-Werft.

Lottmann, Marinebaurat, Wilhelmshaven, Parkstr. 27.

560 Ludasi, Viktor, Dipl.-Ing., Oberingenieur der Ganz & Co., Danubius A. G., Budapest X, Köbányai ut 31.

Ludwig, Emil, Ingenieur, Hamburg 13, Grindelhof 56.

Ludwig, Friedrich, Oberingenieur, Bürochef der A.-G. „Weser", Bremen, Parkallee 199a.

Ludwig, Karl, Dipl.-Ing. Direktor a. D., Hamburg 37, Hansastr. 65.

Lüngen, Erich, Dipl.-Ing., Kiel, Lornsenstr. 43.

565 Lühring, F. W., Mitinhaber d. Fa. C. Lühring, Schiffswerft, Kirchhammelwarden a. d. Weser.

Lürssen, Otto, Ingenieur, Aumund-Vegesack, Bootswerft.

Machule, Joh., Oberingenieur, Charlottenburg, Mommsenstr. 22.

Mahler, Heinrich, Dipl.-Ing., Berlin-Charlottenburg, Kaiser-Friedrich-Str. 47.

Mainzer, Bruno, Betriebsdirigent d. Reichswerft, Kiel, Fährstr. 28.

570 Malisius, Paul, Marine-Oberbaurat, Wilhelmshaven, Kaiserstr. 38.

Martins, Ludwig, Schiffbau-Ingenieur und Schiffsbesichtiger des Germ. Lloyd, Kiel, Wilhelminenstr. 14b.

Marx, Wilh., Ingenieur, stellvertr. Bürochef der A.-G. „Weser" Bremen, Bürgermeister-Smidt-Platz 6.

Matthaei, Wilhelm, O., Dr.-Ing., Berlin-Charlottenburg, Galvanistr. 7.

Matthias, Franz, Dr.-Ing., Zoppot, Wäldchenstraße 44.

575 Matthiessen, Paul, i. F. Hamburger Dockbaubüro G. m. b. H., Blankenese, Caprivistraße 11.

Mau, W., Dipl.-Ing., Elmshorn, Kaltenweide 141.

Medelius, Oskar Th., Betriebs-Ingenieur, Göteborg, Mek. Verkstad.

Mehle, Hans, Oberingenieur, Dresden, Rohrfelderstr. 84.

Meier, B., Schiffbau-Ingenieur, Fried. Krupp A.-G. Germaniawerft, Kiel-Elmschenhagen, Kiefkampfstr. 6.

580 Meier, Bruno, Schiffbau-Oberingenieur d. Vulcan-Werke Hamburg, Blankenese, Wedeler Chaussee 81.

Meinke, Hugo, Schiffsmaschinenbau-Ing., Odense Stoa Iskibsværft, Odense, Dänemark.

Meisemann, Hans, Dipl.-Ing., Berlin W 30, Viktoria-Luiseplatz 12.

Meisner, Erich, Marinebaurat, Charlottenburg, Hardenbergstr. 13.

Menadier, Marinebaumeister, Hamburg-Alt-Rahlstedt, Ohlendorfstr. 17.

585 Mendelssohn, Franz, Marinebaumeister, Zoppot, Schäferstr. 12.

Menke, Hermann, Ingenieur, Hamburg 37, Isestr. 29.

Mennicken, E., Rechnungsrat, Berlin-Steglitz, Stubenrauchplatz 3.

Mentz, Walter, Professor an der Techn. Hochschule, Zoppot, Kronprinzenstr. 10.

Merten, Paul, Ing., Hamburg 1, Besenbinderhof 71/72.

590 Methling, Marine-Oberbaurat, Steglitz, Sedanstr. 12.

Meyer, Alfred, Maschinen-Ing., Kopenhagen, Humlebacksgade 8.

Meyer, Bernhard, Dipl.-Ing., Papenburg a.d.Ems.

Meyer, C., Dipl.-Ing., Hamburg 23, Landwehr 75.

Meyer, Erich, Dipl.-Ing., Elbing, Bismarck-straße 15.

595 Meyer, F., Schiffbau-Ingenieur, Danzig, Schichau-Werft, Hansaplatz 2.

Meyer, Franz Jos., Schiffbau-Ingenieur, i. Fa. Jos. L. Meyer, Papenburg.

Meyer, H., Dr.-Ing., Dipl.-Ing., Stettin, Pölitzer Str. 16.

Michael, Alfred, Oberingenieur der Atlaswerke, Bremen, Mathildenstr. 9.

Michaeli, Erich, Marinebaumeister, Zoppot b. Danzig, Königstr. 2.

600 Michelbach, Jos., Schiffsmaschinenbau-Ingenieur, Hamburg, Mönckebergstr. 17.

Mierzinsky, Hermann, Dipl.-Ing., Dessau, Poststr. 8.

Minnich, Fritz, Schiffbau-Ingenieur, Danzig, Schnitensteg 5.

Misch, Ernst, Zivilingenieur, Berlin-Groß-Lichterfelde-West, Karlstr. 32.

Mladiáta, A. Johannes, Marine-Schiffbau-Oberingenieur, Budapest, Jbl. Miklos ut 8.

605 Mohr, Hans, Marinebaurat, Altona, Flottbeker Chaussee 176.

Mölle, Rechnungsrat, Nowawes, Heinestr. 9.

Möllenberg, E., Dipl.-Ing., Schiffbau-Ingenieur, Rüstringen i. O., Leipnitzstr. 9.

Möller, J., Schiffbaumeister, Rostock, Friedrich-Franz-Str. 36.

Möller, W., Ingenieur für Schiff- u. Maschinenbau, Hamburg, Baumwall 9.

610 Molsen, Jan, Ingenieur, Direktor der Hafendampfschiffahrt-A.-G., Hamburg 39, Eppendorferstieg 8.

Momber, Bruno, Dipl.-Ing., Maschinenbau-Direktor der A.-G. „Weser“, Bremen, Holbeinstraße 14.

Mötting, Emil, Direktor d. Dampfschiffahrts-Gesellschaft Argo, Bremen, Langestr. 104/106.

Mrazek, Jaroslav, Schiffbau-Ingenieur, Triest, Austria-Werft.

Mugler, Julius, Marine-Oberbaurat, Berlin W 30, Berchtesgadener Str. 12.

615 Müller, A. C. Th., Oberingenieur und Prokurist der Firma F. Schichau, Elbing.

Müller, Carl, Schiffbau-Oberingenieur, Abteilungs-Vorsteher des Germanischen Lloyd, Berlin-Grunewald, Hubertus-Allee 3.

Müller, Emil, Chefingenieur d. Joh. C. Tecklenborg A.-G., Geestemünde, Borriesstr. 16.

Müller, Ernst, Professor, Diplom-Schiffbau-Ingenieur, Technische Staatslehranstalten, Bremen, Rheinstr. 6 pt.

Müller, F. H. W., Schiffbau-Ingenieur, Besichtiger des Germ. Lloyd, Geestemünde, Am Deich 18.

620 Müller, Gustav, Schiffbau-Ingenieur bei der A.-G. „Weser“, Bremen, Utbremerstr. 63 III.

Müller, Max, Zivilingenieur i. F. Paul Matthiesen u. Max Müller, Hamburg, Hamburger Dockbaubüro, Trostbrücke 2.

Müller, Paul, Schiffsmaschinenbau-Ingenieur, Rüstringen i. O., Schulstr. 58.

Müller, Paul Friedrich Carl, Oberingenieur und Chef der Abtlg. Maschine d. Hamburg-Südamerikan. Dampfschiffahrts-Ges., Hamburg 22, Richardstr. 48.

Müller, Rich., Geh. Oberbaurat, Abteilungschef im Reichswehrministerium (Marineleitung), Berlin-Wilmersdorf, Spessartstraße 13.

Mundt, Robert, Direktor d. Bayerischen Schiff- 625 bau-Ges. m. b. H. Erlenbach a. Main, Bayern.

Nagel, Joh. Theod., Schiffsmaschinenbau-Ingenieur, Hamburg, Wagnerstr. 48.

Naglo, Fritz, Dipl.-Ing., Inhaber der „Naglo-Werft“, Weinmeisterhorn bei Pichelsdorf-Spandau.

Neeff, Fritz, Dipl.-Ing., Bremen, Wachmannstraße 72.

Neesen, Marinebaumeister a. D., Altona, Moltkestr. 186. 630

Neß, Artur, Ingenieur, Hamburg 22, Hamburger Straße 164.

Nettmann, Paul, Dr.-Ing., Beratender Ingenieur für allgemeines Verbrennungs-Kraftwesen, Cöln, Kleingedanktstr. 11.

Neugebohrn, Carl, Dr.-Ing., Bergedorf, Roonstraße 9.

Neukirch, Fr., Zivilingenieur, Maschineninspektor d. Germanischen Lloyd, Bremen 6, Kattenesch.

Neumann, Bernhard, Schiffbau-Ingenieur, Asuncion, Paraguay, Casilla de Corso 75. 635

Neumeyer, W., Ingenieur, Bremen, Lortzingstraße 24.

Nielsen, Johannes, Schiffbau-Ingenieur, Kiel, Klopstockstr. 11.

Nilsson, Nils Gustaf, Chef des Kgl. Kommerskollegiums, Fahrzeugabteilung, Stockholm.

Nippraschk, Bruno, Schiffsmaschinenbau-Ingenieur, Stettin. Prinseßstr. 1.

Nitsch, Josef, Schiffsmaschinenbau-Ingenieur, Dresdener Maschfbk. und Schiffswerft, Dresden-Übigau. 640

Noack, Ulr., Schiffbau-Dipl.-Ing., Technische Staatslehranstalten, Bremen, An der Aue 2.

Nott, W., Wirkl. Geheimer Marinebaurat a. D., Goslar, Bismarckstr. 7.

Nüßlein, Georg, Dipl.-Ing., Bremen, Waller Heerstr. 33.

Oeding, Gustav, Oberinspektor u. Prokurist des Nordd. Lloyd, Techn. Betrieb, Bremerhaven, Bürgermeister-Smidt-Str. 150.

Oelkers, Otto, Schiffbau-Ingenieur, Mitinhaber der Schiffswerft J. Oelkers, Neuhof a. Reiherstieg b. Hamburg.

Oertz, Max, Dr.-Ing., Direktor der Oertz-Werke, 645 Hamburg, An der Alster 84.

Oesten, Karl, Stellvertretender Schiffbau-Direktor der Fr. Krupp A.-G., Germaniawerft, Kiel, Niemannsweg 96.

Oestmann, C. H., Ober-Ingenieur, Elbing, Königsberger Str. 16.

Ofterdinger, Ernst, Technischer Direktor der deutschen Levantelinie, Dockenhuden bei Blankenese (Elbe), Weddigenstr. 3.

Oloff, Ernst, Dipl.-Ing., Elbing, Innerer Mühlendamm 4c.

Oppenheimer, Emanuel, Reg.-Baum., Schiff- 650 bau-Betriebsleiter der Vereinigten Elbe-Norderwerft, Hamburg.

Orbanowski, K., Generaldirektor, Berlin W 9, Bellevuestr. 14.

Ornell, Niels J., Oberlehrer für Schiffbau in Bergens Tekn. Skole, Bergen, Harald Haarfagersgade 4.

Ortlepp, Max W., Schiffbau-Ingenieur, Elbing, Bismarckstr. 7.

Ott, Julius, Ingenieur, Schweizer Schleppschiffahrtsgenossenschaft, Basel.

655 Otte, Rudolf F. W., Ingenieur-Kaufmann, Mitinhaber d. Firma Hoeck, Otte & Co., Hamburg-Bremen, Hamburg 37, Klosterallee 23.

Otto, Walther, Marinebaumeister, Berlin-Dahlem.

Overbeck, Paul, Stellv. Direktor der A.-G. „Weser", Bremen, Schönhausenstr. 8.

Paatzsch, Gustav, Betriebs-Ingenieur, Hamburg, Finkenwärder.

Paech, Hermann, Marinebaurat, Hamburg-Gr. Flottbek, Brahmsstr. 1.

660 Pagel, Carl, Professor, Techn. Direktor des Germanischen Lloyd, Berlin NW 40, Alsenstraße· 12.

Paradies, Reinh., Ingenieur, Hamburg 30, Eidelstedter Weg 3.

Paulsen, H., Ingenieur, Hamburg, Wrangelstraße 3.

Peltzer, Franz Ferdinand, Dipl.-Ing., Sterkrade, Rhld. Kirchhellenstr. 48.

Penserot, Ludw., Dipl.-Ing., Höchst-Lossenheim a. Main, Höchsterstr. 49.

665 Pero, E., Schiffbau-Oberingenieur, Stettin, Königsplatz 15.

Peters, A., Regierungsbaurat, Kassel, Obere Königstr. 29.

Peters, Franz, Oberingenieur, Maschinenfabrik und Schiffswerft Übigau, Dresden-A., Glacisstraße 3.

Peters, Karl, Betriebs-Ingenieur, Kiel, Lornsenstr. 48.

Petersen, Ernst, Ingenieur, Hamburg 37, Klosterallee 63.

670 Petersen, Fr. Alb., Ingenieur, Maschinen-Besichtiger des Germ. Lloyd, Hamburg, Vorsetzen 35.

Petersen, Hans, Dipl.-Ing., Regierungsbaumeister, Hamburg 39, Flemmingstr. 9.

Petersen, Lorenz, Schiffbau-Ingenieur, Hamburg 13, Heinrich-Barthstr. 29.

Petersen, Martin, Ingenieur, Abteilungschef der Fried. Krupp A.-G.-Germaniawerft, Elmschenhagen b. Kiel, Kruppallee 30.

Petersen, Otto, Marine-Oberbaurat, i. F. Ludwig Dürr, Ingenieurbüro G. m. b. H., Icking bei München.

675 Peuss, Franz, Werftdirektor, Elsfleth, Friedrich-August-Str. 15.

Pfeiffer, Adolf, Ingenieur, Berlin NW 87, Hansa-Ufer 2 II.

Pilatus, Rich., Geh. Marinebaurat z. D., Rostock-Gehlsdorf.

Pischon, Walter, Dipl.-Ing., Hamburg-Uhlenhorst, Averhoffstr. 24.

v. Plato, Felix, Ingenieur der Libauer Eisen- und Stahlwerke, Boicker & Co., Riga, Kirchenstr. 32.

680 Plehn, Geheimer Marinebaurat, Danzig, Große Allee 44.

Poeschmann, C. R., Ingenieur, Freudenstadt i. Württ., Villa Elsa.

Pogatschnig, Jos., Schiffbau-Ing., Elbing, Sonnenstr. 66.

Pohl, A., Ingenieur, Altona-Othmarschen, Moltkestr. 75.

Pophanken, Dietrich, Maschinenbau-Direktor, Mitglied d. Direktoriums d. Marinewerft Wilhelmshaven, Bismarckstr. 106.

685 Popp, Michael, Dipl.-Ing., Hamburg 23, Rückertstraße 52.

Poppe, Carl, Betriebsingenieur der A.-G. „Weser", Bremen 13, Werftstr. 22.

Popper, Siegfried, Generalingenieur i. P., Prag V, Josefstädter Str. 4.

Prachtl, Guido, Dipl.-Ing., Betriebsleiter d. Danziger Werft, Danzig-Langfuhr, Rückertweg 14.

Praetorius, Paul, Dr.-Ing., Marinebaurat a. D., Darmstadt, Heidelberger Str. 81 3/10.

690 Preiss, Günther, Schiffbau-Ingenieur, Hamburg, Ifflandstr. 53.

Preße, Paul, Geheimer Oberbaurat, Berlin-Wilmersdorf, Konstanzer Str. 56.

Preuß, A. F. W., Direktor u. Vorstandsmitglied der Stettiner Oderwerke, Stettin, Gießereistr. 17.

Probst, Martin, Dr.-Ing., Hamburg, Innocentiastr. 49.

Pröll, Arthur, Dr.-Ing., Professor an der Technischen Hochschule, Hannover, Militärstr. 18.

695 Protz, Ad., Ingenieur, Elbing, Innerer Mühlendamm 4b.

v. Radinger, Carl Edler, Ing., Geschäftsführer der Westdeutschen Celluloidwerke, Düsseldorf-Oberkassel, Kaiser Wilhelm-Ring 12.

Rahn, F. W., Schiffbau-Ingenieur, 312. N. 4th St. Camden, New Jersey, „New York Shipbuilding Co.", Verein. Staaten von Nord-Amerika.

Rappard, Jhr. C. van, Direktor van's Rijskwerf. Hellevoetsluis.

Rasmussen, A. H. M., Direktor im Kgl. Dänischen Handels- u. Schiffahrtsministerium, Kopenhagen, K. Skt. Anna Plads 18.

700 Rasmussen, Henry, Yacht-Konstrukteur, Mitinhaber der Firma Abeking & Rasmussen, Lemwerder a. d. Weser, Vegesack, Bremerstr. 30.

Rath, Geheimer Konstr.-Sekretär, Berlin-Steglitz, Schloßstraße 17.

Rau, Fritz, Oberingenieur der Automobil- und Aviatik A.-G. Leipzig, Heiterblick, Kronprinzenstr. 5.

Rauert, Otto, Dipl.-Ing., Hamburg 25, Ober-Borgfelde 15.

Rechea, Miguel, Ingeniero Naval, Ferrol, Real 145, Spanien.

705 Rehder, M., Dr.-Ing., Oberingenieur d. Reichswerft, Kiel, Waldemarstr. 7.

Reichert, Gustav, Dipl.-Ing., Kiel, Kleiststr. 27.

Reimers, H., Marine-Oberbaurat, Düsseldorf, Kronprinzenstr. 48.

Rembold, Viktor, Dipl.-Ing., Oberingenieur der Deutschen Werke A.-G. Kiel, Reventlow-Allee 5

Renner, Felix, Dipl.-Ing., Chef-Ingenieur bei Schlubach, Thiemer & Co., Hamburg, Reinbeck b. Hamburg, Rilleweg.

710 Richter, Otto, Schiffbau-Ing., Bremen 13, Gröpelinger Heerstr. 413.

Riechers, Carl, Oberingenieur u. Betriebsleiter d. Maschinenbau-Abtlg. der Firma F. Schichau, Elbing, Brandenburgerstr. 1.

Rieck, John, Dipl.-Ing., Konstrukteur d. A.-G. „Weser", Gut Aumund b. Vegesack.

Riecke, Regierungsbaurat, Heidelberg, Erwin Rohdestr. 6.

Riemeyer, Marinebaurat, Lehe, Kronprinzen-Allee 40.

715 Rieppel, Paul, Dr.-Ing., Professor, München, Freimann Kruppwerke.

Rieseler, Hermann, Oberingenieur d. Fa. H. Maihak A.-G., Hamburg, Andreasstr. 31.

Riess, O., Dr. phil., Geheimer Regierungsrat, Berlin W 62, Courbièrestr. 2.

Rindfleisch, Max, Werftdirektor, Lehe, Hafenstraße 139.

Roch, Eugen, Dr.-Ing., Hamburg 1, Ferdinandstraße 29.

720 Roehrig, Hellmuth, Dipl.-Ing., Stadtbauinspektor, Bremen, Schubertstr. 20.

Roellig, Martin, Marinebaurat, Stettin, Kantstr. 9.

Roeser, Kurt, Dr.-Ing., Schiffbau-Ingenieur, Essen-Rellinghausen, Hagelkreuz 26.

Roesler, Leonhard, Baurat der Binnenschiffahrts-Inspektion im Handelsministerium, Wien XVIII/3, Hochgasse 84.

Rohlffs, Carl, Maschineninspektor beim Germ. Lloyd, Hamburg 25, Hagenau 82.

725 Rohlffs, Willy, Ingenieur, Neu-Rahlstedt, KaiserFriedrich-Str. 11.

Romberg, Friedrich, Geheimer Regierungsrat, Professor a. d. Techn. Hochschule zu Berlin, Nikolassee b. Berlin, Teutoniastraße 20.

Rose, Konrad, Ingenieur, Blumenthal in Hannover, Lüssumerstr. 20.

Rosenberg, Conr., Direktor, Bremerhaven, Bürgermeister-Smidt-Str. 60.

Rosenberg, Max, Amtl. Schiffs- u. Maschinenbesichtiger, Bremerhaven, Bogenstr. 19.

730 Rosenstiel, Rud., Direktor der Schiffswerft von Blohm & Voß, Hochkamp b. Klein-Flottbek, Bahnstr. 10.

Roßmann, Wilhelm, Ministerial-Amtmann, Berlin-Steglitz, Mommsenstr. 26.

Roth, C., Oberingenieur, Elbing, Arndtstr. 5.

Rothardt, Otto, Schiffbau-Oberingenieur d. Hamburg-Amerika-Linie, Hamburg, Hofweg 24 hpart.

Rother, Eugen, Oberingenieur, Mannheim-Ostheim, Kaiserring 20.

735 Rücker, Wilhelm, Dipl.-Ing., Oberingenieur d. Travewerkes, Lübeck, Roeckstr. 48.

Rudloff, Johs., Dr.-Ing., Wirkl. Geheimer OberBaurat und Professor, Berlin-Halensee, Joachim-Friedrich-Str. 32.

Runkwitz, Arthur, Maschinenbau-Ingenieur, Kiel, Hasseldieksdammer Weg 11.

Sachsenberg, Ewald, Dr.-Ing., Professor d. Neuen Techn. Hochschule, Dresden.

v. Saenger, Wladimir, Schiffbau-Ingenieur, Helsingfors, Fabiansgatan 11.

740 Salfeld, Paul, Marinebaurat, Kiel, Franckestr. 4.

Saiuberlich, Th., Vorstandsmitglied und technischer Direktor der Adlerwerke, vorm. Heinr. Kleyer, A.-G., Frankfurt a. M., Forsthausstraße 107a.

Sartorius, Rechnungsrat, Nowawes, Heinestr. 7.

Saßmann, Friedrich, Schiffbau-Ingenieur, Mannheim, Schimperstr. 4.

Schaefer, Karl, Ingenieur, Oliva bei Danzig, Kronprinzen-Allee 42.

745 Schäfer, Dietrich, Dr.-Ing., Baurat, Ministerialrat im Reichsschatzministerium, Berlin-Steglitz, Friedrichstr. 7.

Schäfer, Paul, 'Schiffsmaschinenbau-Ingenieur u. Bürochef d. Joh. C. Tecklenborg A.-G., Langen Nr. 141, Bez. Bremen.

Schaffran, Karl, Dr.-Ing., Vorsteher der Schiffbauabteilung d. Versuchsanstalt für Wasserbau und Schiffbau, Berlin NW 23, Siegismundhof 16.

Schalin, Hilding, Maschinen-Zivilingenieur, Göteborg.

Schätzle, Jos. H., Ingenieur, Hamburg, i. Fa. Blohm & Voß.

Schatzmann, Edwin, Marinebaurat, Wilhelmshaven, Kaiserstr. 17.   750

Schaumann, Schiffbau-Oberingenieur, Kitzeberg b. Kiel.

Schellenberger, F. J., Direktor d. Bayerischen Schiffbau-Ges. m. b. H. vorm. Anton Schellenberger, Erlenbach a. Main.

Scherbarth, Franz, Dipl.-Ing., Stettin, Grabower Str. 12.

Scheunemann, Georg, Schiffbau-Ingenieur, Stettin, Derfflingerstr. 20.

Scheurich, Th., Marine-Oberbaurat, Kiel, Werftstraße 118.   755

Schilling, Paul, Dipl.-Ing., Berlin NW 52, Werftstraße 11.

Schirmer, C., Geheimer Marinebaurat, Wilhelmshaven, Montsstr. 4.

Schirmer, Georg, Marinebaumeister, Oberingenieur der Fa. Meirowsky & Co. A.-G., Porz a. Rh., Bez. Cöln, Meirowskystr.

Schirokauer, Felix, Dipl.-Ing., Germanischer Lloyd, Berlin NW 40, Alsenstr. 12.

Schlichting, Marinebaurat, Wilhelmshaven, Bismarckstr. 108.   760

Schlie, Hans, Dipl.-Ing., Kiel, Kirchhofsallee 29.

Schlueter, Fr., Marinebaurat a. D., Berlin W 15, Uhlandstr. 43.

Schmedding, Ad., Marinebaumeister, Alt-Rahlstedt b. Hamburg, Waldstr. 50.

Schmeißer, Marinebaurat, Berlin-Schöneberg, Wexstr. 63.

Schmid, Karl, Ingenieur und Fabrikbesitzer, Hamburg 36, Alsterufer 9.   765

Schmidt, Eugen, Oberregierungsbaurat, Kiel, Holtenauer Str. 65.

Schmidt, Harry, Geheimer Marinebaurat, Wilhelmshaven, Adalbertstr. 26.

Schmidt, Heinrich, Marine-Oberbaurat, Wilhelmshaven, Adalbertstr. 26.

Schmidt, Reinhold, Dr.-Ing., Werftdirektor, Danzig-Zoppot, Seestr. 31.

Schmidt, Rudolf, Dr.-Ing., Mitinhaber d. Firma Steuß & Bauer, Bremen, Benquestr. 10.   770

Schmidt, Willy Oskar, SchiffsmaschinenbauIngenieur, Danzig, Vorstädtischer Graben 31.

Schmiedeberg, Wilhelm, Ingenieur Stettin-Grabow, Gießereistr. 25.

Schnabel, E., Dipl.-Ing., Kiel, Königsweg 38.

Schnapauff, Wilh., Professor, Rostock, Friedrich-Franz-Str. 2.

Schneider, Friedrich, Marinebaurat, Bad Schwartau.   775

Schneider, F., Schiffbau-Ingenieur, Hamburg 8, Holzbrücke 8.

Schneider, Julius, Dipl.-Ing., Hamburg, Eilbektal 80 II.

Schokking, J C. S., Oberingenieur der Königl. Niederl. Marine, Helder (Holland).

Scholz, Wm., Dr., Dipl.-Ing., Direktor der Deutschen Werft A.-G., Hamburg 21, Petkumstraße 21.

Schönherr, Paul, Ingenieur, Germaniawerft, Kiel-Gaarden, Herderstr. 7.   780

Schoeneich, Hugo, Dr.-Ing., Regierungsrat, Spandau, Plantage 10/11.

Schoening, Hermann, Fabrikbesitzer, Berlin-Borsigwalde, Spandauer Str. 51/60.

Schotte, Friedrich, Marinebaumeister, Kiel, Reventlow-Allee 14.

Schowalter, Johannes, Dipl.-Ing., Hamburg 19, Eichenstr. 62.

785 Schreck, H., Ingenieur, Hamburg, Eppendorfer Weg 62.

Schriever, L., Ingenieur u. Baubeaufsichtigender des Nordd. Lloyd, Danzig-Langfuhr, Althoffweg 13.

Schröder, Hans, Oberingenieur der „Dinos"-Automobilwerke A.-G. Zweigniederlassung Swinemünde, Kurparkstr. 8.

Schröder, Hermann, Dipl.-Ing., Assistent d. Techn. Hochschule in Danzig-Langfuhr, Am Johannesberg 1.

Schröder, Paul, Schiffbau-Ingenieur, Hamburg 19, Emilienstr. 55.

790 Schroeder, Richard, Betriebsingenieur der Schichau-Werft, Danzig, Große Allee 36.

Schubert, E., Schiffbau-Ing., Hamburg 19, Eichenstr. 19.

Schuldt, Georg, Dipl.-Ing., Stralsund, Werftstraße 9a.

Schultenkämper, Fr., Werftbesitzer, Elmshorn, Thormählen-Werft.

Schulthes, K., Marinebaurat a. D., Vertreter der Fried. Krupp A.-G., Berlin-Halensee, Kurfürstendamm 97/98.

795 Schultz, Alwin, Schiffsmaschinenbau-Oberingenieur, Werft von Joh. C. Tecklenborg, Akt.-Ges., Geestemünde.

Schultz, Heinrich, Dipl.-Ing., Ober-Ing. bei der Werft von Blohm & Voß, Hamburg, Schrötteringksweg 14.

Schulz, Bruno, Marine-Oberbaurat, Berlin-Wilmersdorf, Holsteinische Str. 26.

Schulz, Carl, Schiffbau-Ingenieur, Hamburg, Claudiusstr. 33.

Schulz, Carl, Ingenieur, Betriebschef der Kesselschmiede und Lokomotivfabrik F. Schichau, Elbing, Trettinkenhof.

800 Schulz, Christian, Marinebaurat, Wilhelmshaven, Reichswerft.

Schulz, Paul, Oberingenieur, Stettin, Kaiser-Wilhelm-Str. 93.

Schulz, Richard, Dipl.-Ing., Regierungsrat, Erfurt, Brühlerstr. 38a.

Schulze, Bernhard, Ingenieur und Masch.-Inspektor des Germanischen Lloyd, Dortmund, Viktoriastr. 8.

Schulze, Fr. Franz, Werftdirektor der 1. priv. Donau-Dampfschiffahrts-Gesellschaft, Budapest III, hajógyár.

805 Schumann, Erich, Marinebaumeister, Herne i. Westf., Maschinenbauamt.

Schürer, Friedrich, Marinebaurat a. D., Buenos Aires, Göttingen, Friedländer-Weg 56.

Schwartz, L., Direktor der Stett. Maschinenbau-Akt.-Ges. Vulcan, Hamburg, Heilnigstraße 88.

Schwarz, Tjard, Geheimer Marinebaurat a. D., Wandsbek, Freesenstr. 15.

Schwerdtfeger, Schiffbau-Oberingenieur, bei J. W. Klawitter, Danzig-Langfuhr, Große Allee 36.

810 Schwerin, Otto, Marine-Ingenieur beim Reichskommissar für den Wiederaufbau d. zerstörten Gebiete, Berlin-Friedenau, Kaiserallee 108.

Schwiedeps, Hans, Zivilingenieur und Maschinen-Inspektor, Stettin, Bollwerk 12—14.

Seide, Otto, Ingenieur, Bremen, Oldesloer Str. 8.

Seidler, Hugo, Ingenieur, Berlin-Dahlem, Gustav-Meyer-Str., Haus Dreilinden.

Sendker, Ludwig, Schiffbau-Ingenieur, A.-G. „Weser", Bremen, Brückenstr. 25.

815 Severin, C., Oberingenieur, Breslau, Friedrich-Wilhelm-Str. 8.

Sieg, Georg, Regierungsrat, Kiel, Nettelbeckstr. 14.

Siemann, Dr.-Ing., Oberlehrer a. d. techn. Staatl. Lehranstalten, Bremen, Isarstr. 69.

Sievers, C., Ingenieur, Hamburg, Im Gehölz 7.

Sievert, Johannes, Schiffbau-Ingenieur, Mönkeberg b. Kiel, Schöne Aussicht 6/8.

820 Simon, Otto, Dipl.-Ing., Oberingenieur u. Prokurist d. Masch.-Fabr. Buckau-Magdeb. A.-G. Magdeburg, Hohepfortestr. 46.

Skalweit, Dipl.-Ing., Berlin-Wilmersdorf, Mannheimer Str. 32.

Smitt, Erik, Schiffbau-Ingenieur, Gothenburg, Vasaplatsen 8.

Sodemann, Rudolf, Schiffbau-Ingenieur, Hamburg 37, Klosterallee 37.

Sokol, Hans, Direktor, Skoda-Werke, Pilsen, Tschecho-Slowakei.

825 Sombeek, C., Vorstandsmitglied der Securitas-Werke A.-G. für Schiff- u. Maschb. u. Sprengstoffabrikation, Techn. Direktor der Abtlg. Schiffswerft, Harburg a. E., Hamburg, Jordanstraße 51.

Sommer, Aloys, Schiffbau-Dipl.-Ing., Bremen, Karolinenstr. 16.

Spangenberg, Adolf, Ingenieur, Essen-Ruhr, Königsstr. 32.

Spiess, Marinebaurat, Bremen, Gerhardstr. 9.

Spruth, Hans, Dipl.-Ing., Fabrikdirektor a. D., Berlin-Lankwitz, Kaulbachstr. 45.

830 Stach, Erich, Marinebaurat, Berlin-Steglitz, Sedanstr. 20a.

Stammel, Paul, Ingenieur, Hamburg, Neuer Pferdemarkt 33.

Stark, Ernst, Inhaber der Maschinenfabrik Wilh. Stark, Ütersen, Holstein.

Stauch, Adolf, Dr.-Ing., Oberingenieur und Prokurist der Siemens-Schuckert-Werke, G. m. b. H., Berlin-Charlottenburg, Kaiserdamm 113.

Steegmann, Erich, Schiffbau-Ingenieur bei F. Schichau, Elbing, Talstr. 13.

835 Steen, Chr., Maschinen-Fabrikant, Elmshorn, Gärtnerstr. 91.

Steinacker, Andor, Dipl.-Ing., Direktor des Cantiere Navale Triestino, Monfalcone b. Triest.

Steinbach, Erich, Ingenieur, Vorstand der techn. Abteilung der Schiffahrtsabteilung des Reichsverkehrsministeriums, Berlin NW 40, Kronprinzen-Ufer 19.

Steinbeck, Friedr., Ingenieur, Rostock, Georgstraße 14.

Steinberg, Fritz, Schiffbau-Ingenieur, Hamburg, Collaustr. 5.

840 von den Steinen, Carl, Marinebaumeister, Hamburg 24, Erlenkamp 8.

Steiner, F., Techn. Direktor d. Pommern-Werft G. m. b. H., Swinemünde, Seestr. 3.

Stellter, Fr., Schiffbau-Ing., Kiel, Kaistr. 24.

Stern, Fritz, Schiffbau-Ingenieur, Emden, Friesenstr. 9.

Sternberg, A., Geh. Konstr.-Sekretär, Berlin-Schöneberg, Hohenstaufenstr. 67.

845 Stieghorst, Rechnungsrat, Berlin-Wilmersdorf, Weimarische Straße 6.

Stockhusen, Schiffbau-Oberingenieur, Neumühlen-Dietrichsdorf b. Kiel, Augustenstr. 10.

Stöckmann, Otto, Rechnungsrat i. d. Marineleitung, Berlin NW 87, Gotzkowskystr. 30.

Stoll, Albert, Schiffbau-Ingenieur, Stettin, Langestraße 8.

Strache, A., Marine-Oberbaurat, Hermsdorf, Sächsische Schweiz.

850 Strebel, Carlos, Leiter d. Hamburg. Zweig-
bureaus der Atlaswerke, Hamburg, Armgart-
str. 28.

Strehlow, Bernhard, Schiffbau-Dipl.-Ing., Kiel,
Exerzierplatz 12.

Streit, Adolf, Schiffbau-Ingenieur, Elbing, Hindenburgstr. 1.

Strelow, Waldo, Dipl.-Ing., Schiffs- und Schiffsmaschinenbau-Ingenieur, Hamburg, Flemming-
straße 4.

van der Struyf, J., Oberingenieur der Kgl.
Niederländischen Marine, Haag, Laan van
N. Oost-Indie 222.

855 Stülcken, J. C., Schiffbaumeister, i. Fa. H. C.
Stülcken Sohn, Hamburg-Steinwärder.

Süchting, Wilhelm, Dipl.-Ing., Oberingenieur,
Hamburg, Blohm & Voß, Sierichstr. 70.

Süß, Georg, Konstr.-Ingenieur, Zeuthen b. Berlin,
Kurfürstenstr. 36.

Süss, Peter Ludwig, Betriebsingenieur der
Vulcan-Werke, Stettin, Poststr. 39.

Süssenguth, H., Marine-Oberbaurat, Danzig,
Reichs-Werft.

860 Süssenguth, W., Schiffsmaschinenbau-Ingenieur,
Werft von F. Schichau, Elbing.

Sütterlin, Georg, Oberingenieur der Werft von
Blohm & Voß, Hamburg-Blankenese, Schiller-
straße 42.

Techel, H., Dr.-Ing., Oberingenieur der Fried.
Krupp A.-G., Germaniawerft, Kiel, Düsternbrook 160.

Teubert, Wilhelm, Dr.-Ing., Regierungs- u.
Baurat, Minden, Königsglacis 11.

Teucher, J. S., Bremen, Rembrandtstr. 18.

865 Thämer, Carl, Wirkl. Geh. Marine-Baurat, Wilhelmshaven, Prinz-Heinrich-Str. 45.

Thele, Walter, Dr.-Ing., Oberbaurat, Hamburg 23,
Marienthaler Str. 15.

Thilo, Adolf, Zivilingenieur, Stettin, Deutsche
Straße 44.

Thomas, H. E., Dipl.-Ing., Berndorf (Nieder-
Österreich), Klostermannstr. 12.

Thomsen, Peter, Oberingenieur, Kassel, Herku-
lesstr. 9.

870 Tillmann, Max, Dr.-Ing., stellvertr. Direktor,
Hamburg 24, Eilenau 13.

Titz, Alexander, Schiffbau - Oberingenieur,
Zemun, Odelenje za mormarien.

Totz, Richard, Vorstand d. techn. Abt. der 1. priv.
Donau-Dampfschiff.-Ges. und Mar.-Ober-Ing.
d. R., Wien III/2, Hintere Zollamtstr. 1.

Toussaint, Heinr., Oberwerftdirektor der Reichswerft Kiel.

Tradt, M., Dipl.-Ing., Schiffbaudirektor der
Fried. Krupp A.-G., Germaniawerft, Kiel,
Düsternbrook 132.

875 Trautwein, William, Vereidigter Sachverständ.
f. Schiffe u. Schiffsm., Duisburg-Ruhrort,
Harmoniestr. 11.

Truhlsen, H., Geheimer Baurat, Berlin-Friedenau, Wilhelmshöher Str. 7.

Trümmler, Fritz, Inhaber d. Fa. W. & F.
Trümmler, Spezialfabrik für Schiffsausrüstungen
usw., Mülheim a. Rh., Delbrücker Str. 25.

Türk, Richard, Oberingenieur der Vereinigungs-
Ges. Rhein. Braunkohlenbergwerke, Abtg.
Schiffahrt, Wesseling, Bez. Cöln.

Ulffers, Otto, Marinebaurat, Wilhelmshaven,
Prinz-Heinrich-Str. 41.

Ullmann, Th., Dipl.-Ing., Elektrizitätswerk, 880
Mitau, Gräbnerstr. 17, Postfach 103.

Ullrich, J., Zivilingenieur, Hamburg, Steinhöft 3 II.

Ulrichs, Carl, Dipl.-Ing., Bremen, Waller Heer-
straße 48.

Unger, Johannes, Schiffbau-Ingenieur, Bremen,
Freibergerstr. 42.

van Veen, J. S., Schiffbau-Direktor der König-
lich Niederländischen Marine, 's-Gravenhage,
Departement van Marine.

v. Viebahn, Friedrich Wilhelm, Dipl.-Ing., 885
Prokurist der Daimler-Motoren-Gesellschaft,
Vorstand der Schiffsmotoren- und Marine-
Abteilung, Marienfelde b. Berlin, Parallel-
straße 21.

Voges, Hans, Betriebsingenieur, Stettin, Kronenhofstr. 6.

Vogt, Paul, Direktor der Schiffswerft von Gebr.
Sachsenberg, Filiale Köln, Köln-Mühlheim,
Deutz-Mühlheimerstr. 207.

Vollmer, Franz, Schiffbau-Betriebsingenieur der
Stettiner Oderwerke, Stettin, Kronenhofstr. 8.

Vollrath, Willibald, Dipl.-Ing., Oberingenieur der
Deutsch-Lux. B. u. H. A.-G., Abteilung Nordseewerke, Holthusen bei Emden, Zeppelin-
straße 41.

Vos, Bernard, Dipl.-Ing., Direktor der N. V. 890
Internationalen Stalen en gewapend Beton-
Scheepsbouwmatschappij „De Maas“, Slikker-
veer b. Rotterdam.

Voß, Karl, Ingenieur, Warnemünde, Moltkestr. 8.

Vossnack, Ernst, Professor a. d. Technischen
Hochschule, Delft, Holland.

Vrede, Anton, Dipl.-Ing., Hamburg-Eppendorf,
Tarpenbeckstr. 88.

Wach, Hans, Dr.-Ing., Direktor b. Joh. C. Tecklenborg A.-G., Geestemünde.

Waechter, Franz, Schiffbau-Ingenieur und Sach- 895
verständiger der Danziger Handelskammer,
Danzig, Kohlmarkt 9.

Wagner, Heinr., o. ö. Professor der technischen
Hochschule, Schiffbau-Oberingenieur 1. Kl.
a. D., Wien III, Ungargasse 27.

Wagner, Rud., Dr. phil., Schiffsmaschinen-
Oberingenieur, Hamburg, Bismarckstr. 105.

Wahl, Gustav, Schiffbau-Oberingenieur, Kiel,
Feldstr. 90.

Wahl, Hermann, Marine-Oberbaurat a. D.,
Ilmenau in Thüringen, Goethestr. 21.

Walcher, Ernst, Marinebaumeister, Berlin- 900
Dahlem, Ehrenbergstr. 21.

Waldmann, Ernst, Dr.-Ing., Hamburg 39,
Sierichstraße 30.

Wälde, Rudolf, Dipl.-Ing., Hamburg, Vulcan-
Werke.

Walter, J. M., Ingenieur und Direktor, Saarau,
Schlesien, Schloß.

Walter, M., Schiffbau-Direktor, Bremen, Nordd.
Lloyd, Zentralbureau.

Wandel, Fritz, Ingenieur, i. Fa. F. Schichau, 905
Elbing, Friedrich-Wilhelm-Platz 16.

Wandelsleben, Dipl.-Ing., Essen-Ruhr, Zwei-
gertstraße 2.

Weber, Heinrich, Dipl.-Ing., Marinebaumeister,
Berlin-Steglitz, Martinstr. 3.

Wegener, Max, Marinebaurat, Wilhelmshaven,
Reichswerft.

Wehber, Friedr., Zivilingenieur, Kiel, Ringstr. 55.

910 Weichardt, Marinebaurat Bremen, Bürger-
meister-Smidt-Str. 59.
Weidehoff, Georg, Dipl.-Ing., Oberingenieur d.
Maffei-Schwartzkopff-Werke, Hanckels Ablage
b. Zeuthen (Mark), Lindenallee 12.
Weiss, Georg, Geheimer Regierungsrat, Berlin-
Birkenwerder, Bahnhofsallee 14.
Weiß, Leonhardt, Maschinenbau-Oberingenieur,
Berlin NW 40, Moltkestr. 1.
Weiss, Otto, Ingenieur, Berlin W 30, Heilbronner
Straße 10.
915 Weitbrecht, Dr.-Ing., stellvertr. Direktor, Stet-
tin, Vulcanwerft.
Wellmann, Max, Ingenieur, Altona-Elbe, Lan-
genfelder Str. 45.
Wendenburg, H., Marinebaurat a. D., Bremen,
Hohenlohestr. 11a.
Werneke, Paul, Oberingenieur der Schiffswerft
Hitzler, Lauenburg, Bahnhofstr. 5.
Werner, Franz, Dr.-Ing., Direktor der A. B. Oere-
sundsvarvet, Landskrona, Schweden.
920 Westphal, Gustav, Schiffbau-Ingenieur, Fried.
Krupp A.-G., Germaniawerft, Kiel-Gaarden,
Bellmannstr. 15.
Wichmann, Fritz, Marinebaurat, Kiel, Feld-
straße 144c.
Wiebe, Ed., Schiffsmaschinenbau-Ingenieur,
Werft von F. Schichau, Elbing, Sonnenstr. 67.
Wiebe, Th., Schiffsmaschinen-Ingenieur, Büro-
leiter für Handelsschiffsmaschinenbau, Werft
Kiel der Deutschen Werke A.-G.
Wiegand, V., Ingenieur, Danzig, Schichau-
gasse 31.
925 Wieler, Ernst, Schiffbau-Ingenieur, Kiel, Mölling-
straße 2.
Wiemann, Paul, Ingenieur und Werftbesitzer,
Brandenburg a. H.
Wiesinger, W., Geheimer Marinebaurat, Berlin-
Charlottenburg, Schillerstr. 3.
Wiesinger, W., Marinebaurat a. D., Direktor
der Frerichs & Co. A.-G., Einswarden i. O.
Wigankow, Franz, Fabrikant, Charlottenburg,
Kaiserdamm 30.
930 Wigelius, Beratender Ingenieur des Motoren-
baues, Gothenburg, Götaverken.
Wiking, And. Fr., Schiffbau-Ingenieur, Stock-
holm, Folkungsgatan 141.
Willemsen, Friedrich, Schiffbau-Ingenieur und
Besichtiger des Germanischen Lloyd, Düssel-
dorf, Kaiser-Wilhelm-Str. 38.
William, Curt, Geheimer Marinebaurat, Stettin,
Arndtstr. 14.
Wilson, Arthur, Schiffbau-Oberingenieur, Stettin,
Dürerweg 35.
935 Wimplinger, Georg A., Dipl.-Ing., Fabrik-
direktor, Berlin-Südende, Steglitzerstr. 24.
Winter, M., Oberingenieur, Klein-Flottbeck
b. Altona, Wilhelmstr. 7.
Wippern, C., Inspektor des Norddeutschen
Lloyd, Bremerhaven.

Wischer, Herbert, Marinebaumeister, Berlin W 50, 940
Spichernstr. 5/6.
Witt, Friedrich, Oberingenieur, Hamburg 19,
Bismarckstr. 52.
Witte, Gust. Ad., Schiffbau-Ingenieur, Werft von
Heinr. Brandenburg, Blankenese, Strandweg 86.
Wittmaack, H., Dipl.-Ing., Beratender Inge-
nieur, Berlin-Zehlendorf, Schützstr. 45.
Wittmann, Wilhelm, Marinebaurat, Elbing,
Bismarckstr. 2.
Wolfram, Siegfried, Dipl.-Ing., Lesum bei Bre- 945
men, St. Magnusstr. 411.
Wolff, Friedr., Schiffbau-Ingenieur, Neumühlen-
Dietrichsdorf (Holstein), Schwentiner-Str. 15.
Wölke, Hermann, Oberingenieur u. Prokurist der
„Weser"-Handelsgesellschaft, Bremen, Delme-
straße 83.
Worsoe, Wilh., Ingenieur, Germaniawerft, Kiel,
Lerchenstr. 7.
Wulff, D., Ober-Inspektor der D. D.-Ges. Hansa,
Bremen, Altmannstr. 34.
Wurm, Erich, Marinebaurat, Kiel, Holtenauer 950
Str. 129.
Wustrau, H., Marinebaurat, Kiel, Reichswerft.

Zeise, Alf., Senator, Ingenieur und Fabrik-
besitzer, i. Fa. Th. Zeise, Altona-Othmarschen,
Margaretenstr. 43.
Zeiter, F., Professor an den technischen Lehr-
anstalten, Bremen, Bülowstr. 22.
Zeitz, Direktor, Berlin-Steglitz, Johanna-Steegen-
Str. 19.
Zelle, Otto, Oberingenieur d. A. B. Oeresunds- 955
varvet, Landskrona.
Zeltz, A., Schiffbau-Direktor a. D., Bremen,
Olbersstr. 12.
Zeyss, Georg Edgar, Dipl.-Ing., Stellv. Leiter
der Hamburgischen Schiffbau-Versuchsanstalt,
Hamburg 23, Eilbektal 2.
Zickerow, Karl, Schiffbau-Oberingenieur bei
der Lübecker Maschinenbau-Ges., Lübeck,
Schönbekener Str. 24.
Ziegelasch, Dipl.-Ing., Direktor d. Deutschen
Werft, Hamburg, Sierichstr. 72.
Ziehl, Emil, Direktor, Berlin-Weißensee, Wölck- 960
promenade 5.
Zimmer, A. H. A., Ingenieur, Fresendorf, Post
Brodersdorf i. M.
Zimmermann, Erich, Marinebaumeister, Wil-
helmshaven, Bismarckstr. 110.
Zimnic, Josef Oscar, Marine-Oberingenieur,
Wiener-Neustadt, Mühlgasse 11.
Zirn, Karl A., Direktor der Schiffswerft und
Maschinenfabrik vorm. Janssen & Schmilinsky
A.-G., Hamburg, Hochallee 119.
Zöpf, Th., Schiffsmaschinenbau-Ingenieur, Kiel- 965
Wellingdorf, Gabelsbergerstr. 35.
Züblin, Carl, Dipl.-Ing., Geschäftsführer u.
Normenschriftleiter des Handelsschiffs-Normen-
Ausschusses, Hamburg 13, Beneckestr. 20c.

5. Mitglieder.

a) Lebenslängliche Mitglieder:

Andreae, Enno, Gesellschafter u. Geschäfts-
führer der deutschen Bitnamel Gesellschaft
m. b. H., Hamburg, Wandsbeker Chaussee 18.
Arndt, Alfred, Dipl.-Ing., Prokurist der Firma
Eisenwerk Gebr. Arndt, G. m. b. H., Berlin W 35,
Kurfürstenstr. 53.

Arnhold, Eduard, Geheimer Kommerzienrat,
Berlin W 8, Französische Str. 60/61.
Ardelt, Paul, Direktor der Ardeltwerke, G. m.
b. H., Eberswalde.
Ardelt, Robert, Direktor der Ardeltwerke,
G. m. b. H., Eberswalde.

970 v. Bardeleben, Dr. Professor, Berlin W 15,
     Kurfürstendamm 63.
     Benson, Arthur, Direktor d. Fartygsmaterial-
     kontoret, Stockholm, Birger Jarlstorg 11.
     Bergmann, Siegmund, Dr.-Ing., Geh. Baurat,
     Generaldirektor der Bergmann-Elektr.-Werke,
     Berlin N 65, Oudenarder Str. 23/32.
     Biermann, Leopold, Künstler, St. Magnus bei
     Bremen, Hoher Kamp.
     Böninger, Carl F., Direktor der S. K. F. Norma,
     G. m. b. H., Berlin-Grunewald, Menzelstr. 13/15.
975 v. Borsig, Ernst, Kommerzienrat und Fabrik-
     besitzer, Berlin N 4, Chausseestr. 6.
     Boveri, W., i. Fa. Brown, Boveri & Cie., Baden
     (Schweiz).
     Brügmann, Wilh., Kommerzienrat, Hütten-
     besitzer und Stadtrat, Kassel, Ulmenstr. 12 $^1/_2$.
     Buchloh, Hermann, Reeder, Mülheim-Ruhr,
     Friedrichstr. 26.
     Bündgens, Anton, Teilhaber von Bohn & Kähler,
     Kiel, Niemannsweg 137.
980 Burchard, Carl, Fabrikbesitzer, Hamburg 24,
     Papenhuderstr. 6.

     Claussen, Carl Fr., Kaufmann, Gr. Flottbeck-
     Othmarschen, Dürerstr. 8.
     Cuno, Wilhelm, Dr., Geh. Oberregierungsrat a. D.,
     Generaldirektor d. H. A. L., Hamburg, Alster-
     damm 25.

     Edye, Alf., i. Fa. Rob. M. Sloman jr., Hamburg,
     Baumwall 3.
     Ehrhardt, Theodor, Ingenieur und Fabrik-
     besitzer, Vorstandsmitglied der Ehrhardt &
     Sehmer A.-G., Saarbrücken, Winterbergstr. 24.
985 Enström, Axel, Dr. phil., Kommerzienrat,
     Stockholm, Birger Jarlstorg 5.

     Falk, Hans, Ingenieur, Düsseldorf, Bachstr. 15.
     Fehlert, Carl, Dipl.-Ing. und Patentanwalt,
     Berlin SW 61, Belle-Alliance-Platz 17.
     Flohr, Carl, Kommerzienrat und Fabrikbesitzer,
     Berlin N 4, Chausseestr. 35.
     Forstmann, Erich, Kaufmann, i. Fa. Schulte
     & Schemmann und Schemmann & Forstmann,
     Hamburg, Neueburg 12.
990 Fröhlich, Theodor, Maschinenfabrikant, Berlin
     NW 7, Dorotheenstr. 35.

     Geßler, Otto, Dr., Oberbürgermeister, Nürnberg.
     Grünthal, Ingenieur und Mitbesitzer der Eilen-
     berg-Moenting & Co. m. b. H., Schlebusch-
     Monfort, Düsseldorf, Lindemannstr. 8.
     Gruetzner, Fritz, Ingenieur, New Rochelle,
     N. Y., 39 Edgewood Wall.
     v. Guilleaume, Arnold, Kommerzienrat, Köln,
     Sachsen-Ring 73.
995 v. Guilleaume, Max, Kommerzienrat, Köln,
     Apostelnkloster 15.

     Harder, Hans, Landmann, Moritzhagen b. Neuen-
     kirchen auf Rügen.
     Hemsoth, Wilhelm, Reeder, Hamburg, Schauen-
     burgerstr. 37.
     Heß, Henry, Ingenieur, 928 Witherspoon Buil-
     ding, Philadelphia, Pa., U. S. A.
     Heinecken, Phil., Präsident des Norddeutschen
     Lloyd, Bremen.
1000 Herken, Emil, Direktor der Oberschlesischen
     Eisen-Industrie A.-G. für Bergbau u. Hütten-
     betrieb, Zweigstelle Berlin SW 68, Alte Jakob-
     straße 156/157.

von der Heydt, August, Freiherr, General-
     konsul und Kommerzienrat, Elberfeld.
Huldschinsky, Oscar, Fabrikbesitzer, Berlin
     W 10, Matthäikirchstr. 3a.

Jacobi, C. Adolph, Konsul, Bremen, Oster-
     deich 61.
Jercke, Otto, Direktor, Wien I, Franz-Josefs-
     Kai 7/9.
Johnson, Axel Axelsen, General-Konsul, Stock-   1005
     holm, Wasagatan 4.
Johnson, Gustav John, Dr. jur., Kriegsgerichts-
     rat, Stockholm, Jakobsgatan 28.
Johnson, Helge Axsen, Konsul, Stockholm,
     Strandvägan 1.
Jucho, Heinr., Dr.-Ing., Fabrikbesitzer, Dort-
     mund, Limburger Str. 15.

Karcher, Carl, Reeder, i. Fa. Raab, Karcher
     & Co., G. m. b. H., Mannheim P. 7. 15.
Kessler, E., Direktor der Mannheimer Dampf-   1010
     schiffahrts-Gesellschaft, Mannheim, Werder-
     straße 28.
Kiep, Johannes N., Deutscher Konsul a. D.,
     Ballenstedt (Harz), Haus Kiep.
Kosche, Arno, Direktor der H. Maihak A.-G.,
     Hamburg 39, Sierichstr. 90.
Krupp von Bohlen und Halbach, Dr. phil.,
     Außerordentlicher Gesandter und bevollmäch-
     tigter Minister, Essen-Ruhr, Villa Hügel.
Küchen, Gerhard, Dr., Kommerzienrat, Mülheim
     a. d. Ruhr.
Küwnik, Franz A., Kapitän, 928 Hudsonstreet,   1015
     Hoboken, N.-J.

v. Linde, Carl, Dr., Dr.-Ing., Geheimer Hofrat,
     Professor, Thalkirchen bei München.
Ljungmann, Andreas, Dipl.-Ing., Direktor,
     Trollhättan, Schweden.
Loesener, Rob. E., Schiffsreeder, i. Fa. Rob.
     M. Sloman & Co., Hamburg, Alter Wall 20.

Märklin, Ad., Kommerzienrat, Haus Nußberg
     b. Niederwalluf, Rheingau.
Marx, Karl, Architekt, Berlin NW 23, Brücken-   1020
     allee 19.
Meister, Carl, Direktor der Schiffs- u. Maschinen-
     bau-A.-G., Mannheim.
Meuthen, Wilhelm, Direktor der Rheinschiff-
     fahrts-Aktien-Gesellschaft vorm. Fendel, Godes-
     berg b. Bonn a. Rhein.
Moleschott, Carlo H., Ingenieur, Konsul der
     Niederlande, Rom, Via Volturno 58.
Monfort, Jos., Ingenieur und Maschinenfabrik-
     Besitzer, M.-Gladbach.
Müller, Paul, H., Dr.-Ing., Hannover, Harnisch-   1025
     str. 10.

v. Oechelhaeuser, Wilh., Dr.-Ing., General-
     direktor, Dessau.
Oppenheim, Franz, Dr. phil., Fabrikdirektor,
     Wannsee, Friedrich-Carl-Str. 24.

Pahl, Hans, Fabrikbesitzer, Düsseldorf, Mal-
     kastenstr. 5.
v. Parseval, August, Professor, Major z. D.,
     Charlottenburg, Niebuhrstr. 6.
Pekrun, Hermann, Ingenieur und Fabrikbesitzer,   1030
     Coswig in Sachsen.
Pfeiffer, W., Kommerzienrat, Düsseldorf, Hof-
     gartenstr. 12a.

Ravené, Louis, Geheimer Kommerzienrat, Dr.
     phil., Berlin C 19, Wallstr. 5—8.

Ravené, Peter, Prokurist der Ravené schen Firmen, Berlin C 19, Wallstr. 5—8.

Rickmers, P., Generaldirektor der Rickmers Reederei & Schiffbau A.-G., Bremerhaven.

1035 Riedler, A., Dr., Geh. Regierungsrat und Professor, Berlin-Charlottenburg, Techn. Hochschule.

Rinne, H., Mitglied des Vorstandes der Mannesmannröhren-Werke, Düsseldorf, Huckingen (Rhein).

Roer, Paul G., Weimar, Bismarckplatz 3.

Rosenbaum, Bruno, Dipl.-Ing., Berlin-Dahlem, Miquelstr. 34.

Rottgardt, Karl, Dr., Geschäftsführer, Berlin-Dahlem, Fontanestr. 14.

1040 Scheld, Theodor Ch., Technischer Leiter der Firma Th. Scheld, Hamburg 11, Elbhof.

Schnaas, Eugen, Direktor, Berlin W 8, Französische Str. 21.

Seifeddin, Effendi, Prinz, Admiral i. d. türkischen Marine, Konstantinopel.

v. Selve, Walter, Dr.-Ing., Fabrikant und Rittergutsbesitzer, Altena i. W., Villa Altenburg.

Sieveking, Alfred, Dr. jur., Rechtsanwalt, Hamburg, Feldbrunnenstr. 13.

1045 von Skoda, Karl, Freiherr, Ing., Pilsen, Ferdinandstr. 10.

Sloman, Fr. L., Reeder, Berlin-Charlottenburg 2, Bismarckstr. 109.

1065 Solmssen, Georg, Dr., Geschäftsinhaber der Disconto-Gesellschaft und Direktor der A. Schaaffhausen'schen Bankverein A.-G., Berlin W 8, Unter den Linden 35.

Stahl, H. J., Dr.-Ing., Kommerzienrat, Düsseldorf, Ost-Str. 10.

Stangen, Ernst, Kommerzienrat, Berlin W 10, Matthäikirchstr. 31a.

Stangen, Carl, Gutsbesitzer, Rittergut Altbärbaum, Post Pielburg.

Stinnes, Gustav, Kommerzienrat, Reeder, Mülheim a. d. Ruhr.

1070 Temmler, Hermann, Kommerzienrat, Fabrikbesitzer, Kgl. bulgarischer Generalkonsul, Mannheim.

Traun, H. Otto, Fabrikant, Hamburg, Meyerstraße 60.

Ulrich, R., Verwaltungs-Direktor des Germanischen Lloyd, Berlin NW 40, Alsenstr. 12.

Werner, Julius, Gesellschafter und Geschäftsführer der deutschen Bitunamel-Gesellschaft m. b. H., Hamburg, Ludolfstr. 42.

Wille, Eduard, Fabrikant, Kronenberg (Rhld.), Herichhauser Str. 30.

b) Ordnungsmäßige Mitglieder:

Abé, Rich., Betriebsdirektor bei Fried. Krupp, Annen (Westf.), Steinstr. 27.

v. Achenbach, Königl. Landrat, Berlin W 10, Viktoriastr. 18.

Achgelis, Gustav, Ingenieur u. Fabrikbesitzer, Geestemünde, Dockstr. 9.

Ahlborn, Friedrich, Dr. phil., Professor, Oberlehrer, Hamburg 22, Uferstr. 23.

1050 Ahlers, Karl, Kaufmann und Reeder, Bremen, Holzhafen.

Ahlfeld, Hans, Oberingenieur der A. E. G., Kiel, Hohenbergstr. 17.

Amsinck, Arnold, Vorsitzender des Vorstandes der Woermann-Linie A.-G. und der Deutschen Ostafrika-Linie, Hamburg, Afrikahaus.

Amsinck, Th., Direktor der Hamburg-Südamerikan. Dampfschiffahrts-Gesellschaft, Hamburg, Holzbrücke 8 I.

Anacker, Franz, Dr.-Ing., Leipzig, Gohliser Straße 70.

1055 Andreae, Max P., Dipl.-Ing., Hamburg, Alsterchaussee 20.

Anger, Paul, Oberingenieur, Kiel, Beselerallee 59a.

Anrecht, Heinrich, Oberingenieur, Mannheim, Luisenring 17.

Ansorge, Martin, Ingenieur, Berlin-Wilmersdorf, Nikolsburger Str. 6.

Appel, Paul, Dipl.-Ing., Bremen-Blumenthal, Lindenstr. 106.

1060 Appelqvist, J. A., Direktor der Stockholmer Transport- och Bogserings A. B., Stockholm, Stadsgarden 14/16.

v. Arnim. V., Admiral à la Suite des Seeoffizierkorps, Exzellenz, Kiel.

Arp, H. F. C., Reeder, Hamburg, Mönckebergstraße, Haus Roland.

Asbeck, G., Direktor, Düsseldorf-Rath, Wahlerstraße 34.

1075 v. Asbóth, Emil, Prof., Budapest, Meneri ut 65.

Auerbach, Erich, Prokurist, Hahnenklee, Harz.

Aufhäuser, Dr. phil., beeidigter Handelschemiker, Hamburg, Dovenfleeth 20.

Avé-Lallemant, Hans, Prokurist der Vulcanwerke, Stettin, Graßmannweg 9.

Axelrad, H. E., Dipl.-Ing., Charlottenburg, Kantstr. 3.

1080 von Bach, C., Dr.-Ing., Exzellenz, Staatsrat, Professor a. d. Technischen Hochschule in Stuttgart, Stuttgart, Johannesstr. 53.

Bahl, Johannes, Oberingenieur, Nonnendamm b. Berlin, Nonnendamm-Allee 82.

Baltzer, Friedrich, Oberingenieur, Wittenau b. Berlin, Hauptstr. 5.

Balz, Ludwig, Kommerzienrat, Wiener-Neustadt, Lokomotivfabrik.

Banner, Otto, Dipl.-Ing., Ingenieur, Milwaukee, Wis., 3703 Highland Boulevard.

1085 Banning, Heinrich, Fabrikdirektor, Hamm i. Westf., Moltkestr. 7.

Barckhan, Paul, Kaufmann, Bremen, Langenstraße 5/6.

Bartling, W., Kapitän, Direktor der Fa. Hugo Stinnes, Bremen, Kirchbachstr. 208a.

Bartsch, Carl, Direktor des „Astillero-Behrens", Valdivia, Chile.

Bauer, Kpt. z. S., Oberwerftdirektor, Reichswerft, Wilhelmshaven.

1090 Baumann, M., Walzwerks-Chef, Burbach a. S., Hochstr. 17.

Becker, Erich, Fabrikbes., Berlin-Reinickendorf-Ost, Graf-Roedern-Allee 18—24.

Becker, J., Fabrikdirektor, Kalk b. Köln a. Rh., Kaiserstr. 9.

Becker, Julius Ferdinand, Schiffbau-Ingenieur, Glücksburg (Ostsee).

Becker, Julius, Abtlgs.-Direktor u. Prokurist der Gußstahlfabrik Fried. Krupp A.-G., Essen-Ruhr, Hohenzollernstr. 22.

1095 Becker, Ludwig, Dipl.-Ing., Direktor u. Vorstandsmitglied der Deutschen Werke A.-G., Werk Rüstringen, Wilhelmshaven, Wallstr. 15.

Becker, Th., Oberingenieur, Berlin NO 18, Elbinger Str. 14.

Beckh, Georg Albert, Kommerzienrat und Inhaber der Mammutwerke, Nürnberg, Ludwig-Feuerbach-Str. 75.

Beckh, Otto, Dipl.-Ing. und Oberingenieur, Berlin-Friedenau, Kaiserallee 138.

Beckmann, Dr., Ober-Ing. d. Accumulatoren-Fabrik A.-G., Zehlendorf bei Berlin, Beerenstr. 2.

1100 Beckmann, Erich, Dr.-Ing., Professor der Techn. Hochschule, Hannover, Oeltzenstraße 19.

Beeken, Hartwig, Kaufmann, i. Fa. D. Stehr, Hamburg 30, Goßlerstr. 6.

Behm, Alexander, Physiker, Kiel, Hardenbergstraße 31.

Behncke, Exz., Admiral und Chef der Marineleitung, Berlin W 10, Königin-Augusta-Straße 38—42.

Beikirch, Franz Otto, Direktor der Firma Gruson & Co., Magdeburg-Buckau, Feldstr. 37—43.

1105 Belitz, Georg, Redakteur, Gmain b. Bad Reichenhall.

Bendemann, F., Dr.-Ing., Professor, Geh. Regierungsrat u. vortr. Rat im Reichsamt für Luft- u. Fahrkraftwesen, Berlin SW 11, Hallesche Straße 17.

Benkert, Hermann, Direktor, Harburg a. E., Akazienallee 10.

Berg, Fritz, Hüttendirektor, Godesberg III, Haus Berg.

Bergmann, Ernst, Kaufmann, Dortmund, Friedenstr. 31.

1110 Bergmann, Otto, Maschb.-Ingenieur, Kiel, Schützenwall 65.

Bergner, Fritz, Geschäftsführer der Temper- und Stahl-Gießerei August Engels, Velbert, Rhld., Schloßstr. 42.

Bergsma, G. Hermann E., Direktor im Kgl. Patentamt, Haag, Juliana-van-Stolberglaan 76.

Bernhardt, Paul, Oberingenieur, Erkelenz, Alleestr. 8.

Bernigshausen, F., Direktor, Berlin W 15, Kurfürstendamm 132.

1115 Bertens, Eugen, Ingenieur der Chilenischen Kriegsmarine, Dique de Carena, Talcahuano, Chile.

Bier, A., Amtlicher Abnahme-Ingenieur, St. Johann a. d. Saar, Goethestr. 6.

Bierans, S., Ingenieur, Bremerhaven, Sielstr. 34, I.

Bierwes, Heinrich, Generaldirektor, Düsseldorf, Pempelforter Str. 11.

Blomberg, Hjalmar, Generaldirektor, Stockholm, Strandvägen 27.

1120 Bluhm, E., Fabrikdirektor, Berlin S 42, Ritterstraße 12.

Blumenfeld, Bd., Kaufmann und Reeder, Hamburg, Dovenhof 77/79.

Bode, Alfred, Direktor, Hamburg, Lenhartzstraße 13.

v. Bodenhausen, Freiherr, Exzellenz, Vize-Admiral z. D., Gr.-Lichterfelde W., Theklastr. 8

Bögel, W., Hüttendirektor, Godesberg, Kurfürstenstr. 12.

Bohlen, Lothar, Kaufmann, Hamburg, Gr. 1125 Reichenstr. 27, Afrikahaus.

Bohn, Friedrich, Fabrikbesitzer, Kiel, Düppelstraße 27.

Bohn, Karl, Ingenieur und Prokurist, Kiel, Goethestr. 12.

Böker, M. G., Technischer Direktor, Remscheid, Marienstr. 11.

Boner, Franz A., Dr. jur., Dispacheur, Bremen, Langenstr. 138/39.

Borck, Hermann, Dr. phil., Ingenieur der 1130 Fliegertruppe, Berlin NW 23, Händelstr. 5.

v. Born, Theodor, Korvetten-Kapitän a. D., durch Herrn Karl Zöller, Essen-Ruhr, Lindenallee 41.

v. Borsig, Conrad, Geh. Kommerzienrat und Fabrikbesitzer, Tegel, Veitstr. 17.

Bothe, W., Schiffsingenieur, Hamburg 31, Lappenbergsallee 23.

Böttcher, A., Direktor der deutschen Maschinenfabrik, A.-G., Duisburg; Berlin-Schlachtensee, Georgenstr. 29.

Böttcher, Karl, Oberingenieur, Duisburg, Mül- 1135 heimer Str. 82.

Bramslöw, F. C., Reeder, Hamburg, Admiralitätsstr. 33/34.

Brand, Robert, Fabrikant, Remscheid-Hasten, Eberhardstr. 59.

Brandenburg, Jacob, Oberingenieur der Gutehoffnungshütte, Sterkrade, Rheinland.

v. Brandis, Freiherr, Kapitän, Koblenz, Rheinzollstr. 14a.

Braumüller, Walter, Oberregierungsrat, Berlin- 1140 Zehlendorf-Ost, Forststr. 12.

Braun, Harry, Dipl.-Ing. u. Mitbes. d. Werkzeugmaschinen-Fabrik und Eisengießerei J. C. Braun, Reichenbach i. Vogtl.

Bredow, Hans, Staatssekretär i. Reichspostministerium, Berlin-Dahlem, Miquelstr. 92.

Brennecke, W., Dr., Regierungsrat bei der deutschen Seewarte, Hamburg 9.

Bresina, Richard, Vorstandsmitglied der Securitaswerke A.-G., Soest i. Westf., Freiligrathstr. 36.

Bresser, Carl, Vertreter der Akt.-Ges. Char- 1145 lottenhütte und der Preß- und Walzwerk-Akt.-Ges. Reisholz, Berlin-Wilmersdorf, Landauer Str. 6.

Bretschneider, Paul, Direktor der Oest. Fiat-Werke A.-G., Wien XVIII, Haizingergasse 47.

Bretz, Hermann, Ingenieur, Berlin-Lichterfelde, Luisenstr. 1.

Brieger, Heinrich, Kaufmann, Hamburg, Ferdinandstr. 63 I.

Brinker, Richard, Betriebsdirektor der Stahlschmidt-Werkzeugkompagnie, Commandit-Ges. Cronenfeld (Rhld.), Elberfelder Str. 39.

Brinkmann, Gustav, Ingenieur u. Fabrik- 1150 besitzer, Witten-Ruhr, Gartenstr. 7.

Bröckelmann, E., General-Direktor, Böckstein a. d. Tauernbahn, Villa Kreuzkogel.

Broström, Dan., Schiffsreeder, Göteborg.

Bruhn, Bruno, Dr. phil., Direktor der Fried. Krupp A.-G., Essen a. d. Ruhr.

Brunn, Alfons, Fabrikdirektor, Borsigwalde, Spandauer Str.

Brunner, Karl, Ingenieur, Neckargemünd, Bahn- 1155 hofstr. 62.

Bruns, Hans, Dipl.-Ing., Merseburg, Kloster 5.

Bub, Fritz, Schiffbau-Ingenieur, Hamburg, Malzweg 3 II.

Budde, H., Ingenieur, Bremen, Osterthorstein-
weg 95.

Bühring, John Charles, Fabrikant, Hamburg 1, Spalding-Str. 21/23.

1160 Bündgens, Franz, Vizekonsul, Fabrikbesitzer,
Kiel, Niemannsweg 137.

Burghardt, Erich, Kapitänleutnant a. D.,
Berlin-Wannsee, Straße zum Löwen 5.

Burgmann, Robert, Dr.-Ing., Inhaber der
Asbest-Werke Feodor Burgmann, Dresden-
Laubegast.

Burmeister, Joh., Marine-Oberstabs-Ing. a. D.,
Marienfelde b. Berlin, Adolfstr. 81.

Busch, Christian, Direktor der Securitaswerke
A.-G., Abtlg. Hochseefischerei, Hamburg, Securitaswerke, A.-G.

1165 Busch, Jacob, Oberingenieur, Haus Kossen-
haschen, Erfurt.

Buschfeld, Wilh., Direktor, Kiel, Niemannsweg 46.

Buschow, Paul, Ingenieur, General-Vertreter
von A. Borsig-Tegel, Hannover-Kleefeld, Kant-
platz 6.

Busse, Hugo, Dipl.-Ing., Direktor der Schiffswerft u. Maschinenfabrik Gebr. Sachsenberg
A.-G., Roßlau a. E., Hauptstr. 117.

Bütow, Emil, Ingenieur, Hamburg, Deichstr. 29.

1170 Büttner, Max, Dr., Ingenieur, Berlin-Grunewald,
Dunckerstr. 11.

Buz, Richard, Kommerzienrat, Direktor der
Masch.-Fabr. Augsburg-Nürnberg A.-G., Augsburg.

Calmon, Alfred, Dr.-Ing., Generaldirektor, As-
best- und Gummiwerke, Akt.-Ges., Hamburg.

Canaris, Karl, Dr.-Ing., Hüttendirektor, August
Thyssen-Hütte, Hamborn a. Rh., Kaiser Wilhelmstr. 120 a.

Caspary, Emil, Dipl.-Ing., Marienfelde bei
Berlin.

1175 Cellier, A., Schiffsmakler, Hamburg, Gröninger
Str. 24/25.

Christink, Bernh., Dipl.-Ing., Bremen, Celler
Straße 52.

Clouth, Max, Fabrikant, Köln-Nippes, Niehler-
straße 93.

Coppel, C. G., Fabrikant, Düsseldorf, Schumann-
straße 16.

Cropp, Johs., Direktor der deutschen Schiff-
fahrts-Gesellsch. „Kosmos", Hamburg 39, Willi-
straße 33.

1180 Cruse, Hans, Dr. phil., Ingenieur, Pichelsdorf bei
Spandau, Dorfstr. 36.

Dahl, Hermann, Ingenieur und Direktor der
Gesellschaft für moderne Kraftanlagen, Berlin
W 62, Maaßenstr. 37.

Dahlström, Axel, Direktor der Reederei Akt.-
Ges. von 1896, Hamburg, Steinhöft 8/11, Elbhof.

Dahlström, H. F., Direktor d. Nordd. Bergungs-
Vereins, Hamburg, Gröningerstr. 10.

Dahlström, F. W. A., Direktor der Reederei
Aktien-Gesellschaft von 1896, Hamburg, Alsterufer 33.

1185 v. Dapper-Saalfels, Carl, Dr. med., Professor,
Geheimer Medizinalrat, Bad Kissingen.

Deichsel, A., Kommerzienrat, Berlin-Grunewald,
Hubertusbader Str. 17/19.

Deutsch, Felix, Dr.-Ing., Geh. Kommerzienrat,
Direktor d. A. E. G., Berlin NW 40, Friedrich-
Karl-Ufer 2—4.

Dewitz, Fregattenkapitän a. D., Berlin W 9,
Potsdamer Str. 22a.

Dick, Carl, Admiral z. D., Exzellenz, Berlin-
Schmargendorf, Marienbader Str. 1.

1190 Dieckhaus, Jos., Kommerzienrat, Fabrikbesitzer und Reeder, Papenburg a. Ems.

Diederichs, Ernst, Direktor der Norddeutschen
Seekabelwerke A.-G., Bremen, Franz-Liszt-
Straße 2.

Diederichsen, G., jr., Kaufmann, Hamburg,
Rotenbaumchaussee 153a.

Diederichsen, H., Schiffsreeder, Kiel.

Dieterich, Georg, Direktor, Berlin W 9, Link-
straße 29.

1195 Dietrich, Karl, Torp.-Kapitänleutnant a. D.,
Teilhaber d. Sprengindustrie G. m. b. H., Düsseldorf 48, Bachstr. 15.

Dietrich, Otto, Fabrikbesitzer, Berlin-Charlottenburg, Potsdamer Str. 35.

Dittmers, Ludwig, Kaufmann, Hamburg, Bol-
tenhof, Admiralitätsstr. 33/34.

Dittrich, Reinh., Dipl.-Ing., Hamburg 4, Annen-
straße 37.

Dodillet, Richard A., Oberingenieur, Berlin
W 15, Uhlandstr. 43.

1200 Doehne, Konr., Dr.-Ing., Oberregierungsrat und
Mitglied d. Patentamts, Berlin-Friedenau 1,
Niedstr. 20.

Doettloff, Egmont, Dipl.-Ing., Cassel, Roland-
straße 2.

Döhne Ferd., Dr.-Ing., Oberregierungsrat, Berlin
Friedenau I, Niedstr. 20.

v. Dojmi, Carl, Major a. D., Kaufmann, Bremen
13, Eisenbeton-Schiffbau A.-G.

Dolberg E., Korvettenkapitän a. D., Hamburg,
Curschmannstr. 33.

1205 Dörken, Georg Heinrich, Teilhaber der Fa. Gebr.
Dörken, Gevelsberg i. W., Mittelstraße 18.

Dransfeld, Wilh., Fr., Kaufmann, Kiel,
Wall 1.

Droth, Alfred, Dipl.-Ing., Patentanwalt, Essen-
Ruhr, Hufelandstr. 19.

Duschka, H., Fabrikant, i. Fa. F. A. Sening,
Hamburg 37, Brahmsallee 83.

Dücker, A., Kapitän, stellv. Direktor der Woermann-Linie und der Deutschen Ostafrika-
Linie, Hamburg, Afrikahaus, Gr. Reichenstraße.

1210 Dümling, W., Kommerzienrat, Schönebeck a. E.

Düring, Franz, Ingenieur, Luzern, Theaterstr. 16.

Düvel, Friedrich, Ingenieur, Nienstedten a. E.
b. Hamburg, Grotenkamp 5.

Eckardt, Max, Baumeister, Hamburg, Isestr. 33.

Eckmann, C. John, Maschinen-Inspektor der
Deutsch-Amerikan. Petrol.-Ges., Hamburg,
Neuer Jungfernstieg 21.

1215 Ehlers, Otto, Oberingenieur, Stettin, Schiller-
straße 11.

Ehlers, Paul, Dr. jur., Rechtsanwalt, Hamburg,
Adolphsbrücke 9.

Ehrhardt, August, Direktor der Chem. Fabr.
Hönningen, Berlin NW 7, Dorotheenstr. 77/78.

Eilender, N., Dipl.-Ing., Direktor der Stahlwerke Rich. Lindenberg A.-G., Remscheid,
Eberhardstr. 26.

Eisermann, Rud., Direktor, Berlin-Tempelhof,
Saalburgstr.

1220 Ekmann, Gustav, Ehrendoktor, Göteborg, Mek.
Verkstad.

Emden, Paul, Dr., Fabrikdirektor, Schwanden,
(Glarus), Schweiz.

Emmerich, Ernst, Oberingenieur d. Fa. Fried. Krupp A.-G., Essen-Ruhr, Gußstahlfabrik.

Emsmann, Kontre-Admiral a. D., Berlin- Charlottenburg 4, Schlüterstr. 26.

Engelhard, Arnim, Ingenieur, i. Fa. Collet & Engelhard, Offenbach a. M.

1225 Engelke, Felix, Direktor, Berlin-Schöneberg, Innsbrucker Str. 42.

Engels, Hubert, Dr.-Ing., Dr. d. techn. Wissenschaft, Geheimer Rat und Professor, Dresden-A. 24, Hübenerstr. 1b.

Erb, Adolf, Ingenieur, Berlin SW 48, Hornstraße 8.

Ericson, Hans, Generaldirektor der Rederiaktiebolag „Svea", Stockholm, Skeppsbron 30.

Ermler, Richard, Ingenieur, Werkzeugmasch.-Fabrik, Berlin N 20, Schwedenstr. 11.

1230 Eschenburg, Hermann, Kaufmann, Lübeck, Am Burgfeld 4.

Eschholz, Arno, Dipl.-Ing., Oberingenieur der A. E. G., Hamburg 36, Heimhuderstr. 6.

Essberger, J. A., Direktor der Elektrizitätsges. für Kriegs- und Handelsmarine, Berlin-Schöneberg, Frh.-v.-Stein-Str. 5.

Evers Karl, Kaufmann, Stettin, Steinstr. 4.

Eyermann, Wilh., Studienrat, beratender Ingenieur, Magdeburg, Tauentzienstr. 8.

1235 Faber, Theodor, Bergwerksdirektor, Hirschfelde b. Zittau i. Sachsen, Villa Weinberg.

Fabig, Hermann, Dipl.-Ing., Direktor der Bonner Maschinen-Fabrik Mönckemöller G. m. b. H., Hamburg, Isestr. 41 II.

Fasbender, Heinrich, Vertreter von Gebr. Böhler & Co., A.-G., Hamburg, Hagenau 28.

Fasse, Ernst, Ingenieur, Inspektor d. Germ. Lloyd, Lübeck, Roeckstr. 18.

Fehling, W., Vorstandsmitglied der Woermann-Linie A.-G. und der Deutschen Ost-Afrika-Linie, Hamburg, Afrikahaus, Gr. Reichenstr.

1240 Felsing, Wilhelm, Ingenieur, Hamburg 25, Alfredstr. 59.

Fendel, Fritz, Direktor der Rheinschiffahrt-Aktiengesellschaft vorm. Fendel, Mannheim, Hafenstr. 6.

Ferck, Theodor, Hilfsarbeiter im Reichs-Marine-Amt, a. D., Plön, Rosenstr. 1.

Filius, Carl, Direktor, Duisburg, Schweizerstr. 41.

Fischbeck, Norman, Fabrikbesitzer Kiel, Esmarchstr. 12/14.

1245 Fischer, Ernst, Ingenieur, Danzig, Hansaplatz 11.

Fischer, Hans, Torp.-Kapitänleutnant a. D., Teilhaber der Sprengindustrie G. m. b. H., Wilhelmshaven, Kronprinzenstr. 9.

Fischer, Heinrich, Fabrikbesitzer, Stettin-Grabow, H. E. Fischer G. m. b. H.

Fischer-Schierholz, H. A., Hamburg 39, Sierichstr. 138.

Fitzner, R., Fabrikbesitzer, Laurahütte, O.-S.

1250 Fleck, Richard, Fabrikbesitzer, Berlin N 4, Chausseestr. 29 II.

Flender, H. Aug., Direktor der Brückenbau-Flender-Act.-Ges., Benrath.

Flesch, Leo, Techn. Direktor, Elberfeld, Burgholzstr. 68.

Flick, Fr., Hüttendirektor, Vorstandsmitglied der A.-G., Charlottenhütte in Niederschelden (Sieg).

Flössel, Herm., Direktor d. Oberschlesischen Eisen-Industrie A.-G. für Bergbau und Hüttenbetrieb, Gleiwitz.

Flügger, Eduard, Fabrikant, Hamburg, Rödings- 1255 markt 19.

Forstmann, Vorstand der Militär-Abt. des Zeißwerkes, Jena, Humboldtstr. 17.

Förster, Georg, i. Fa. Emil G. v. Höveling, Altona-Othmarschen, Böcklinstr. 3.

François, H. Ed., Kaufmann, Elektrische Apparate für Kriegs- und Handelsschiffe, Hamburg, Große Bleichen 27, Kaiser-Galerie.

Frank, Paul, Arch. u. Baustoffsachverständiger, Hamburg 1, Bieberhaus.

Franke, Walter, Direktor d. Mansfeldschen 1260 Metallhandel A.-G., Berlin W. 62, Kleiststr. 43.

Freund, Walter, Ingenieur, Direktor der Max Hasse & Co. A.-G., Berlin W 9, Königin-Augustastr. 12.

Freywald, Carl, Oberingenieur, Magdeburg, Hallesche Str. 27.

Friederici, Carl, Marine-Stabsingenieur, Kiel, Holtenauer Str. 157.

Friedländer, Hans, Mitinhaber der Kommandit-Ges. für Hoch-, Tief- und Eisenbetonbauten, Berlin W 50, Spichernstr. 10.

Fritz, Heinrich, Oberingenieur, Elbing, Branden- 1265 burgstr. 10.

Fritze, Joh., Ingenieur, Direktor der Gesellschaft für elektrische Schiffsausrüstung m. b. H., Laubegast b. Dresden, Nehrhoffstr. 6.

Frölich, Fr., Dipl.-Ing., Geschäftsführer des Vereins Deutscher Maschinenbau-Anstalten, Berlin-Charlottenburg 2, Hardenbergstr. 3.

Frommann, Walter, Fregattenkapitän a. D., Berlin-Schöneberg, Innsbrucker Str. 42.

Früh, Karl, Dipl.-Ing., Oberingenieur b. Prof. Junkers, Dessau, Friedrichsallee 38.

Frühling, Curt, Regierungsbaumeister, Braun- 1270 schweig, Löwewall 14.

Funck, Carl, Kaufmann, Elbing, Friedrich-Wilhelms-Platz 18.

Funken, Paul, Fabrikbesitzer, Viersen, Rhld., Schulstr. 36.

Gaa, Carl, Dr.-Ing., Direktor der Brown, Boverie & Cie. A.-G., Mannheim-Käferthal.

Gaartz, Paul, Oberingenieur, Hamburg 23, Kantstraße 22 I r.

Galli, Johs., Hüttendirektor a. D., Geheimer 1275 Bergrat, Professor für Eisenhüttenkunde a. d. Bergakademie Freiberg i. Sa.

Ganssauge, Paul, Prokurist der Firma F. Laeisz, Hamburg, Trostbrücke 1.

Garbe, Robert, Dr.-Ing. e. h., Geheimer Baurat, Berlin SW 47, Yorkstr. 87.

Gätjens, Otto, Kaufmann, Hamburg 1, Wallhof.

Geissler, Max, Prokurist, Eidelstedt, Kapitelbuschweg 2.

George, Carl, Ober-Ingenieur u. Maschinen- 1280 Inspektor der Hamburg-Südamerikanischen Dampfschiffahrts-Ges., Hamburg, Schäferkampallee 39.

Gerdes, G., Dr.-Ing., Exzellenz, Admiral z. D., Berlin-Wilmersdorf, Güntzelstr. 9.

Gerhards, Max, Marine-Oberingenieur, Kiel, Lübecker Chaussee 2.

Gerling, F., Reeder i. Fa. Marschall & Gerling, Antwerpen.

Gerosa, Victor, Dipl.-Ing., Oberingenieur bei J. u. A. van der Schuyl, Rotterdam (Holland), Papendrecht B 138.

Gess, F., Dr., Professor a. d. techn. Hochschule, 1285 Dresden-A., Reichenbachstr. 59.

Geyer, Wilh., Regierungsbaumeister a. D., Berlin-Südende, Oehlerstr. 28.

Giese, Georg, Kaufmann, Hamburg, Brahmsallee 27.

Glässel, F., Direktor der Roland-Linie A.-G., Bremen.

Glitz, Erich, i. Firma Otto Wolff, Cöln a. Rh.

1290 Gloth, Friedrich, Ingenieur, Berlin-Wilmersdorf, Rüdesheimer Str. 3.

Glüer, Bruno, Korvetten-Kapitän a. D., Berlin, Schöneberger Ufer 31.

Goedhart, Leonard, Direktor der Gebrüder Goedhart A.-G., Düsseldorf, Im Rottfeld 7.

Gödecken, Ernst, Dipl.-Ing. des Schiffbaufachs, Hamburg-Groß-Borstel, Klotzenmoor 1.

Goldenberg, Rudolf, Dr. jur., Notar, Hamburg, Gr. Burstah 4.

1295 Goldtschmidt, Hans, Dr., Professor, Fabrikbesitzer, Berlin NW 7, Mittelstr. 2/4.

v. d. Goltz, Rüdiger, Freiherr, Korvettenkapitän a. D., Wildpark b. Potsdam, Viktoriastr. 67.

Göricke, Alfred, Kaufmann, Berlin-Groß-Lichterfelde-Ost, Schillerstr. 14.

Göricke, Erwin, Fabrikant u. Ingenieur, Berlin NW 87, Tilo-Wardenberg-Str. 15.

Görtz, Heinr., Dr. jur., Rechtsanwalt u. Notar, Lübeck, Kohlmarkt 7/11.

1300 Goßler, Oskar, Inhaber d. Fa. John Monnington, Hamburg 11, Rödingsmarkt 58.

Gradenwitz, Richard, Dr.-Ing., Fabrikbesitzer, Berlin-Grunewald, Winklerstr. 6.

Graef, O., Stahlwerksdirektor, Lippstadt, Westf.

Grah, Peter, Kommerzienrat, Vorstand der Firma Sundwiger Eisenhütte Maschb. A.-G., Sundwig, Kr. Iserlohn.

Grattenauer, A., Ingenieur, Deutsche Dampfschiffahrts-Ges. „Hansa", Bremen, Schlachte 6.

1305 Greiser, G., Fabrikbesitzer, i. Fa. Greiserwerke G. m. b. H., Metallwarenfabrik, Hannover, Angerstr. 11/14.

Gribel, Ed., Reeder, Stettin, Gr. Lastadie 56.

Gribel, Franz, Reeder, Stettin, Gr. Lastadie 56.

Gronwald, Paul, Schiffbau-Ingenieur, Hamburg 19, Henriettenstr. 9.

Grosse, Carl, Kaufmann, Hamburg 1, Mönckebergstr. 1.

1310 Grube, Diedr., Leiter d. Schiffsmaschinenbaues der Bamag, Dessau, Akazienstr. 12.

Grube, Edwin, Direktor der Schichauwerft, Danzig.

Grünwald, Siegfr., Schiffahrts-Direktor, Dresden, Permoserstr. 13 I.

de Gruyter, Dr. Paul, Stadtrat, Fabrikbesitzer, Wusterhausen a. Dosse, Schloß Bantikow.

Guggenheimer, Dr., Kommerzienrat, Mitglied des Vorstandes der Maschinenfabrik Augsburg-Nürnberg A.-G., Berlin W 10, Tiergartenstr. 37.

1315 Gürtler, Robert, Fabrikdirektor, Rheinische Elektrostahlwerke Schöller, von Einem & Co., Bonn.

Gutermuth, M. F., Geh. Barat u. Professor a. d. Techn. Hochschule Darmstadt, Gervinusstraße 58.

Guthknecht, Dipl.-Ing., Patentanwalt, Dortmund, Brückstr. 2.

Guthmann, Robert, Baumeister und Fabrikbesitzer, Berlin-Wannsee, Friedrich-Karl-Str. 29.

Haack, Heinr. Chr., Schiffsmaschinenbau-Ingenieur, Stubben 45, Postamt St. Magnus bei Bremen.

Haarmann, Ewald, Marine-Stabsingenieur, 1320 Hamburg, Schurbekerstr. 2.

Habich, Paul, Regierungsbaumeister a. D., Direktor der Aktien-Gesellschaft für überseeische Bauunternehmungen, Berlin-Schöneberg, Freiherr-v.-Stein-Str. 2, III.

Hackelberg, Eugen, Kaufmann, Berlin-Charlottenburg, Knesebeckstr. 85.

Haendler, Edmund, Kaufmann, Mannheim, Ob. Lindenpark 14.

Hahn, Aug., Direktor, Berlin W 30, Berchtesgadener Str. 12.

Hahn, Georg, Dr. phil., Fabrikbesitzer, Berlin 1325 W 10, Tiergartenstr. 21.

Hahn, M., Kapitän, Schiffs-Inspektor, Hamburg 19, Alardusstr. 1.

Hahn, Willy, Dr. jur., Rechtsanwalt und Notar, Berlin W 62, Lützowplatz 2.

Hahnemann, W., Ing., Direktor der Signal G. m. b. H., Kiel, Habsburger-Ring, Werk Ravensberg.

Haller, M., Direktor der Firma Siemens & Halske A.-G. und der Siemens-Schuckertwerke m. b. H. Charlottenburg, Kaiserdamm 6.

Hammar, Birger, Kaufmann, Stockholm 15, 1330 Västra Trädgärdsgatan 4.

Hammar, John, Direktor, Stockholm, Wahrendarffsgatan 6.

Hammler, Ernst, Direktor des Reichswerkes Spandau, Spandau, Freiheit 4/7.

Hansen, Hermann, Ingenieur, Elbing, Bismarckstraße 4.

Harbeck, M., Gr. Flottbek b. Hamburg, Theodor-Storm-Str.

Hardcastle, F. E., Besichtiger des Germ. Lloyd, 1335 Bureau Veritas usw., Bombay, Alice Building, Hornby Road.

Harms, Gustav, Eisengießereibesitzer, Hamburg 29, Norder-Elb-Str. 77/81.

Harms, Otto, Vorstand der Deutsch-Austral. Dampf-Ges., Hamburg, Trostbrücke 1.

Hartmann, Otto H., Direktor der Schmidtschen Heißdampf-Gesellschaft, Kassel-Wilhelmshöhe, Rolandstr. 2.

Hartwig, Rudolf, Dr.-Ing., Mitglied des Direktoriums der Firma Fried. Krupp, A.-G., Essen-Ruhr, Hohenzollernstr. 12.

Haubold, Carl, Direktor der Maschinenfabrik 1340 C. G. Haubold jr., G. m. b. H., Chemnitz.

Hebbinghaus, Vizeadmiral z. D., Exz., Berlin W 35, Schöneberger Ufer 47.

Heegewaldt, A., Fabrikbesitzer, Berlin-Steglitz, Friedrichstr. 10/11.

Heemsoth, Heinrich, General-Vertreter, Hamburg, Esplanade 6.

Heesch, Otto, Oberingenieur, Oberlößnitz-Radebeul, Moltkestr. 10.

Heidmann, Henry W., Ingenieur, Hamburg, 1345 Isestr. 132.

Heinrich, W., Dipl.-Ing., Kiel, Jägersberg 10.

Held, Eberhard, Geschäftsführer von Hammar & Co., G. m. b. H., Hamburg, Neuer Wall 75.

Held, Robert, Generaldirektor der C. Lorenz A.-G., Berlin W 62, Lützowplatz 6.

Henkel, C., Zivilingenieur, Hamburg, Neuer Wall 72.

Henkel, Gustav, Ingenieur und Fabrikbesitzer, 1350 Direktor der Herkulesbahn, Kassel-Wilhelmshöhe, Villa Henkel.

Hennig, Franz, Dipl.-Ing., Hamburg, Sierichstraße 160.

Henrich, Otto, Direktor d. Siemens-Schuckert-Werke, Berlin-Siemensstadt, Verwaltungsgebäude.

Hensolt, Johannes, Dipl.-Ing., Reinbek b. Bergedorf, Bismarckstr. 1.

Herpen-Hempelmann, August Th., Dr.-Ing., Essen, Pelmannstr. 20.

1355 Herrmann, Max, Professor der techn. Hochschule, Budapest I, Müegytem.

Herwig, August, Hüttenbesitzer, Dillenburg, Oranienstr. 11.

Herwig, M. jr., Fabrikbesitzer, i. Fa. Eisenwerk Lahn, M. & R. Herwig jr., Dillenburg.

Hesse, Paul, Fabrikdirektor, Berlin NW 21, Alt-Moabit 86.

Hessenbruch, Fritz, Direktor, Duisburg, Mülheim-Str. 59.

1360 Heubach, Ernst, Ingenieur, Berlin-Lankwitz, Lessingstr. 7.

Heymann, Alfred, Fabrikbesitzer, Hamburg, Neuer Wall 42.

Heyne, Walter, Direktor, Deutsche Vacuum Oel A.-G., Wandsbek bei Hamburg, Lindenstr. 34.

Heynen, Eug., Direktor der Vereinigten Hüttenwerke Burbach-Eich-Düdelingen, Esch a. d. Alzette, Großherzogtum Luxemburg.

Hiehle, Kurt, Direktor d. Stock-Motorpflug A.-G., Berlin-Wilmersdorf, Trautenaustr. 14.

1365 Hildebrand, Kapitän z. S., Chef des Allgemeinen Marineamts, Berlin W 10, Königin-Augusta-straße 38/42.

Hincke, Friedrich, preuß. Generalkonsul, Geschäftsinhaber der Nationalbank für Deutschland, Bremen.

Hirsch, Aron, Kaufmann, i. Fa. Hirsch, Kupfer- und Messingwerke A.-G., Berlin NW 40, Kronprinzenufer 5/6.

Hirschfeld, Adolf, Oberbaurat d. Aufsichtsamts f. Dampfkessel u. Maschinen, Hamburg 23, Blumenau 125.

Hirt, Fritz, Ing., Direktor des Stahlwerks Becker, A.-G., Charlottenburg, Meinekestr. 2.

1370 Hissink, Direktor der Bergmann-Elektrizitäts-Werke, Berlin N 65, Oudenarder Str. 32.

Hitzemann, Rudolf, Direktor der Brückenbau Flender A.-G., Lübeck-Siems.

Hjarup, Paul, Ingenieur und Fabrikbesitzer, Berlin N 20, Prinzenallee 24.

Hoeck, August, Kapt. a. D. des Nordd. Lloyd, Kaufmann, Bremen, Herdentorsteinweg 5.

v. Hoernes, Hermann, Oberst d. R., Linz a. D., Roseggerstr. 3.

1375 Hoff, Wilh., Dr.-Ing., Direktor d. deutschen Versuchsanstalt f. Luftfahrt, Adlershof b. Berlin.

Hoffmann, S., Direktor d. Schmidt'schen Heißdampfgesellschaft m. b. H., Kassel-Wilhelmshöhe, Steinhöferstr. 4.

Hölck, Heinr., Konsul von Brasilien, durch Luiz Campos, Rio de Janeiro, Caixa 45.

Hollstein, Georg, Dipl.-Ing., Beratender Ingenieur für Hebezeugbau- und Transportwesen, Berlin-Zehlendorf, Schweizerstr. 1a.

Höltzcke, Paul, Dr. phil., Chemiker, Kiel, Eisenbahndamm 12.

380 Holzapfel, A. C., Fabrikant, New York, Park Place 23—25.

Holzwarth, Hans, Dipl.-Ing., Mülheim-Ruhr, Seilerstr. 13.

Hoepfner, Kaufmann, Hauptmann d. R., Hamburg, Mittelweg 166.

d'Hone, Heinrich, Fabrikbesitzer, Duisburg.

Hönig, Martin, Dr., Direktor der David Grove A.-G., Charlottenburg 1, Kaiserin-Augusta-Allee 86.

Horn, Jacob, Dr., Geheimer Hofrat, Professor, 1385 Bibliothekar der techn. Hochschule, Darmstadt, Mathildenstr. 10.

Hovemann, John C., Direktor, Paris, rue des Pyramides 19.

Howaldt, Adolf, Oberingenieur, Lübeck, Friedrich-Wilhelmplatz 1.

Howaldt, Gerhard C. F., Schiffbauingenieur, Stralsund, Schiffswerft von Georg Schuldt, Werftstr. 7a.

Hübner, K., Direktor, Duisburg, Lutherstr. 32.

Hülß, Friedr., Oberingenieur, Berlin-Halensee, 1390 Westfälische Str. 59, II.

Hüneke, Direktor, Maschinenbau-Akt.-Ges., Martini & Hüneke, Berlin SW 48, Wilhelmstraße 122.

Huth, Erich, Dr. phil., Ingenieur, Berlin W 30, Landshuter Str. 9.

Imle, Emil, Dipl.-Ing., Dresden-Loschwitz, Querstr. 15.

Inden, Hub., Fabrikant, Düsseldorf, Neanderstraße 15.

Irinyi, Arnold, Ingenieur, Hamburg 37, Mittel- 1395 weg 54.

Iseler, Albert, Kommerzienrat und Fabrikbesitzer, Leipzig-Plagwitz.

Ivers, C., Schiffsreeder, Kiel.

Jacobsen, Louis, Oberingenieur, Hamburg 29, Norder-Elbstr. 4 I.

Jaeger, G., Reedereidirektor, Mannheim, L. 4. 16.

Jannasch, G.A., Fabrikdirektor, Laurahütte O.-S. 1400

Jarke, Alfred, Kaufmann i. Fa. Bromberg & Co., Hamburg 1, Alsterdamm 17.

Jebsen, J., Reeder, Apenrade.

Jochimsen, Karl, Oberingenieur, Berlin-Charlottenburg, Kaiserin-Augusta-Str. 77.

Jochmann, Ernst, Oberingenieur der Firma Thyssen & Co. A.-G., Hamburg, Averhoffstr. 4.

Joost, J., Direktor der Farbenfabrik Joost, 1405 G. m. b. H., Hamburg, Steinhöft 8/11.

Jordan, Hans, Dr. jur., Direktor der Bergisch-Märkischen Bank, Mitglied des Aufsichtsrates des Nordd. Lloyd, Schloß Mallinckrodt b. Wetter (Ruhr).

Jordan, Paul, Direktor der Allg. Elektr.-Ges., Berlin NW 40, Kronprinzenufer 7.

Jung, Oberpostdirektor, Bremen, Domheide 15.

Junghans, Erhard, Kommerzienrat, Schramberg (Württemberg).

Junker, Friedr. Franz, Maschinen-Ingenieur, 1410 Techn. Direktor d. Luxschen Apparatebaugesellsch., Ludwigshafen a. Rh., Ludwigsplatz 9.

Junkers, Hugo, Dr.-Ing., Professor, Dessau, Albrechtstr. 47.

Jurenka, Rob., Direktor der Deutschen Babcock & Wilcox-Dampfkesselwerke A.-G., Oberhausen (Rheinland).

Jütte, Ernst, Oberingenieur, Berlin-Reinickendorf, Berliner Str. 99.

Kaehlert, Marine-Ober-Chefingenieur a. D., Kiel, Goethestr. 12 II.

Kahle, Hans, Ingenieur, Geschäftsführer, Char- 1415 lottenburg 2, Hardenbergstr. 9.

Kalau vom Hofe, E., Kontre-Admiral z. D., Berlin W 35, Schöneberger Ufer 41.

Kalbe, Otto, Dipl.-Ing., Verbandsdirektor, Berlin W 15, Uhlandstr. 44.

Kalkhof, Wilhelm, Obering., Hamburg 36, Feldbrunnenstr. 26.

Kaemmerer, W., Ingenieur, Berlin-Zehlendorf, Hohenzollernstr. 27.

1420 Kaminski, Paul, Ingenieur, Berlin-Pankow, Binzstr. 35.

Kammerhoff, Meno, Direktor, 159 Cleveland Street, Orange, New Jersey, U. S. A.

Kauermann, Aug., Ingenieur, Generaldirektor der Maschinenfabrik Schieß, A.-G., Düsseldorf, Cölner Str. 114.

Kaufmann, Hannes, Dr. jur., Syndikus d. Centralvereins deutscher Reeder, Hamburg 39, Sierichstr. 58.

v. Kehler, R., Major a. D., Generaldirektor der Luftfahrzeug G. m. b. H., Berlin W 62, Kleiststraße 8.

1425 Kelch, Hans, Leutnant a. D., i. Fa. Motorenwerk Hoffmann & Co., Potsdam, Mangerstr. 33.

Kemperling, Adolf, Direktor der Gebr. Böhler & Co., A.-G., Berlin NW 5, Quitzowstr. 24/26.

Kindermann, Franz, Ober-Ing. d. Allgem. Elektr.-Ges., Duisburg a. Rh., Meinstr. 56.

Kins, Johs., Direktor der Dampfschiff.-Ges. Stern, Berlin NW 40, Kronprinzen-Ufer 2.

Kirchberger, G., Marine-Stabsingenieur, Wilhelmshaven, Wilhelmstr. 5.

1430 Kirchner, Ernst, Kommerzienrat u. Mitglied des Vorstandes der Maschinenbauanstalt Kirchner & Co., Akt.-Ges., Leipzig-Sellerhausen.

Kirn, Georg, Regierungsbaumeister, Berlin W 30, Martin-Lutherstri 93.

Kirstein, Bibliotheks-Assistent, Wilhelmshaven, Hauptbibliothek der Marine-Station der Nordsee.

Kisse, Oberingenieur, Berlin, Eisenacherstr. 3.

Kitzerow, Franz, Ingenieur, Berlin S 42, Alexandrinenstr. 95/96.

1435 Klawitter, Willi, Kaufmann u. Werftbesitzer, i. Fa. J. W. Klawitter, Danzig.

Kleiber, Friedrich, Redakteur der Zeitschrift „Schiffbau", Berlin-Steglitz, Kissinger Str. 12.

Klein, Ernst, Dr.-Ing., Kommerzienrat, Dahlbruch i. Westf.

Klein, Jacob, Dr.-Ing., Kommerzienrat, Generaldirektor von Klein, Schanzlin & Becker, Frankenthal i. Pfalz.

von Klemperer, Herbert, Dr.-Ing., Direktor der Berliner Maschinenbau-Akt.-Ges. vorm. L. Schwartzkopff, Berlin N 4, Chausseestr. 23.

1440 Klinger, Gust., Direktor, Berlin-Tempelhof, Saalburgstraße.

Klinger, Rich., Fabrikbes., Berlin-Tempelhof, Saalburgstraße.

Klippe, Hans, Ingenieur, Hamburg 1, Ferdinandstraße 30.

Knackstedt, Ernst, Generaldirektor, Düsseldorf, Achenbachstr. 107.

Knarr, Erich, Fabrikbesitzer, Charlottenburg, Württembergallee 8.

1445 Knobloch, Emil, Geheimer Kommissionsrat, Berlin-Grunewald, Hagenstr. 37.

Knöpfli, Heinrich, Obering. b. Burchard, Meissner Nachflg., Maschinenfabrik und Gießerei, Hamburg 26, Hirtenstr. 40.

Knust, H., Kapitän a. D., Stadtrat, Stettin, Birkenallee 9.

Koch, Peter, Ingenieur, Hannover, Hindenburgstraße 28.

Köcher, Robert, Ingenieur und Jachtkonstrukteur, Berlin W 15, Fasanenstr. 42, Gartenh.

1450 Koenen, Matthias, Dr.-Ing., Generaldirektor, Berlin W 9, Bellevuestr. 5.

Koenitzer, Wilhelm Christian, Fabrikant, Hamburg, Hohe Bleichen 8/10.

Köhler, J., Ingenieur, Eimsbüttel, Ottersbeckallee 13.

Köhler, Karl, Techn. Direktor, Werft von Caesar Wollheim, Kosel bei Breslau.

Köhn, Adolf, Marine-Stabsingenieur, Wilhelmshaven, Kaiserstr. 75.

1455 Köhncke, Heinr., Zivilingenieur, Bremen, Contrescarpe 130.

König, Arthur, Zivilingenieur, Kiel-Gaarden, Elisabethstr. 120.

König, Paul, Kapitän, Bremen, Norddeutscher Lloyd.

Köpcke, Max, Direktor der Assecuranz Union von 1865, Hamburg, Trostbrücke 1.

Köper, Eugen, Ingenieur, Bergedorf, Grüner Weg 4.

1460 Köppen, Korvettenkapitän, Friedenau, Büsingstraße 10a.

Körber, Theodor, Dipl.-Ing. Berlin-Lichterfelde, Viktoriastr. 4a.

Korten, R., Direktor, Malstatt-Burbach, Hochstraße 19.

Körting, Ernst, Ingenieur, Techn. Direktor der Gebr. Körting A.-G., Körtingsdorf b. Hannover, Badenstedter Str. 71.

Kortmann, Paul, Oberingenieur und Fabrikdirektor der B. A. M. A. G. vorm. L. Schwartzkopff, Berlin N 4, Chausseestr. 23.

1465 Kosegarten, Max, Generaldirektor der Deutschen Waffen- und Munitionsfabriken, Berlin-Zehlendorf-West, Goethestr. 17/19.

Köser, Fr., Kaufmann, i. Fa. Th. Höeg, Hamburg, Steinhöft 9, Elbhof.

Köster, E. W., Dr.-Ing., Baurat u. Generaldirektor der Frankfurter Maschb.-A.-G., Frankfurt a. M., Roonstr. 4.

Kraemer, Theodor, Direktor, Duisburg, Realschulstr. 84.

Kraft, Hugo, Vizeadmiral a. D., Hamburg 21, Bassinstr. 1.

1470 Kramer, Wilhelm, Direktor, Hamb.-Brem. Afrika-Linie A.-G., Bremen.

Kraus, Gustav, Zivilingenieur, Hamburg 36, Neuer Wall 36.

Krauschitz, Georg, Ingenieur und Fabrikant, Berlin-Charlottenburg, Savignyplatz 9.

Krayn, M., Verlagsbuchhändler, Berlin W 10, Genthiner Str. 39.

Krieger, R., Dr.-Ing., Hüttendirektor, Düsseldorf, Kaiser-Friedrich-Ring 20.

1475 Kritzler, Julius, Direktor der Marinetechn. Abt. Gebr. Körting A.-G., Kiel-Schulensee.

Kroebel, R., Ingenieur, Hamburg 1, Glockengießerwall.

Krogmann, Richard, Vorsitzender der See-Berufsgenossenschaft, Hamburg, Trostbrücke 1.

Krueger, Hans, Vorstandsmitglied der Gelsenkirchener Bergwerks-A.-G., Düsseldorf, Feldstr. 12.

Krüger, Johannes, Ingenieur, Berlin-Wilmersdorf, Augustastr. 60.

1480 Krüger, Willy, Dr.-Ing., Kommerzienrat, Vorsitzender des Direktoriums der Sächsischen Masch.-Fabr. vorm. Rich. Hartmann A.-G., Chemnitz, Kaßbergstr. 36.

Krull, Hermann, Oberingenieur, Kiel-Hassee, Lübecker Chaussee 42.

Krumm, Alfred, Mitinhaber der Firma Krumm & Co., Remscheid, Lindenstr. 57.

Kubierschky, Martin, Direktor der A.-G. Mix & Genest, Berlin-Lichterfelde, Kommandantenstr. 88.

Küborn, P., Hüttendirektor und Vorstandsmitglied des Oberbilker Stahlwerkes, Düsseldorf, Hebbelstr. 16.

1485 Kuhnke, Fabrikant, Kiel, Forstweg 19.

Kunstmann, Arthur, Konsul und Reeder, Stettin, Dohrnstr. 1.

Kunstmann, Walter, Schiffsreeder, Berlin W 10, Bendlerstr. 17.

Kunstmann, W., Konsul und Reeder, Stettin, Bollwerk 1.

Kurek, Franz, Dr.-Ing., Prokurist der Siegen-Solinger Gußstahl-Akt.-Ver. Solingen, Mangenbergerstr. 29.

1490 Kux, Eduard, Dr.-Ing., Vorstandsmitglied der Gebr. Körting A.-G., Hannover-Linden, Badenstedter Str. 75.

Landsberg, Regierungsbaumeister a. D., Kanal-Direktor, Berlin W 10, Viktoriastr. 17.

Landsky, Schiffs-Inspektor der Hapag, Hamburg, Lübecker Str. 147.

Lange, Ernst, Dipl.-Ing., Oberingenieur b. techn. Betrieb des Norddeutschen Lloyd, Geestemünde, Schultzstr. 5.

Lange, Karl, Dipl.-Ing., Bremen, An der Schlachte 20.

1495 Langen, A., Dr., Direktor der Gasmotoren-Fabrik Deutz, Cöln, Fürst-Pückler-Str. 14.

v. Langen, Fritz, Kommerzienrat, Fabrikbesitzer, Haus Tanneck b. Elsdorf, Rheinland.

Langheinrich, Ernst, Fabrikdirektor, Uttingen am Ammersee, Oberbayern.

Langner, Mitinhaber der Greiserwerke G. m. b. H, Hannover, Charlottenburg, Tegeler Weg 101.

Lans, Otto, Kontre-Admiral a. D., Bevollmächt. der Gasmotorenfabrik Deutz, Berlin-Nikolassee, Sudetenstr. 52.

1500 v. Lans, W., Admiral à la Suite des Seeoffizier-korps, Exzellenz, Charlottenburg 9, Kaiserdamm 39.

Lanz, Karl, Dr., Fabrikant, Mannheim, Hildastraße 7/8.

Läsch, Otto, Mitarbeiter bei der Deutsch-Australischen Dampfschiff.-Ges., Hamburg 4, Hochstr. 10.

Lasche, O., Dr.-Ing., Direktor der Turbinenfabrik der Allgem. Elektr.-Gesellsch., Berlin NW 87, Huttenstr. 12.

Laurick, Carl, Ingenieur, Berlin SW 47, Yorkstraße 80.

1505 Lawaczeck, Franz, Dr.-Ing., Oberingenieur, Pöcking, Oberbayern.

Lawrence, Fregatten-Kapitän a. D., Kiel, Marine-Station d. Ostsee.

Lazarus, Victor, Ingenieur, Wien IV, Alleegasse 8.

Leitholf, Otto, Zivilingenieur, Berlin SW 11, Hallesche Str. 19.

Lender, Rudolf, Kapitän a. D. und Fabrikbesitzer, i. Fa. Dr. Graf & Comp., Berlin-Wien, Neubabelsberg, Berliner Str. 48—50.

1510 Lenz, Richard, Kaufmann, Charlottenburg, Pestalozzistr. 55.

Leopold, Heinz Jaques, Direktor, Hamburg, Johnsallee 69.

·Levolda, Theodor, Direktor der Wörthersee-Werften-Ges. m. b. H., Klagenfurt-Pritschitz I, Post Pörtschach, am See (Kärnten), Neuthorgasse 4.

Lewerenz, Alfred, i. Fa. Deurer & Kaufmann, Hamburg, Hagenau 50a.

Lienau, Alfred, Ingenieur, Hamburg 1, Große Bäckerstr. 6.

1515 Linck, Karl, Betriebschef, Saarbrücken 5, Hochstraße 11.

Lippart, G., Dr.-Ing., Baurat, Direktor der Maschinenfabrik Augsburg-Nürnberg A.-G., Nürnberg, Tiergartenstr. 10.

Loeck, Otto, Kaufmann, Hamburg, Agnesstraße 22.

Loewe, Georg, Direktor d. Deutschen Waffen- und Munitionsfabriken, Berlin NW 7, Dorotheenstr. 35.

v. Loewenstein zu Loewenstein, Hans, Bergassessor und Geschäftsführer, Essen (Ruhr), Friedrichstr. 2.

1520 Lonke, Hermann, Direktor der Nordseewerke, Emden.

Loof, Wilhelm, Oberingenieur der Ernst Schieß Werkzeugmaschinenfabrik A.-G., Düsseldorf, Helmholtzstr. 6.

Lorenz, Hans, Dr., Dipl.-Ing., Geheimer Regierungsrat und Professor an der Techn. Hochschule in Danzig-Langfuhr, Johannisberg 7.

Lorenz, Max, Oberingenieur der Siemens-Schuckert-Werke, Berlin W 15, Bayrische Str. 6.

Lorenz, R., Dr. phil., Dipl.-Ing., Oberingenieur der Fried. Krupp A.-G., Essen-Ruhr, Hohenzollernstr. 18.

1525 Löser, Benno, Baumeister i. Fa. Kell & Löser, Dresden, Löbenerstr. 8.

Lothes. P., Oberingenieur, Blankenese, Marienhöhe.

Lotzin, Willy, Kaufmann, Danzig, Brabank 3.

Loubier, G., Patentanwalt, Berlin SW 61, Belle-Alliance-Platz 17.

Lübbert Staatl. Fischereidirektor, Kuxhaven, Am Seedeich 5.

1530 Lübcke, Charles, Expert des Vereines Hamburger Assecuradeure, Christiania, Vettakollen, Postbox 4.

Lueg, E., Ingenieur, i. Fa. Haniel & Lueg, Düsseldorf-Grafenberg.

Lüders, W. M. Ch., Fabrikant, Hamburg 9, Norderelbstr. 31.

Luft, Wilhelm, Dipl.-Ing., Vorstandsmitglied der Dyckerhoff & Widmann A.-G., Biebrich a. Rh.

Lühr, Eduard, Ingenieur, Betriebsleiter der Abt. Montania von Orenstein & Koppel, A.-G., Nordhausen, Postschließfach 104.

1535 Lütgens, Henry, Vorsitzender des Aufsichtsrates der Vereinigt. Bugsier- und Frachtschiff-fahrt-Ges., Hamburg 11, Neptunhaus.

Lutz, C. A., Dipl.-Ing., Stuttgart, Birkenwaldstraße 29.

Lux, Friedrich, Fabrikant, Ludwigshafen a. Rh., Ludwigsplatz 9.

Lux, Fritz, Elektro-Ingenieur, Mannheim, Kaiserring 36.

Lyth, Paul, Ingenieur, Stockholm, Malmtorgsgatan 6.

1540 Maaß Rob., Direktor d. Siemens-Schuckert-Werke, Berlin-Halensee, Küstriner Str. 10.

Maaß, Carl, Werftdirektor, Frauendorf b. Stettin.

Maaß, Emil, Dr., Professor, Berlin-Halensee, Westfälische Straße 63.

Macke, Theodor, Oberingenieur u. Inspektor, Hamburg 24, Ifflandstr. 8.

Mankiewitz, Paul, Direktor der Deutschen Bank, Berlin W 8, Behrenstr. 9/13.

1545 Markau, Karl, Dr., Prokurist der A. E. G. Berlin NW 40, Friedrich Karl-Ufer 2—4.

Martini, Kapitän z. S. a. D., Danzig, Petterhagergasse 3/5.

von Matern, John A., Direktor und Vorstandsmitglied der Firma Söderberg & Haak, Aktiebolag, Stockholm 2, Brännkyrkagatan 7.

Mathies, Geh. Regierungs- und Baurat a. D., Generaldirektor, Berlin-Charlottenburg, Kurfürstendamm 75.

Matschoss, Conrad, Professor, Dr.-Ing., Direktor des Vereins Deutscher Ingenieure, Berlin NW 7, Sommerstr. 4a.

1550 Mattenklott, Otto, Direktor der Metallwerke von Galkowski & Kielblock A.-G., Eberswalde, Neue Kreuzstr. 15.

Matz, Hugo, Inhaber des Husumer Eisenwerks, Husum.

Maybach, Karl, Direktor, Friedrichshafen a. Bodensee, Zeppelinstr. 11.

Mayer, Etscheit Joseph, Direktor von Haniel & Lueg, Düsseldorf-Grafenberg.

Meck, Bernhard, i. Fa. Ernst Mecks Stanz- und Preßwerk, Nürnberg.

1555 ter Meer, G., Dr.-Ing., Direktor, Hannover-Linden, Hamelner Str. 1.

Meinders, Hermann, Dipl.-Ing., Bremen, Clausewitzstr. 10.

Melms, Gustav J., Ingenieur, Paris, 3 rue Taibout.

Mendelssohn, A., Dr. jur., Geh. Ober-Regierungsrat a. D., Bonn, Koblenzer Str. 105.

Menge, Wilh., Mitinhaber d. Firma Greiserwerke, Hannover, Waldstr. 23.

1560 Merkel, Carl, Ingenieur, i. Fa. Willbrandt & Co., Hamburg, Kajen 24.

Mette, Carl, Prokurist, Magdeburg-Sudenburg, Werner-Fritze-Str. 3.

Meyer, Dietrich, Baurat, Direktor des Vereins Deutscher Ingenieure, Berlin NW 7, Sommerstraße 4a.

Meyer, Eugen, Schloß Itter, Hopfgarten, Tirol.

Meyer, P., Professor a. d. Techn. Hochschule, Delft, Holland, Spoorsingel 24.

1565 Meyer, W., Justizrat, Hannover, Hindenburgstraße 39.

Michaelis, Ludwig, Dr., Direktor des Autogen-Gasakkumulator A.-G., Berlin-Lichtenberg, Herzbergstr. 82/86.

Miersch, A., Konstr.-Ingenieur, Kaiserslautern, Buchenlochstr. 5.

Miethe, Adolf, Dr., Professor und Geh. Reg.-Rat, Berlin-Halensee, Halberstädter Str. 7.

Mintz, Maxim, Ingenieur und Patentanwalt, Berlin SW 11, Königgrätzer Str. 52.

1570 Möbus, Wilh., Oberingenieur, Düsseldorf 21, Karlstr. 16.

Mohr, Otto, Fabrikant, i. Fa. Mannheimer Masch.-Fabr. Mohr & Federhaff, Mannheim.

Moldenhauer, Louis, Berlin-Charlottenburg, Marchstraße 16.

Moll, Friedrich, Dr.-Ing., Schiffbau-Ingenieur, Berlin-Südende, Brandenburgische Str. 21.

Moll, Gustav, Ingenieur, Neubeckum, Westf.

Möller, Ludwig, Marine-Stabsingenieur a. D., 1575 Expert der Firma H. M. Mutzenbecher, Hamburg, Mundsburger Damm 26, III.

Möllers, G., Direktor der Deutschen Teerprodukten - Vereinigung, Essen - Ruhr, Bogenstraße 45.

Mollier, Walther, Ingenieur und Direktor, Wien 13, Ghellengasse 15.

Morrison, C. Y., Hamburg 20, Woldsenweg 10.

Mrazek, Franz, Ing., Direktor der Skodawerke Akt.-Ges. in Pilsen, Wien XIX, Peter-Jordan-Straße 28.

Mühlberg, Albert, jun., Oberingenieur, Ober- 1580 rietingen a. d. Enz (Württ.).

Müller, Adolph, Dr., Direktor der Akkumulatorenfabrik Akt.-Ges., Berlin-Grunewald, Königsallee 62a.

Müller, Albert, Geheimer Kommerzienrat, Essen-Ruhr, Huyssensallee 40.

Müller, Eduard, Direktor der Woermann-Linie A.-G. und der Deutschen Ostafrika-Linie, Hamburg, Gr. Reichenstr. 27, Afrikahaus.

Müller, Gustav, Direktor der Rheinischen Metallwaren- und Maschinenfabrik, Düsseldorf, Arnoldstraße 12.

Müller, Otto, Oberingenieur, Prokurist, Berlin- 1585 Charlottenburg, Knobelsdorffstr. 54.

Müller, Rudolf, Kaufmann, Leipzig, Steinstraße 55.

Müller, Wilhelm, Direktorstellvertreter der ersten Donau-Dampfschiffahrts-Gesellschaft, Wien III, Hintere Zollamtsstraße 1.

Münzesheimer, Martin, Generaldirektor der Gelsenkirchener Gußstahl- und Eisenwerke, Düsseldorf, Jägerhofstr. 22.

Nägel, Adolph, Dr.-Ing., Professor, Dresden-A. 24, Zellerschestr. 29.

Naht, A. W., Kaufmann, Hamburg 1, Semper- 1590 haus, Spitalerstr. 10.

Nebelthau, August, Kaufmann, Teilhaber d. Fa. Gebrüder Kulenkampff, Bremen, Parkallee 24.

Netter, Ludwig, Regierungsbaumeister a. D. und Fabrikbesitzer, Berlin W 10, Tiergartenstraße 34a.

Neuberg, Zivilingenieur, Berlin W 62, Keithstraße 10.

Neudeck, Martin, Kaufmann, Kiel, Esmarchstraße 10.

Neufeldt, H., Ing. und Fabrikbesitzer, Kitze- 1595 berg b. Kiel.

Neuhaus, Fritz, Baurat, Generaldirektor bei A. Borsig-Tegel, Berlin W 15, Kaiserallee 220.

Neuhaus, Ludwig, Direktor von A. Borsig, Berlin W 15, Kurfürstendamm 69.

Neumann, Kurt, Dr.-Ing., ord. Professor an der Techn. Hochschule, Hannover, Hermannstr. 34.

Niederdraing, Emil, Fabrikdirektor, Landsberg a. W., Angerstr. 8.

Niederquell, Wilhelm, Oberingenieur, Kiel, 1600 Sophienblatt 5.

Niedt, Otto, Dr.-Ing., Kommerzienrat, Generaldirektor der Huldschinskyschen Hüttenwerke Akt.-Ges., Gleiwitz, O.-S.

Niemeyer, Georg, Fabrikbesitzer, Harburg, Metall- u. Eisenwerke.

Niemeyer, Walter, Kaufmann, Harburg, Metall- u. Eisenwerke.

Nihlén, August Nicolaus, Direktor der Continentalen Reederei A.-G., Hamburg 1, Bergstraße 7.

1605 Nissen, Andreas, Oberingenieur, Hamburg, Sierichstr. 20.

Nobiling, Heinr., Reeder, Berlin SO 16, Brücken-straße 6 b.

Noë, Maschinenbauingenieur, Professor, Direktor der Danziger Werft, Danzig.

Nöllenburg, Rudolf, Generaldirektor der Deut-schen Erdöl-Akt.-Ges., Bad Homburg v. d. Höhe, Viktoriaweg 6.

Noltenius, Fr. H., Direktor d. Atlas-Werke A.-G., Bremen.

1610 Nordström, Hugo Fredrik, Dozent an der techn. Hochschule, Stockholm, Dalagatan 39.

Noske, Feodor, Ingenieur und Fabrikant, Altona, Arnoldstr. 28.

Notholt, A., Direktor, Hamburg 38, Jungfern-stieg 30.

Oeking, Fabrikbesitzer, i. Fa. Oeking & Co. Düsseldorf, Humboldtstr. 53.

Oeser, Minister, Berlin W 9, Wilhelmstr. 79.

1615 Ohlrogge, Richard, Direktor der Kuxhavener Hochseefischerei A.-G., Kuxhaven, Seedeich 18.

Olsson, Henning, Ingenieur, Hertzia, Göteborg, Schweden.

Oppenheim, Paul, Ingenieur und Fabrikbesitzer, Berlin-Wilmersdorf, Brandenburgische Str. 24.

Graf von Oppersdorff, Ober-Glogau, Schloß.

Opitz, Paul, Kapitän, Hamburg, Moltkestr. 6.

1620 L'Orange, P., Dipl.-Ing., Professor, Direktor von Benz & Co., Mannheim-Freudenheim, Nadler-straße 12.

Ott, Franz, Generaldirektor der Rhein- und See-schiffahrts-Gesellschaft, Köln, Volksgartenstr.

Ott, Max, Dipl.-Ing., Hannover-Kleefeld, Hegel-str. 16, part.

Otte, W., Vertreter der Schiffswerft Caesar Woll-heim in Kosel, Berlin-Wilmersdorf, Hanauer Straße 30.

Otto, Hans, Korvetten-Kapitän (I) a. D., Berlin-Pankow, Hartwigstr. 108.

1625 Otto, Oswald, Oberingenieur, Schöneiche bei Friedrichshagen, Waldstr. 77.

Overath, H., Direktor der Mitteldeutschen Gummiwaren-Fabrik, Frankfurt a. M., Mendels-sohnstr. 37.

Overhoff, Walter, Dipl.-Ing., Generaldirektor des Stabilimento Tecnico Triestino, Triest X.

Overweg, O., Kaufmann, Hamburg, Admirali-tätsstr. 33/34.

Paasch, Lothar, Leutnant, Berlin-Friedenau, Kaiserallee 114.

1630 Pahl, Gustav, Finanzrat, Berlin NW 7, Neustädti-sche Kirchstr. 15.

Pake, Wilhelm, Senator, Wolgast, Burgstr. 6.

Pantke, Marine-Oberstabsingenieur a. D., Berlin-Pankow, Pestalozzistr. 39.

Parje, Wilhelm, Direktor, Bredeney bei Essen-(Ruhr), Graf-Spee-Str. 13.

Patak, Alex, Oberingenieur der Seeschiffahrt A.-G., Atlantica, Budapest, Falk-Miksa-Gasse 20.

1635 Pauli, F., Ingenieur, Hamburg, Glockengießer-wall 2/4, Wallhof.

Pels, Henry, Fabrikbesitzer, Berlin-Charlotten-burg 2, Neue Grolmannstr. 5.

Penck, Albrecht, Dr., Professor, Geheimer Re-gierungsrat, Direktor des Museums f. Meeres-kunde, Berlin NW 7, Georgenstr. 34/36.

Perleberg, Ernst, Ing., Riga-Hagensberg, Tau-benstr. 21.

Petersen, Otto, Dr.-Ing., Geschäftsführer des Vereins deutscher Eisenhüttenleute, Düsseldorf, Breite Str. 27.

von Petri, Oscar, Dr. phil. h. c., Geheimer 1640 Kommerzienrat, Nürnberg, Unt. Pirkheimer Straße 11/13.

Petri, Carl, Kapitänleutnant a. D., Düsseldorf, Kölner Str. 114.

Pfenninger, Carl, Ingenieur, i. Fa. Melms & Pfen-ninger, München, Martiusstr. 7.

Pfleiderer, Carl, Dr.-Ing., Professor an der Tech-nischen Hochschule, Braunschweig.

Piehler, C., Technischer Direktor, Westf. Stahlw. A.-G., Bochum i. W., Königsallee 30.

Piper, C., Direktor der Neuen Dampfer-Com- 1645 pagnie, Stettin.

Platz, Richard, Generaldirektor der Hackethal Draht- und Kabel-Werke A.-G., Hannover, Richard-Wagner-Str. 23.

Podeus, Paul, Kommerzienrat, Wismar i. Meck-lenburg, Ravelin-Haus.

Poensgen, C. Rud., Kommerzienrat, Düsseldorf, Jägerhofstr. 7.

Pohlig, Julius, Direktor der J. Pohlig A.-G., Köln-Zollstock.

Pohlmann, Hans, Ingenieur u. Fabrikant, Ham- 1650 burg 1, Bieberhaus, II. St.

Pohlmann, Ludwig, Kaufmann, Hamburg, Neueburg 22.

Pohlmann, Walther, Dipl.-Ing., Altona, Klop-stockstr. 11.

Polnay v. Tiszasüly, Eugen, Exzellenz, Präsi-dent-Generaldirektor der Atlantica Seeschiff-fahrt A.-G., Budapest, Falk Miksa utca 20.

Pophanken, Erich, Dipl.-Ing., Assistent d. Techn. Hochschule, Danzig-Langfuhr, Luisen-tal 1.

Popp, P., Oberingenieur, Hamburg, Tornquist- 1655 straße 15.

Pötter, Wilh., Direktor, in Fa. Ferd. Müller, Ham-burg 6, Schanzenstr. 75/77, Tritonhaus.

Potthoff, Hermann, Regierungsbaumeister a. D., Direktor der Rheinischen Metallwaren- und Maschinenfabrik, Düsseldorf, Sybelstr. 1.

Prager, Curt, Ingenieur, Berlin-Wilmersdorf, Nikolsburger Str. 6.

Prandtl, Ludw., Dr. phil., Prof. a. d. Universität in Göttingen, Göttingen, Bergstr. 15.

Predöhl, Max, Dr. jur., Bürgermeister, Ham- 1660 burg, Harvestehuder Weg 28.

Prégardien, J. E., Ingenieur für Dampfkessel-bau, Bitburg, Bez. Trier.

Prieger, H., Direktor der Stock-Motorpflug A.-G. Berlin-Dahlem, Am schwarzen Grund 16.

Projahn, Heinr., Betriebsdirektor der Gelsen-kirchener Bergwerks-A.-G., Gießerei Gelsen-kirchen, Oskarstraße 16.

Püllen, Kontre-Admiral, Berlin W 10, Königin-Augusta Str. 38/42.

Radinger, A. E., Fabrikdirektor, H. Putsch 1665 & Co., Hagen i. W.

Rahtjen, John, Kaufmann, Altona-Ottensen, Erdmannstr. 18/20.

Rahtjen, J. Frank, Kaufmann, Haus Griffgen-stein b. Massin, Neumark.

Ranft, P., Baurat, Leipzig, Kurze Str. 1.

Rasch, Georg, Hüttendirektor, Berlin N 4, Chaus-seestr. 13.

Raschen, Herm., Ingenieur der Chem. Fabriken 1670 Griesheim-Elektron, Griesheim a. M.

Rathenau, W., Dr., Vorsitzender des Aufsichtsrats der A. E. G., Berlin NW 40, Friedrich-
Karl-Ufer 4.

Redenz, Hans, Direktor bei Haniel & Lueg, Düsseldorf-Grafenberg.

Redlin, Gerichtsassessor a. D., Berlin-Charlottenburg 1, Berliner Str. 97.

Regenbogen, Konrad, Maschinenbau-Direktor
der Fried. Krupp A.-G., Germania-Werft, Kiel.

1675 Rehfeld, Ernst, Direktor, Deutsche Niles-Werke,
Berlin-Weißensee.

Rehfus, Wilh., Dr.-Ing., Danzig, Gralathstr. 5a.

Rehmann, Fritz, Direktor der Reederei Stachelhaus & Buchloh, G. m. b. H., Mülheim a. d. Ruhr,
Friedrichstr. 28.

Reichel, W., Dr.-Ing., Professor, Direktor der
Siemens-Schuckert-Werke, Berlin-Lankwitz,
Beethovenstr. 14.

Reinhardt, Karl, Dr.-Ing., Generaldirektor bei
Schüchtermann & Kremer, Dortmund, Markt-
straße 4.

1680 Reinhardt, Philipp, Dr. Großkaufmann, Mannheim, Werderstr. 57/59.

Reinhold, Carl, Ingenieur und Inhaber der Berliner Asbest-Werke, Berlin-Reinickendorf-Ost,
Graf-Roedern-Allee 76/78.

Reinhold, Hermann, Kommerzienrat und Fabrikbesitzer, Berlin NW 23, Händelstr. 3.

Reinhold, Postrat, Büchereivorsteher, Berlin C 2,
Spandauer Straße, Postamt.

Reissner, Hans, Dr.-Ing., Professor d. Techn.
Hochschule, Berlin-Wilmersdorf, Wittelsbacher-
straße 18.

1685 Rellstab, Ludwig, Dr., Direktor der Thermo-
phon Ges., Zeist b. Utrecht, Holland.

Reusch, Paul, Dr.-Ing., Kommerzienrat, Vorstandsmitglied der Gutehoffnungshütte, Oberhausen, Rheinland.

Reuter, Wolfgang, Generaldirektor der Deutschen Maschinenfabrik-A.-G. Duisburg, Duisburg.

Richter, Alfred, Obering., Berlin W 9, Link-
straße 12.

Rickert, F., Dr., Verleger der „Danziger Zeitung", Danzig, Karrenwall 9.

1690 Riedel, Karl, Schiffskapitän, Mannheim-Freudenheim, Hauptstr. 137.

Riemer, Julius, Direktor der Firma Haniel
& Lueg, Düsseldorf-Grafenberg.

von Rieppel, A., Dr.-Ing., Geh. Baurat und
Fabrikdirektor, Nürnberg 24.

Ringe, Hermann, Werftdirektor, Lehe bei Bremerhaven, Hafenstr. 224.

Rischowski, Alb., Vertreter der Firma Caesar
Wollheim, Breslau, Jahnstr. 34.

1695 Ritter, Th., i. Fa. Woermann-Linie, Hamburg 39,
Willistr. 15.

Ritter, Walter, Ingenieur, Teilhaber der Deutschen Apelia-Ges., Leipzig, Blücherstr. 19.

Röchling, L., Kommerzienrat u. Fabrikbesitzer,
Völklingen a. d. Saar.

Rodin, Woldemar, Dipl.-Ing., Stettin-Züllchow,
Chausseestr. 3.

Rogge, Vize-Admiral a. D., Berlin-Wilmersdorf,
Nickolsburgerstr. 8/9.

1700 Rogge, A., Marine-Oberstabs-Ingenieur a. D.,
Berlin-Charlottenburg, Knesebeckstr. 16.

Rohde, Paul, Inhaber der Fa. Otto Mannsfeld
& Co., Berlin W 8, Mohrenstr. 54/55.

v. Rolf, W., Freiherr, Direktor, Düsseldorf 71,
Berger-Ufer 1.

Rolle, M., Architekt, Berlin W 15, Fasanen-
straße 57.

Rollmann, Admiral z. D., Exzellenz, Blanken-
burg a. H., Rübeländer Str. 2.

Rompano, C., Schiffbau-Ingenieur, Hamburg 19, 1705
Weidenstieg 8 III.

Rosenfeld, Hermann, Marine-Oberingenieur,
Sturenhagen bei Dänischenhagen bei Kiel.

Roser, E., Dr.-Ing., Direktor, Essen-Ruhr,
Rellinghauser Straße 55.

Roser, Heinrich, Dipl.-Ing., Direktor der Firma
Werner & Pfleiderer, Cannstatt a. Neckar.
Karlplatz 27.

Roth, H., Geheimer Kommerzienrat, Dessau,
Friedrichstr. 26.

Roth, Valentin, Ingenieur, Hamburg 36, Roten- 1710
baum-Chaussee 24.

Roux, Direktor d. Askania-Werke A.-G., Berlin-
Friedenau, Kaiser-Allee 87/88.

Rubbel, H., Direktor, Düsseldorf, Sommers-
straße 10.

Rudeloff, Alexander, Dipl.-Ing., Bremen, Holler-
Allee 23.

Rudeloff, Max, Dr.-Ing., Prof., Geh. Reg.-Rat,
Direktor des Materialprüfungsamtes, Berlin-
Groß-Lichterfelde-West, Fontanestr. 22.

Rump, Ernst, Kaufmann, Hamburg, Breite 1715
Straße 3/4.

Ruperti, Oscar, Kaufmann, in Firma H. J.
Merck & Co., Hamburg, Dovenhof 6.

Ruth, Gustav, Chemische u. Lackfabriken.
Wandsbek-Hamburg, Feldstr. 136/142.

Sachse, Walter, Kapitän und Oberinspektor
der Hamburg-Amerika-Linie, Hamburg, Parkallee 62.

Sachsenberg, Hans, Direktor in Junkers Flug-
zeugwerk, Dessau, Antoinettenstr. 4.

Sachsenberg, Paul, Kommerzienrat, Dessau, 1720
Mariannenstr. 1.

Sadger, Adolph, Ingenieur, Direktor, Berlin-
Tempelhof, Kaiserkorso 69.

Saeftel Hüttendirektor, Berlin-Charlottenburg,
Kaiserdamm 89 I.

Saland, Hans, Vertreter v. Busse & Selve, Berlin-
Friedenau, Fehlerstr. 3.

Salomon, B., Professor, Frankfurt a. M.,
Westendstr. 25.

Sanders, Ludwig, Kaufmann, Hamburg, Heim- 1725
huderstr. 31.

Sarnow, Albert, Oberingenieur d. Maschinenbau-
abt. P. H. Podeus, Wismar, Lindenstr. 32.

Sartori, A., Konsul und Reeder, in Fa. Sartori
& Berger, Kiel.

Sartori, P., Konsul und Reeder, in Fa. Sartori
& Berger, Kiel.

Sass, Friedr., Dipl.-Ing., Berlin-Charlottenburg,
Sophie-Charlotte-Str. 57/58.

Sattler, Bruno, Technischer Direktor, Katto- 1730
witz O.-S., Schloßstr. 10a.

Schadt, Walter, Rechtsanwalt, Direktor der
deutschen Schiffspfandbriefbank A.-G., Berlin NW 7, Dorotheenstr. 19.

Schaeffer, Ernst, Direktor der Pallas-Vergaser-
Ges., Berlin-Halensee, Kurfürstendamm 145.

Schärffe, Franz, Ingenieur, Lübeck, Engels-
wisch 42/48.

Scharrer, G., Kaufmann, Duisburg, Unter-
straße 84.

Schauseil, M., Direktor der See-Berufsgenossen- 1735
schaft, Hamburg 8, Zippelhaus 18.

Scheller, Wilh., Direktor, Leiter der Versuchsanstalt Prof. Junkers, Aachen, Bachstraße 34.

Schenck, Max, Direktor von Schenck und Liebe-Harkort, G. m. b. H., Düsseldorf-Oberkassel, Sonderburger Str. 5a.

Scherer, Franz, Fabrikdirektor, Neubabelsberg, Berliner Str. 48/50.

Schetelig, Claudio, Dipl.-Ing., Essen (Ruhr), Rüttenscheider Platz 9.

1740 Schiementz, Paul, Fabrikdirektor, Berlin-Waidmannslust, Bondickstr. 67.

Schiele, Ernst, Dr.-Ing., Inhaber der Fa. Rud. Otto Meyer, Hamburg 23, Pappelallee 23/25.

Schilling, Dr., Professor, Direktor der Seefahrtsschule, Bremen.

Schimmelbusch, Direktor d. Dampfkessel-Fabrik vorm. Arthur Rodberg A.-G., Darmstadt.

Schinkel, Otto, Ingenieur, Poppenhagen b. Neustadt a. Rübenberge.

1745 Schirmacher, Albert, Ingenieur u. Fabrikdirektor, Berlin W 30, Landshuter Str. 29.

Schlachter, Wilh., Direktor, Wiesbaden, Schillerplatz 2.

Schlick, E., Hamburg 39, Bellevue 2.

Schmadalla, Joh., Ingenieur und Lehrer für Masch.- und Schiffbau a. d. Navigationsschule Lübeck, Lübeck, Marlistr. 9b.

Schmelzer, Hermann, Ingenieur, Kassel, Kölnische Str. 118.

1750 Schmid, Ehrhardt, Admiral à la Suite des Seeoffizierkorps, Exzellenz, Auerbach an d. Bergstraße, Ernst-Ludwig-Promenade 8.

Schmidt, Emil, Fabrikbesitzer, Hamburg 24, Hofweg 6.

Schmidt, Friedrich, Fabrikdirektor, Hamburg, Husumer Str. 21.

Schmidt, Karl, Direktor der A.-E.-G., Berlin WN 87, Eyke-von-Repkow-Platz 3.

Schmidt, Max, Ingenieur, Direktor, Hirschberg i. Schles.

1755 Schmidt, Rudolf, Torpederkapitänleutnant a.D., Geh. exp. Sekretär i. d. Adm., Berlin-Schöneberg, Innsbrucker Str. 41.

Schmidt, Wilh., Dr.-Ing., Baurat, Benneckenstein, Wernigeroder Str. 1.

Schmidt, Wilh., jun., Ingenieur, Benneckenstein, Wernigeroder Str. 1.

Schmidtlein, C., Ingenieur und Patentanwalt, Berlin SW 46, Königgrätzer Str. 87.

Schmiedgen, Alfred, Direktor, Wittenau bei Berlin, Hauptstr. 60.

1760 Schmitt, A., Fabrikdirektor, Laurahütte O.-S.

Schmitz, Paul, Fabrikdirektor, Brake i. Oldenburg.

Schmuckler, Hans, Direktor b. Breest & Co., Berlin-Frohnau (Mark).

Schneider, Arthur, Oberingenieur und Prokurist, Köln-Mülheim, Wiesbadener Str. 2.

Schneider, Heinr., Dipl.-Ing., Illnau b. Zürich, Schweiz.

1765 Schnell, Robert, Dipl.-Ing., Oberingenieur der Rappmotoren-Werke, München, Herzogstr. 95.

Schnoeckel, Gustav, Geschäftsführer der Märkischen Fahrzeugwerke G. m. b. H., Potsdam, Neue Königstr. 72.

Schnorr, Aug., Generaldirektor der Münden-Hildesheimer Gummiwaren-Fabriken, Gebr. Wetzell A.-G., Hildesheim.

Schönian, Hans, Dipl.-Ing., Direktor d. Vosswerke A.-G., Sarstedt b. Hannover, Giftener Straße 258.

Scholz, Max, Fabrikdirektor, Berlin W 57, Potsdamer Str. 62.

1770 Schoof, Karl, Direktor, Frankfurt a. M., Beethovenstr. 7 B.

Schrödter, E., Dr.-Ing., Ingenieur, Düsseldorf, Ludendorfstr. 27.

Schroedter, C., i. Fa. Hansa Deutsche Nautische Zeitschrift, Hamburg, Steinhöft 3.

Schrüffer, Alexander, Dr., Rechtsanwalt, Direktor der Lloyd Luftverkehr Sablatnig G. m. b. H., Berlin-Neutempelhof, Mussehlstr. 22.

Schubert, Hermann, Ingenieur, Dresden-Radebeul, Roseggerstr. 3.

1775 Schult, Hans, Ingenieur, i. Fa. W. A. F. Wiechhorst & Sohn, Hamburg 24, Lübecker Str. 88.

Schulte, Eduard, Bergassessor a. D., Godesberg a. Rh., Ludwigstr. 15.

Schulte, F., Oberingenieur der Harpener Bergbau-Akt.-Ges., Dortmund, Saarbrücker Str. 49.

Schultze, J., Dr. jur., Direktor der Oldenburg-Portugiesischen Dampfschiffs-Reederei, Hamburg, Jungfernstieg 30.

Schultze, Moritz, Direktor, Magdeburg, Kaiserstraße 28.

1780 Schulze-Vellinghausen, Ew., Fabrikbesitzer, Düsseldorf, Sternstr. 18.

Schümann, C., Fabrikant, Hamburg 20, Eppendorfer Landstr. 79.

Schumann, Ernst, Oberingenieur, Berlin-Charlottenburg, Schloßstr. 9.

Schürsch, H., Dr.-Ing., i. Fa. Ed. Züblin & Co., Straßburg i. E., Finkemattstr. 25.

Schütte, Alfred, H., Kommerzienrat, Inhaber d. Fa. Alfr. H. Schütte, Köln-Deutz, Rheinallee.

1785 Schüttler, Paul, Ingenieur, Direktor der Pallas-Vergaser-Ges., Berlin-Wilmersdorf, Paulsborner Straße 1.

Schützler, Marine-Oberchefingenieur z. D., Aachen, Kaiserallee 56.

Schwanhäusser, Wm., Dir. d. International Steam Pump Co., 115 Broadway, New York.

v. Schwarze, Fritz, Betriebs-Chef, Oberschl. Eisenbahn-Bedarfs-Akt.-Ges. Abt. Huldschinskywerke, Gleiwitz, Kronprinzenstr. 9.

v. Schwarze, Horst, Dipl.-Ing., Hochofen- und Gießerei-Chef der Georgs-Marien-Hütte bei Osnabrück, Schloß.

1790 Schwebsch, A., Dipl.-Ing., Kiel, Kirchhofsallee 31.

Schwerd, Professor a. d. techn. Hochschule, Hannover, Podbielskistr. 14.

Schwerdt, Carl, Dr. med., Geh. Medizinal-Rat, Gotha, Hindenburgstr. 2.

Seiffert, Franz, Direktor der Akt.-Ges. Franz Seiffert & Co., Berlin-Eberswalde, Berlin C 19, Oberwasserstr. 12a/13.

Seiler, Max, Patentanwalt, Berlin SW 61, Belle-Alliance-Platz 6a.

1795 Senff, E., Fabrikbesitzer, Düsseldorf, Gartenstraße 68.

Sening, Aug., Fabrikant, i. Fa. F. A. Sening, Hamburg, Vorsetzen 25/27.

Seyffert, Ernst, Direktor der Bremer Tauwerkfabrik A.-G., Grohn-Vegesack.

Siebel, Werner, Fabrikbesitzer, i. Fa. Bauartikel-Fabrik A. Siebel, Düsseldorf-Grafenberg, Lindenstr. 255.

Siebert, G., Direktor der Firma F. Schichau, Elbing, Altstädt. Wallstr. 10.

1830 Siebert, Walter, Dipl.-Ing., Berlin-Friedenau, Kaiserallee 110.

Siekmann, August, Kapitän, Naut. wissenschaftl. Mitarbeiter der Askania-Werke A.-G., Berlin-Friedenau, Rheinstr. 48.

Siedentopf, Otto, Ingenieur und Patentanwalt, Berlin SW 68, Lindenstr. 1.

Sieg, Waldemar, Kommerzienrat, Direktor der Danziger Reederei-Akt.-Ges. und Vorstandsmitglied der See-Berufsgenossenschaft, Danzig, Langenmarkt 20.

Siegmund, Walter, Direktor der „Turbinia", Aktien-Gesellschaft, Berlin W 66, Leipziger Straße 123a.

1805 v. Siemens, Carl F., Ingenieur, Siemensstadt b. Berlin.

Siemens, S., Maschineninspektor, Bremen, Dampfschiffahrts-Ges. „Neptun".

Simony, Theophil, Oberingenieur, Halberger Hütte G. m. b. H., Brebach a. Saar.

von Simson, Herm. Ed., Handlungsbevollmächtigter der Fried. Krupp A.-G., Essen (Ruhr), Mozartstr. 8.

Sitte, H., Direktor der Maffei-Schwartzkopff-Werke, Berlin-Steglitz, Siemensstr. 30a.

1810 Söder, W., Dr. jur., Konsul, Bremen, Richard-Wagner-Str. 9.

Söhngen, F., Fabrikdirektor, Dortmund, Alexanderstr. 8.

Somfleth, J. P., Direktor des Eisenwerks vorm. Nagel & Kaemp A.-G., Hamburg 39.

Sonnek, Max, Ingenieur, Dresden-A. 16, Blasewitzer Str. 37.

Sorge, Kurt, Dr.-Ing., Vorsitzender Direktor des Fried. Krupp Grusonwerkes, Berlin-Nikolassee, Teutonenstr. 24.

1815 Sorge, Otto, Ingenieur, Berlin-Grunewald, Charlottenbrunner Str. 44.

Spangenthal, Hugo, Kaufmann, Lindenberg bei Luckenwalde.

Spannhake, Wilhelm, Dipl.-Ing., Hamburg, Gryphiusstr. 7.

Späth, H., Generaldirektor, Düsseldorf, Ehrenstraße 44.

Specht, Rud., Dr.-Ing. und Patentanwalt, Hamburg 1, Spitalerstr. 11.

1820 Speckbötel, Th., Beratender Ingenieur, Hamburg 1, Ferdinandstr. 29.

Spitzer, Julius, Ingenieur, Direktor der Witkowitzer Bergbau- und Eisenhüttengewerkschaft, Eisenwerk Witkowitz, Mähren.

Spreckelsen, Willy, Schiffsmaschinenbau-Ingenieur, Bremen, Wachmannstr. 22.

Sprenger, William, Kapitän und Reeder, Lübeck, Roeckstr. 6a.

Sprickerhof, Albert, Eisenbahndirektor a. D., Berlin W 30, Am Karlsbad 10.

1825 Springer, Fritz, Dr.-Ing., Verlagsbuchhändler, Berlin W 9, Linkstr. 23/24.

Springer, Julius, Verlagsbuchhändler, Zehlendorf-West, Schillerstr. 10.

Springorum, Fr., Dr.-Ing., Kommerzienrat und Generaldirektor der Eisen- und Stahlwerke Hoesch A.-G., Dortmund, Eberhardtstraße 20.

Stachelhaus, Herm., Reeder u. Fabrikant, i. Fa. Stachelhaus & Buchloh, Mannheim E 7, 22.

Staffel, E., Fabrikbes., Witzenhausen, Bez. Kassel.

Stahl, Paul, Direktor der Vulcan-Werke, Hamburg 20, Heilwigstraße 122. 1830

Starkmann, Em., Vertreter der Actiengesellschaft „Weser" in Bremen, Berlin W 30, Viktoria-Luise-Platz 9.

v. Stauß, E. G., Direktor der Deutschen Bank, Berlin-Dahlem, Cecilienallee 14/16.

Steegmann, Hauptmann, Charlottenburg, Mommsenstr. 47.

Stein, C., Ingenieur, Böblingen, Waldburgstr.

Stein, Erhard, Fabrikant, Hannover, Stüvestr. 7. 1835

Stein, Gustav, Dr., Verwaltungsdirektor der Westdeutschen Binnenschiffahrts-Berufsgenossenschaft, Duisburg, Ruhrorter Str. 18.

Stein, Rich., jr., Fabrikant, Hannover, Stüvestraße. 7.

Steinbiss, Karl, Eisenbahndirektions-Präsident a. D., Blankenese, Luisenstr. 1.

Steiner, Georg, Dipl.-Ing., Gebr. Sulzer A.-G., Ludwigshafen a. Rh.

Stelljes, Erich, Maschinenbau-Ingenieur, Bremen, Doventorsteinweg 52. 1840

Stender, W., Ingenieur, Moskau, Tschistye Prudy, Mylnikow Pereulok 4 10.

Stentzler, Carl, Vertreter in- u. ausländischer Berg-, Hütten- u. Walzwerke, Berlin-Friedenau, Wilhelm-Hauff-Str. 5.

Stern, Manu, Direktor der Telefon-Fabrik A.-G., Berlin SO 16, Köpenicker Str. 55.

Sternberg, Oscar, Kommerzienrat, Königl. Schwed. Vize-Konsul, Generaldirektor, Mannheim, Augusta-Anlage 33.

Stieghorst, Hermann, Dipl.-Ing., Vulcan-Werke, Stettin, Blumenstr. 20/21. 1845

Stinnes, Leo, Kommerzienrat, Reeder, Mannheim D 7. 12.

Stöckmann, E., Vorstand und technischer Direktor des Annener Gußstahlwerkes A.-G., Annen i. Westf.

Stoedtner, Georg, Chefingenieur, Berlin-Schlachtensee, Brunnenstr. 7.

Stoessel, Paul, Fabrikbesitzer, Düsseldorf, Alt-Pempelfort 24.

Storck, O., Kaufmann, Direktor, Werft Nobiskrug, Rendsburg. 1850

Strasser, Geh. Regierungsrat, Direktor im Patentamt, Berlin W 15, Fasanenstr. 64.

Stratenwerth, G., Direktor der Union Metall-Ges. m. b. H., Düsseldorf, Schließfach 748.

Strisower, Julius, Dipl.-Ing., Düsseldorf, Konkordiastr. 54.

Stromeyer, Konteradmiral z. D., Heidelberg, Blumenthaler Str. 19.

Strube, A., Dr., Bankdirektor, Deutsche Nationalbank, Bremen, Graf-Moltke-Str. 51. 1855

Struck, H., Prokurist der Firma F. Laeisz, Hamburg, Trostbrücke 1.

Stubmann, P., Dr. phil., Syndikus d. Vereins Hamburger Reeder, Hamburg 39, Wentzelstraße 15.

Stumpf, Johannes, Dr. Geheimer Regierungsrat u. Professor, Berlin W 15, Kurfürstendamm 33.

Stut, Carl, Direktor der Continentalen Reederei A.-G., Hamburg, Bergstr. 7.

Suling, Baudirektor der Abteilung Strom- u. 1860 Hafenbau, Bremen, Werderstr. 1.

Surenbrock, W., Direktor, Hamburg, 20, Eppendorfer Landstr. 44.

Sylvester, Emilio, Mitglied des Vorstandes der A.-G. Charlottenhütte, Niederschelden/Sieg.

Szymanski, Max, Ingenieur, Siegen (Westfalen), Blücherstr. 54.

Tecklenborg, Ed., Kaufmann, Direktor der Schiffswerft von Joh. C. Tecklenborg Akt.-Ges., Bremen, Parkstr. 41.

1865 Tecklenborg, Fritz, Kaufmann, Lehe-Speckenbüttel, Parkstr. 24.

Tetens, F., Dr. jur., Direktor der Aktien-Gesellschaft „Weser", Bremen, Parkstr. 87.

Theobald, Wilhelm, Gesellschafter und Direktor der Vereinigten Asbestwerke, Danco-Wetzell & Co., G. m. b. H., Dortmund, Knappenberger Straße 120.

Theusner, Martin, Dr.-Ing., Direktor der Siegen-Solinger Gußstahl-Akt.-Ges. Solingen, Kasernenstraße 38.

Thiele, Ad., Konteradmiral z. D., Reichs-Kommissar bei dem Seeamte Bremerhaven, Bremen, Lothringer Str. 21.

1870 Thierry, Julius, Dipl.-Ing., in Fa. Fischer & Kreicke, Hamburg, Schlüterst'. 54a.

Thoma, Dr.-Ing., Gotha, Schöne Allee 6.

Thomas, Paul, Direktor, Düsseldorf, Achenbachstraße 6.

Thulin, P. G., Vize-Konsul, Stockholm, Skeppsbron 34.

Thyen, Heinr. O., Konsul, Bürgermeister, Brake.

1875 Tirre, Wilh., Direktor bei Haniel & Lueg, Bremen, Kembertisst'. 89.

Tobias, Friedrich, Direktor d. „Alster", Hamburger Rück- und Mit-Versicherungs- A.-G., Hamburg, Neß 1.

Tolksdorf, B., Patentanwalt, Berlin W 9, Potsdamer Str. 139.

Traub, Alois, Direktor bei A. Borsig, G. m. b. H., Berlin-Tegel, Spandauerstr. 3.

Trauboth, Walter, Oberingenieur, Berlin-Friedenau, Südwestkorso 69.

1880 Trommsdorff, Bibliothekar, Danzig, Technische Hochschule.

Ullstein, Louis, Verleger, Berlin SW 68, Kochstr. 23/24.

Ulmer, Conrad, Direktor, Düsseldorf, Achenbachstr. 28 II.

Urlaub, Fr., Direktor, Neumühlen-Dietrichsdorf bei Kiel, Howaldtswerke.

Usener, Hans, Dr. phil., Fabrikant, Kiel, Holtenauer Str. 62.

1885 Vahland, Otto, Direktor, Bremen, Schlachte 21.

Vassel, Walter, Oberingenieur bei A. Borsig, Berlin-Tegel, Hauptstr. 32.

Vehling, H., Hüttendirektor, Vorstands-Mitglied der Gelsenkirchener Bergwerks - Akt. - Ges., Aachen-Rothe-Erde.

Vielhaben, G. W., Dr. jur., Rechtsanwalt, Hamburg 24, Papenhuder Str. 1.

Viereck, K., Marine-Stabsingenieur, Lütjensee, Holstein.

1890 Vinnen, Fr. Adolf, Reeder, bayr. Generalkonsul, Bremen, Altenwall 21/23.

van Vloten, Hüttendirektor, Nunspeet, Holld.

Voerste, Otto, Oberingenieur d. Siemens-Schukkertwerke, Hamburg, Spitalerstraße.

Vogel, Hans, Oberingenieur, Kiel, Holtenauerstraße 110.

Vögler, Albert, Dr.-Ing., Generaldirektor, Dortmund, Deutsch-Luxemb. Berg- u. Hütten-A.-G.

Vollbett, O. D., Betriebschef des Reparatur- 1895 betriebes der Vulcan-Werke, Hamburg, Am Weiher 23.

Vollbrandt, Adolf, Dr. med., Freiburg i. Br., Bayernstr. 6.

Wacha, Karl, Direktor der Görlitzer Maschinenbau-A.-G., Görlitz, Grüner Graben 7.

Wachtel, Dagobert, Ingenieur und Fabrikbesitzer, Berlin NW 7, Sommerstr. 5.

Wagenführ, H., Oberingenieur der Allgem. Elektrizitäts-Gesellsch., Bremen, Wall 77/78.

von Waldthausen, August, Kommerzienrat, 1900 Düsseldorf, Goltsteinstr. 28.

Walloch, F., Ing., Direktor d. C. Lorenz A.-G., Berlin-Lichterfelde, Promenadenstr. 12a.

Wallwitz, Franz, Direktor der Vulcan-Werke, Groß-Flottbek, Geibelstr. 4.

Wanner, Theodor G., Dr. phil., Kommerzienrat, Kgl. schwed. Konsul, Stuttgart, Königstr. 15.

Warnholtz, Max, Direktor der Hamburg-Amerika-Linie, Hamburg, Alsterdamm 25.

Wätjen, Georg W., Generalkonsul und Reeder, 1905 Bremen, Postfach 678.

Weber, Ed., Kaufmann, Hamburg, Brüggehaus.

Weber, Moritz, Professor an der technischen Hochschule zu Berlin, Nikolassee, Lückhofstraße 19.

Weber, Richard, Fabrikant, Berlin-Neubabelsberg, Kaiserstr. 35.

Weber, Oberregierungsrat im Ministerium des Innern, Oldenburg.

Wedemeyer, Dr.-Ing., Hüttendirektor, Sterk- 1910 rade, Rhld., Hüttenstr. 16.

Wehrlin, Harry, Oberingenieur, Berlin-Groß-Lichterfelde, Mittelstr. 6.

Weickmann, Albert, Patentanwalt und Ingenieur, München-Bogenhausen, Steinbacherstr. 2 II.

Weidert, Franz, Dr. phil., Direktor der optischen Anstalt „Goerz" A.-G., Berlin-Lichterfelde, Potsdamer Str. 32.

Weidert, Karl, Vorstandsmitglied der Eisenbeton-Schiffbau-A.-G., Berlin-Zehlendorf-West, Goethestraße 9.

Weidtmann, Victor, Dr., Geheimer Bergrat, 1915 Generaldirektor, Schloß Rahe, Gemeinde Laurenberg, Landkreis Aachen.

Weinlig, Otto, Dr.-Ing., Generaldirektor der Hauptverwaltung d. Reichsbetriebe, Charlottenburg 5, Witzlebenplatz 1.

Weise, Max, Kommerzienrat, Fabrikbesitzer, Kirchheim-Teck, Württemberg.

Weiss, Julius, Dipl.-Ing., Direktor, Köln, Volksgartenstr. 16.

Welin, Axel, Ingenieur, The Welin Davit & Engineering Co., London E. C. 3, Hopetown House, Lloyds Avenue.

Welter, Otto, Regierungsrat, Wiesbaden, Schu- 1920 mannstr. 16.

Welzel, Alfred, Techn. Direktor der Stahlwerke Dörrenberg Söhne, Bünderoth, Rhld.

Wember, Gustav, Direktor, Berlin W 15, Wielandstr. 25/26.

Wendemuth, Oberbaurat, Mitglied der Wasserbau-Direktion, Hamburg 14, Dalmannstr. 1.

Wendler, H., Maschinenbau-Dipl.-Ing., Hamburg 20, Haynstr. 32.

Wendt, Karl, Dr.-Ing., Mitglied des Direktoriums 1925 der Fried. Krupp A.-G., Essen, Ruhr.

Wenske, Wilhelm, Direktor, Zwickau, Sa., Schulgraben 4.

Werner, Dr.-Ing., Fabrikbesitzer, Düsseldorf, Lindemannstr. 47.

Werner, Rich., Direktor der Siemens-Schuckertwerke, Berlin-Siemensstadt.

Werners, Paul, Dipl.-Ing., Direktor von H. Büssing, Berlin W 8, Unter den Linden 25.

1930 West, Kapitän z. S. a. D., Kiel, Düppelstr. 66.

Wettin, Paul, Kapitän des Norddeutschen Lloyd, Danzig, Schichauwerft.

Wever, Adolf, Kaufmann, Hamburg, Esplanade 5.

Wever, Paul, Zivilingenieur, Düsseldorf, Faunastraße 39.

Wiecke, A., Generaldirektor, Lauchhammer.

1935 Wiedmann, M. W., Generaldirektor der Rappmotoren-Werke, München, Königinstr. 15.

Wiegleb, Hermann, Direktor bei Haniel & Lueg, Düsseldorf, Rathausufer 17.

Wieland, Philipp, Dr.-Ing., Geheimer Kommerzienrat, Ulm a. D., Neutorstr. 7.

Wiemann, Fritz, Mitinhaber der Firma Gebr. Wiemann, Brandenburg a. H.

Wikander, E., Stadtrat, Aktiebolaget Bofors Gullspång, Bofors, Schweden.

1940 Wilhelmi, J., Ingenieur, Blankenese, Neuer Weg 17.

Wiligut, Imre, Ingenieur, Berlin-Wilmersdorf, Uhlandstr. 96 II.

Wilken, Heinr., Kaufmann, Hamburg, Isestr. 28.

Willmeroth, Ernst, Ingenieur u. Prokurist d. Firma Hillebrandt-Humanos, Hamburg, Alsterdamm 17.

Wilms, R., Oberingenieur u. Expert d. Bureau Veritas, Essen (Ruhr), Selmastr. 6.

1945 Winkler, Vizeadmiral z. D., Exzellenz, Saarow b. Fürstenwalde (Spree), Haus Wiking.

Winter-Günther, Berthold, Direktor, Nürnberg, Siemens-Schuckertwerke, Vestnorthorgraben 49.

Wirtz, Adolf, Hüttendirektor der Deutsch-Luxemburgischen Bergwerks- und Hütten-A.-G., Mülheim (Ruhr), Aktienstr. 15.

Wiß, Ernst, Ingenieur, Direktor der chem. Fabrik Griesheim-Elektron, Griesheim a. M., Feldstr. 2.

Wittenburg, H. F., Direktor der Rohrbogenwerke, G. m. b. H., Hamburg, Pappelallee 23/25.

1950 Wittmann, Rudolf, Ingenieur u. Geschäftsinhaber d. Gußstahlwerke Wittmann A.-G., Haspe i. W.

Wittmer, Kapitän zur See a. D., Berlin NW 7, Georgenstr. 34/36.

Woermann, Paul, i. Fa. Woermann, Brock & Co., Hamburg, Gr. Reichenstr. 27.

Wolf, Ernst, Marine-Oberstabsingenieur, Hanau a. Main, Körnerstr. 2.

Wolf, Georg, Ingenieur, Direktor der C. Lorenz A.-G., Berlin-Lichterfelde-Ost, Boothstr. 20.

1955 Wolf, M., Fabrikbesitzer, i. Fa. R. Wolf, Maschinenfabrik, Magdeburg, Editha-Ring 5.

Wolfenstetter, Maschinenbau-Oberingenieur, Bremen, A.-G. Weser, Bismarckstr. 199.

Wolff, Hermann, Oberingenieur u. techn. Direktor d. Maschinenb.-Gesellsch. Kiel, Beseler-Allee 55.

Wolff, J., Fabrikdirektor, Kronberg i. Taunus, Burgweg 5.

Wriedt, Hans, Fabrikbesitzer, Kiel, Sophienblatt 1.

1960 Wurm, A., Dr., Hüttendirektor, Osnabrück, Venloer Str. 5.

Würth, Albert, Generaldirektor der Gebr. Körting A.-G., Körtingsdorf b. Hannover.

Zahn, M., Direktor der Europäischen Petroleum-Union G. m. b. H., Berlin W 8, Mauerstraße 38/40.

Zapf, Georg, Fabrikdirektor, Köln-Mülheim.

Zapp, Adolf, Ingenieur, i. Fa. Robert Zapp, Haus Schlatt b. Düsseldorf-Rath.

1965 Zech, Präsident, Geheimer Oberpostrat, Hamburg, Stephansplatz 5.

Ziegler, E. T., Ingenieur, Sterkrade (Rhld.), Steinbrink 108.

Ziegler, Karl, Kaufmann, Hamburg 30, Bismarckstr. 114.

Zimmer, Aug., Schiffsmakler und Reeder, Fa. Knöhr & Burchardt Nfl., Hamburg 11, Neptunhaus.

Zimmermann, Oberingenieur, Berlin-Wilmersdorf, Helmstedter Str. 4.

1970 Zöllich, Hans, Dr. phil., Ingenieur, Berlin-Westend, Spandauer Berg 6 III.

Zörner, Bergrat und Generaldirektor, Kalk bei Köln a. Rh.

Züblin, Fritz, Ingenieur, i. Fa. Ed. Züblin & Co., Straßburg i. Els., Finkemattstr. 25.

1973 Zürn, W., Mitinhaber und Leiter der Fa. W. Ludolph G. m. b. H., Geestemünde, Bismarckstraße 11.

6. Verstorbene Ehrenmitglieder:

SEINE KÖNIGLICHE HOHEIT

FRIEDRICH, GROSSHERZOG VON BADEN

(seit 1907) † 1907,

Rudolf Haack, Kgl. Baurat, früher Schiffbaudirektor der Stettiner Schiff- und Maschinenbau A.-G. „Vulcan"

(seit 1908) † 1909,

Geo Plate, früher Präsident des Norddeutschen Lloyd

(seit 1911) † 1914,

Albert Ballin, Dr.-Ing., Vorsitzender des Direktoriums der Hamburg-Amerika-Linie

(seit 1911) † 1918,

Georg Cl a u s s e n, Dr.-Ing., Kgl. Baurat, Direktor von Joh. C. Tecklenborg A.-G., Geestemünde
(seit 1919) † 1919.

7. Verstorbener Inhaber der Goldenen Denkmünze:

Rudolf V e i t h, Dr.-Ing., Wirklicher Geheimer Ober-Baurat
(seit 1915) † 1917.

Abgeschlossen am 1. Dezember 1921.

Die Gesellschaftsmitglieder werden im eigenen Interesse ersucht, jede Adressenänderung sofort auf besonderer Karte der Geschäftsstelle anzuzeigen.

II. Satzungen.

Gesellschafts-Satzung.

I. Sitz der Gesellschaft.

§ 1.

Die am 23. Mai 1899 gegründete Schiffbautechnische Gesellschaft hat ihren Sitz in Berlin und ist dort beim Königlichen Amtsgericht I als Verein eingetragen.

Sitz.

II. Zweck der Gesellschaft.

§ 2.

Zweck der Gesellschaft ist der Zusammenschluß von Schiffbauern, Schiffsmaschinenbauern, Reedern, Offizieren der Kriegs- und Handelsmarine und anderen mit dem Seewesen in Beziehung stehenden Kreisen behufs Erörterung wissenschaftlicher und praktischer Fragen zur Förderung der Schiffbautechnik.

Zweck.

§ 3.

Mittel zur Erreichung dieses Zweckes sind:
1. Versammlungen, in denen Vorträge gehalten und besprochen werden.
2. Drucklegung und Übersendung dieser Vorträge an die Gesellschaftsmitglieder.
3. Stellung von Preisaufgaben und Anregung von Versuchen zur Entscheidung wichtiger schiffbautechnischer Fragen.

Mitttel zur Er-
reichung dieses
Zweckes.

III. Zusammensetzung der Gesellschaft.

§ 4.

Die Gesellschaftsmitglieder sind entweder:
1. Fachmitglieder,
2. Mitglieder, oder
3. Ehrenmitglieder.

Gesellschafts-
mitglieder.

§ 5.

Fachmitglieder können nur Herren in selbständigen Lebensstellungen werden, welche das 28. Lebensjahr überschritten haben, einschließlich ihrer Ausbildung bzw. ihres Studiums 8 Jahre im Schiffbau oder Schiffsmaschinenbau tätig gewesen sind, und von denen eine Förderung der Gesellschaftszwecke zu erwarten ist.

Fachmitglieder

§ 6.

Mitglieder können alle Herren in selbständigen Lebensstellungen werden, welche vermöge ihres Berufes, ihrer Beschäftigung oder ihrer wissenschaftlichen oder praktischen Befähigung imstande sind, sich mit Fachleuten an Besprechungen über den Bau, die Einrichtung und Ausrüstung, sowie die Eigenschaften von Schiffen zu beteiligen.

Mitglieder.

§ 7.

Zu Ehrenmitgliedern können vom Vorstande nur solche Herren erwählt werden, welche sich um die Zwecke der Gesellschaft hervorragend verdient gemacht haben.

Ehren-
mitglieder.

IV. Vorstand.

§ 8.

Der Vorstand der Gesellschaft setzt sich zusammen aus:
1. dem Ehrenvorsitzenden,
2. dem Vorsitzenden,
3. dem stellvertretenden Vorsitzenden,
4. mindestens vier Beisitzern.

Im Sinne des § 26 des Bürgerlichen Gesetzbuches wird die Gesellschaft vertreten durch:
1. den Vorsitzenden und in dessen Verhinderung den stellvertretenden Vorsitzenden,
2. einen Beisitzer und in dessen Verhinderung einen ihn vertretenden Beisitzer.

Die zur gesetzlichen Vertretung berufenen Personen werden alljährlich in der ordentlichen Hauptversammlung gewählt.

Vorstand.

§ 9.

Ehren-Vorsitzender.

An der Spitze der Gesellschaft steht der Ehrenvorsitzende, welcher in den Hauptversammlungen den Vorsitz führt und bei besonderen Anlässen die Gesellschaft vertritt. Demselben wird das auf Lebenszeit zu führende Ehrenamt von den in § 8 unter 2—4 genannten Vorstandsmitgliedern angetragen.

§ 10.

Vorstands-mitglieder.

Die beiden Vorsitzenden und die fachmännischen Beisitzer werden von den Fachmitgliedern aus ihrer Mitte gewählt, während die anderen Beisitzer von sämtlichen Gesellschaftsmitgliedern aus den Mitgliedern gewählt werden.

Werden mehr als vier Beisitzer gewählt, so muß der fünfte Beisitzer ein Fachmitglied, der sechste ein Mitglied sein u. s. f.

§ 11.

Ergänzungs-wahlen des Vorstandes.

Die Mitglieder des Vorstandes werden auf die Dauer von drei Jahren gewählt.

Im ersten Jahre eines Trienniums scheiden der Vorsitzende und die Hälfte der nicht fachmännischen Beisitzer aus; im zweiten Jahre der stellvertretende Vorsitzende und die Hälfte der fachmännischen Beisitzer; im dritten Jahre die übrigen Beisitzer. Eine Wiederwahl ist zulässig.

§ 12.

Ersatzwahl des Vorstandes.

Scheidet ein Mitglied des Vorstandes während seiner Amtsdauer aus, so muß der Vorstand einen Ersatzmann wählen, welcher verpflichtet ist, das Amt anzunehmen und bis zur nächsten Hauptversammlung zu führen. Für den Rest der Amtsdauer des ausgeschiedenen Vorstandsmitgliedes wählt die Hauptversammlung ein neues Vorstandsmitglied.

§ 13.

Geschäfts-leitung.

Der Vorstand leitet die Geschäfte und verwaltet das Vermögen der Gesellschaft. Er stellt einen Geschäftsführer an, dessen Besoldung er festsetzt.

Der Vorstand ist nicht beschlußfähig, wenn nicht mindestens vier seiner Mitglieder zugegen sind. Die Beschlüsse werden mit einfacher Mehrheit gefaßt, bei Stimmengleichheit gibt die Stimme des Vorsitzenden den Ausschlag.

Der Geschäftsführer der Gesellschaft muß zu allen Vorstandssitzungen zugezogen werden, in denen er aber nur beratende Stimme hat.

Das Geschäftsjahr ist das Kalenderjahr.

V. Fachausschuß.

§ 14.

Zusammensetzung des Fachausschusses.

Zusammen-setzung.

Der Fachausschuß setzt sich zusammen aus:

1. und 2. einem Vorsitzenden und einem stellvertretenden Vorsitzenden, die beide dem Vorstande der Gesellschaft angehören müssen und vom Vorstande bestimmt werden;
3. einem auf einer deutschen Werft beschäftigten Schiffbauingenieur;
4. einem auf einer deutschen Werft beschäftigten Schiffsmaschinenbauingenieur;
5. einem auf einem deutschen Werk beschäftigten Elektroingenieur;
6. und 7. je einem Schiffbau oder Schiffsmaschinenbau vortragenden Professor von den Technischen Hochschulen Berlin oder Danzig;
8. einem der Gesellschaft angehörenden deutschen Reeder.

§ 15.

Zweck des Ausschusses.

Zweck.

Der Fachausschuß tritt mehrmals im Jahre zusammen, um Fragen, die in das Gebiet der Schiffbautechnischen Gesellschaft (§§ 2 und 3 der Satzung) einschlagen auf Anregung des Vorstandes oder aus sich heraus zu erörtern. Seine Hauptaufgabe besteht in der Herbeischaffung möglichst erstrebenswerter Vorträge für die Hauptversammlung.

§ 16.

Veröffentlichung der Verhandlungen.

Verhandlungen.

Das Ergebnis seiner Verhandlungen hat der Ausschuß niederzulegen und dem Vorstande zur endgültigen Entscheidung zu unterbreiten. Eine Veröffentlichung der Verhandlungen in knapper Form, soweit sie sich dazu eignen, erfolgt im Jahrbuch der Gesellschaft.

VI. Aufnahmebedingungen und Beiträge.

§ 17.

Aufnahme der Fachmitglieder.

Das Gesuch um Aufnahme als Fachmitglied ist an den Vorstand zu richten und hat den Nachweis zu enthalten, daß die Voraussetzungen des § 5 erfüllt sind. Dieser Nachweis ist von einem fachmännischen Vorstandsmitgliede und drei Fachmitgliedern durch Namensunterschrift zu bestätigen, worauf die Aufnahme erfolgt.

§ 18.

Aufnahme der Mitglieder.

Das Gesuch um Aufnahme als Mitglied ist an den Vorstand zu richten, dem das Recht zusteht, den Nachweis zu verlangen, daß die Voraussetzungen des § 6 erfüllt sind. Falls ein solcher Nachweis gefordert wird, ist er von einem Mitgliede des Vorstandes und drei Gesellschaftsmitgliedern durch Namensunterschrift zu bestätigen, worauf die Aufnahme erfolgt.

§ 19.

Jedes eintretende Gesellschaftsmitglied zahlt ein Eintrittsgeld von 40 M. *Eintrittsgeld.*

§ 20.

Jedes Gesellschaftsmitglied zahlt einen jährlichen Beitrag von 60 M., welcher im Januar eines jeden *Jahresbeitrag.* Jahres fällig ist. Sollten Gesellschaftsmitglieder den Jahresbeitrag bis zum 1. Februar nicht entrichtet haben, so wird derselbe durch Postauftrag oder durch Postnachnahme eingezogen.

§ 21.

Gesellschaftsmitglieder können durch einmalige Zahlung von 1000 M. lebenslängliche Mitglieder *Lebenslänglicher* werden und sind dann von der Zahlung der Jahresbeiträge befreit. *Beitrag.*

§ 22.

Ehrenmitglieder sind von der Zahlung der Jahresbeiträge befreit. *Befreiung von Beiträgen.*

§ 23.

Gesellschaftsmitglieder, welche auszutreten wünschen, haben dies vor Ende des Geschäftsjahres bis *Austritt.* zum 1. Dezember dem Vorstande schriftlich anzuzeigen. Mit ihrem Austritte erlischt ihr Anspruch an das Vermögen der Gesellschaft.

§ 24.

Erforderlichen Falles können Gesellschaftsmitglieder auf einstimmig gefaßten Beschluß des Vor- *Ausschluß.* standes ausgeschlossen werden. Gegen einen derartigen Beschluß gibt es keine Berufung. Mit dem Ausschlusse erlischt jeder Anspruch an das Vermögen der Gesellschaft.

VII. Versammlungen.

§ 25.

Die Versammlungen der Gesellschaft zerfallen in: *Versammlungen.*
1. die Hauptversammlung,
2. außerordentliche Versammlungen.

§ 26.

Jährlich soll, möglichst im November, in Berlin die Hauptversammlung abgehalten werden, in welcher *Haupt-* zunächst geschäftliche Angelegenheiten erledigt werden, worauf die Vorträge und ihre Besprechung folgen. *versammlung.*

Der geschäftliche Teil umfaßt:
1. Vorlage des Jahresberichtes von seiten des Vorstandes.
2. Bericht der Rechnungsprüfer und Entlastung des Vorstandes von der Geschäftsführung des vergangenen Jahres.
3. Bekanntgabe der Namen der neuen Gesellschaftsmitglieder.
4. Ergänzungswahlen des Vorstandes und Wahl von zwei Rechnungsprüfern für das nächste Jahr.
5. Beschlußfassung über vorgeschlagene Abänderungen der Satzung.
6. Sonstige Anträge des Vorstandes oder der Gesellschaftsmitglieder.

§ 27.

Der Vorstand kann außerordentliche Versammlungen anberaumen, welche auch außerhalb Berlins *Außerordent-* abgehalten werden dürfen. Er muß eine solche innerhalb vier Wochen stattfinden lassen, wenn ihm ein *liche Versamm-* dahin gehender von mindestens dreißig Gesellschaftsmitgliedern unterschriebener Antrag mit Angabe *lungen.* des Beratungsgegenstandes eingereicht wird.

§ 28.

Alle Versammlungen müssen durch den Geschäftsführer mindestens 14 Tage vorher den Gesellschafts- *Berufung der* mitgliedern durch Zusendung der Tagesordnung bekanntgegeben werden. *Versammlungen.*

§ 29.

Jedes Gesellschaftsmitglied hat das Recht, Anträge zur Beratung in den Versammlungen zu stellen. *Anträge für* Die Anträge müssen dem Geschäftsführer 8 Tage vor der Versammlung mit Begründung schriftlich ein- *Versammlungen.* gereicht werden.

§ 30.

In den Versammlungen werden die Beschlüsse, soweit sie nicht Änderungen der Satzung betreffen, *Beschlüsse der* mit einfacher Stimmenmehrheit der anwesenden Gesellschaftsmitglieder gefaßt. *Versammlungen.*

§ 31.

Vorschläge zur Abänderung der Satzung dürfen nur zur jährlichen Hauptversammlung eingebracht *Änderungen der* werden. Sie müssen vor dem 15. Oktober dem Geschäftsführer schriftlich mitgeteilt werden und benötigen *Satzung.* zu ihrer Annahme drei Viertel Mehrheit der anwesenden Fachmitglieder.

§ 32.

Wenn nicht von mindestens zwanzig anwesenden Gesellschaftsmitgliedern namentliche Abstimmung verlangt wird, erfolgt die Abstimmung in allen Versammlungen durch Erheben der Hand.

Wahlen erfolgen durch Stimmzettel oder durch Zuruf. Sie müssen durch Stimmzettel erfolgen, sobald der Wahl durch Zuruf auch nur von einer Seite widersprochen wird.

§ 33.

In allen Versammlungen führt der Geschäftsführer die Niederschrift, die nach ihrer Genehmigung von dem jeweiligen Vorsitzenden der Versammlung unterzeichnet wird.

§ 34.

Die Geschäftsordnung für die Versammlungen wird vom Vorstande festgestellt und kann auch von diesem durch einfache Beschlußfassung geändert werden.

VIII. Auflösung der Gesellschaft.

§ 35.

Eine Auflösung der Gesellschaft darf nur dann zur Beratung gestellt werden, wenn sie von sämtlichen Vorstandsmitgliedern oder von einem Drittel aller Fachmitglieder beantragt wird. Es gelten dabei dieselben Bestimmungen wie bei der Abänderung der Satzung.

§ 36.

Bei Beschlußfassung über die Auflösung der Gesellschaft ist über die Verwendung des Gesellschafts-Vermögens zu befinden. Dasselbe darf nur zum Zwecke der Ausbildung von Fachgenossen verwendet werden.

Geschäftsordnung für die Versammlungen.

§ 1.

Die Tagesordnung der Versammlungen der Gesellschaft wird vom Vorstande festgesetzt.

Tagesordnung.

§ 2.

Die Versammlungen werden vom Ehrenvorsitzenden oder dem Vorsitzenden der Gesellschaft geleitet. Ist keiner von beiden anwesend, so übernimmt der stellvertretende Vorsitzende oder der amtsälteste anwesende fachmännische Beisitzer die Leitung.

Leitung.

§ 3.

Der Vorsitzende bringt die Gegenstände der Tagesordnung in der Reihenfolge, wie sie § 23 der Satzung festsetzt oder wie sie vorher den Gesellschaftsmitgliedern bekanntgegeben wurde, zur Verhandlung oder Beratung und Abstimmung.

Abhaltung der Versammlung.

§ 4.

Der Vorsitzende hat zur geschäftlichen Leitung stets das Wort, außerdem zur Sache, wenn er sich in die Rednerliste eintragen läßt. Für die Dauer seiner Teilnahme an der Beratung übernimmt der Stellvertreter den Vorsitz.

Vorsitzender.

§ 5.

Der Vorsitzende hat den Rednern in derjenigen Reihenfolge das Wort zu erteilen, in welcher sie sich dazu gemeldet hatten.

Redefolge.

§ 6.

Antragsteller und Berichterstatter erhalten als erste und letzte das Wort. Zu einer tatsächlichen Berichtigung und zu einer Fragestellung muß das Wort sofort, zu persönlichen Bemerkungen am Schlusse der jeweiligen Beratung erteilt werden.

Rederecht.

§ 7.

Den Vortragenden in den Hauptversammlungen wird eine Redezeit von $\frac{1}{2}$ Stunde bis längstens einer Stunde eingeräumt. Den in den Erörterungen sprechenden Herren wird in der Regel eine Redezeit von 10 Minuten gewährt, die in Ausnahmefällen bis höchstens $\frac{1}{2}$ Stunde verlängert werden darf. Das Ablesen umfangreicher Handschriften ist in den Erörterungen nicht gestattet.

Redezeit.

§ 8.

Spricht der Redner nicht zur Sache, so hat der Vorsitzende ihn aufzufordern, bei der Sache zu bleiben. Fährt ein Redner fort, nicht zur Sache zu sprechen, so hat ihm der Vorsitzende nach erfolgter Verwarnung für den zur Beratung stehenden Punkt das Wort zu entziehen. Verletzt ein Redner die parlamentarische Schicklichkeit, so hat der Vorsitzende dies zu rügen oder bei nicht erfolgter Zurücknahme den Ordnungsruf zu erteilen.

Redeordnung.

§ 9.

Verbesserungs-, Zusatz- und Gegenanträge zu den einzelnen Punkten der Tagesordnung sowie Anträge auf Schluß der Beratung bedürfen zu ihrer Einbringung keiner Unterstützung.

Anträge zur Tagesordnung.

§ 10.

Zu erledigten Anträgen erhält in den Versammlungen niemand mehr das Wort, wenn nicht zwei Drittel der anwesenden Stimmen dies verlangen.

Erledigte Anträge.

§ 11.

Dringlichkeitsanträge sind solche, welche nicht auf der Tagesordnung stehen; sie müssen schriftlich eingebracht werden und können nur mit Unterstützung von zwei Dritteln der vertretenen Stimmen zur Beratung und Beschlußfassung gestellt werden.

Dringlichkeitsanträge.

§ 12.

Anträge, welche eine Abänderung der Satzung bezwecken, unterliegen den Bestimmungen des § 28 der Satzung.

Anträge auf Änderung der Satzung.

§ 13.

Anträge, welche auf zwei aufeinanderfolgenden Hauptversammlungen abgelehnt wurden, dürfen auf der nächsten Hauptversammlung nicht zur Beratung und Beschlußfassung gelangen, wenn nicht zwei Drittel der vertretenen Stimmen sich dafür entscheiden.

Abgelehnte Anträge.

§ 14.

Schlußantrag.

Über die Anträge auf Schluß der Beratung ist nach vorhergehender Verlesung der Rednerliste sofort abzustimmen. Ist der Antrag auf Schluß angenommen, so hat der Vorsitzende nur noch einem Redner für den zur Beratung stehenden Antrag und einem Redner dagegen das Wort zu erteilen, und zwar in der Reihenfolge, wie sie eingetragen sind, vorbehaltlich der Übertragung auf einen nachstehenden Redner, sofern der oder die Vorgänger ihm das Wort überlassen. Außerdem ist dem Antragsteller und dem Berichterstatter das Wort zu erteilen.

§ 15.

Reihenfolge der Abstimmungen.

Die Abstimmung erfolgt im Fortschreiten von weiteren zu engeren Anträgen; in zweifelhaften Fällen in der Reihenfolge, in welcher die Anträge einlaufen.

§ 16.

Art der Abstimmungen.

Wenn nicht von mindestens 40 Gesellschaftsmitgliedern namentliche Abstimmung verlangt wird, erfolgt die Abstimmung durch Erheben der Hand oder des Stimmzettels.

§ 17.

Geschäftliche Anfragen.

Geschäftliche Anfragen müssen von dem Vorstand nach Erledigung der Tagesordnung beantwortet werden, falls sie von 40 Gesellschaftsmitgliedern unterstützt werden.

Unterstützungs-Rücklage.

§ 1.

Die Unterstützungs-Rücklage ist aus den Gründungsbeiträgen und den Einzahlungen der lebenslänglichen Mitglieder gebildet worden. Sie beträgt 200 000 Mark, welche im Preuß. Staats-Schuldbuche, mit $3^1/_2\%$ verzinsbar, eingetragen sind.

Rücklage.

§ 2.

Die jährlichen Zinsen der Unterstützungs-Rücklage, in Höhe von 7000 Mark sollen verwendet werden:
   a) Zur Sicherstellung des Geschäftsführers der Gesellschaft,
   b) zur Gewährung von Reise-Unterstützungen an jüngere Fachmitglieder,
   c) als Beihilfe zu wissenschaftlichen Unterstützungen von Gesellschaftsmitgliedern,
   d) als Anerkennung für hervorragende Vorträge an jüngere Fachmitglieder.

Verwendung.

§ 3.

In unruhigen oder sonst ungünstigen Zeiten, in denen die Mitglieder-Beiträge spärlich und unbestimmt eingehen, können die Bezüge des Geschäftsführers alljährlich bis zur Höhe von 7000 Mark aus den Zinsen der Unterstützungs-Rücklage bestritten werden, wenn dies vom Vorstande beschlossen wird.

Sicherstellung des Geschäftsführers.

§ 4.

Hervorragend tüchtige Fachmitglieder, welche nach vollendetem Studium mindestens 3 Jahre erfolgreich als Konstruktions- oder Betriebs-Ingenieure auf einer Werft oder in einer Schiffsmaschinenfabrik tätig waren und hierüber entsprechende Zeugnisse beibringen, können eine einmalige Reiseunterstützung erhalten. Sie haben im März des laufenden Jahres ein dahingehendes Gesuch an den Vorstand zu richten, welcher ihnen bis zum 1. Mai mitteilt, ob das Gesuch genehmigt oder abgelehnt ist. Gründe für die Annahme oder Ablehnung braucht der Vorstand nicht anzugeben. Derselbe entscheidet auch von Fall zu Fall über die Höhe der zu bewilligenden Reiseunterstützung. Gegen die Entscheidung des Vorstandes gibt es keine Berufung. Nach der Rückkehr von der Reise muß der Unterstützte in knappen Worten dem Vorstande eine schriftliche Mitteilung davon machen, welche Orte und Werke er besucht hat. Weitere Berichte dürfen nicht von ihm verlangt werden.

Reiseunterstützungen.

§ 5.

Gesellschaftsmitgliedern, welche sich mit wissenschaftlichen Untersuchungen auf den Gebieten des Schiffbaues oder des Schiffsmaschinenbaues beschäftigen, kann der Vorstand aus den Zinsen der Unterstützungs-Rücklage eine einmalige oder eine mehrjährige Beihilfe bis zur Beendigung der betreffenden Arbeiten gewähren. Über die Höhe und die Dauer dieser Beihilfen beschließt der Vorstand endgültig.

Beihilfen.

§ 6.

Für bedeutungsvolle Vorträge jüngerer Gesellschaftsmitglieder kann der Vorstand aus den Zinsen der Unterstützungs-Rücklage, wenn es angebracht erscheint, geeignete Anerkennungen aussetzen.

Anerkennungen.

§ 7.

Die in einem Jahre für vorstehende Zwecke nicht verbrauchten Zinsen werden den Einnahmen des laufenden Geschäftsjahres zugeführt.

Überschüsse.

§ 8.

In der jährlichen Hauptversammlung muß der Vorstand einen Bericht über die Verwendung der Zinsen der Unterstützungs-Rücklage im laufenden Geschäftsjahre erstatten. Die Rechnungsprüfer haben die Pflicht, die diesem Berichte beizufügende Abrechnung durchzusehen und daraufhin die Entlastung des Vorstandes auch von diesem Teile seiner Geschäftsführung bei der Hauptversammlung zu beantragen.

Jahresbericht.

§ 9.

Vorschläge zur Abänderung der vorstehenden Satzung dürfen nur zur jährlichen Hauptversammlung eingebracht werden. Sie müssen vor dem 15. Oktober dem Geschäftsführer schriftlich mitgeteilt werden und benötigen zu ihrer Annahme drei Viertel der anwesenden Fachmitglieder.

Änderungen der Satzung.

Forschungs- und Versuchs-Rücklage.

§ 1.

<table><tr><td>Rücklage.</td><td>Die Forschungs- und Versuchsrücklage ist aus den Ersparnissen der Gesellschaft gebildet worden. Sie beträgt 200 000 Mark, welche im Preuß. Staatsschuldbuche, mit $3^{1}/_{2}\%$ verzinsbar, eingetragen sind.</td></tr></table>

§ 2.

<table><tr><td>Verwendung.</td><td>Die jährlichen Zinsen der Forschungs- und Versuchsrücklage sollen zur Ausführung von Forschungen und Versuchen auf den Gebieten des Schiffbaues oder Schiffsmaschinenbaues verwendet werden. Der Vorstand ist berechtigt, diese Forschungen oder Versuche selbständig oder in Verbindung mit der Regierung oder mit sonstigen beteiligten Körperschaften vorzunehmen.</td></tr></table>

§ 3.

<table><tr><td>Versuche.</td><td>Alle Fachmitglieder können im März des laufenden Jahres einen Antrag zur Anstellung bestimmter Forschungen oder Versuche an den Vorstand richten, der ihnen bis zum 1. Mai mitteilt, ob die Forschungen oder Versuche ausgeführt werden sollen oder nicht. Gründe für die Annahme oder Ablehnung braucht der Vorstand nicht anzugeben. Er entscheidet auch von Fall zu Fall über die für die Forschungen oder Versuche zu bewilligenden Kosten. Gegen die Entscheidung des Vorstandes gibt es keine Berufung.</td></tr></table>

§ 4.

<table><tr><td>Überschüsse.</td><td>Die in einem Jahr für Forschungen oder Versuche nicht verbrauchten Zinsen werden den Einnahmen des laufenden Geschäftsjahres zugeführt.</td></tr></table>

§ 5.

<table><tr><td>Jahresbericht.</td><td>In der jährlichen Hauptversammlung muß der Vorstand einen Bericht über die Verwendung der Zinsen der Forschungs- und Versuchsrücklage im laufenden Geschäftsjahre erstatten. Die Rechnungsprüfer haben die Pflicht, die diesem Bericht beizufügende Abrechnung durchzusehen und daraufhin die Entlastung des Vorstandes auch von diesem Teile seiner Geschäftsführung bei der Hauptversammlung zu beantragen.</td></tr></table>

§ 6.

<table><tr><td>Änderungen der Satzung.</td><td>Vorschläge zur Abänderung der vorstehenden Satzung dürfen nur zur jährlichen Hauptversammlung eingebracht werden. Sie müssen vor dem 15. Oktober dem Geschäftsführer schriftlich mitgeteilt werden und benötigen zu ihrer Annahme drei Viertel der anwesenden Fachmitglieder.</td></tr></table>

Hilfskasse.

§ 1.

Das Stammkapital der Hilfskasse ist aus der früheren Kriegsspende, deren aufgesparte Zinsen und Zuschüssen aus den laufenden Mitteln der Gesellschaft gebildet worden. Es beträgt nominell 100000 Mark, die in 5 proz. Reichsanleihe angelegt sind.

§ 2.

Aus den Zinsen des Kapitals der Hilfskasse werden gewährt:

a) laufende Unterstützungen an kriegsbeschädigte Gesellschaftsmitglieder oder deren Hinter-
bliebene;
b) einmalige Unterstützungen an in Not geratene Gesellschaftsmitglieder;
c) unverzinsliche Darlehen an in Bedrängnis gekommene Gesellschaftsmitglieder, die eine Unterstützung nicht annehmen wollen;
d) mit 3% verzinsliche Darlehen an Gesellschaftsmitglieder, die dies aus wirtschaftlichen Gründen
beantragen.

§ 3.

Die für die in § 2 genannten Zwecke in einem Jahre nicht verbrauchten Zinsen werden dem Stammkapital zugeschlagen.

§ 4.

Die Verwaltung der Hilfskasse führt der Vorstand, der auf der jährlichen Hauptversammlung eine von den Rechnungsprüfern durchgesehene Jahresabrechnung vorzulegen hat. An den Vorstand sind auch alle Gesuche nach § 2 zu richten.

Veith-Stiftung.

§ 1.

Stiftung.

Der Wirkliche Geheime Oberbaurat Dr.-Ing. Rudolf Veith, dem anläßlich seines 70. Geburtstages von einzelnen Herren und an der Schiffbau-Industrie beteiligten Firmen gewisse Beträge mit der Maßgabe zur Verfügung gestellt worden sind, daß ihm aus der Widmung dieser Summen an die Schiffbautechnische Gesellschaft eine Ehrung erwiesen werden sollte, hat bestimmt, daß die Einzelbeträge zu einem einheitlichen Kapital zusammenzuziehen sind, das unter der Bezeichnung Veith-Stiftung Eigentum der Schiffbautechnischen Gesellschaft ist, jedoch buch- und kassenmäßig von dem sonstigen Vermögen der Gesellschaft getrennt zu verwalten ist. Es ist in der Jahresrechnung der Gesellschaft besonders nachzuweisen, und in einem eigenen Abschnitt des Geschäftsberichtes der Gesellschaft ist seine Verwaltung klarzulegen.

§ 2.

Zweck.

Aus den jährlichen Zinsen der Veith-Stiftung sollen Schiffbau- und Schiffsmaschinenbau-Studierende deutscher Technischer Hochschulen unterstützt werden, an denen diese Fächer gelesen werden.

§ 3.

Unterstützung.

Jeder Unterstützte erhält für die Dauer eines vierjährigen Studiums jährlich 1200 M., die in monatlichen Raten ausgezahlt werden.

§ 4.

Militärjahr.

Unter besonderen Verhältnissen kann der Unterstützte auch während der Dauer seines praktischen Arbeitsjahres die gleiche Unterstützung erhalten.

§ 5.

Vorexamen.

Der Unterstützte ist verpflichtet, nach 4 Semestern das Vorexamen abzulegen. Besteht er es auch im Wiederholungsfalle spätestens nach 6 Semestern nicht, so wird ihm die Unterstützung entzogen.

§ 6.

Diplomexamen.

Jeder Unterstützte, der das Diplom-Examen ablegt, erhält dafür eine besondere Belohnung von 400 M.

§ 7.

Unterstützungs-
berechtigte.

Zur Unterstützung berechtigt sind:

in erster Linie: die Söhne von Mitgliedern der Schiffbautechnischen Gesellschaft, die als Kriegsteilnehmer gefallen oder später gestorben sind,

sodann: die Söhne aller anderen Mitglieder der Schiffbautechnischen Gesellschaft, die ein geringeres Einkommen besitzen,

endlich: die Söhne von Werkmeistern und Arbeitern deutscher Werften.

§ 8.

Unterstützungs-
gesuch.

Das Gesuch um Unterstützung muß alljährlich im September an den Vorsitzenden der Schiffbautechnischen Gesellschaft gerichtet werden. Es sind ihm ein Geburtsschein und das Abgangszeugnis einer zum Hochschulstudium berechtigenden deutschen Lehranstalt beizufügen.

§ 9.

Bei Fortfall der Bedürftigkeit oder bei Unwürdigkeit kann die Unterstützung mit Ende des der entsprechenden Mitteilung an den Betroffenen folgenden Monats entzogen werden. Ob der Fall der Entziehung gegeben ist, entscheidet der gesetzliche Vorstand der Schiffbautechnischen Gesellschaft völlig nach seinem Ermessen. Die Beschreitung des Rechtsweges gegen die Entscheidung ist ausgeschlossen.

§ 10.

Verwaltung der
Stiftung.

Die Auswahl unter den Bewerbern treffen nach Maßgabe der vorhandenen Mittel die beiden gesetzlichen Vertreter der Schiffbautechnischen Gesellschaft. Sie verwalten die Veith-Stiftung und haben darüber alljährlich dem Vorstande der Schiffbautechnischen Gesellschaft Rechnung abzulegen.

§ 11.

Satzungs-
änderung und
Sicherstellung
der Stiftung.

Der jeweilige Vorstand der Schiffbautechnischen Gesellschaft hat das Recht, bei einer Steigerung der allgemeinen Lebenshaltung die jährliche Unterstützung § 3 zu erhöhen. sowie bei Erlaß neuer Vorschriften für das vorgeschriebene praktische Arbeitsjahr oder für die Prüfungen der Studierenden an den deutschen Technischen Hochschulen die §§ 4, 5 und 6 entsprechend abzuändern.

Sollte sich die Schiffbautechnische Gesellschaft auflösen, so bestimmt der zuletzt amtierende Vorstand, welcher Körperschaft die Veith-Stiftung, die als solche unangetastet bestehen bleiben muß, angegliedert werden soll und welche Persönlichkeiten an die Stelle der gesetzlichen Vertreter der Schiffbautechnischen Gesellschaft zu treten haben.

Berghoff-Stiftung.

§ 1.

Der Marinebaurat Otto Berghoff hat der Schiffbautechnischen Gesellschaft den Betrag von nominell 50 000 Mark im Schuldbuch des Deutschen Reiches eingetragener 5 proz. deutscher Kriegsanleihe überwiesen. Dieser Betrag ist Eigentum der Schiffbautechnischen Gesellschaft und bildet den Grundstock einer Berghoff-Stiftung, die buch- und kassenmäßig von dem sonstigen Vermögen der Gesellschaft getrennt zu verwalten ist.

Stiftung.

§ 2.

Zweck der Stiftung ist die Förderung von Erfindungen und Forschungen auf den Gebieten, welche die Schiffbautechnische Gesellschaft bearbeitet, vorzugsweise aber auf denen der Kriegsmarine.

Zweck.

§ 3.

Die Verwaltung der Stiftung liegt in den Händen eines vom Vorstand der Schiffbautechnischen Gesellschaft zu bestellenden Verwaltungsausschusses, welcher aus mindestens 5 Mitgliedern besteht. Wenn möglich soll je ein Mitglied dem Vorstand der Schiffbautechnischen Gesellschaft, der Reichs-Marineleitung und dem Lehrkörper der Technischen Hochschule zu Charlottenburg angehören.

Verwaltung.

§ 4.

Für besondere Aufgaben kann sich der Verwaltungsausschuß mit Zustimmung des Vorstandes der Schiffbautechnischen Gesellschaft weitere Mitglieder und besondere Sachverständige angliedern, welche nicht Angehörige der Schiffbautechnischen Gesellschaft zu sein brauchen.

Sachverständige

§ 5.

Bewerbungen um Beihilfe sind an die Schiffbautechnische Gesellschaft zu richten, worauf der Verwaltungsausschuß die notwendig erscheinenden Unterlagen einfordert.

Bewerbung.

§ 6.

Die Berghoff-Stiftung können alle deutschen Reichsangehörigen im Rahmen des § 2 in Anspruch nehmen.

Empfänger.

§ 7.

Erfinder und Forscher, welche durch Beihilfe der Berghoff-Stiftung geldliche Vorteile erzielen, mögen sich verpflichtet fühlen, auch ihrerseits zur Erhöhung der Stiftung beizutragen.

Beiträge.

§ 8.

Der Verwaltungsausschuß verfügt über die Zinsen der Berghoff-Stiftung mit der Maßgabe, daß eine Verfügung über einen längeren Zeitraum als drei Jahre im voraus nicht zulässig ist. Nicht verbrauchte Zinsen sind dem Grundstock zuzuschlagen, können aber auch auf Beschluß des Verwaltungs-Ausschusses verwendet werden. Im Ausnahmefalle kann der Verwaltungsausschuß auch über Teile des Grundstockes verfügen, muß ihn jedoch immer auf der Höhe von mindestens 50 000 Mark erhalten.

Verfügung.

§ 9.

Die Rechnungslegung erfolgt alljährlich durch den Verwaltungsausschuß an den Vorstand der Schiffbautechnischen Gesellschaft und zwar bis spätestens den 1. April. Die Entlastungserteilung durch den Vorstand der Schiffbautechnischen Gesellschaft an den Verwaltungsausschuß erfolgt schriftlich.

Rechnungs-legung.

§ 10.

Die von der Stiftung erzielten Ergebnisse werden in der Regel durch das Jahrbuch der Schiffbautechnischen Gesellschaft bekanntgegeben.

Bekannt-machungen.

§ 11.

Bei Auflösung der Schiffbautechnischen Gesellschaft bestimmt der zuletzt amtierende Vorstand, welcher Körperschaft die Berghoff-Stiftung, die als solche unangetastet bestehen bleibt, angegliedert werden soll und welche Persönlichkeiten an die Stelle des Verwaltungsausschusses zu treten haben.

Sicherstellung der Stiftung.

Silberne und goldene Denkmünze.

§ 1.

Die Schiffbautechnische Gesellschaft hat in ihrer Hauptversammlung am 24. November 1905 beschlossen, silberne und goldene Denkmünzen prägen zu lassen und nach Maßgabe der folgenden Bestimmungen an verdiente Mitglieder zu verleihen.

§ 2.

Denkmünzen.

Die Denkmünzen werden aus reinem Silber und reinem Golde geprägt, haben einen Durchmesser von 65 mm und in Silber ein Gewicht von 125 g, in Gold ein Gewicht von 178 g.

§ 3.

Silberne
Denkmünze.

Die silberne Denkmünze wird Mitgliedern der Schiffbautechnischen Gesellschaft zuerkannt, welche sich durch wichtige Forscherarbeiten auf dem Gebiete des Schiffbaues oder des Schiffmaschinenbaues verdient gemacht und die Ergebnisse dieser Arbeiten in den Hauptversammlungen der Schiffbautechnischen Gesellschaft durch hervorragende Vorträge zur allgemeinen Kenntnis gebracht haben.

§ 4.

Goldene
Denkmünze.

Die goldene Denkmünze können nur solche Mitglieder der Schiffbautechnischen Gesellschaft erhalten, welche sich entweder durch hingebende und selbstlose Arbeit um die Schiffbautechnische Gesellschaft besonders verdient gemacht, oder sich durch wissenschaftliche oder praktische Leistungen auf dem Gebiete des Schiffbaues oder Schiffmaschinenbaues ausgezeichnet haben.

§ 5.

Allerhöchste
Genehmigung.

Die Denkmünzen werden durch den Vorstand der Gesellschaft verliehen, nachdem zuvor die Genehmigung des Allerhöchsten Schirmherrn zu den Verleihungsvorschlägen eingeholt ist.

§ 6.

Vorstands-
mitglieder.

An Vorstandsmitglieder der Gesellschaft darf eine Denkmünze in der Regel nicht verliehen werden, indessen kann die Hauptversammlung mit Zweidrittel-Mehrheit eine Ausnahme hiervon beschließen.

§ 7.

Urkunde.

Über die Verleihung der Denkmünzen wird eine Urkunde ausgestellt, welche vom Ehrenvorsitzenden oder in dessen Behinderung vom Vorsitzenden der Gesellschaft zu unterzeichnen ist. In der Urkunde wird die Genehmigung durch den Allerhöchsten Schirmherrn sowie der Grund der Verleihung (§§ 3 und 4) zum Ausdruck gebracht.

§ 8.

Liste.

Die Namen derer, welchen eine Denkmünze verliehen wird, müssen an hervorragender Stelle in der Mitgliederliste der Schiffbautechnischen Gesellschaft in jedem Jahrbuche aufgeführt werden.

III. Bericht über das 23. Geschäftsjahr 1921.

Veränderungen in der Mitgliederliste.

Eine Anzahl von Mitgliedern, deren Anschriften während des Krieges ständig wechselten und die auch im Laufe der letzten Jahre keine feste Anschrift angaben, so daß sie unauffindbar blieben, wurden nach dem Beispiele anderer Vereine aus der Mitgliederliste fortgelassen, wodurch sich der geringe Rückgang in der Mitgliederzahl gegenüber dem Vorjahre erklärt. Im Laufe des Jahres sind bis zum 1. Dezember 49 Mitglieder eingetreten und 31 Mitglieder verstorben.

Es traten ein:

a) als lebenslängliche Fachmitglieder:

1. Bodewes, G. H. J. B., Direktor, Lobith, Holland.
2. Bodewes, Jan. G., Direktor, Lobith, Holland.
3. Lindberg, Elis, Marinebaumeister, Karlskrone.
4. Potte, Laye, Marinebaumeister, Karlskrone.

b) als Fachmitglieder:

5. Baetke, Friedrich, Schiffbau-Ingeniuer, Hamburg.
6. Fromm, Walter, Ingenieur, Hamburg.
7. Gemberg, Walter, Dipl.-Ing., Schiffbauingenieur, Kiel.
8. Gromoll, Johannes, Schiffbau-Oberingenieur, Tönning.
9. Haeslop, Reinhardt, Schiffbau-Ingenieur, Blumenthal i/H.
10. Hennig, Albert, Dipl.-Ing., Kiel.
11. Hillebrand, Fiedrich, Dipl.-Ing., Geestemünde.
12. Lommatzsch, Erich, Dipl.-Ing., Stettin.
13. Müller, Max, Zivilingenieur in Fa. Hamb. Dockbaubureau, Hamburg.
14. Schellenberger, F. J., Schiffbauingenieur, Direktor, Erlenbach.
15. Schilling, Paul, Diplom-Ing., Berlin.
16. Schowalter, Johannes, Dipl.-Ing., Hamburg.
17. Steinacker, Anton, Dipl.-Ing., Monfalcone, Italien.
18. Thilo, Adolf, Schiffbauingenieur, Berlin.
19. Türk, Richard, Oberingenieur, Wesseling.

c) als lebenslängliche Mitglieder.

20. Böninger, Carl F., Direktor, Berlin.
21. Cuno, Wilh., Dr. Geh. Oberregierungsrat a. D., Generaldirektor, Hamburg.

d) als Mitglieder:

22. B e h m , Alexander, Physiker, Kiel.
23. B e r g s m a , G. Hermann E., Direktor, Haag.
24. B o h l e n , Lothar, Kaufmann, Hamburg.
25. F r a n k e , Walter, Direktor, Berlin.
26. F u n k e n , Paul, Fabrikbesitzer, Vieren/Rhld.
27. G e o r g e , Carl, Oberingenieur, Hamburg.
28. G r o n w a l d , Paul, Schiffbauingenieur, Hamburg.
29. G r u b e , Edwin, Direktor, Schichauwerft, Danzig.
30. H o e c k , August, Kapt. des N. D. L. a. D., Bremen.
31. H o f f , Wilhelm, Dr.-Ing., Direktor, Adlershof bei Berlin.
32. K ö p e r , Eugen, Ingenieur, Bergedorf.
33. L e v o l d a , Theodor, Direktor, Pritschitz.
34. M a t z , Hugo, Fabrikbesitzer, Husum.
35. M ü l l e r , Wilhelm, Direktor-Stellvertreter, Wien.
36. P e t r i , Carl, Kapitänleutnant a. D., Düsseldorf.
37. P o h l m a n n , Ludwig, Kaufmann, Hamburg.
38. R e i s s n e r , Hans, Dipl.-Ing., Berlin.
39. R o d i n , Woldemar, Dipl.-Ing., Stettin-Züllchow.
40. R o u x , Direktor i. Fa. Carl Bamberg, Berlin.
41. R u t h , Gustav, Fabrikbesitzer, Wandsbek-Hamburg.
42. S c h w e r d t , Karl, Geh. Medizinalrat, Gotha.
43. S i e k m a n n , August, Kapitän, Berlin-Friedenau.
44. S t i e g h o r s t , Hermann, Dipl.-Ing., Stettin.
45. T o b i a s , Friedrich, Direktor, Hamburg.
46. W e i ß , Julius, Dipl.-Ing. und Direktor, Köln.
47. W i l k e n , Heinrich, Kaufmann, Hamburg.
48. W o e r m a n n , Paul, i. Fa. Woermann, Brock & Co., Hamburg.
49. W o l f f , Hermann, Oberingenieur und technischer Direktor, Kiel.

Es starben:

1. B o n h a g e , Conrad, Marinebaurat a. D., Bonn.
2. C a s p a r y , Gustav, Fabrikbesitzer, Berlin-Marienfelde.
3. C a s s i r e r , Hugo, Dr. phil., Fabrikbesitzer, Berlin.
4. C l a a s , Gustav, Ingenieur, Kiel.
5. D a l l m e r , Paul, Direktor, Berlin.
6. D ü r r , Ludwig, Zivilingenieur, Icking bei München.
7. E i c h h o f f , Franz Richard, Professor, Berlin.
8. H a h n , Carl, Ingenieur, Bremen.
9. v a n H e l d e n , Hendrik, Direktor, Rotterdam, Holland.
10. H e r b r e c h t , Karl, Direktor, Duisburg.
11. H e y c k , Theodor, Marinestabsingenieur a. D., Berlin.
12. K a n n e n g i e s s e r , Louis, Kommerzienrat, Mülheim-Ruhr.
13. K e n t e r , Max, Oberbaurat, Kiel.

14. **Kloetzer**, Hans, Direktor, Spremberg.
15. **Krause**, Max Arthur, Fabrikbesitzer, Berlin.
16. **Laß**, Fritz, Ingenieur, Hamburg.
17. **Mehlhorn**, Alfred, Zivilingenieur, Hamburg.
18. **Mueller**, Ernst, Dr.-Ing, Barmen.
19. **Reimers**, W., Dipl.-Ing., Bremen.
20. **Reinhold**, Carl, Fabrikbesitzer, Berlin.
21. **Rieck**, Rudolf, Ingenieur, Hamburg.
22. **Riehn**, Wilhelm, Geh. Reg.-Rat, Prof. Dr.-Ing., Hannover.
23. **Rump**, Ernst, Kaufmann, Hamburg.
24. **Stolz**, Emil, Direktor, Lübeck.
25. **Suppan**, Carl Viktor, Direktor, Wien.
26. **Terwiel**, Joh., Schiffbaudirektor, Grabow bei Stettin.
27. **Umlauff**, R. W., Zivilingenieur, Berlin.
28. **Uthemann**, Fr., Wirkl. Geh. Marinebaurat, Kiel.
29. **Volckens**, Wilhelm, Geh. Kommerzienrat, Hamburg.
30. **Wingen**, Hermann, Direktor, Berlin.
31. **Wolff**, Ferdinand, Direktor, Mannheim.

Wirtschaftliche Lage.

Im Jahre 1920 haben die deutschen Werften, Reedereien, Eisenhütten und andere mit dem Schiffbau arbeitende Fabriken an Sonderbeiträgen 394 645 M. aufgebracht, wofür wir jedem einzelnen Werke unsern herzlichsten Dank ausgesprochen haben. Aus diesen Beiträgen wurden die Fehlbeträge der letzten Jahre mit zusammen 107 895 M. gedeckt und der Rest zum Ankauf von 5% Obligationen der Industrie verwendet.

Da weitere Sonderbeiträge nicht zu erwarten sind und die fortschreitende Geldentwertung auf die Herstellung des Gleichgewichts in unserm Haushalt keine Aussicht eröffnet, so müssen wir uns endlich nach langem Zögern zu einer Erhöhung unserer Mitgliederbeiträge entschließen. Das Jahrbuch 1921 hat bei nur 275 Druckseiten — ein Inhalt, der nicht weiter eingeschränkt werden kann — nur geheftet 86 077 M. gekostet. Für den Einband ist gerade soviel gezahlt worden, als er an Kosten verursacht hat. Bei einem Beitrag von 30 M. setzte die Gesellschaft im letzten Jahre für jedes Jahrbuch bar 9 M. zu, wozu noch die hohen Portokosten treten, so daß bei 2000 Mitgliedern schon ein Fehlbetrag von 18 000 M. ohne die Versandkosten entstand. Nun sind noch völlig ungedeckt: die Bureaukosten, die Ausgaben für die Hauptversammlung und andere unvermeidliche Aufwendungen, die aus der untenstehenden Jahresrechnung zu ersehen sind.

Das kommende Jahrbuch 1922 wird wahrscheinlich etwas stärker als das letzte, und da inzwischen Papier und Druck wiederum teurer geworden ist, auch die Löhne weiter stiegen, so rechnet unsere Verlagsbuchhandlung damit, daß sich der Preis des gehefteten Jahrbuches auf mindestens 45 M. ohne Porto stellen wird, das macht für 2000 Exemplare 90 000 M. Die Bureaukosten erforderten im Jahre 1920 schon 42 000 M., sie müssen für 1922 mit 50 000 M. veranschlagt werden, so daß wir im nächsten Jahre vor einer Ausgabe von 140 000 M. stehen. Hiervon lassen sich etwa 30 000 M. durch unsere Zinsen und einige andere kleine Posten decken, so daß rund 110 000 M. durch Mitgliederbeiträge aufgebracht werden müssen, was einen Jahresbeitrag von 60 M. ergibt. Diesen muß der Vorstand daher bei der Hauptversammlung beantragen.

Einnahmen.	1920.	Ausgaben.	
1. Kassenbestand am 1. Januar 1920	1,45	1. An Springer geleistete Zahlung aus 1919	27 800,00
2. Bankguthaben	1 177,00	2. Jahrbuch und Versand	108 301,90
3. Beiträge	57 378,02	3. Gehälter	7 801,55
4. Eintrittsgelder	1 120,00	4. Kanzleibedarf	8 781,68
5. Lebenslängliche Beiträge	11 300,00	5. Post	3 804,90
6. Jahrbuch-Ertrag	1 458,38	6. Bücherei	941,28
7. Einbände und Porto	17 926,00	7. Drucksachen	69,35
8. Zinsen aus Wertpapieren und Bankguthaben	17 449,87	8. Spenden und Beiträge	10 757,50
9. Sonderbeiträge	387 345,00	9. Hauptversammlung	8 641,00
		10. Verschiedenes	1 224,34
		11. Bankbestand am 31. Dezember 1920	314 450,00
		12. Kassenbestand am 31. Dezember 1920	2 582,22
	495 155,72		495 155,72

Geprüft und richtig befunden

Berlin, 23. März 1921

gez. C. Schulthes.   gez. P. Krainer.

Veith-Stiftung.

Vom Oktober 1920 ab konnten 10 Studierende die Unterstützung aus der Veith-Stiftung beziehen. Davon waren 6 auf der technischen Hochschule in Berlin und 4 auf der in Danzig. In Berlin studierten 4 Herren Schiffbau und 2 Herren Schiffsmaschinenbau, in Danzig befanden sich 2 Schiffbauer und 2 Schiffsmaschinenbauer. Im Laufe des Jahres legten 2 Schiffbauer in Berlin die Diplomprüfung ab und erhielten die dafür ausgesetzte Belohnung.

Auf Grund von § 11 der Satzung der Veith-Stiftung hat der Vorstand der Schiffbautechnischen Gesellschaft beschlossen, wegen der eingetretenen, immer größer werdenden allgemeinen Teuerung die Unterstützung von jährlich 1000 M., wie sie § 3 vorschreibt, vom 1. Oktober 1921 auf 1200 M. zu erhöhen.

Einnahmen.   **Ausgaben.**

Einnahmen		Ausgaben	
Bankguthaben am 1. Oktober 1920	3 464,50	Gezahlte Unterstützungen.	8 700,00
Zinsen vom 1. Oktober 1920 bis 30. September 1921 .	15 260,10	Zwei Belohnungen für abgelegte Diplomprüfungen	800,00
		Bankspesen und Unkosten	296,60
		Bankguthaben am 1. Oktober 1921	8 928,00
	18 724,60		18 724,60

Berlin, den 1. Oktober 1921.

Die gesetzlichen Vertreter

gez. Busley.					gez. Pagel.

Berghoff-Stiftung.

Auch im Jahre 1921 sind keine Bewerbungen um die Berghoff-Stiftung eingelaufen, indessen haben Beratungen von Bewerbern mit dem Vorsitzenden stattgefunden. Die Jahreszinsen wurden wiederum den verfügbaren Mitteln zugeführt, deren Summe sich jetzt auf 6862,00 M. beläuft.

Einnahmen.   **Ausgaben.**

Einnahmen		Ausgaben	
Bankguthaben am 1. Oktober 1920	4 519,00	Bankspesen	36,20
Zinsen vom 1. Oktober 1920 bis 30. September 1921 .	2 379,20	Bankguthaben am 1. Oktober 1921	6 862,00
	6 898,20		6 898,20

Berlin, den 1. Oktober 1921.

Der Vorsitzende des Verwaltungsausschusses

gez. Rudloff.

Kriegsspende.

Da die Kriegsspende wie in den letzten Jahren nur eine Unterstützung zu zahlen hatte, so konnten von den ersparten Zinsen wieder 4500 M. 5 proz. Kriegsanleihe gekauft werden, wodurch das Vermögen der Kriegsspende auf 94 000 M. stieg. Der Vorstand hat darauf beschlossen, aus den laufenden Mitteln der Gesellschaft hierzu noch 6000 M. 5 proz. Kriegsanleihe zu beschaffen. Das Vermögen der Kriegsspende steigt dadurch auf 100 000 M. Der Vorstand hält nun den Augenblick für gekommen, um die Kriegsspende in eine Hilfskasse der Schiffsbautechnischen Gesellschaft umzuwandeln. Die Hauptversammlung hat die Satzung der Hilfskasse (siehe Seite 45) genehmigt.

Tätigkeit der Gesellschaft.

a) Der Deutsche Verband technisch-wissenschaftlicher Vereine.

Der Vorstandssitzung vom 24. September 1921 ist folgendes entnommen:

Geschäftsbericht und vorläufiger Haushaltsplan: Ein Haushaltsplan kann bei der heutigen noch nicht völlig geklärten finanziellen Lage des Deutschen Verbandes noch nicht vorgelegt werden, es kann aber gesagt werden, daß, wenn nicht Unvorhergesehenes eintritt, die Finanzlage des Deutschen Verbandes für die nächsten 5 Jahre sichergestellt erscheint. Einer Ausgabe von 56 231,95 M. in den ersten 8 Monaten des laufenden Geschäftsjahres steht eine Einnahme von 261 211,94 M. gegenüber.

Arbeitsprogramm des Deutschen Verbandes: Die Geschäftsführung berichtet über den Stand der Arbeiten der dem Deutschen Verbande angeschlossenen Ausschüsse und zwar des

Deutschen Ausschusses für das Schiedsgerichtswesen,

Deutschen Ausschusses zur Verbesserung der technischen Unterrichtsmittel,

Deutschen Ausschusses zur Beratung technisch-statistischer Fragen.

Während die Versammlung hierzu keine Bemerkungen zu machen hat, bittet der Vorsitzende die anwesenden Industrievertreter, bei abzuschließenden Lieferverträgen nach Möglichkeit auf die bestehende Schiedsgerichtsordnung beim Deutschen Verband Bezug zu nehmen.

Die Stellungnahme des Deutschen Verbandes zu dem in Aussicht stehenden Reichsarbeitsnachweisgesetz wird eingehend besprochen. Indem der Vorsitzende die anwesenden Parlamentarier bittet, den Deutschen Verband in seinen Bestrebungen zu unterstützen, das Gesetz womöglich noch zu Fall zu bringen, zum mindesten aber ihm eine ungefährlichere Fassung zu geben, ergibt die lebhafte Diskussion über diesen Punkt, daß gemäß dem bereits eingeschlagenen Verfahren unter aufmerksamer Beobachtung der Weiterentwicklung dieser Dinge der Deutsche Verband einen, auf privater Initiative aufgebauten Zentralstellennachweis vorbereiten solle. Derselbe hätte gegebenenfalls so rechtzeitig in die Öffentlichkeit zu treten, um im Sinne des § 39 des bekannten Gesetzentwurfes die gewünschten Dienste leisten zu können.

Der Deutsche Verband hat versucht, auf den Gesetzentwurf der neuen Preußischen Städteordnung dahin Einfluß zu gewinnen, daß den Technikern in den kommunalen Verwaltungen ein der Bedeutung der Technik entsprechender größerer Einfluß eingeräumt werde. Leider sind bei Verfolgung auch dieser Frage erhebliche Schwierigkeiten bürokratischer Regierungsstellen erwachsen.

Die Anwesenden sind der Ansicht, daß der Deutsche Verband, ebenso wie andere Fragen im Bereich der technischen Gesetzgebung, auch diese mit größter Aufmerksamkeit weiter verfolgen solle, ohne dabei jedoch agitatorisch in den Vordergrund zu treten.

Über den von sehr vielen Seiten gewünschten behördlichen Schutz des Titels „Ingenieur" berichtete die Geschäftsführung dahin, daß sich der Deutsche Verband ebenso wie der Verein deutscher Ingenieure auf den Standpunkt gestellt habe, der Ingenieurtitel dürfe keine Amts-, sondern lediglich eine Berufsbezeichnung bilden. Die Schwierigkeiten, in die namentlich in Deutschland verworren liegende Verhältnisse Ordnung zu bekommen, seien aus mehrfachen Gründen außerordentliche, ganz besonders deswegen, weil es zur Zeit nicht möglich sei, eine scharfe Grenzlinie nach unten zu ziehen, welche von den technischen Fachschulen niederer Grade noch befugt sein sollen, ihren Absolventen, sei es gleich oder sei es nach einer gewissen Erfahrungszeit im praktischen Berufe, den Ingenieurtitel zu verleihen.

Gegen die willkürliche Schaffung von Ingenieurtiteln, z. B. seitens der Reichseisenbahnverwaltung sei entsprechend scharfer Einspruch erhoben worden.

Die Versammlung ist mit dieser Stellungnahme im allgemeinen einverstanden.

Die Ehrendoktorfrage an den technischen Hochschulen wird seitens der Geschäftsführung unter allseitiger Zustimmung dahin gekennzeichnet, daß hier irgendwie Remedur geschaffen werden müsse, um dieser höchsten akademischen Würde infolge einer übergroßen Anzahl von Ehrenpromotionen nicht einen Teil ihres Wertes zu nehmen.

Herr Professor Aumund insbesondere nimmt in diesem Sinne zu der Frage Stellung. Er hebt dabei hervor, daß zwar in das ureigenste Recht der technischen Hochschulen, Ehrendoktoren zu promovieren, selbstredend nicht eingegriffen werden dürfe, daß aber auch dort das Gefühl bestehe, eine Änderung eintreten lassen zu müssen, die etwa in der Form zu finden sei, daß der Anreiz, den Hochschulen zu nützen, durch andere Auszeichnungen verstärkt werden könne.

Nach Erwägung der Bestrebungen des Deutschen Verbandes, Sitz und Stimme im Reichswirtschaftsrat zu bekommen, der Zwecke der ständigen Geschäftsführerkonferenzen und der Frage einer hinreichenden Publizität der Tätigkeit des Deutschen Verbandes, erteilt der Vorsitzende Herrn Dr. Ing. h. c. Lasche das Wort zu einem längeren Vortrage über „Verbesserungen des Vortragswesens".

Der allseitig lebhafte Beifall bewies, daß hier eine Frage von außergewöhnlicher Bedeutung angeschnitten worden ist, und daß unter allen Umständen die Folge daraus gezogen werden müßte. Auch die Schwierigkeiten der Beschaffung der recht bedeutenden Mittel müßten überwunden werden. Die Helmholtzgesellschaft hierfür in Anspruch zu nehmen, sei indessen bestenfalls nur teilweise möglich. Es wurde ein Kuratorium in Aussicht genommen, für welches vorbehaltlich der endgültigen Genehmigung des Vorstandes die Herren Lasche, Petersen, Schmerse, Matschoß, Aumund, Stock, Köttgen, Lippart benannt wurden. Dieses Kuratorium soll sogleich seine Arbeiten aufnehmen.

Aufnahme neuer Verbandsmitglieder: In letzter Zeit hat sich von noch nicht dem Deutschen Verband angehörenden Vereinen mehr das Bestreben gezeigt, die Mitgliederschaft zu erwerben. Bestimmte Anträge liegen noch nicht vor. Gewisse Zweifel, ob ein Verein aufnahmefähig ist oder nicht, können auftauchen, wenn derselbe sich neben technisch-wissenschaftlichen Zielen auch wirtschaftliche gesteckt hat. Es wird von einigen Seiten aus der Versammlung heraus gewarnt, Vereine aufzunehmen, welche überwiegend wirtschaftlich gerichtet sind. Im übrigen werden an den Deutschen Verband gelangende Aufnahmeanträge von Fall zu Fall vom Vorstand gemäß den aufgestellten Richtlinien geprüft werden.

b) Die Deutsche Dampfkessel-Normen-Kommission

hielt ihre diesjährige Sitzung vom 7. bis 9. November in Berlin im Ingenieurhause ab. Außer den geschäftsordnungsmäßig immer wiederkehrenden Regularien standen auf der Tagesordnung nur drei, lediglich die Schiffskessel betreffende Anträge.

1. Berechnung der Blechdicken von Dampfkessel-Flammrohren.

Der im vorigen Jahre hierfür eingesetzte Ausschuß: Direktor Wattmann, Oberingenieur Buttermann, Direktor Büsing, Professor Dieckhoff, Direktor Knauer und Oberingenieur Severin, dem sich Herr Baudirektor Hartmann anschloß, hatte an Ort und Stelle der Herstellung gewellter Flammrohre beigewohnt und beantragte nun auf Grund der hierbei gemachten Beobachtungen, daß die Einführung von Grenzen für Blechdickenüberschreitungen bei Wellrohren nicht in die gesetzlichen Bestimmungen über die Anlegung von Dampfkesseln gehöre und daß die vereinbarten Dickenüberschreitungen nur als empfehlenswerte Richtlinien für Erzeuger und Besteller vorgeschlagen werden sollen. Diesem Antrage schloß sich die Normenkommission an.

2. Umarbeitung der Bauvorschriften für Schiffskessel.

Der im vorigen Jahre gewählte Ausschuß: Professor Dieckhoff, Oberingenieur Buttermann, Direktor Cornehls, Direktor Dalldorf und Oberingenieur Severin, der den Auftrag hatte: „die deutschen Bauvorschriften mit den neuen englischen und französischen in Übereinstimmung zu bringen," arbeitete zusammen mit Herrn Baudirektor Hartmann unter Hinzuziehung des Oberbaurats Hansen. Ein kleinerer Arbeitsausschuß hatte in 26 Sitzungen die umfassende Arbeit der Umarbeitung durchgeführt und legte diese der Unterkommission für Schiffskessel vor, die sie in sechsstündiger Sitzung einer genauen Prüfung unterzog. Nach mehreren Ergänzungen und weiteren im allgemeinen nicht besonders wesentlichen Änderungen nahm die Unterkommission für Schiffskessel die neuen Bauvorschriften an. Nachdem die Normenkommission sich von der gründlichen Arbeit der beiden Vorkommissionen überzeugt hatte, genehmigte sie die neubearbeiteten Bauvorschriften für Schiffskessel, die nunmehr vom Reichsarbeitsministerium den Landesregierungen zur Annahme vorgelegt werden sollen.

3. Vorschriften über die Prüfung des Baustoffes für Schiffskessel.

Die Normenkommission genehmigte folgende Änderungen der bisherigen Prüfungvorschriften, die zum Teil durch die neuen Bauvorschriften nötig werden:

a) Die bisherige größte Tragfähigkeit der Schiffskesselbleche von 46 kg/qmm wird auf 47 kg/qmm hinaufgesetzt.

b) Der bisherige Unterschied von 6 kg/qmm zwischen der Mindest- und Höchstfestigkeit in ein und demselben Blech wird auf 7 kg/qmm hinaufgesetzt. Bei Blechen von mehr als 10 m Länge ist 1 kg/qmm Mehrfestigkeit gestattet.

c) Es erscheint zweckmäßig, ebenso wie bei den Landkesseln auch für Schiffskessel bestimmte Blechsorten als Normen festzulegen, damit nicht wie bisher jedem Konstrukteur gestattet ist, Minimalfestigkeiten von 34—46 kg/qmm zu wählen. Bis auf weiteres kommen daher 4 Blechsorten in Anwendung:

Blechsorte I mit 34—42 kg/qmm Festigkeit (Berechnungsfestigkeit, 36 kg/qmm)

Blechsorte II mit 41—48 kg/qmm Festigkeit (Berechnungsfestigkeit 41 kg/qmm),

Blechsorte III mit 44—51 kg/qmm Festigkeit (Berechnungsfestigkeit 44 kg/qmm),

Blechsorte IV mit 47—55 kg/qmm Festigkeit (Berechnungsfestigkeit 47 kg/qmm).

Für diejenigen Teile des Kessels, welche gebördelt werden oder im ersten Feuerzuge liegen, dürfen nur Bleche der Sorte I und II verwendet werden.

Für gebördelte Bleche, die nicht von den Heizgasen bestrichen werden, können in besonderen Fällen Bleche der Sorte III zugelassen werden.

Aus Konstruktionsrücksichten kann für Mantelbleche, die nicht gebördelt und von den Heizgasen nicht bestrichen werden, auch ein Material von höherer Festigkeit als in Gruppe IV angegeben, zugelassen werden. Bei solchen Blechen muß an jedem Ende je eine Zug- und eine Hartbiegeprobe entnommen werden.

d) Die bisherige Ziffer 3 unter II, Anzahl der Probestücke, erhält folgende Fassung:

Bei Blechen über 4,5 m Länge und bei Mantellängslaschen sind 2 Zugproben zu machen, und zwar ist eine Längsprobe vom Fußende des Bleches und eine Querprobe in der Mitte der entgegengesetzten schmalen Seite zu entnehmen.

e) Bei größeren Blechen ist es nicht immer möglich, eine Längsprobe in der Mitte des Fußendes des Bleches zu nehmen. Es wird daher zum Ausdruck gebracht, daß die Probe nach Möglichkeit in der Mitte des Fußendes, sonst an der Längsseite des Fußendes zu nehmen ist.

c) Der deutsche Ausschuß für technisches Schulwesen.

Der Vorstand setzte sich im verflossenen Geschäftsjahr zusammen aus:

Geh. Baurat Dr.-Ing. e. h. O. Taaks, Hannover, Vorsitzender und zugleich Vorsitzender des Hauptausschusses für Hochschulwesen,

Baurat Dr.-Ing. e. h. G. Lippart, Nürnberg, stellv. Vorsitzender und zugleich Vorsitzender des Hauptausschusses für niederes technisches Schulwesen und Arbeiterausbildung,

Regierungsbaumeister a. D. B. Blaum, Vorsitzender des Hauptausschusses für Mittelschulwesen,

Geh. Baurat Prof. Frentzen, Aachen, Prof. Dr. A. Stoch, Berlin, Prof. Dipl.-
Ing. C. Matschoß, Berlin, Geschäftsführer, Dipl.-Ing. Fr. Fröhlich, Berlin,
Geschäftsführer.

Vertreter unserer Gesellschaft sind Geh. Regierungsrat Prof. Romberg, Nikolassee, Geheimrat Rudloff und Marine-Oberbaurat Schulz, Berlin.

Im Berichtsjahr sind dem Deutschen Ausschuß beigetreten: Der Gesamt-
verband deutscher Metallindustrieller, die Reichsarbeitsgemeinschaft technischer Beamtenverbände und der Verband deutscher Schwachstrom-
industrieller, so daß im Ausschuß jetzt 34 Vereine und Verbände zusammengeschlossen sind.

In Verbindung mit der Hauptversammlung des V. d. J. im September
vorigen Jahres fand eine Sitzung statt, in der Dr.-Ing. Lippart ein Bild von
Mitwirkung der Ingenieure und der Industrie an den Aufgaben der Ausbildung
des gesamten technischen Nachwuchses entwarf und Richtlinien für die weitere
Tätigkeit des Ausschusses entwickelte, Dr.-Ing. Heilandt über Lehrlingsausbildung, Prof. Matschoß über die Ausbildung der Praktikanten, Dir. C. Volk
über die Ausbildung von Hilfskräften und Leitern für den Werkstättenbetrieb
und Dr.-Ing. Wedemeyer über das technische Vorlesungs- und Fortbildungs-
wesen im rheinisch-westfälischen Industriegebiet berichtete. Gleichzeitig fand
im Lichthof der techn. Hochschule eine vom Ausschuß veranstaltete Werkschul-
ausstellung statt, die sich eines derart großen Anklangs und Besuchs, namentlich auch aus Arbeiterkreisen, erfreute, daß sie bis zum 26. September verlängert
werden mußte. Die Ausstellung, über die in den „Mitteilungen" der Zeitschrift
„Der Betrieb" eingehend berichtet wurde, zeigte, eine wie vielseitige und gründliche, weit über die Lehre beim kleinen Handwerksmeister hinausgehende Ausbildung die Lehrlinge erhalten und daß auch in weitgehendem Maße auf die
geistige Pflege und Förderung derselben Bedacht genommen wird.

Das Hauptereignis des abgelaufenen Geschäftsjahres war die Reichsschul-
konferenz, die im Reichstagsgebäude vom 11. bis 19. Juni stattgefunden hat
und zu der dem Ausschuß 8 Vertreter zugebilligt worden waren. Die Befürchtung, daß das berufliche und insbesondere das technische Schulwesen bei dem
überreichen Verhandlungsstoff der Konferenz nicht die ihm gebührende Beachtung finden würde, ist leider eingetroffen und der Ausschuß beschloß deshalb, wichtige Fragen des technischen Berufsschulwesens zum Gegenstand
besonderer Beratungen gelegentlich der nächsten Hauptversammlung zu
machen.

Von der Herausgabe einer besonderen Arbeiterzeitschrift „Hammer und
Feder", deren Probenummer im Oktober v. J. erschien und die großen Anklang
auch in Arbeiterkreisen fand, hat wegen der sehr beträchtlichen Herstellungs-
kosten leider Abstand genommen werden müssen. „Hammer und Feder"
erscheinen deshalb als besonderer Teil der in großem Umfange eingeführten Unterhaltungszeitschrift „Feierstunden", die vom Verein zur Verbreitung guter volkstümlicher Schriften schon seit 29 Jahren herausgegeben
wird.

1. Hochschulwesen.

Nachdem der Ausschuß seine Beschlüsse hinsichtlich einer beschleunigten Durchführung der Hochschulreform und des Ausbaus der technischen Hochschulen in wirtschaftlicher Richtung, sowie seine Wünsche bezüglich der Besoldung der Lehrkräfte den maßgebenden Behörden übermittelt und in großem Umfange durch die Presse verbreitet hat, und nachdem auch das Ergebnis einer Umfrage bei sachverständigen Männern weiteren Kreisen unter dem Namen „Stimmen zur Hochschulreform" bekanntgegeben wurde, hat der Ausschuß nunmehr davon abgesehen, ins einzelne gehende Vorschläge über Lehrpläne, Studieneinteilungen usw. zu machen. Er erwartet, daß hier jetzt ein enges Zusammenarbeiten der in neuerer Zeit gebildeten Fachvereinigungen der Hochschulprofessoren mit den Behörden einsetzt. Es ist auch zu hoffen, daß die Vorschläge, die Prof. H. A u m u n d in seiner großzügigen Denkschrift: „Die Hochschule für Technik und Wirtschaft, Maßnahmen zur Reform der technischen Hochschulen", die mit den schon 1914 vom Ausschuß niedergelegten Forderungen eine weitgehende Übereinstimmung zeigen, sich bald verwirklichen lassen.

2. Mittelschulwesen.

Besonders eingehend hat sich der Ausschuß mit den Anregungen befaßt, die technischen Mittelschulen zur Ausbildung von Kräften für den Werkstattbetrieb und die Fabrikverwaltung heranzuziehen. Es erscheint unbedingt notwendig, auch solche Schulen einzurichten, für deren Lehrplan die Betriebswissenschaften richtunggebend sind; da es aber hierzu noch an Lehrmethoden und Lehrmitteln fehlt, soll zunächst eine Versuchsschule gegründet werden, die in engster Fühlung mit der Praxis und den in Frage kommenden Körperschaften, wie Normenausschuß der deutschen Industrie, Ausschuß für wirtschaftliche Fertigung und Arbeitsgemeinschaft deutscher Betriebsingenieure arbeiten und die Ergebnisse weiterleiten soll. Mit Rücksicht auf die große Bedeutung einer solchen Schule hat sich der Deutsche Ausschuß, über den Rahmen seiner sonstigen Betätigung hinausreichend, entschlossen, mit Unterstützung des Reiches, der Länder und der Industrie ihre Einrichtung selbst in die Hand zu nehmen und sie so lange zu führen, bis Erfahrungen vorliegen, die den Schulen im ganzen Reich zur Verfügung gestellt werden können. Diese Schule soll bereits im Herbst d. J. in Anlehnung an die Beuth-Schule, in der die Stadt Berlin die erforderlichen Räume und Laboratorien zur Verfügung gestellt hat, eröffnet werden.

Weiter beschäftigte sich der Ausschuß für Mittelschulwesen mit der Durchberatung zahlreicher Fragen, wie z. B. Gabelung höherer Maschinenbauschulen in Fachrichtungen für Maschinenbau, Elektrotechnik und Eisenbau, die Einrichtung besonderer landwirtschaftlicher Maschinenbauschulen, den Ausbau des Unterrichts der Baugewerkschulen in Eisenbetonbau und städtischem Tiefbau, der Übergang von der technischen Mittelschule zur technischen Hochschule usw.

Niederes technisches Schulwesen.

In der Erkenntnis, daß eine gute Lehrlingsausbildung eine Lebensfrage der Industrie ist und gerade im Hinblick auf die schlechte Ausbildung während des Krieges, hat der Ausschuß in engster Fühlung mit den Firmen, die auf diesem Gebiete führend sind und mit Vertretern des gewerblichen Schulwesens die Herausgabe von Lehrgängen für die praktische und von Lehrplänen für die theoretische Ausbildung der Lehrlinge für die verschiedenen Zweige der mechanischen Industrie in Angriff genommen. Als Ergebnis dieser großzügigen Gemeinschaftsarbeit liegen seit Herbst vorigen Jahres die einschlägigen Arbeiten für die Maschinenbauerlehrlinge fertig vor, die allseitig mit Beifall begrüßt wurden, und eine sehr gute Aufnahme gefunden haben. Inzwischen ist auch die nachgesuchte behördliche Genehmigung des Lehrplans für den theoretischen Werkschulunterricht mit einem sehr anerkennenden Schreiben des preußischen Ministers für Handel und Gewerbe erteilt worden. Von den Arbeitsbeispielen für die praktische Ausbildung sind Originalpausen in Naturgröße angefertigt worden, so daß die Werke die Blaupausen selbst herstellen können und so der Lehrling von Anfang an daran gewöhnt werden kann, „nach Zeichnung" zu arbeiten.

Gleiche Arbeiten für Modelltischler, Former, Mechaniker, Dreher, Werkzeugmacher, Klempner, Bauschlosser und Schmiede befinden sich noch in Arbeit, sind jedoch so weit vorgeschritten, daß sie teilweise voraussichtlich noch im Laufe dieses Jahres veröffentlicht werden können. — Als Bindeglied zwischen Ausbildung des Lehrlings in der Werkstatt und der Schule ist dann im Anfang des Jahres ein Werkstatt-Arbeitsbuch herausgegeben worden, das, wie die starke Nachfrage beweist, einem Bedürfnis entspricht. In diese Bücher tragen die Lehrlinge die von ihnen ausgeführten Arbeiten ein und erläutern dieselben durch Skizzen, so daß die Leiter des Betriebes und der Werkschule jederzeit einen Überblick über den Stand der Ausbildung sich verschaffen können.

Weiter ist die Herausgabe von Lehrblättern eingeleitet, die den Lehrlingen im Anschluß an den Unterricht ausgehändigt werden, so daß sie schließlich eine geordnete Sammlung erhalten, die dem Stande der Technik entspricht. Ferner sind Verhandlungen angeknüpft, um die technischen Schulen und Fortbildungsschulen zu billigen Preisen mit Modellen zu versorgen. Hierfür können neben den Übungsarbeiten der Lehrlingswerkstatt auch Fabrikationsstücke in Frage kommen, die wegen kleiner Fehler sonst unverwertbar sind, oder Stücke, die wegen Abnutzung ausgewechselt werden müssen.

3. Praktikantenausbildung.

Klagen darüber, daß ein großer Teil unseres Ingenieurnachwuchses nicht genügend praktische Werkstattkenntnisse besitzt, erscheinen leider auch heute noch berechtigt, gute praktische Kenntnisse sind aber für künftige Konstrukteure und Betriebsleiter jetzt besonders erforderlich, weil unsere Industrie hinsichtlich ihrer Wettbewerbsfähigkeit mehr als je darauf bedacht sein muß, alle

Faktoren der Gestehungskosten herabzusetzen. Da die Betriebe, die sich der Praktikantenausbildung widmen, bei dem seit Beendigung des Krieges eingetretenen überaus starken Andrang zur Ingenieurlaufbahn überfüllt sind, handelt es sich darum, neue Ausbildungsmöglichkeiten zu erschließen.

Zu diesem Zwecke ist an alle Firmen, deren Fabrikationszweige die Ausbildung gestatten, ein Aufruf versandt worden mit der Bitte, eine ihren Betriebsverhältnissen entsprechende Zahl von Praktikantenplätzen bereit zu stellen und für gute Unterweisung zu sorgen. Durch ein Rundschreiben bei den Besuchern der technischen Hoch- und Mittelschulen war ermittelt worden, daß 1500 Werke des Maschinenbaus Praktikanten ausbilden, und allen diesen Firmen und denjenigen, die durch die führenden Fachverbände und industriellen Verbände der Maschinenindustrie zu erreichen waren, ist ein Fragebogen zugestellt worden, um einen Überblick über die verfügbaren Praktikantenstellen zu erlangen. Um die Praktikanten möglichst in der Nähe ihres Wohn- oder Studienortes unterbringen zu können, ist ein über das ganze Reich verteilter, bezirksweise gegliederter Stellennachweis eingerichtet und eine Zentralstelle geschaffen und in der Geschäftsstelle des Vereins deutscher Maschinenbauanstalten untergebracht, die mit allen an der Stellenvermittlung beteiligten Organen fortgesetzt in Fühlung steht.

Es ist auch ein Ausbildungsvertrag aufgestellt worden, wie er als Normalvertrag zwischen dem ausbildenden Werk und dem Praktikanten abgeschlossen werden soll und wodurch dieser auf die Arbeitsordnung und sonstige aus Rücksicht auf die Ausbildung oder die geschäftlichen Rücksichten der Firma notwendigen Vorschriften verpflichtet wird.

4. Auskunftserteilung und Berufsberatung.

Auf diesem Gebiet ist der Ausschuß in hohem Maße in Anspruch genommen; vom 1. 4. 20 bis 1. 4. 21 wurden 600 mündliche und 200 schriftliche Auskünfte erteilt. Die Anfragen haben sich im allgemeinen auf den einzuschlagenden Bildungsgang, die Wahl der Fachrichtung, die Berufsaussichten, Wahl der Lehranstalt, den Nachweis von Literatur u. dgl. erstreckt. Hierbei konnte in allen einschlägigen Fällen auf den vom Deutschen Ausschuß herausgegebenen Ratgeber für die Berufswahl in der mechanischen Industrie hingewiesen werden, von dem im Berichtsjahr ein Neudruck erschienen ist und die 4. Auflage vorbereitet wird. Aus der Reihe der vom Deutschen Ausschuß herausgegebenen Ratgeber auf weiteren Fachgebieten ist als zweites Bändchen „Die Ausbildung des Eisenhütteningenieurs im Betrieb und auf der Hochschule" erschienen, das vom Verein deutscher Eisenhüttenleute, dem Verein deutscher Eisengießereien und dem Verein deutscher Stahlformgießereien bearbeitet worden ist.

5. Vermögensverhältnisse.

Die Durchführung der vorstehend erwähnten, der Allgemeinheit und insbesondere unserer Industrie dienenden Arbeiten hat erhebliche Mittel beansprucht. Die Einnahmen aus den Beiträgen der angeschlossenen Vereine und

Verbände und aus den inzwischen fertiggestellten Veröffentlichungen haben im Berichtsjahre rd. 100 000 M. betragen, während die Ausgaben wegen der immer umfangreicher werdenden Geschäfte bei den hohen Kosten für Gehälter, Miete, Porto, Bürobedarf, Druck und Buchbinderkosten usw. rd. 180 000 M. betrugen. Erfreulicherweise haben verschiedene Einzelfirmen und Verbände dem Ausschuß in Anerkennung seiner Arbeiten größere Beträge überwiesen und ihm so die Fortführung seiner Arbeiten ermöglicht. Die erforderlichen Mittel müssen nunmehr neben den Beiträgen der Vereine und Verbände, die sich naturgemäß in engen Grenzen halten, durch Jahresbeiträge von Einzelmitgliedern sichergestellt werden und der Ausschuß hat sich daher im Frühjahr d. J. an die industriellen Firmen gewandt, damit ihm von dieser Seite durch Gewährung von jährlichen Beiträgen die Fortführung seiner Arbeiten ermöglicht wird.

In Verbindung mit der Hauptversammlung des Vereins deutscher Ingenieure fand am 27. Juni d. J. die Hauptversammlung des Deutschen Ausschusses statt, in der eine Reihe der wichtigsten Fragen des technischen Schulwesens behandelt wurden und zwar:

A. Fortbildungsschulwesen:

1. Wie ist das Lehrlingswesen gesetzlich neu zu regeln?

2. Wie das Fortbildungsschulwesen?

3. Ausbildung der Gewerbelehrer.

4. Wie ist die gemeinsame Beschaffung der Lehrmittel hinsichtlich Verbesserung und Verbilligung zu regeln?

5. Verhältnis von Fortbildungsschule und Werkschule.

B. Fachschulwesen:

1. Sind private berufliche Schulen erforderlich und wie sind sie zu beaufsichtigen?

2. Wie weit ist eine Vereinheitlichung bei den Fachschulen gleicher Gattung erstrebenswert hinsichtlich: a) Aufnahmebedingungen und Eignungsprüfung; b) Lehrpläne; c) Berechtigungen, Übergangs- und Aufstiegsmöglichkeiten; d) Wichtige Fragen der Schulverfassung (Direktorialverfassung, kollegiale Schulleitung, Schulgemeinde usw.).

3. Wie sind die Finanznöte der Fachschulen zu beheben? a) Ersparnisse; b) Schulgeld; c) Zuschüsse des Staates und der Gemeinden; d) Beiträge der Interessenten.

4. Welche Bedürfnisse bestehen für Einrichtung von Sonderfachschulen (Betrieb, Elektrotechnik, Chemie, landwirtschaftlicher Maschinenbau, Werkzeugmaschinenbau usw.) und wie können sie befriedigt werden?

5. Kommt eine Ergänzung der Lehrpläne mit besonderer Berücksichtigung nach der Seite der staatsbürgerlichen Erziehung, Vertiefung der Allgemeinbildung, der körperlichen Ertüchtigung in Frage und wie läßt sie sich durchführen?

6. Wie sind die Sonderschulen der Reichsbehörden (z. B. Reichswehr, Post, Sipo, Eisenbahn) in den Gesamtaufbau des beruflichen Schulwesens einzureihen? Aufnahmebedingungen, Lehrpläne, Berechtigungen.

7. In welchen Grenzen ist fachliche Ausbildung neben der beruflichen Tätigkeit möglich.

Zu diesen Fragen sind von sachkundiger Seite kurze schriftliche Referate eingeholt worden und die Ergebnisse sind von der Geschäftsstelle des Deutschen Ausschusses den angeschlossenen Verbänden zur Stellungnahme übersandt und sollen die Unterlage von zusammenfassenden Berichten bilden, die der Hauptversammlung erstattet werden. Es sind dies:

Ausbildung der Industrielehrlinge in Werkstatt und Schule, Ausbau des technischen Fachschulwesens, Ausbildung der gewerblich-technischen Lehrer (Gewerbelehrer).

Von größeren Arbeiten, die den Deutschen Ausschuß im nächsten Geschäftsjahre eingehender beschäftigen werden, wären noch zu nennen: Praktische Arbeit der Studierenden des Bauingenieurfaches, Ausbau der Stellenvermittlung für Praktikanten des Maschinenbaufaches, der Elektrotechnik und des Schiffbaufaches; weiter Arbeiten an den Lehrgängen für die praktische Ausbildung der Lehrlinge in der Industrie (Herausgabe des Modelltischler-Lehrganges voraussichtlich im Oktober d. J.).

d) Der deutsche Schulschiffverein.

Der Deutsche Schulschiff-Verein, dessen geschäftsführendem Ausschuß unser Vorsitzender Herr Geh. Regierungsrat Professor Dr.-Ing. B u s l e y als Vertreter unserer Gesellschaft angehört, hat durch die harten Bestimmungen des Friedensvertrages seine beiden neuesten Schulschiffe „Prinzeß Eitel Friedrich" und „Großherzog Friedrich August" im August 1920 an die Entente abliefern müssen. Beide Schulschiffe wurden mit besonders dazu angenommenen Mannschaften nach Leith (Firth of Forth) gebracht. Während die Engländer das neueste, mit einem Dieselmotor als Hilfsmaschine ausgerüstete Schulschiff „Großherzog Friedrich August" behielten, ging das Schulschiff „Prinzeß Eitel Friedrich" in französischen Besitz über.

Zur Zeit der Enteignung der beiden Schulschiffe war nur das Schulschiff „Großherzog Friedrich August" in vollem Betrieb. Mit diesem wurde zu Anfang Juni 1920 das seit Anfang des Krieges in Stettin aufgelegte Schulschiff „Großherzogin Elisabeth" nach der Weser herübergeschleppt, um die Stammmannschaften und Zöglinge auf letzteres Schiff zu übernehmen. Da die Takelage des Schulschiffes „Großherzogin Elisabeth" durch das lange Aufliegen und den Mangel an Material zur Instandhaltung sehr gelitten hatte, wurde im Herbst 1920 eine vollständige Neuauftakelung vorgenommen und diese nur mit der eigenen Mannschaft ausgeführt. Diese umfangreiche Arbeit bedeutete nicht nur eine außerordentliche Verringerung der Kosten, da der Arbeitslohn sich erheblich höher als die Ausgaben für Material gestellt hätte, sondern auch eine der Ausbildung der Jungen förderliche, interessante Tätigkeit. Einige zur Abgabe von Gutachten aufgeforderte Sachverständige konnten sich nur lobend über die Ausführung der Takelarbeiten aussprechen.

Nachdem das Schulschiff „Großherzogin Elisabeth" gründlich wieder instand gesetzt war, ging es mit voller Besatzung zu Anfang 1921 von der Weser in See. Da seiner Zeit die Minengefahr in der Nordsee noch sehr groß war, so nahm es seinen Weg durch den Nord-Ostseekanal nach der Neustädter Bucht, um diese zunächst als Stützpunkt für Kreuzfahrten in der Ostsee zu benutzen und alsdann im Sommer 1921 eine längere bis nach Pillau reichende Seereise unter Anlaufen verschiedener Häfen auszuführen. Für den Winter 1921/22 ist nach der Kriegszeit die erste Auslandsreise in den Atlantischen Ozean in Aussicht genommen.

Wie in früheren Jahren werden auf dem Schulschiffe „Großherzogin Elisabeth" regelmäßig im Frühjahr und Herbst junge Leute zur Ausbildung für den Seemannsberuf eingestellt; es findet weder eine Unterbrechung noch eine Einschränkung der Ausbildungstätigkeit statt.

e) Der deutsche Seeschiffahrtstag

ist am 4. und 5. April unter dem Vorsitz von Herrn Senator Dimpker in Berlin abgehalten worden.

1. Tag.

Außerhalb der Tagesordnung brachte Herr C. Schrödter eine Entschließung über die Beibehaltung der schwarz-weiß-roten Flagge ein, die einmütige Annahme fand.

Die Tagung wurde durch einen Vortrag von dem Generaldirektor der Hamburg-Amerika-Linie, Herrn Geheimrat Dr. Cuno, über den Wiederaufbau der deutschen Seeschiffahrt eingeleitet, in dessen Anschluß Herr Kapitän Freyer als Vorsitzender des Vereins deutscher Kapitäne und Offiziere der Handelsmarine die Bereitwilligkeit des Vereines erklärte, auf dem Boden der Arbeitsgemeinschaft am Wiederaufbau der deutschen Seeschiffahrt mitarbeiten zu wollen.

In dem folgenden Vortrage: Die soziale Entwickelung der Seeschiffahrt, begründete Herr Dr. Ehlers, der Syndikus des Zentralvereins deutscher Reeder, weshalb sich die soziale Bewegung in der Seeschiffahrt in milderen Formen als in der Industrie vollzogen habe. Er ließ seinen Vortrag darin gipfeln, daß Tarifverträge, Seefahrtsausschuß, Tarifschiedsgericht und die absolute Autorität des Kapitäns an Bord die großen Eckpfeiler bilden müßten, auf denen die Vollendung des sozialen Werkes in der Seeschiffahrt bei der Neufassung der Seemannsordnung ruhen müßten.

Den dritten Vortrag über den Ausbau des deutschen Seeschiffahrtstages hielt Herr Dr. Grabein, indem er entwickelte, daß der Gedanke eines Ausbaues des Seeschiffahrtstages nach Lage der Dinge vorläufig noch hinausgeschoben werden müsse. Die Behandlung wirtschaftlicher Fragen könnte bei den vielfach vorhandenen gegensätzlichen Interessen der Arbeitnehmer und Arbeitgeber zu unliebsamen Auseinandersetzungen führen, und die unter den Seeleuten hervorgetretene kommunistische Bewegung hätte diese Bedenken noch wesentlich verschärft.

Hierauf sprach Herr Kapitän König als Vorsitzender der im vorigen Jahre vom Seeschiffahrtstag eingesetzten Minenkommission über die Beschleunigung der Minenentfernung, wobei er feststellte, daß unsere Marine die Räumung der Minen in der Nordsee planmäßig und gut gefördert habe, wogegen in der Ostsee nur so viel geräumt wurde, wie dies nebenher möglich war. Den Wunsch, Treibminen mit Gewehren abzuschießen, hat unsere Marineleitung abgelehnt, weil alle derartig abgeschossenen Minen wohl sinken, aber nach wie vor scharf bleiben und somit für längere Zeit eine große Gefahr für die Grundschleppnetzfischer bilden.

Herr Kapitän Weltzim begründete folgenden von dem Seeschiffahrtstage angenommenen Antrag über die Seewetterwarten Wilhelmshaven und Kiel: Der deutsche Seeschiffahrtstag hält es zum Schutze unserer Handelsschiffahrt und Fischerei für dringend erforderlich, daß die Seewetterwarten in Kiel und Wilhelmshaven in ihrem während des Krieges ausgebauten Umfange weiter bestehen bleiben.

Auf einen Vortrag von Herrn Kapitän Oertel nahm der Seeschiffahrtstag folgende Entschließung an:

Der VIII. deutsche Seeschiffahrtstag ersucht die Reichsregierung und die Regierungen der Seeuferstaaten mit möglichster Beschleunigung die berufsmäßigen Lotsen, falls nötig, durch Erhöhung der Lotsengeldtarife so zu stellen, daß sie ein auskömmliches Einkommen aus ihrem Gewerbe haben und auf das Überseelotsen verzichten können, dann aber energisch dahin zu wirken, daß sie das Überseelotsen in der Ostsee ganz und in der Nordsee von Ost nach West aufgeben und dieses den erwerbslosen Kapitänen reserviert bleibt.

Über einheitliche Revierordnung sprach Herr Kapitän Pohl im Namen des Nautischen Vereins zu Hamburg, worauf folgender Beschluß gefaßt wurde:

Der VIII. deutsche Seeschiffahrtstag beschließt an das Reichsverkehrsministerium das Ersuchen zu richten, unter Hinzuziehung von für die verschiedenen deutschen Reviere und Häfen in Betracht kommenden Sachverständigen eine für alle von Seeschiffen befahrenen Strecken der deutschen Reviere, Flüsse, Förden und Buchten geltende allgemeine Revierordnung zu erlassen, durch die die bisher bestehenden vielen verschiedenen lokalen Bestimmungen vereinheitlicht und durch möglichst gleichartige Anordnung vereinfacht werden, und ferner mit den Regierungen der Bundesstaaten in Verbindung zu treten, um in gleicher Weise eine Vereinheitlichung der Hafenordnungen unter Berücksichtigung der erforderlichen lokalen Sondervorschriften zu erreichen.

2. Tag.

Reichsseefahrtsschule. Nachdem Herr Seefahrtsschullehrer Krauß und Herr Professor Dr. Bolte ihre Ansichten hierüber geäußert hatten, stellte

Herr C. Schrödter den folgenden Antrag, dem der Seeschiffahrtstag zustimmte:

Der VIII. deutsche Seeschiffahrtstag hält die Frage, ob eine Reichsseefahrtsschule dem bisherigen Zustand vorzuziehen ist, noch nicht für spruchreif. Er übergibt die für und wider eine Verreichlichung am 5. April gestellten Anträge nebst deren Begründung einem 15gliedrigen Ausschuß, der dieses Material unter Berücksichtigung der im Laufe des Jahres zu erwartenden neuen Prüfungsvorschriften für Seeschiffer und Seesteuerleute bearbeitet und dem IX. deutschen Seeschiffahrtstag Bericht über seine Tätigkeit erstattet. Dieser Ausschuß erhält ferner den Auftrag, Vorschläge für das praktische Ausbildungswesen der Schiffsoffiziere im Zusammenhang mit deren theoretischer Vorbildung auszuarbeiten und ebenfalls dem nächsten Seeschiffertag zu unterbreiten.

Das deutsche Seekartenwerk und seine Erweiterung bespricht Herr Korv.-Kapitän a. D. Bade und regte darauf an, daß jede Reederei verpflichtet wird, ihren Schiffen von einem von der See-Berufsgenossenschaft anerkannten Berichtigungsinstitut völlig berichtigte Seekarten und Bücher an Bord zu geben, die dann der Kapitän auf dem Laufenden zu halten hätte. Diese Anregung gelangte nicht zur Abstimmung.

Kennzeichnung der Motorschiffe erörterte Herr Kapitän Budde, sah aber davon ab, einen Antrag auf die Einführung eines besonderen Tagessignals für Motorfahrzeuge, die die Schraube gebrauchen, zu stellen.

Verbesserungen der Fahrwasser und Seezeichen befürworteten die Herren Geheimrat Krey, Kapitän Bendfeldt und Kapitän Buchholz. Ihre Anträge wurden angenommen. Herr Professor Dr. Schilling schlug im Anschluß hieran vor, daß hinfort von Mitgliedern eingereichte Anträge auf eine Abänderung des Seezeichen-, Schallsignal- und Leuchtfeuer-Wesens nicht mehr vor die Seeschiffahrtstage gebracht werden, sondern sofort nach ihrer Einreichung an die zuständigen Stellen weiter gegeben werden möchten. Dieser Antrag fand die Zustimmung des Seeschiffahrtstages.

Bedeutung der drahtlosen Telephonie für das Schiffsnachrichtenwesen wurde von Herrn Seedienstdirektor Herbert besprochen und der folgende im Anschluß hieran gestellte Antrag angenommen:

Der VIII. deutsche Seeschiffahrtstag ist davon überzeugt, daß die drahtlose Telephonie ein wichtiger und aussichtsreiches Hilfsmittel für das Nachrichtenwesen in der Seeschiffahrt, insbesondere der Frachtdampfer, Küstenfahrer, Schlepper und Fischerfahrzeuge darstellt. Er empfiehlt daher den ihm angeschlossenen Organisationen, die Entwickelung der drahtlosen Telephonie nunmehr dauernd aufmerksam zu verfolgen.

Damit war die Tagesordnung erschöpft und die Sitzung wurde geschlossen.

f) Der Ausschuß für wirtschaftliche Fertigung.

Bei Gründung des AwF. (1918) standen im Vordergrund der Untersuchungen die Spezialisierung und die Typisierung. In kritikloser Verallgemeinerung waren beide Begriffe zu Schlagworten geworden, die mit anderen Zeitströmungen, wie Taylorisierung, Normalisierung, Planwirtschaft Verwirrung anzurichten drohten, und der AwF. übernahm die ihm gestellte Aufgabe in dem Sinne, daß er durch sachliche Untersuchungen zur Klärung der Vor- und Nachteile seiner Bestrebungen und ihrer Durchführungsmöglichkeiten beizutragen sich bemühte. Bei Bearbeitung der Spezialisierung ergab sich sehr bald, daß in rein technischer Beziehung die Durchführbarkeit als ziemlich unbegrenzt anzusehen sei, während wirtschaftliche Erwägungen die technischen Vorteile erheblich einschränken, womit die Untersuchungen aus dem Rahmen des Einzelbetriebes in Zusammenhang mit der Gesamtwirtschaft treten. Eine Einstellung des AwF. in diesem Sinne ergab sich auch daraus, daß für die Rationalisierung im Einzelbetrieb in den technisch-wissenschaftlichen Vereinen, wie im V. d. I. bewährte Arbeitsstätten vorhanden sind. Anregungen, die Rationalisierungen im Einzelbetrieb betreffen, wie Betriebsorganisation, Herstellungsverfahren, Methoden zur Auslese der Arbeiter usw. wurden deshalb im Laufe der Zeit an die Betriebstechnische Abteilung des V. d. I., jetzt beim Verband technisch-wissenschaftlicher Vereine, übergeleitet, so daß das Arbeitsgebiet des AwF. nun durch Untersuchung der Rationalisierungsmaßnahmen auf dem Gebiet der Gruppenwirtschaft gekennzeichnet ist, worunter die Zusammenhänge von Einzelbetrieben, die miteinander in mehr oder weniger festen Beziehungen produktionstechnischer Art stehen und die Zusammenhänge solcher Gruppen untereinander zu verstehen sind.

Das Ergebnis der ersten Arbeiten des AwF. ist niedergelegt in der Druckschrift: „Die industrielle Spezialisierung, Wesen, Wirkung, Durchführungsmöglichkeiten und Grenzen", worin nachgewiesen ist, daß die Schwierigkeiten der Spezialisierung in wirtschaftlicher Beziehung vielfach nur durch Zusammenarbeit zwischen verschiedenen sich ergänzenden Betrieben überwunden werden können. Der AwF. hat deshalb vor allem auch die verschiedenen Möglichkeiten und Formen dieser Zusammenarbeit (Meistbegünstigungsverträge, Herstellungs- und Vertriebsgemeinschaften usw.) ermittelt und ein ziemlich lückenloses Material beigebracht, wie es kaum an anderer Stelle zu finden ist. Diese Arbeit ist von der Industrie, Verbänden und Behörden dankbar anerkannt worden und fand unmittelbar praktische Verwertung durch Auskunftserteilung in zahlreichen Fällen. Zur Zeit liegen dem AwF. Anfragen und Anregungen über Spezialisierungsabkommen folgender Industriegruppen vor:

Landmaschinen 4, Werkzeugmaschinen 4, verschiedene Maschinen 6, Werkzeuge 3, Apparate 4, Feinmechanische Instrumente 2, Elektrotechnik 3, Textilindustrie 3, Lederindustrie 1, Tonindustrie 1, Holzindustrie 1, und es handelt sich durchweg, auch bei Abkommen in der gleichen Industriegruppe, um verschiedene Erzeugnisse.

Die unmittelbare Fühlung mit den produktionstechnisch gerichteten Zusammenschlüssen führte dem AwF. wertvolles Material zu, über das ein Überblick in der Druckschrift: Formen des Zusammenschlusses von Unternehmungen zwecks Verbesserung und Verbilligung der Produktion gegeben ist.

Auch diese Veröffentlichung hat zahlreiche Anfragen sowohl aus der Industrie, als auch der Wissenschaft zur Folge gehabt und dem Reichsverband der deutschen Industrie Veranlassung gegeben, mit dem AwF. wegen engerer Zusammenarbeit von diesem mit der Kartellstelle des Reichsverbandes in Verbindung zu treten derart, daß der AwF. gewissermaßen die wissenschaftliche Parallelstelle zur Kartellstelle ist.

Da alle Bestrebungen zur Hebung der Wirtschaftlichkeit keinen Erfolg haben können, wenn nicht einwandfreie Selbstkostenermittlung eingeführt wird, hat der AwF. durch die Schrift: Richtige Selbstkostenberechnung als Grundlage der Wirtschaftlichkeit industrieller Unternehmungen und als Mittel zur Besserung der Wettbewerbsverhältnisse zur Aufklärung Sorge getragen und im Anschluß hieran mit wissenschaftlichen Sachverständigen und Betriebsleitern einen Grundplan ausgearbeitet, der die allgemein gültigen Grundsätze der Selbstkostenberechnung in knapper übersichtlicher Form enthält. Auf Grund dieser Arbeiten sind bisher gegen 40 Verbände zum Zwecke gemeinsamer Bearbeitung dieser Frage in Verbindung getreten. Der Grundplan wurde als Entwurf im Betrieb Heft 14 und 15, August/September 1920, und als Sonderabdruck veröffentlicht. Eine Reihe von Werken arbeitet bereits nach demselben. Eine Anzahl von Äußerungen, die sich indes nur auf Einzelheiten beziehen, sind durchberaten und finden, soweit sie Verbesserungen sind, in der zweiten Ausgabe des Grundplanes Berücksichtigung.

Auf Anregung des Vorstandes wurden einige Aufgaben bearbeitet, die nicht unmittelbar zum Arbeitsgebiet des AwF. gehören, wie:

1. Sozialisierung, Planwirtschaft oder organische Entwicklung der Produktion, wodurch nachgewiesen werden sollte, daß die mit der Sozialisierung und Planwirtschaft beabsichtigten Zwecke, soweit sie überhaupt verwirklicht werden können, auch mit den bereits vorhandenen oder den in der Entwicklung begriffenen Mitteln, welche die Wirtschaft aus sich heraus gebildet hat, zu erreichen sind, durch planvolle Zusammenarbeit von Unternehmungen in Verbänden, Genossenschaften, Herstellungs- und Vertriebsgemeinschaften, Zusammenarbeit von Privat- und öffentlicher Wirtschaft, von Unternehmern und Arbeitern in Arbeitsgemeinschaft u. dgl.

2. Zusammenstellung der wichtigsten Lohn- und Ertragsbeteiligungsformen zur Erlangung eines Überblickes über die verschiedenen, bereits in Anwendung befindlichen oder vorgeschlagenen Formen der Entlohnung oder Beteiligung.

3. Die arbeitsparende Betriebsführung („Was will Taylor"), ein Gutachten auf ein Ersuchen der Zentralarbeitsgemeinschaft, das die schlagwortartige Anwendung des Wortes Taylorsystem und dessen Bedeutung auf die Anwendung gesunder Grundsätze zeitgemäßer Betriebsführung zurückführt.

In der Befürchtung, daß der AwF. sich zum Vertreter gewisser einseitiger Bestrebungen, wie z. B. der Spezialisierung machen werde, hat die Industrie seinen Arbeiten gegenüber anfangs eine gewisse Zurückhaltung gezeigt, die jetzt aber als überwunden gelten kann, nachdem der AwF. der Weisung des Vorstandes entsprechend, sich auf die Feststellung vorhandener Zusammenhänge beschränkt und von jeder wirtschaftlich politischen Betätigung fern hält und nach außen weitgehende Zurückhaltung beachtet. Die Einrichtungen sind im bescheidenen Rahmen gehalten, das Personal umfaßt 3 Ingenieure, 2 Stenotypistinnen, 1 Registratorin mit einem Gehalt von zusammen monatlich von 6675 M. Die ständig wachsende Inanspruchnahme des AwF. durch Praktiker und Wissenschaftler zeugt von der steigenden Wertschätzung der Arbeiten desselben.

Die weiteren Arbeiten des AwF. sollen folgende Punkte umfassen:

a) Der allgemeine Grundplan der Selbstkostenberechnung soll besonderen typischen Verhältnissen angepaßt werden, insbesondere wird daran gedacht, Grundpläne für verschiedene Betriebsgrößen und verschiedene Fabrikationsweisen z. B. einen Grundplan für Massenfabrikation, einen solchen für kleine Betriebe usw. aufzustellen. Weiterhin sollen Sonderfragen aus dem Gebiete der Selbstkosten und Wirtschaftsrechnung untersucht werden, z. B. die Frage der Bewertung der Betriebsanlagen und Bestände, der Einfluß des Beschäftigungsgrades auf die Selbstkosten, der Einfluß der Geldentwertung auf die Wirtschaftsrechnung. — Eine Untersuchung der Wirtschaftsrechnung öffentlicher Betriebe ist angeregt, um die Ursachen für die vielfachen Schäden dieser Betriebe kritisch festzustellen. Es wird jedoch noch zu prüfen sein, ob und inwieweit die beabsichtigten Arbeiten zweckmäßig sind, da gegen die bisherigen Arbeiten des AwF. auf dem Gebiete der Selbstkostenberechnung der Einwand erhoben wurde, daß eine Gemeinschaftsarbeit auf diesem Gebiete nicht möglich sei.

b) Betreffs der Zusammenarbeit zur Verbesserung und Verbilligung der Produktion über die in einer Schrift mit gleicher Bezeichnung bereits ein kurzer Überblick gegeben, gewissermaßen ein Programm aufgestellt und Material gesammelt ist, wird beabsichtigt, nunmehr einzelne Formen der Zusammenarbeit genauer zu untersuchen. Dabei sollen auch Einzelheiten wie Satzungen, Verträge, Organisations- und Arbeitspläne, praktische Erfahrungen wiedergegeben werden. Diese Arbeiten würden in Verbindung mit der Kartellstelle des Reichsverbandes der deutschen Industrie ausgeführt werden können.

Vor allem ist an eine Darstellung der verschiedenen von den Verbänden getroffenen produktionstechnischen Maßnahmen gedacht.

Die Verbände haben vielfach technische Ausschüsse zur Bearbeitung der Normung, Spezialisierung, Selbstkostenberechnung gebildet, haben technische Beratungsstellen eingerichtet, Forschungsstellen gegründet, und es besteht eine Bedürfnis, diese Einrichtungen wechselseitig kennen zu lernen, Erfahrungen auszutauschen und nach Möglichkeit zusammen zu arbeiten. Wichtig erscheint es auch, für die früher oder später zweifellos kommenden Wiederaufbaulieferungen zu untersuchen, welche Möglichkeit der Zusammenarbeit von Unternehmungen bei größeren Aufträgen bestehen. Schließlich wird auch zu untersuchen sein, welche Möglichkeiten für den Absatz einer gesteigerten Produktion für das einzelne Unternehmen und welche auf dem Gebiet der Gemeinschaftsarbeit vorliegen.

Es besteht in der Industrie der Wunsch nach einer Stelle, die über die verschiedenen Formen der produktionstechnischen Zusammenarbeit von Unternehmungen, der Arbeitsteilung und Verbindung, möglichst vollständige Unterlagen besitzt, auf Erfordern Auskunft geben und einen Erfahrungsaustausch vermitteln kann. Auf dem Gebiete der Spezialisierung hat sich eine solche Tätigkeit des AwF. in ganz natürlicher Entwicklung gegeben und es erscheint zweckmäßig und möglich, diese Tätigkeit nach und nach auf weitere Formen der Gruppenwirtschaft auszudehnen.

Wie schon im Anfang des Berichts erörtert wurde, muß für die weitere Entwicklung der Arbeiten des AwF. die Richtlinie maßgebend bleiben, daß der AwF. die Maßnahmen zur Verbesserung und Verbilligung der Produktion der Gruppenwirtschaft, d. h. die zwischenbetrieblichen und volkswirtschaftlichen Zusammenhänge dieser Aufgaben bearbeitet, während die betriebstechnische Abteilung beim Verband technisch-wissenschaftlicher Vereine diese Aufgaben für den Einzelbetrieb behandelt. Es ist jedoch durchführbar und erscheint auch zweckmäßig, daß hierbei der AwF. sein Arbeitsgebiet in ähnlicher oder gleicher Weise aufgliedert, wie das bei der betriebstechnischen Abteilung für den Einzelbetrieb mit Erfolg geschehen ist.

g) Der Ausschuß für eine Systematik des Schiffbaues.

Der Obmann des von der Hauptversammlung 1920 gewählten Ausschusses für eine Systematik des Schiffbaues, Herr Geheimer Oberbaurat Presse, berichtet:

Von Herrn Oberingenieur Trautvetter wurde durch Rundschreiben vom 22. Juni 1920 die Bildung eines Arbeitsauschusses zur Bearbeitung einer systematischen Einteilung aller technischen und wirtschaftlichen Wissenschaften angeregt. An Stelle einer bestehenden, veralteten und gänzlich unzureichenden Dezimalklassifikation des gesamten menschlichen Wissens sollte für die technischen und wirtschaftlichen Wissenschaften eine neue Systematik treten, durch welche diese und ihre Literatur in eine übersichtliche, das Auffinden des Gesuchten in hohem Maße erleichternde, Ordnung gebracht werden sollten.

In einer Sitzung am 1. November 1920, an welcher als Vertreter der Schiffbautechnischen Gesellschaft die hierfür gewählten Herren Professor Krainer, Direktor Professor O. Krell und der Unterzeichnete teilnahmen, wurde Einstimmigkeit darüber erzielt, daß die beabsichtigte Systematisierung eine außerordentlich umfangreiche, verschiedene Jahre beanspruchende Arbeit darstelle, welche ein besonderes Bureau erfordere und welche sich nur durchführen lasse, wenn Behörden, die Industrie und Fachorganisationen das Bedürfnis nach einer solchen Systematik anerkennen und sich in großzügiger Weise durch Mitarbeit und geldliche Unterstützung an dem Unternehmen beteiligen. Gestützt wurde diese Erkenntnis durch die Erfahrungen, welche der Verband Deutscher Elektrotechniker bei der von ihm bereits seit längerer Zeit in Arbeit befindlichen Systematik der Elektrotechnik gewonnen hatte.

In der Sitzung am 1. November 1920 wurde daher zunächst folgender Beschluß gefaßt: „Die anwesenden Vertreter technischer und wissenschaftlicher Organisationen erklären ihre Bereitwilligkeit, bei Verbänden, industriellen Unternehmungen, Behörden und sonstigen Organisationen für die Aufgaben des Arbeitsausschusses zu werben." Wenn hierdurch eine genügende Vertretung aller Fachrichtungen der Technik und angrenzenden Gebiete sichergestellt war, sollte in einer neuen Versammlung die Bildung von Hauptgruppen, die auf mindestens zwanzig geschätzt wurden, herbeigeführt werden.

In einem Schreiben vom 6. Dezember 1920 übermittelte ich dem Obmann des Arbeitsausschusses die Anschriften von zwölf Behörden und Gesellschaften, die zur Mitarbeit für Schiffbau, Hafenbau und Reederei in erster Linie in Frage kommen, und mit denen ich mich zum Teil vorher persönlich in Verbindung gesetzt hatte. Erst wenn diese ihre Mitarbeit zugesagt hatten, konnte eine Abgrenzung des Gebietes „Schiffbau" (einschl. Schiffsmaschinenbau) unter Prüfung der Zugehörigkeit naheliegender Gebiete, wie z. B. Hafenbau, Strombau, Reederei, Nautik, erfolgen und dann die Systematik des hiernach abgegrenzten Fachgebietes „Schiffbau" in Arbeit genommen werden.

Über diese Grundeinteilung der Fachgebiete der Technik sollte nach einem Schreiben des Obmannes des Arbeitsausschusses vom 20. Dezember 1920 in der nächsten Sitzung beraten werden.

Auf eine Anfrage vom 1. Juni 1921 über den Stand der Angelegenheit erhielt ich unter dem 8. Juli 1921 folgende Antwort: „Auf Ihr gefl. Schreiben vom 1. Juni d. J. muß ich Ihnen leider mitteilen, daß die Arbeiten des Ausschusses wegen Mangel an Mitteln zur Zeit ruhen. Sollten sie wieder aufgenommen werden, werde ich Sie benachrichtigen.

Ergebenst Trautvetter."

Hiernach ist auch eine Aufnahme der Arbeiten für das Fachgebiet „Schiffbau" vorläufig nicht möglich.

Gedenktage.

Am 11. März feierte unser langjähriges Mitglied, Herr Direktor Seiffert von der Aktien-Gesellschaft Franz Seiffert & Co. in Berlin-Eberswalde, seinen siebzigsten Geburtstag, wozu ihm der Vorstand die nachstehende Depesche sandte:

Zu Ihrem siebzigsten Geburtstage senden wir Ihnen als unserem langjährigen treuen Mitgliede die herzlichsten Glückwünsche. Wir hoffen noch manches Jahr mit Ihnen in unserer Gesellschaft wirken zu können.

Der Vorstand der Schiffbautechnischen Gesellschaft.

Herr Seiffert antwortete hierauf wie folgt:

Für die mir aus Anlaß meines siebzigsten Geburtstages bewiesene Anteilnahme und übermittelten Glückwünsche sage ich meinen herzlichsten Dank.

Charlottenburg, den 12. März 1921.   Franz Seiffert.

Am 3. April konnte unser lebenslängliches Fachmitglied, Herr Baurat Topp in Stralsund, der zu den Gründern unserer Gesellschaft zählt, seinen 75zigsten Geburtstag begehen. Der Vorstand beglückwünschte ihn hierzu durch folgendes Telegramm:

Zu ihrem 75zigsten Geburtstage, den Sie in voller Rüstigkeit zu begehen das Glück haben, senden wir Ihnen unsere herzlichsten Glückwünsche. — Sie haben beim Bau der ersten Panzerschiffe in Deutschland an verantwortungsvoller Stelle mitgewirkt und darauf jahrelang als Leiter einer unserer größten vaterländischen Werften das Aufblühen des deutschen Schiffbaues gefördert, was wir Ihnen nie vergessen werden.

Der Vorstand der Schiffbautechnischen Gesellschaft.

Herr Baurat Topp dankte mit nachstehendem Schreiben:

Hierdurch beehre ich mich, dem Vorstande für die herzlichst gemeinten Glückwünsche zu meinem 75zigsten Geburtstage sowie für die ehrenden Worte der Anerkennung meiner früheren Tätigkeit meinen verbindlichsten Dank abzustatten.

Mit dem Ausdruck vorzüglichster Hochachtung verbleibe ich ergebenst   Topp.

Stralsund, den 4. April 1921.

Am 27. April blickte unser Mitglied Herr Stadtrat und Fabrikbesitzer Dr. de Gruyter in Berlin auf eine 25jährige Tätigkeit in der Eisenkonstruktionsfirma Breest & Co. in Berlin zurück. Ihm wurde zu diesem Ehrentage das nachstehende Telegramm gesandt:

Zu Ihrem 25jährigen Jubiläum als Mit- und Alleininhaber der Fa. Breest & Co., die Sie allein zu hohem Ansehen entwickelt haben, sprechen wir Ihnen unsere herzlichsten Glückwünsche aus.

Der Vorstand der Schiffbautechnischen Gesellschaft.

Herr Stadtrat Dr. de Gruyter bedankte sich durch folgendes Schreiben:

Für Ihre freundlichen Glückwünsche und Ihre mich ehrenden Worte spreche ich Ihnen meinen verbindlichsten Dank aus.

Mit dem Ausdruck vorzüglichster Hochachtung

Bantikow, den 10. Mai 1921   Ihr Ihnen sehr ergebener
                              Dr. de Gruyter.

Am 19. September d. J. feierte Herr Birger Hammar aus Stockholm das 25jährige Bestehen seines Hamburger Hauses Hammar & Co. Aus diesem Anlaß richtete er an unsern Vorsitzenden folgendes Schreiben:

Sehr geehrter Herr Geheimrat!

In alter Anhänglichkeit zu der Schiffbautechnischen Gesellschaft und in Würdigung Ihrer für In- und Ausland vorbildlichen, hervorragenden Tätigkeit gestatte ich mir, anläßlich des 25jährigen Bestehens meines Hamburger Hauses den Betrag von 10 000 M. zu überweisen. Es ist mein Wunsch, daß dieser Betrag für ein Preisausschreiben unter den Fachmitgliedern der Gesellschaft verwendet wird und zwar für die beste Arbeit auf dem Gebiete des praktischen Schiff- und Schiffsmaschinenbaues. Ich behalte mir vor, demnächst die Aufgabe zu präzisieren. Über die nähere Fassung derselben stehe ich zur Zeit mit Sachkundigen in Beratung. Jedenfalls ist die Arbeit so gedacht, daß dieselbe vom Schiff- und Schiffsmaschinenbau gemeinsam zu lösen ist, der Preis daher auch mit je 5000 M. einem Schiffbauer und einem Schiffsmaschinenbauer zu erteilen ist.

Der Vorstand wird gebeten, eine besondere Sachverständigenkommission zu ernennen, die das genaue Programm des Preisausschreibens festlegt und die Entscheidung über die Preisträger trifft.

Ich werde mich freuen, wenn aus dem Preisausschreiben fruchtbringende Anregungen für den Schiff- und Schiffsmaschinenbau hervorgehen würden und begrüße ich Sie

in bekannter Hochachtung als Ihr sehr ergebener

Hamburg, den 20. September 1921.   Birger Hammar.

Herr Geheimrat Busley sprach Herrn Hammar für seine großzügige Spende den verbindlichsten Dank der Schiffbautechnischen Gesellschaft schriftlich aus.

Hierauf sandte Herr Hammar das nachstehende Schreiben:

Sehr geehrter Herr Geheimrat!

Zurückkommend auf die Preisausschreibungsangelegenheit möchte ich Ihnen hierdurch mitteilen, daß Ihnen die Formulierung der Preisaufgabe in wenigen Tagen durch Herrn Direktor Tradt von der Firma Fried. Krupp A.-G., Germaniawerft, Kiel, in meinem Auftrage zugestellt werden wird.

Betreffs des Preisrichterkollegiums, so liegt mir daran, daß Sie, verehrter Herr Geheimrat, als Vorsitzender der Schiffbautechnischen Gesellschaft, den Vorsitz übernehmen und daß im übrigen das Kollegium aus den folgenden Herren gebildet wird:

> Herrn Direktor Max Tradt, Kiel,
> Herrn Dr. Ernst Foerster, Hamburg,
> Herrn Dr. Bauer, Vulkan-Werke, Hamburg, und
> Herrn Oberingenieur Sütterlin, Blohm & Voss, Hamburg.

Sämtliche dieser Herren haben sich mir gegenüber bereit erklärt, dieses Amt zu übernehmen.

Bei der Erörterung der Aufgabe hat es sich herausgestellt, daß es vielleicht zweckmäßig wäre, einen zweiten Preis vorzusehen. In Anbetracht der vielen Arbeit, die mit der Lösung der Aufgabe verbunden ist, so möchte ich nicht, daß hierdurch die Höhe des ersten Preises geschmälert wird. Ich habe mich daher entschlossen, zwecks Zahlung eines zweiten Preises, die Stiftung um Mark 5000.— zu erhöhen und lasse ich diesen Betrag per Bank der Schiffbautechnischen Gesellschaft überweisen.

Schließlich ersuche ich, die Ankündigung über das Preisausschreiben wie auch die Entscheidung des Preisrichterkollegiums ausschließlich durch die Organe der Schiffbautechnischen Gesellschaft bekanntzugeben.

Mit vorzüglicher Hochachtung

Hamburg, den 14. Oktober 1921.   Birger Hammar.

Herr Geheimrat Busley wiederholte Herrn Hammar nochmals den wärmsten Dank unserer Gesellschaft und versprach nach Kräften dafür einzutreten, daß die Hauptversammlung seinen Wünschen nachkommen möge.

Am 1. Oktober war Herr Richard Blümcke, einer der Begründer unserer Gesellschaft, 25 Jahre Direktor der Schiffs- und Maschinenbau-Aktien-Gesellschaft in Mannheim. An diesem Tage ließ ihm die Schiffbautechnische Gesellschaft nachstehendes Telegramm zugehen:

Sie haben das seltene Glück, heute 25 Jahre als Direktor in der Schiffs- und Maschinenbaugesellschaft in Mannheim zu wirken, während welcher Zeit es Ihnen gelungen ist, das Werk blühend zu erhalten. Der Vorstand wünscht Ihnen viele weitere erfolgreiche Jahre in Ihrer Tätigkeit und hofft Sie noch häufig als gern gesehenes Mitglied auf den Hauptversammlungen zu sehen, in denen Sie so oft als Rechnungsprüfer Bericht erstattet haben.

Der Vorstand der Schiffbautechnischen Gesellschaft.

Herr Direktor Blümcke sandte folgendes Antwortschreiben:

Dem verehrlichen Vorstand der Schiffbautechnischen Gesellschaft, zu deren Gründern ich die Ehre habe mich zählen zu dürfen, spreche ich für die freundlichen, mich ehrenden Glückwünsche zu meinem 25jährigen Jubiläum als Vorstand der hiesigen Schiffs- u. Maschinenbau A. G. meinen herzlichsten und aufrichtigen Dank aus. — Um ferneres freundliches Gedenken bittend, gebe ich die Versicherung meiner ausgezeichneten Hochachtung   als Ihr dankbar ergebener

Mannheim, den 7. Oktober 1921.   Richard Blümcke.

Am 31. Oktober beging unser Mitglied Herr Fabrikbesitzer Paul Hjarup in Berlin seinen siebzigsten Geburtstag. Der Vorstand übermittelte ihm folgende Depesche:

Zu Ihrem siebzigsten Geburtstage sprechen wir Ihnen als unserm langjährigen hochgeschätzten Mitgliede unsere herzlichsten Glückwünsche aus. Sie haben sich stets für die Förderung des Ingenieurstandes eingesetzt und der Industrie viele Jahre als Handelsrichter aufopfernd gedient, wofür wir Ihnen aufrichtig Dank sagen.

Der Vorstand der Schiffbautechnischen Gesellschaft.

Herr Hjarup antwortete mit nachstehendem Dankschreiben:

Dem Vorstande der Schiffbautechnischen Gesellschaft danke ich herzlich für die aus Anlaß meines siebzigsten Geburtstages mir dargebrachten, mich so wohltuend berührenden Glückwünsche. Ich werde auch fernerhin bemüht sein, für die Interessen der Gesellschaft, des Ingenieurstandes und der Industrie tätig zu sein, soweit meine Kräfte ausreichen.

Hochachtungsvoll und ergebenst

Berlin, den 7. November 1921.   Paul Hjarup.

IV. Bericht über die 23. ordentliche Hauptversammlung
am 17. und 18. November.

Die diesjährige Hauptversammlung war sehr gut besucht. Bis zum 18. November mittags hatten sich 497 Herren und 181 Damen, zusammen 678 Teilnehmer angemeldet, von denen 581 Personen in der am 15. November abgeschlossenen Liste aufgeführt werden konnten.

Erster Tag.

Um 9 Uhr eröffnete der Ehrenvorsitzende, Seine Königliche Hoheit der Großherzog Friedrich August die Sitzung, zu der sich in der Aula der Technischen Hochschule etwa 500 Herren eingefunden hatten. Nach einer kurzen Begrüßung erteilte der Ehrenvorsitzende das Wort zum ersten Vortrage Herrn Generaldirektor Dr. Graf Arco, Berlin, über: „Die Fortschritte der drahtlosen Telegraphie mit besonderer Berücksichtigung ihrer Anwendung in der Schiffahrt". Der durch eine große Zahl von Apparaten und hiermit angestellten Versuchen unterstützte Vortrag fesselte die Versammlung in hohem Maße. An der Erörterung nahmen die Herren Kontre-Admiral a. D. Emsmann, Berlin, und Geheimrat Rudloff, Berlin, teil.

Große Aufmerksamkeit fand auch der zweite, von Herrn Direktor Dr. Bauer, Hamburg, gehaltene Vortrag über: „Untersuchungen zur Verfeinerung der Methoden der Modellschleppversuche mit Schiffsschrauben".

Die recht lebhafte Erörterung, die diesem Vortrage folgte, wurde von Herrn Ingenieur Hoff eingeleitet, dem sich die Herren Helling, Mitinhaber der Firma Theodor Zeise in Altona-Ottensen; Professor Proell, Hannover; Dr.-Ing. Schaffran, Berlin; Professor Gümbel, Berlin, und Professor Krainer, Berlin, anschlossen. Als Herr Dr.-Ing. Schaffran seine Ausführungen beendet hatte, überreichte ihm der Ehrenvorsitzende die silberne Denkmünze, die ihm im vorigen Jahre der Vorstand zuerkannt hatte und die hierüber ausgestellte Urkunde mit einer von lebhaftem Beifall begleiteten Ansprache.

Nach der Frühstückspause sprach Herr Dr.-Ing. Röser, Essen, über „Die Vereinheitlichung der ⊔-Schwimmdocks".

Dieses Thema hatte eine für die Nachmittagssitzung bemerkenswerte Zahl von Zuhörern angelockt, und der Vortrag fand in der Erörterung durch die Herren Dr.-Ing. Achenbach, Berlin, und Herrn Geheimrat Rudloff, Berlin, eine günstige Beurteilung.

Nachmittags um 5 Uhr besuchten die Mitglieder unserer Gesellschaft in Begleitung ihrer Damen, zusammen etwa 600 Personen, die „Urania", die vollständig gefüllt war, um der Vorführung eines S. K. F.-Norma-Industriefilms beizuwohnen. Es wurde auf der Leinwand die Gewinnung der Holzkohle und Erze im nördlichen Schweden und die Verhüttung der letzteren zu dem Spezialstahl gezeigt, aus dem die Kugeln bzw. Rollen für die von der Gesellschaft in ihren Fabriken in Gothenburg und Stuttgart erzeugten Wälzlager gewonnen werden. Ein leichtverständlicher Vortrag begleitete die nahezu 2 Stunden während Vorführung, die sich des reichsten Beifalls erfreute. Der Vorsitzende, Herr Geheimrat Busley, sprach der S. K. F.-Norma-Gesellschaft nach Schluß der Vorführung für ihre Bemühungen den wärmsten Dank der Schiffbautechnischen Gesellschaft aus.

Zweiter Tag.

Die geschäftliche Sitzung fand an diesem Tage um 9 Uhr vormittags in der Aula der Technischen Hochschule unter dem Vorsitz von Herrn Geheimrat Busley statt. Ihr Verlauf ist aus der folgenden Niederschrift auf Seite 77 zu ersehen.

Um 10 Uhr begannen unter dem Ehrenvorsitzenden die weiteren Vorträge, deren ersten Herr Regierungs- u. Baurat Dr.-Ing. Teubert, Minden, hielt: „Der gegenwärtige Stand des Eisenbetonschiffbaues". Der von sehr vielen Lichtbildern trefflich begleitete Vortrag fand in der stark besuchten Versammlung die gebührende Beachtung. An der Erörterung nahmen teil die Herren: Dr.-Ing. Commentz, Blumenthal; Baurat Mohr, Altona, und Ingenieur Brune, Hamburg.

Den zweiten Vortrag übernahm Herr Ingenieur Jaduschke, Hamburg, über: „Vereinfachte Bauweise eiserner Schiffe". Seinen Ausführungen folgten die Hörer mit lebhafter Teilnahme, wenn sich auch die Erörterung ziemlich kurz gestaltete, weil die Versammlung zum größten Teil schon Sehnsucht nach dem Frühstück spürte. Es sprachen nur die beiden Herren Professor Lienau, Danzig, und Rechnungsrat Stieghorst, Berlin.

Nach der Pause kam Herr Dr.-Ing. Gütschow, Danzig, zum Wort. Sein Vortrag: „Beiträge zur Berechnung von Lademasten" wurde trotz der vorgerückten Zeit und trotz seines mehr theoretischen Inhalts von mehr als 100 Herren angehört. In der Erörterung sprachen die Herren: Marinebaumeister von den Steinen, Kiel, und Oberingenieur Buchsbaum, Berlin.

Während der Pausen sowie vor und nach den Vorträgen besichtigten die Teilnehmer sehr eingehend das im Lichthofe der Technischen Hochschule für die Hauptversammlung aufgestellte Modell eines Schiffshebewerks von der deutschen Maschinenfabrik in Duisburg und eine kleine Ausstellung der Helix-Propeller-Gesellschaft in Berlin.

Der Abend dieses Tages vereinigte 312 Herren und 68 Damen, zusammen 380 Personen zum Essen im Marmorsaale des Zoologischen Gartens, das sehr harmonisch verlief und die Besucher vielfach noch bis nach Mitternacht zusammenhielt.

Dritter Tag.

Am Sonnabend, dem 19. November, verließen 388 Personen, und zwar 275 Herren und 113 Damen mit dem Zuge 9,50 Uhr den Wannsee-Bahnhof in Berlin, um von Groß-Lichterfelde-West mit der Industriebahn zu den optischen

Anstalten der C. P. Goerz-A.-G. zu fahren. Dank den ausgezeichneten Vorkehrungen des Direktor Dr. Weidert, der uns schon im Jahre 1913 einen hervorragenden Vortrag über die „Entwicklung und Konstruktion der Unterseeboots-Sehrohre" gehalten hatte, verlief die Besichtigung des Glaswerkes und der verschiedenen mechanischen Werkstätten der Goerzwerke trotz der unerwartet großen Besucherzahl glatt und reibungslos. Jeder konnte den Erklärungen des führenden Herrn der Werke folgen und später alle Einzelheiten der Fabrikation durch den Augenschein in sich aufnehmen. Die Goerz-Werke machten das Maß ihrer Liebenswürdigkeit voll, indem sie den durch den Marsch in dem weitläufigen Werk hungrig gewordenen Besuchern in Groß-Lichterfelde einen warmen Imbiß spendeten. Direktor Hahn von der Firma Goerz gab hierbei eine kurze Entwicklung der Werke und äußerte seine Freude über unseren Besuch, worauf Geheimrat Busley unter lebhaftem Beifall der Teilnehmer den verbindlichsten Dank unserer Gesellschaft für die glänzende Führung im Werk und die freundliche Gastlichkeit aussprach. Der letzte Teil dieses Jahrbuches enthält eine Beschreibung der Goerz-Werke.

V. Niederschrift

über die geschäftliche Sitzung der 23. ordentlichen Hauptversammlung am
18. November 1921, vormittags 9 Uhr.

Nach § 23 der Satzung sind auf die Tagesordnung folgende Punkte gesetzt:

1. Vorlage des Jahresberichtes.
2. Bericht der Rechnungsprüfer und Entlastung des Vorstandes von der Geschäftsführung des Jahres 1920.
3. Bekanntgabe der Veränderungen in der Mitgliederliste.
4. Ergänzungswahlen des Vorstandes. Es sind zu wählen: Der stellvertretende Vorsitzende und drei fachmännische Beisitzer.
5. Wahl der Rechnungsprüfer für das Jahr 1921.
6. Wahl der beiden gesetzlichen Vertreter.
7. Antrag des Vorstandes auf Erhöhung des Eintrittsgeldes auf 40 Mk., des Jahresbeitrages auf 60 Mk. und des lebenslänglichen Beitrages auf 1000 Mk.
8. Umwandlung der bisherigen Kriegsspende in eine Hilfskasse.
9. Antrag des Herrn Baurat Schulthes u. Gen. auf Einsetzung eines Fachausschusses und, bei Annahme des Antrages, Wahl dieses Ausschusses.
10. Sonstiges.

Der Vorsitzende, Herr Geheimer Regierungsrat Professor Dr.-Ing. B u s l e y,
eröffnet die Sitzung um 9 Uhr.

Beim Beginn derselben sind etwa 60 Gesellschaftsmitglieder anwesend, die
sich bis zum Schluß auf etwa 150 erhöhen.

P u n k t 1. Die Versammlung verzichtet auf die Verlesung des mit den
Vorträgen versandten Geschäftsberichtes 1921 und genehmigt ihn. Der Vorsitzende gedenkt hierbei der großen Zahl der im laufenden Jahre verstorbenen
Mitglieder und bat die Versammlung sich zum ehrenden Gedächtnis derselben
von ihren Sitzen zu erheben. Dies geschieht.

P u n k t 2. Herr Baurat S c h u l t h e s erstattet den Bericht über die Prüfung
der Bücher, die er mit Herrn Professor K r a i n e r vorgenommen hat. Die Bücher
wurden in Ordnung befunden und ebenso die Kassenführung des Jahres 1920.
Die Versammlung erteilt ohne Erörterung einstimmig die Entlastung.

P u n k t 3. Die Versammlung verzichtet auf die Verlesung der Namen der
ein- und ausgetretenen Herren, weil sie bereits im Jahresbericht aufgeführt
sind, der den Mitgliedern mit den Vorträgen übersandt wurde.

P u n k t 4. Zur Neuwahl stehen der stellvertretende Vorsitzende und drei
fachmännische Beisitzer. Von Herrn Baurat Schulthes wird die Wiederwahl
der ausscheidenden Vorstandsmitglieder durch Zuruf beantragt. Hiergegen
erfolgt kein Widerspruch. Der Vorsitzende stellt die Wiederwahl des stellvertretenden Vorsitzenden Herrn Wirklichen Geheimen Oberbaurat Professor Dr.-
Ing. R u d l o f f und der fachmännischen Beisitzer Herrn Generaldirektor N a -

watzki, Bremen; Herrn Direktor Professor Pagel, Berlin; Herrn Geh. Oberbaurat Rich. Müller, Berlin, fest. Alle gewählten Herren nehmen die Wahl an.

Punkt 5. Als Rechnungsprüfer werden die Herren Professor Krainer und Baurat Schulthes einstimmig wiedergewählt. Als Ersatzmann wählt die Versammlung Herrn Marine-Oberbaurat Schulz.

Punkt 6. Auf Grund von § 8 der Satzung werden als Vertreter der Gesellschaft im Sinne des § 26 des BGB. die Herren Geheimer Regierungsrat Professor Dr.-Ing. Busley und Direktor Professor Pagel, sowie als ihre Stellvertreter Herr Wirklicher Geheimer Oberbaurat Professor Dr.-Ing. Rudloff und Herr Geheimer Oberbaurat Rich. Müller gewählt.

Punkt 7. Der Antrag des Vorstandes auf Erhöhung des Eintrittsgeldes auf 40 Mk. des Jahresbeitrages auf 60 Mk. und des lebenslänglichen Beitrages auf 1000 Mk. wird nach einer Begründung durch den Vorsitzenden von der Versammlung einstimmig genehmigt.

Punkt 8. Die Umwandlung der bisherigen Kriegsspende in eine Hilfskasse und die hierfür seitens des Vorstandes vorgelegte Satzung wird ebenfalls von der Gesellschaft angenommen.

Punkt 9. Der Vorstand macht den von Herrn Baurat Schulthes im Namen des Neuner-Ausschusses gestellten Antrag zu seinem eigenen. Nach kurzer Erörterung, an der sich die Herren Oberbaurat Dr. Betzhold, Geheimrat Rudloff, Dr.-Ing. Förster und Dr. Bauer beteiligen, werden die neuen Paragraphen der Satzung in der vom Vorstande vorgelegten Fassung genehmigt.

In den Fachausschuß werden folgende Herren gewählt:

1. Dr. Bauer, Vorsitzender.
2. Geheimrat Müller, stellvertretender Vorsitzender.
3. Oberingenieur Süchting als Schiffbauer.
4. Direktor Regenbogen als Maschinenbauer. (Sollte dieser verhindert sein, die Wahl anzunehmen, so tritt an seine Stelle Oberingenieur Alt.)
5. Oberingenieur Lorenz als Elektro-Ingenieur.
6. Professor Laas von der techn. Hochschule Berlin, als Schiffbau-Vortragender.
7. Professor Foettinger von der technischen Hochschule Danzig als Schiffsmaschinenbau-Vortragender.
8. Professor Dieckhoff als Angehöriger einer deutschen Reederei.

Punkt 10. Außer dem von Herrn Birger Hammar, Stockholm, für ein Preisausschreiben ausgesetzten Betrag von 15000 Mark (siehe Seite 72 und 73) ist noch eine Summe von 60000 Mark von Herrn Direktor Falk der Schiffshilfsmaschinenbau A.-G. Düsseldorf gestiftet. Die Versammlung nimmt hiervon Kenntnis und spricht den beiden gütigen Gebern ihren verbindlichsten Dank aus, worauf die beiden folgenden Preisausschreiben einstimmig genehmigt wurden.

Charlottenburg, den 18. November 1921.

v. g. u.

Die gesetzlichen Vertreter:

Carl Busley.   Carl Pagel.

VI. Preisausschreiben.

Die beiden in der vorstehenden Niederschrift erwähnten Preisausschreiben haben folgenden Inhalt:

Erstes Preisausschreiben.

Nachdem von unserem Mitgliede Herrn Birger Hammar ein Preis von M. 15000.— für die Veranstaltung eines Wettbewerbes um die zwei besten Lösungen einer im Arbeitsgebiet der Gesellschaft liegenden, praktisch technischen Aufgabe des Schiffsbaues und Schiffsmaschinenbaues gestiftet worden ist, schreibt die Schiffbautechnische Gesellschaft hierdurch diesen Wettbewerb unter den nachstehend bezeichneten Grundlagen und Bedingungen aus.

Die Preisaufgabe ist vom Stifter in Gemeinschaft mit dessen Sachverständigen formuliert worden wie folgt und bedingt die gemeinsame Bearbeitung durch einen Schiffbauer und einen Schiffmaschinenbauer.

Aufgabe.

Es ist das unter den voraussehbaren Umständen des Seeverkehrs zweckmäßigste Schiff für den Fracht- und Passagier-Verkehr zwischen Deutschland und Nordamerika zu projektieren, und zwar für drei Passagierklassen in Kammern, mit der Möglichkeit, eine vierte Klasse in offenen Blocks in oberen Laderaumdecks mitzuführen.

Projektumfang.

1. Allgemeines: Die Aufgabe ist zwar als ein Einzelprojekt gedacht, jedoch als Ergebnis vergleichender Studien, so daß die von den Verfassern ausgesprochenen Überzeugungen ausführlich durch Gegenüberstellungen bzw. auch durch kurvenartige Darstellungen begründet werden können. Dies gilt im besonderen Maße von den Fragen der Geschwindigkeit und des Antriebs. Weiter sind zu behandeln:

die zweckmäßigste Größe,
die Schiffform,
der wirtschaftlichste konstruktive Aufbau,
die Raumgestaltung,
das Lade- und Lösch-Geschirr und
die Sicherheitsfragen einschl. Stabilität, Schotten und Rettungseinrichtungen.

2. Arbeitsteilung:

Der Schiffbauer: Schiffgröße, Form und Konstruktion. Grundlagen der Raumanordnung, Deckeinrichtungen und alle weiteren schiffbaulichen Fragen.

Gemeinsam: Grundlagen der Geschwindigkeits- und Antriebsfrage einschließlich des Raumbedarfes und der Anordnung der maschinellen Anlagen, sowie der Unterbringung des Brennstoffes. Bearbeitung des zusammenfassenden Teiles der Preisarbeit.

Der Maschinenbauer: Vergleichendes Studium der verschiedenen Antriebsarten und ihrer konstruktiven und wirtschaftlichen Folgen für Raum- und Gewichtsbedarf des Antriebs. Hilfsmaschinen für die Antriebsanlage und den Schiffsbetrieb.

3. Einzureichendes Material:

a) Schiffseinrichtungszeichnungen und Längsschnitt 1:200 mit der allgemeinen Disposition der Einrichtungen, soweit die Nachprüfung der Gewichtsrechnungen dies erfordert. Hauptspant bzw. Innendetails Maßstab 1:50.

b) Maschinenzeichnungen: Zusammenstellungszeichnungen ohne Details der Maschinen-Elemente im Maßstab 1:25. Ein Generalplan der Raumanordnung 1:50.

c) Aufmachung der Zeichnungen: Bleistiftzeichnungen oder Papierpausen, welche hinreichen, um danach in einer Reproduktionsanstalt Umzeichnungen machen zu können. Reinzeichnungen mit künstlerischen Beschriftungen sind unnötig.

d) Text auf Foliobogen, einseitig maschinengeschrieben, und zwar Original mit zwei Durchschlägen. Auf gleichem Format bzw. eingefaltet etwaige Berechnungstabellen, Vergleichstabellen und Diagramme. Dem Text ist eine Zusammenfassung, welche alle Fragen und deren Lösung kurz kennzeichnet, voranzustellen.

e) Die Herstellung der Unterlagen hat, auch soweit die Berechnungen und die Zeichnungen betroffen werden, absolut selbständig zu erfolgen und nicht unter Heranziehung weiteren Hilfspersonals.

f) Einsendung der Lösungen unter Kennwort, denen im verschlossenen Briefumschlage die Namen und Anschriften der Bewerber beigefügt sind. Die Sendung erfolgt an den Unterzeichneten des Preisgerichts.

Einreichungsfrist.

Die Einsendungen zu diesem Wettbewerb haben bis zum 1. Juni 1922 zu erfolgen. Das Urteil wird vor dem 1. September 1922 bekanntgegeben.

Preisverteilung.

Für jeden der beiden Bearbeiter der als beste beurteilten Lösung sind **5000 M.—** bestimmt.

Für jeden der beiden Bearbeiter der zweitbesten Lösung sind **2500 M.—** bestimmt.

Verfasserrechte und -pflichten.

Der beste Entwurf geht insoweit in den Besitz der Schiffbautechnischen Gesellschaft über, als er zum Gegenstand eines Vortrages in der Schiffbau-

technischen Gesellschaft im November 1922 gemacht werden muß und im
Jahrbuch der Schiffbautechnischen Gesellschaft veröffentlicht wird. Alle weiteren Rechte bleiben den Bearbeitern vorbehalten. Das

Preisrichterkollegium

besteht aus

Herrn Geheimen Regierungsrat Professor Dr.-Ing. C. B u s l e y , Berlin,
     als Obmann,
Herrn Direktor Dr. phil. G. B a u e r , Vulcan-Werke, Hamburg,
Herrn Dr.-Ing. E. F o e r s t e r , Hamburg,
Herrn Oberingenieur G. S ü t t e r l i n , Blohm & Voss, Hamburg,
Herrn Direktor M. T r a d t , Germania-Werft, Kiel.

Die Verteilung beider Preise findet auf jeden Fall statt, wenn zwei Lösungen
eingehen. Sollten nur eine oder gar keine Lösungen eingehen, so ist die Schiffbautechnische Gesellschaft zur Stellung eines neuen Preisausschreibens vom
Stifter ermächtigt.

Berlin, 18. November 1921.   B u s l e y , Vorsitzender.

Zweites Preisausschreiben.

Von der „HAFA“-Schiffshilfsmaschinenfabrik in Düsseldorf ist der Schiffbautechnischen Gesellschaft ein Preis M. 60 000.— für die Veranstaltung eines
Wettbewerbs um die beste konstruktive Lösung eines Verbrennungsmotors zum
Antrieb einer 3 t-Ladewinde gestiftet worden. — Die Preisaufgabe ist vom Stifter
unter Heranziehung von Sachverständigen formuliert worden, wie nachsteht:

Aufgabe.

Es ist die Konstruktion eines Winden-Motors zu schaffen, welcher als Antriebsorgan einer Schiffsladewinde mit doppelter Übersetzung von 3 t Maximalleistung bei der üblichen Lastgeschwindigkeit geeignet ist und den in diesem
besonderen Betriebe gestellten Anforderungen gut entspricht.

Begründung der Aufgabe.

Die bisherigen Mängel der Ladewinden-Antriebsmotore liegen vor allem
darin, daß einmal der Leerlauf des Motors, der durch den Ladebetrieb bedingt
wird, nicht sicher und wirtschaftlich genug ist, und daß ferner nach einer gewissen Leerlaufzeit der plötzliche Übergang bei voller Belastung nicht einwandfrei
durchgeführt werden kann. Diese, für den Ladebetrieb besonders wichtigen
Anforderungen sollen durch geeignete Konstruktionen oder Maßnahmen in erster
Linie erfüllt werden.

Einlieferung.

Der Antriebsmotor wird unter offener Bekanntgabe des Absenders an die
Schiffshilfsmaschinenfabrik „HAFA“ in Düsseldorf eingesandt, welche als
Spezialfabrik für Windenbau eine 3 t-Schiffswinde mit doppelter Übersetzung
in mehreren gleichen Exemplaren herstellt und an die eingelieferten Motoren

anschließt. Vertreter der Wettbewerber haben das Recht, Einfluß auf die Montage zu nehmen und den Prüfungen anzuwohnen.

Die Einlieferungen haben bis zum 1. Juli 1922 zu erfolgen.

Prüfung.

Die Prüfung erfolgt auf dem Prüfstande des Stifters in Düsseldorf, wozu das Preisgericht vom Stifter, ohne Kosten für die Preisrichter, geladen wird. Die Prüfung erstreckt sich auf:

1. **Bauart.**

Bewertung hinsichtlich Einfachheit, Zweckmäßigkeit, Reparaturmöglichkeit, Kühlwasser- und Ölversorgung, Erschütterungen beim Betriebe, Schutz gegen Witterungseinflüsse.

2. **Brennstoffe.**

Der Brennstoff soll einen Flammpunkt nicht unter 50° C haben, muß handelsübliche Ware und überall in ähnlicher Beschaffenheit zu haben sein. Die Erprobung der Motoren mit gleichem Arbeitsverfahren erfolgt mit dem gleichen Brennstoff, der vom Preisrichterkollegium nach obiger Bedingung ausgesucht wird. Brennstoffverbrauch und Schmierölverbrauch werden bei der Erprobung vergleichsweise festgestellt.

3. **Betriebs-Erprobung.**

Diese umfaßt:

a) Zeit für das Klarmachen;

b) Bedienung der Winde durch ungeübtes Personal nach dem Klarmachen des Motors;

c) die Antriebsmotoren müssen wiederholt (mindestens dreimal) einen Leerlauf von 10 Minuten Dauer machen und werden dann auf Vollast (3 t-Last, gemessen im Windenläufer), gebracht. Dabei wird die Hubgeschwindigkeit festgestellt;

d) Verhalten bei Überlast (Hinterhaken usw.);

e) Verhalten beim Aussetzen des Motors mit schwebender Last (3 t);

f) Dauerbetrieb von 4 Stunden mit Heben und Senken um je 5 m mit 1 t Last, entsprechend den Verhältnissen beim Laden und Löschen, wobei Feststellung des Brennstoff- und Schmierölverbrauchs;

g) nach dem Dauerbetrieb innere Besichtigung des Motors.

Über Durchführung und Folge der Versuche beschließt das Preisrichterkollegium selbständig.

Das Preisrichterkollegium erteilt durch den Obmann Auskunft an Bewerber und gibt gewünschte Erklärungen über das Prüfungsprogramm.

Das Urteil wird vor dem 1. Oktober 1922 bekannt gegeben.

Preisverteilung.

Für die beste Lösung ist ein Preis von . . . . . . M. 30 000.—,
für die zweitbeste ein Preis von . . . . M. 20 000.—,
für die drittbeste ein solcher von . . . . M. 10 000.—

bestimmt. Liegen weniger als drei Bewerbungen vor, so können die Preise zusammengelegt werden. Die ganze Summe muß aber, auch wenn nur ein Bewerber einsendet, voll ausbezahlt werden, sofern das Preisgericht in der eingelieferten Konstruktion einen befriedigenden Fortschritt sieht und nicht zu einer Neuausschreibung schreiten will.

Pflichten und Rechte der Wettbewerber.

Der Träger des 1. Preises ist verpflichtet, über seine Motor-Konstruktion, unter Darlegung der Entwicklungen dieser Frage, einen Vortrag vor der Schiffbautechnischen Gesellschaft zu halten, der im Jahrbuch der Schiffbautechnischen Gesellschaft veröffentlicht wird. Das Preisausschreiben ist nicht auf Mitglieder der Schiffbautechnischen Gesellschaft beschränkt. Auch können Firmen als Preisbewerber auftreten. Dem Wettbewerber verbleiben uneingeschränkt alle Rechte aus dieser Konstruktion vorbehalten, und der Preisstifter verpflichtet sich nur, den mit dem 1. Preise ausgezeichneten Motor anzukaufen, sofern der Wettbewerber dies wünscht.

Das Preisrichter-Kollegium besteht aus:

Herrn Geheimen Regierungsrat Professor Dr.-Ing. C. Busley, Berlin, als Obmann,

Herrn Dr.-Ing. E. Foerster, Hamburg,

Herrn Marine-Oberingenieur a. D. M. Gerhards, Kiel,

Herrn Direktor Wippern, Norddeutscher Lloyd, Bremen,

Herrn Oberingenieur P. Müller, Hamb.-Südamer. Dampfsch.-Ges., Hamburg,

Herrn Ingenieur H. Rutschmann, Vulcan-Werke, Hamburg,

Herrn Kapitän Simonsen, Vorstand d. Verbands Deutscher Seeschiffervereine, Hamburg.

Berlin, den 18. November 1921.   Busley, Vorsitzender.

VII. Unsere Toten.

Nicht von allen von uns geschiedenen Mitgliedern konnten wir die für einen Nachruf nötigen Angaben erhalten, so daß wir uns auf die folgenden beschränken mußten:

Bonhage, Konrad, Marine-Baurat a. D., Bonn.

Caspary, Gustav, Ingenieur, Marienfelde bei Berlin.

Claas, Gustav, Ingenieur, Kiel.

Cassirer, Hugo, Dr. phil., Chemiker und Fabrikbesitzer, Berlin.

Dallmer, Paul, Direktor, Berlin.

Dürr, Ludwig, Zivilingenieur, Icking bei München.

Eichhoff, Franz, Professor, Berlin.

Hahn, Carl, Ingenieur, Bremen.

van Helden, Hendrik, Direktor, Rotterdam.

Herbrecht, Carl, Direktor, Duisburg.

Heyck, Theodor, Marinestabs-Ingenieur a. D., Berlin-Lichterfelde.

Kenter, Max, Marine-Oberbaurat, Kiel.

Kloetzer, Hans, Direktor, Spremberg.

Krause, Max Arthur, Fabrikant, Berlin.

Lass, Fritz, Ingenieur, Hamburg.

Mehlhorn, Alfred, Zivilingenieur, Hamburg.

Reinhold, Carl, Ingenieur, Berlin-Reinickendorf.

Rieck, Rudolf, Ingenieur, Hamburg.

Riehn, W., Dr.-Ing., Geh. Regierungsrat und Professor, Hannover.

Rump, Ernst, Kaufmann, Hamburg.

Schunke, Hugo, Geh. Regierungsrat, Weimar.

Stolz, Emil, Schiffbau-Direktor, Lübeck.

Terwiel, Johannes, Schiffbau-Direktor, Stettin.

Uthemann, Friedrich, Wirkl. Geh. Marine-Baurat, Kiel.

Volckens, Wilhelm, Geh. Kommerzienrat, Hamburg.

Wingen, Hermann, Direktor, Berlin.

Wolff, Ferdinand, Fabrikdirektor, Mannheim-Neckarau.

KONRAD BONHAGE

wurde am 31. Mai 1860 in Grassau, einem kleinen Dorfe im Kreise Stendal, als Sohn des dortigen evangelischen Predigers geboren. Nach anfänglichem Besuche der Dorfschule, deren Lehrtätigkeit durch Privatunterricht seines Vaters unterstützt und ergänzt wurde, sowie weiterhin der Dorfschule in Barneberg, Kreis Neuhaldensleben, wohin sein Vater 1870 versetzt wurde, kam Konrad Bonhage Ostern 1871 auf das Gymnasium zu Quedlinburg, und zwar in der ausgesprochenen Absicht, späterhin sich dem väterlichen Berufe zuzuwenden. Aber bald brach seine Neigung zum Ingenieurfache durch. Ostern 1877 kehrte er ins Vaterhaus zurück, um die infolge der rein humanistischen Lehrweise des Quedlinburger Gymnasiums entstandenen Lücken in Mathematik und neueren Sprachen ausfüllen zu können, und im Herbste desselben Jahres bezog er die „Reorganisierte Gewerbeschule" in Potsdam, die er im Oktober 1880 nach bestandener Reifeprüfung verließ.

Schon damals brachte Konrad Bonhage der aufstrebenden deutschen Marine lebhaftes Interesse entgegen. Um in ihr seiner Dienstpflicht genügen zu können, arbeitete er nun zunächst ein Jahr lang praktisch als Volontär in der Maschinenfabrik der Vereinigten Hamburg-Magdeburger Dampfschiffahrts-Kompagnie in Buckau bei Magdeburg und trat dann am 1. Oktober 1881 als einjährig-freiwilliger Maschinistenapplikant bei der I. Werftdivision in Kiel ein. Um an einer Reise nach dem Mittelmeer teilnehmen zu können, kapitulierte er im Juli 1882 und wurde darauf als diensttuender Maschinistenmaat auf das Kanonenboot „Cyklop" kommandiert, das im August desselben Jahres nach dem Mittelmeere in See ging. Nach zweimaligem Kommandowechsel, der ihn auf S. M. S. „Gneisenau" und S. M. S. „Nymphe" führte, ging es im August 1883 mit letztgenanntem Schiffe in die Heimat zurück.

Im Oktober 1883 auf der Technischen Hochschule zu Berlin als Studierender des Maschinenbaufachs immatrikuliert, bestand Bonhage im Herbst 1886 den ersten Teil der Diplomprüfung und im Februar 1888 das zweite Examen im Schiffsmaschinenbaufache, worauf er nach Erledigung einer militärischen Qualifikationsübung am 13. Juli 1888 als Maschinenbau-Ingenieur-Aspirant bei der Kaiserlichen Werft in Wilhelmshaven eingestellt wurde.

Aber bald machte ihm die damals in Wilhelmshaven herrschende Malaria zu schaffen. Da sein Gesundheitszustand immer wieder darunter litt, wurde er, inzwischen zum Marinebauführer ernannt, auf seine Bitte mit dem 1. Mai 1890 zur Kaiserlichen Werft Kiel versetzt. Nach bestandener Baumeisterprüfung vom 1. Oktober 1891 ab Marine-Maschinenbaumeister, erhielt er im Herbst 1895 ein Kommando als Baubeaufsichtigender zur A.-G. Weser nach Bremen, um dann im August 1900 zur Kaiserlichen Werft Danzig versetzt zu werden.

Schon nach Jahresfrist etwa führte ihn sein Lebensweg nach Wilhelmshaven zurück, wo er Ende Dezember 1902 den Charakter als Marinebaurat erhielt. Erneute Erkrankung, die diesmal sein Nervensystem stark in Mitleidenschaft zog, brachte ihn aber bereits im April 1903 wiederum nach Kiel, wo er die Baubeaufsichtigung bei der Friedr. Krupp A.-G. Germaniawerft übernahm und nebenamtlich an der Marineschule als Lehrer für Maschinenbau tätig war. Ende November 1904 durch Verleihung des Roten Adlerordens IV. Klasse ausgezeichnet und im Mai 1907 zum etatsmäßigen Marinebaurat ernannt, wurde er vom 3. April 1909 ab als Abnahmebeamter im rheinisch-westfälischen Industriegebiet beschäftigt, wo er der Maschinenbauabteilung des Marine-Abnahmeamts bis zum 1. April 1914 vorstand. Zu diesem Zeitpunkte erfolgte seine Rückkommandierung zur Kaiserlichen Werft·Wilhelmshaven.

Die schlechten Erfahrungen, die er in früheren Jahren hinsichtlich der klimatischen Verhältnisse Wilhelmshavens gemacht hatte, veranlaßten ihn nach abermaliger Erkrankung sein Abschiedsgesuch einzureichen, das er aber nach Kriegsausbruch in dankenswertem Pflichtgefühl zurückzog. Er übernahm die neu geschaffene Baubeaufsichtigung an der Unterweser und versah zugleich die in Bremerhaven stationierte Zweigstelle der Schiffsbesichtigungskommission, Stellungen, denen er trotz recht unbefriedigenden Gesundheitszustandes mit großem Eifer mehr als 3 Jahre hindurch vollauf gerecht wurde. Im Januar 1918 zwangen ihn seine Nerven jedoch wiederum zur Krankmeldung, der er im Juni desselben Jahres sein Abschiedsgesuch folgen ließ. Die damals sehr großen Personalschwierigkeiten in der Marine, die dann einsetzenden Revolutionswirren verzögerten dessen Genehmigung, und als sie endlich am 18. Februar 1919 ausgesprochen wurde, konnte die dem Ausscheidenden zugedachte Verleihung des Charakters als Marineoberbaurat nicht mehr erfolgen, weil die rote Flut inzwischen die Möglichkeit der Verleihung von Titeln an Beamte hinweggespült hatte.

Es war Konrad Bonhage nicht vergönnt, längere Zeit das wohlverdiente otium cum dignitate zu genießen; schon am 25. Februar 1921 raffte ihn der Tod hinweg. Mit ihm schied ein allezeit pflichttreuer, seinem Berufe mit voller Hingebung dienender Beamter aus dem Leben. Still und zurückhaltend, fast wortkarg in seinem Wesen, war es ihm zwar nicht gegeben, für die rasch sich entwickelnde Marine in leitender Stellung Großes zu leisten. Aber der Rahmen seiner Tätigkeit war, insbesondere bei den drei Baubeaufsichtigungen, an deren Spitze er gestanden, sowie beim Marine-Abnahmeamte in Düsseldorf, doch weit genug gespannt, um ihm Befriedigung in seinem Berufe gewähren zu können. Ein stets entgegenkommender, ernst strebender Mann wird er allen in Erinnerung bleiben, die ihn kannten und schätzten.

GUSTAV CASPARY

wurde am 20. Dezember 1873 zu Hagen i. W. als Sohn des Gründers der Firma, des Fabrikbesitzers Fritz Caspary geboren. Seine Schulausbildung erhielt er auf der Friedrich-Werderschen Oberrealschule in Berlin, nach deren Absolvierung er sich in den Jahren 1894—97 dem Studium der Architektur auf der Technischen Hochschule zu Berlin-Charlottenburg widmete. Nach Beendigung des Studiums entschloß er sich zum Eintritt in das väterliche Geschäft, in dem er ununterbrochen bis zu seinem Tode tätig war, und das er als Inhaber mit seinem Bruder Emil seit dem Jahre 1910 leitete.

Seiner intensiven Tätigkeit und Schaffenskraft ist es in erster Linie zu danken, daß die jetzige Firma sich aus den ersten Anfängen im Jahre 1888 zu einer führenden Stellung auf dem Spezialgebiete der Inneneinrichtung von Handelsschiffen und Kriegsfahrzeugen entwickelte. Die Firma beschäftigte zur Zeit seines Todes mehr als 300 Angestellte und Arbeiter.

Fritz Caspary erfüllte als Einjährig-Freiwilliger im Eisenbahn-Regiment Nr. 2 im Jahre 1894 seine militärische Dienstpflicht und nahm von August 1914 bis Juli 1916 als Hauptmann d. R. am Kriege teil. Vom Juli 1916 bis zum Kriegsende hatte er die Leitung der Firma Fritz Caspary, bei der er sich besonders an dem Ausbau der in dieser Zeit entstandenen Kriegsfahrzeuge durch Lieferung der Inneneinrichtung betätigte. Nach dem Kriege wurde ihm der Charakter eines Majors verliehen. Die Ursache seines allzu frühen Ablebens ist ein Unglücksfall im Kraftwagen auf der Strecke Hamburg-Berlin, welcher sich am 16. Juni d. J. ereignete. Viele Freunde und Fachgenossen beklagten das jähe Ende dieses erfolgreichen und tüchtigen Mannes.

GUSTAV CLASS

wurde am 19. September 1874 in Mölln in Lauenburg als Sohn des Rechnungsrates Robert Class geboren. Nach der Übersiedlung seiner Eltern nach Kiel, besuchte er das dortige Gymnasium und arbeitete dann drei Jahre praktisch in den verschiedenen Werkstätten der Kaiserlichen Werft. Hierauf war er nacheinander in den Zeichenbüros von Blohm & Voß in Hamburg, von Vulkan in Stettin, von der Kaiserlichen Werft in Kiel und seit dem 1. Januar 1903 bei den Howaldt-Werken in Kiel tätig. Die letztere beurlaubte ihn zum Besuch der höheren Schiff- und Maschinenbauschule in Kiel, nach deren Absolvierung er wieder zu den Howaldt-Werken zurückkehrte und dort dauernd blieb.

Anfang Juni 1920 trat er einen Erholungsurlaub nach dem Dorfe Hütten bei Eckernförde an, wo er an einem bösartigen Magengeschwür erkrankte, das eine sofortige Operation nötig machte. An den Folgen der Operation erlag er am 15. Juni einem Herzschlag.

HUGO CASSIRER

der am 9. Juli, wenig über 50 Jahre alt, einem schweren Herzleiden erlag, war ein Führer der deutschen Elektrotechnik, insbesondere aber der Draht- und Kabelindustrie. Er war am 5. Dezember 1869 zu Breslau geboren, studierte in Berlin Chemie, trat im Jahre 1892 in die Kabelfabrik seines Onkels Otto Bondy in Wien ein mit der speziellen Aufgabe, die chemische Zusammensetzung der Isoliermassen von Hochspannungskabeln ausfindig zu machen. Die Tätigkeit in dieser Fabrik führte ihn aber sehr bald von der spezifisch chemischen Beschäftigung ab, und er widmete sich eingehend der Kabelfabrikation. Da in der Fabrik von Bondy eine eigene Gummifabrik nicht bestand, ging Cassirer nach England und arbeitete als Volontär bei Johnson & Philipps, um auch in der Gummiverarbeitung eingehende Kenntnisse zu erwerben. Im Jahre 1896 nach Berlin zurückgekehrt, gründete er unter der Firma Dr. Cassirer & Co.

eine Kabel- und Gummifabrik, zunächst in gemieteten Räumen in der Schön-
hauser Allee. Die Firma begann in bescheidenem Rahmen zunächst lediglich
mit der Fabrikation von isolierten Leitungen, wobei aber von vornherein ein
eigenes Gummiwerk eingerichtet wurde. Im Jahre 1898 wurde das inzwischen
ständig sich erweiternde Unternehmen nach dem Grundstück in Charlottenburg,
Keplerstraße, verlegt, wo es sich jetzt noch befindet. Gleichzeitig wurde
auch die Fabrikation von Starkstrom- und Fernsprechkabeln aufgenommen.
Zu Ende des Jahres 1919 wurde die Firma in eine Aktiengesellschaft umgewandelt.

Aus kleinen Anfängen hat Dr. Hugo Cassirer es verstanden, sein Unternehmen zu einem der angesehensten Werke der Draht- und Kabelindustrie
emporzuführen. Er war einer der seltenen Männer, die ausgezeichnetes technisches
Wissen und Können mit wirtschaftlichem Weitblick und kaufmännischer Klug-
heit verbanden. In den kleinsten Einzelheiten der fabrikatorischen Praxis war
er ebenso bewandert wie in der großzügigen Behandlung wirtschaftlicher Fragen.
Während des Krieges stellte er sein Unternehmen in den Dienst der Landes-
verteidigung, und neben denjenigen Fabrikaten, die dem eigentlichen Arbeitsgebiet der Firma entsprachen, gingen aus seinen Werkstätten große Mengen
von Kriegsmaterial anderer Art hervor.

Eine besonders fruchtbare Tätigkeit entfaltete Cassirer in der Draht- und
Kabelkommission des Vereins Deutscher Elektrotechniker. An der Fortent-
wicklung und Durchführung der Normalien für isolierte Leitungen und an
der Konstruktion der vielfachen durch die Kriegsverhältnisse notwendig gewordenen Ersatzleitungen sowie der Übergangsbestimmungen war er führend
beteiligt.

Als ein Mann von ungewöhnlicher Tatkraft und ausgeprägtem Temperament,
reich an Wissen und klug im Urteil, liebenswürdig im Wesen und anregend im
Verkehr, so wird Dr. Hugo Cassirer in der Erinnerung der vielen engeren und
weiteren Fachgenossen fortleben, deren größte Wertschätzung auch als Mensch
sich der Verstorbene in langjähriger gemeinsamer Arbeit in Wirtschaft und
Technik erworben hat.

Die Howaldt-Werke haben ihm einen Nachruf als einem pflichttreuen
und strebsamen Beamten gewidmet, dessen Andenken sie in Ehren halten
werden.

PAUL DALLMER

wurde am 10. Februar 1873 in Swinemünde als Sohn des Kgl. Rentmeisters
Dallmer geboren. Nach dem Besuch des Peter-Gröning-Gymnasiums zu Star-
gard i. Pommern machte er seine kaufmännische Lehrzeit im Bankhaus von
Wm. Schlutow in Stettin durch. Hierauf trat er bei der Firma Stoewer in Stettin
ein und nahm später eine Stellung bei der Filiale Berlin der Bismarckhütte A.-G.
an. In den letzten 13 Jahren war er Direktor der Verkaufsorganisation der
Krefelder Stahlwerke A.-G. Filiale Berlin. Am 21. Mai d. J. erlag er einem
Magenleiden, welches ihn schon lange Zeit gequält hatte.

LUDWIG DÜRR

wurde am 28. Februar 1863 als Sohn des Oberzoll-Inspektors Dürr zu Lindau am Bodensee geboren. Beabsichtigend, sich dem Kaufmannsberuf zu widmen, trat er nach Absolvierung der Realschule seiner Vaterstadt als Lehrling bei der Jutespinnerei in Meißen in die Lehre, ging von dort nach Elberfeld, ebenfalls noch in der Textilbranche tätig, dann aber nach Düsseldorf, wo er in die Ratinger Röhrenkesselfabrik seines Bruders eintrat und sich hier der Techik zuwandte. Von Selbständigkeitsdrang erfüllt, gründete er im Jahre 1889 in Bremen ein Ingenieurbüro und erzielte als Vertreter der Firma Gebr. Koerting, Hannover, auf der Gewerbeausstellung, welche im darauffolgenden Jahre in Bremen stattfand, große Erfolge. Im folgenden Jahre begann er die ersten Versuche in der Verwertung von Schwerölen zu Beleuchtungszwecken mit freibrennender Flamme. In erster Linie handelte es sich hierbei um die Schaffung von tragbaren Apparaten zur Verwendung beim Bau von Straßen, Eisenbahnen, Kanälen usw., sowie von Apparaten für militärische Zwecke, die zuerst in größerem Maßstabe während des Herero-Aufstandes in Südwest-Afrika verwandt wurden, später aber auch bei außerdeutschen Staaten, wie namentlich in der russischen Armee Anklang fanden. Das „Dürr-Licht" wurde in kurzer Aufeinanderfolge von den Eisenbahn-Verwaltungen Württembergs und Badens als Streckenbeleuchtung eingeführt; für militärische Zwecke fand es namentlich in der russischen Armee Anklang; aber auch als Küstenbeleuchtung ist das „Dürr-Licht" vielfach zur Anwendung gekommen, besonders in Norwegen.

Die Beziehungen zu Rußland führten Dürr mehrfach nach dem Kaukasus, zumal das im Dürr-Licht verdampfende Öl vorzugsweise den Ölquellen Bakus entstammte. Hier beteiligte sich Dürr an der Gründung einer Waggonfabrik zum Bau von Öl-Transportwagen und gründete nach seiner im Jahre 1905 erfolgten Übersiedlung nach Bayern die Kaukasische Bohrgesellschaft München. Die Russische Revolution im Jahre 1906 bereitete den Kaukasischen Unternehmungen ein Ende, und Dürr wandte sich wieder heimischen Werken zu. Zwei der größten deutschen Werke der Maschinen- und Eisenindustrie übertrugen Dürr ihre Vertretung für Süddeutschland; aber diese Tätigkeit allein genügte dem rastlos vorwärts Strebenden nicht. Als er die Umgegend Münchens zunächst zum Zwecke eigener Niederlassung 1907 einer genaueren Besichtigung unterzog, erkannte er in dem etwa dreiviertel Stunden Bahnfahrt oberhalb Münchens im Isarthal gelegenen kleinen Orte Icking einen Platz, der nach Lage und Beschaffenheit alle Bedingungen für die Entwicklung einer Kolonie besaß. Sofort ging er daran, diesen Gedanken zu verwirklichen, indem er die schönsten Komplexe erwarb und parzellierte, obgleich nicht geringe Schwierigkeiten bezüglich des Baues von Straßen, der Wasser- und Lichtzuführung zu überwinden waren. Ein Dutzend schmucker Landhäuser war bereits entstanden, als der Krieg die Bautätigkeit jäh unterbrach. Nachdem die letzten Bauten so gut es ging, abgewickelt waren, stellte sich der 50jährige zum Militärdienst und machte den Feldzug in Frankreich und Galizien als Führer einer Sanitätskolonne mit, bis die Strapazen ihn zum Austausch des Felddienstes mit dem Heimatdienst zwangen. Nach dem Kriege nahm er die alte Bautätigkeit wieder auf, aber er sollte sich derselben nicht mehr lange erfreuen; das gleiche Leiden, das vor Jahren seinen Ratinger Bruder hinweggerafft hatte, setzte auch seinem Leben ein frühes Ziel.

Gehörte er auch beruflich nicht zu den eigentlichen Ingenieuren, so steht Ludwig Dürr doch in der Reihe derjenigen unserer Mitglieder, die ein erfolgreiches, technisches Streben und Unternehmungsgeist gezeigt haben. Erfüllt von einem gesunden Optimismus, ohne den nichts geschaffen werden kann, mit klarem Blick die Möglichkeiten erkennend, kühn und großzügig im Zugreifen, unbeirrt durch Fehlschläge das Ziel verfolgend, zeigt dies Leben, das er als zwölftes Kind eines unvermögenden Beamten begann, was die Persönlichkeit schaffen kann. So paßt auch auf ihn, der siebzehn Jahre lang Hanseatischen Geist atmete und in dieser Zeit seine größten Erfolge erzielte, als würdiger Nachruf das stolze Wort des Hanseaten: Alles was wir sind, das sind wir durch uns selbst.

FRANZ EICHHOFF

ist am 1. April 1859 als Sohn des damaligen Oberingenieurs, späteren technischen Direktors der Firma Friedrich Krupp, Richard Eichhoff, in Essen a. Ruhr geboren. Er absolvierte dort das Realgymnasium und arbeitete darauf ein Jahr praktisch auf den Kruppschen Gruben in Hüllen. Alsdann besuchte er die Technische Hochschule in Stuttgart und die Bergakademie in Berlin. Nach Abschluß seines Studiums war er zunächst drei Jahre in England und drei Jahre in Amerika als Ingenieur tätig, später als Leiter von Stahl und Walzwerken.

1888 wurde er Betriebsdirektor beim Phönix in Eschweiler-Aue, 1893 Direktor der Werke von Grillo-Funke in Schalke und gleichzeitig Vorsitzender der Technischen Kommission des Verbandes der Grobblechwalzwerke. Seit 1904 beschäftigte er sich mit der Ausarbeitung des Elektrostahlverfahrens und trat 1905 als Direktor bei der Elektrostahl G. m. b. H. in Remscheid-Hasten ein, die als eine der ersten Firmen die Erzeugung von Elektrostahl in der Praxis durchführte. Im Jahre 1906 erhielt er die Berufung als ordentlicher Professor an die Kgl. Bergakademie in Berlin und wurde 1908 Mitglied der Technischen Deputation für Gewerbe im Preußischen Handelsministerium und Vorstandsmitglied der Deutschen Dampfkessel-Normen-Kommission. Im Jahre 1914/15 leitete er ehrenamtlich im Interesse der Kriegsführung die Roheisenverteilungsstelle für Deutschland bei der Geschoßfabrik in Spandau.

Beim Übertritt der Bergakademie zur Technischen Hochschule in Charlottenburg wurde er im Jahre 1916 in das Preußische Ministerium für Handel und Gewerbe übernommen. 1917 bis 1918 betätigte er sich ebenfalls ehrenamtlich als Vorsitzender der Niederlegungskommission beim Reichsentschädigungsamt in Brüssel und wurde für seine kriegsamtliche Tätigkeit, sowohl in Spandau wie in Brüssel mit dem Eisernen Kreuz II. Klasse am weiß-schwarzen Bande ausgezeichnet.

Am 1. Juni 1921 erlag er einem Gehirnschlag in dem Augenblick, als er sich in später Abendstunde nach einem Tage voll Arbeit vom Schreibtisch erhoben hatte, ohne vorher irgend wie krank gewesen zu sein. Neben seiner amtlichen Beschäftigung hat er eine reiche Tätigkeit als Gutachter in Patentangelegenheiten entfaltet, wobei er sich in den weitesten Kreisen der deutschen Großindustrie den Ruf eines streng unparteiischen, überzeugungstreuen Mannes erworben hat, dessen Andenken so bald nicht erlöschen wird.

CARL HAHN

ist am 15. Oktober 1860 zu Cöthen i. Anhalt als Sohn eines Beamten an der dortigen Zuckerfabrik geboren. Nach Besuch der Realschule seiner Vaterstadt und mehrjähriger praktischer Arbeit absolvierte er das Technikum in Mittweida und bekleidete dann die Stellung eines Ingenieurs bei Gebrüder Sachsenberg in Roßlau a. E. von 1880—89 und bei Joh. C. Teklenborg in Geestemünde von 1889—93. Danach übernahm er die Leitung der Schiffswerft von Rickmers Reismühlen, Rhederei und Schiffbau A.-G. in Bremerhaven, wo er die Konstruktion und den Bau einer großen Anzahl Schiffe aller Arten selbständig ausführte. Mitte 1900 trat er in die Leitung des ein umfangreiches Schiffsreparaturgeschäft betreibenden Vulcain Belge in Antwerpen ein und führte den Aufbau der neuen Werftanlage desselben in Hoboken bei Antwerpen aus. Anfang 1903 kam Hahn als Inspektor in die Dienste des Vereins Bremer Seeversicherungs-Gesellschaften, in welcher Stellung er, dank seinen Erfahrungen, seinem liebenswürdigen Wesen und ehrenhaften Charakter, eine erfolgreiche, von seinen Arbeitgebern hochgeschätzte Tätigkeit ausgeübt hat, der nach kurzem Leiden der Tod am 17. März d. J. ein Ziel setzte.

HENDRIK VAN HELDEN

wurde am 10. April 1867 zu Kinderdyk in Holland als Sohn des Fabrikanten I. I. van Helden geboren. Nach Beendigung seiner auf die Schulzeit folgenden technischen Studien trat er im Jahre 1886 als Assistent-Ingenieur bei der Holland-Amerika-Linie in Rotterdam ein. Im Jahre 1897 wurde er zum Assistenten des Chefs des technischen Betriebes dieser Linie ernannt und im Jahre 1916 zum Prokuristen befördert. Die Generalversammlung der Aktionäre machte ihn im Jahre 1919 zum Direktor der Gesellschaft.

Für seine Verdienste um die holländische Schiffahrt wurde ihm das Offizierkreuz des Niederländischen Oranje-Naussau-Ordens von der Königin verliehen. Seine Stellung als Direktor hat van Helden nur kurze Zeit ausfüllen können, denn er erkrankte bald an einem Magenleiden und starb am 11. Dezember 1920 an den Folgen einer Magenoperation.

KARL HERBRECHT

wurde als Sohn des Kaufmanns Wilhelm Herbrecht am 12. März 1860 zu Dortmund geboren. Nach einem zweijährigen Besuche der Volksschule bezog er das Realgymnasium, auf dem er bis zur Erlangung des Einjährigenzeugnisses

verblieb. Er kam auf der Zeche Westfalia in die kaufmännische Lehre und diente
dann sein Jahr beim badischen Infanterie-Regiment in Konstanz. Im Jahre 1884
wurde er Vizefeldwebel d. R. und trat 1885 bei dem Baroper Walzwerk in Barop
in das kaufmännische Büro ein. Von 1888—91 war er bei der Firma Wolff, Netter
& Jacobi in Straßburg beschäftigt. Dann ging er zum Grafenberger Stahlwerk
in Düsseldorf und von dort zum Oberbilker Stahlwerk. Am 1. April 1907 wurde
er als Direktor der Rheinischen Stahlwerke nach Düsseldorf berufen, als deren
Vorstandsmitglied er am 1. Juli 1920 ausschied, um sich zur Ruhe zu setzen.
Diese Ruhezeit hat für ihn nicht lange gedauert, denn schon am 25. September
1920 verschied er infolge eines Schlaganfalles.

THEODOR HEYCK.

Am 14. November 1920 starb in Lübeck im Verlaufe einer Magenoperation
der Marinestabs-Ingenieur a. D. Theodor Heyck.

Geboren am 10. November 1874 zu Wulfsdorf bei Lübeck als vierter Sohn
eines Schmiedemeisters, genoß er in Lübeck seine Schulbildung. Im Anschluß
daran in der Maschinenfabrik von G. Schärffe & Co., ebendort und in verschiedenen Betrieben in Lünen in Westfalen die praktische Ausbildung, die
für den von ihm erwählten Beruf eines Ingenieurs in der Kaiserlichen Marine
erforderlich war.

Am 1. Mai 1895 trat er als Maschinistenapplikant bei der ersten Werftdivision
in Kiel ein. Neben der Sonderausbildung im praktischen Maschinendienst ging
ein mehrjähriger Besuch der verschiedenen Bildungsanstalten der Kaiserlichen
Marine her. Nach gut bestandenem Ingenieurexamen wurde er am 9. November
1907 zum Marineingenieur befördert; am 5. September 1911 zum Oberingenieur
und am 19. April 1916 zum Marinestabsingenieur.

Gar vielfach waren im Laufe der Jahre seine Bordkommandos, von denen
besonders erwähnt sei ein zweijähriges Kommando auf dem kleinen Kreuzer
„Bussard" in der Südsee und ein solches von gleicher Dauer auf dem Kanonenboot „Luchs" in Ostasien. Im Herbst 1909 wurde Heyck zu der damals eben im
Werden begriffenen U-Bootswaffe kommandiert. Er fuhr eine Reihe von Jahren
hindurch als leitender Ingenieur verschiedene U-Boote. Bei dieser Waffe ist
er auch bis zu seinem Ausscheiden aus dem aktiven Dienst im Jahre 1919 ver-
blieben. Sein Wissen und seine Kenntnisse der U-Bootswaffe fanden durch seine
Kommandierung zur U-Boots-Abnahme-Kommisssion Anerkennung. In dieser
war er bei Ausbruch des Krieges tätig und nun begann für ihn eine Zeit un-
ermüdlichster Arbeit. Beim Morgengrauen hinaus, bei sinkender Nacht zurück
und oft genug stieg Heyck bei hoher See von einem U-Boot auf das andere,
um möglichst wenige Zeit für die Erprobungen zu verlieren. Es ist wohl als
sicher anzunehmen, daß er sich durch die mit diesem aufreibenden Dienst ver-
knüpfte, unregelmäßige, wie oft nicht ausreichende Verpflegung die Entstehung
jenes Magenleidens zugezogen hat, dem er jetzt zum Opfer gefallen ist.

Welches Vertrauen er bei seinen Untergebenen besessen hat, zeigt wohl
am besten der Umstand, daß er nach seinem Austritt aus der Marine, den er

krankheitshalber beantragen mußte, von diesen für die Vertrauensstellung in der Leitung der Verwaltung der U-Bootspende ausersehen wurde.

Ein ehrendes Gedenken ist ihm bei allen, die ihn gekannt und mit ihm gearbeitet haben, gewiß. Ist Heyck auch nicht vor dem Feind im offenen Kampfe gefallen, so ist er doch infolge seines Leidens, das er sich im Dienste für das Vaterland zugezogen hat, gewissermaßen auf dem Felde der Ehre geblieben.

MAX KENTER

wurde am 29. April 1871 zu Barmen geboren. Er besuchte die Gymnasien in Dortmund, Hamm und Brilon; am letzteren Orte bestand er im März 1892 das Abiturientenexamen. Dann arbeitete er zunächst ein halbes Jahr und später während der Hochschulferien als Eleve praktisch im Maschinenbauressort der Kaiserlichen Werft Wilhelmshaven und bezog im Oktober 1892 die Technische Hochschule zu Charlottenburg. Nach Ablegung der Vorprüfung und der ersten Hauptprüfung im Schiffsmaschinenbaufache trat er am 17. November 1898 als Marinebauführer auf der Kaiserlichen Werft Kiel in den Marinedienst. Während seines Studiums genügte er im Jahre 1895/96 seiner militärischen Dienstpflicht beim Garde-Pionier-Bataillon und wurde nach Erledigung beider Übungen in Köln-Deutz zum Leutnant der Reserve befördert. Nachdem er die zweite Hauptprüfung bestanden hatte und am 1. Oktober 1901 zum Marinebaumeister ernannt worden war, arbeitete er zunächst als Betriebsdirigent auf der Werft Kiel weiter mit dem Erfolge, daß er am 15. März 1905 in das Reichs-Marineamt berufen wurde, wo ihm in erster Linie die Aufgabe zufiel, das Materialprüfungs- und -lieferungswesen sowie das Schiffsheizungswesen der Marine den Forderungen der Zeit entsprechend auszubauen. Eine neue Konstruktion von Ankerkettenschäkeln, die späterhin bei der Marine allgemein eingeführt wurde und seinen Namen weiteren Kreisen bekannt gemacht hat, brachte ihm im August 1907 eine besondere Anerkennung seiner Leistungen seitens des Staatssekretärs des Reichs-Marineamts ein.

Im November 1908 wurde er als Baubeaufsichtigender zu den Howaldtswerken kommandiert, wo er beim Bau der Linienschiffe „Helgoland" und „Kaiserin" und des kleinen Kreuzers „Rostock" sein ganzes Wissen und Können restlos in den Dienst des Vaterlandes stellte.

Im Jahre 1909 erfolgte seine Ernennung zum Marinebaurat und 1918 die zum Marineoberbaurat und Maschinenbau-Betriebsdirektor. Als weitere Anerkennung erhielt er den Roten Adlerorden IV. Klasse, das Eiserne Kreuz am weiß-schwarzen Bande und das Oldenburger Friedrich-Augustkreuz II. Klasse.

Von der Baubeaufsichtigung bei den Howaldtswerken trat er im Jahre 1914 zur Werft Kiel zurück, um im Torpedo- und Maschinenbauressort seine langjährigen Erfahrungen den Forderungen des Krieges entsprechend nutzbar zu machen.

Die dem Kriege folgenden Ereignisse waren zu stark für ihn. Der furchtbare Zusammenbruch unseres Vaterlandes und der Untergang der von ihm heiß geliebten, ehemals so stolzen deutschen Marine haben an seinem Herzen derart genagt, daß der sonst so starke Körper dieser tiefen Trauer nicht widerstehen konnte und die Nerven zusammenbrachen. Am 20. Februar 1921 erlag er nach schwerem Leiden einer Gehirnhautentzündung, betrauert von seinen Kollegen und seinen zahlreichen Freunden.

HANS KLÖTZER

wurde am 1. April 1875 als Sohn des 1893 verstorbenen Großkaufmanns Hugo Klötzer in Leipzig geboren, besuchte zuerst die Bürgerschule und später die Oberrealschule in seiner Vaterstadt. Nach Erlangung des Einjährig-Freiwilligen-Berechtigungsscheines absolvierte er eine zweijährige kaufmännische Lehrzeit im Hause Woldemar Kahlenberg, Indigo- und Farbwaren en gros, Leipzig, war hierauf zu weiterer Ausbildung in seinem väterlichen Geschäft, Firma Kloetzer & Hoyer, Leinen- und Baumwollwaren en gros u. Export, Leipzig, beschäftigt und vom Januar 1894 ab bis Ende September 1895 als Korrespondent bei den Vereinigten Hanfschlauch- u. Gummiwarenfabriken, Akt.-Ges. Gotha und Arnstadt i. Thür. tätig. Ab 1. Oktober 1895 genügte er seiner Militärdienstpflicht und fand nach Beendigung seines Dienstjahres Anstellung bei der Firma Otto Schlee vorm. F. Heyer, Metallwarenfabrik, Biberach an der Riß (Württbg.) als Buchhalter und Korrespondent, nachher als Leiter des kaufmännischen Bureaus. Im Juli 1898 folgte er einem Überseeengagement der Westdeutschen Handels- u. Plantagengesellschaft, Düsseldorf, nach Tanga (Deutsch-Ostafrika) und hat in der Stellung als Faktoreivorstand die Leitung der ostafrikanischen Handelsgeschäfte mit guten Erfolgen bis Ende April 1904 durchgeführt. Nach seiner Rückkehr nach Europa hat er an der Begründung und Finanzierung eines ostafrikanischen Plantagenunternehmens mitgewirkt und von Anfang März 1905 bis Ende September 1906 als Geschäftsführer die kaufmännische Leitung der Firma: Eugen Klotz, Maschinenfabrik, Stuttgart innegehabt.

Später beteiligte er sich an einem Frankfurter Bankkommissionsgeschäft. Nach dessen im April 1908 erfolgter Umwandlung in die Süddeutsche Finanzierungs- u. Grundkreditgesellschaft m. b. H., Frankfurt a. M., stand er dieser Gesellschaft noch bis Anfang Juni 1909 als kaufmännischer Leiter vor. In dieser Zeit bot sich ihm ein Engagement der bekannten Weltfirma Heinrich Lanz, Maschinenfabriken, Mannheim, zuerst als Bureauchef der Kölner Filiale; später wurde er in eine bevorzugte Vertrauensstellung in die Mannheimer Zentrale berufen, wo er in der Eigenschaft als Direktionssekretär dem Generaldirektor zur persönlichen Unterstützung zugeteilt war. Durch Beziehungen zu den Beteiligten der damals in Gründung begriffenen Metallwerke Hegermühle wurde ihm nach der Gründung der als Metallwerke v. Galkowsky & Kielblock, Aktienges., Berlin, ins Leben gerufenen Firma im Vorstande derselben die Einrichtung der Verwaltungs- und Vertriebsorganisation übertragen.

Infolge Ablebens seiner Mutter und sonstiger Familienverhältnisse halber ist er am 30. September 1913 aus diesem Anstellungsverhältnis geschieden, um die Regelung wichtiger privater Geschäftssachen vorzunehmen. Durch den

Kriegsausbruch ist die Durchführung seiner geschäftlichen Pläne behindert worden.

Von Juli 1915 bis Juni 1916 war er zum Heeresdienst eingezogen. Im Auftrage der Reichskartoffelstelle Berlin hat er vom 1. Juli bis 15. September 1916 die kaufmännische Leitung der Einkaufsstelle Den Haag (Holland) in Händen gehabt. Durch Auflösung der Einkaufsorganisation in Holland war seine Tätigkeit für die Reichskartoffelstelle vorläufig beendet, und er nahm vom 20. September 1916 ab einen leitenden Posten in der Kriegswirtschafts-Aktiengesellschaft, Geschäftsabteilung der Reichsbekleidungsstelle Berlin, an; hier ist ihm der Ausbau der Außenorganisation sowie die Verwaltung und die Gesamtleitung der der Bewirtschaftung dieser Gesellschaft unterstehenden Sammelläger der Heeresverwaltung anvertraut worden. Seit Mai 1917 als Prokurist der Gesellschaft bevollmächtigt, wurde ihm bei der Ende Dezember 1918 stattgefundenen Umstellung der Organisation von der Rechtsnachfolgerin der Kriegswirtschafts-Aktiengesellschaft, Reichstextil-Aktiengesellschaft Berlin W, die Durchführung der Liquidation der alten Gesellschaft neben besonderen Aufgaben in der inneren Verwaltung der neuen Organisation übertragen. Später übernahm Klötzer die Stellung als Direktor bei der Elektrowerk-Aktiengesellschaft in Spremberg, die er bis zu seinem nach kurzem Krankenlager am 17. Oktober erfolgten Tode innehatte. Klötzer war ein Mann, der sich durch treue Pflichterfüllung auszeichnete und sich in allen von ihm innegehabten Stellungen das Vertrauen und die Wertschätzung seiner Beamten und Untergebenen in hohem Maße zu erwerben verstand.

MAX ARTHUR KRAUSE

wurde am 29. Juli 1920 auf der Kurpromenade in Bad Flinsberg durch einen Herzschlag plötzlich aus dem Leben gerissen. Bis in die letzten Tage hinein in voller körperlicher und geistiger Frische, kam die Nachricht von seinem Tode allen unerwartet.

Krause ist am 20. April 1855 zu Schwenten in Posen als Sohn des Königlichen Oberförsters Fritz Krause geboren. Einige Jahre später wurde der Vater nach Czeczewo an der deutschpolnischen Grenze versetzt. Um dem Sohne eine gediegene Schulbildung zu verschaffen, gab ihn der Vater nach Wollstein in Pension. Von hier kam Max Arthur nach Posen auf das Realgymnasium. Nach bestandenem Abiturientenexamen ging er 1874 nach Frankfurt a. Oder zur Maschinenfabrik von König, arbeitete drei Jahre praktisch und ein Jahr als Volontär im Büro. Fleiß und Begabung verschafften ihm dort eine Stellung bei der Spinnerei König, die er über ein Jahr mit Erfolg selbständig leitete. Danach hatte Krause verschiedene wichtige Posten nacheinander bei der Continental-Caoutchouc- und Guttapercha-Compagnie in Hannover und bei den Vereinigten Gummiwarenfabriken Harburg-Wien inne; später reiste er mehrere Jahre für große Hamburger Exporthäuser im Ausland, vornehmlich in Rußland, Finnland, Schweden, Norwegen, Dänemark, England, Frankreich und Italien.

Seine in den verschiedensten Stellungen erworbene Gewandtheit, große Belesenheit und umfangreiche Kenntnisse auf allen Gebieten menschlichen

Wissens, außerordentliche Sprachkenntnisse — er beherrschte sieben Sprachen vollendet — und last not least, seine männlich-offene Geradheit, sein durch und durch ehrlicher Charakter, treu und kerndeutsch bis ins Letzte, und tiefste menschliche Güte als Grundzug seines Wesens gewannen ihm überall die Herzen und brachten ihm die größten geschäftlichen Erfolge. So konnte er schon mit 34 Jahren daran gehen, ein eigenes Unternehmen zu gründen. Es war ihm gelungen, ein Mittel „Caloricid" gegen das Heißlaufen der Maschinen zu erfinden, das infolge seiner hervorragenden Eigenschaften bald seinen Siegeslauf durch die Welt antrat. Auf der Berliner Gewerbe-Ausstellung 1896 wurde es mit dem ersten Preise ausgezeichnet. Zu den Abnehmern zählt fast die gesamte Groß-Industrie des In- und Auslandes. Seit 1892 war er Lieferant der Kaiserlichen Kriegsmarine.

Mit Max Arthur Krause ist eine Persönlichkeit dahingegangen, wie sie in den heutigen Zeiten immer seltener wird. Er war ein Kaufmann größten Stiles, wie er uns in Gustav Freitags „Soll und Haben" entgegentritt. Mit seinem weltumfassenden Blick und der Gabe großzügig zu disponieren war eine unbeugsame Energie verbunden, die ihn befähigte, das einmal für gut und richtig Erkannte unter Überwindung auch der größten Widerstände restlos durchzuführen. Bei der Lauterkeit seines Charakters anderen stets hilfreiche Hand bietend, doch streng und unerbittlich gegen sich selbst, hat er sich in den Herzen aller, die mit ihm, wenn auch nur geschäftlich, in Berührung kamen, als Mensch von reinster Herzensgüte ein bleibendes Denkmal zu setzen gewußt.

FRITZ LASZ

wurde am 10. November 1849 in Tönning als Sohn eines Zollbeamten geboren, wo er auch die Schule besuchte. Er machte hierauf eine dreijährige, praktische Lehrzeit bei der Firma Empson auf Steinwärder in Hamburg durch. Sein Lehrherr veranlaßte, daß ihm zunächst die Baubeaufsichtigung einer Anzahl von Schiffen übertragen wurde. Hierauf fuhr er zur See und erlitt während dieser Zeit zwei Schiffbrüche. Laß war dann als Inspektor für mehrere Reedereien tätig. Unter anderem waltete er in dieser Eigenschaft etwa 20 Jahre bei der Deutschen-Levante-Linie.

Zuletzt war er Besichtiger der Handelskammer und Baubeaufsichtiger für verschiedene Reedereien. In der langen Zeit, die Laß in Hamburg lebte, hatte er eine Reihe von Ehrenämtern übernommen, die er bis zu seinem Tode inne hielt.

Er starb am 28. November 1920 an den Folgen einer Darmerkrankung, durch die ein Herzschlag hervorgerufen wurde.

ALFRED MEHLHORN

ist am 4. Dezember 1863 in Mittweida geboren, wo er die Realschule besuchte, die er mit 15 Jahren verließ, nachdem er sich die Berechtigung zum Einjährigen-Dienst erworben hatte. Aus Gesundheitsrücksichten wurde er später vom militärischen Dienst befreit.

Mehlhorn hatte den glühenden Wunsch, sich zum Maler ausbilden zu lassen. Seine Eltern zeigten sich diesem Wunsche aber nicht geneigt und veranlaßten ihn, Maschinenbauer zu werden. Er hat sich später in seinen freien Stunden doch immer sehr gern und viel mit der Malerei beschäftigt.

Mehlhorn besuchte 3 Jahre lang das Technikum in Mittweida und kam danach zuerst zu der Schiffswerft von Henry Koch nach Lübeck. Darauf ging er zu den Howaldtswerken nach Kiel, um von hier eine Stellung als Bürochef und erster Konstrukteur bei der Maschinenfabrik von J. F. Ahrens in Altona-Ottensen anzutreten. Als Oberingenieur und Prokurist trat er dann wieder bei den Howaldtswerken in Kiel ein und ging von dort als Direktor zur Neptunwerft in Rostock. Im Jahre 1915 schied er aus dieser Stellung und ließ sich als Zivilingenieur in Hamburg nieder. Hier ereilte ihn der Tod am 7. November 1920 infolge einer Lungenentzündung.

CARL REINHOLD

ist am 28. Dezember 1853 zu Bleicherode a. Harz als Sohn des Kaufmannes gleichen Namens geboren. Nach dem Verlassen der Schule trat er als Maschinenbauer in Nordhausen in die Lehre und besuchte darauf das Technikum Mittweida. Er war darauf bei der Firma Julius Pintsch in Berlin tätig, wo er sich als Gasfachmann weiterbildete. In letzterer Eigenschaft ging er in den 70er Jahren nach England und baute dort für die Firma Pintsch verschiedene Gasanstalten. Nachdem sich das englische Geschäft der Firma Pintsch als außerordentlich lohnend erwiesen hatte, wurde von ihr eine Tochtergesellschaft, die Pintsches Patent Lighting Co., gegründet, deren leitender Techniker und späterhin Direktor Reinhold wurde. Die gesamte englische Küstenbeleuchtung ist während dieser Zeit von dieser Firma auf Gasglühlicht umgestellt worden. Im Jahre 1905 starb ein Bruder von Carl Reinhold, der der Inhaber der Berliner Asbest-Werke Wilhelm Reinhold war. Nun ergriff Carl Reinhold die sich ihm darbietende Gelegenheit, das Geschäft seines Bruders zu übernehmen, um seinen lange gehegten Wunsch, Rückkehr nach Deutschland, in Erfüllung bringen zu können. Als Chef der genannten Firma hatte er dann innerhalb der Asbestindustrie Deutschlands eine hervorragende Rolle als Vorsitzender des deutschen Asbest-Syndikates gespielt. Seine Gesundheit hatte durch die mangelhafte Kriegsernährung sehr gelitten, dazu machte eine Arterienverkalkung schnelle Fortschritte und verschlimmerte sich besonders seit Anfang dieses Jahres. Eine hinzutretende Herzschwäche warf ihn am 10. Juni aufs Krankenlager und eine Lungenentzündung schwächte seinen Körper vollends so, daß er am 17. Juni sanft entschlief.

RUDOLPH RIECK

wurde am 27. Februar 1858 in Kiel als Sohn des Kapitäns Marcus Rieck geboren. Nach Absolvierung der Schule und Beendigung seiner Lehrzeit diente er bei der Marine. Dank seiner Tüchtigkeit gelangte er bald zur Beförderung und erhielt als junger Deckoffizier ein Kommando auf dem der deutschen Botschaft zur Verfügung stehenden Kriegsschiff in Konstantinopel. Hier durch-

lebte er eine interessante aber schwierige Zeit. Während des Erdbebens auf der
Insel Chios, bei dem die deutsche Regierung Hilfe leistete, erhielt er durch
persönliches Hervortreten die Leitung des Verwundeten- und Obdachlosen-
transportes nach der Türkei.

Nach beendeter Dienstzeit trat er als Techniker bei der Reiherstieg-Schiffs-
werft in Hamburg ein. Bald bot sich ihm die Gelegenheit, seine Kenntnisse
im Schiffsmaschinenbau auf der damals nur für Segelschiffbau eingerichteten
Werft von Wichhorst in Hamburg anzuwenden. In kaum einem Jahrzehnt
hatte er die alte Werft zu einem zeitgemäßen Unternehmen umgewandelt. In
dieser Zeit arbeitete er auch sehr lebhaft an der Gründung unserer Gesellschaft,
der er von Anfang an als treues Mitglied angehörte. Indessen trieb ihn sein
nach größerer Betätigung drängender Geist an, den ihm zu eng gewordenen
Betrieb zu verlassen.

Von den damaligen Vertretern der Reederei Sloman & Co. wurde ihm die
Stelle als technischer Leiter des inneren und äußeren Dienstes in Neuyork angetragen. — Schon nach wenigen Monaten hatte er sich im fremden Lande auch
in diese schwierige Stellung eingelebt. Nach mehr als fünfjähriger rastloser
Tätigkeit in Amerika, als die Zeit des kaiserlichen Interesses für die Schiffahrt
begann, sehnte er sich in die Heimat zurück.

Trotz vorgeschrittenen Alters und gequält von einem schweren langsam fortschreitenden Leiden, unternahm Rieck eine fast abenteuerliche Reise durch
Rußland nach Japan, um dort die Geschäfte der Reederei Sloman & Co. zu
betreiben. Die Firma hatte einen Teil ihrer Flotte an Rußland verchartert, um
Kriegsgerät, Munition und Truppen nach dem Feldzuge gegen Japan nach
Europa zurückzubringen. Rieck hatte die Leitung dieser Transporte, zum Teil
unter sehr erschwerten Verhältnissen. Er kehrte, stark gealtert, nach mehr als
halbjähriger Abwesenheit heim.

Auch jetzt gönnte er sich die verdiente Ruhe nicht. Unermüdlich mit großer
Tatkraft und Umsicht war er als vereidigter Sachverständiger der Hamburger
Handels- und der Gewerbekammer, sowie als Beisitzer im Seeamt in Hamburg
tätig, bis er von dem unheilbaren, plötzlich heftig auftretenden Leiden am
29. Juni 1921 durch den Tod erlöst wurde.

WILHELM RIEHN

ist im Jahre 1842 in Estebrügge, Provinz Hannover, als Sohn des praktischen
Arztes Dr. Riehn geboren. Er besuchte die Realklassen des Gymnasiums in
Stade, und arbeitete dann praktisch auf einer Holzschiffswerft und darauf in
verschiedenen Maschinenwerkstätten, weil er sich zum Schiffbau-Ingenieur
ausbilden wollte. Im Herbst 1860 bezog er das Polytechnikum in Hannover.

Nach Vollendung eines dreijährigen Studiums trat Riehn in die Dienste der
Hamburg-Magdeburger Dampfschiffahrts-Gesellschaft, die ihn hauptsächlich
in ihrer Maschinenfabrik zu Buckau beschäftigte. Hier betätigte er sich beim
Bau von eisernen Flußdampfern, von Schiffsmaschinen und Schiffskesseln. Im
Jahre 1868 trat Riehn in den Dienst des Oberbergamts in Klausthal, gab diese

Stellung aber im Jahre 1872 auf, um als Zivilingenieur eine Reihe wichtiger Anlagen in dem genannten Oberbergamtsbezirk zu entwerfen. Im Jahre 1874 gründete er mit 2 Fachgenossen in Görlitz ein Zivilingenieur-Büro besonders für die Ausführung von industriellen Werken auf den Gebieten von Bergbau- und Hüttenwesen.

Im Jahre 1879 folgte Riehn einem Ruf als Professor an das Polytechnikum in Hannover, wo er besonders „Bau und Theorie der Kraftmaschinen" sowie „Aufzugmaschinen und Pumpen" und außerdem „Schiffbau" vorzutragen hatte. Nach mehr als 30jähriger Tätigkeit trat er am 1. Oktober 1910 in den wohlverdienten Ruhestand.

Riehn war ein akademischer Lehrer von hoher Bedeutung, denn zu seinem tiefen und vielseitigen theoretischen Wissen gesellte sich eine reiche praktische Erfahrung, dabei besaß er ein beneidenswertes Gedächtnis und eine hervorragende konstruktive Begabung. Er hatte die Gabe den Kern einer Sache zu erfassen und die charakteristischen Eigentümlichkeiten in technischen Einrichtungen seinen Hörern klar und deutlich in Wort und Bild vor Augen führen zu können.

Seinen Studierenden war Riehn ein warmer Freund und Berater. Dankbaren Herzens gedenken seiner viele hunderte von Schülern, die aus seinen Vorträgen und Übungen eine Fülle positiver Kenntnisse mit in die Welt und das Leben nahmen.

Die Verdienste von Riehn würdigte die Regierung wiederholt durch Verleihung von Ordens-Auszeichnungen. Beim Übertritt in den Ruhestand erhielt er den Kronenorden 2. Klasse. Die Hochschule selbst ernannte ihn gelegentlich seines 72. Geburtstages zum Dr.-Ing.

Unserer Gesellschaft gehörte Riehn seit ihrer Gründung an. Wiederholt hat er mündlich und schriftlich sein großes Interesse für ihr Aufblühen an den Tag gelegt.

Zu einer umfassenden schriftstellerischen Tätigkeit hatte Riehn in seinem ausgedehnten Lehrberuf verhältnismäßig wenig Zeit gefunden. Am bekanntesten ist sein Buch: „Über die Berechnung des Schiffswiderstandes".

Am 24. Dezember 1920 verschied Riehn plötzlich und unerwartet in seinem 80. Lebensjahre, tief betrauert von seinen Kollegen an der technischen Hochschule zu Hannover, seinen zahlreichen Schülern und seinen Fachgenossen in unserer Gesellschaft.

Alle, die Riehn kannten und Gelegenheit hatten, ihm näher zu treten, werden ihm ein dankbares Andenken bewahren.

ERNST RUMP

ist geboren in Hamburg am 13. Oktober 1872 als Sohn des Kaufmannes Wilhelm Rump. Er besuchte eine höhere Bürgerschule, lernte eifrig englisch, französisch und spanisch und ging nach Beendigung seiner dreijährigen Lehrzeit in einem Hamburger Exportgeschäft nach Valparaiso, wo er in einem großen Im- und Exporthause in Stellung kam. Nach mehrjährigem Aufenthalt kehrte er von dort nach Hamburg zurück, um sein Jahr bei dem Feldartillerie-Regiment Nr. 9 zu dienen. Darauf ging er nach Guatemala, wo er 2 Jahre tätig war. Das ungünstige Klima und die Malaria zwangen ihn zur Rückkehr in die Heimat. Hier trat er nun in das unter der Firma Wilhelm Rump bestehende Geschäft seines Vaters ein. Den großen Weltkrieg hat er als Hauptmann der Feldartillerie im Westen und Osten mitgemacht, wurde verwundet und sonst beschädigt, so daß sich ein Magen- und Nervenleiden einstellte. Am 7. Januar d. J. wurde eine Magenoperation an ihm vollzogen, an welcher er am 12. Januar 1921 gestorben ist. Er war Inhaber des E. K. I., des Oldenburgischen Friedrich August-Kreuzes I. Kl., des Hanseatenkreuzes, der Hamburgischen Rettungsmedaille und des Militär-Verdienstkreuzes. Unter außerordentlich großer Teilnahme wurde seine Leiche auf dem Ohlsdorfer Friedhofe am 15. Januar beigesetzt.

HUGO SCHUNKE

wurde am 8. März 1845 in Berlin als Sohn des Königlichen Kammermusikus Karl Schunke geboren. Er besuchte die Königstädtische Realschule in Berlin, die er im Alter von 16 Jahren mit dem Reifezeugnis für Prima verließ, um Schiffbauer zu werden. Zu diesem Zwecke arbeitete er $1\frac{1}{2}$ Jahre praktisch bei der Werft des Schiffbaumeisters Schelle in Wolgast. Hierauf erwarb er sich nach halbjährigem Besuche der 1. Klasse der Königlichen Provinzialgewerbeschule zu Iserlohn das Zeugnis der Reife mit dem Prädikat „Mit Auszeichnung bestanden".

Am 1. Oktober 1863 bezog er die Gewerbeakademie in Berlin und trat nach 6 Semestern im Jahre 1866 in die damals erweiterte preußische Marine ein. Zuerst in Danzig, dann in Kiel als Marine-Ingenieur beschäftigt, wurde er als Lehrer an die Marine-Akademie und Schule kommandiert, in welcher Stellung er mehrere Jahre mit anerkanntem Erfolge wirkte. Inzwischen zum Oberingenieur befördert, wurde er als Schiffbaudirektor zum Torpedowesen versetzt.

Im Jahre 1892 schied er aus dieser Stellung aus, um als Direktor das Schiffsvermessungsamt in Berlin zu übernehmen. Dort wirkte er 25 Jahre in voller Frische. Auf seinen vielen Dienstreisen besuchte er Schweden, Norwegen, Italien, England und den Suezkanal. Im Jahre 1916 konnte er sein 50jähriges Dienstjubiläum feiern, und bei dieser Gelegenheit wurde ihm der rote Adlerorden II. Klasse mit Eichenlaub und der Zahl „50" verliehen. Im Jahre 1918 zog er sich in den Ruhestand zurück und siedelte nach Weimar über.

Die wohlverdiente Ruhe konnte er nicht lange genießen, denn schon bald nach seinem Amtsantritt stellten sich Anzeichen von Arterienverkalkung ein, die am 9. November 1920 seinen Tod herbeiführte.

Schunke galt als ein sehr fleißiger und pflichttreuer Beamter, der seinen Untergebenen stets ein gerechter und wohlwollender Vorgesetzter war.

EMIL STOLZ

der erste Direktor der Schiffswerft von Henry Koch A.-G. in Lübeck, ist am 12. Januar 1921 an den Folgen einer Darmoperation gestorben.

Stolz war am 2. Januar 1856 in Leck in Nordschleswig geboren. Nach dem Besuch des Gymnasiums in Flensburg bildete er sich auf der Werft von Raben in Apenrade praktisch als Schiffszimmermann aus und nahm später, wie dies damals allgemein üblich war, zur Sammlung von Erfahrungen eine Stellung auf einem Segelschiff nach China an. Nach Deutschland zurückgekehrt, widmete er sich in Hamburg dem Studium des Schiffbaues und kam dann als Konstrukteur zuerst zur Germaniawerft in Kiel, darauf zur Neptunwerft in Rostock, zu Joh. C. Tecklenborg in Geestemünde und endlich zur Werft von Blohm & Voß in Hamburg.

Im Februar 1897 wurde er von dort als Direktor zur Schiffswerft von Henry Koch in Lübeck berufen als Nachfolger des Ingenieurs Brinkmann. Im Jahre 1905 feierte die Kochsche Werft ihr 25jähriges Bestehen und konnte dabei unter der Leitung des Direktors Stolz auf einen guten Aufschwung zurückblicken. Das Werftunternehmen wurde 1908 in eine Aktiengesellschaft umgewandelt, deren erster Direktor Stolz wurde, in welcher Stellung er jetzt in den Sielen gestorben ist. Er war erst am 7. Januar 1921 von einer Sitzung im Kriegsausschuß der Deutschen Werften in Berlin zurückgekehrt und mußte sich am 8. Januar von der Werft sofort zu einer Operation ins Krankenhaus fahren lassen, welche leider keine Rettung bringen konnte. Er hätte im Februar 1922 auf eine 25jährige Tätigkeit als Leiter der Koch'schen Werft zurückblicken können und trug sich noch mit großen Plänen für den Ausbau der inzwischen bedeutend erweiterten Werftplätze, der durch den Krieg und seinen betrübenden Ausgang eine Unterbrechung erfahren hatte. Die neuen Zustände im Vaterlande haben ihm großen Kummer bereitet, er stand aber fest im Glauben an Deutschlands Wiederaufbau. Eine große Freude bereitet ihm im Jahre 1911 die Ablieferung des fünfundzwanzigsten Schiffes an die Oldenburg-Portugiesische Dampfschiff-Reederei, D. Lübeck, bei dessen Stapellauf neben dem Geheimrat Schulze auch der Großherzog von Oldenburg war. Eine schöne Feier krönte dieses besondere Ereignis.

Persönlich zeichnete sich Stolz durch eine Pflichttreue und Arbeitskraft aus, die ihm die Achtung weitester Kreise trotz seines zurückhaltenden bescheidenen Wesens sicherte. Bei seiner Beisetzung zeigte die große Teilnahme, wie sehr er allgemein geschätzt wurde. Auch die Arbeiter seiner Werft widmeten ihm an seinem Grabe in Dankbarkeit einen herzlichen Nachruf und bewiesen damit, daß er es verstanden hatte, durch sein einfaches Auftreten ihre Anerkennung und Verehrung zu erwerben. Er war ein ganzer Mann und der Verlust seiner Arbeitskraft ist für die Werft außerordentlich schwer.

Möge ihm die Erde leicht sein. Er hat die Ruhe verdient, die er sich im Leben nur selten gönnte.

JOHANNES TERWIEL.

Am 5. Mai 1921 starb nach langem mit großer Geduld ertragenem Leiden der Schiffbaudirektor der Stettiner Oderwerke Johannes Terwiel.

Er wurde geboren am 29. Dezember 1872 in Vlissingen, wo seine Eltern lebten. Der lebhafte Schiffsverkehr Vlissingens mögen schon in dem Knaben bald das Interesse für Schiffbau und Schiffahrt geweckt haben, so daß Johannes Terwiel sich nach Abschluß der Schule seiner Heimatstadt dem Schiffbau zuwandte. Er erhielt zunächst eine 1½jährige gründliche praktische Ausbildung in den Werkstätten der Koninklijke Maatschappij „de Schelde" zu Vlissingen und arbeitete im Anschluß daran 7½ Jahre in den technischen Büros derselben Werft, während welcher Zeit der Verstorbene sich auch theoretisch ausbildete.

Im Jahre 1896 besuchte Terwiel das Technikum der freien Hansastadt Bremen und legte hier im März 1898 nach erfolgreichem Studium die Schlußprüfung mit dem Prädikat „rühmlich bestanden" ab. Seine erste Anstellung in Deutschland fand Terwiel auf der Werft von F. Schichau in Danzig, wo er bis zum März 1901 blieb. Er vertauschte dann die Stelle mit einer ähnlichen am Stettiner Vulkan. Zunächst war er Konstrukteur bis Ende 1905, um dann bis Mai 1908 die Stelle eines Betriebsingenieurs zu bekleiden.

Der Wunsch, selbständig zu sein, veranlaßte Terwiel am 1. Juni 1908 in die Dienste des Germanischen Lloyds zu treten, um dessen Interessen in Rotterdam wahrzunehmen. In dieser Stellung blieb er bis zum Jahre 1913. Seine bisherigen Erfolge im Beruf, sein liebenswürdiges Wesen, sein aufrechter kerniger Charakter hatten ihm bei Mitarbeitern und Vorgesetzten viele Freunde erworben. Es war daher für die ihm Nahestehenden nicht überraschend, als Terwiel einem Rufe der Stettiner Oderwerke folgte, um dort die Stelle eines Schiffbaudirektors zu bekleiden. Hier fand der Verstorbene ein ergiebiges Feld für seine reichen Erfahrungen und Befriedigung in der vielseitigen Arbeit, die ihren Höhepunkt während des Weltkrieges fand, der ja auch im Schiffbau die höchsten Anforderungen an die betreffenden Werke stellte. Seine selbstlose Hingabe an die der Werft zugeteilten Aufgaben fanden Anerkennung durch Verleihung des eisernen Kreuzes.

Im Jahre 1919 brach plötzlich bei ihm ein heimtückisches inneres Leiden aus, das den in der Vollkraft seines Schaffens tätigen Mann auf das Krankenlager warf, von dem ihn erst der Tod erlöste.

FRIEDRICH UTHEMANN.

Am 23. Januar 1921 ist der Wirkliche Geheime Marinebaurat Friedrich Uthemann gestorben. In Kiel, wo er so manches Jahr seine Arbeitsstätte hatte. Er ist dort auf dem Marinefriedhof beigesetzt worden, wo sein ältester Sohn schon schlief, der im Kriege als Fliegeroffizier abgestürzt war.

Uthemann wurde in Wittstock am 18. Oktober 1851 geboren und studierte an der Königlichen Gewerbeakademie in Berlin. Am 1. Februar 1871 trat er als Einjährig-Freiwilliger Maschinistenapplikant in die Marine. Im Jahre 1874 bestand er die Diplomprüfung, arbeitete dann als Konstrukteur bei der Sächsischen Maschinenfabrik in Chemnitz und trat am 3. Januar 1876 bei der Kaiserlichen Werft in Danzig als Marine-Maschinenbau-Aspirant ein. Am 1. Mai 1877 als Marine-Maschinenbau-Unteringenieur angestellt, wurde Uthemann bereits am 10. Mai 1881 zur Admiralität nach Berlin kommandiert, wo er sich durch Leistungen auf konstruktivem Gebiete auszeichnete. Aber die Praxis sagte ihm mehr zu, und er bat deshalb nach 3 Jahren um seine Zurückkommandierung. Er kam zur Kaiserlichen Werft nach Kiel, wurde dort 1888 Maschinenbauingenieur, 1890 Marine-Maschinenbaumeister, 1891 außeretatsmäßiger, 1893 etatsmäßiger Bauinspektor, 1897 Marinebaurat und Maschinenbau-Betriebsdirektor und 1899 Marine-Oberbaurat mit dem Range eines Fregattenkapitäns. Am 3. November 1899 wurde er nach Danzig versetzt und dort am 5. Februar 1900 zum Geheimen Marinebaurat und Maschinenbaudirektor befördert. 1904 wurde Geheimrat Uthemann als Chef der Maschinenbauabteilung in das Konstruktionsdepartement des Reichs-Marineamts wieder nach Berlin kommandiert. Er lehnte aber ab, diese von vielen heißerstrebte höchste Stelle für den Maschinenbauer dauernd zu übernehmen, weil er „der konstruktiven und kritisierenden Tätigkeit von jeher weniger Interesse entgegengebracht habe, als der Betriebsleitung und der schaffenden Arbeit des Ingenieurs." Bis 1906 blieb er dann in Danzig und wurde darauf Leiter des „Technischen Büros" bei der Kaiserlichen Inspektion des Torpedowesens. Hier blieb er bis ihn eine schwere Erkrankung zwang, seinen Abschied zu nehmen. Diesen erhielt er am 18. Mai 1917 unter Verleihung des Charakters als Wirklicher Geheimer Marinebaurat mit dem Range eines Kontre-admirals.

Zahlreich sind die von ihm gesetzten Marksteine seiner Tätigkeit bei den Bauten der Kaiserlichen Marine. Unvergeßlich aber ist sein Verdienst um die Entwicklung der U-Boote und um den Bau der Torpedoboote. Wenn diese dem Gegner gerade in maschineller Hinsicht überlegen waren, so ist das ein Verdienst Uthemanns, der ihren Bau leitete.

Manche äußere Ehrungen wurden ihm zuteil. Er freute sich über sie, weil er in ihnen eine Anerkennung des von ihm vertretenen Gebietes sah. Seinem einfachen Wesen lag sonst der Sinn für solche Auszeichnungen fern.

Wenn Uthemann hiermit als Muster eines Beamten und als Vorbild für einen strebenden Ingenieur bezeichnet werden darf, so lag doch sein Hauptwert in seiner Persönlichkeit. Er war ein aufrechter Mann im besten Sinne des Wortes, der seinen Weg unbeirrt verfolgte, den Schwierigkeiten reizten, weil er mit ihnen fertig zu werden wußte, und der auch bei der Kleinarbeit immer das große Ziel im Auge hatte. Ein wohlwollender, immer hilfsbereiter Vorgesetzter, ein vortrefflicher Mitarbeiter, ein treuer Freund. So wird er allen, die um ihn trauern, dauernd im Gedächtnis bleiben. Wir sind stolz darauf, daß er einer der Unseren war.

WILHELM VOLCKENS

ist am 29. März 1848 in Altona als Sohn des Holzhändlers Hans Volckens geboren. Er besuchte das Christianeum in Altona und trat nach Beendigung der Schulzeit bei der Reederei Dreyer in Altona in die Lehre. Ende der sechziger Jahre ging er nach Newyork und arbeitete bei der Firma Funch, Edye & Co.,

Schiffsmakler und Befrachter. Sehr bald wurde er Teilhaber der Firma, deren
Seniorchef er bis zum Ausbruch des Weltkrieges blieb, trotzdem er sich schon
Mitte der achtziger Jahre fest in Hamburg niedergelassen und dort die Firma
Wm. Volckens & Co., gegründet hatte.

Lange Jahre war er Mitglied des Aufsichtsrates der verschiedensten Hamburger
Schiffahrtsgesellschaften und zuletzt erster Vorsitzender des Aufsichtsrates der
Deutsch-Australischen Dampfschiffahrts-Gesellschaft und zweiter Vorsitzender
des Aufsichtsrats der Kosmos-Linie.

Im Jahre 1904 wurde ihm von der preußischen Regierung der Titel eines
Geheimen Kommerzienrates verliehen.

Am 25. November 1920 verstarb Volckens infolge einer akuten Herz-
entzündung.

HERMANN WINGEN

wurde in Honef a. Rh. als Sohn des Baurates Wingen am 11. Mai 1873 geboren.
Bald nach seiner Geburt nahm sein Vater eine Stellung als Stadtbaurat in Glogau
an. Dort besuchte Wingen das Gymnasium und wandte sich dann der kaufmännischen Laufbahn zu. Nachdem er in verschiedenen Fabrikbetrieben in
Deutschland tätig gewesen war, verlegte er in noch jungen Jahren sein Arbeits-
feld nach Italien, indem er dort in die Dienste der Firma Schuchard & Schütte,
später Alfred H. Schütte in Mailand eintrat.

In kurzer Zeit gelang es Wingen, sich bei dieser Firma eine leitende Stellung
zu erringen. In dieser hat er es in hervorragender Weise verstanden, an der Entwicklung der italienischen Industrie dadurch mitzuwirken, daß er den verschiedenen Betrieben die neuesten Errungenschaften auf dem Gebiete des
Werkzeugmaschinenbaues zugänglich machte. Infolge seiner engen Beziehungen
zu den führenden Persönlichkeiten der italienischen Regierung gelang es
ihm auch, sich bald als Berater der staatlichen Fabriken und Werften zu
betätigen, wofür er mit dem Offizierkreuz der italienischen Krone ausgezeichnet wurde.

Im Jahre 1910 gründete er in Mailand unter dem Namen Roland Remy
eine eigene Firma, die bis zum Krieg eine Anzahl der bedeutenden deutschen
Industriezweige vertrat. Kurz nach dem Ausbruch des Krieges mußte Wingen
flüchten und sah den Erfolg der Arbeit vieler Jahre in Trümmer gehen. Nach
Deutschland zurückgekehrt, trat er in den diplomatischen Dienst und war lange
Zeit in Rumänien tätig. Später kam er nach Berlin und wurde Direktor der
A.-G. Fritz Werner in Marienfelde, die er früher in Mailand vertreten hatte.
Gleichzeitig nahm er noch in Berlin die Interessen der Firma A. Friedr. Flender
in Düsseldorf wahr.

Infolge seiner rastlosen Tätigkeit, bei der er sich nie Ruhe und Erholung
gönnte, trat bei ihm ein Nervenzusammenbruch ein, der am 27. September 1920
zu einem plötzlichen und unerwarteten Ende führte. Wingen hat sich im In-
und Auslande eine große Anzahl von Freunden erworben, die ihn sämtlich wegen
seines freien liebenswürdigen Auftretens hoch schätzten.

FERDINAND WOLFF

ist am 4. Dezember 1870 als Sohn des Fabrikanten Wolff in Mannheim geboren
worden. Er besuchte das Gymnasium in seiner Vaterstadt, die Handelsschule
in Neuchâtel und zuletzt die technische Hochschule in Charlottenburg. Vor
Beginn des Studiums hatte er in der Fabrik seines Vaters und in einer Maschinenfabrik in England praktisch gearbeitet, nach Vollendung seiner Studien unternahm er weite Reisen zur Anknüpfung von Geschäftsverbindungen nach Italien,
Rußland, Nord- und Südamerika. Er war dann lange Jahre Vorstandsmitglied
der aus seiner väterlichen Fabrik hervorgegangenen Aktiengesellschaft für
Seilindustrie in Neckarau bei Mannheim. Am 8. Mai 1920 starb er infolge eines
Herzschlages.

Vorträge

der

XXIII. Hauptversammlung.

VIII. Die Entwicklung der drahtlosen Telegraphie mit besonderer Berücksichtigung ihrer Anwendung in der Schiffahrt.

Vorgetragen von Direktor Dr. phil. h. c. Graf **Arco**, Berlin.

Ich möchte meinem Thema folgend zunächst den Fortschritt in der Entwicklung der drahtlosen Telegraphie im allgemeinen zeigen und dann, inwieweit er für die Telegraphie an Bord der Schiffe von Wichtigkeit geworden ist. Im zweiten Teil werde ich auf zwei interessante neue Apparate eingehen. Der Fortschritt hat, von der physikalischen Seite aus betrachtet, im allgemeinen etwa folgenden Weg genommen:

Bei den Sendern ist es gelungen, die anfangs stark gedämpften Schwingungen immer mehr in schwächer und schwächer gedämpfte Schwingungen umzuformen und so allmählich mehr und mehr zu ungedämpften Schwingungen überzugehen. Obgleich wohl die Mehrzahl der Anwesenden die Grundbegriffe kennt, möchte ich doch mit einem ganz primitiven Apparat hier den Unterschied zwischen gedämpften und ungedämpften Schwingungen noch einmal zeigen.

Hier ist ein Pendel. Wenn ich dieses in Schwingungen versetze, so beobachten wir eine bestimmte Schwingungszahl (so und so viel Schwingungen pro Sekunde) und eine bestimmte Schwingungsweite oder Schwingungsamplitude. Das Hervorrufen dieser Schwingungen kann durch verschiedene Methoden erfolgen. Ich gebe dem Pendel einen einmaligen Anstoß und überlasse es sich selber. Es schwingt in seinen Eigenschwingungen aus. Wenn Sie längere Zeit beobachten, finden Sie, daß die Schwingungsweiten infolge des Energieverbrauchs durch Reibungsverluste allmählich kleiner werden. Schließlich bleibt das Pendel stehen. Wir erhalten so das Bild einer gedämpften Schwingung. Die Erregung dieser gedämpften Schwingung durch eine einmalige Energieübertragung erfolgt durch einen Stoß. Man nennt daher diese Art der Energieerzeugung: Stoßerregung.

Die zweite Art der Schwingungserregung ist die, dem Pendel bei jedem Hin- und Hergang einen kleinen Betrag an Energie hinzuzufügen, und zwar im richtigen Moment, so daß die Schwingung nicht gestört, sondern unterstützt wird. Ist die Energie so bemessen, daß die Verluste gedeckt werden, bleibt die Schwingungsweite dauernd konstant. Dies ist dann das Bild einer ungedämpften Schwingung.

Die Entwicklung der Sendeeinrichtung bewegte sich also in der Linie der immer verringerten Dämpfung bis zu der Einführung der ungedämpften elektrischen Schwingungen. Wir werden nachher bei der speziellen Anwendung für die Schiffstelegraphie sehen, inwieweit dies auf dem Gebiete der Bordstationen zutrifft.

Die hier eben erweckten Vorstellungen müssen jetzt noch ein wenig erweitert werden. Zwischen diesen beiden Erregungsarten — der stoßerregten und der ungedämpften Schwingung — gibt es noch eine große Fülle von Möglichkeiten, die auch teilweise in die Praxis Eingang gefunden haben. Die Energiezufuhr kann auch regelmäßig, wenn auch nicht gerade für jede der folgenden Schwingungen erfolgen, aber für jede 3., 5. o. dgl. Bei der reinen stoßerregten Schwingung sollte nach der Energiezufuhr die Energiequelle sofort abgelöst werden, so daß das Schwingungssystem frei und unbeeinträchtigt zum Ausschwingen kommt. In der ersten Phase der drahtlosen Technik waren die Mittel hierfür noch nicht gegeben. Bei den alten Funkensendern, wie sie von Marconi, Slaby und Braun eingeführt wurden, klebte die „elektrische Hand“ auch nach der Schwingungserregung noch an der erregten Schwingung. Professor Braun hat in einem Vortrage vor der Schiffsbautechnischen Gesellschaft, ich glaube, vor 15 Jahren hierfür das Gleichnis gebraucht: Der Funke verhalte sich wie Uranus, der seine eigenen Kinder, die Schwingungen, auffrißt. Die damalige Erregerform hatte den Nachteil, daß das Fortbestehen des Funkens eine ununterbrochene Rückwirkung auf die Schwingung ausübte und dadurch eine Vergrößerung der Dämpfung und noch andere Unzuträglichkeiten herbeigeführt wurden.

Die reine Stoßerregung, wie ich sie hier demonstriert habe, gibt es in der Praxis der elektrischen Schwingungserzeugung noch nicht. Als Schiffsstation ist die sog. tönende Löschfunkenstation heute die übliche. Sie hat das Merkmal, daß die Energie nicht mit einem einzigen Stoß in das Schwingsystem hineingeht, sondern daß 4—7 Stöße erfolgen und dann das elektrische System hinterher frei ausschwingt. Dieser Fall kommt dem demonstrierten ziemlich nahe. Ein solches elektrisch schwingendes System, z. B. die Schiffsantenne macht im ganzen etwa 60—70 Schwingungen, ehe sie zur Ruhe kommt. Nur während der ersten 4—7 ist der Stoßkreis noch mit der Antenne verbunden. Der Rest der Antennenschwingungen klingt frei ab, wie es hier bei der idealen Stoßerregung zu sehen war.

Soviel über die Entwicklungslinien in physikalischer Hinsicht für die Sender.

Für die Empfänger ging die Entwicklung hauptsächlich nach der Richtung der zunehmenden Empfindlichkeit. Ein Empfänger an irgendeinem Platz aufgestellt, erhält an diesem Platze eine Intensität, welche durch den Abstand der fernen Sender, durch deren Intensität, durch die Absorption der Wellen unterwegs und durch noch andere Größen gegeben ist. In jedem Kubikmeter Raum besteht eine bestimmte elektromagnetische Energie. Je empfindlicher der Empfänger gemacht wird, um so weniger Energie in der Antenne ist nötig, um lesbare Signale zu erhalten. Diese Entwicklungslinie der steigenden Empfindlichkeit geht vom primitiven Kohärer, über den Braunschen Detektor als Anzeiger für die elektrischen Schwingungen, um sie hör- oder sichtbar zu machen, bis zur heutigen Kathodenröhre. Die Kathodenröhre sowohl als Anzeiger wie als Verstärker hat eine ungeheure Steigerung der Empfängerempfindlichkeit mit sich gebracht. Die Apparate, welche ich Ihnen heute vorführen werde,

sind durchweg mit einer oder sogar mit vier, fünf und noch mehr Kathodenröhren ausgestattet. Mittels der Kathodenröhre kann die Empfindlichkeit
bis in das geradezu Ungeheuerlichste gesteigert werden. Die Signale, welche
in unserer Empfangsstation Geltow bei Potsdam von Amerika aufgenommen
werden, erhalten eine Verstärkung der ankommenden Energie in gleichem Verhältnis wie die Geschwindigkeit einer Schnecke zu der eines Lichtstrahls. Diese
Steigerung könnte noch vermehrt werden, wenn sie nicht von den atmosphärischen
Störungen begrenzt würde, an deren Überwindung die drahtlose Technik im
ganzen Verlaufe ihrer ersten 20 Jahre, unausgesetzt und leider noch nicht mit
völligem Erfolge gearbeitet hat. Die atmosphärischen Störungen werden nämlich auch durch die Verstärkungsmittel gesteigert, allerdings nicht ganz im
gleichen Maße wie diese. Deshalb gibt es praktisch eine Höchstgrenze der Empfindlichkeit, bei der das relativ günstigste Verhältnis zwischen Signalstärke
und atmosphärischen Störungen gewonnen wird.

Neben der Empfindlichkeit ist die Steigerung der Selektion zur Ausscheidung
fremder Störer und der atmosphärischen Störungen in der Entwicklungslinie
der Empfänger festzustellen.

Ein wirksames Mittel hierfür ist die Richtwirkung. Der Empfänger wird
so gebaut, daß die Energie nicht aus allen Richtungen des Raumes gleich gut
aufgenommen wird, sondern daß bestimmte Richtungen bevorzugt werden.
Auch auf diese Möglichkeit hat vor 15 Jahren Professor Braun in dem erwähnten
Vortrag hier hingewiesen. Er hat sogar die Mittel angegeben, dies auch bei
Sendern zu erreichen. Indessen ist auf diesem Gebiete bisher noch nicht viel
geschehen. Über kurz oder lang wird aber auch dieses Problem in Angriff genommen werden. Anders für die Empfänger. Wir nutzen heute den Richt-
effekt für den Empfang von Großstationen im transatlantischen Betriebe aus.
Wir brauchen ihn ferner für die im Saale hier aufgestellten Empfänger, die zu
Peilzwecken dienen.

Soweit die physikalischen Richtlinien der Entwicklung.

Die technische Entwicklung kann ich kurz erledigen. Es ist die bei allen
Entwicklungen festgestellte Linie der fortschreitenden Funktionsteilung, wie
sie sich auch in der Entwicklung der organischen Natur vollzieht. Jede Aufgabe
wird in ihre Elemente zerlegt und es werden die Mittel zur Lösung der Teilaufgaben angewendet. Gerade in der Entwicklung der drahtlosen Technik ist
die fortschreitende Funktionsteilung besonders klar ausgeprägt. Denken wir
an die Zeit von 1898/1900 zurück. Damals war in einem Organ des Senders
alles vereinigt; in einem einzigen elektrischen Kreise wurde die Umformung
der Energie auf Hochfrequenz vorgenommen, derselbe Kreis — die Antenne —
hatte gleichzeitig die Funktion der Strahlung. Erst später wurden diese einzelnen
Funktionen getrennt und für jede eine besondere Einrichtung geschaffen. Die
weitgehendste Funktionsteilung aber ist bei den Hochfrequenzmaschinen, besonders der von Telefunken, erkennbar.

Ich möchte jetzt noch eine kurze Übersicht geben über die modernen Methoden,
die Senderschwingungen zu erzeugen. Nach der alten Marconi- und Braun-

schen Funkenerregung kamen unsere tönenden Löschfunkensender. Diesen folgte die Ära der ungedämpften: die Bogenlampe, die Hochfrequenzmaschine und die Kathodenröhre. Die Bogenlampe kommt für die Schiffsstationen, soweit es sich um Handelsschiffe handelt, nicht in Frage. Es ist mir nicht bekannt, daß an Bord eines Handelsschiffes ein Bogenlampensender installiert wäre.

Die Maschine hat heute einen einwandsfreien Sieg über die Bogenlampe erfochten, soweit es sich um große elektrische Leistungen, also um Großstationen handelt. Die Hochfrequenzmaschine ist nämlich das Mittel, das gestattet, beliebige Energiemengen in elektrische Schwingungen umzusetzen. Es ist nur noch eine Frage der Rentabilität einer Station, bis zu welcher Größe der Maschine zu gehen ist. Man könnte solche bis zu 1000 kW oder noch mehr bauen. Jedoch

Abb. 1. Moderner Röhrenempfänger für Primärempfang.

werden für Maschinen von über 400 kW die Installations- und Betriebsunkosten so groß, daß die Telegrammeinnahmen in Konkurrenz mit den Kabeltarifen keine ausreichende Verbesserung mehr ermöglichen. Erst um 50 kW herum ist eine genauere Rentabilitätswertung nötig zur Entscheidung der Frage, ob Maschinen- oder Bogenlampensender — soweit es sich um die Rentabilität handelt — aber ein anderer Gesichtspunkt tritt mehr und mehr in den Vordergrund: die technischen Forderungen sind auf Grund der guten Erfahrungen mit der Maschine derartig gestiegen, daß die Bogenlampe diesen namentlich in Hinsicht auf störungsfreien Dauerbetrieb, Schnelltelegraphie und anderen Punkten nicht mehr genügt. Auch für die 50 kW-Leistung ist der Lampe neben der Maschine noch ein überlegener Konkurrent entstanden: der Kathodenröhrensender.

Nachdem die Kathodenröhre — eine Erfindung des verstorbenen österreichischen Ingenieurs v. Lieben — als Verstärker aufgetreten ist, kam die entscheidende Erfindung von Alexander Meißner, Oberingenieur der Gesellschaft für drahtlose Telegraphie. Durch Meißner wurde aus dem Röhrenverstärker ein Generator für ungedämpfte Schwingungen. Und diese kleinen Glasröhren, die Kathodenröhren, die Sie hier sehen, welche erst mit größtem Mißtrauen betrachtet wurden, weil sie ein Rückfall in die überwundene Glas- und Siegellackzeit schienen, haben sich in kürzester Zeit überall auf der Welt durchgesetzt. Zahlreiche anfängliche Fehler wurden beseitigt. Man ist heute in der Lage, Röhrensender zu bauen, die 40, 50, vielleicht noch mehr Kilowatt Schwingungsleistung für den Luftdraht liefern. Die Hochvakuum-Kathodenröhre hat sich behauptet.

Ich habe sogar vor einigen Tagen in England die allergrößte Station gesehen, die mit Kathodenröhren gebaut ist. Aber ich habe persönlich den Eindruck, daß von 50—100 kW die Röhre gegenüber der viel einfacheren Maschine doch nicht aufkommen wird.

Für Sender kleinerer Leistung hat die Kathodenröhre jedoch heute in der Tat eine sehr erhebliche Bedeutung; hauptsächlich dort, wo es sich um die Erzeugung ganz kurzer Wellenlängen handelt. Der Wellenbereich der Hochfrequenzmaschine, deren Merkmal die magnetische Ausnutzung des Eisens ist, ist beschränkt. Die Magnetisierung des Eisens folgt zwar noch selbst den sehr hohen Periodenzahlen von 200 000—300 000 in der Sekunde, die den elektrischen Wellenlängen von 1,5—1 km entsprechen, aber die Verluste werden hierbei sehr groß und hierin liegt die Begrenzung für die ökonomische Ausnutzung der Maschine bei der Erzeugung sehr kurzer Wellen.

Die Gesellschaft für drahtlose Telegraphie ist die erste gewesen, die eine Hochfrequenzmaschine für Schiffswellen auf einem Schiff installiert hat, und zwar für eine Welle bis unter 2 km. Das Riesenschiff „Vaterland" lief in den Juli-Tagen des Jahres 1914 mit einer 5 kW-Maschine nach Amerika aus. Schon bei den ersten kurzen Versuchen zeigte es sich, daß es durchaus möglich ist, auf großen Schiffen Hochfrequenzmaschinen zur Erzeugung ungedämpfter Schwingungen anzuwenden; natürlich nur dann, wenn es sich um große Leistungen und Entfernungen handelt.

Gestatten Sie mir jetzt zum Schluß des ersten Teiles noch einen Ausblick auf die Großstationen! Diese sind ein besonders wichtiges Kapitel der drahtlosen Entwicklung. Mit wenigen Sätzen will ich die Leistungen kennzeichnen, die heute im transatlantischen Betriebe zwischen Deutschland und den Vereinigten Staaten erzielt werden.

In Deutschland arbeiten nach Amerika 2 Stationen (jetzt in gemeinschaftlicher Betriebsorganisation), nämlich die Station Nauen und die Station Eilvese, letztere mit der Goldschmidtschen Maschine ausgerüstet. Beide Stationen telegraphieren an die Stationen der Radio Corporation in Nordamerika. Diese Gesellschaft stellt 1—2 Sendestationen ihrerseits zu dem Verkehr mit Deutschland zur Verfügung. Als Empfangsstationen dienen in Deutschland hauptsächlich die Station Geltow, in Amerika je nach Bedarf 2—3 Empfangsanlagen. Dieser Verkehr hat sich durch Verbesserung der Betriebseinrichtungen und der Technik so gesteigert, daß an stark besetzten Tagen von Nauen allein etwa 15 000 Worte übertragen werden. In Zeiten, wo die atmosphärischen Störungen nicht besonders stark sind, wird Schnelltelegraphie benutzt, und dabei wird eine Wörtergeschwindigkeit von 60—80 Wörtern pro Minute erzielt. Es ist interessant zu sehen, daß, wenn eine solche Schnell-Telegraphie-Periode eingesetzt hat, schon nach kurzer Zeit, nach 1—2 Stunden, die Voratskammer des deutschen Reiches an Telegrammen ausgekehrt ist.

Um ein Bild zu geben, was 60—80 Worte für eine Leistung sind, möchte ich erwähnen, daß eine Seite einer Zeitung mittleren Formats bei einer Geschwindigkeit von 80 Wörtern in ungefähr 20 Minuten übertragen wird.

Neben der Schnelltelegraphie haben wir auch die jetzige Art des Betriebes, wie sie in der Kabel- und Drahttelegraphie üblich ist, den sog. Duplexverkehr, eingeführt. Auf beiden Seiten wird gleichzeitig gesendet und gleichzeitig empfangen. Das ist betriebstechnisch notwendig. Stellen Sie sich z. B. vor, es wird mit Schnelltelegraphie gearbeitet. In die Papierstreifen ist die Morseschrift vorher auf einer Stanzmaschine eingelocht worden. Durch einen Motor wird das Lochband durchgezogen und ein Sender so automatisch betätigt. Plötzlich tritt eine Störung am Empfänger ein; nun kommt es darauf an, den Sender sofort zum Halten zu bringen. Neben dem Aufnahmeapparat ist hierzu eine Taste vorhanden, durch welche sofort der Sender angehalten wird.

Die Organisation des Telegraphenbetriebes ist so, daß in einer Zentralstelle, z. B. im Hauptpostamt, das gesamte Telegraphenpersonal sitzt, das nach der einen Richtung die Telegramme zum Senden überträgt, und von der anderen Richtung die angekommenen Telegramme aufnimmt. Die Sendestation ist eine Maschinenhalle, in der die Hochfrequenzmaschinen laufen, und wo Monteure und Maschinisten mit den Händen in den Taschen herumgehen und die Instrumente kontrollieren. Ähnlich bei der Empfangsanlage, welche eine Art Stilleben ist, beaufsichtigt von einem Elektriker. Alle Telegraphisten sitzen auf dem Haupttelegraphenbüro, dem „Hirn" der Anlage.

Der transatlantische Verkehr muß mit Steigerungen rechnen. Die Telegrammkurve läßt das deutlich erkennen.

Neben dem gleichzeitigen Senden und Empfangen, dem Duplexverkehr, ist auch schon der Diplex- und stellenweise der Triplexverkehr in Nauen eingeführt. Nicht ein Sender arbeitet allein nach Amerika, sondern 2, ja sogar 3 Sender senden gleichzeitig. Alle Maschinen laufen ungestört nebeneinander und liefern die elektrischen Schwingungen, die von einem großen System von Antennen ausgestrahlt werden. Die gleichzeitig abgegebenen Telegramme unterscheiden sich durch die verschiedenen Wellenlängen. Ein Unterschied von 1—2% genügt, um gleichzeitig getrennt aufnehmen zu können. Auch in der Geltower Empfangsstation werden mehrere Telegramme gleichzeitig von Amerika aufgenommen.

Was die Wörterleistung, die Geschwindigkeit und Sicherheit der Übermittlung betrifft, so ist die drahtlose Technik jetzt so weit, daß sie zweifelsohne einen Teil der Aufgabe sogar besser lösen kann als das Kabel. Natürlich sind dabei noch in bestimmter Hinsicht Nachteile gegenüber dem Kabel vorhanden, z. B. die mangelnde Geheimhaltung. Man darf aber nicht verkennen, daß Geheimcodes usw. Mittel sind, die Lesbarkeit der Telegramme so lange zu verzögern, bis es keinen praktischen Wert mehr hat, sie geheimzuhalten.

Eine Rekordzahl für das schnelle Arbeiten der Amerikalinie möchte ich noch nennen. Eine Anfrage des Hauptpostamtes hier nach Amerika war einmal nach $2^1/_4$ Minuten bereits erledigt!

Nachdem die Sender zur Erzeugung ungedämpfter Schwingungen, sei es als Maschinensender, sei es als Röhrensender, den heutigen hohen Grad von Betriebs-

Abb. 2. Zwei moderne Röhrenempfänger für Sekundärempfang.
In den Kästen die auswechselbaren Spulen zum Empfang verschiedener Wellenbereiche.

sicherheit und Konstanz erreicht haben, ist die drahtlose Telephonie ein neuer Gegenstand unserer Technik geworden.

Diese erfolgt bekanntlich in der Weise, daß ein kontinuierlicher Zug ungedämpfter Wellen dauernd vom Sender ausgestrahlt wird, und daß die elektromagnetische Energie, wie sie beim Besprechen eines gewöhnlichen Mikrophons entsteht, dem ungedämpften Wellenzuge überlagert, ihm gewissermaßen aufgepfropft wird. An der Empfangsstelle läßt sich dann eine Trennung der Schwingungen derartig vornehmen, daß die Mikrophonenergie in ihrer ursprünglichen Gestalt wieder zum Vorschein kommt, so daß die Sprache der Eingangssprache gleicht. Die Kathodenröhrenverstärker sind ein vorzügliches Mittel, um die schwache Mikrophonenergie so zu verstärken, daß sie in einem bestimmten notwendigen Mindestverhältnis zur Strahlungsenergie steht und diese in genügend starker Weise beeinflußt.

Die Hochfrequenzsender können über längere Leitungen, z. B. aus dem Telephonapparat eines Stadtnetzes von ferne besprochen werden, und die Empfangsapparate können das ankommende Gespräch wiederum auf Telephonleitungen, z. B. auf ein Stadtnetz übertragen. Die Hochfrequenzanlage bildet demnach ein drahtloses Zwischenglied in einer Draht-Telephonanlage.

Die Hochfrequenzmaschinen in Nauen können und sind für die Telephonie bereits benutzt worden. Ihre mehrere 100 kW betragende Antennenschwingung konnte dank der Kathodenröhrenverstärkung in genügender Weise beeinflußt werden. In Königswusterhausen ist ein stärkerer Kathodenröhrensender der Telefunkengesellschaft, der bis zu den äußersten Grenzen Deutschlands bequem reicht, als Telephoniesender seit längerer Zeit im Versuchsbetriebe.

Die drahtlose Telephonie hat eine besondere Anwendung erhalten zur besseren Ausnutzung vorhandener Drahtleitungen. Die Hochfrequenzenergie wird auf einen vorhandenen Draht übertragen und läuft an diesem entlang, wobei nur ein geringer Teil sich als Strahlungsenergie ablöst. Diese leitungsgerichtete Telephonie hat in Deutschland sowohl als Ergänzung der knappen und in nicht besonderem Zustande befindlichen Telephonleitungen Verwendung gefunden und ist auch von unserer Gesellschaft zum ersten Male zur Verbindung von Elektrizitätswerken benutzt worden. Im letzteren Falle übertragen wir die elektrischen Schwingungen auf die vorhandenen Hochspannungsleitungen.

Bei der Mehrfachtelephonie auf den Postleitungen werden neben den ungestört weitergehenden Drahtverbindungen 3—4 Hochfrequenzgespräche auf das Leitungsbündel hinzugefügt. Viele von Ihnen haben wahrscheinlich, ohne es zu wissen, schon wiederholt beim Sprechen nach bestimmten Städten Deutschlands sich der leitungsgerichteten Telephonie bedient. Berlin ist mit Hannover, Stralsund, Frankfurt a. M. u. a. Städten auf diesem neuen Wege telephonisch verbunden, und das Fernamt wählt diese Verbindungen, sobald die Drahtleitungen besetzt sind.

Ich komme jetzt zum speziellen Teil, zu den Fortschritten, welche die drahtlose Telegraphie auf den Schiffen gemacht hat.

Das auffallendste bei den Schiffstationen ist die größte Vermehrung der Stationszahlen nach dem Kriege. Auf allen Handelsschiffen der Welt sind im ganzen jetzt etwa 13 500 Stationen installiert, d. h. es ist eine bedeutend größere Zahl als vor dem Kriege. Jede dieser Stationen bedeckt mit ihrer elektrischen Strahlung eine Fläche von etwa 500—1000 km Radius! Das gibt eine Vorstellung von dem ungeheuren Durcheinander elektromagnetischer Wellen auf dem Weltmeer! Namentlich wenn die Schiffe enger aneinanderkommen und telegraphieren, wie z. B. im Kanal, ist dies besonders stark. Trotzdem ist ein geordneter Betrieb vorhanden, und zwar dadurch, daß eine zweite internationale Regelung schon im Jahre 1912 bestimmte Vorschriften über den Dienst der Schiffe untereinander und mit den Küstenstationen, über das Weitergeben von Nachrichten von Schiff zu Schiff als Relais und vor allem über die zu benutzenden Wellenlängen gegeben hat. Entsprechend der stärkeren Verdichtung der Stationen in der Nachkriegszeit und entsprechend der fortgeschrittenen Technik war indessen eine Neuregelung für den Schiffsverkehr notwendig. Diese Neuregelung ist zunächst in Form einer Vorbesprechung in Washington erfolgt und an das bisher Bestandene angeknüpft. Über das Bisherige ist insofern hinausgegangen worden, als die Benutzung weiterer bestimmter Wellen für bestimmte Zwecke hinzugekommen ist, so z. B. besondere Wellen für die Peilung, auf die wir gleich noch zu sprechen kommen werden. Es sind ferner neue Vorschriften gegeben für die Schiffe, welche mehrere Stationen an Bord führen, z. B. eine für ungedämpfte Schwingungen neben dem Funkensender. Die neuen Vorschriften reservieren bestimmte Wellen für den ungedämpften Sender. Die neuen Vorschriften stellen aber auch neue Anforderungen an das Bedienungspersonal. Die alte Konferenz von 1912 war darin sehr vorsichtig. Sie, meine Herren, sind ja zum Teil Sachverständige auf diesem Gebiete. Sie werden wissen, welche Schwierigkeiten es machte, aus dem Bordpersonal geeignete Telegraphisten, namentlich für hohe Wörterleistungen herauszufinden und auszubilden. In der Beziehung hat die vergrößerte Zahl der Schiffe und die Einführung der ungedämpften Wellen die Schwierigkeiten vermehrt. Die Washingtoner Konferenz hat für einen Telegraphisten I. Klasse eine höhere Wörterleistung verlangt, als bisher, und auch die Mindestleistung für einen Telegraphisten II. Klasse vergrößert. Sie macht aber eine Konzession, in dem sie neben dem Telegraphisten eine neue Kategorie, den Lauscher, einführt, der nur auf ein bestimmtes Signal aufzupassen hat. Auf die Einzelheiten können wir natürlich in der knappen Zeit nicht eingehen. Ich möchte nur darauf hinweisen, daß die Vergrößerung der Stationszahl, die Verdichtung der Stationen auf der Welt, die Einführung der ungedämpften Schwingungen — alles dazu geführt hat, daß die Regelung schärfer geworden ist und höhere Anforderungen an die Telegraphisten gestellt werden. Nicht annähernd in dem Maße wie die Schiffstationen sind die Küstenstationen gestiegen, und dadurch entsteht das uns aus den Kriegszeiten gewohnte Bild, daß mehrere Schiffe gleichzeitig mit einer Küstenstation sprechen wollen und daß die Schiffe dann „anstehen" müssen, weil erst ein Schiff zu Ende gesprochen haben muß, ehe das nächste herankommt. Auch in Rücksicht hierauf ist es natürlich wünschenswert, daß an Bord von Schiffen, die viele Telegramme haben, nur erstklassige Telegraphisten arbeiten, um Versehen zu vermeiden und durch höchstmögliche Wortgeschwindigkeit die Abwicklung zu beschleunigen.

Neben der Washingtoner Regelung ist noch eine zweite, die uns interessiert. Das ist das Londoner Gesetz über die zwangsweise Einführung der Bordstationen. Dieses Gesetz ging hauptsächlich von dem Gedanken der Sicherung des Lebens auf See aus und führte zu der Verordnung, daß jedes Schiff von mindestens 1200 t aufwärts eine drahtlose Station haben muß. Dies gilt für jedes Schiff englischer Flagge und auch für jedes Schiff, das einen englischen Hafen anläuft. Dieses Gesetz vom August 1919 hat zu einem ungeheuren Anwachsen der Installationszahl geführt, denn die meisten englischen Schiffe müssen England anlaufen. Das Gesetz fordert ferner, daß der drahtlose Apparat ununterbrochen durch einen Beobachter besetzt ist, damit dieser einen evtl. eingehenden Notruf hört und beantwortet. Gemäß diesem Gesetze darf aber von einer dauernden Beobachtung Abstand genommen und damit ein Telegraphist gespart werden, wenn ein Empfangsapparat benutzt wird, der auf den Notruf, und zwar nur auf diesen, anspricht und dabei ein laut hörbares Signal gibt. Auf diesen wichtigen Punkt komme ich später zurück.

Kurz zusammengefaßt, hat die Bordstation heute folgende Funktionen: Telegrammwechsel mit Schiffen, mit Küstenstationen, Weitergeben von Telegrammen als Vermittler zwischen zwei sehr entfernten Schiffen. Daneben die Aufnahme von solchen Telegrammen, welche an eine Vielheit von Adressaten gerichtet ist. Das sind Zeitsignale und die verschiedenen Arten des Pressedienstes, welche z. B. in Deutschland von Nauen und Eilvese zu bestimmten Zeiten abgegeben werden. Durch den Spezialdienst der letzteren Art darf aber nie die Möglichkeit aufhören, einen Notruf aufzunehmen oder mit einem anderen Schiffe gleichfalls zu korrespondieren.

Neben diesen Nachrichtenübermittlungen ist noch eine neue Anwendung hinzugekommen: Die Bestimmung der Schiffslage durch elektrische Wellen: Die Peilung.

Beschäftigen wir uns einen Augenblick mit dieser. Es sind zwei Wege prinzipiell möglich: entweder die Ladestation peilt das Schiff oder das Schiff peilt die Ladestation.

Abb. 3. Andien als Zusatzgerät zu einem Desektorempfänger.

Der erste Weg ist in den Vereinigten Staaten beschritten worden. Auf bestimmten wichtigen Küstenpunkten hat die Regierung Peilsender mit 800 m Welle aufgestellt, eine Welle, die in der Vorkonferenz von Washington hierfür schon vorgesehen ist. Jedes Schiff, das vorbeifährt, weiß, wo die Peilstation steht. Kommt es an die Peilstation etwa auf 200—300 Meilen heran, so ruft es die Peilstation mit seinem Schiffsnamen und sagt: bitte mich peilen! Darauf sagt die Peilstation: fertig! Und nun erfolgt die Peilung. Auch hierfür sind spezielle technische Vorschriften erlassen. Nach einigen Minuten, wenn die Operation geglückt ist, antwortet die Landstation: Du bist auf der und der Linie bzw. wenn zwei Landstationen sind: Du bist auf dem Punkte.

Diese Methode hat einen psychologischen Fehler. Nicht der Kapitän bzw. der Schiffsoffizier führt die Peilung aus, sondern er muß sie auf Treu und Glauben vom Landpeiler übernehmen. Es ist schwer zu sagen, ob dies Mißtrauen überwunden werden wird. Ich erinnere nur an das Einschießen der Artillerie im Kriege nach Beobachtungen der Flugzeuge. Das Kommando war dem Artillerieoffizier entzogen und dem Flugzeug übertragen. Das gab dauernde Schwierigkeiten.

Die Landpeilung hat aber zahlreiche Vorteile. Mit sehr wenigen Landstationen können sehr viele Schiffe gepeilt werden und jedes Schiff kann seinen gewöhnlichen Apparat behalten. Die Peilleute bekommen eine große Routine im Peilen, arbeiten fehlerfrei und schnell.

Da hinten (Demonstration) haben wir einen solchen Landpeiler aufgestellt. Er erzielt eine sehr große Genauigkeit.

Die zweite Möglichkeit ist die: das Schiff peilt selber. Eine besondere Schwierigkeit ist die passende Aufstellung des Peilempfängers an Bord. Das Eisen des Schiffes und die Masten dürfen die Welle nicht abbiegen, sie soll die Richtung beibehalten, die sie auf dem freien Wasser hatte. Ferner schwankt das Schiff und damit ändert sich die Stellung des Rahmens, die den Schwankungen folgt. Dementsprechend sind auch die bisherigen Resultate, welche mit den Schiffspeilern erzielt worden sind, bei näherer Betrachtung durchaus unbefriedigend; bei bestimmten gegebenen Verhältnissen wurden sehr erhebliche Fehler bei der Peilung festgestellt, so große, daß ein Verlaß auf diese Art der Peilung bisher nicht vorhanden ist. Durch die langjährigen systematischen Arbeiten, insbesondere diejenigen des Herrn Oberingenieurs Leib der Gesellschaft für drahtlose Telegraphie dürften diese Schwierigkeiten jetzt alle als überwunden angesehen werden. Im nächsten Sommer wird ein neuer allen diesen Schwierigkeiten Rechnung tragender Apparat von unserer Gesellschaft herausgebracht.

Welches die Weiterentwicklung der Peilmethoden sein wird, ist schwer zu sagen. In Ländern, wo keine Landpeiler vorhanden sind, und dies ist heute die große Mehrzahl der Länder, wird die Bordpeilung zunächst unbedingt eingeführt werden. Es werden also voraussichtlich beide Arten nebeneinander in Anwendung kommen und es wird sich dabei irgendein praktischer Kompromiß bilden.

Über das Peilen im allgemeinen möchte ich schließlich noch darauf hinweisen, daß neben den elektrischen Wellen auch noch die Unterwasserschallsignale und die Wegweiserkabel zur Verfügung stehen. Schon im Jahre 1914 ist von einer deutschen Schiffstagung die Anregung gemacht worden, daß regierungsseitig das Zusammenwirken dieser Methoden in die Hand genommen werden möge. Nähert sich ein Schiff einer Peilstelle, so wird nach dem heutigen Stande der Technik bei Entfernungen von 100 Meilen bis auf etwa 5 herab die elektrische Welle als Peilmittel ausgenutzt werden. Unter 5 Meilen herangekommen, sollte das Unterwasserschallsignal diese Funktion übernehmen und schließlich sollte das Schiff sich vom Wegweiserkabel führen lassen. Ein solches wurde zuerst für die Leitung der U-Boote in Deutschland angewendet und ist jetzt bei der Hafenausfahrt von Newyork in öffentliche Benutzung genommen worden. Das Schiff läßt sich sehr leicht durch einen an Bord befindlichen Hörapparat das Wegweiserkabel entlang führen.

Betrachten wir jetzt die für die nächste Zukunft zu erwartenden Änderungen und Verbesserungen der Bordstationen. Die Funkensender werden in ihrer heutigen Form als tönende Löschfunken noch weiter Verwendung finden, und zwar wegen ihrer großen Einfachheit und ihrer Betriebssicherheit. Andererseits aber werden eine Anzahl zusätzlicher neuer Apparate hinzukommen. Es müssen heute, namentlich bei großen Fahrgastdampfern, auch mitten vom Ozean aus, gleichzeitig nach beiden Kontinenten gute Verbindungen vorhanden sein. Als Ergänzung des Funkensenders werden daher ungedämpfte Sender von einigen Kilowatt hinzukommen. Hier haben wir (Demonstration) z. B. einen solchen ausgestellt, nämlich einen Röhrensender für eine Kilowatt-Antennenleistung. Daneben noch einige kleinere Röhrensender für 100—300 Watt Antennenleistung.

Ich komme jetzt zu der Hauptvorführung des Projektes, den Notanruf. Die gestellte Aufgabe erscheint höchst einfach: es soll eine Glocke zum Läuten gebracht werden. Bei der Drahttelephonie und Telegraphie ist dies eine Lächerlichkeit, in der drahtlosen Telegraphie aber war es ein furchtbares Problem, an dem wir uns 20 Jahre lang die Zähne ausgebissen haben. Die erste Voraussetzung für die Möglichkeit einer Lösung ist die Kathodenröhre. Der Apparat, der hier vorn (Demonstration) halb links steht und in der Mitte die Glocke hat, zeigt eine solche brennende Kathodenröhre. Die ankommende Energie wird durch mehrere Röhren auf das Vielfache verstärkt und so umgeformt, daß ein Relais betätigt werden kann.

Die Aufgabe ist aber noch schwieriger. Bedenken Sie, wieviel Schiffe heute im Kanal herumtelegraphieren, wie sie alle mit 2 oder 3 internationalen Wellen gleichzeitig funken! Das Läuten wäre ununterbrochen dabei. Es soll aber nur unter einer ganz bestimmten Voraussetzung eintreten, nämlich nur, wenn das Seenotsignal gegeben wird. Wenn andere Telegramme auch auf der gleichen Welle gegeben werden, dann darf es nicht läuten. Diese schwierige Aufgabe ist durch ein mechanisches Prinzip gelöst worden. Denken Sie an das Pendel. An der Empfangsstation ist ein kleines Pendel vorhanden und dieses Pendel wird allmählich aufgeschaukelt durch sich folgende abgestimmte Impulse, die vom Sender aus gegeben werden. Wir haben also an dem Apparat nicht nur die übliche Abstimmung der elektrischen Wellen, sondern wir haben noch eine zweite mechanische Abstimmung, eine Abstimmung, die zwischen den rhythmischen Stößen des Senders und dem Empfangspendel besteht. Dieses hat eine Schwingungszahl von ungefähr 150 pro Minute. Die Abstimmung ist so scharf, daß, wenn wir statt des Rhythmus von 150 per Minute 155 oder 145 geben, kein genügendes Aufschaukeln erfolgt. Das Aufschaukeln dauert stets einige Zeit, denn es sind etwa 15 Stöße erforderlich, bis durch das Pendel ein Kontakt geschlossen wird und die Glocke ertönt. Wir werden nun zeigen, einerseits, daß abgestimmte Impulse das Läuten herbeiführen und andererseits, daß selbst vielfach größere Intensitäten als Störungen die Klingel nicht zum Ansprechen bringen. Wenn die starken Störungen vorhanden sind, wird das Aufschaukeln insofern beeinträchtigt, als nicht schon nach 15 abgekürzten Stößen, sondern erst nach 20, 30 oder 40 das Ansprechen erfolgt. Die Zeit wird also etwas länger. (Vorführung.)

Auf dem Tisch sind die Apparate in mehrere Gruppen geteilt. Die Anordnung stellt eine Empfängeranlage dar, bei welcher mit einem Luftdraht gleichzeitig und unabhängig voneinander 2 Empfangsapparate betätigt werden können. Der eine Apparat ist auf eine längere Welle, der andere auf eine kürzere gestellt. Es entspricht die dem Falle an Bord der Schiffe, wo der Empfangsapparat gleichzeitig neben dem Presseempfang einer Großstation auch noch den Schiffsverkehr ermöglichen soll und besonders die Aufnahme des Notrufes in jedem Augenblick. Zwei Geber arbeiten gleichzeitig auf diese Empfangsanordnung. Beides ungedämpfte Sender. Der eine steht in der Neuen Friedrichstraße und gehört dem Funkversuchsamt. Wir verdanken es der Freundlichkeit des Postrats Dr. Harbich, daß dieser Sender für unsere jetzigen Versuche arbeiten darf. Es ist ein 1 kW-Röhrensender unserer Gesellschaft, welcher sowohl als ungedämpfter Telegraphiersender, wie als Telephoniesender arbeiten kann. Dieser Sender soll jetzt den Notanruf geben. Um ihn im ganzen Saale hörbar zu machen, ist hier rechts auf dem Tisch ein lautsprechendes Telephon aufgestellt, welches einen durch mehrfache Kathodenröhren verstärkten Empfangsstrom erhält. Wir hören jetzt das rhythmische Zeichen. Es kommt mit einer Regelmäßigkeit, die Ihnen zeigt, daß an der Sendestelle ein besonderer Geber nach Art eines Metronomen in ganz konstantem Takte den Senderstrom schließt und öffnet. Unser Pendel ist auf diesen Takt abgestimmt. Sie hören jetzt das Glockensignal. Wenn Sie mitgezählt haben, werden Sie festgestellt haben, daß ungefähr 20 Impulse notwendig waren, bis die Glocke ertönt. Der zweite Sender, den wir hier aufnehmen, ist im Wernerwerk aufgestellt und sendet eine etwa doppelt so lange

Abb. 4. Anruf im Sekundenrhythmus mit Hilfe einer Taschenuhr.

Welle. Sie hören jetzt gleichzeitig das sich immer wiederholende Buchstabenzeichen der Wernerwerkstation. Der Postsender hat jetzt das Anrufzeichen eingestellt und fängt an, einer Verabredung gemäß Telephonie zu übermitteln. Diese hören Sie jetzt, nachdem das lautsprechende Telephon hierauf umgeschaltet ist, im ganzen Saale. Sie stellen dabei wohl fest, daß die Sprache gestört wird durch Telegraphenzeichen, die von irgendeinem anderen gleichzeitig arbeitenden sehr nahe und daher sehr starken Sender herrühren, welche durch die Telephonieabstimmung hindurchschlagen. Die Sprache wird ferner beeinträchtigt durch den Umstand, daß es noch kein lautsprechendes Telephon gibt, welches die Sprache ohne wesentliche Verzerrungen wiedergibt. Bei der Aufnahme mit einem gewöhnlichen Telephon, welches an das Ohr genommen wird, würden diese Fehler bedeutend gemildert sein.

Da der Apparat als Bordstation eines Schiffes gedacht ist, muß er gegen alle Schiffsschwankungen und Erschütterungen gänzlich unempfindlich sein. Daß dies wirklich der Fall ist, zeigen wir Ihnen dadurch, daß wir ihn auf einen künstlichen Schüttelapparat gesetzt haben. Wir wiederholen jetzt den Anruf und lassen dabei den Schüttelapparat gehen. Sie sehen, daß weder das Schütteln, noch die gleichzeitig im Telephon hörbaren starken Störungen anderer Stationen das Ansprechen verhindern, sie haben nur ein klein wenig, wie ich das vorausgesagt hatte, die Zeit verlängert, welche bis zum Ansprechen der Glocke notwendig ist.

Ich zeige Ihnen auch noch jetzt (Demonstration) mittels zweier hier im Saale aufgestellter Sender, daß der Apparat nur auf 150 Impulse in der Minute anspricht, nicht aber auf 145 oder 155.

Zum Schlusse möchte ich Ihnen noch einen weiteren großen Fortschritt zeigen, der diesen Apparat betrifft. Nach dem englischen Gesetz soll jeder beliebige Sender den Anruf geben können. Die Anwendung eines Metronomen für jeden Sender würde daher den Anrufapparat ausschließen. Herr Ingenieur Leib ist da auf den sehr schönen Gedanken gekommen, darauf hinzuweisen, daß jeder Mensch einen geeigneten Metronomen bei sich trägt und zwar in der Westentasche. Es ist die Taschenuhr. Den Anruf hiermit wird Herr Leib Ihnen jetzt vorführen (Demonstration). Sie sehen, es dauert jetzt viel länger als bisher, bis die Glocke ertönt. Das liegt daran, daß die Anwesenheit der Versammlung psychologisch Unruhe hervorruft. Das Experiment ahmt daher gewissermaßen die wirklichen Verhältnisse bei Seenot nach (Heiterkeit). Schließlich möchte ich Ihre Aufmerksamkeit besonders auf die in der Mitte des Tisches stehenden Apparate richten, die besonders für Bordzwecke einen ausgezeichneten neuen Empfangsapparat der Gesellschaft für drahtlose Telegraphie darstellen. Sein Merkmal besteht darin, daß er aus einer bestimmten technischen Einheit besteht, welche für die einfachste und primitivste Schiffstation als Empfänger angewendet wird, während für Stationen mit höheren technischen Anforderungen mehrere solche Einheiten zusammengefügt einen Apparat höherer Empfindlichkeit und höhere Selektivität darstellen. Dieser Apparat — der E. 266 — ist meiner Ansicht nach der einfachste und leistungsvollste aller bisher gebauten Empfangsapparate.

Neben dem Tisch mit den vorgeführten Apparaten bitte ich Sie auch noch die übrigen von der Gesellschaft für drahtlose Telegraphie ausgestellten Einrichtungen hier, besonders auch nach dem Vortrage, besichtigen zu wollen. Sie sehen hier eine normale Bordstation, bei welcher ein tönender Löschfunkensender von etwa $^{1}/_{2}$ kW-Antennenleistung mit allen Zubehörapparaten in einen Schrank eingebaut ist, der außerdem auch noch den Empfänger und alle sonstigen für den Telegraphisten notwendigen Teile enthält.

Hier in der anderen Ecke ist ein Landpeiler ausgestellt mit drehbarem Rahmen. Eine besondere Einrichtung ermöglicht es in den meisten Fällen nicht nur die allgemeine Linie, in welcher der ferne Sender zu suchen ist, festzustellen, also Nord und Nordsüd oder Ost-West und die Übergänge dazwischen, sondern auch zum Schluß noch zu sagen, ob der Sender Nord oder Süd, West oder Ost steht. Die Richtung wird zu einer einseitig begrenzten.

Ich muß mich entschuldigen wegen des immer eiliger gewordenen Tempos. Das Gebiet ist zu groß. Ich hoffe, durch meine Ausführungen gezeigt zu haben, daß wir uns der zahlreichen ungelösten Probleme bewußt sind, insbesondere auf dem Schiffsgebiet, Probleme, die der weiteren Entwicklung und Lösung noch vorbehalten sind. Das Schiffsgebiet stellt, wie Sie wissen, das erste praktische Einführungsgebiet der drahtlosen Technik dar. Es wird wahrscheinlich aber auch in Zukunft noch eines der wichtigsten Gebiete der drahtlosen Technik bleiben. (Lebhafter Beifall.)

Erörterung.

Herr Konteradmiral E ms m a n n, Direktor der Hochfrequenz-Maschinen-Aktiengesellschaft für drahtlose Telegraphie:

Eure Königliche Hoheit! Meine Herren! Ich habe um das Wort gebeten in meiner Stellung als Vorstandsmitglied der Hochfrequenz-Maschinen-Aktiengesellschaft für drahtlose Telegraphie.

Ich bin nur ein Laie, wenn ich auch zum Bau gehöre, und da ist es mir zunächst ein Bedürfnis, meiner Freude Ausdruck zu geben über das, was wir hier soeben aus dem Munde des Herrn Grafen Arco gehört haben. Es ist keine Anmaßung von mir, wenn ich mit Freude und Stolz die Leistungen bewundernd hervorhebe, welche die führenden Firmen auf dem Gebiete der drahtlosen Telegraphie, Telefunken, C. Lorenz Aktiengesellschaft und andere in den letzten Jahren zu verzeichnen haben.

Herr Graf Arco sprach von dem Mißtrauen, welches den Erfindern und den Arbeitern auf dem Gebiete der drahtlosen Telegraphie entgegengebracht wird und entgegengebracht wurde.

Es ist jetzt 8 Jahre her, da hielt an dieser Stelle der jetzige Staatssekretär im Reichspostministerium, der damalige Direktor von Telefunken, Herr Bredow, einen Vortrag über das Thema „Telefunken an Bord des Dampfers Imperator".

Ich bat um die Erlaubnis, bei der Besprechung des Vortrages das Wort ergreifen zu dürfen. Gestern nahm ich zu Hause das Jahrbuch hervor und las noch einmal den stenographischen Bericht durch über das, was hier an dieser Stelle vor 8 Jahren gesagt wurde. Ich habe Auszüge des stenographischen Berichts hier aufgeschrieben. Nach dem stenographischen Bericht sagte ich wörtlich zu dem Vortrage des Herrn Bredow:

„Ich als Seemann wünsche eine Einrichtung an Bord zu haben, mit der man nicht nur telegraphieren, sondern auch telephonieren kann."

Ich begehe keinen Landesverrat, wenn ich den Herren mitteile, daß die Marine im Kriege nicht nur drahtlos telegraphierte, sondern auch telephonierte. Mein Wunsch ist schnell in Erfüllung gegangen. Das Stenogramm sagt dann wörtlich weiter:

„Und als Passagier verlange ich nicht nur die Aufgabe eines Telegramms an Bord, sondern ich verlange von dem Funkenmaat, daß er mich über Norddeich mit Berlin, Zentrum Nr. soundso telephonisch verbindet. (Heiterkeit.) Meine Herren. Sie werden es erleben. (Heiterkeit.)"

Heute lacht niemand hier von den Herren nach den Mitteilungen, die Herr Graf Arco uns gemacht hat. Vor 8 Jahren lachten sie. Ich sehe die Herren noch vor mir, ich sehe die Gesichter. Die Augen des einen Herren sprachen: Mensch, mach doch keine Witze, die Augen eines anderen Herren sagten: Wir sind doch hier unter ernsthaften Männern in einer ernsten Gesellschaft. (Heiterkeit.) Heute, meine Herren, kann ich an Bord zu dem Funkenmaat sagen: Bitte, verbinden Sie mich mit meiner Wohnung in Berlin, Amt Steinplatz 13298. Dies ist innerhalb 8 Jahren geleistet.

Allerdings ist mir ein Irrtum unterlaufen, wenn ich sagte, über Norddeich. Ich konnte es ja noch nicht wissen. Es ist nämlich nicht Norddeich, sondern Königswusterhausen bei Berlin. In Königswusterhausen hat die C. Lorenz Aktiengesellschaft, zu deren Konzern meine Gesellschaft, also auch ich gehöre, eine drahtlose Telephoniestation gebaut, welche über Europa hinweg reicht.

In Berlin findet sich eine Zentrale, von welcher aus zu bestimmten Stunden Zeitungsnachrichten, Börsennachrichten und sonstige wichtige Mitteilungen in den Äther geschleudert werden sollen. Die Organisation ist, wenn ich richtig unterrichtet bin, noch nicht fertig. Vorläufig wird nur exerziert. Diese Mitteilungen gehen von Berlin aus mit gewöhnlichem Zimmertelephon nach Königswusterhausen per Draht, und werden dort mit Hilfe der drahtlosen Telephonieeinrichtung, die die C. Lorenz Aktiengesellschaft gebaut hat, drahtlos über Europa telephoniert.

Des Abends wird die Musik der Staatsoper, Unter den Linden in Berlin über Europa verbreitet. Wer einen Empfangsapparat hat, der Bankier, der Seemann, die Herren hier selber, in Moskau, Stockholm, London, Madrid, Rom, Konstantinopel, kann zu den bestimmten Zeiten hören, was von Königswusterhausen mit dem C. Lorenzapparat drahtlos telephoniert wird und hört des Abends die Musik des Opernhauses.

Wie Herr Graf Arco sagte, müssen wir bei der drahtlosen Telegraphie unterscheiden zwischen Geben und Empfangen. Das sind vollkommen getrennte Vorgänge. Hier Empfangen — da Geben. Sie alle, meine Herren, können empfangen, wenn Sie heute oder morgen zu der C. Lorenz Aktiengesellschaft hingehen und sich einen kleinen Apparat kaufen, der so groß ist wie eine Zigarrenkiste und 2 kg wiegt. Sie nehmen den Apparat mit nach Hause, auf Ihre Segeljacht; Sie brauchen keine Antenne auf dem Dach, sondern mit diesem kleinen Apparat können Sie das hören, was in Europa drahtlos telephoniert und telegraphiert wird.

Wenn die Einrichtung in Königswusterhausen augenblicklich nur über Europa reicht, so liegt das daran, daß wir im Deutschen Reich kein Geld haben. Die C. Lorenz Aktiengesellschaft hat sich bereit erklärt, dem Reichspostministerium einen Apparat zu liefern, der über Europa hinaus reicht. Es ist gar nichts im Wege, daß wir über den Atlantik telephonieren bis nach Buenos Aires und weiter.

Ich komme noch einmal auf das Mißtrauen zurück, von dem Herr Graf Arco sprach. Ein Erlebnis mit einem Fachmann einer Staatsbehörde. Am 19. Juni 1914 hatten wir die hohe Ehre, Seine Majestät den Kaiser auf unserer Station Eilvese bei Hannover empfangen zu dürfen. Wir überreichten Seiner Majestät ein drahtloses Telegramm, welches der Präsident Wilson von Tuckerton aus an Seine Majestät gesandt hatte. Tuckerton war damals unsere Station in Amerika. Später ist sie uns genommen. Seine Majestät schrieb in Eilvese in meinem Beisein ein Telegramm an Wilson, welches wir drahtlos nach Tuckerton sendeten. Das Telegramm wurde an Wilson weitergeleitet. Einige Tage später sprach ich mit dem Fachmann der Staatsbehörde über diesen Telegrammwechsel. Er sagte: „Daß die Telegramme in Tuckerton und Eilvese abgesandt wurden, d. h. daß getippt und getastet worden ist, ist wahr. Daß die Telegramme über den Atlantischen Ozean angekommen sind, ist unwahr; die Telegramme sind unter Wasser auf dem Kabelwege weitergegeben. (Heiterkeit.) Meine Herren, wir haben nicht gekabelt! Wir haben drahtlos telegraphiert. Heutigentags weiß jedes Kind in der Schule, daß die Radiostationen Nauen und Eilvese beim Senden mit hoher Energie unten bei den Antipoden zu hören sind.

Ich muß zugeben, daß ich auch einmal gelächelt habe, und zwar, wie ich vor etwa $1^1/_2$ Jahren in der Zeitung las, daß Marconi zu Versuchen übergegangen sei, mit Hilfe der drahtlosen Telegraphie mit dem Mars in Verbindung zu treten. Ja, meine Herren, da habe ich gelächelt.

Nach dem Stenogramm vor 8 Jahren sagte Herr Staatssekretär Bredow damals an dieser Stelle:

> „Admiral Emsmann muß sich einmal überlegen, daß die drahtlose Telephonie etwas ganz anderes ist als die Drahttelephonie, bei der man gleichzeitig hören und sprechen kann. Bei der drahtlosen Telegraphie ist das noch nicht möglich. Da kann man entweder sprechen oder man kann hören, aber nicht beides gleichzeitig, wie wir es gewohnt sind."

Meine Herren! Das war vor 8 Jahren. Heutigestags rede und höre ich gleichzeitig bei drahtloser Telephonie. Wie die Herren vielleicht vor kurzer Zeit in der Zeitung gelesen haben, hat die C. Lorenz Aktiengesellschaft ein drahtloses Telephongespräch zwischen Berlin und Kopenhagen geführt und zwar von der Fabrik in Tempelhof aus mit dem gewöhnlichen Stadttelephon mit Draht nach Königswusterhausen und von da aus in den Äther. In Kopenhagen saß der Partner, und es fand Rede und Gegenrede statt, genau so, als wenn wir hier mit einem gewöhnlichen Telephon reden. In 8 Jahren, meine Herren, hat sich ein derartiger Fortschritt auf dem Gebiete der drahtlosen Telephonie bemerkbar gemacht.

Das Protokoll sagt weiter:

> „Ein weiterer Irrtum des Herrn Emsmann ist, daß er der drahtlosen Telephoniestation den Vorteil zuschreibt, daß sie im Gegensatz zu der Telegraphiestation kein besonders ausgebildetes Personal braucht."

Meine Herren! Wir sind heutigestags in der Lage, daß wir nicht mehr zum Empfang der drahtlosen Telephonie einen ausgebildeten Mann brauchen. Jeder von Ihnen kann drahtlos telephonisch hören, wenn er sich, wie ich Ihnen schon sagte, den kleinen Zigarrenkistenapparat durch die C. Lorenz Aktiengesellschaft beschafft und den Apparat mit auf seine Segeljacht oder in sein Auto nimmt, oder wohin er sonst will. Er hört dann den Zeitungsdienst, er hört die neuesten Börsennachrichten und hört Musik.

Ich bin am Schluß meiner Ausführungen. Vor 8 Jahren konnte der Stenograph vermerken: „Heiterkeit", als ich sagte: „Meine Herren, Sie werden es erleben."

Wenn ich Ihnen nun das Folgende verrate, so werden Sie, nach dem, was Sie heute erfahren haben, nicht lachen, wenn ich Ihnen sage:

> „Sie, meine Herren, werden es erleben, Sie gehen hier im Tiergarten in Berlin spazieren oder Sie sitzen in einer Pferdedroschke oder sind auf Ihrer Segeljacht oder fahren in der Untergrundbahn. Sie nehmen aus der Weste einen Hörer ans Ohr und einen Sprecher an den Mund. Eine dünne Kabelleitung geht zu einer kleinen drahtlosen Station, die Sie im Rock oder pistolenartig hinten in der Hüfte tragen und verbinden sich drahtlos mit einer Zentrale in Berlin und sagen: Bitte, verbinden Sie mich telephonisch mit meiner

Wohnung Amt Steinplatz 13 298 oder, bitte verbinden Sie mich drahtlos mit Herrn soundso, der augenblicklich irgendwo spazieren fährt, seine Nummer ist die und die.

Ich stelle fest, daß der Stenograph heute nicht den Vermerk „Heiterkeit" zu machen braucht. (Lebhafter Beifall.)

Herr Geheimrat R u d l o f f :

Meine Herren! Im Anschluß an die Worte des Herrn Admiral Emsmann möchte ich über einen Fall berichten, der ähnlich, aber viel länger zurücklag. Auch ich wurde einmal zu einem Vortrage beim Kaiser hinzugezogen, offenbar sollte auch ich von ihm selbst erfahren, was er wolle.

Es handelte sich darum, festzustellen, ob das damalige neuste Linienschiff „King Edward VII." stärker sei als unsere gleichzeitigen Schiffe der Braunschweig-Klasse. Der Kaiser vertrat diese Ansicht und es konnte eigentlich darüber auch kein Zweifel herrschen, der Staatssekretär aber meinte, daß „King Edward" wohl auf weite Gefechtsentfernungen unseren Schiffen überlegen sei, auf nahe es aber umgekehrt wäre. Er versprach sich hierbei und sagte: Auf weite Entfernungen ist er uns überlegen, auf nahe dagegen sind wir ihm unterlegen. Schlagfertig wie er war, erwiderte der Kaiser lachend: „Natürlich, bald lag ich unten, bald lag er oben. Aber das sage ich Euch, das nächste Schiff muß 20 Jahre lang Nr. 1 sein", und als der Staatssekretär einwandte, Eure Majestät, das können wir nicht, „Gebt Euch nur Mühe, dann wird es schon gehen" und unwillig wandte er sich ab. Und er hatte recht, es ging. Denn die letzten deutschen Schiffe waren nicht bloß in bezug auf ihre rein militärischen Eigenschaften den Schiffen unserer Gegner ebenbürtig, was man von den zwanzig ersten Linienschiffen des Flottengesetzes keineswegs behaupten konnte, sondern sie erhielten auch durch die Sorgfalt bei der Ausgestaltung der inneren Einrichtungen, die Güte des Materials. insbesondere das der Artillerie, die sorgfältige Ausführung von Schiff und Maschinen durch die Werften, was unsere Schiffe aber immer ausgezeichnet hat, eine gewisse Überlegenheit und das war es wohl auch nur, was der Kaiser wollte. Hier war es aber der Admiral, der, wenn er auch nicht lachte, so doch die Sache für unmöglich erklärte. (Lebhafter Beifall.)

Herr Direktor Dr. Graf A r c o , Berlin (Schlußwort):

Herr Kontreadmiral Emsmann hat in gewissem Sinne recht behalten, wenn er für die drahtlose Telephonie schon vor 8 Jahren eine so optimistische Prognose gestellt hat. Er hat aber nur teilweise recht behalten. Richtig ist, daß wir heute das damals noch fehlende Gegensprechen und zahlreiche andere Errungenschaften auf diesem Gebiete zu verzeichnen haben. Denken Sie aber bitte an das vorhin gezeigte Telephonieexperiment, welches ein wenig mißglückt ist. Dies war, ich will es offen sagen, mehr als eine Zufälligkeit. Dasjenige, was die drahtlose Telegraphie so vorwärts gebracht hat, ist die weitgehende Ausnutzung der Resonanz bei der Übertragung einer einzigen Schwingungszahl. Bei der Sprachübermittlung der Telephonie sind eine Unzahl von Schwingungen zu übertragen, ein ganzes Band von Schwingungen, ein Spektrum. Darin liegt eben die Schwierigkeit. Das ganze Spektrum soll genau so wie es vom Sender abgeht, am Empfänger wiedergegeben werden.

Auch der berühmte Westentaschen-Empfänger, der eben erwähnt wurde, ist leider doch nicht da. Er würde übrigens wohl, wenn er doch noch unwahrscheinlicher Weise erscheinen sollte, als Zugabe immerhin einige Kilogramm Akkumulatorengewicht mit sich bringen! Vor allen Dingen aber würde dieser Westentaschen-Apparat nur zur Aufnahme dienen können, unmöglich aber zum Sprechen, selbst auf kleine Entfernungen von wenigen Kilometern!

Die drahtlose Telephonie habe ich heute hier etwas stiefmütterlich behandelt, weil sie noch etwas Werdendes ist und daher im Schiffsbetrieb noch keine große Rolle spielt. Ihre Aussichten bleiben begrenzt, weil eben bestimmte in den Grundlagen gegebene Tatsachen ihre Vervollkommnung etwa bis zur Höhe der Telegraphie sehr stark erschweren.

Natürlich hat die Gesellschaft für drahtlose Telegraphie auch auf diesem Gebiete Bahnbrechendes geleistet. Ich erinnere daran, daß Telefunken schon vor dem Kriege, etwa im Jahre 1912, mit einer Hochfrequenzmaschine von Nauen auf große Entfernungen telephoniert hat. Wir bekamen damals Briefe bis aus Sibirien mit der Anfrage, man hätte merkwürdige deutsche Worte dort im drahtlosen Empfangsapparat hören können. Auch in dem erwähnten Königswusterhausen hat Telefunken einen Röhrensender für Telephonie, welcher auch als Telephoniesender arbeitet, mit 10 kW im Luftdraht installiert, ähnlich wie jene, die dort auf dem Tisch als Stilleben aufgebaut sind, nur in wesentlich größeren Abmessungen. Auch hiermit sind sehr große Entfernungen, nämlich bis etwa 3000 km erreicht worden. Vor allem aber hat die Gesellschaft in Nauen zwei Anlagen, die eine 400, die andere 130 kW im Luftdraht, welche für Telephonie benutzt worden sind. Die letztere ist praktisch fertiggestellt und hat zahlreiche vorzügliche Versuche mit Telephonie gemacht. Es wurde von einem nach Südamerika fahrenden Schiff im Golf von Biskaja die Telephonie auf 4300 km gut verstanden. Kürzlich traf ich in England Herrn Marconi. Dieser sagte, er habe auf seiner Yacht im Mittelmeer diese Telephonie ungeheuer laut und deutlich gehört. Die nächste Stufe wird die Inbetriebsetzung der 400 kW-Anlage in Nauen sein. Auch die Versuche mit dieser haben bereits begonnen. Wir wurden nur in den Versuchszeiten stark beschränkt durch den jetzt fast ununterbrochenen Telegraphierdienst von Nauen nach Nordamerika. Indessen hoffen wir, durch den Duplex- und Triplexdienst hierfür etwas mehr Zeit in Zukunft zu bekommen. Nach den ersten Versuchen erscheint es uns bereits zweifellos, daß die Telephonie in Nordamerika verstanden werden wird. Es wird dann die erste transatlantische Telephonie sein. Trotzdem möchte ich davor warnen, die Telephonie als ebenbürtig der Telegraphie für diese Zwecke zu halten. Denken Sie zunächst an die Sprachschwierigkeiten, die ja schon innerhalb Deutschlands sich öfter geltend machen und übertragen Sie die Schwierigkeiten auf den Verkehr zwischen zwei Weltteilen. Denken Sie ferner an den Zeitunterschied, der nur 5 Stunden gemeinschaftliche Bürozeit ergibt. Und schließlich werden es wieder die atmosphärischen Störungen sein, die die Telephonie viel stärker beeinträchtigen wie die Telegraphie. Wir haben hier nicht die Resonanzmöglichkeiten zur Verfügung mit der hervorragenden Selektion, wie wir es vorhin beim Anruf unter Benutzung mechanischer Mittel so wunderschön gesehen haben. Schließlich kommen noch gewisse Schwierigkeiten hinzu in bezug auf die Störungen, welche ein Telephoniesender infolge des ausgesandten Wellenspektrums auf die nahen Empfänger ausübt.

Herr Kontreadmiral Emsmann hat zweifellos recht gehabt, wenn er seine vor 8 Jahren ausgesprochene günstige Prognose heute als berechtigt feststellt. Sehr viel ist auf diesem Gebiete geschehen und noch vieles ist heute im Werden. Ob aber wirklich die drahtlose Telegraphie in ihrer exakten Arbeitsweise in Zukunft von der Telephonie eingeholt wird oder nicht, das kann heute noch nicht vorausgesagt werden. (Lebhafter Beifall.)

Seine Königliche Hoheit Großherzog Friedrich August:

Die erstaunlichen Fortschritte, die die drahtlose Telegraphie in der letzten Zeit gemacht hat, sind uns von Herrn Dr. Graf Arco durch seine wohlgelungenen Experimente in anschaulicher Weise vorgeführt worden. Unsere Teilnahme hat besonders das Nachrichtenwesen auf hoher See erweckt. Sein Ausbau in der Warnung vor nahenden Orkanen hat schon solche Fortschritte gemacht, daß sich viele Menschenleben dadurch retten ließen, die sonst wohl zugrunde gegangen wären. Herr Dr. Graf Arco, der hieran selbst sehr tätig mitgearbeitet hat, verdient deshalb nicht nur unseren Dank und unsere Anerkennung, sondern die unserer ganzen Küstenbevölkerung. Herr Graf, wir sind Ihnen sämtlich sehr verbunden nicht nur für den fesselnden Vortrag, sondern auch besonders für Ihre menschenfreundlichen Bemühungen. Nochmals unseren aufrichtigsten Dank. (Lebhafter Beifall.)

IX. Untersuchungen zur Verfeinerung der Methoden der Modellschleppversuche mit Schiffsschrauben.

Vorgetragen von Dr. **G. Bauer**, Hamburg.

Bevor ich auf mein Thema eingehe, möchte ich klarstellend bemerken, daß meine Mitteilungen nur als eine erste Teilveröffentlichung über von mir eingeleitete Versuchsreihen anzusehen sind.

Wenn ich trotzdem heute schon von einigen Resultaten Mitteilung mache, geschieht dies in der Annahme, daß vielleicht andere, welche zwar nicht über die Möglichkeit der Durchführung solcher Versuche verfügen, wohl aber die einschlägigen Gebiete der technischen Wissenschaften beherrschen, schon jetzt in der Lage sind, meine bisherigen Resultate nützlich zu verwenden.

Der Zweck meiner Untersuchungen ist, festzustellen, inwieweit die Methode der Modellschleppversuche mit Schiffsschrauben durch ausgedehnte Vergleiche der Resultate am Modell und am fahrenden Schiff verfeinert und für die Neuberechnung von Propellern noch wertvoller gestaltet werden kann, als sie heute bereits ist.

Um solche Vergleiche anzustellen, wären also außer den Modellversuchen bei ausgeführten Schiffen Geschwindigkeit, effektive Maschinenleistung und Schraubenschub zu ermitteln, dazu aber auch die Relativgeschwindigkeit der Schraube zum umgebenden Wasser, d. h. also der Nachstrom. Hier stößt man auf die erste Schwierigkeit, denn der Nachstrom läßt sich am ausgeführten Schiff nur sehr schwer messen, ohne daß man selbst wieder in bekannter Weise Modellversuche zu Hilfe nimmt. Diese Schwierigkeiten weisen darauf hin, zunächst die Verhältnisse bei der freifahrenden Schraube zu studieren. Dies ist zwar im Versuchstank ohne Schwierigkeit möglich; die Verhältnisse der freifahrenden Schraube jedoch am wirklichen Schiff herzustellen, ist im allgemeinen kaum erreichbar. Ich habe daher, um dem gewünschten Ziel näherzukommen, es für richtig gehalten, unter Zuhilfenahme eines besonderen Fahrzeuges Versuche einzuleiten, bei welchem freifahrende Schrauben von wesentlich größeren Abmessungen und größerer Leistungsaufnahme als die der Modellpropeller, Messungen unterzogen werden, daneben aber bei allen sich bietenden Gelegenheiten trotz der eminenten entgegenstehenden Schwierigkeiten auch möglichst vollständige Schraubenuntersuchungen auf ausgeführten Schiffen, d. h. also auch Schubmessungen durchzuführen.

I.

Versuche mit freifahrendem Propeller.

Zunächst möchte ich auf die Versuche eingehen, welche bestimmt sind, die Modellversuche mit freifahrender Schraube nachzuprüfen.

Das zu diesem Zweck erbaute Fahrzeug, im nachstehenden der Kürze wegen „Schraubenfloß" genannt, ist in Abb. 1 bis 3 dargestellt. Da dieses Fahrzeug dem Zweck dienen soll, Schub- und Drehmoment von Propellern zu bestimmen, welche unbeeinflußt durch vom Schiffskörper erzeugte Strömungen arbeiten, ist der Propeller statt hinten vorn, und zwar in axialer Richtung weit entfernt vom Fahrzeug angebracht und dieses so gebaut, daß der Schraubenstrahl in seinem Abfluß möglichst wenig gestört wird. Das Fahrzeug besteht aus einem Gerüst, welches von 2 Seitenschwimmern S und einem Mittelschwimmer M getragen wird. In letzterem sind die elektrischen Antriebsmotoren E und F und die Meßapparate eingebaut, auf den ersteren sind die zur Speisung der Motoren bestimmten Akkumulatoren A montiert. Der Mittelschwimmer besteht aus einem Blechkasten, an dessen vorderem und hinterem Ende Spitzen aus Holz angebracht sind, um den Formwiderstand zu verringern. Die beiden Seitenschwimmer enthalten je 3 blecherne Luftkästen und sind mit Holz so bekleidet, daß sie möglichst geringen Fahrtwiderstand bieten.

Als Antriebsmaschine dienen 2 Elektromotoren von zusammen 5 Pferdestärken und 110 Volt Spannung. Die Kraftübertragung auf die Propellerwelle erfolgt durch Zahnräder.

Zur Messung der übertragenen Drehmomente ist ein Torsionsindikator T, Abb. 4 und 5, vorgesehen.

Die Schubmessung erfolgt in ähnlicher Weise wie später für Bordmessungen beschrieben, mittels einer Wage; die Anordnung des Schubmessers Sch ist aus Abb. 6, 7 und 8 ersichtlich. Die Verbindung der Propellerwelle mit der davorliegenden Meßwelle ist durch eine elastische Blechscheibenkupplung B hergestellt.

Das Kugeldrucklager, durch welches der Propellerschub aufgenommen wird, ist angebracht in einem Rahmen Ra, welcher sich um einen am Fundament des Mittelschwimmers angebrachten Drehpunkt D (Kugellager) drehen kann. Oben am Rahmen ist ein Verlängerungshebel H angebracht; derselbe trägt 2 Schneiden, von welchen die untere für Vorwärts-, die obere für Rückwärtsfahrt bestimmt ist und welche den Schub durch ein Druckstück Dr und Zugstück Z auf einen dreiarmigen Hebel weiterleiten, von wo dann schließlich die Übertragung auf die Wage erfolgt.

Die Versuche wurden durchgeführt in dem das Gelände der Vulcan-Werft zu Hamburg südlich begrenzenden Roßkanal. Dieser Kanal hat eine Breite von ca. 75 m und eine Wassertiefe von ca. 6 m bei mittlerem Wasserstand. Die Fahrten erstreckten sich im allgemeinen über eine Distanz von 270 m, bei großen Geschwindigkeiten auch über 520 m. Leider war die Wassergeschwindigkeit in diesem Kanal abhängig von Ebbe und Flut und unregelmäßigen

Schwankungen unterworfen. Daher mußte gleichzeitig mit den Fahrten die Wassergeschwindigkeit mittels Schwimmern fortlaufend gemessen werden. Während es durch immer weitergehende Vervollkommnung der Apparate für die Schub- und Torsionsmessungen möglich war, die Genauigkeit dieser In-

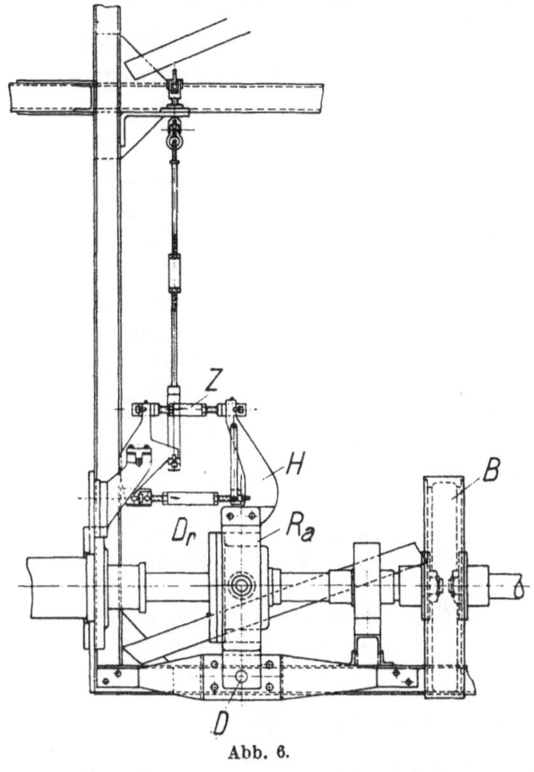

Abb. 6.

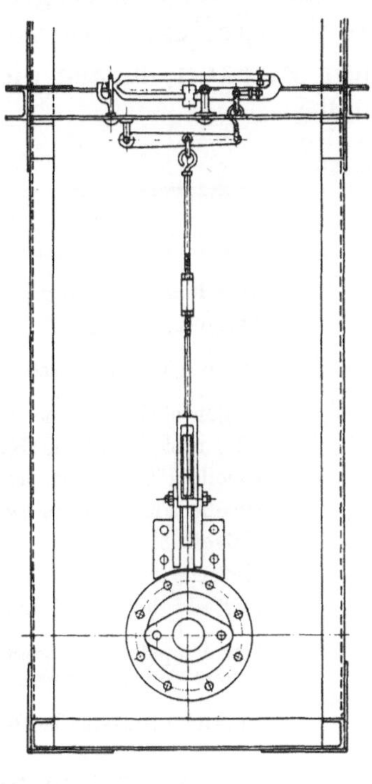

Abb. 7.

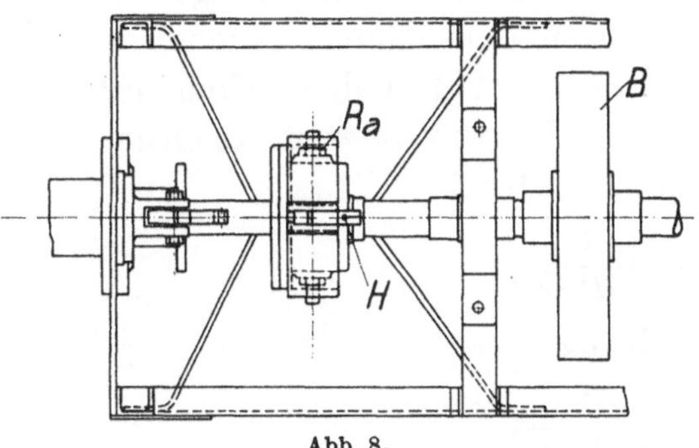

Abb. 8.

strumente auf eine recht ansehnliche Höhe zu bringen, war dies leider bei der Geschwindigkeitsmessung nicht der Fall, da die Schwankungen in der Wassergeschwindigkeit zu schnell und zu unregelmäßig erfolgten, so daß in der Bestimmung des Slips bei den kleinen Geschwindigkeiten eine gewisse Unsicherheit obwaltet. Aus diesem Grunde können die Resultate, welche mit dem Schraubenfloß bei den geringsten Tourenzahlen erzielt worden sind, nicht als zuverlässig angesehen werden, und gebe ich daher die diesbezüglichen Zahlen hier lediglich der Vollständigkeit wegen, aber mit allem Vorbehalt wieder. Um bei weiteren Versuchen diese Ungenauigkeiten möglichst auszuschalten, ist beabsichtigt, die Leistung der Motoren und damit die Fahrtgeschwindigkeit des Floßes beträchtlich zu erhöhen.

Die Meßfahrten wurden so ausgeführt, daß nach Möglichkeit bestimmte Tourenzahlen nach dem Umdrehungsanzeiger eingestellt und die zugehörigen

Schub-, Moment- und Geschwindigkeitswerte bestimmt wurden. Um den Bereich der Slipwerte möglichst zu vergrößern, wurde einerseits (zur Erhöhung des Slips) der Widerstand des Fahrzeuges künstlich vergrößert, andrerseits (zur Verminderung des Slips) durch Nachschieben mittels eines Schleppers die Geschwindigkeit des Fahrzeuges relativ zur Motorleistung erhöht.

Die Propeller, mit welchen die ersten Versuchsreihen durchgeführt wurden, hatten die aus nachstehender Tabelle hervorgehenden Abmessungen:

Tabelle Nr. 1.

Propeller No.	I (Abb. 9)	II (Abb. 10)
Durchmesser D mm.	760	606
Steigung H mm	622	573
Steigungsverhältnisse $H:D$.	konstant 0,818	konstant 0,945
Abgewickelte Fläche Fa	0,209	0,1227
Abgewickelte Fläche/Kreisfläche Fa/F .	0,46	0,41
Ideelle Flügelstärke an der Spitze mm	6	11
Ideelle Flügelstärke an der Achse mm	42	· 21
Flügelzahl	4	3
Material	Gußeisen	Bronze
Zustand der Flügeloberfläche	unbearbeitet	befeilt
Der Propeller ist geometrisch ähnlich dem Antriebspropeller von	Frachtdampfer „Cairo"	Motorbarkasse „Vulcan II"
Verkleinerungsmaßstab	1:5	1:1

Verwertung der Versuchsresultate.

Aus den gemessenen Momenten, Schüben und Umdrehungen wurden, um Vergleichswerte mit den Resultaten von Modellschleppversuchen zu schaffen, die Momenten- und Schubkonstanten bestimmt. Für diese Konstanten wurden die von der Berliner Schleppversuchsanstalt verwendeten Ausdrücke benutzt, wonach die Schubkonstante durch den Ausdruck

$$c_1 = \frac{S}{n_s^2\,H^2\,D^2}\,,$$

die Momentkonstante durch den Ausdruck

$$c_2 = \frac{M}{n_s^2\,H^3\,D^2}$$

definiert ist. Diese Konstanten wurden zunächst für jede gefahrene Umdrehungszahl über den Slipwerten als Abszissen aufgetragen. Es entstanden so die beiden Kurvenblätter: Abb. 11 Schubkonstante, Momentenkonstante und Wirkungsgrad über dem nominellen Slip für Propeller I und Abb. 12 die gleichen Werte für Propeller II. Die Wirkungsgrade sind durch Abgreifen aus den Kurven der c_1 und c_2 auf Grund der Beziehung

$$\eta = \frac{c_1\,(1-s)}{c_2 \cdot 2\,\pi}$$

ermittelt.

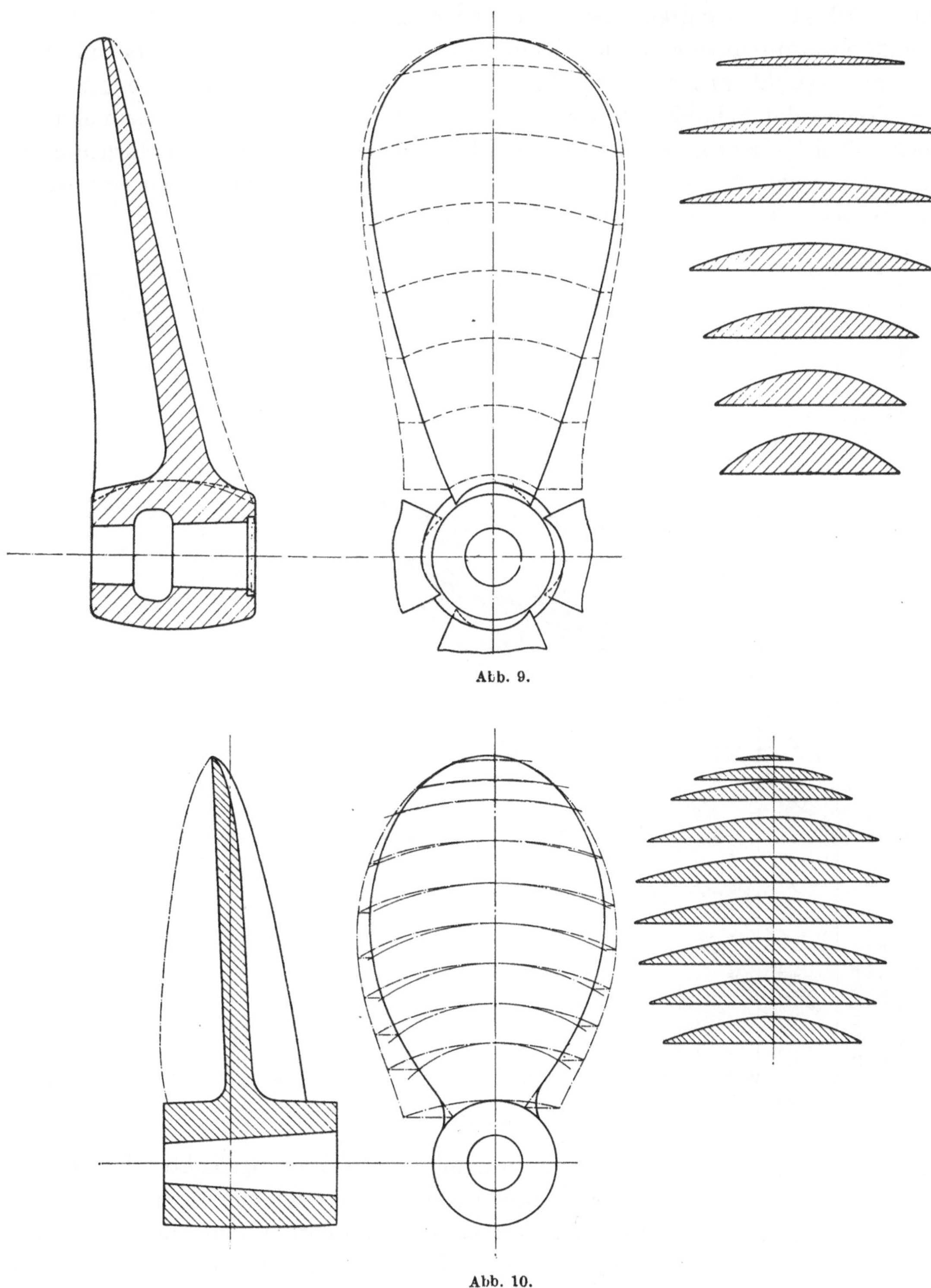

Abb. 9.

Abb. 10.

Folgerungen aus den erhaltenen Resultaten.

Die Betrachtung der Kurven Abb. 11 und 12 und namentlich der daraus abgeleiteten Kurven, Abb. 13 und 14, welche Schub- und Momentenkonstante abhängig von der Umdrehungszahl darstellen, zeigt, daß bei konstantem Slip für verschiedene Umdrehungszahlen weder die Momentenkonstante noch die Schubkonstante unveränderlich bleibt und namentlich letztere stark mit der Umdrehungszahl variiert. Allerdings scheint bei höheren Umdrehungszahlen der Verlauf der Schubkonstante einen ziemlich konstanten Wert anzunehmen, doch läßt sich über den weiteren Verlauf dieser Kurve erst dann etwas Bestimmtes aussagen, wenn Versuchsresultate mit höheren Umdrehungszahlen vorliegen. Ich betone schon hier ausdrücklich, daß ich diese Kurven selbst nur als eine

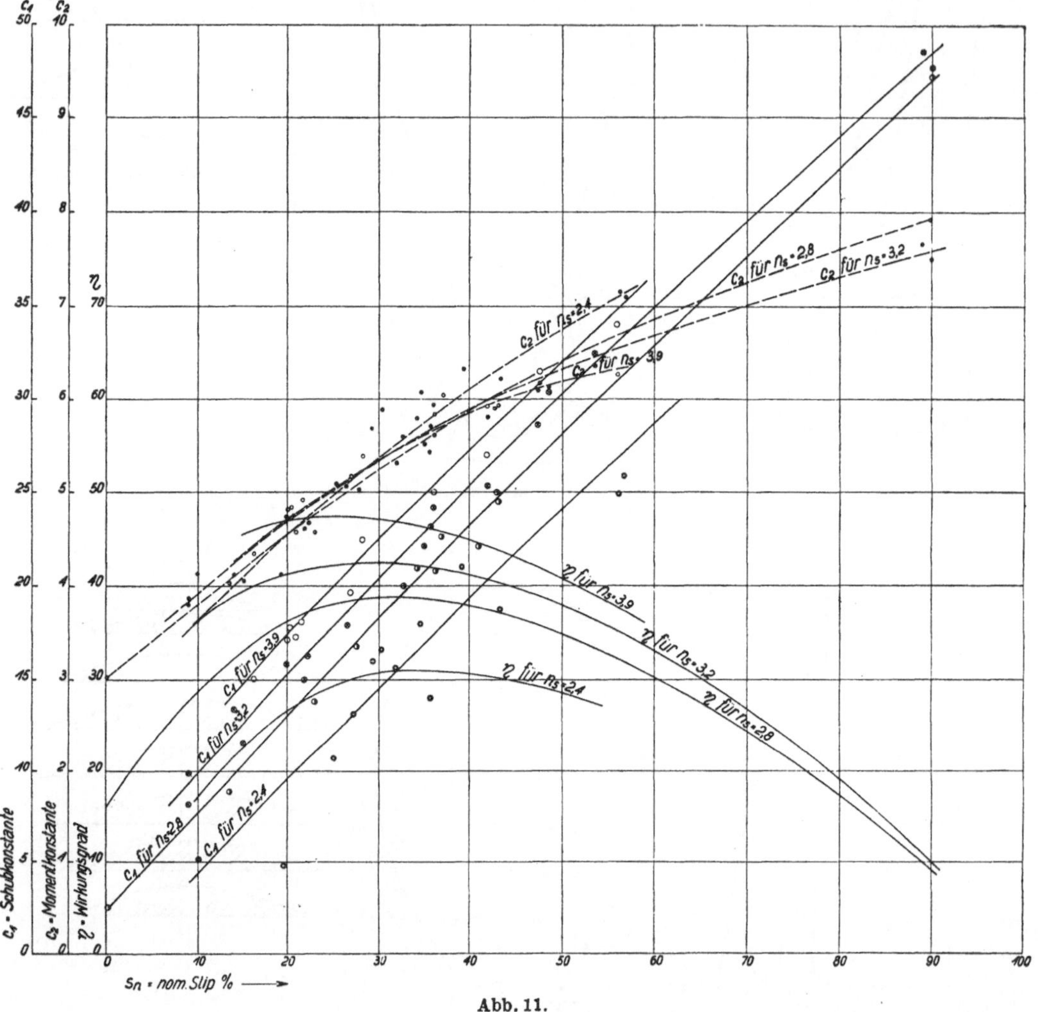

Abb. 11.

erste Annäherung der endgültig zu erwartenden Resultate betrachte. Es ist sehr wohl denkbar, daß sich bei Verfeinerung der angewendeten Methode weniger starke Variationen der Schubkonstante ergeben, immerhin aber dürfte der Charakter der Kurven sich auch bei genauer Nachprüfung nicht wesentlich ändern. Es ist in diese Kurvenblätter z. B. bereits eine notwendige Berichtigung nachgetragen, welche sich aus der Berücksichtigung des achsialen Wasserdruckes auf die Propellerwelle ergibt; diese Korrektur ergibt die strichpunktiert gezeichneten Kurven. Das Resultat der Floßversuche wäre an sich nicht überraschend, wenn man bedenkt, daß die Arbeit der Schraube nicht nur zur Erzeugung des

Schraubenschubes, sondern auch zur Überwindung der Reibung aufgewendet wird. Bei konstantem Slip nimmt die Schubarbeit, dem Ähnlichkeitsgesetz folgend, mit dem Quadrat der Umdrehungszahl zu, während die Zunahme der Reibung mit niedrigerer Potenz der Umdrehungszahl erfolgt. Der Anteil der Reibungsarbeit und damit die Abweichung von dem Ähnlichkeitsgesetz werden also bei höherer Umdrehungszahl immer geringer.

Bekanntlich lassen sich hydraulische Vorgänge, bei welchen statische Druckunterschiede nicht in Frage kommen, bei Berücksichtigung der Reibung nur

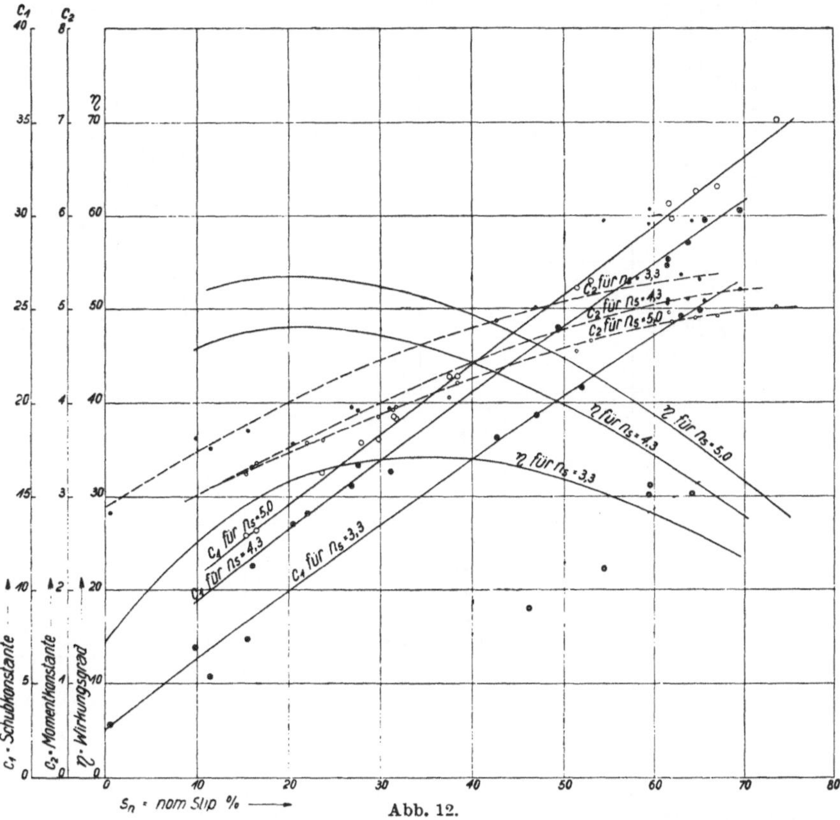

Abb. 12.

dann genau miteinander vergleichen, wenn die sog. Reynoldsche Zahl, welche definiert ist durch das Verhältnis

$$\frac{v \cdot l}{\nu} = \frac{\text{Geschwindigkeit} \cdot \text{Längenabmessung}}{\text{kinematischer Zähigkeitskoeffizient}},$$

in den zum Vergleich herangezogenen Fällen die gleiche ist. Ist das nicht der Fall, so ergeben sich Abweichungen von dem Vergleichsgesetz, die im allgemeinen um so geringer werden, je größer der Wert der Reynoldschen Zahl ist. Bei der am Floß in Frage kommenden Tauchtiefe des Propellers ist nun zwar von statischen Druckunterschieden nicht ganz abzusehen, immerhin aber ist nach vorstehendem zu erwarten, daß Abweichungen vom Vergleichsgesetz auftreten, die mit zunehmender Drehzahl, entsprechend der sich hierbei ergebenden größeren Reynoldschen Zahl, immer geringer werden. Allerdings zeigen die Kurvenblätter, namentlich bei den niedrigsten Drehzahlen, Abweichungen vom Ähnlichkeitsgesetz, welche mit Resultaten bisheriger Versuche ähnlicher Art nicht recht in Einklang zu bringen sind und die Möglichkeit, daß doch irgendwelche noch unaufgeklärte Meßfehler vorliegen, nicht ausgeschlossen erscheinen lassen. Doch habe ich gerade wegen dieser Unstimmigkeit es für notwendig gehalten, die Floßversuche bekannt zu geben, da dieselben vielleicht geeignet sind, nicht hinreichend beachteten Erscheinungen auf die Spur zu kommen.

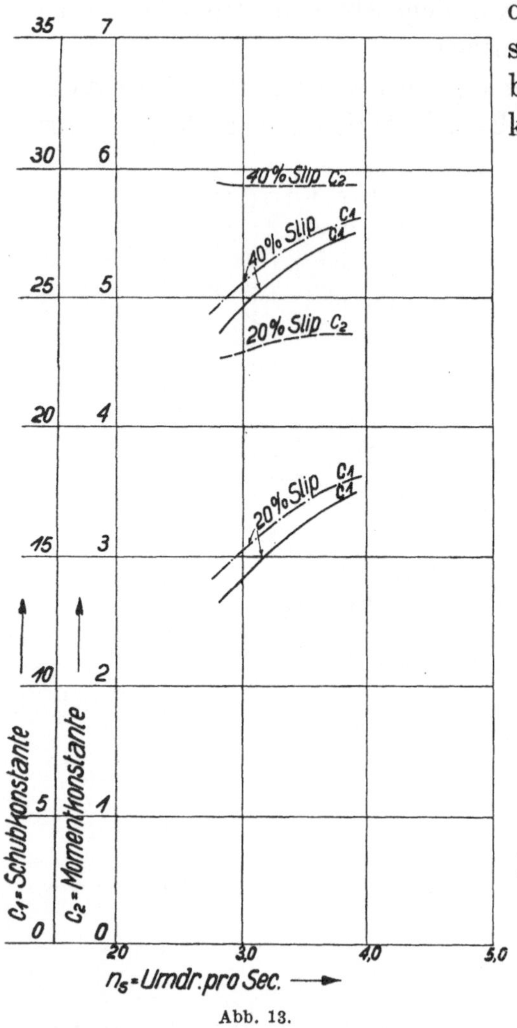

Abb. 13.

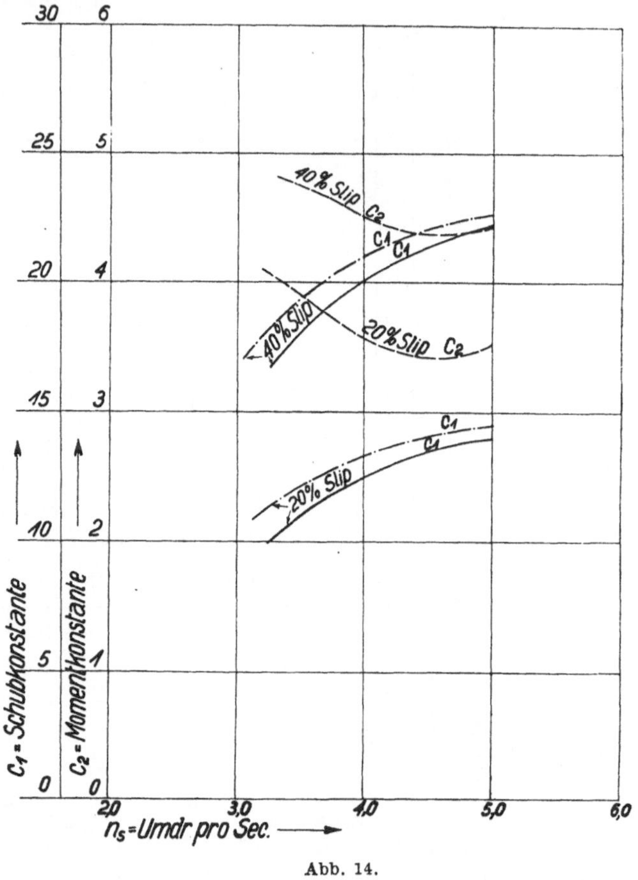

Abb. 14.

Von den vorgenannten ähnlichen Versuchen genannter Art sind vor allem die von Herrn Gebers vor längeren Jahren ausgeführten Untersuchungen am Versuchstank zu erwähnen. Es handelte sich hier um Propeller von 75—300 mm Durchmesser, die bei verschiedenen Tourenzahlen geschleppt wurden. Aus den diesbezüglichen Veröffentlichungen sind die in Abb. 15 dargestellten Kurven, d. h. Verlauf der Schub- und Momentenkonstante über der Tourenzahl, abgeleitet. Der Verlauf der Schubkonstante bei konstantem Slip weicht allerdings hier stark ab von dem beim Schraubenfloß ermittelten; immerhin ist aber der Charakter der Kurven einander ähnlich, nur steigen die Werte der Schubkonstanten nach Gebers mit zunehmender Umdrehungszahl viel langsamer.

Ganz kürzlich hat die Berliner Versuchsanstalt zum Zwecke des Vergleichs mit den Ergebnissen des Schraubenflosses Versuche mit freifahrendem Modellpropeller des Frachtdampfers „Cairo" (Maßstab 1 : 25) ausgeführt, welcher Propeller, wie oben erwähnt, im Maßstab 1 : 5 verkleinert als Propeller I am Schraubenfloß untersucht worden ist. Die Resultate dieser Modellschleppversuche sind in Abb. 16 dargestellt, wo der Verlauf der Momenten- und Schubkonstanten über der Umdrehungszahl veranschaulicht ist. Es ergibt sich auch hier wie bei den Geberschen Versuchen ein ähnlicher Charakter der Schubkonstantenkurve wie beim Schraubenfloß, aber ebenfalls mit viel geringerer Zunahme der Werte für erhöhte Umdrehungszahl.

Einen sehr deutlichen Vergleich zwischen den letzteren Versuchen in der Schleppanstalt (Propellermaßstab 1 : 25) mit dem geometrisch ähnlichen Propeller am Schraubenfloß (Maßstab 1 : 5) zeigt Abb. 17. Die stark gezeichneten Kurven sind die von der Schleppanstalt ermittelten. Der am Schraubenfloß festgestellte Verlauf der Schubkonstanten ist dünn gezeichnet für die Tourenzahlen von 3,9, 3,2 und 2,8 Umdr/sek. eingetragen. Bei der höchsten Tourenzahl, welche am Schraubenfloß erreicht wurde und welche nur wenig über der für den Maßstab 1 : 5 in Betracht kommenden

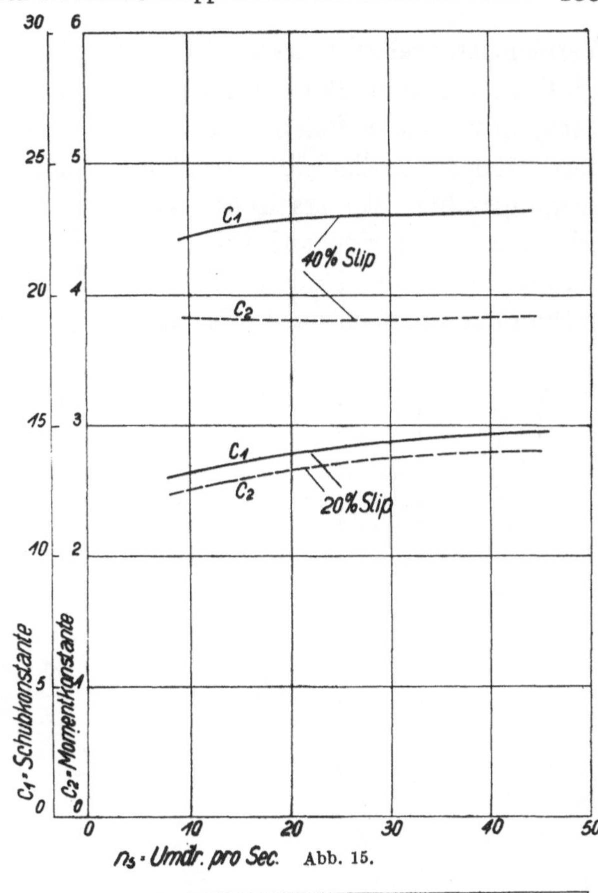

Abb. 15.

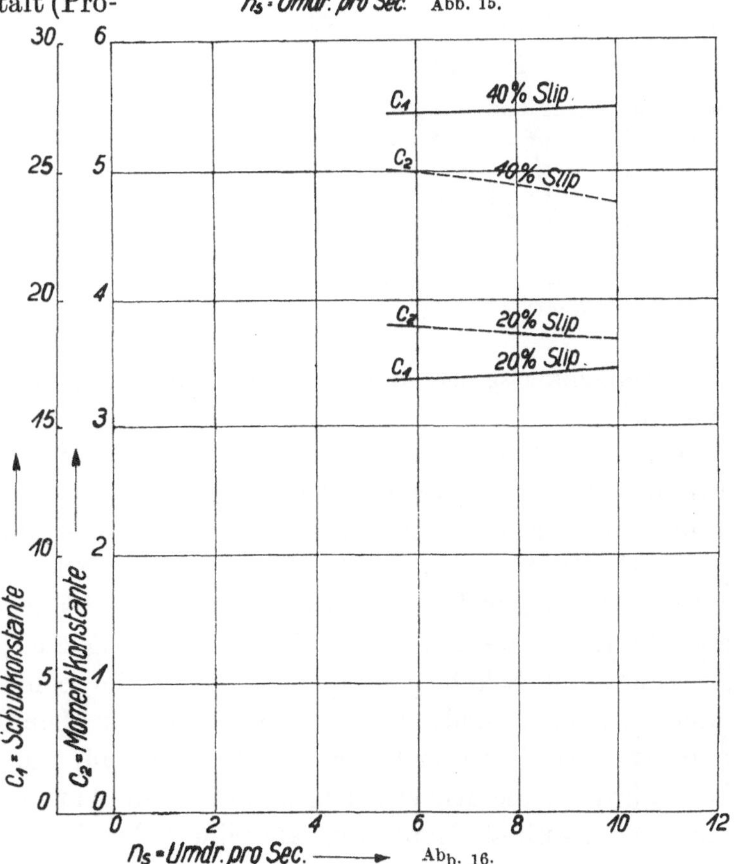

Abb. 16.

Vergleichstourenzahl liegt, ist eine fast vollständige Übereinstimmung zwischen Floßversuch und Modellversuch vorhanden. Je kleiner die Umdrehungzahl wird, desto mehr fallen beim Schraubenfloß die Schubkonstanten gegenüber dem Modellpropeller ab. Es ist hierzu zu bemerken, daß bei den kleineren Umdrehungszahlen der statische Wasserdruck auf die Propellerhaube und wahrscheinlich auch eine auf dynamische Wirkung zurückzuführende Druckverminderung hinter der Nabe die Schubkonstanten-Kurven des Floßes etwas höherrücken werden, doch würde dies an der Tatsache, daß die Schubkonstante entgegen

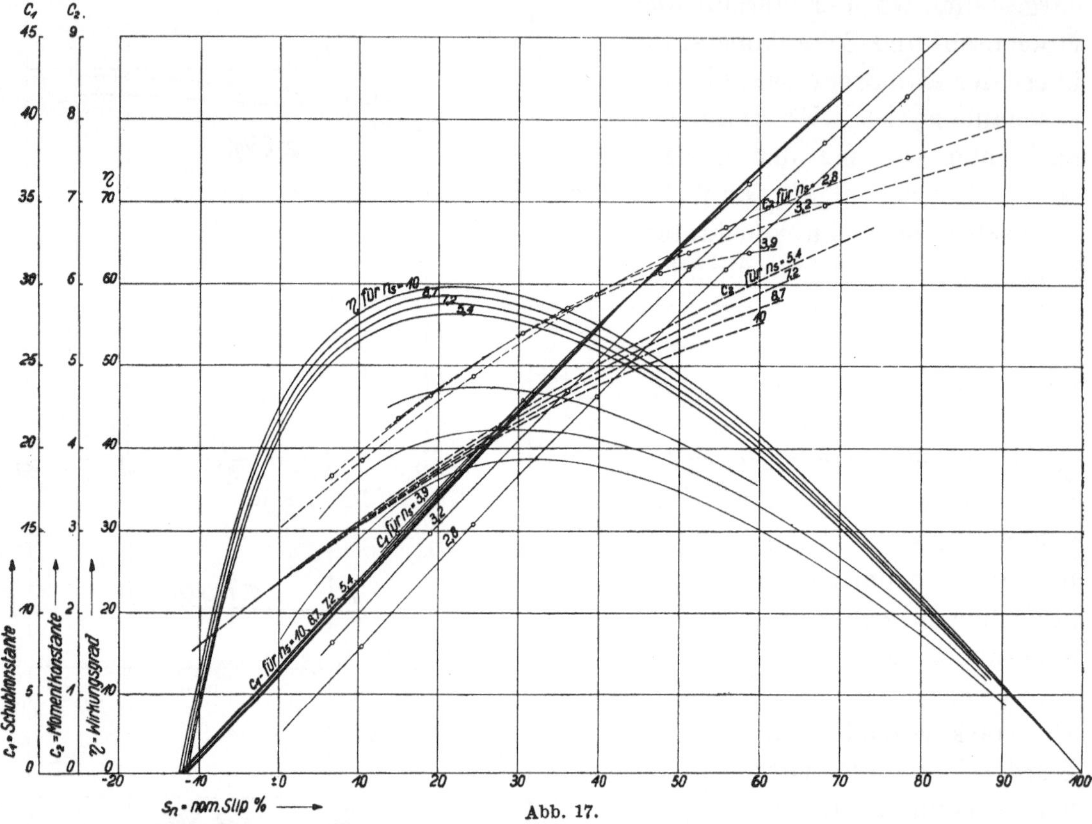

Abb. 17.

dem Ähnlichkeitsgesetz mit sinkender Tourenzahl nennenswert abnimmt, wenig ändern.

Um die auffallenden Floßresultate nachzuprüfen, wurde ein Parallelversuch zwischen Floß und fahrendem Schiff angestellt, und zwar ließ sich dies ermöglichen durch den Umstand, daß der vorerwähnte, am Schraubenfloß untersuchte Propeller II als Antriebspropeller für die Motorbarkasse „Vulcan II" verwendet wurde. Mit diesem Fahrzeug wurden, wie später kurz beschrieben, Probefahrten ausgeführt, bei welchen neben der Geschwindigkeit und Umdrehungszahl auch Leistung und Schub gemessen wurden. Die Schubkonstanten, welche sich dabei ergaben, sind in Abb. 18 über der Umdrehungszahl aufgetragen, und zwar beziehen sich die 3 Kurven je auf annähernd konstante scheinbare Slips. Diese Kurven zeigen nun einen sehr ähnlichen Verlauf mit den am Schraubenfloß ermittelten, allerdings aber bleibt das Geheimnis bestehen, daß der Abfall der Schubkonstante bei geringer Umdrehungszahl bei weitem nicht so stark ist, als beim Schraubenfloß ermittelt. Nur weitere eingehende Messungen können hier Aufschluß geben.

Solche Messungen in wesentlich größerem Maßstabe sind meinerseits bereits eingeleitet. Das in Abb. 19 und 20 dargestellte Motorboot von 60 PS Leistung wird durch Anschrauben eines besonderen Bockes am Hintersteven so eingerichtet, daß die Propellerwelle nach hinten wesentlich verlängert werden kann. Auf dieselbe wird der Propeller mit der Druckfläche nach vorn aufgesteckt. Bei rückwärtslaufendem Motor zieht die Schraube dann das Schiff mit dem Heck nach vorn durch das Wasser, wobei die Schraube als beinahe völlig freifahrend angesehen werden kann. Außer

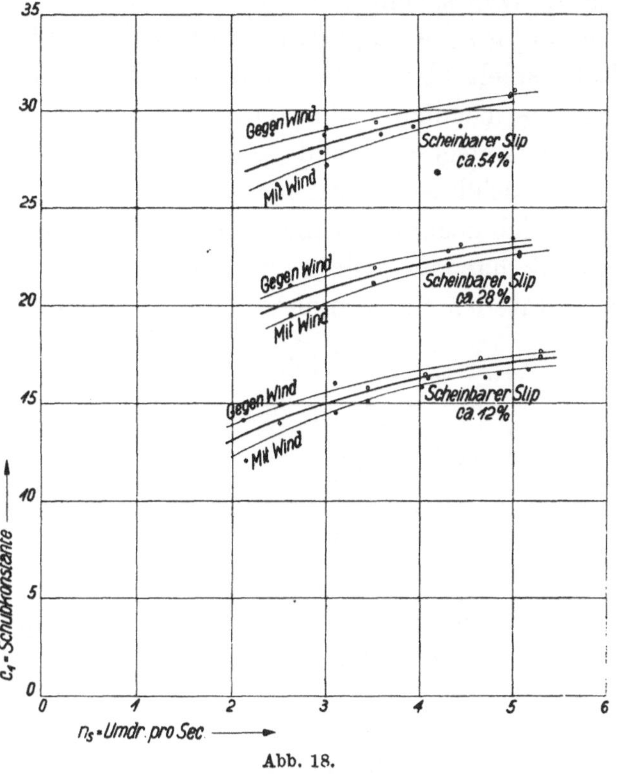

Abb. 18.

mit dieser Einrichtung werden auch Fahrten mit verschiedenen Touren und Slips mit der üblichen Schraubenanordnung hinter dem Schiff ausgeführt.

Die Tatsache, daß die Schubkonstante mit der Tourenzahl zunimmt, dürfte, wenn hinreichend erwiesen, nicht ohne Einfluß auf die Verwertung der Modellschleppresultate sein, und es will mir scheinen, wie wenn diese Veränderlichkeit

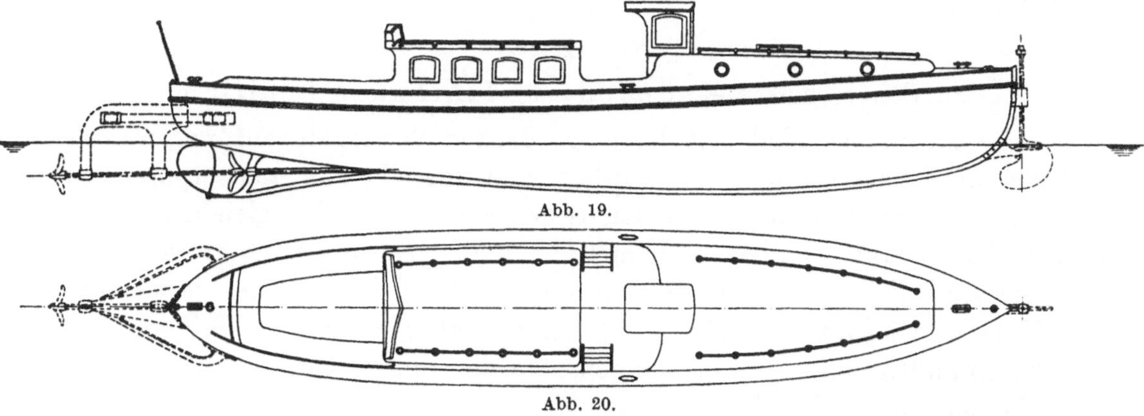

Abb. 19.

Abb. 20.

der Schubkonstante auch bereits mehrfach in den Ergebnissen von Modellschleppversuchen zum Ausdruck gekommen sei.

Es liegen mir zum Beispiel die Schleppresultate eines Fracht- und Passagierdampfers von 9000 t Tragfähigkeit vor, bei welchen der Wirkungsgrad bei

Steigerung der Schiffsgeschwindigkeit und damit der Tourenzahl, wie aus Abb. 21 hervorgeht, von 40% auf 54% ansteigt, obwohl sich Slip und Nachstrom ändern kann. Wahrscheinlich rührt dies daher, daß bei den kleinen Absolutwerten der Umfangsgeschwindigkeit für die niedrigeren Tourenzahlen die Reibung eine größere Rolle spielt als bei den höheren. Dieses Resultat der Schleppversuche könnte bei oberflächlicher Beurteilung irreführen, da die Reibungswiderstände dem Ähnlichkeitsgesetz nicht gehorchen.

Ich schließe hiermit meine Mitteilungen über die Schraubenfloßversuche ab, indem ich nochmals bemerke, daß es sich hier um eine sozusagen junge Versuchstechnik handelt, welche zweifellos mit allerlei Mängeln behaftet ist und deren Resultate ich daher zunächst nur als einen Hinweis auf bestehende Wahrschein-

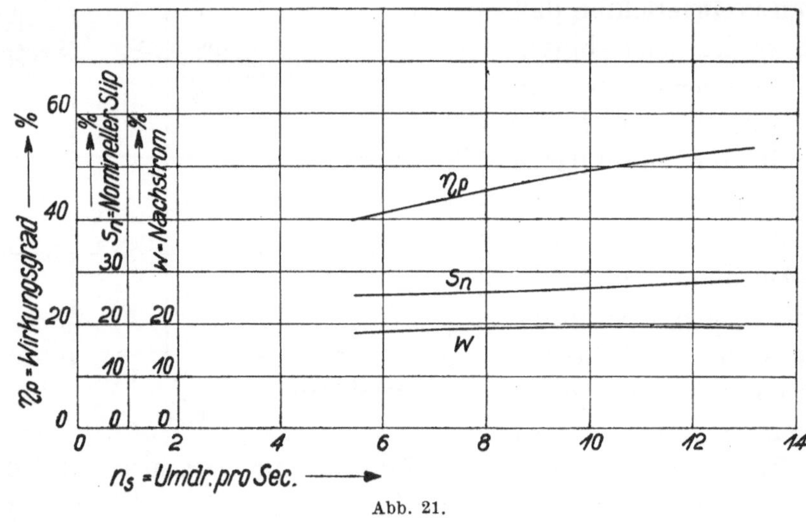

Abb. 21.

lichkeiten aufgefaßt haben möchte. Da die Versuche fortgesetzt werden, hoffe ich mich bald positiver ausdrücken zu können, als dies heute geschehen.

Ich komme nunmehr zu dem zweiten Teil meiner Mitteilungen, nämlich

II.

zu den Schubmessungen auf fahrenden Schiffen.

Solche Messungen sind seit längeren Jahren vereinzelt auf verschiedenen Schiffen angestellt worden, leider aber sind dieselben niemals systematisch an einer größeren Anzahl verschiedenartiger Schiffe nach den gleichen Gesichtspunkten ausgeführt worden. Vielfach sind die Messungen nicht vollständig, oder sie sind nicht veröffentlicht worden. Es handelt sich also jetzt darum, das Material zusammenzustellen und auf einheitliche Basis zu bringen.

Die sorgfältigsten Schubmessungen, welche mir bekannt geworden sind, sind diejenigen, welche die deutsche Marine, die Wichtigkeit dieser Versuche erkennend, auf mehreren Kriegsschiffen vorgenommen hat, und ich darf erwähnen, daß die deutsche Marineleitung in dankenswerter Weise das Material über die seinerzeitigen Messungen auf den kleinen Kreuzern „Mainz" und „Stettin" zum Zweck der Veröffentlichung zur Verfügung gestellt hat.

Ferner sind meinerseits bisher Schubmessungen an folgenden Fahrzeugen veranlaßt worden:

1. Schleppdampfer „Vulcan-Werft IV“,
2. Frachtdampfer „Cairo“ der Deutschen Levante-Linie,
3. Frachtdampfer „Roland“ der Roland-Linie,
4. Werftbarkasse „Vulcan II“.

Die Hauptabmessungen der Schiffskörper, Maschinenanlagen und Propeller vorstehender Schiffe sind in Tabelle Nr. 2 zusammengestellt.

Tabelle Nr. 2.

Name des Schiffes:	Stettin	Mainz	Vulcan-Werft IV	Cairo	Roland	Vulcan II
Schiffstyp	Kl. Kreuzer	Kl. Kreuzer	Schlepper	Frachtd.	Frachtd.	Motor-barkasse
Länge zwischen Perpendikeln . . . m	116,80	130,0	16,60	69,0	109,5	12,50
Breite auf Spanten . . . . m	13,34	14,0	4,95	10,45	15,5	2,30
Konstruktionstiefgang . . . . . . m	4,80	5,03	1.94	4,45	7,12	ca. 1,0
Deplacement bei obigem Tiefgang cbm	3550	4350	ca. 80	2500	9600	ca. 12
Anzahl der Wellen	4	2	1	1	1	1
Maschinenanlage	Turbinen	Turbinen	Kompound-maschine	Dreif. Exp.-Maschine	Dreif. Exp.-Maschine	Benzin-Motor
Kesseldruck Atm. Überdruck	16	16	10	13	14,5	—
Durchmesser des HD-Zylinders . mm	—	—	290	400	570	—
do. MD-Zylinders . . . . . . mm	—	—	—	660	930	—
do. ND-Zylinders . . . . . . mm	—	—	580	1100	1560	—
Kolbenhub . . . . mm	—	—	328	700	1200	—
Konstruktionsleistung	insgesamt 13 600 PS$_e$	insgesamt 22 600 PS$_e$	ca. 80 PS$_i$	600 PS$_i$	1800 PS$_i$	ca. 40 PS
Konstruktionstourenzahl	ca. 530	306	130	90	75	450
Propeller	Konstante Steigung	Konstante Steigung	Konstante Steigung	Konstante Steigung	Patent Zeise	Konstante Steigung
Konstruktion	Aus einem Stück	Aufgesetzte Flügel	Aus einem Stück	Aus einem Stück	Aufges. Flügel	Aus einem Stück
Flügelzahl	3	3	4	4	4	3
Material	Mangan-bronze	Mangan-bronze	Gußeisen	Gußeisen	Bronze	Bronze
Bearbeitung	blank bearb.	blank bearb.	roh	roh	roh	befeilt
Durchmesser D } nach Aufmaß mm	1900	3450	1666	3800	5300	606
Steigung H } mm	1700	3200	2477	3085	i. Mittel 4450	573
H/D	0,895	0,93	1,485	0,815	ca 0,84	0,945
F_a/F	ca. 0,7	0,57	0,56	0,46	0,38	0,41

Die zu den Schubmessungen benutzten Apparate waren die folgenden:

Auf dem kleinen Kreuzer „Mainz“ (siehe Abb. 22 und 23) wurden die Versuche durchgeführt mittels eines auf dem Prinzip federnder Platten beruhenden Schubmessers bekannter Konstruktion. Derselbe (Abb. 24) bestand aus 3 Doppelscheiben von annähernd $1^1/_2$ m Durchmesser, welche unter der Wirkung des Schraubenschubes in achsialer Richtung zusammenfedern. Zwecks Messung der Durchfederung wird dieselbe durch ein leichtes Gestänge mit einer Gesamtübersetzung von ca. 1 : 12 auf eine Zeigervorrichtung übertragen. Die Durchfederung der Scheiben betrug bei Vollkraftfahrt etwa 12 mm, so daß ein Zeigerausschlag bis zu ca. 140 mm zustande kam.

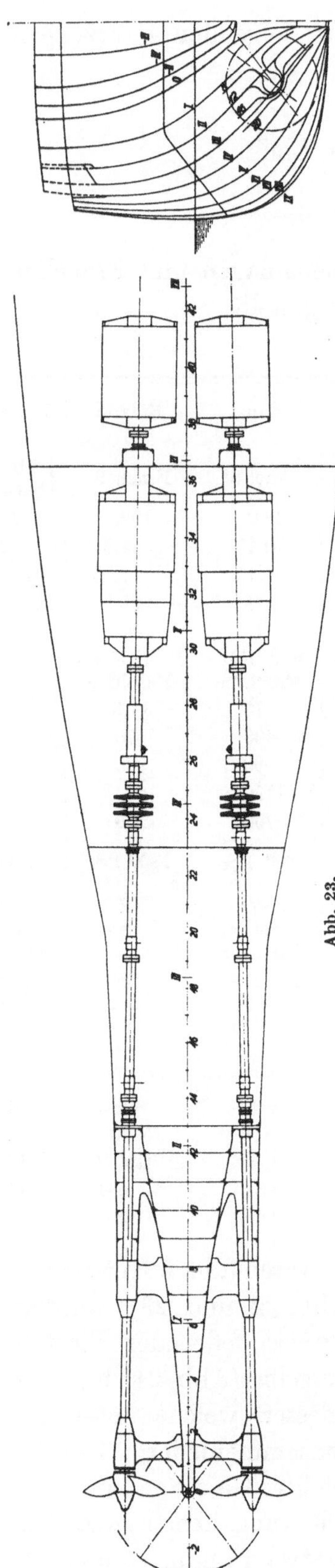

Abb. 22.

Abb. 23.

Ganz ähnlich war die Schubmeßeinrichtung auf dem kleinen Kreuzer „Stettin" (siehe Abb. 25 und 26). Hier war auf jede der 4 Wellen ein Schubmesser ganz gleicher Konstruktion wie bei „Mainz" eingebaut.

Der auf dem Schlepper „Vulcan-Werft IV" (Abb. 27 und 28) zur Schubmessung verwendete Apparat A war sehr primitiv und bestand im wesentlichen aus folgender Einrichtung (Abb. 29 und 30): Der Schraubenschub wird unter Ausschaltung des Drucklagers durch einen besonderen Druckring D aufgenommen, welcher den Schraubenschub direkt auf einen doppelarmigen Hebel H vom Übersetzungsverhältnis 1 : 5,7 überträgt. Am oberen Ende des Hebels ist ein Drahtseil angebracht, welches über Rollen läuft und am andern Ende eine Wagschale W trägt. Um das Drehmoment von der Maschine auf die Schwanzwelle übertragen zu können, während gleichzeitig der zu den Schubmessungen bestimmte vorgenannte Druckring in achsialer Richtung frei beweglich ist, wurde eine elastische Kupplung K aus dünnen Stahlscheiben eingebaut, welche ein leichtes Federn der Propellerwelle in ihrer Längsrichtung ermöglicht. Der Nullpunkt des Schubmessers wird so bestimmt, daß diese elastische Kupplung spannungsfrei ist.

Frachtdampfer „Cairo" und „Roland". Hier wurde zu den Schubmessungen ein aus Hebelübersetzung und Wage bestehender Apparat benutzt, welcher in der Zeitschrift „Werft und Reederei"*) kürzlich von mir veröffentlicht worden ist. Die Wirkungsweise des Apparates ist mit kurzen Worten die folgende: Der vom Propeller ausgeübte Schub wird durch die Welle auf die Druckbügel, durch diese auf die Schraubenspindeln des Drucklagers übertragen. Die Weiterleitung der an den Spindeln angreifenden Kraft auf die Wage erfolgt durch Verlängerungsstücke, welche mittels Kugeln und Pfannen den Schub auf den vertikalen Arm zweier Winkelhebel übertragen; sie besaßen bei „Cairo" ein Hebelverhältnis

---

*) Heft 20 vom 22. X. 1921.

von genau 1 : 2; bei „Roland" (Abb. 31) war eine Doppelübersetzung von insgesamt 1 : 12 vorgesehen.

Werftbarkasse „Vulkan II". Die Versuchseinrichtung auf dieser Barkasse ist aus Abb. 32 und 33 ersichtlich. Um die Leistung bequemer bestimmen zu können, wurde zum Antrieb nicht der eingebaute Benzinmotor benutzt, sondern 2 kleine Elektromotoren E, welche durch Riemenantrieb R ihre Leistung auf die Welle übertrugen. Zur Messung des Schubes wurde der Umsteuerhebel H benutzt. An demselben wurde ein Draht D befestigt, welcher horizontal nach hinten und über eine Rolle geführt wurde. Am

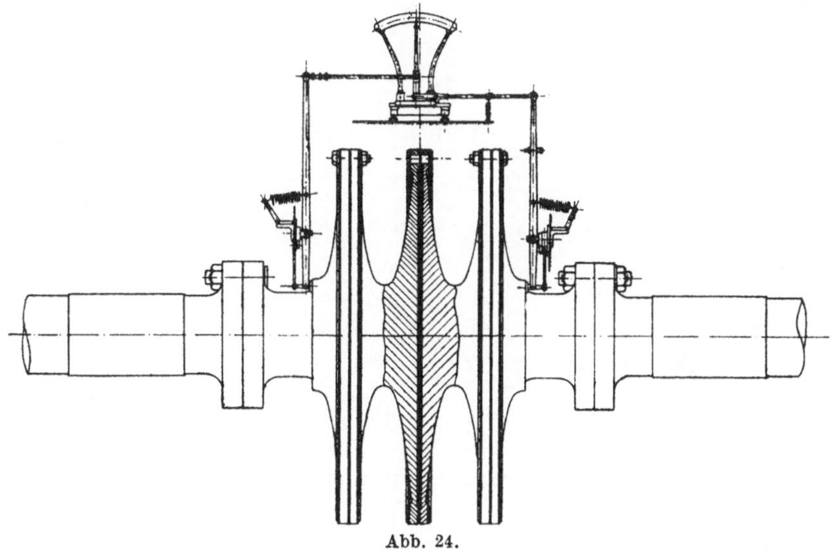

Abb. 24.

Ende des Drahtes waren die zur Aufnahme des Schubes bestimmten Meßgewichte G angehängt.

Über die

Resultate der Schubmessungen

ist folgendes zu erwähnen:

1. Kleiner Kreuzer „Mainz" (Abb. 34).

Bei den Versuchen zeigte sich sowohl für den Propellerschub als auch für die Umdrehungen eine ziemlich gute Übereinstimmung zwischen Probefahrt und Modellversuch. Auch die WPS stimmen bei der Höchstgeschwindigkeit überein, während sie bei kleinerer Geschwindigkeit im Modellversuch sich höher ergaben als bei der Probefahrt.

Bei dem Vergleich zwischen Bassinversuch und Probefahrt ist zu beachten, daß bei höheren Geschwindigkeiten vermutlich schon Kavitation aufgetreten ist, welche, da beim Modellversuch nicht vorhanden, im allgemeinen in dem Sinne wirken dürfte, daß die WPS und die Umdrehungen bei der Fahrt relativ höher ausfallen.

2. Kleiner Kreuzer „Stettin".

Die Resultate der Schubmessungen gehen aus dem Kurvenblatt, Abb. 35, hervor. Die Kurven für Leistung, Schub, Umdrehungszahl und Slip sind die Totalwerte bzw. Mittelwerte aus allen 4 Wellen.

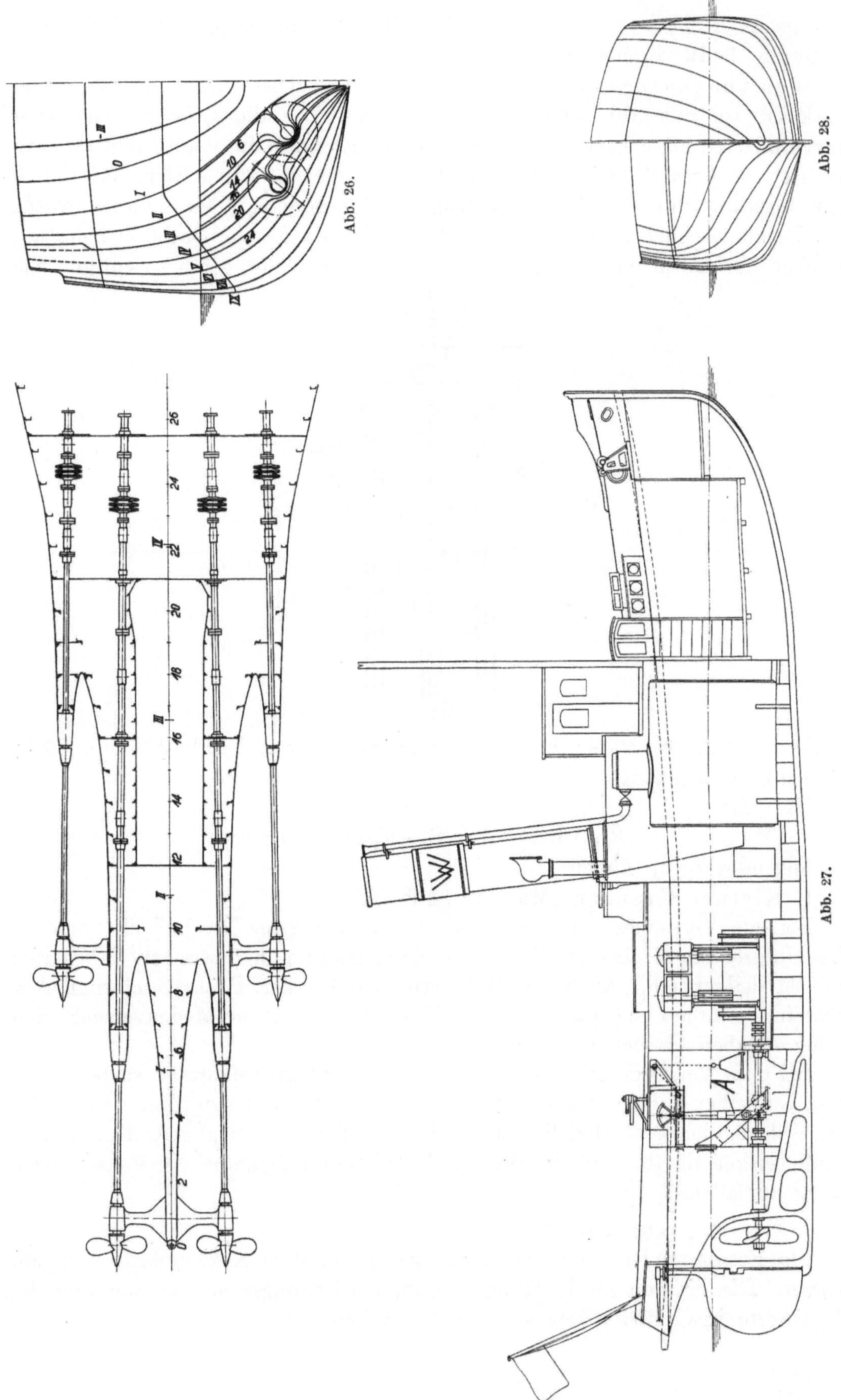
Abb. 26.
Abb. 28.
Abb. 27.

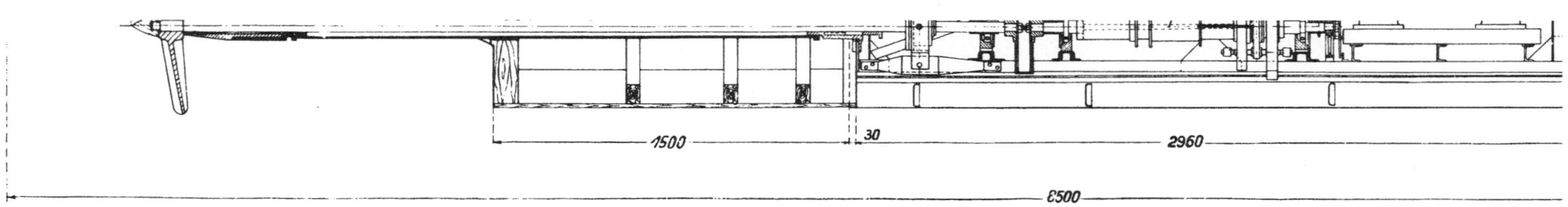

Jahrbuch 1922. Zu Seite 128.
Fahrtrichtung
3990
3990
A
A
S
M
R
4500
30
6500
2360
1500
Abb. 1.
Abb. 2. 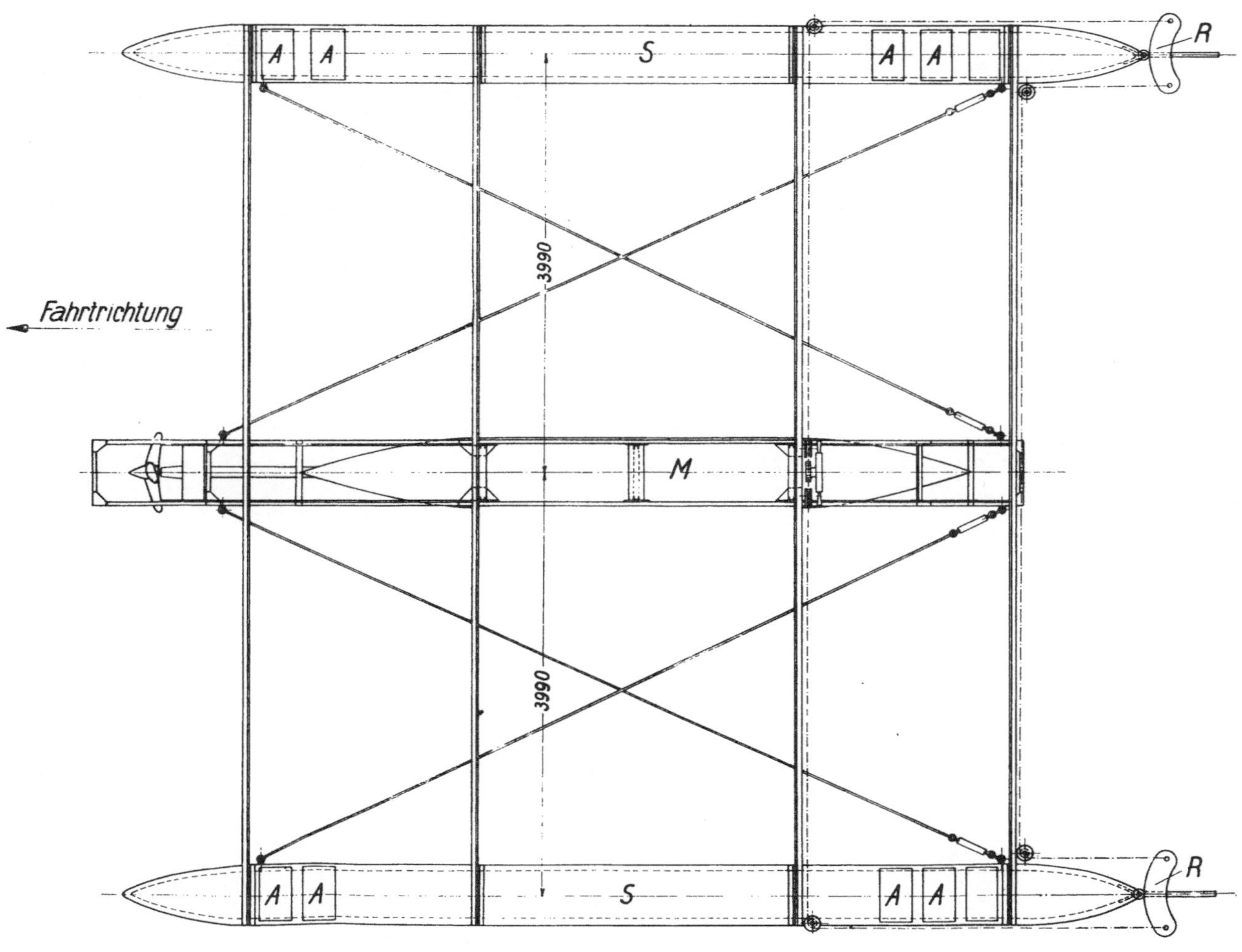
Abb. 3.

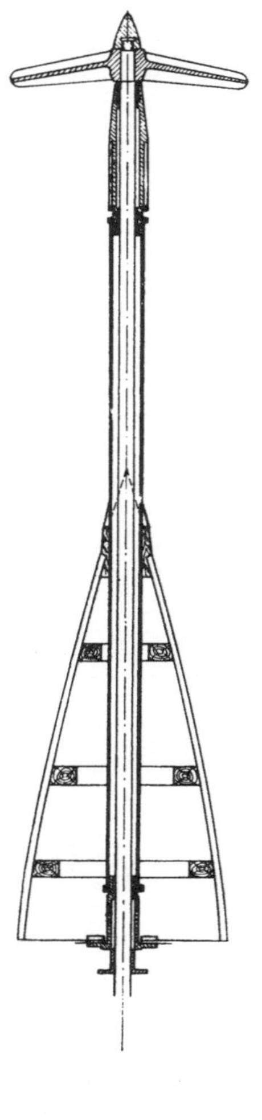

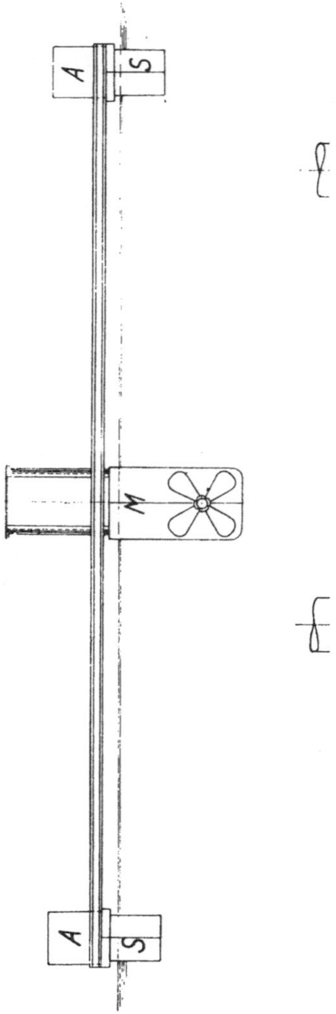

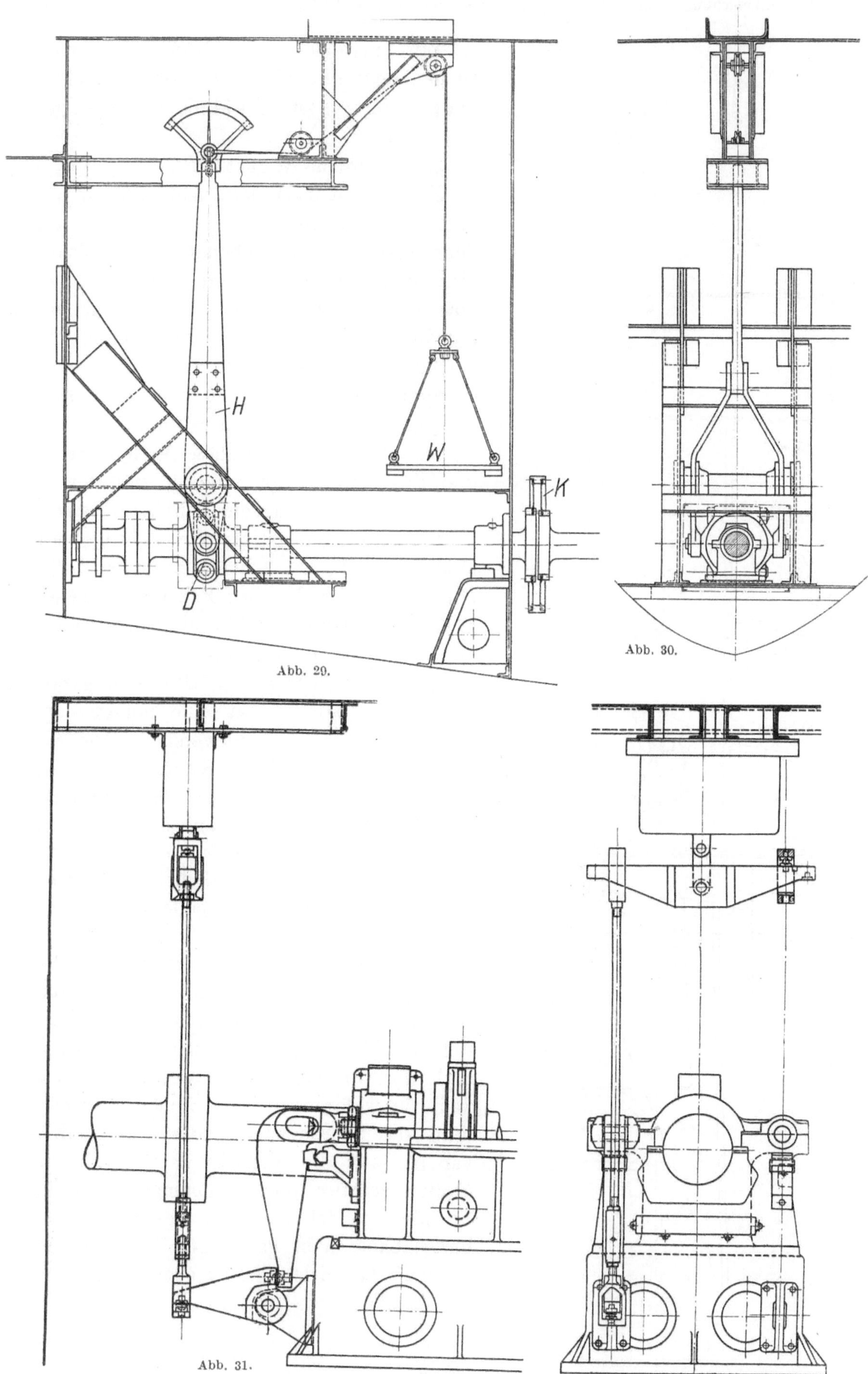

Abb. 29.

Abb. 30.

Abb. 31.

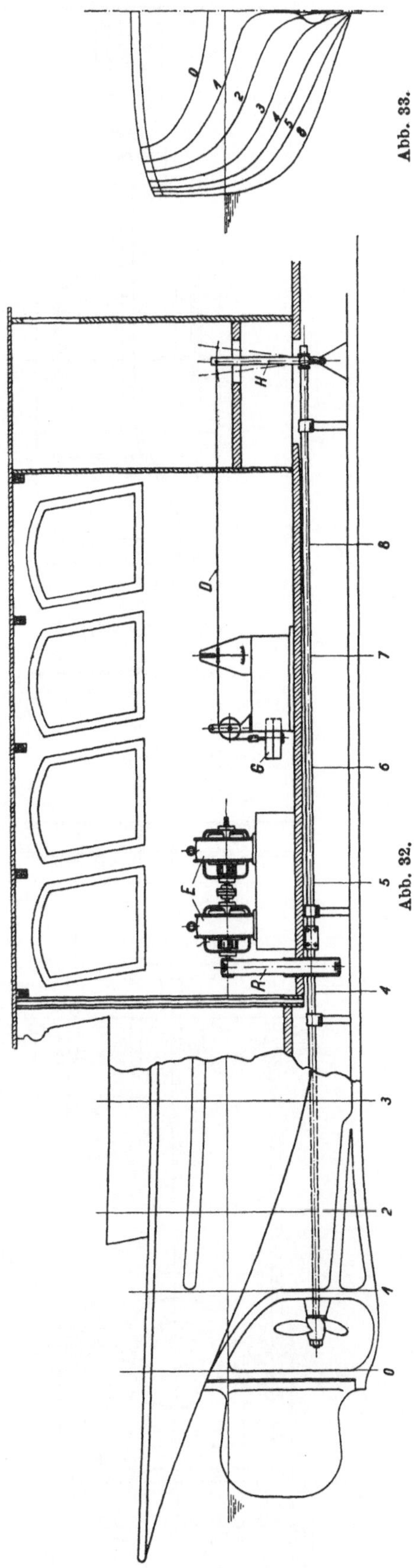

Ein Vergleich mit Modellschleppversuchen liegt hier nicht vor; der Charakter der Schubkurve ist sehr ähnlich demjenigen bei „Mainz“.

3. „Vulcan - Werft IV“.

Zu dem Kurvenblatt Abb. 36 ist zunächst ·zu bemerken, daß die an die Schraubenwelle abgegebenen Pferdestärken nicht direkt gemessen werden konnten. Die Maschine ist jedoch bei den Versuchen sorgfältig indiziert und der mechanische Wirkungsgrad derselben auf Grund von genauen Messungen an ähnlichen Maschinen schätzungsweise ermittelt worden.

Der Vergleich zwischen Modellversuch und Probefahrt zeigt zunächst, daß der im letzteren Falle gemessene Schub im ganzen Verlauf höher liegt als der Schub beim Modellversuch, bei 8 Knoten um ca. 14%. Die Kurve der bei der Fahrt gemessenen WPS liegt ebenfalls höher als beim Modellversuch, bei 8 Knoten um ca. 12,5%.

Auch die Kurve der Umdrehungszahl bei der Probefahrt hat eine höhere Lage als diejenige beim Modellversuch. Die Abweichung beträgt bei 8 Knoten ca. 7,5%, wobei der Ordnung halber noch bemerkt werden soll, daß die Steigung des Propellers beim Modellversuch um knapp 1% größer war, als bei den nachträglichen Aufmessungen des wirklichen Propellers festgestellt worden ist.

Zu dem Modellversuch ist noch zu bemerken, daß derselbe ohne Ruder ausgeführt wurde. Hiervon abgesehen, lassen sich die Unterschiede zwischen Modellversuch und Probefahrtsergebnissen vielleicht dadurch erklären, daß die übliche Umrechnung des Schiffswiderstandes vom Modellversuch auf die Abmessungen des naturgroßen Schiffes und demgemäß auch der bei den Modellversuchen gemachte Reibungsabzug nicht ganz zutreffend ist. Ist letzterer beispielsweise zu groß, so ergeben

sich beim Modellversuch zu kleine Schübe, zu kleine Leistungen und zu kleine
Umdrehungen des Propellers. Die verhältnismäßig beträchtlichen Unterschiede

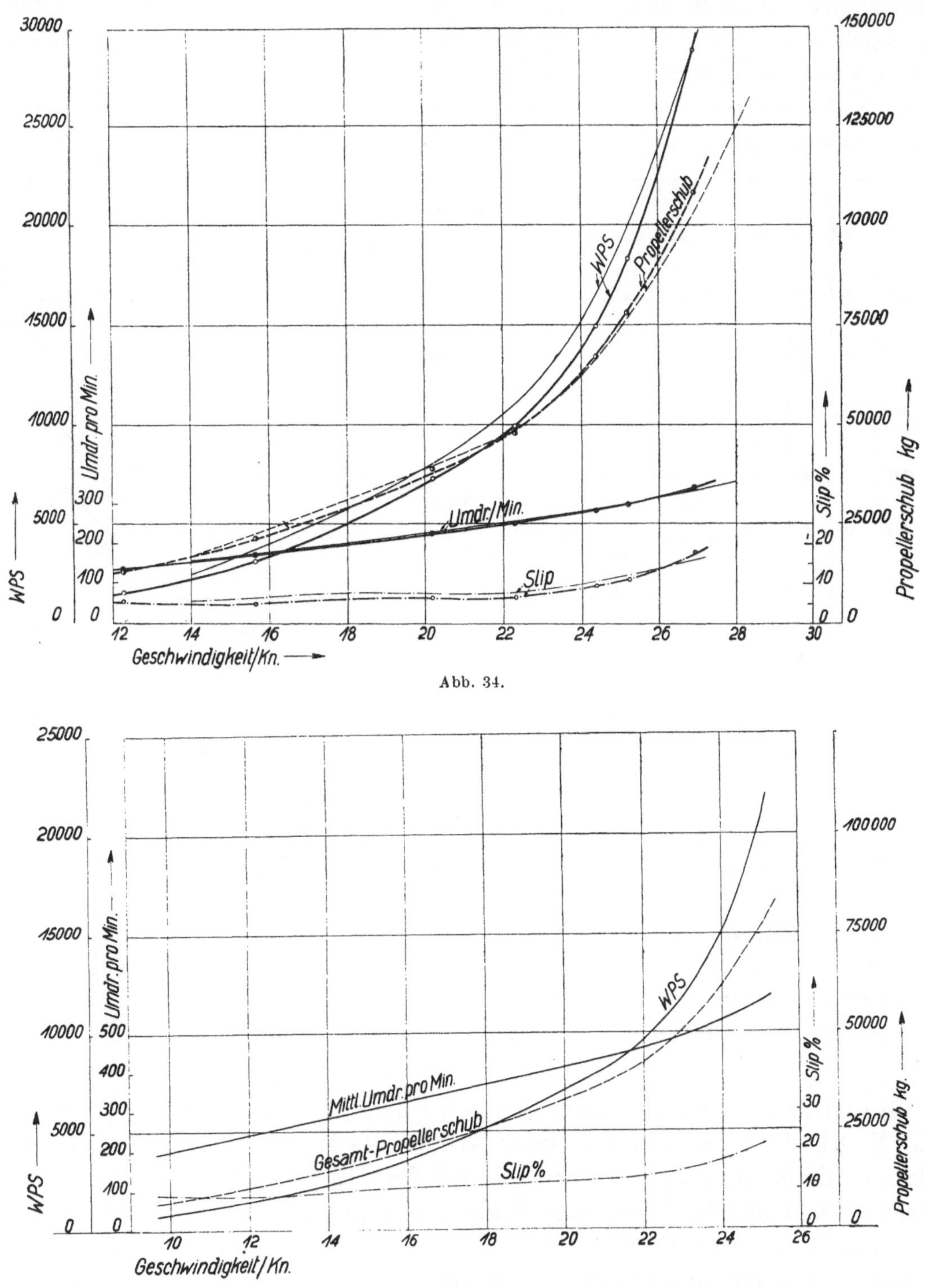

Abb. 34.

Abb. 35.

in der Umdrehungszahl lassen sich vielleicht auch damit erklären, daß der
Nachstrom beim ausgeführten Schiff kleiner ist als beim Modellversuch.

4. Frachtdampfer „Cairo“.

Die Resultate der Schubmessungen auf diesem Dampfer sind in der Zeitschrift „Werft und Reederei“, Heft 20 vom 22. X. 21 veröffentlicht. Die zum Vergleich mit diesen Fahrten angestellten Schleppversuche sind zunächst mit dem glatten Schiff ohne Ruder und mit einem Tiefgang von rund 13′ 6″ vorn und 13′ 11″ hinten ausgeführt, entsprechend der in der obengenannten Veröffentlichung unter 2. angegebenen Fahrt zwischen Cap Paphos und Ras Beirut.

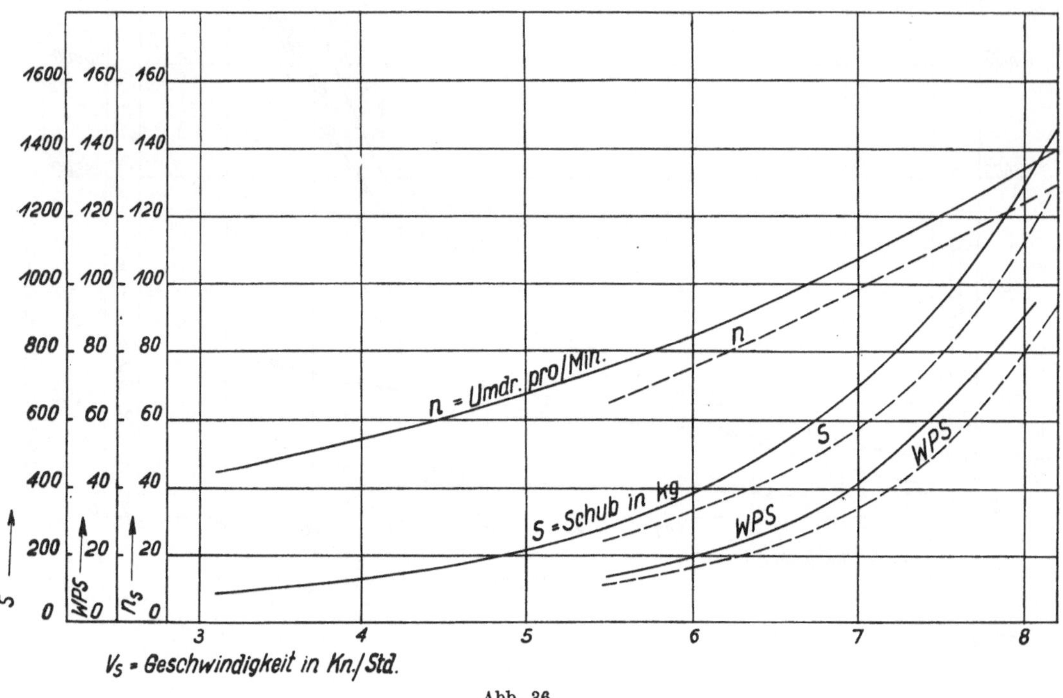

Abb. 36.

Der Vergleich zwischen den Ergebnissen dieser Fahrt und dem Schleppversuch ergibt für die festgestellte Geschwindigkeit von 9,52 Knoten:

	Probefahrt	Modellversuch[1]
Umdrehungen	86	82,7
Slip	—11,1%	—15%
Propellerschub	7665 kg	ca. 5600 kg
Effekt. Leistung an der Schraubenwelle . .	506 PS	435 PS

$$\text{(mit } \eta\, n = 86\%)$$

In diesem Falle haben also, ähnlich wie bei dem Schlepper „Vulcan-Werft IV“ die Modellschleppversuche durchweg kleinere Leistung, kleineren Schub und kleinere Umdrehungszahl ergeben, als bei der Fahrt festgestellt worden sind. Der Umstand, daß das Modell ohne Ruder geschleppt ist, sowie daß die Messungen erst auf der zweiten Reise des Schiffes, also vermutlich bei nicht mehr ganz reiner Außenhaut, ausgeführt worden sind, kann die festgestellten, nicht unbeträchtlichen Unterschiede wohl nicht ganz erklären. Es liegt daher auch hier

---

[1]) Die genauen Zahlen von der Schleppversuchsanstalt stehen noch aus; die Angaben gelten nach vorläufigen Mitteilungen von Herrn Schaffran angenähert.

der Gedanke nahe, daß der üblicherweise beim Schleppversuch berücksichtigte Reibungsabzug sich als zu groß erwiesen hat.

5. Frachtdampfer „Roland".

Die Meßfahrt mit diesem Dampfer (Abmessungen vgl. Tabelle Nr. 2) fand statt zwischen Weser und Jade Feuerschiff, einer Strecke von 5,2 Seemeilen bei 15—17 m Wassertiefe. Dieselbe wurde in jeder Richtung einmal durchlaufen; dabei betrug im Mittel

die indizierte Maschinenleistung . . . . 1731 PS_i

die effektive Maschinenleistung bei $n = 90$ (auf Grund von Messungen bei ähnlichen Maschinenanlagen ermittelt . . . . 1560 WPS

die Umdrehungszahl . . . . 75 pro Min.

die Schiffsgeschwindigkeit . . . . 10,46 Sm.

der Schraubenschub . . . . 21 800 kg

der scheinbare Slip . . . . 3,3%.

Zu bemerken ist, daß wegen der geringen Beladung des Schiffes die Flügelspitzen nur 260 mm unter Wasser lagen (gegenüber 1600 mm bei vollbeladenem Schiff).

Die Versuche sind als Material für den Vergleich mit Schleppversuchen außerdem wenig geeignet wegen der geringen Wassertiefe auf der durchlaufenen Strecke. Da bei den Vulcan-Werken noch eine Reihe genau gleicher Schiffe im Bau befindlich ist, hoffe ich Gelegenheit zu haben, die Messungen unter günstigen Umständen zu wiederholen und in der Lage zu sein, die Resultate mit denjenigen der bereits ausgeführten Modellschleppversuche zu vergleichen.

Sollten sich allerdings die obigen Resultate auch bei tiefem Wasser und voller beladenem Schiff bestätigen, so würden dieselben ganz in demselben Sinne wie die Fahrtergebnisse von „Vulcan-Werft IV" und „Cairo" sprechen, nämlich dafür, daß die Modellversuche zu geringe Leistungen und Schübe ergeben.

6. „Vulcan II".

Das Resultat der Schubmessungen ist bereits vorher in Form der Schubkonstantenkurve mitgeteilt und verwertet.

Hiermit ist das Material der Schubmessungen, welches ich Ihnen heute vorlegen kann, erschöpft. Die bisherigen Resultate würden für Frachtdampfer und ähnliche Fahrzeuge es angezeigt erscheinen lassen, mit kleineren Reibungsabzügen zu rechnen oder, was auf das gleiche hinausläuft, die errechneten Wellenpferdestärken mit einem Faktor größer als 1 zu multiplizieren. Im übrigen bin ich weit davon entfernt, das bis jetzt vorliegende Material schon als ausreichend zu erachten, um über seine Verwendungsmöglichkeit zur Kontrolle der Schleppversuche positive Feststellungen zu machen. Ich hoffe, daß die aufgewendete Mühe im Verein mit später zu veröffentlichenden ausgedehnteren und sorgfältigeren Ergebnissen für unsere Technik nicht nutzlos sein wird.

Für die Genehmigung zur Ausführung verschiedener im vorstehenden erwähnten Messungen an Bord fahrender Schiffe möchte ich hier den betreffenden

Reedereien, nämlich der Deutschen Levante-Linie und der Roland-Linie, den aufrichtigsten Dank aussprechen. Ich verbinde dies mit einem Appell an die deutschen Reedereien überhaupt, ihr Interesse diesen wichtigen Untersuchungen zuzuwenden und dieselben, soweit dies in ihren Kräften steht, wenigstens moralisch zu unterstützen; zum großen Teil war es die Unmöglichkeit ausreichender Versuche am fahrenden Schiff, welche bisher verhindert hat, das auf dem Propeller-problem ruhende Dunkel zu lichten.

Für die vielfachen wertvollen Anregungen gebührt Herrn Oberingenieur Wälde, für die eifrige und umsichtige Durchführung der Versuche Herrn Ingenieur Kreczy mein aufrichtigster Dank.

Erörterung.

Herr Direktor Dr.-Ing. Hoff, Berlin-Adlershof:

Königliche Hoheit! Meine Herren! Wenn ich als Nichtschiffbauer mir gestatte, in diesem Kreise das Wort zu ergreifen, so geschieht es, weil ich einer jüngeren Technik, dem Luftfahrzeugbau angehöre, der ja so viel vom Schiffbau gelernt, und der viele ähnliche Fragen zu bearbeiten hat. Auch das Problem, das dem Vortrage von Herrn Dr. Bauer zugrunde gelegt war, das Problem der Messung des Propellerschubes, hat uns in gleicher Weise beschäftigt. Auch wir haben, insbesondere während des Krieges, Vorrichtungen konstruiert und ausgeführt, welche den Luftschraubenschub sowohl für sich allein, als auch in Verbindung mit dem Flugzeug messen sollten. Die Erläuterung der vollständigen Entwicklungsgeschichte dieser Geräte würde zu weit führen. Ich möchte nur das wichtigste kurz herausgreifen.

Dem von Herrn Dr. Bauer geschilderten Floß hat bei der Deutschen Versuchsanstalt für Luftfahrt

Abb. 1. Durch Luftschrauben angetriebener, für Luftschraubenuntersuchungen bestimmter Schnellwagen der Deutschen Versuchsanstalt für Luftfahrt. Die zu prüfende Luftschraube findet über Oberkante Wagen ihre Aufstellung. Die Verkleidung des Wagens ist unvollständig.

ein Schnellwagen entsprochen, der 1917/18 gebaut worden war, und mit dem bei Vorversuchen rd. 140 km/St. Geschwindigkeit bei noch nicht voll geöffneter Gasdrossel erzielt wurde. Der Wagen (Abb. 1) war von Prof. Dr.-Ing. P. Rieppel und Oberingenieur K. Geißen entwickelt worden und sollte auf einem geraden Stück der Militärversuchsbahn Berlin-Jüterbog unweit Schönefeld betrieben werden. Leider sind die Versuche nicht aufgenommen worden, da der Unterbau der Strecke während des Krieges nicht genügend gefestigt werden konnte. Nach dem Kriege fehlten hierzu die Mittel. Der Schnellwagen ist beiseite gestellt, um vielleicht später neu verwendet zu werden[2]).

Die Versuche mit der Luftschraube am Flugzeug selbst sind weiter gekommen. Sie wurden von verschiedenen Seiten vorbereitet. Dr.-Ing. W. Stieber von der Deutschen Versuchsanstalt für Luftfahrt baute eine Meßnabe, über deren Bauweise und Erfolge er in den „Technischen Berichten“ der Flugzeugmeisterei berichtet[3]) hat. Dr. phil. H. Borck hat in der Flugzeugmeisterei ebenfalls mit ähnlichen Versuchen begonnen, sie aber nicht fortgeführt. Von den Stieberschen Versuchen liegen Ergebnisse[4]) vor. Sie sind aus verschiedenen Gründen durchgeführt worden. In Flugzeugen sind nicht nur der Propellerschub und das Drehmoment zu messen, sondern auch, namentlich bei Flügen in größeren Höhen, das Verhalten des Motors zu untersuchen. Diese letztgenannten Versuche interessieren hier weniger, aber bei Messungen des Propellerschubs und des Drehmoments am Flugzeug ergeben sich viele Parallelen zu den Messungen beim Schiff.

Bei Flugzeugen sitzt die Antriebsschraube vorwiegend unmittelbar auf dem Wellenstumpf des Motors. Die Aufgabe, den Schub und das Drehmoment zu messen, wurde durch Zwischenschaltung eines Meß-

---

[1]) S. Hütte, 21. Aufl., S. 284.

[2]) Vgl. F. Bendemann, Die Flugzeugprüfbahn der Deutschen Versuchsanstalt für Luftfahrt und über den Luftschraubenantrieb für Eisenbahnfahrzeuge. Zeitschrift für Flugtechnik und Motorluftschiff-fahrt, Jahrgang 1920, S. 245 bzw. 261.

[3]) W. Stieber, Die Meßnabe für Flugzeuge, Technische Berichte der Flugzeugmeisterei III, S. 221.

[4]) E. Everling, Vorläufiges Ergebnis der Versuchsflüge mit der Meßnabe, Technische Berichte der Flugzeugmeisterei I, S. 54.

körpers zwischen Motorwelle und Luftschraube gelöst (Abb. 2 und 3). Die Verbindung zwischen dem Meß-körper (Meßnabe) und der Luftschraube ist beweglich und durch mit Drucköl gespeiste Meßdosen und Druckstößel bewirkt. Die Meßdosen, deren Aufbau von Prof. Dr.-Ing. F. Bendemann angegeben wurde, arbeiten nicht mit einem abgeschlossenen Ölraum, sondern mit Ölzu- und -abfluß. Die Meßdose (Abb. 4) besteht aus einem einseitig geschlossenen Zylinder a mit leicht, aber gut dichtend eingepaßtem Kolben b,

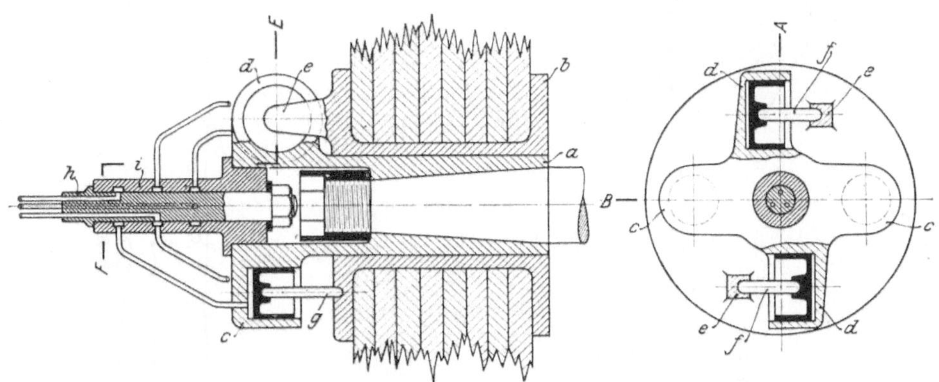

Abb. 2. Schnitt A—B \} Hauptteile
Abb. 3. Schnitt E—F / der Meßnabe

auf den durch einen Stößel c eine Kraft ausgeübt werden kann. Auf dem Zylinder ist ein Hebel d drehbar gelagert, der durch zwei Bunde des Stößels geführt ist und mit seinen Enden an den Steuerkolben e und f angreift, die in entsprechende Bohrungen im Zylinder a eingepaßt sind.

Wird der Stößel belastet, so sinkt der Kolben zunächst; Steuerkolben f gestattet der bei g zugeführten Druckflüssigkeit den Zutritt, und diese strömt so lange zu, bis der Kolben b zurückgetrieben wird. Da-durch wird der Zufluß durch den Steuerkolben f zunächst gedrosselt und schließlich, wenn der Kolben wieder die dargestellte Lage hat, ganz abgesperrt. Der Druck unter dem Kolben ist dann bei Vernachlässigung der Kolbenreibung proportional der Kolbenbelastung und kann durch das bei h angeschlossene Manometer gemessen werden. Das gleiche Spiel wiederholt sich, wenn Druckflüssigkeit durch Undichtheit verlorengeht. Wird die Kolbenbelastung kleiner, so strömt bei h Druckflüssigkeit unter den Kolben zurück — alle gebräuchlichen Druckanzeiger arbeiten mit Raumänderung, — der Kolben steigt und der Steuerkolben e läßt bei i so lange Flüssigkeit frei abfließen, bis die Ausgangsstellung erreicht ist.

Der Kolben macht, von plötzlichen Än-derungen der Belastung abgesehen, nur geringe Wege, die durch die Lage der Steuerkolben und die Hebelübersetzung bestimmt sind. Man kann diese Wege so klein machen, daß sie praktisch Null werden. Dann bleibt der Kolben dauernd in der Arbeitstellung der Meßdose. Sollen zwei oder mehr Meßdosen eine Kraft gemeinsam messen, so ist für alle Meßdosen nur eine Steuerung nötig; ihre Druckräume werden dann untereinander verbunden.

Die Verbindung zwischen den umlaufenden Meßdosen und einem feststehenden Druckanzeige-gerät ist durch einen feststehenden Pfropfen h (Abb. 2) gewährleistet, der in einen mit der Luft-

Abb. 4. Gesteuerte Meßdose von Prof. Dr.-Ing. F. Bendemann.

schraube umlaufenden Zylinder i (Abb. 2) eingeschliffen ist. Rillen im Zylinder i und Bohrungen im Pfropfen h sorgen für die Übertragung der Ölzufluß-, der Schub- und der Drehmomentleitung. Der Öl-abfluß ist nicht vorgesehen, da das abfließende Öl zur Schmierung der bewegten Teile verwendet wird.

Der Einbau der Meßnabe im Flugzeug ist durch Abb. 5 dargestellt. Aus ihr ist insbesondere die Leitungs-führung von der Meßstelle zur Anzeigestelle dargestellt, wo die Meßergebnisse mit gewöhnlichen Indi-katoren auf umlaufender Trommel festgehalten werden.

Ein Versuchsergebnis bei böigem Wetter zeigt Abb. 6.

Die Versuche haben im allgemeinen befriedigt und zu weiteren Arbeiten ermutigt. Die Marine wurde auf sie aufmerksam. Die Deutsche Versuchsanstalt für Luftfahrt wurde veranlaßt, das geschilderte hydraulische Meßverfahren auch für Schiffe auszubilden. Leider hat der Kriegsschluß die begonnenen Konstruktionsarbeiten unterbrochen.

Mir schien es wichtig, auf diese Ansätze hinzuweisen, da durch ihre Benutzung vielleicht Möglichkeiten gegeben sind, aus den im Flugzeugbau gewonnenen Erfahrungen auch wieder rückwirkend dem Schiffbau zu nützen.

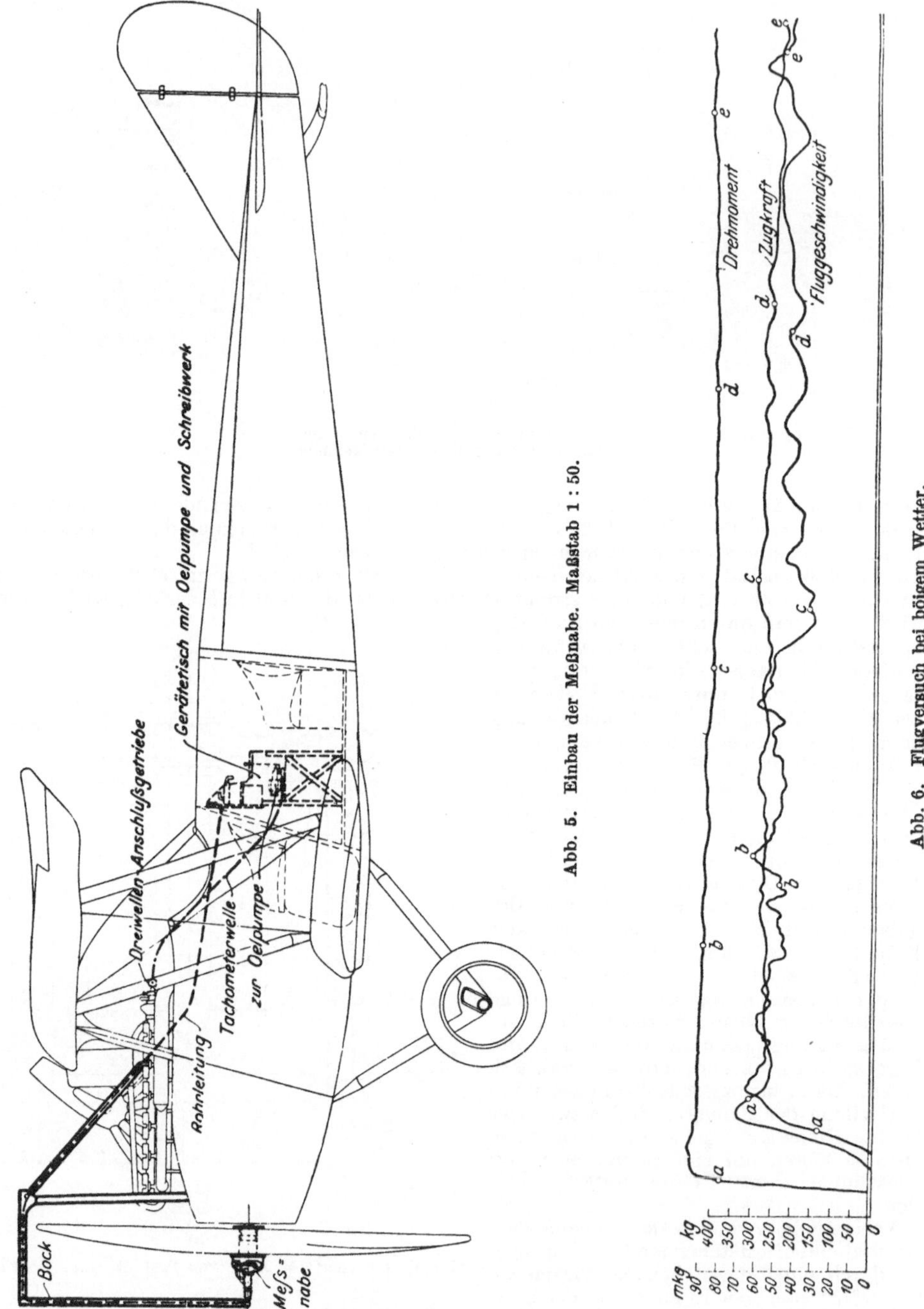

Abb. 5. Einbau der Meßnabe. Maßstab 1 : 50.

Abb. 6. Flugversuch bei böigem Wetter.

Herr Fabrikbesitzer Helling-Hamburg-Altona:

Eure Königliche Hoheit! Meine Herren! Durch die systematischen Modellpropellerversuche ist das Konstruktionsproblem des Propellers so weit gelöst, daß es ohne Schwierigkeiten möglich ist, die günstigsten Hauptdimensionen für einen Propeller ohne Sog und Nachstrom und ohne Kavitation zu bestimmen. Soweit diese Verhältnisse in der Praxis überhaupt nachzuweisen sind, hat meine Erfahrung diesen Satz bestätigt.

Die Wissenschaft steht daher heute vor der Aufgabe, vor allen Dingen diese Erscheinungen, Kavitation und Nachstrom, zu erforschen. Der Modellversuch versagt zwar bei der Kavitation aus bekannten Gründen völlig, leistet uns aber beim Nachstrom sehr wichtige Dienste, ohne das Problem allein quantitativ lösen zu können. Die Gründe hierfür habe ich im vorigen Jahre an dieser Stelle im Anschluß an den Vortrag des Herrn Dr. Schaffran auseinandergesetzt. Wir sind also zur Ergänzung auf den Versuch im großen Maßstabe angewiesen. Diesen Weg hat Herr Dr. Bauer in dankenswerter Weise beschritten und uns durch seine sorgfältigen, mit großen Opfern durchgeführten Versuche wieder einen Schritt weiter gebracht. Ob das Schraubenfloß des Vortragenden ohne merklichen Einfluß auf den Propeller ist, ist zweifelhaft, und es würde sich meiner Ansicht nach lohnen, diese Frage durch einen Modellversuch nachzuprüfen.

Ferner habe ich noch einige praktische Bedenken gegen die Verwendung des Schubs als Konstruktionsunterlage. Ich habe Herrn Dr. Schaffran nach seinem vorjährigen Vortrage in der Diskussion empfohlen, die Nachstromberechnung nicht auf Grund der Schubkonstanten, sondern auf Grund der Momentenkonstanten durchzuführen. Ich bin dann in einen regen Meinungsaustausch mit Herrn Dr. Schaffran geraten, der daraufhin meiner Ansicht beigetreten ist. Außer den damals erwähnten Vorteilen besitzt diese Methode noch einige Vorzüge. Solange der Schubmesser des Herrn Dr. Bauer nicht auf jedem Schiff eingeführt ist, kann man bei dem großen Schiffe den Schub nicht messen, und selbst wenn dieser meßbar ist, kennt man den Schiffswiderstand nicht, da der Sog unbekannt ist. Die Vorausberechnung des Schubes erfolgt aber auf Grund des Schiffswiderstands, und so entsteht eine Lücke zwischen Rechnung und Versuch. Man muß also die Sogziffer kennen, um die Nachstromziffer berechnen zu können, obgleich beide voneinander abhängig sind. Rechnet man aber mit der Momentenkonstanten, so hat man nur die Nachstromziffer zu ermitteln.

Eine ähnliche Unsicherheit ergibt sich in der Rechnung durch den Propellerwirkungsgrad, den man ebenfalls bei der Konstruktion auf Grund der Schubmessungen und Modellversuche annehmen und in die Rechnung einsetzen muß.

Der zweite Vorteil ist dann, daß man das Probefahrtmaterial aller der Schiffe auswerten kann, die keinen Schubmesser haben. Leider werden die meisten Abnahmeprobefahrten mit halb beladenem Schiff gemacht, so daß man gezwungen ist, auf Messungen während des normalen Betriebes zurückzugreifen, die aber mit allen Mängeln der Praxis behaftet sind. Aus dem in langen Jahren gesammelten Material der Firma Theodor Zeise habe ich nun Herrn Dr. Schaffran auf seinen Wunsch eine geeignete Anzahl von Frachtdampfern zur Verfügung gestellt, und auch von anderer Seite stand demselben ähnliches Material zur Verfügung, so daß eine Auswertung der Nachstromziffer für eine große Zahl von Schiffen nach der von mir vorgeschlagenen Methode möglich wurde. Mit Rücksicht auf die erheblichen Fehler, die Ergebnisse aus der Praxis leider immer haben, konnte natürlich nur eine sehr große Zahl von Werten zu dem bescheidenen Resultat führen, wenigstens brauchbare Mittelwerte zu ergeben. Die sehr umfangreiche Arbeit der Auswertung hat Herr Dr. Schaffran aber auf sich genommen, und wir müssen ihm sehr dankbar für diese große Arbeit sein.

Handelt es sich nur um die Frage: In welchem Umfange sind die durch den Modellversuch ermittelten Nachstromziffern zuverlässig? so ergibt in erfreulicher Übereinstimmung mit den Versuchen des Herrn Bauer, daß diese infolge von Beobachtungsfehlern allerdings äußerst schwankenden Werte im Mittel etwas kleiner sind als die aus den Modellversuchen sich ergebenden. Die von mir im vorigen Jahre auf Grund theoretischer Überlegung ausgesprochene Erwartung ist also bestätigt. Für den Zweck, die Nachstromziffern genau zu bestimmen, erscheint das Resultat unserer Auswertung dagegen zunächst ein negatives, da die Werte ganz außerordentlich schwanken. Man muß daher die Aufgabe, die Nachstromziffern zu bestimmen, zerlegen, und ich glaube, das Programm künftiger Versuche auf diesem Gebiete etwa wie folgt vorschlagen zu können: Alle Versuche mit großen Schiffen müssen auf den einen Zweck zugeschnitten sein, Korrekturziffern für den Modellversuch zu schaffen, und zwar einerseits bezüglich des Nachstroms und Sogs, andererseits bezüglich der Kavitationen. Daher müssen alle diese Versuche im Modelltank im kleinen Maße wiederholt werden. Wer wirklich zuverlässig Versuche im großen zur Verfügung hat, sollte diese daher den Modellversuchsanstalten zur Verfügung stellen. Wenn eine größere Anzahl solcher Versuche im Modell nachgeprüft wird, muß es gelingen, die Korrekturziffer festzustellen. Dem Modellversuch bleibt dann die Analyse der Einzelheiten vorbehalten, wie z. B. Einfluß der Anhängsel, der Lage der Schraube des Schraubendurchmessers, der Völligkeit usw., und zwar wäre meiner Ansicht nach zunächst das Interesse auf den Einschraubendampfer zu konzentrieren, als die wichtigere und zugleich leichtere Aufgabe.

Ob ein Zusammengehen aller Beteiligten auf diesem Gebiete möglich ist, hängt natürlich vom guten Willen ab. Die Initiative dazu müßte wohl von den Versuchsanstalten ausgehen.

Mein Werk, die Spezialfabrik für Schiffsschrauben, Theodor Zeise, hat nun ein besonderes Interesse an der Lösung dieser Aufgaben. Eine Spezialfabrik, die für alle Schiffstypen tätig ist, wird natürlich viel mehr als eine Werft auf eine systematische Klärung dringen, da die Werft meistens wenige verwandte Schiffstypen auseinander entwickelt und ihre Erfahrungen von Fall zu Fall in engen Grenzen direkt überträgt. Da ich mir im augenblicklichen Stadium der Wissenschaft einen Fortschritt nur von der Versuchstechnik, nicht aber von der reinen Praxis und der reinen Theorie verspreche, so habe ich derartige Versuche veranlaßt, welche schrittweise Teilaufgaben lösen sollen. Modellversuche sind bereits gemacht und sollen fortgesetzt werden. Ferner hat die Firma Theodor Zeise auch ein Versuchsmotorboot angeschafft, um Versuche im großen zu machen. Ich hoffe, bei späteren Gelegenheiten in der Lage zu sein, Ihnen über die Ergebnisse dieser Versuche zu berichten. (Lebhafter Beifall.)

Herr Professor Dr.-Ing. Pröll-Hannover:

Eure Königliche Hoheit! Meine Herren! Der Herr Vortragende hat darauf hingewiesen, daß es zweckmäßig wäre, wenn möglichst viele schon früher ausgeführte Versuche zusammenfassend bekanntgemacht würden. Ich darf vielleicht einen kleinen Beitrag hierzu liefern, indem ich an einige Versuche erinnere, die schon vor langer Zeit an der Kaiserlichen Werft in Danzig zusammen von Prof. Lorenz und von mir an einer Dampfpinasse ausgeführt worden sind.

Die Aufgabe, die wir uns damals stellten, war die, den Propellerschub für bestimmte Propeller, die wir versuchsweise eingebaut hatten (es waren gewöhnliche Schrauben und dann auch Propeller nach der Konstruktion von Prof. Lorenz) zu vergleichen. Weitgehende Versuchseinrichtungen an der Maschine waren nicht gut anzubringen, also auch keine Schubmesser u. dgl. Auch die Verwendung von Meßdosen kannte man damals noch nicht. Wir versuchten aber den Propellerschub in etwas anderer Weise, indirekt, zu ermitteln. Diese Versuche sind nun, wie ich gleich erwähnen will, natürlich nicht mit sehr großer Genauigkeit durchgeführt worden. Es ließ sich das mit den vorhandenen Mitteln schlecht erreichen. Aber immerhin war die Anordnung so getroffen worden, daß eine Genauigkeit von wenigen Fehlerprozenten jedenfalls erzielt werden konnte, eine Genauigkeit, die für die damaligen Zwecke durchaus genügte.

Der Gedanke war der, wenn ich das hier vielleicht aufzeichnen darf (an der Tafel demonstrierend): Es wurde das Boot untersucht unter verschiedenen Betriebsverhältnissen, einmal frei fahrend etwa mit der Geschwindigkeit v und der Drehzahl n der Maschine. (Es wurden immer die zusammengehörigen Tourenzahlen und Geschwindigkeiten aufgeschrieben.) Dann haben wir mit dieser Pinasse einen Kohlenprahm geschleppt und in die Schleppleine ein Dynamometer eingeschaltet. Das Ganze war natürlich so eingerichtet, daß Meßfehler und Ungenauigkeiten nach Möglichkeit verringert werden konnten. Das Dynamometer war am Heck des Schleppers angebracht und die dauernd auftretenden Schwingungen konnten genügend genau bobachtet werden. Man konnte gut Mittelwerte der Ausschläge bilden. Wir haben die Fahrten längs einer größeren abgesteckten Strecke in der „Kaiserfahrt" des Danziger Hafens sehr häufig durchgeführt, so daß man mit einiger Genauigkeit den gemessenen Zug in der Leine — den will ich einmal W_1 bezeichnen — feststellen konnte. Das ist gleichzeitig der Teil des Schubes, der den Widerstand W_1 überwindet, den der Kohlenprahm bei dieser Geschwindigkeit hatte. Die Geschwindigkeit will ich für diesen Schleppversuch mit v_1 und die Drehzahl des Motors mit n_1 bezeichnen. Bei dieser Geschwindigkeit v_1 und bei dieser Drehzahl n_1, war natürlich ein größerer Propellerschub des Bootes vorhanden. Ich will ihn einmal P_1 nennen. Dieses P_1 ist zweifellos gleich dem eigenen Widerstand des Schleppers $\mathfrak{W}_1$ + dem gemessenen Schleppwiderstand W_1 vorausgesetzt, daß Beharrungszustand herrschte, d. h. daß keine Beschleunigung im ganzen System auftrat. Diese Bedingung konnten wir aber bei der Fahrtstrecke (ich kann mich nicht mehr genau erinnern, wie lange sie war, ich glaube, es waren etwa 2 km, die stets in beiden Richtungen abgelaufen wurden) als erfüllt ansehen, denn wir haben die einzelnen Versuche dann auch immer daraufhin verglichen.

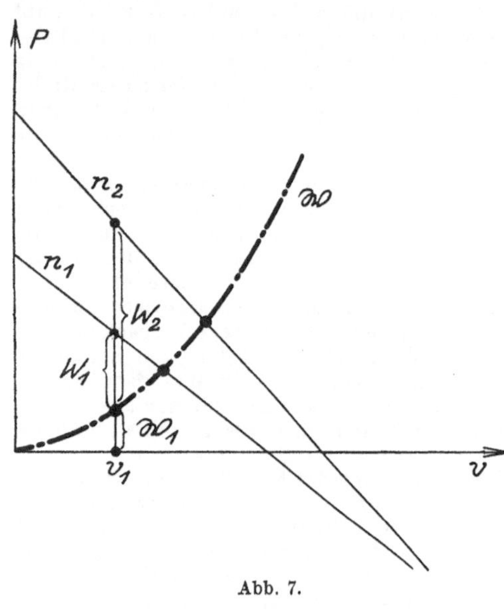

Abb. 7.

Wir wollen nun für den gesamten Propellerschub in diesem letzten Falle eine Formel ansetzen, die vielleicht etwas anders aussieht, als sie den meisten von Ihnen, meine Herren, geläufig sein wird; eine Formel, die nicht mit dem Begriff Slip arbeitet, sondern mit dem Schub, der Geschwindigkeit und den Drehzahlen selbst. Ich kann sie etwa in folgender Weise anschreiben: Zuerst $Po_1 = An_1^2$ mit einer Konstanten A; dies würde gelten für den Propeller, der am Ort, also am Stand arbeitet. Dieser Schub Po verkleinert sich beim fahrenden Schiff um einen Wert Bn_1v_1, wobei wieder B eine Konstante ist, v_1 die Fahrgeschwindigkeit. Für gewöhnlich zeigt sich, daß die Formel in dieser Form schon genügt. Aber sie kann noch verbessert werden, wenn wir noch ein weiteres Glied einfügen: Cv_1^2 (ich will überall den Index 1 hinzufügen, weil wir ja bei der Geschwindigkeit v_1 alles gemessen haben). Also zusammen

$$P_1 = An_1^2 - Bn_1v_1 - Cv_1^2 = \mathfrak{W}_1 + W_1$$

Sie sehen, meine Herren, daß wir hier eine Reihe von Unbekannten haben; es sind dies zunächst der eigene Widerstand des Schleppers $\mathfrak{W}_1$; Unbekannt ist weiter die Konstante B und die Konstante C, denn die Konstante A kann man direkt bestimmen, wenn man $v = 0$ macht und eine Pfahlprobe vornimmt, also das Schiff durch ein Dynamometer an einem festen Pfahl ziehen läßt. Dann ist bloß einzig und allein $An^2 =$ gleich dem Propellerschub, den man sogleich messen kann.

Wir haben aber auch dann noch zwei unbekannte Konstante und $\mathfrak{W}_1$, also zusammen drei Unbekannte und nur eine Gleichung. Um die Aufgabe (theoretisch wenigstens) durchzuführen, kann man nun einen zweiten Prahm anhängen. Dann bekommt man einen Propellerschub

$$P_2 = W_2 + \mathfrak{W}_1$$

wenn man nämlich dafür sorgt, daß die Geschwindigkeit v_1 wieder dieselbe ist, wie im ersten Fall, aber jetzt natürlich bei einer anderen (gemessenen) Umdrehungszahl n_2. Der Widerstand ist nun sicher größer und die Maschine muß mehr Touren machen. Es würde also diese Drehzahl n_2 so abzugleichen sein, daß wir dieselbe Fahrgeschwindigkeit haben, daß also der Widerstand $\mathfrak{W}_1$ gleich bleibt. Selbstverständlich ist auch das nicht ganz der Fall, denn bei anderer Drehzahl und gleicher Fahrgeschwindigkeit werden sich wahrscheinlich die Strömungsverhältnisse am Hinterschiff ändern. Aber in erster Annäherung können wir annehmen, daß der Unterschied vernachlässigt werden darf, jedenfalls bleibt er innerhalb der Genauigkeit des ganzen Meßverfahrens.

Der Widerstand, den wir jetzt am Dynamometer messen, ist W_2, den kenne ich, denn das ist der gesamte Widerstand dieser beiden geschleppten Prähme, und es ist

$$P_2 = \mathfrak{W}_1 + W_2 = An_2^2 - Bn_2v_1 - Cv_1^2 .$$

Wir haben eine andere Drehzahl n_2, die Fahrgeschwindigkeit ist aber dieselbe geblieben.

Ich habe jetzt schon zwei Gleichungen mit drei Unbekannten. Ich kann so weitergehend einen dritten Prahm anhängen, und wieder die Geschwindigkeit v_1 erreichen, dann bekomme ich eine dritte Gleichung für die drei Unbekannten. Und wenn ich will, kann ich schließlich noch einen vierten Prahm anhängen, um einen Kontrollversuch zu bekommen.

In dieser Weise wäre es also theoretisch möglich, unter der Voraussetzung, daß der Eigenwiderstand $\mathfrak{W}_1$ sich nicht ändert, bei verschiedenen Drehzahlen, die Konstanten A, B, C, und damit die sog. Schubformel, d. h. die Formel, die den Schub als Funktion von Drehzahl und Fahrgeschwindigkeit angibt, zu bekommen. — Wir haben bei den besprochenen Versuchen mit dem Boot der Kaiserlichen Werft eine Formel herausgefunden, die lautet

$$P = 0{,}0084\,n^2 - 0{,}304\,n\,v$$

Das letzte Glied C hatten wir damals als sehr klein vernachlässigt. Es würde das also bedeuten, daß der Propellerschub bei konstanter Drehzahl proportional mit der Fahrgeschwindigkeit abnimmt, eine an sich ja wohl bekannte Beziehung, die auch durch Versuche von Herrn Gebers, welche er uns hier vor ungefähr 10 Jahren vorgetragen hat, bestätigt worden ist. Wenn wir also in einer Figur die Fahrgeschwindigkeit auftragen und den Propellerzug, so ergeben sich für die Kurven konstanter Drehzahlen gerade abfallende Linien (in Annäherung).

Wenn wir dann noch den Eigenwiderstand des Schiffes hineinzeichnen, der dem Propellerzug im Beharrungszustand gleichkommt, so gibt das eine etwa parabolisch verlaufende Linie $\mathfrak{W}$. Wir sehen, daß unsere Versuche gekennzeichnet sind durch ein Diagramm, etwa nach der gestrichelten Kurve. Habe ich in der Abzsisse die Fahrgeschwindigkeit v_1, so habe ich in Ordinatenrichtung $\mathfrak{W}_1$ den zugehörigen Eigenwiderstand des Motorbootes, und W_1 ist das, was wir durch das Dynamometer messen.

Schließlich, wenn der Widerstand des Schleppzuges wegfällt, kommen wir auf den Fall v_0, den ich zuerst anschrieb: frei fahrendes Schiff ohne Schleppwiderstand.

Ich erinnere weiter an die Versuche, die seinerzeit auf Veranlassung von Herrn Geheimrat Flamm an dem holländischen Schlepper „Vlaardingen" ausgeführt worden sind (meiner Erinnerung nach wohl die ersten derartigen Versuche, bei denen das Drucklager losgemacht wurde und im Drucklager Messungen ähnlicher Art wie mit der Meßdose ausgeführt worden sind). Sie sind seinerzeit im „Schiffbau" veröffentlicht worden. Auch sind, wenn ich nicht irre, an dem amerikanischen Kanonenboot „Yorktown" seinerseit Propellerschubmessungen durchgeführt worden, die ich einmal analysiert habe, d. h. ich versuchte, die obige Formel darauf anzuwenden, und es hat sich dabei gezeigt, daß auch diese Versuche sich sehr gut in einer solchen vereinfachten Form darstellen lassen, daß also C wegfällt.

Meine Herren, was ich hier mitgeteilt habe, ist freilich nur ein geringfügiger Beitrag, der eigentlich heute mehr historisches Interesse beansprucht. Immerhin glaubte ich, es doch Ihnen nicht vorenthalten zu sollen.

Herr Dr.-Ing. Schaffran, Berlin:

Königliche Hoheit, meine Herren! Während meiner nunmehr 10jährigen Tätigkeit in der Versuchsanstalt habe ich natürlich keine Gelegenheit vorübergehen lassen, die Ergebnisse der Modellversuche daraufhin nachzuprüfen, ob eine Übertragbarkeit derselben auf die Verhältnisse der naturgroßen Schiffe möglich ist; im anderen Falle hätten die Modellversuche überhaupt keinen Zweck. In diesem Bestreben habe ich oftmals nicht das nötige Entgegenkommen weder von Behörden noch von privater Seite gefunden und ich möchte an dieser Stelle den Wunsch aussprechen, daß in Zukunft mehr getan wird, um mich in meinem Vorhaben zu unterstützen.

Mit ganz besonderer Freude habe ich es daher begrüßt, als Herr Direktor Dr. Bauer mir die Hand dazu bot, die Modellversuche daraufhin nachzuprüfen, ob zunächst mit größeren Modellpropellern, dann aber auch mit den naturgroßen Schrauben die korrespondierenden Werte miteinander in Übereinstimmung zu bringen waren. Ich möchte Herrn Dr. Bauer für die mühevolle Arbeit, in welche ich zum Teile Einblick genommen habe, zunächst meine volle Anerkennung aussprechen.

Ich muß zugeben, daß wir noch nicht zu einer völligen Übereinstimmung gekommen sind, was von vornherein auch nicht zu erwarten war, da auf diesem Gebiete recht viele Unklarheiten vorliegen. Es wäre wunderbar, wenn die alten Methoden, die der Engländer Froude eingeführt hat, heute noch Gültigkeit beanspruchen dürften. Sie werden gültig sein für besondere Fälle und zwar für solche, wie sie für die damaligen Zwecke, für die Froude eben die Vergleichsversuche gemacht hat, in Frage kamen. In anderen namentlich extremen Fällen, werden sie wahrscheinlich keine brauchbaren Werte ergeben.

Bei unseren Modellschleppversuchen machen wir nach Froude eine Reibungskorrektur, für welche die Annahme einer Fläche, der benetzten Oberfläche, und die Annahme einer Geschwindigkeit, nämlich der Fahrtgeschwindigkeit, maßgebend ist. Die betreffende Fläche ist meiner Ansicht nach aber ebenso unbestimmt wie die Geschwindigkeit, soweit die Reibungsverhältnisse in Frage kommen. Das Schiff saugt hinten vollkommen das Wasser nach. Die relative Geschwindigkeit im Hinterschiff zum Fahrzeug wird ganz verschieden sein von der Fahrtgeschwindigkeit des Fahrzeuges. Ich habe im vorigen Vortrage Nachstromziffern von 40%, und darüber für völlige Schiffe angegeben. Meiner Ansicht nach wird der Nachstrom dicht am Schiff noch bedeutend größer sein und das Wasser im ganzen Hinterschiff eines völligen Handelsschiffes, welches ein Parallelmittelschiff hat, vollkommen mit dem Fahrzeug mitgehen. Es liegt also in diesem Falle an dem Hinterteil des Schiffes so gut wie gar keine relative Geschwindigkeit des Wassers zu dem Fahrzeug vor. Trotzdem macht man einen Reibungsabzug, dessen Unterlagen die

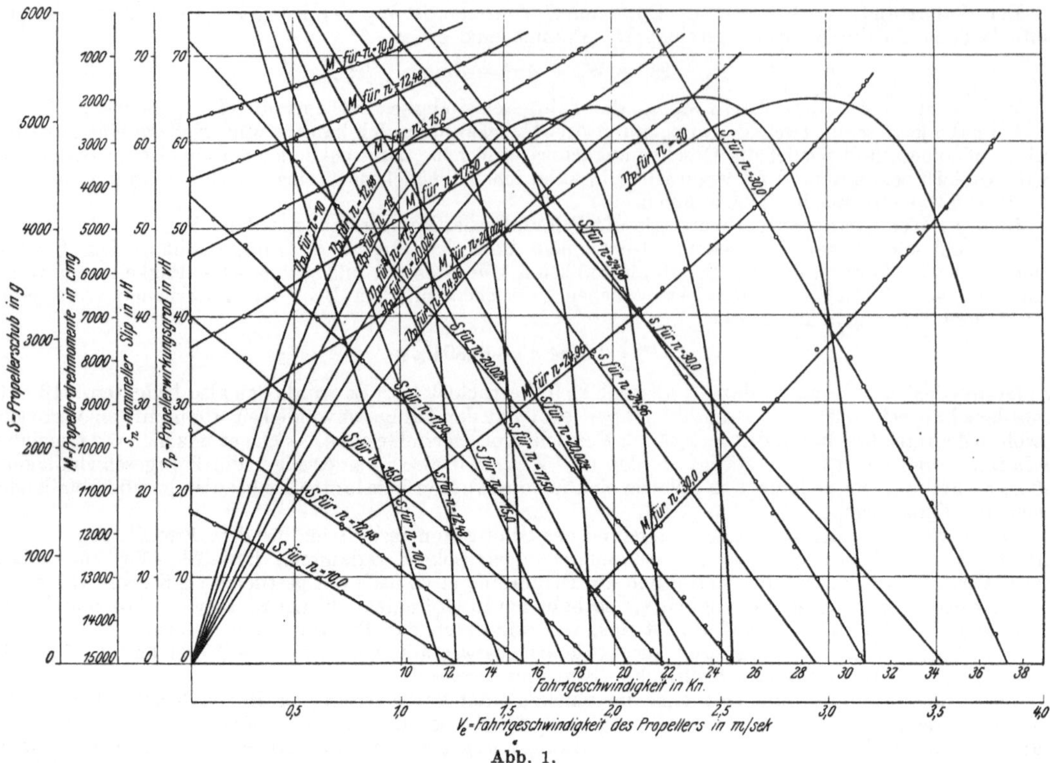

Abb. 1.

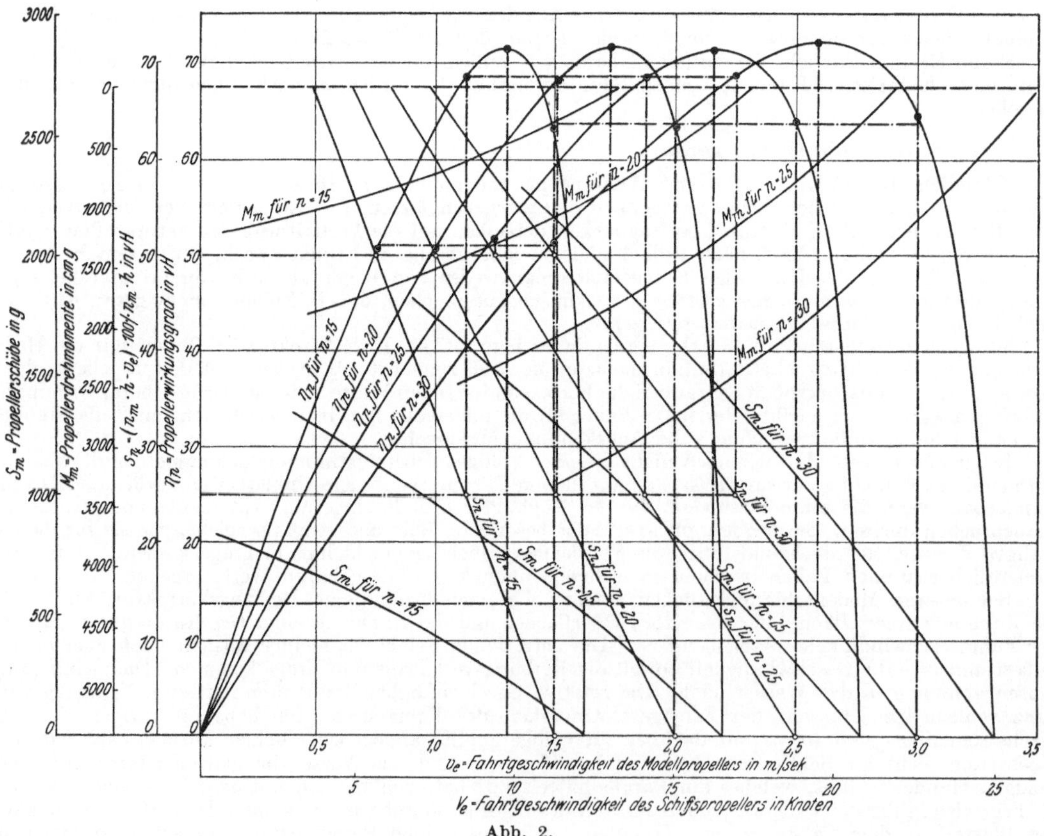

Abb. 2.

ganze benetzte Oberfläche und die Fahrtgeschwindigkeit des Schiffes ist. Aus diesem Grunde war vorauszusehen, daß bei den jetzigen Auswertungs- und Übertragungsmethoden bei völligen Handelsschiffen noch eine Unstimmigkeit zwischen Modellversuch und Probefahrt auftreten konnte.

Andererseits möchte ich nicht verfehlen, darauf hinzuweisen, daß eine derartige Abweichung vom Ähnlichkeitsgesetz, wie sie von Herrn Dr. Bauer auf Grund seiner Floßversuche bisher festgestellt worden ist, bei uns nicht zu konstatieren war.

Es handelt sich bei dem Ähnlichkeitsgesetz zunächst darum: ob bei ein und demselben Propeller unter Einhaltung verschiedener Touren und Geschwindigkeiten, d. h., bei ein und demselben Slip gleiche oder korrespondierende Schübe, Momente, Wirkungsgrade zu erwarten sind. Den Beleg dafür gibt das Diagramm (Abb. 1). Es zeigt die Ergebnisse eines Propellers (Nr. 3) mit verschiedenen Tourenzahlen von 10—30 pro Sekunde. Die Wirkungsgrade erreichen bei verschiedenen Geschwindigkeiten und Tourenzahlen nicht

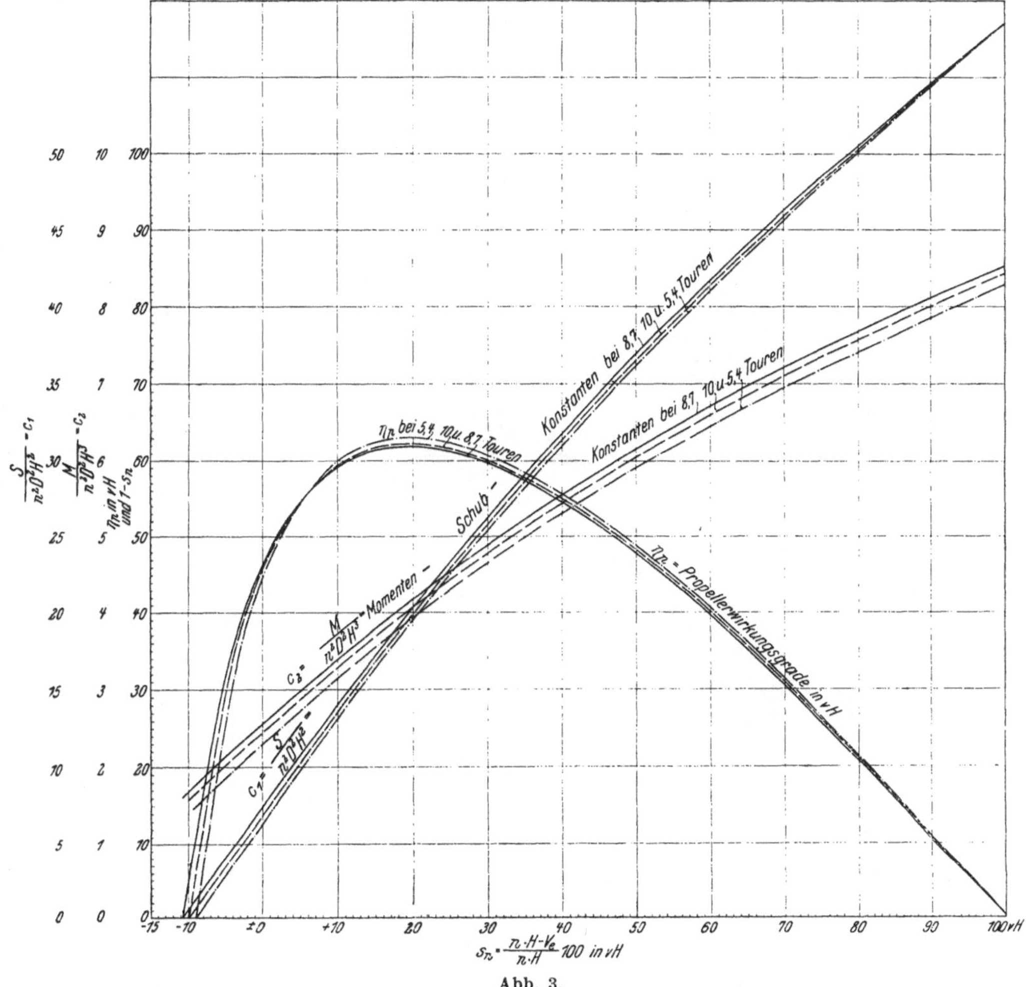

genau alle denselben Maximalwert, ein Zeichen dafür, daß innerhalb gewisser Grenzen Unterschiede wohl vorhanden sind. Ob diese auf die hydraulischen Verhältnisse zurückzuführen sind oder auf Unstimmigkeiten der Apparate, läßt sich von vornherein nicht sagen. Ich möchte nur erwähnen, daß in anderen Fällen wieder eine fast mathematische Übereinstimmung, bei gleichen Slips zu konstatieren war, was aus dem Diagramm (Abb. 2) hervorgeht.

Abb. 3 zeigt die Ergebnisse eines freifahrenden Modellpropellers Nr. 653, welcher dem Bauerschen Floßpropeller genau nachgebildet ist. Herr Direktor Dr. Bauer hatte wesentliche Unterschiede in den Schub- und Momentkonstanten bei ein und demselben Slip festgestellt. Wir selbst haben auch Unterschiede gefunden, die aber lange nicht so groß sind wie die bei dem größeren Bauerschen Propeller. Ich möchte nicht behaupten, daß die Versuche von Herrn Direktor Dr. Bauer mit Fehlerquellen behaftet sind. Es kann sehr wohl möglich sein, daß bei einem größeren Propeller das Ähnlichkeitsgesetz, namentlich bei einem solchen, der eine rauhe Oberfläche hat, nicht die weitgehende Gültigkeit besitzt bei wie einem ganz blank polierten Modellpropeller. Wohl aber kann die Vorderseite des Flosses, an welcher der Bauersche Propeller befestigt gewesen ist, einen störenden Einfluß auf die Schub- und Momentenkonstanten sowie auf die Wirkungsgrade ausgeübt haben. Eine Bestätigung hierfür haben wir in den Modellversuchen, die auf dem Diagramm (Abb. 4) dargestellt sind, erbracht. Die Schubkonstanten liegen hier bedeutend höher als in vorigem Fall, ein Zeichen dafür, daß das Floß auf den Propeller einen gewissen Schub ausgeübt haben muß. Eine Gültigkeit des Ähnlichkeitsgesetzes kann man bei einem Propeller nur bei einem isoliert für sich allein fahrenden Propeller erwarten. Einen derartigen Propeller gibt es aber nicht, denn man kann keinen Propeller ohne Halterung prüfen. Da man mehr oder weniger auf eine Halterung angewiesen ist, so wird man bestrebt sein, diese derartig auszuführen, daß sie einen möglichst wenig störenden Einfluß auf Schub, Moment und Wirkungsgrad ausübt. Bei unserem Modell haben wir eine dünne Welle, welche 8—10 mal so lang wie der Propellerdurchmesser ist, und dann erst den Versuchskasten, so daß eine störende Wirkung des letzteren auf den isoliert geschleppten Propeller so gut wie ausgeschlossen ist. Bei dem Bauer-

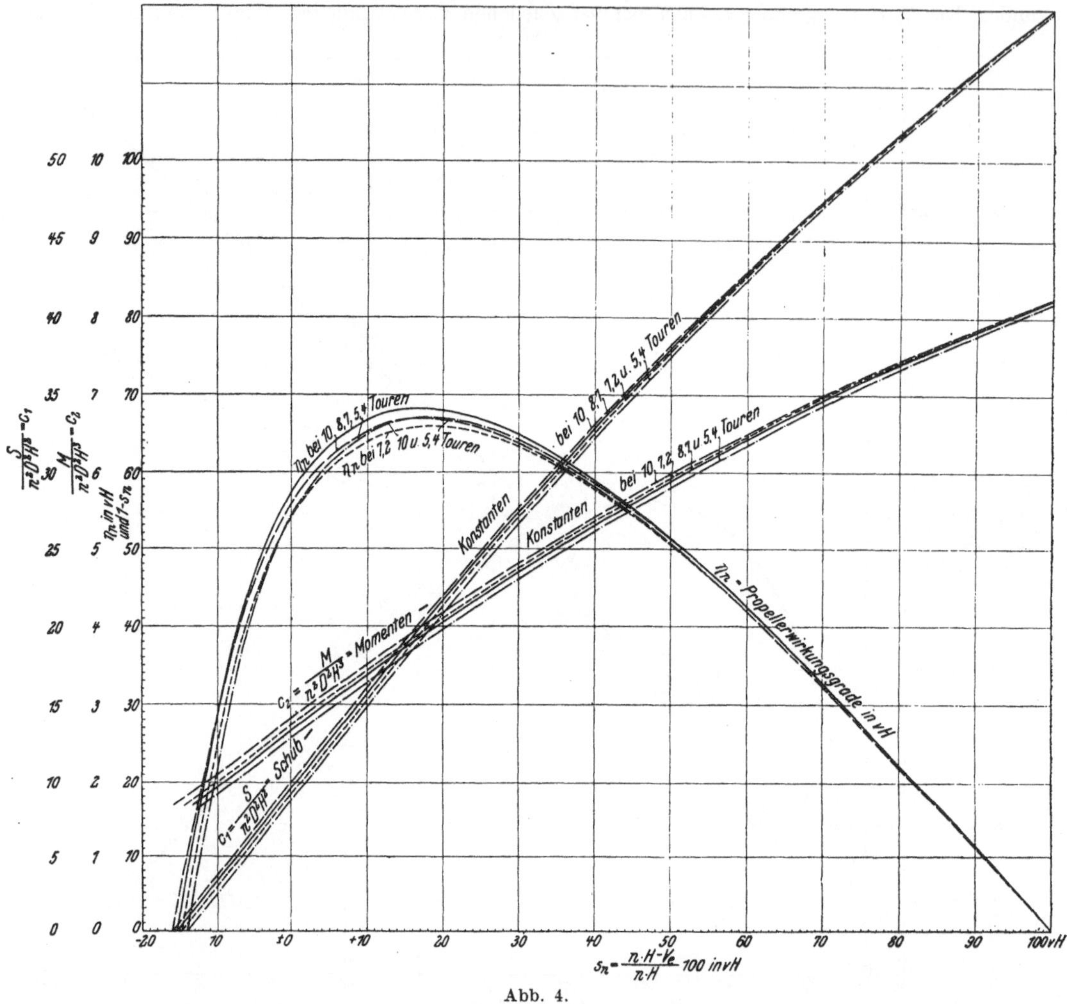

Abb. 4.

schen ist diese Entfernung bedeutend kleiner; und wir haben im Modellversuch bestätigt gefunden, daß das dahinterfahrende Floß auf den Propeller schiebt, d. h. den Schub desselben erhöht.

Für die Übertragbarkeit der Modellversuchsergebnisse auf die Verhältnisse eines naturgroßen Fahrzeuges möchte ich hier die Vergleichsversuche mit dem Modell des Schnelldampfers „Berlin" anführen, s. Abb. 5. Die Probefahrtsergebnisse desselben waren im „Schiffbau" veröffentlicht. Nach meiner Information stimmten diese Angaben gut mit der Wirklichkeit überein. Wir haben nun im Modell genau unter gleichen Verhältnissen gefunden, daß bei den im Maximum erreichten Geschwindigkeiten die Tourenzahlen mathematisch fast genau mit der Probefahrt übereinstimmten und die Wellen-PS derartige waren, daß die Wahrscheinlichkeit bestand, daß der mechanische Wirkungsgrad der Maschine in Wellen-PS zu den indizierten PS einen Wert von ungefähr 92% erreicht, welcher die Wahrscheinlichkeit hat, richtig zu sein. Die abgebremsten Wellen-PS waren bei dem naturgroßen Schiff nicht gemessen. Die Praxis würde uns sehr entgegenkommen, wenn sie bei einigen Fahrzeugen diesen sogenannten mechanischen Wirkungsgrad der Maschine feststellen würde. Diese Brücke ist nötig, um aus dem Modellversuch überhaupt Schlußfolgerungen auf die Leistungen der einzubauenden Maschine ziehen zu können. Natürlich werden diese Versuche mit großen Schwierigkeiten verknüpft sein. Ohne Feststellung zuverlässiger mechanischer Wirkungsgrade der Maschine ist es aber für Dampfer nicht allein möglich, aus Schleppversuchen die Leistung für eine bestimmte Geschwindigkeit zu bestimmen.

Im Diagramm (Abb. 6) sind die Sog- und Nachstromverhältnisse der „Berlin" gekennzeichnet. Wenn man den Propellerschub in der Weise gemessen hat, wie es Herr Direktor Bauer bei einem Handelsschiff getan hat, so braucht man zur Bestimmung seines Wirkungsgrades noch die Geschwindigkeit, d. h., man muß

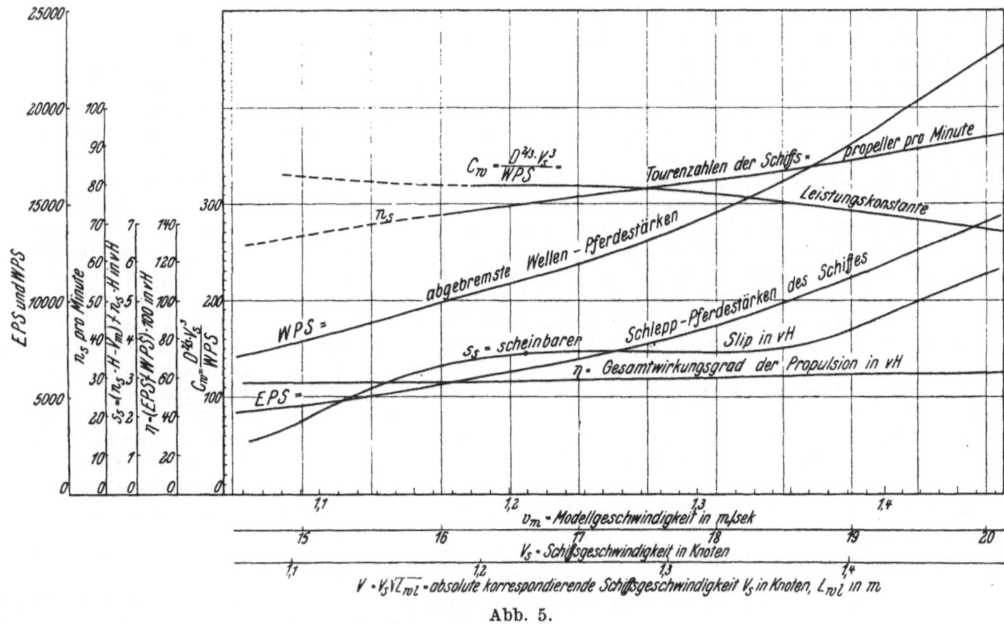

Abb. 5.

Arbeit mit Arbeit vergleichen, um einen Wirkungsgrad zu konstatieren. Die Geschwindigkeit des Wassers, in welchem der Propeller wirklich arbeitet, ist aber eine recht unbestimmte. Sie wird beeinflußt durch den

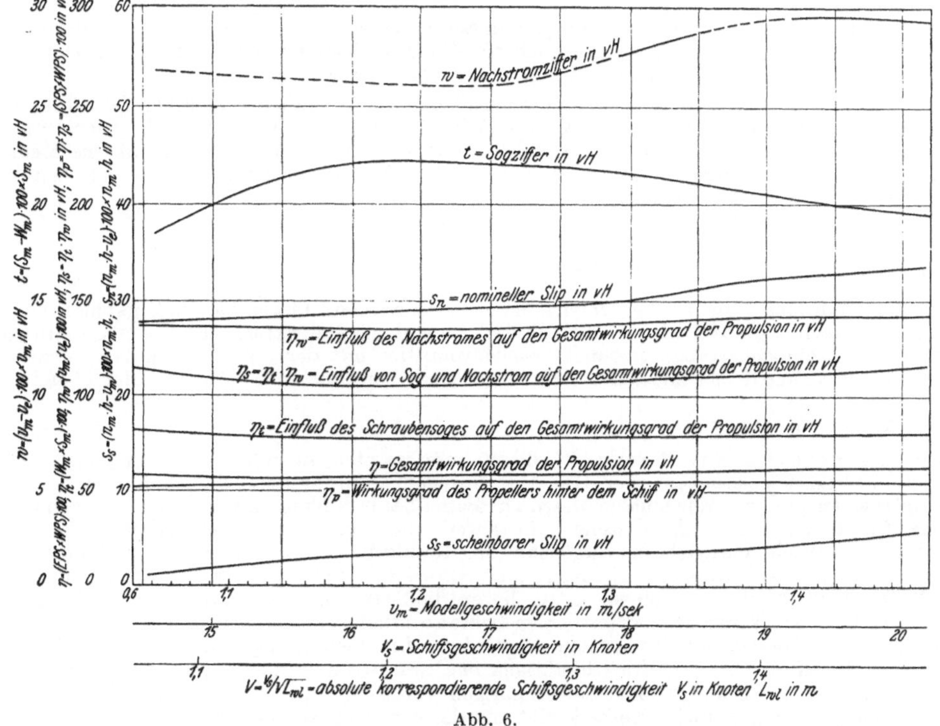

Abb. 6.

Nachstrom. Wir haben bei völligen Handelsschiffen Nachstromziffern von 40% festgestellt, ein Zeichen dafür, daß die Strömungsgeschwindigkeit hinter dem Schiff, wie sie für das Arbeiten des Propellers in Frage kommt, sich um 40% von der Fahrtgeschwindigkeit des Fahrzeuges unterscheidet. Würde man den Schraubenschub multiplizieren mit der Fahrtgeschwindigkeit des Schiffes und dividieren durch die

Wellen-PS, so würde man bei einem gewöhnlichen Handelsschiff Wirkungsgrad über 100% bekommen, was natürlich undenkbar ist. Ob die Übertragung von Sog- und Nachstrom vom Modell auf das naturgroße Schiff richtig ist, möchte ich noch nicht behaupten, denn wenn die Reibungs- und Zähigkeitsverhältnisse nicht stimmen, können weder Sog- noch Nachstrom stimmen. Es soll aber der Modellversuch auch nur ein relatives Bild geben, um sich ein Urteil zu bilden, ob in' zwei verschiedenen Fällen die eine oder die andere Konstruktion eine Überlegenheit bezüglich des vorgesehenen Antriebes aufweist.

Wie ich anfangs erwähnte, haben wir Serien von Vergleichsversuchen mit naturgroßen Schiffen gemacht. Unter anderem zeigt Abb. 7 die Ergebnisse der Modellversuche für die Torpedoboote V_1—$_6$, welche mit denen der Probefahrten (s. Abb. 8) bis zur Kavitationsgrenze (24—25 Knoten) gut übereinstimmen. Kavitation haben wir aber bekanntlich im Modellbassin nicht infolge des relativ zu großen Atmosphärendruckes, und es müssen alle Modellversuche, die im Kavitationsgebiet liegen, von vornherein ausscheiden.

Bezüglich der Abbildung der Probefahrtsergebnisse von Direktor Bauer möchte ich folgendes bemerken

Auf den ersten Blick scheint eine große Abweichung zwischen Modellversuchs- und Probefahrtsresultaten vorhanden zu sein. Ich sehe die Abbildung jetzt zum ersten Male. Sie erinnert mich aber an ähnliche Fälle, wie sie auch von Probefahrten uns vorgelegt worden sind. Ich möchte nicht sagen, daß irgendwelche Unstimmigkeiten den praktischen Schubmessungen im großen Maßstabe zugrunde liegen, wohl aber auf folgendes aufmerksam machen: die größte Schwierigkeit bei Probefahrten liegt in der exakten Bestimmung der Fahrtgeschwindigkeit. Das Schiff soll von einem Hafen zum anderen in gerader Linie gefahren sein. Wenn ständig Ruder gebraucht wird, dann hat man es doch mit einer mehr oder weniger Zickzacklinie zu tun. Wenn man die Strecke dividiert durch Zeit, wird man mittlere Geschwindigkeit bekommen, die aber in Prozenten abweichen kann von der wahren Geschwindigkeit des Fahrzeuges.

Auffallend erscheint mir folgendes: Greift man den Abstand sämtlicher Kurven voneinander ab, so sieht man, daß sämtliche Kurven sich annähernd zur Deckung bringen lassen, wenn man ein Diagramm gegenüber dem anderen horizontal verschiebt. Das bedeutet, daß man diese Kurven nur bei anderen Geschwindigkeiten aufzutragen hätte, um sie vollkommen miteinander in Übereinstimmung zu bringen. Dafür wäre natürlich Bedingung, daß die Geschwindigkeit bei der Probefahrt unrichtig, und zwar zu niedrig gemessen sein müßte.

Es wäre wunderbar, wenn wir in einigen Fällen eine vollkommene, sogar eine mathematische Übereinstimmung unserer Modellversuche finden und in anderen Fällen nicht.

Ich möchte meine Ausführungen schließen in der Hoffnung, daß es mir im Zusammenarbeiten mit Herrn Direktor Dr. Bauer vergönnt sein möge, die Unstimmigkeiten, die noch in den Modellversuchen sind, herauszubekommen, um unser vorliegendes systematisches Material über Modellpropeller für die Schiffbaupraxis noch wertvoller zu machen. (Lebhafter Beifall.)

Ehrenvorsitzender Seine Königliche Hoheit Großherzog Friedrich August:

Herr Doktor, ich möchte diese Gelegenheit, daß Sie in die Debatte eingegriffen haben, dazu benutzen, um mich eines Auftrages zu entledigen, den ich als Ehrenvorsitzender seitens der Schiffbautechnischen Gesellschaft erhalten habe. Ich erlaube mir, ihn hier vorzulesen:

„Mit Genehmigung des Allerhöchsten Schirmherrn der Schiffbautechnischen Gesellschaft, Seiner Majestät des deutschen Kaisers und Königs Wilhelms II., hat der Vorstand in seiner Sitzung am 29. September 1920 in Berlin beschlossen, Herrn Dr.-Ing. Carl Schaffran die silberne Medaille für seine ausgezeichneten Versuche mit Schiffs- und Schraubenmodellen und seine lehrreichen Vorträge zu verleihen. (Lebhafter Beifall.)

Ich überreiche Ihnen hiermit das Diplom. (Lebhafter Beifall.)

Herr Professor Dr.-Ing. Gümbel-Berlin:

Ich möchte nur eine Frage an den Herrn Vortragenden richten. Liegen bereits Ergebnisse vor, welche zu beurteilen gestatten, ob und wieweit die aus der Momentencharakteristik der Modellschraube und aus der effektiven Maschinenleistung errechnete Nachstromziffer mit der aus der Schubcharakteristik der Modellschraube und aus dem gemessenen Drucklagerschub berechneten Nachstromziffer übereinstimmt?

Herr Professor Krainer:

Königliche Hoheit! Meine Herren! Zu diesen interessanten Ausführungen von Herrn Dr. Bauer möchte ich nur kurz folgendes bemerken: Die Ausführungen sind sehr wertvoll, schon deswegen, weil einmal ein Anfang gemacht ist. Wir müssen Herrn Dr. Bauer dafür danken. Zweck der Untersuchungen war, wie Herr Dr. Bauer sagt: „festzustellen, inwieweit die Methode der Modellschleppversuche mit Schiffsschrauben durch ausgedehnte Vergleiche der Resultate am Modell und am fahrenden Schiff verfeinert werden können," und er fügt hinzu: „die Schwierigkeiten liegen in der Ermittlung des Nachstromes." Das muß ich unterschreiben. Darin liegen die Schwierigkeiten und, wie ich gleich hinzufügen will, die Bedenken. Die Versuche sind mit einem Schraubenfloß durchgeführt, und bei diesem Schraubenfloß hat man mit Absicht den Nachstrom vermieden. Die Bemerkungen des Herrn Helling und die Ausführungen des Herrn Dr. Schaffran bestätigen das, was wir alle wissen, was wir alle fühlen: gerade dadurch schafft man die Unmöglichkeit eines richtigen Vergleichs. Ich möchte darauf hinweisen, daß es meiner Auffassung nach eine einzige Methode gibt, mit der wir weiter kommen werden. Das ist die Methode, wie sie Herr Dr. Geberts in seiner vorzüglichen Versuchsanstalt in Wien, der leider nur die Mittel fehlen, durchführt, der Versuch mit der Schraube am Modell, die von innen aus dem Schiffsmodell angetrieben wird und der Vergleich dieser Resultate mit den Resultaten' der Wirklichkeit. Ich habe mir bei Dr. Gebers in Wien die Sache angesehen und mit ihm besprochen, und ich muß sagen, nach dem, was bisher vorliegt, ist beste Übereinstimmung mit den Ausführungen der Praxis vorhanden. Dort sind die Schrauben im

Nachstrom genau so wie am Schiff. Die Versuche sind für Zweischraubenschiffe gemacht worden. Ob sie sich für Vier- oder gar Sechsschraubenschiffe durchführen lassen, wie es von einer fremden Großmacht gewünscht worden ist, scheint zweifelhaft. (Beifall.)

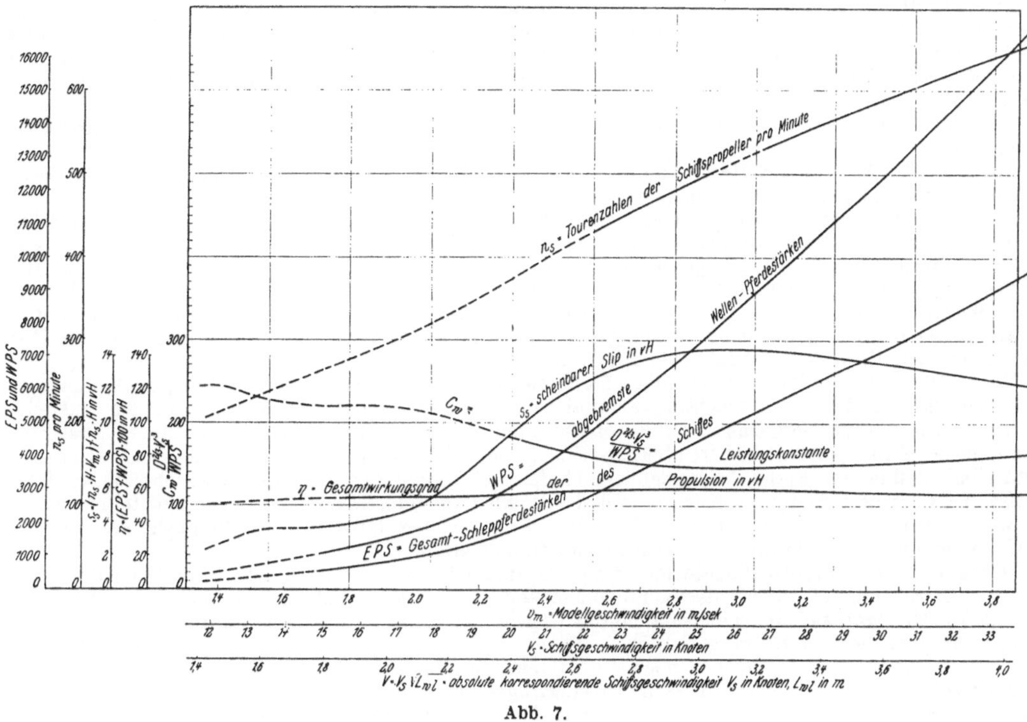

Abb. 7.

Herr Direktor Dr. Bauer, Hamburg (Schlußwort):

Königliche Hoheit! Meine Herren! Zunächst möchte ich einige Worte zu den Ausführungen des Herrn Hoff sagen, welcher über Luftschiffmessung gesprochen hat. Der geschilderte Apparat ist außerordent-

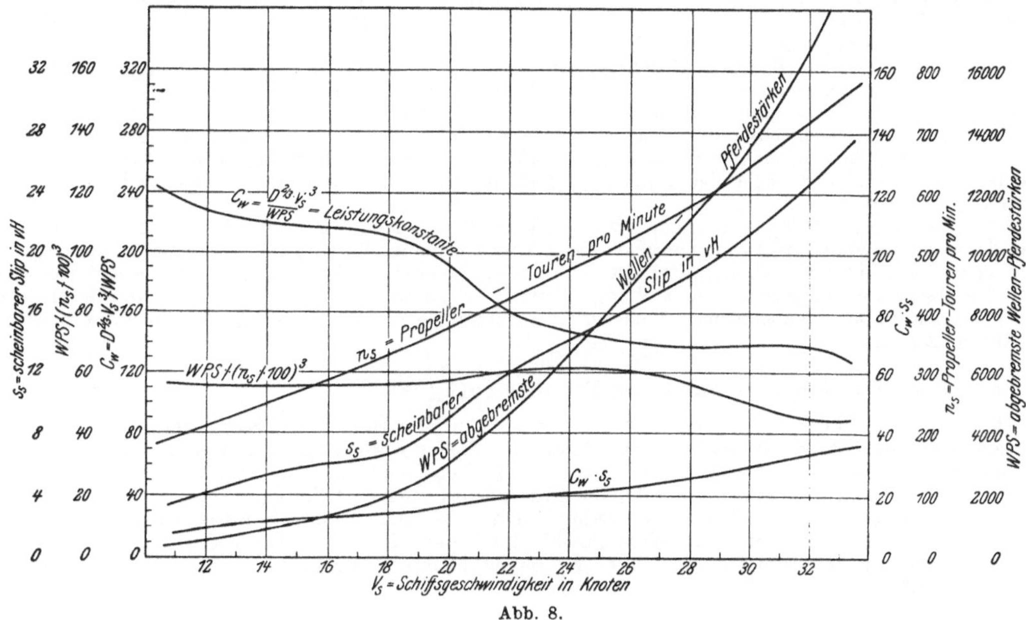

Abb. 8.

lich interessant. Es ist wahrscheinlich, daß derselbe auch bei Messungen an Bord von Schiffen gelegentlich Verwendung finden kann, denn vielfach sind die Stellen am Hinterschiff, in welchen die effektiven Leistungen gemessen werden müssen, nicht zugänglich, namentlich bei kleineren Schiffen, z. B. bei Tankdampfern usw. Es ist dies also für unsere Technik zweifellos eine sehr wertvolle Anregung aus dem Gebiete der Luftschiffahrt.

Herrn Helling möchte ich erwidern, daß ein gewisser Einfluß des Schraubenflosses auf den Propeller, der ja vor dem Körper desselben fährt, jedenfalls vorhanden ist. Aber ich kann mir nicht recht vorstellen, daß dieser Einfluß erheblich sein soll. Derselbe könnte nur herrühren von einem Stau vor dem Mittelschwimmer; aber eine solche Stauung war nicht wahrzunehmen. Wenn allerdings die Geschwindigkeit beim Schraubenfloß über 5 Knoten gesteigert wurde, traten erhebliche Wellenbildungen ein und für diesen Fall möchte ich es für möglich halten, daß Erscheinungen auftreten, die meßbare Einflüsse besitzen. Es ist sehr dankenswert, daß die Berliner Schleppversuchsanstalt sich bereit erklärt hat, auch Schleppversuche mit dem Floß zu machen. Es wird sich auf Grund dieser Versuche vielleicht die Frage noch klarer beantworten lassen.

Auch aus den Worten des Herrn Helling klingt die Schwierigkeit der Nachstrombestimmung heraus. Ich komme später noch darauf zurück.

Zu den Ausführungen des Herrn Professor Proell möchte ich bemerken, daß ich natürlich in der Schnelligkeit nicht übersehen kann, ob die von ihm angegebene Formel, welche zur Bestimmung des Propellerschubes ausgedacht worden ist, Mängel hat bzw. welche. Fehlerquellen können entstehen durch das Nachschleppen von Leichtern, namentlich wenn sie zu nahe geschleppt werden und diese Fehlerquellen sind dann wohl viel bedeutender als der Einfluß des vorausfahrenden Propellers beim Schraubenfloß, weil der Propellerstrom des Schleppers nach hinten gerichtet ist und durch Wellenbildung am Leichter eine Rückwirkung auf den Propeller ausgeübt werden kann.

Herrn Dr. Schaffran habe ich an dieser Stelle meinen wärmsten Dank für das Entgegenkommen auszusprechen, das die Berliner Versuchsanstalt und namentlich er persönlich gezeigt hat bei der Anstellung von Versuchen zwecks Vergleichs von Fahrtresultaten mit Modellresultaten. Auf diesem Zusammenwirken mit der Schleppanstalt basiert überhaupt die Arbeit, die ich unternommen habe. Denn es ist selbstverständlich, daß letzten Endes der Modellversuch die Richtschnur für die Propellerberechnung wie für die Schiffswiderstandsbestimmung sein wird, weil er in so kleinem Maßstabe mit so kleinen Mitteln vorgenommen werden kann, daß er sich bei fast jedem Objekt ermöglichen läßt, während Versuche am wirklichen Schiff immer nur in beschränktem Maßstabe stattfinden können.

Herrn Professor Gümbel möchte ich mitteilen, daß ich versucht habe, die Nachstromziffern beim Dampfer „Cairo" einmal mittels der Schubkonstanten zu ermitteln und einmal mittels der Momentenkonstanten. Es ergab sich in beiden Fällen das Gleiche. In meinem bereits erwähnten Aufsatz in „Werft und Reederei" ist dies bereits mitgeteilt worden.

Herr Professor Krainer machte noch einmal auf die Nachstromschmerzen aufmerksam. Dieselben sind natürlich für jeden, der sich mit diesen Propellerfragen beschäftigt, dauernd fühlbar. Ich habe deswegen besonderen Wert darauf gelegt, die Versuche mit der Motorbarkasse „Vulcan 2" anzustellen, wobei ein Parallelversuch mit dem ganz gleichen, identischen Propeller, also nicht dem ähnlich verkleinerten, am Schraubenfloß zustande kam. Ich habe geglaubt, nun den Nachstrom wenigstens für dieses bescheidene Fahrzeug feststellen zu können. Dabei ergaben sich aber so eigenartige Ziffern, daß ich, um die Diskussion nicht noch zu erschweren, davon abgesehen habe, sie anzugeben. Dieser Umstand machte mich stutzig, sowohl was die Genauigkeit der Messung am fahrenden Schiff bei „Vulcan 2" als am Schraubenfloß betrifft, ohne daß ich aber den Nachweis erbringen kann, wo ein Fehler stecken kann; es ist das eines von den Zeichen, welche darauf hinweisen, daß wir eben am Anfang derartiger Vergleichsversuche in größerem Maßstabe stehen und nicht erlahmen dürfen, solche Versuche in größerem Umfange zu machen.

Das nächste, was ich zu tun beabsichtige, um die Zweifel, welche bei diesen Messungen „Vulcan 2" aufgetreten sind, aufzuklären, sind die erwähnten Versuche mit der 60 PS-Motorbarkasse, welche rückwärts und vorwärts fährt, einmal mit der Schraube vorn und einmal mit der Schraube hinten; hierbei ist der Zustand des Modellschleppversuchs, wobei die frei fahrende Schraube einerseits, die nachfahrende Schraube andererseits untersucht wird, in großem Maßstabe hergestellt. Es ist das letzten Endes im Großen dieselbe Idee wie diejenige von Gebers, mit den selbstangetriebenen Modellen, von welchen Herr Professor Krainer gesprochen hat.

Ich habe diesem Schlußwort nichts weiter hinzuzufügen. Meine Herren, ich bezweifle nicht, daß, wenn der eine oder andere von Ihnen einmal auf die Lektüre meines Vortrages im Jahrbuch näher eingehen sollte, er auf allerlei Schwierigkeiten, Zweifel und Unstimmigkeiten stoßen wird. Ich bitte, schon von vornherein für diesem Fall um gerechte Beurteilung meiner Arbeit, denn es handelt sich hier um die Bearbeitung eines Problems, an dem im allgemeinen zunächst die Bemühungen eines jeden in irgend einer Form scheitern. (Lebhafter Beifall.)

Seine Königliche Hoheit Großherzog Friedrich August:

Herr Dr. Bauer, unser Vortragender, ist uns kein unbekannter Herr mehr. Es ist ihm für seine früheren Vorträge schon vor Jahren unsere silberne Denkmünze verliehen worden. Nur Herren in so hervorragender Stellung wie Herr Dr. Bauer ist es möglich, so kostspielige Versuche anzustellen, die für einen gewöhnlichen Konstrukteur nicht ausführbar sind, weil ihm die großen Schiffe nicht zur Verfügung stehen. Herr Dr. Bauer will seine Versuche noch weiter fortsetzen, wodurch sich Erfahrungen sammeln lassen, die wohlbegründete Schlüsse von den Modellversuchen auf die Wirklichkeit zulassen. Herrn Dr. Bauer sage ich namens unserer Gesellschaft unseren wärmsten Dank und beste Wünsche für weitere gute Erfolge auf seinem Arbeitsgebiete. (Lebhafter Beifall.)

X. Die Vereinheitlichung der ⊔-Schwimmdocks.

Vorgetragen von Dipl.-Ing. **Kurt Roeser**, Essen-Rellinghausen.

Fünfhunderttausend Tonnen deutscher Kriegsschiffe, stolze Wahrzeichen deutscher Schiffbaukunst, deutscher Wissenschaft und deutscher Arbeit, wurden durch unsere Seeleute am 22. Juni 1919 in der Bucht von Scapa Flow versenkt! — Der Soldatensinn des tapferen Führers hat es nicht zugelassen, daß die kostbaren Schiffe schmählich dem Vielbund unerbittlicher Feinde übergeben wurden, und seine Leute haben durch die Ausführung des Befehles zur Versenkung einen großen Teil der Schmach wieder abgewaschen, die am 9. November 1918 über die deutsche Kriegsflagge gekommen war.

Die anfängliche Bestürzung bei unseren Feinden machte schnell dem Verlangen nach geeigneter Vergeltung Platz, und englische Staatskunst fand sehr bald den Weg dazu. Die Versenkung der Kriegsschiffe wurde der Vorwand, von uns die Herausgabe unseres Dockbestandes und unserer Hafenausrüstung zu fordern. Man kleidete so die Habsucht in das Gewand einer Bestrafung und nahm dem verhaßten Gegner zugleich die wichtigsten Hilfsmittel seiner Werften und die Möglichkeit, seine Handelsflotte rasch wieder auszubauen. Es war deutschen Schiffbau- und Schiffahrtskreisen sofort klar, daß die Versenkung der Kriegsschiffe nur als Vorwand benutzt wurde, und daß auch ohne die Tat des deutschen Admirals die Erdrosselung unseres Seehandels, unserer Seegeltung und unserer Schiffbauindustrie erfolgt wäre, wurde doch diese Absicht durch die Forderung nach Auslieferung von 75 v. H. der deutschen Docks über 10 000 Tonnen genügend verständlich. Wozu braucht Deutschland denn auch die großen Docks, wenn es die Schiffe nicht mehr besitzt, die darin gedockt werden können? — —

Die Liste der im Herbst 1919 in Deutschland vorhandenen Docks[1]), die insgesamt 13 solcher Bauten mit etwa 340 000 t Tragfähigkeit aufweist, läßt erkennen, daß wir die großen neuen Docks alle verlieren mußten, und von dem Rest nur die älteren und vielleicht die L-Docks behalten würden.

Im Gegensatz zu Großbritannien, Frankreich, den Vereinigten Staaten hat sich im letzten Jahrzehnt vor dem Kriege auf deutschen Großwerften eine glückliche Entwicklung vollzogen gehabt, die darin bestanden hat, daß ein Dockbetrieb von höchster Leistungsfähigkeit mit einem technisch vollendeten Werftbetrieb vereinigt worden ist. Während beispielsweise in England die

---

[1]) Schiffbau Jahrgang XXI, S. 154.

Hafenbehörden die notwendigen Arbeiten zur Instandhaltung und Überholung des Unterwasserschiffes in der Hand haben, und zahlreiche Dockgesellschaften, die aber fast ausschließlich nur im Besitz von Trockendocks sind, die Ausbesserung und Erhaltung besorgen, haben deutsche Werften frühzeitig die Wichtigkeit von eigenen Dockanlagen erkannt und entsprechend gehandelt. Der in

Besitzer	Liegeplatz	Tragkraft in t
Blohm und Voß	Hamburg	46 000
Reichswerft	Kiel	40 000
Reichswerft	Kiel	40 000
Marinewerft	Wilhelmshaven	40 000
Blohm und Voß	Hamburg	35 000
Vulkan	,,	27 000
Reiherstieg	,,	27 000
Blohm und Voß	,,	17 500
Vulkan	,,	17 500
Blohm und Voß	,,	17 000
Weserwerft	Bremen	12 000
Reiherstieg	Hamburg	11 500
Vulkan	,,	11 000
Reiherstieg	,,	7 000
Vulkan	,,	6 000
Reichswerft	Danzig	6 000
Stülken, Sohn	Hamburg	5 700
Reiherstieg	,,	5 000
Vulkan	Stettin	5 000
Blohm und Voß	Hamburg	4 700
Howaldwerke	Kiel	4 600
Reichswerft, 19 Stk.	,,	37 600 insgesamt
Deutsche Werft	Hamburg	4 000
Stülken, Sohn	,,	3 500
Weserwerft	Bremen	3 300
Nordseewerke	Emden	3 250
Koch	Lübeck	3 000
Neptun, A.-G.	Rostock	3 000
Blohm und Voß	Hamburg	3 000
Flensburger Schiffb.	Flensburg	2 800
J. W. Klawitter	Danzig	2 600
Vulkan	Stettin	2 500
Stülken, Sohn	Hamburg	2 100
Oderwerke	Stettin	1 800
Oderwerke	,,	1 700
Nüske	,,	1 700
Holz	Hamburg	1 200
Nüske	Stettin	1 100
Schichau	Pillau	1 050
Heringsgesellsch.	Vegesack	1 000
Kieler Dockgesellsch.	Kiel	700
Kieler Dockgesellsch.	,,	300

den letzten 30 Jahren immer mehr aufkommende Bau von Schwimmdocks hat in Deutschland diese Entwicklung gefördert, da Dockgesellschaften mit Trockendockanlagen gar nicht vorhanden gewesen sind und die Schwimmdocks ein willkommenes Mittel für die Werften darstellen, sich Trockensetzeinrichtungen zuzulegen, ohne kostbares Gelände für den Bau von Trockendocks opfern zu müssen. Die Reedereien, die früher ihre Schiffe im Ausland überholen ließen, konnten nunmehr die deutschen Werften dafür heranziehen. Die Schwimmdocks wurden so für die Baufirmen von größter Bedeutung, zumal Instandsetzungsarbeiten ein erträglicheres Geschäft sind als Neubauten.

Bereits lange vor dem Kriege haben die Engländer die rasche Zunahme des deutschen Schwimmdockparkes als recht unangenehm empfunden, und es wird verständlich, daß zu den Friedensbedingungen unerläßlich auch die Abtötung dieses den englischen Belangen zuwiderlaufenden Zweiges deutscher Entwicklung gehören mußte. Wie im Schiffbau, so hat auch im Schwimmdockbau Deutschland sich als ein gelehriger Schüler Englands erwiesen, wo bekanntlich Clark and Standfield sich als erste einen Ruf im Dockbau erobert haben. Es sind aber auch in Deutschland die Verhältnisse für die Entwicklung dieses so wichtigen Sondergebietes des Schiffbaues ausnehmend günstige gewesen, und mit der bekannten Gründlichkeit und Sorgfalt haben sich Werften sowohl wie Brückenbaufirmen und Ingenieurbureaus der Frage bemächtigt. Auch die Kriegsmarine, die lange Zeit die Trockendocks bevorzugte, ist schließlich von dieser Vorliebe abgegangen und hat der Schwimmdockfrage ihre Aufmerksamkeit in besonderem Maße zugewandt. Gegen Schluß des Krieges besaß die Marine allein etwa 23 Schwimmdocks mit rund 165 000 t Hebefähigkeit.

Wenn nun auch in absehbarer Zeit die Marine eine so große Anzahl Schwimmdocks nicht entfernt wird nötig haben, so wird für unsere Handelsflotte, die wir ja notgedrungen wieder ergänzen und in Rücksicht auf die Wirtschaftlichkeit bestens instandhalten müssen, das Schwimmdock von höchster Bedeutung bleiben. Wie so vieles, was der Krieg uns genommen hat, wird ersetzt werden müssen, wollen wir nicht in eine allzu große und verhängnisvolle Abhängigkeit vom Ausland gelangen, so muß auch mit allen Kräften an die Wiederherstellung unseres Schwimmdockparkes gegangen werden. Unsere Reedereien müssen in der Lage sein, ihre Schiffe in Deutschland zu überholen, und auch durch das Docken fremder Schiffe muß eine Verdienstquelle für unsere Werften erschlossen werden. Daß dabei verdient werden kann, zeigt beispielsweise die Mitteilung, daß die Amsterdamer Dockgesellschaft im Jahre 1918 314 Schiffe mit 246 000 t im Jahre 1919 sogar 434 Schiffe mit zusammen 811 000 t Gewicht in ihren Docks zu Instandsetzungsarbeiten gehabt hat. Man muß bedenken, daß dieses nicht nur niederländische Schiffe gewesen sind, sondern daß alle Schiffahrt treibenden Länder ihren Anteil daran haben. Wenn daher auch in unseren großen deutschen Seehäfen in vollkommener Weise und so billig wie möglich für Dockgelegenheit Sorge getragen wird, dann muß die Auswirkung auf unsere Schiffbauindustrie in den Hafenorten alsbald fühlbar werden.

Es ist ein Gebot der Stunde, so schnell wie irgend angängig, unseren Verlust an Schwimmdocks wieder wettzumachen oder mindestens zu verringern. Wir müssen allen fremden Schiffen, die unsere Seehäfen aufsuchen, die Mittel bieten, bei uns docken zu können, um Instandsetzungsarbeiten vorzunehmen. Der Ruf, der Deutschland in der Vorkriegszeit vorangegangen, daß es gute Arbeit leiste, ist noch nicht vergessen. — —

Wenn nun an die Wiederherstellung unseres Dockparkes gegangen wird, so sind wir in der günstigen Lage, nunmehr bei allen Neubauten in umfassendster Weise den veränderten Verhältnissen Rechnung tragen zu können und alle Erfahrungen, die während der letzten Jahrzehnte im Schwimmdockbau gesammelt sind, zu verwerten. Es wird, da ja sozusagen von Grund auf neugebaut werden muß, unter diesen Umständen möglich sein, einen Schwimmdockpark zu schaffen, bei dessen Bau die Einheitlichkeit und die Normung und damit verknüpft die Wirtschaftlichkeit Hauptgesichtspunkte gewesen sind.

Es ist klar, daß zwischen dem Besteller einerseits und den Erbauern andererseits gewisse Vereinbarungen getroffen werden müssen, daß man auf der einen Seite vielleicht Vorurteile aufgibt und Sonderwünsche überprüft, auf der anderen Seite möglicherweise in Hinsicht auf die Einheitlichkeit und die damit zusammenhängende billigere Herstellung Entwürfe vorlegt, die diesen Ansprüchen genügen. Die Normungsbestrebungen haben uns in eine neue Zeit geführt, und wenn bisher jede Werft, jede Eisenbaufirma, jeder Ingenieur wie überall so auch in bezug auf den Dockbau ängstlich darauf bedacht gewesen ist, die gemachten Erfahrungen zu hüten, so wird man, will man vereinheitlichen, wohl oder übel davon abgehen und zur gemeinsamen Auswertung der Betriebserfahrungen, Entwurfs- und Bauverfahren schreiten müssen. Die Vereinheitlichung, soweit sie den Schwimmdockbau angeht, anzuregen und fördern zu helfen, ist der Zweck der vorliegenden Arbeit.

Überschauen wir kurz, welche hauptsächlichsten Arten von Docks Verwendung finden und für den Wiederaufbau des deutschen Dockparkes möglicherweise in Frage kommen[1]). Ausgeschlossen aus dem Kreis der Betrachtungen seien die L-Docks, deren es in Deutschland nur drei gibt, und die einen Sonderbau, der durch die örtlichen Verhältnisse bedingt ist, darstellen. Verfasser glaubt nicht, daß die L-Docks künftighin in nennenswerter Zahl gebaut werden, wenngleich gewisse Vorteile, wie geringerer Baustoffverbrauch und damit billigere Herstellung, bequemes Hereinholen der Schiffe usw. gegebenenfalls für sie einnehmen könnten. Es bleibt füglich nur noch die Gruppe der U-Schwimmdocks, zu denen hier auch die Hebewerke und Hebedocks gezählt werden können. Wenn man von der Forderung des Selbstdockens, worunter man die Fähigkeit versteht, einzelne Teile des Docks mit Hilfe der übrigen docken zu können, absieht, so erhält man folgerichtigerweise einen Schwimmkörper, dessen Querschnitt an allen Stellen ⊔-förmig ist und ein in sich geschlossenes Bauwerk darstellt.

Das trifft für alle kleineren Schwimmdocks zu, die mit Hilfe größerer Docks gedockt werden können. Bei allen großen Bauten jedoch ist man zu der Forderung des Selbstdockens gezwungen, wenn man nicht gleichzeitig im selben Hafen so riesige Trockendocks hat, daß sie die ungeteilten und unzerlegten Schwimmdocks aufnehmen können. Die Grenze liegt ziemlich weit unten, da die Tore der größten Trockendocks kaum über 35 m Durchfahrtsöffnung aufweisen.

Die Forderung des Selbstdockens ist berechtigt, wenn man berücksichtigt, daß unter dem Einfluß von Salzwasser und Seepflanzen Eisenbauwerke unter

---

[1]) In den Fachzeitschriften finden sich mehrfach Gegenüberstellungen und Besprechungen von Docks, so Schiffbau XV, S. 565/569, v. Klitzing, Schwimmdocks mit Selbstdockungseinrichtung. Am umfassendsten ist aber wohl die Zusammenstellung von Karner in „Der Eisenbau", Jahrgang X, S. 231/239, 248/258, auf die hier hingewiesen wird.

Wasser stark leiden, und daß eine diesen Übelstand völlig abstellende Farbe noch nicht gefunden worden ist. So müssen die Unterwasserteile des Docks nach längerer oder kürzerer Zeit, die von der Beschaffenheit des Liegeplatzes und des Wassers abhängt, einer Besichtigung und Reinigung unterzogen werden.

Zwei Arten von U-Schwimmdocks erfüllen die Forderung des Selbstdockens. Bei der einen Art übernimmt das Dock keine oder nur beschränkte Spannungen in der Längsrichtung, und hauptsächlich durch zweckentsprechendes Pumpen

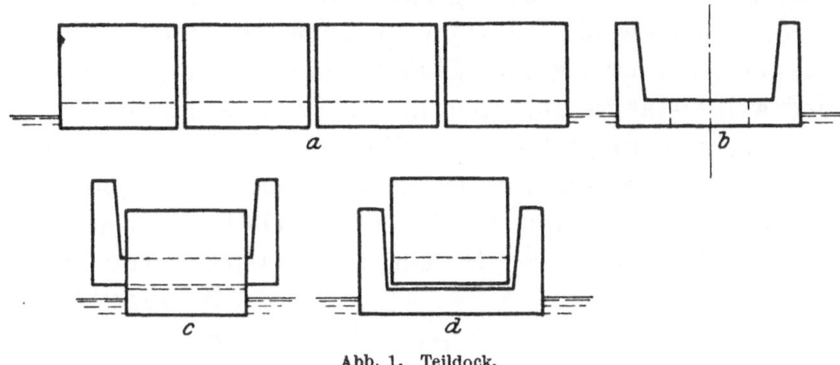

Abb. 1. Teildock.

muß es erreicht werden, daß auch auf das eingedockte Schiff keine nennenswerten Spannungen dieser Art kommen. Bei der zweiten Art sind die Seitenwände durchlaufend angeordnet und so stark ausgebildet, daß sie die Ungleichmäßigkeit der Schiffslast übertragen und in der Längsrichtung Zug- und Druckspannungen aufnehmen. Das Schiff selbst wird dann nicht in Mitleidenschaft gezogen.

Als zur ersten Art gehörig ist zunächst das Teildock (sectional dock), Abb. 1, zu nennen. Es besteht aus einer Anzahl von Einzeltrögen (solidtrough sections)

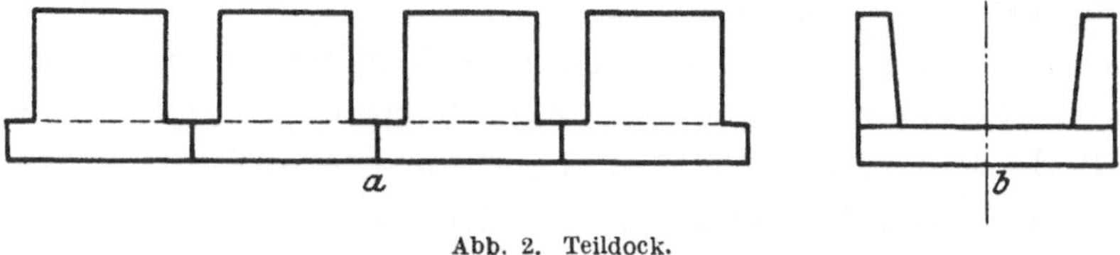

Abb. 2. Teildock.

von solcher Länge, daß der eine den andern docken kann, wie es die Abbildung zeigt. Die einzelnen Teile sind aneinander gekuppelt, aber nicht fest verbunden, und so erfordert das Docken eine große Aufmerksamkeit, damit auch jeder Teil das seinige zum Heben der Schifflast beiträgt, ohne das Schiff selbst in seiner Längsrichtung übermäßig zu beanspruchen.

Ein Teildock, das sich im wesentlichen nur durch die Art des Selbstdockens von dem eben beschriebenen unterscheidet, ist das in Abb. 2 dargestellte. Die Bodenstücke der einzelnen Tröge sind länger als die Seitenwände, und auf den dadurch entstehenden Vorsprüngen können immer je zwei Abteilungen eine dritte docken.

Bei beiden Arten werden durch die Unterteilung die Rohrleitungen zertrennt, auch die Zusammenfassung der Maschinenanlage erschwert, und wenn man schon auf besondere Maschinenanlagen in jedem Trog verzichtet, so wird man doch zumindest auf Kabelleitungen von Land aus oder von dem Haupt-troge aus angewiesen sein.

Umfangreicher ist die Gruppe derjenigen selbstdockenden U-Schwimmdocks, bei denen Zug- und Druckspannungen durch die Seitenkasten aufgenommen werden können. Werden die einzelnen Tröge eines Teildocks fest miteinander verbunden durch Bolzen, Stoßbleche und Gelenke, jedoch so, daß die Verbindun-gen zum Zwecke des Selbstdockens gelöst werden können, so entsteht das ver-besserte Teildock, auch wohl „Pola-Typ" genannt. Der Form nach sind meistens die Seitenkästen der Endtröge abgeschrägt, um ein geringeres Eigengewicht zu erzielen, und weil die abgeschnittenen Ecken für die Aufnahme von Längsspan-nungen nicht mehr in Frage kommen. Ebenso sind die Bodenschwimmkästen an den Enden des Docks oft von geringerer Höhe und zugeschärft, weil ent-sprechend der Schiffsform durch die Enden des Docks weniger Last zu heben ist. Als bekannte Vertreter dieser Dockart seien das Dock von Trinidad, 4000 t

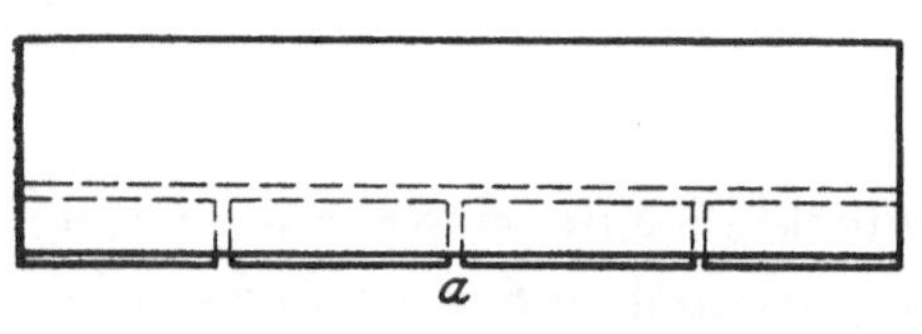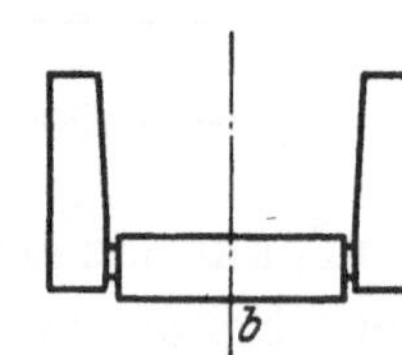

Abb. 3. Havanna-Dock.

Hebekraft, das der Stadt Rotterdam von 7500 t, das Dock in Pola mit 15 000 t Hebefähigkeit, das des Hamburger Vulkan von 36 000 t Leistung und schließlich die für die Ma-rinewerften Kiel und Wilhelmshaven 1911—1914 durch die Howaldwerke und Blohm & Voß fertiggestellten Docks für 40 000 t-Schiffe genannt.

Clark und Standfield, die Begründer dieser Dockbauart, haben dann in einem anderen Muster, dem sogenannten Havanna-Typ, in geschickter Weise eine größere Längsfestigkeit erreicht, Abb. 3.

Die Seitenkasten sind durchlaufend und reichen fast bis zur Sohle der Boden-schwimmer, wodurch ein Träger von großer Höhe und Längsfestigkeit gebildet wird. Die Bodenschwimmer sind zwischen den Seitenkasten angeordnet und durch Fischplatten fest mit ihnen verbunden. Die Art des Selbstdockens ist leicht verständlich. Nachdem die Verbindungen mit den Seitenwänden und Bodenschwimmkasten gelöst sind, kann man einen oder mehrere dieser Boden-schwimmer durch Versenken des übrigen Docks frei bekommen und dann ein-docken. Die Bodenüberholung der Seitenkasten wird bei gekrängtem Dock vorgenommen. Nach dieser Bauart sind beispielsweise das Dock in Durban, 9500 t, das Bermudadock von 16 500 t und das Dock von New-Orleans von 18 000 t Hebefähigkeit ausgeführt. Eine weitere Abart, die man kurz als den Dewey-Typ bezeichnen kann, ist zum erstenmal von der Maryland Steel Company bei dem U. S. Floating Dock „Dewey" ausgeführt worden. Abb. 4 gibt diese Bauart wieder.

Ein langer Mittelteil, Boden- und Seitenkasten in einem Stück und daher von großer Festigkeit, hat an den Enden Aussparungen, in die je ein kleines Dock hineinpaßt. Beim Selbstdocken nimmt der mittlere Dockteil beide Endstücke auf, oder die beiden Endtröge tragen vereint den mittleren Dockteil. Es müssen allerdings in den kleinen „Enddocks" zu diesem Zweck getrennte Maschinenanlagen vorhanden sein. Eine genaue Beschreibung dieses Dewey-Docks von 18 000 t Hebefähigkeit findet sich in den Transactions of the American Society of Civil Engineers, Vol. 58, p. 97—195. Die Gesamtlänge des Docks beträgt 152 m, wovon 96 m auf den Mittelteil, 1,2 m auf die Zwischenräume und je 27,4 m auf die Endstücke entfallen.

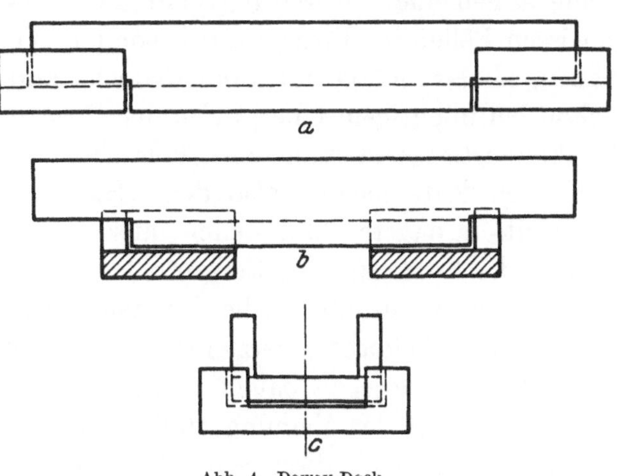

Abb. 4. Dewey-Dock.

Ähnlich dem „Dewey-Dock" ist das dreiteilige Dock nach den Entwürfen von Clark and Standfield, wie es Abb. 5 darstellt.

Auch hier tragen beim Selbstdocken zwei Dockteile den dritten. Recht große Docks, wie z. B. das 22 500 t-Dock der österreichischen Kriegsmarine, sind nach diesem Muster gebaut.

Als letzte Gattung der wichtigsten selbstdockenden Bauarten sei der „Rennie-Typ" oder das Pontondock erwähnt. Zwei durchlaufende Seitenträger sind, wie aus der Abb. 6 ersichtlich, beiderseits auf eine Anzahl Schwimmkästen aufgesetzt und mit diesen fest, doch ohne besondere Schwierigkeiten lösbar,

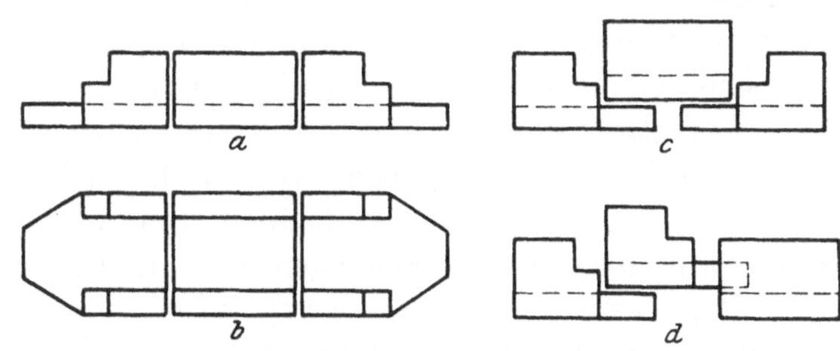

Abb. 5. Ausführungsart Clark & Standfield.

verbunden. Alle Biegebeanspruchungen in der Längsrichtung des Docks werden also auf die Seitenkasten übertragen und von diesen aufgenommen.

Die Seitenkasten liegen bei gehobenem Dock völlig über Wasser, so daß sie ohne weiteres nachgesehen und überholt werden können. Die Bodenschwimmkästen werden, nachdem die Verbindungen

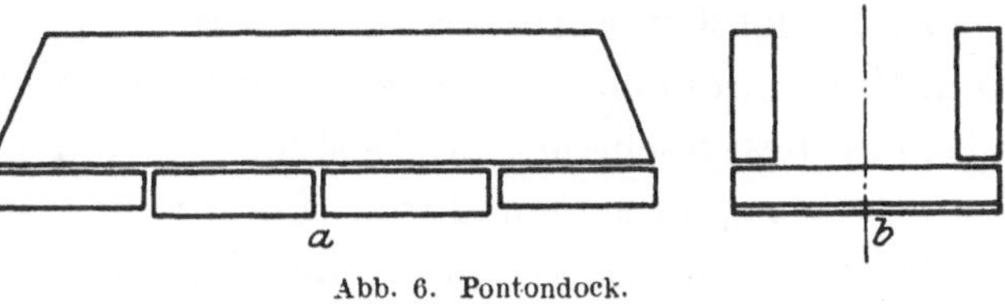

Abb. 6. Pontondock.

gelöst sind, seitlich herausgeholt und dann eingedockt. Docks dieser Art sind verschiedentlich in recht großen Abmessungen ausgeführt worden, so ein Dock der A.-G. Weser, Bremen, von 12 000 t Hebekraft, ein Dock der Stadt Rotterdam von 15 600 t, das erste Tsingtau-Dock von 16 000 t und das 17 000 t Blohm & Voß-Dock in Hamburg.

In vorstehender Übersicht sind die wichtigsten Dockbauarten, was ihre äußere Form zunächst angeht, kurz beschrieben. Naturgemäß gibt es noch eine Anzahl anderer Ausführungsarten, die alle durch Patente geschützt sind und gewisse Vorteile aufweisen, aber infolge einer Reihe weniger guter Eigenschaften keine allgemeine Verbreitung gefunden haben. Wenn diese Bauarten auch in gewissen Fällen in Hinsicht auf besondere Verhältnisse ihre Daseinsberechtigung haben, als Grundlage für Einheitsdocks kommen sie jedenfalls nicht in Frage. Schon bei flüchtigem Überprüfen der Vor- und Nachteile der obenbeschriebenen Dockbauarten wird man den „Pola-Typ" einerseits und die Docks mit durchlaufenden Seitenkasten, also den „Havanna-Typ" und den Rennie-Typ" andererseits in engere Wahl stellen müssen, falls nicht bei kleinen Bauwerken, für welche die Forderung des Selbstdockens in Fortfall kommt, weil sie in größeren Docks trocken gestellt werden können, überhaupt auf eine lösbare Unterteilung des Gesamthebekörpers verzichtet wird. Welches etwa die Größe ist, bis zu der man ohne zu zerlegen bauen wird, soll späterhin noch untersucht werden.

Verfasser ist der Meinung, daß, wenn die Selbstdockungsmöglichkeit für ein Dock verlangt wird, diese Selbstdockung in denkbar einfachster Weise erfolgen muß und ohne besondere Kunstgriffe. Wenn beispielsweise bei den sogenannten dreiteiligen Schwimmdocks die Selbstdockfrage in geschickter und kürzester Weise dadurch gelöst ist, daß einmal zwei Dockteile den dritten und ein andermal der größte der drei Teile die beiden kleinen trockensetzt, so werden wir den Gedanken ohne weiteres anerkennen und würdigen, im stillen aber doch jene Docks vorziehen, die beim Selbstdocken ihren inneren Zusammenhalt nicht verlieren, bei denen also nicht mehrere lose Teile gemeinsam zur Dockung des übrigbleibenden Stückes herangezogen werden. Die Selbstdockung ist so selten nötig, daß wir es ruhig in Kauf nehmen können, wenn wir für die Überholung des ganzen Docks an Stelle von zwei Hebungen deren drei gebrauchen. Damit werden wir bei Pola-, Havanna- und Rennietyp jedenfalls auskommen und brauchen auf dem Wasser keine Kunststücke zu machen. Wir wollen auch nicht vergessen, daß ganz bedeutende Beanspruchungen in den langen mittleren Teil gelangen, wenn er, nur an den beiden Enden unterstützt, gedockt wird. Die Beanspruchungen, welche die Schiffslast bei gewöhnlichem Gebrauch des Docks in den Seitenkästen erzeugt, bleibt in den meisten Fällen weit unter jenem Wert.

In der letzten Vorkriegszeit sind in Deutschland die allergrößten Docks nach dem Muster des Pola-Docks gebaut worden, und man muß sich die Frage vorlegen, weshalb dies geschehen ist. Besteller sowohl wie Erbauer sind sich doch darüber klar gewesen, daß man durch die Aneinanderreihung einzelner Tröge und die Verbindung durch Laschen nie die Festigkeit durchlaufender Seitenkasten erreichen konnte, und in der Tat ist gewöhnlich nur mit $^3/_4$ jener Festigkeit gerechnet worden. Da die Beanspruchung in unmittelbarem Verhältnis zum biegenden Moment steht, folgt, daß auch das größte Biegemoment nur $^3/_4$ desjenigen sein darf, welches bei durchlaufenden Seitenkästen zulässig ist, und daß man bei Schiffen, deren Lastverteilung ein solches Biegemoment erzeugt, durch Belassung von Ballastwasser in den Endstücken die biegende Wirkung der Schiffslast herabsetzt. Es leuchtet ein, daß bei kurzen und dicken Schiffen, deren Gewicht im übrigen der Hebefähigkeit des Docks durchaus entspricht, der Entwurfsfreibord nicht erreicht wird infolge des notwendig werdenden Trimmwassers in den Dockenden, falls die Durchbiegung der Längswände in engen Grenzen bleiben, bei einem 35 000—40 000 t-Dock beispielsweise 75—100 mm nicht übersteigen sollen. Die Marine hat tatsächlich auch diese Erfahrung gemacht, Schlachtschiffe der Badenklasse, die mit etwa 31 500 t in ein 40 000 t-Dock gingen, konnten nur bis zu etwa 275 mm Freibordhöhe gehoben werden. Die beiden Mitteltröge (Nr. 3 und 4) des sechsteiligen Docks enthielten dann nur noch ein Restwasser in etwa 200 mm Höhe, Abteilung 2 und 5 bereits 1600 und 1150 t und Abteilung 1 und 6 gar 7500 und 7300 t Ballastwasser. Bei dieser Sachlage erhöht dann jedes weitere Pumpen auf größeren Freibord das Biegemoment, was zu vermeiden ist, um die zulässige Durchbiegung nicht zu überschreiten.

Die Marine hat immer Wert darauf gelegt, daß die Schiffe selbst nur in geringem Maße beansprucht werden und hat stets Docks von ausreichender Festigkeit verlangt. Nicht so streng ist man in der Handelsmarine verfahren, aber hier hat man es sich leisten können; Riesen, wie „Vaterland", „Bismarck", „Imperator" haben im Verhältnis zum Dock, selbst wenn dieses ein solches mit durchlaufenden Seitenkasten ist, ein mehrfach größeres Widerstandsmoment, und an Stelle des Docks wird das Schiff als starker Träger Verschiedenheiten des Auftriebes ausgleichen. Bei Handelsschiffen überhaupt hilft man sich auf den Werften, da die vorhandenen Docks nicht immer genügende Größen besitzen, oft in der Weise, daß man zwei voneinander unabhängige Docks lose hintereinander reiht und dann die Dockung bewerkstelligt.

Der Entwicklungsweg des Polatyps steht vor unseren Augen. Die notwendigen Voraussetzungen für ein solches Verfahren, das nur als behelfsmäßig angesprochen werden kann, sind ruhige Wasseroberfläche, genaue Überprüfung der Stabilitätsverhältnisse, durchaus vorsichtiges Pumpen, ein festes Schiff. Es ist selbstverständlich, daß nur sehr erfahrene und kühne Dockmeister sich bereit finden, in Ausnahmefällen in der beschriebenen Weise Schiffe einzudocken, zu einem Dauerzustand werden es auch diese Dockmeister keinesfalls kommen lassen wollen. In der Kriegsmarine, wo bekanntlich die genauesten und peinlichsten Dockvorschriften bestehen, sind derartige Dockungen nach Kenntnis des Verfassers nicht ausgeführt worden, hier hat man stets vor Fertigstellung neuer größerer Schiffsklassen für Bereitstellung entsprechender Docks Sorge getragen. Es ist dies auch ein wichtiger Umstand, der befruchtend auf den Schwimmdockbau eingewirkt hat. England, das frühzeitig große Trockendocks gebaut hat, ist in Rücksicht auf deren Docktore lange Zeit mit seiner Schiffsbreite nicht in erforderlichem Maße heraufgegangen, sagt doch Lord Jellicoe in seinem Buche „The Grand Fleet", daß mit Rücksicht auf die vorhandenen Dockabmessungen die Breite der Großkampfschiffe hätte eingeschränkt werden müssen, so daß die Anordnung eines wirksamen Torpedoschutzschottes nicht möglich gewesen sei. Infolge dessen seien die Unterwassersprengwirkungen den englischen Schiffen verhängnisvoller als den deutschen gewesen, bei denen das Torpedoschott einen genügenden Abstand von der Außenhaut erhalten konnte. Die wenigen in Deutschland vorhandenen Trockendocks sind nicht so lange von dieser ausschlaggebenden Wirkung wie in England gewesen, man hat bald die Schlachtschiffe in dem Maße verbreitert, wie es ihre zunehmende Größe überhaupt und die Sicherung gegen Torpedoschüsse im besonderen verlangt hat und ist dann folgerichtig zum Bau von Schwimmdocks geschritten, um dem wachsenden Bedürfnis schnellstens zu genügen. Sicher ist die Möglichkeit, späterhin durch Einschalten neuer Tröge das Dock in einfachster Weise zu verlängern und zur Aufnahme noch größerer Schiffe herzurichten, hinsichtlich der Wahl des Polatyps mitbestimmend gewesen. Auch die riesige Breite der 40 000 t-Marinedocks, die licht etwa 45 m, über alles 56 m beträgt und für die Stabilität in hohem Maße ausreichend ist, scheint schon in Rücksicht auf die zu gegebener Zeit zu bewirkende Verlängerung der Docks festgelegt worden zu sein.

Die Frage durchlaufender Seitenkasten ist bei der Marine zweifellos eingehend geprüft und wohl hauptsächlich aus den eben angeführten Gründen schließlich zugunsten des Polatyps beantwortet worden. Bei der Handelsmarine ist bisher die Notwendigkeit fester, durchlaufender Seitenkasten wegen der weniger empfindlichen Schiffe nicht anerkannt worden. Verfasser ist nun der Ansicht, daß die völlige Verneinung durchlaufender Seitenkasten, wie sie in der Entwicklung unseres deutschen Dockbaues vor dem Kriege zum Ausdruck gekommen ist, jetzt mindestens die Berechtigung verloren hat und Einschränkungen erfahren kann. Es sind jetzt im Kriegs- und Handelsschiffbau Verhältnisse eingetreten, die uns nicht annehmen lassen können, daß die Größenentwicklung der Kriegs- und Kauffahrteischiffe weiterhin eine derartig sprunghafte sein wird wie in den letzten fünf Jahren vor dem Kriege. Die Größe der Schlachtschiffe scheint mit etwas 45 000 t vorerst ein Höchstmaß erreicht zu haben, und betreffs der Fracht- und Fahrgastschiffe dürften solche in Abmessungen über 50 000 t zunächst kaum in Auftrag gegeben werden. So berichtet Lloyds List vom 24. Juni 1920, daß der Bau von Liniendampfern, die mit der „Olympic", „Aquitania", „Mauretania" und den früheren deutschen großen Schnelldampfern „Vaterland" und „Imperator" in Wettbewerb treten könnten, fürs erste in England unterbleiben müsse, und ob in den nächsten zehn Jahren sich die Bau- und Betriebskosten geringer stellen würden, sei noch sehr zu bezweifeln. Man geht zweifellos dazu über, nach bestimmten Musterschiffen, die man auf Grund von Versuchen und Rechnungen als die wirtschaftlichsten für bestimmte Fahrstrecken herausgebildet hat, ganze Reihen nachzubauen. Die seit einem Jahrzehnt angestrebte Vereinheitlichung der Handelsschiffe ist in voller Entwicklung, und es ist tatsächlich auch nicht einzusehen, weshalb Frachtschiffe nicht nach wenigen erprobten Mustern gebaut werden sollen, während es bei den Eisenbahnen Einheitsgüterwagen, Einheitslokomotiven, im Baufach Einheitsgrundrisse, genormte Fenster, Türen, Treppen u. dgl. gibt. Es muß und wird billig und wirtschaftlich gebaut werden, und dafür ist eine der ersten Voraussetzungen der Reihenbau!

Was ist aber naheliegender als die Normung auch auf den Dockbau auszudehnen und eine Reihe von Einheitsdocks zu schaffen, die nach den Gesichtspunkten der Wirtschaftlichkeit und der Zweckmäßigkeit zu entwerfen wären, passend vornehmlich für die am häufigsten vorkommenden Schiffsgewichte? — Geht man die Liste der deutschen Docks (vgl. S. 162) durch, so findet man betreffs der Hebefähigkeit reichlich 25 voneinander verschiedene Gruppen, und innerhalb dieser Gruppen würde man, falls man die Abmessungen der Docks vergleicht, kaum zwei einander gleiche Bauwerke haben, ganz zu schweigen von der Einheitlichkeit des Docktyps und der Einrichtung.

Wenn man Kohlenwagen für 20 t Ladefähigkeit baut, so hat man die Absicht, sie im Betriebe auch mit 20 t Kohlenladung zu fahren, wenn man dagegen ein 20 000 t-Dock baut, so weiß man doch von vornherein, daß man in der Mehrzahl der Fälle nicht Schiffe von der Größe eindocken wird, die genau dieser Hebefähigkeit entspricht. Das liegt in der Natur der Sache. Wenn man nun aber ohnehin nicht mit jeder Dockung wirtschaftlich das Höchste aus dem vorhandenen Dock, habe dieses nun 10 000, 12 000, 15 000 oder 20 000 t Tragkraft, herausholt, dann kann man sich bei sachgemäßer Einteilung der voraussichtlich zu dockenden Schiffe auch auf bestimmte Dockgrößen einigen, und würde dann keineswegs eine so hohe Zahl verschiedener Muster haben, wie sie beispielsweise die Liste der deutschen Docks aufweist. Auch was den Typ der Docks anbelangt, können wir zweifelsohne normen. Wenn ein Dutzend verschiedener Ausführungsmuster bisher nebeneinander bestanden haben und alle für gut und brauchbar befunden sind, so werden wir in der Lage sein, daraus bestimmte Einheitsformen auszuwählen.

Es soll nun festgestellt werden, mit wieviel Sorten hinsichtlich der Größe wir auskommen, und welche Bauformen für die verschiedenen Größen zweckmäßigerweise zur Anwendung gelangen. Das macht zunächst eine Untersuchung der Handels- und Kriegsschiffe hinsichtlich ihres Gewichtes erforderlich.

Wir betrachten die Liste der deutschen Handelsschiffe von 1914. Wenn auch heute die stattliche Flotte in alle Winde zerstreut ist, so gibt die Liste von 1914 doch immerhin ein klares Bild über die Zusammensetzung auch der anderen

Deutsche Handelsflotte 1914.

Größe in Br.-Reg.-To.	Segler		Dampfer		Gesamt	
	Zahl	Br.-Reg.-To.	Zahl	Br.-Reg.-To.	Zahl	Br.-Reg.-To.
a) Fertige Schiffe						
100— 1 000	∿250	38 000	850	325 000	1100	363 000
1 000—10 000	136	308 466	1083	3 760 158	1219	4 068 624
10 000 und mehr	—	—	38	633 176	38	633 176
	386	346 466	1971	4 718 334	2357	5 064 800
b) Schiffe 1914 im Bau						
100— 1 000	?	?	?	?	68	25 000
1 000—10 000	3	9 150	104	530 624	107	539 774
über 10 000	—	—	11	277 800	11	277 800
	3	9 150	115	808 424	186	842 574

Handelsflotten vor dem Kriege hinsichtlich der gebräuchlichsten Schiffsgrößen, und es ist von Wert, an der Gegenüberstellung die Entwicklung zu verfolgen, die durch den Krieg und das Aufkommen der Reihenschiffe hervorgerufen ist.

Aus der hier gegebenen Zusammenstellung ist ein Schluß auf die Gewichte[1] noch nicht möglich, auch die Listen des Germanischen Lloyd sagen uns darüber nichts. Dagegen bringen sie Zahlen betreffs des vermessenen Rauminhaltes. Eine dahingehende Zerlegung führt zu folgendem Ergebnis:

Gruppe	Fertige Schiffe 1914			Schiffe 1914 im Bau			Raumgröße in Brutto Reg.-Tons.
	Segler	Dampfer	Gesamt	Segler	Dampfer	Gesamt	
1	∼ 250	∼ 850	∼ 1100	?	?	∼ 68	100— 1 000
2 a	14	171	185	—	13	13	1 000— 1 500
2 b	41	145	186	—	7	7	1 500— 2 000
3	58	187	245	—	11	11	2 000— 3 000
4	21	144	165	3	6	9	3 000— 4 000
5	1	174	175	—	7	7	4 000— 5 000
6	1	132	133	—	14	14	5 000— 6 000
7	—	58	58	—	15	15	6 000— 7 000
8	—	34	34	—	23	23	7 000— 8 000
9	—	26	26	—	7	7	8 000— 9 000
10	—	12	12	—	1	1	9 000—10 000
11	—	10	10	—	—	—	10 000—11 000
12	—	3	3	—	—	—	11 000—12 000
13	—	6	6	—	—	—	12 000—14 000
14	—	4	4	—	1	1	14 000—16 000
15	—	10	10	—	6	6	16 000—20 000
16	—	2	2	—	1	1	20 000—25 000
17	—	3	3	—	3	3	25 000 und mehr
1—17	386	1971	2357	3	115	186	100 und mehr

Untersuchen wir nun, soweit die Unterlagen erreichbar und zuverlässig sind, eine möglichst große Zahl von Schiffen hinsichtlich ihrer Beziehung zwischen Raumgehalt einerseits und Leergewicht, Vollgewicht, Schiffslänge andererseits, so führt uns das zu dem Schaubild S. 173, Abb. 7, das als Hilfsmittel dienen soll, die in der Zusammenstellung auf S. 172 aufgeführten Schiffe nach ihren Leer- und Vollgewichten zu unterteilen.

Wenn beispielsweise die Gruppe 5 175 fertige Fahrzeuge zwischen 4000 bis 5000 Br.-Reg.-Tons umfaßt, dann wird aus dem Schaubild für das Leergewicht gefunden: 3000—4500 t, für das Vollgewicht 7800—11 800 t und schließlich für die entsprechenden Schiffslängen 103—119 m. Die Grenzen sind genügend weit, um mit großer Wahrscheinlichkeit alle vorkommenden Schiffe einzuschließen und selbst Fahrgastschiffe nicht auszulassen. Naturgemäß werden sich in nächster Nähe der Grenzen nur wenige Schiffe finden, und die Verteilung über den Zwischenraum wird anstatt gradlinig sich nach einer Wellenlinie bestimmen, die, je nachdem ob die größere Anzahl Schiffe in der Nähe der oberen oder unteren Grenze oder um den Mittelwert herum sich befindet, näherungsweise eine Trochoide oder Sinuslinie ist, Abb. 8.

---

[1] Allgemein gilt: Bruttoraumgehalt $= \frac{2}{3} - \frac{1}{2}$ Verdrängung. Für übliche Frachtdampfer mit Poop, Brücke und Back gibt es zwischen Verdrang und Eigengewicht und zwischen Raumgehalt und Gewicht bestimmte, nur in kleinen Grenzen veränderliche Beziehungen. Vgl. die Zusammenstellung im Schiffbaukalender 1921, S. 150.

Auch eine Kurve ist denkbar, die nur an der oberen oder unteren Grenze
mit wagerechter Tangente anläuft, und zwar wird dann dieses eintreten, wenn
beispielsweise alle Schiffe des bei Abb. 8 gewählten Bereiches zwischen 3000

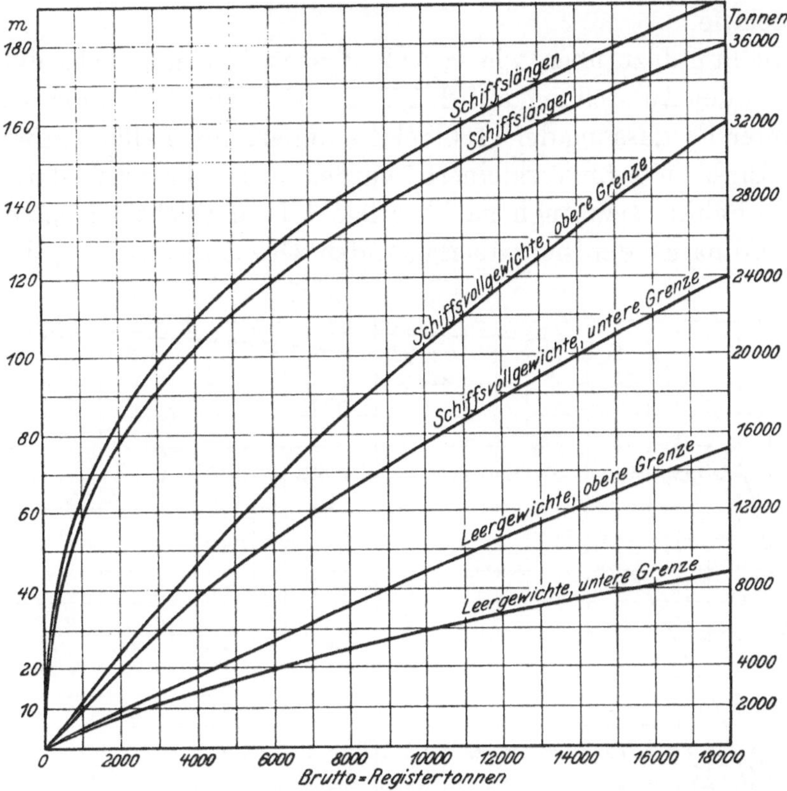

Abb. 7. Beziehung zwischen Schiffslänge und Gewicht und Schiffsraumgehalt.

und vielleicht 4200 t wiegen und sich auf diesen Bereich ungefähr gleichmäßig
verteilen. Für das Abszissenteil 4200—4500 würde dann eine Zunahme nicht
mehr eintreten können, und die Kurve müßte von hier ab einen gradlinig-wage-
rechten Verlauf nehmen.

Wenn die Anzahl der in Betracht
gezogenen Schiffe nicht allzu klein ist,
dann werden nach der Unterteilung
bezüglich des Rauminhaltes die Fahrzeuge einer Gruppe, beispielsweise der
Gruppe 5, S. 172, sich recht gleichmäßig
über diesen Zwischenraum verteilen,
vor allem, da dieser Zwischenraum
mit 1000 Br.-Reg.-Tonnen genügend

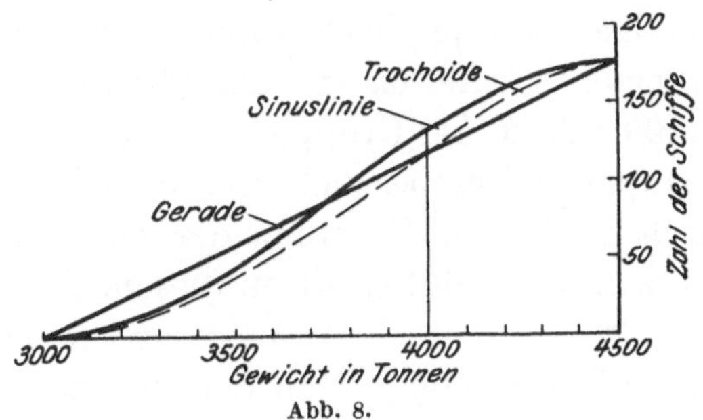

Abb. 8.

klein gewählt ist. Wir werden daher bei der Auftragung nach Gewichten (Abb. 8)
in der Regel mit einer gestreckten oder gekürzten Sinuslinie, je nach der Wahl des
Längen- oder Höhenmaßstabes, der Wirklichkeit am nächsten kommen. In
Zweifelsfällen könnten wir nach Einsicht der Schiffsliste und gegebenenfalls Berücksichtigung der Art der betreffenden Schiffe die Sinuslinie in wagerechter

Richtung verzerren und dadurch das Schwergewicht verschieben. Aus der
Abb. 8 ergibt sich zum Beispiel, wenn man die Sinuslinie wählt, die Anzahl der
Schiffe mit einem Gewicht zwischen 3000 und 4000 t zu 132, und falls die
Trochoidenkurve zugrunde gelegt wird, erhält man für den gleichen Zwischen-
raum 115 Schiffe.

Gehen wir nun dazu über, wie es Abb. 9 zeigt, in einem Achsenkreuz für die
Gruppen 2—5 der Aufstellung auf S. 172 die Gewichtsverteilung vorzunehmen
(zunächst unter Fortlassung der 1100 Schiffe umfassenden allzu großen Gruppe 1,
die den Maßstab zu sehr verkleinern würde, sowie der zwei letzten Gruppen,
deren wenige Schiffe sich auch nachher leicht berücksichtigen lassen) und ad-
dieren die Ordinaten der sich überlagernden Gewichtsverteilungslinien, so er-

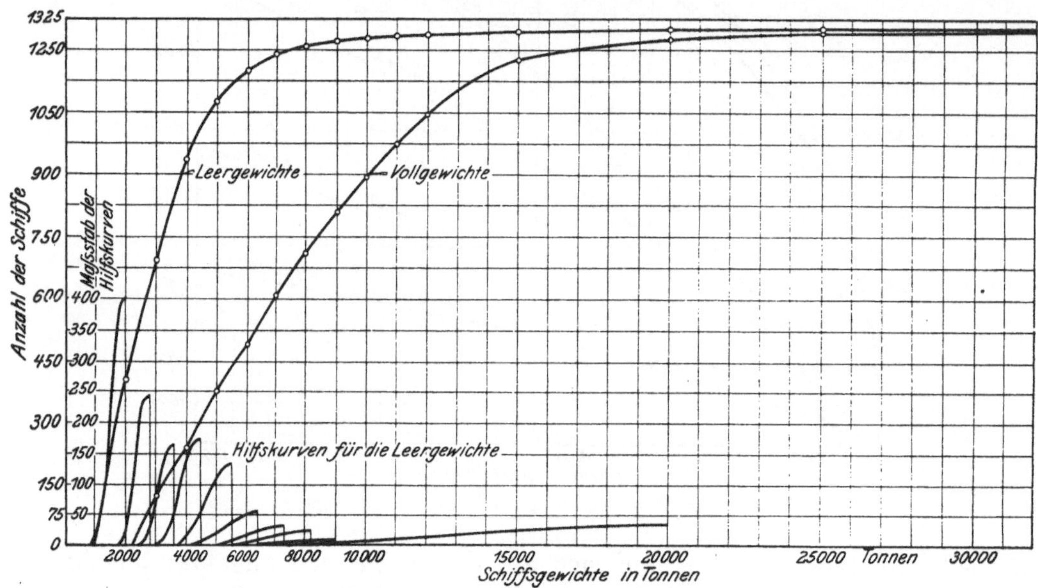

Abb. 9. Deutsche Handelsflotte 1914, fertige Schiffe.

halten wir für alle in den Betrachtungskreis gezogenen Schiffe für Leer- und
Vollgewichte je eine Gesamtkurve, deren Ordinaten uns an jeder Stelle angeben,
wieviel Schiffe bis zu dem betreffenden Gewicht vorhanden sind (wobei die
1100 Schiffe der Gruppe 1 zu berücksichtigen sein werden). Für eine gewünschte
Gruppe selbst, beispielsweise Schiffe zwischen 3000 und 4000 t Leergewicht, läßt
sich leicht die Differenz der Ordinaten bestimmen, und damit die gesuchte
Anzahl der Schiffe, die in diesem Fall 240 beträgt. Weiterhin ist der Flächeninhalt zwischen der Y-Achse und den Gesamtkurven gleich dem Gesamtgewicht
aller leeren oder vollen Schiffe nach Maßgabe der Ordinatenhöhen oder ihrer
Differenzen. Der Flächeninhalt zwischen der Leergewichtskurve und derjenigen
für die Vollgewichte gibt dann naturgemäß die Gesamtzuladung bis zur Voll-
verdrängung an.

Führen wir die Auswertung der Kurven durch (nach Ergänzung in Richtung
der kleinen und großen Schiffe) und ziehen in einem zweiten Kurvenblatt,
Abb. 10, auch noch die deutschen Schiffe, die sich 1914 in Bau befunden haben,

in den Kreis der Betrachtung, so erhalten wir die Übersicht auf S. 176. Sie bestätigt durch Zahlen, was die Kurven uns schon überraschend deutlich gezeigt

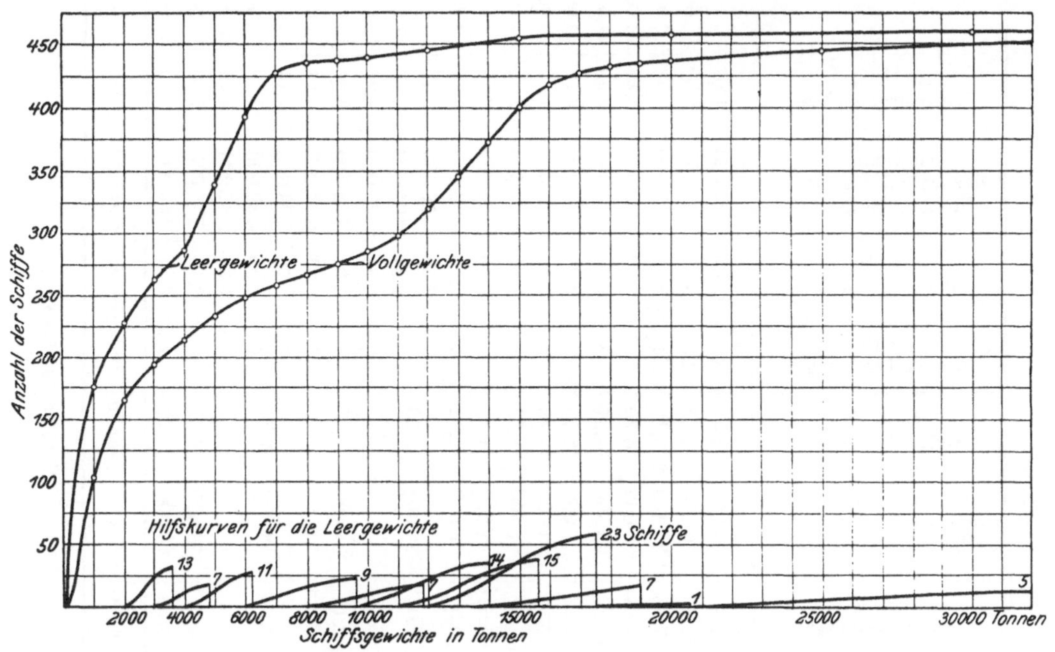

Abb. 10. Deutsche Handelsflotte 1914, Schiffe im Bau.

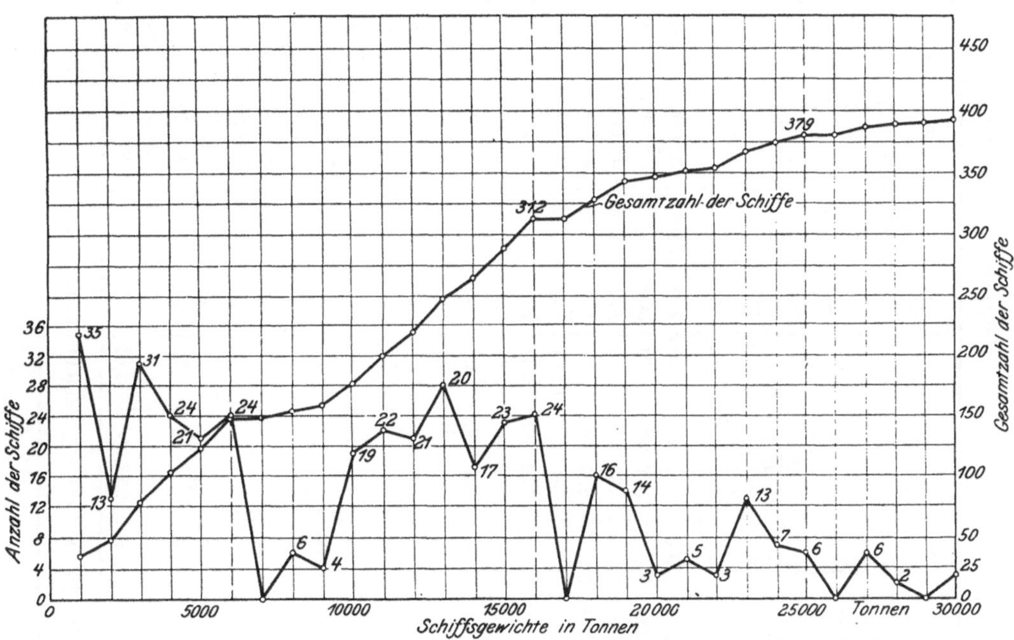

Abb. 11. Kriegsschiffe über 1000 t der vier ersten Seemächte 1914.

haben, daß nämlich ganz bestimmte Dockgrößen gebraucht werden und folgerichtig zu bauen sind, wenn Wirtschaftlichkeit vorhanden sein soll. Aus Abb. 9
ersehen wir, daß bei den Leergewichten etwa zwischen 5000—6000 t das starke

Die Deutsche Handelsflotte 1914.
Verteilungsplan nach Leer- und Vollgewichten.

Gewichts-Bereich t	Zahl der leeren Schiffe	v. H. der Gesamtzahl	Gewicht der leeren Schiffe für den Bereich t	v. H. des Gesamtgewichtes	Zahl der vollen Schiffe	v. H. der Gesamtzahl	Gewicht der vollen Schiffe für den Bereich t	v. H. des Gesamtgewichtes	Zahl der leeren Schiffe	v. H. der Gesamtzahl	Gewicht der leeren Schiffe für den Bereich t	v. H. des Gesamtgewichtes	Zahl der vollen Schiffe	v. H. der Gesamtzahl	Gewicht der vollen Schiffe für den Bereich t	v. H. des Gesamtgewichtes	Gewichts-Bereich t
100— 1 000	1107	47,00	544 000	11,70	750	31,80	334 000	3,00	70	37,63	29 300	4,40	41	22,06	24 600	1,62	100— 1 000
1 000— 2 000	400	17,00	576 500	12,40	300	12,72	427 000	3,84	21	11,29	30 900	4,63	25	13,45	36 200	2,39	1 000— 2 000
2 000— 3 000	290	12,30	722 000	15,55	172	7,30	420 000	3,77	14	7,53	34 400	5,15	11	5,91	27 000	1,78	2 000— 3 000
3 000— 4 000	240	10,20	834 000	17,95	118	5,01	412 000	3,70	9	4,84	28 000	4,20	8	4,30	28 000	1,85	3 000— 4 000
4 000— 5 000	140	5,95	600 000	12,91	140	5,95	630 000	5,65	21	11,29	95 500	14,31	8	4,30	36 000	2,38	4 000— 5 000
5 000— 6 000	75	3,12	410 500	8,85	110	4,66	605 000	5,43	22	11,82	121 000	18,15	6	3,22	33 000	2,18	5 000— 6 000
6 000— 7 000	40	1,70	218 000	4,71	120	5,10	780 000	7,00	14	7,53	90 000	13,49	4	2,15	26 000	1,72	6 000— 7 000
7 000— 8 000	20	0,85	150 000	3,23	100	4,25	750 000	6,73	3	1,62	21 900	3,28	3	1,61	22,500	1,48	7 000— 8 000
8 000— 9 000	10	0,42	84 500	1,81	100	4,25	850 000	7,62	1	0,54	8 500	1,27	4	2,15	34 000	2,24	8 000— 9 000
9 000—10 000	8	0,34	75 000	1,62	85	3,61	805 000	7,22	1	0,54	9 500	1,42	4	2,15	38 000	2,51	9 000—10 000
10 000—11 000	5	0,21	279 500	6,00	86	3,40	840 000	7,53	2	1,07	22 000	3,30	5	2,69	52 500	3,47	10 000—11 000
11 000—12 000	4	0,17			70	2,97	804 000	7,21					9	4,84	104 000	6,86	11 000—12 000
12 000—13 000	3	0,12			60	2,54	748 000	6,72	4	2,15	54 000	8,10	10	5,38	125 000	8,25	12 000—13 000
13 000—14 000	2	0,08			45	1,91	607 000	5,45					11	5,91	148 500	9,81	13 000—14 000
14 000—15 000	4	0,17			25	1,06	361 000	3,24					11	5,91	159 500	10,54	14 000—15 000
15 000—16 000	4	0,17			20	0,85	307 000	2,75	1	0,54	18 000	2,70	7	3,76	108 000	7,14	15 000—16 000
16 000—20 000	2	0,08	58 000	1,25	31	1,31	530 000	4,76					8	4,30	139 000	9,18	16 000—20 000
20 000—25 000	1	0,04			17	0,72	381 000	3,42	—	—	—	—	3	1,61	67 500	4,45	20 000—25 000
25 000—35 000	—	—			9	0,38	294 000	2,64	2	1,07	56 000	8,40	4	2,15	115 000	7,60	25 000—35 000
35 000 und mehr	2	0,08	95 000	2,02	5	0,21	258 000	2,32	1	0,54	48 000	7,20	4	2,15	190 000	12 55	35 000 u. mehr
Summe	2357	100,00	4 647 000	100,00	2357	100,00	11 143 000	100,00	186	100,00	667 000	100,00	186	100,00	1 514 300	100,00	Summe

Fertige Schiffe — Schiffe im Bau

Ansteigen der Kurve nachläßt, und daß von dieser Stelle ab nur noch eine geringe Zunahme stattfindet. Nur noch etwa 5 v. H. aller Schiffe der deutschen Handelsflotte von 1914 sind schwerer gewesen als 6000 t. In gleicher Weise zeigt uns die Kurve der Vollgewichte, daß etwa bei 15 000—16 000 t die starke Zunahme aufgehört hat, nur $3^1/_2$ v. H. der Schiffe haben im beladenen Zustande mehr gewogen als 15 000 t.

Zweifellos sind diese beiden Stellen für den Dockbau von größter Wichtigkeit. Sie bedeuten die Eckpfeiler, von denen wir nach oben und unten ausgehen müssen, um andere wirtschaftliche Dockgrößen herauszufinden. Dazu müssen jedoch noch weitere Untersuchungen angestellt werden. Wir schlagen die Liste der Kriegsschiffe der vier ersten Seemächte aus dem Jahre 1914 auf[1]), und da für alle Schiffe ziemlich genaue Gewichtsangaben vorliegen, lassen sie sich leicht

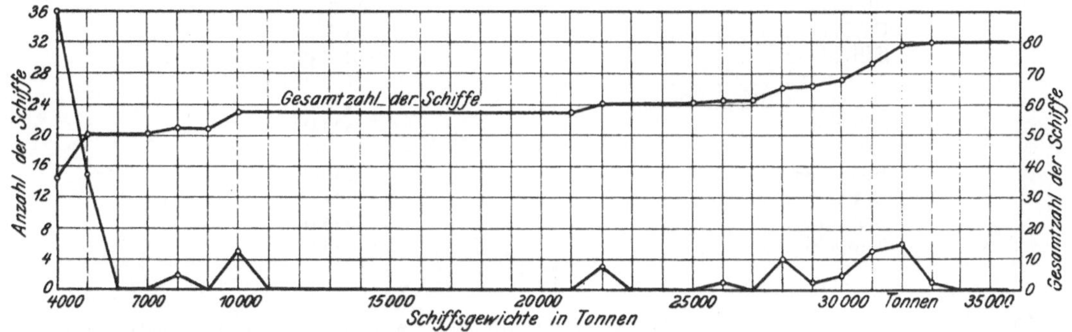

Abb. 12. Englands Kriegsschiffe über 4000 t nach 1914.

nach der Größe ordnen. Wir sehen von den Torpedobooten, die ja zum weitaus größten Teil unter 1000 t wiegen, ab und beschränken uns auf die 390 Schlachtschiffe, Kreuzer und Kanonenboote, deren Gewichte wir nach vollen Tausend Tonnen so abstufen, daß Überschüsse bis zu 250 t zum unteren, von 250 t ab zum oberen vollen Tausend gerechnet werden. Das Schaubild, S. 175, Abb. 11, ist das Ergebnis dieser Arbeit und zeigt wiederum ähnlich wie Abb. 9 und 10 die Stellen, die für die wirtschaftlichen Dockgrößen in Frage kommen.

Scharf heben sich die Stellen: 1000 t, 6000 t, 16 000 t, 25 000 t ab, die gewissermaßen Ruhepunkte in dem sonst einigermaßen stetig ansteigenden Linienzuge sind. An Hand der Abb. 12 verfolgen wir weiterhin die Entwicklung des Kriegsschiffbaues, soweit sie für unsere Betrachtungen von Belang ist. Aus der Überlegung heraus, daß England auch jetzt noch im großen ganzen ausschlaggebend für den Kriegsschiffbau anderer Länder ist, wenn auch die Vereinigten Staaten in vieler Beziehung eigene Wege gehen und besonders bezüglich der Größe ihrer Schiffe geradezu mit Riesenschritten vorwärtseilen, ist der Kriegsschiffbau nach 1914 nur soweit er England angeht berücksichtigt[2]). Deutschland kommt ohnehin nicht in Frage, weil durch den Zusammenbruch 1918 der Entwicklung der Marine ein jähes Ende bereitet worden ist. Etwa 82 Schlachtschiffe, Schlachtkreuzer und Kreuzer zwischen 45 000 und 4000 t

---

[1]) Marine-Taschenbuch 1914.
[2]) Werft und Reederei 1920, S. 263 u. f.

wiegend hat England während des Krieges und in der ersten Nachkriegszeit gebaut, die Zahl ist groß genug, um uns zu zeigen, wie die Entwicklung in dem nächsten Zeitraum geht.

Es sind die folgenden Schiffe:

Schiffsklasse oder Schiff	Anzahl	Kriegsmäßiges Gewicht, abgerundet
Iron Duke	4	28 000
Queen Elizabeth	5	32 000
Royal Oak	4	31 000
Ramillies	1	33 000
Agincourt	1	31 000
Erin	1	26 000
Canada	1	32 000
Tiger	1	30 000
Repulse	2	29 000
Hood	1	42—45 000
Glorious	2	22 000
Furious	1	22 000
Effingham	5	10 000
Arethusa	8	4 000
Concora, Calliope, Castor	14	4 000
Calypso	4	5 000
Cardiff	10	5 000
Birkenhead	2	6 000
Danae	11	6 000
Brisbane	2	6 000
Emerald	2	9 000

Summe 82

Das Schaubild Abb. 12 zeigt uns deutlich die großen Stufen bei 5000, 10 000, 22 000 und 34 000 t. Vollkommen fehlen die mittleren Schiffsgrößen von 10 000 bis etwa 20 000 t, und die alten Schiffe dieses Bereiches werden aller Wahrscheinlichkeit nach aussterben, wenn nicht die kleinen Kreuzer dank ihrer unverkennbaren Entwicklung nach oben hin die Lücke zum Teil wieder ausfüllen. Ebenso scheint hinter der 35 000 t-Grenze ein großer Zwischenraum bleiben zu sollen. Der Schlachtkreuzer „Hood“ ist rund 10 000 t größer als „Ramillies“, der entwurfsmäßig etwa 28 500 t, in voller, reichlicher Kriegsausrüstung etwa 33 000 t verdrängt.

Auch die Nachrichten, die aus Amerika und Japan zu uns gelangen, spielen diese Entwicklung ins Riesenhafte deutlich wieder und bestätigen die Tatsache, daß man im Großkampfschiffbau den Bereich von 35 000 t bis etwa 40 000 t übersprungen hat.

Land	Schiffsname oder Klasse	Länge in m	Verdrang in t
Japan	Mutsu	201,5	34 300
Ver. Staaten . .	Tennessee	190,2	33 800
England	Hood	262,1	42 000
Ver. Staaten . .	Saratoga	266,4	43 500
„ „ . .	Indiana	208,5	43 900
„ „ . .	Lexington	266,4	44 200

Nach allem kommen in Rücksicht auf den Kriegsschiffbau die Dockgrößen von 1000 t, 3000 t, 5—6000 t, 10—11 000 t, 15—16 000 t, 25 000 t, 35 000 t und 45—50 000 t in Frage, wenn auf größtmöglichste Ausnutzung Wert gelegt wird.

Für Deutschland jedoch und für unseren deutschen Dockbau sind die Rücksichten auf den fremden Kriegsschiffbau nicht maßgebend, für uns stellen gemäß Friedensvertrag die Schiffe der Deutschland-Klasse mit etwa 14 000 t das Höchstmaß an Gewicht dar, so daß die Marine mit 15 000 t-Docks in der nächsten Zeit völlig auskommen wird. Die Entwicklung, die der Handelsschiffbau genommen hat, ist dagegen um so mehr für die Frage des Dockbaues von Belang, da wir ja bestrebt sein müssen, auch für fremde Rechnung Instandsetzungsarbeiten und Dockungen vorzunehmen, und bei der Erneuerung unseres Dockparkes schon diesem Umstande und der Entwicklung des Handelsschiffbaues Rechnung tragen können.

Um auch hier einen Überblick zu gewinnen, wollen wir den deutschen Schiffbau 1914 nach den Zahlen des Germanischen Lloyd, die Stapelläufe nach Lloyd's List während eines Zeitraumes von rund 10 Monaten des Jahres 1919/1920 und den am 31. Juni 1920 nach Lloyd's List im Bau befindlichen Schiffsraum näher untersuchen. Im Bau haben sich 1914 in Deutschland gemäß Zusammenstellung auf S. 172 insgesamt 186 Seeschiffe befunden, Abb. 10 und die Übersicht S. 176 geben uns Aufschluß über Leer- und Vollgewicht und die Zahl der Schiffe von 1000 zu 1000 t. Mit großer Klarheit sehen

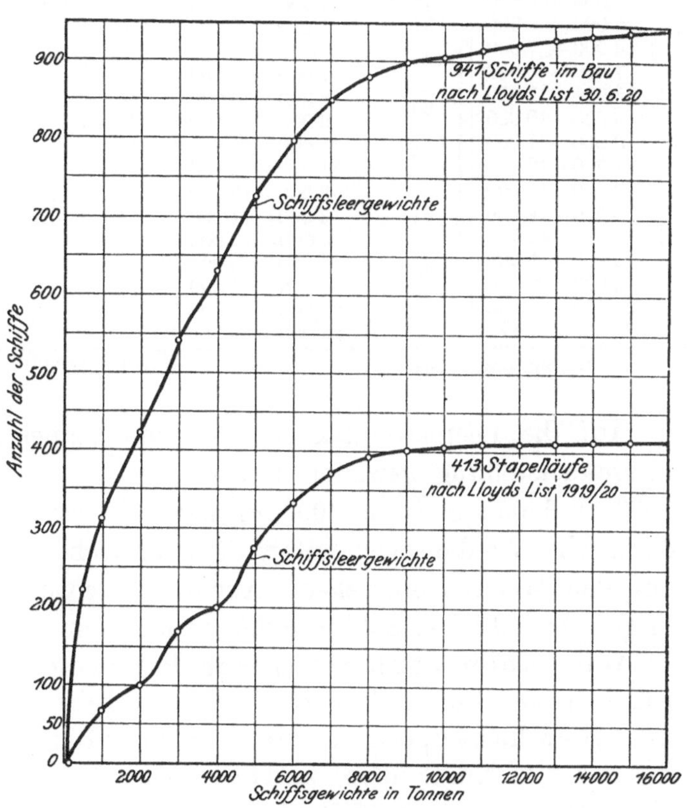

Abb. 13. Weltschiffbau 1919/20 nach Lloyds Register.

wir, daß die Entwicklung 1914 so gewesen ist, daß außer der 6000 und 15 000 t-Stufe, die uns bereits aus Abb. 9 bekannt sind, noch die 4000 t-Stufe bei den Leergewichten, die 10 000 t-Stufe bei den Vollgewichten in Erscheinung tritt, weil eine auffallend starke Zunahme der Schiffe mit einem Leergewicht von 4000—7000 t stattfindet. Wir erkennen den Anfang der Entwicklung zum Reihen- und Gruppenschiffbau und haben auf den Einfluß bezüglich des Dockbaues unser Augenmerk zu richten.

In gleiche Richtung führt uns die Betrachtung des augenblicklichen Weltschiffbaues hinsichtlich des Schiffsgewichtes, was wir mit Hilfe der Veröffentlichungen von Lloyds Register tun wollen. (Vgl. die folgende Zusammenstellung und das Schaubild, Abb. 13.)

413 Stapelläufe aus Jahr 1919/20	Größe in Brutto Reg. To. (nach Lloyd's List)	941 am 31. 6. 20 im Bau befindliche Schiffe
67	100— 1 000	411
18	1 000— 2 000	98
76	2 000— 3 000	79
24	3 000— 4 000	85
17	4 000— 5 000	58
62	5 000— 6 000	87
51	6 000— 7 000	100
14	7 000— 8 000	
55	8 000— 9 000	60
	9 000—10 000	
16	10 000—11 000	9
	11 000—12 000	
7	12 000—13 000	31
	13 000—14 000	
3	14 000—15 000	20
	15 000—16 000	
1	16 000—20 000	
2	20 000—25 000	3
—	25 000 u. mehr	—
Summe		**941**

Leergewicht in Tonnen	413 Stapelläufe 1919/20 nach Lloyd's List während 10 Monaten			941 Schiffe am 30. 6. 20 nach Lloyd's List in Bau befindlich		
	Zahl	v. H. der Gesamtzahl	Gewicht aller Schiffe des Bereiches	Zahl	v. H. der Gesamtzahl	Gewicht aller Schiffe des Bereiches
100— 1 000	67	16,22	30 000	312	33,16	118 200
1 000— 2 000	33	8,00	49 000	110	11,70	166 600
2 000— 3 000	70	16,95	175 500	120	12,75	300 000
3 000— 4 000	30	7,26	105 000	89	9,55	310 000
4 000— 5 000	75	18,17	337 500	93	9,88	418 000
5 000— 6 000	55	13,32	281 000	71	7,55	386 000
6 000— 7 000	42	10,18	273 000	53	5,63	340 000
7 000— 8 000	21	5,08	157 000	27	2,87	280 000
8 000— 9 000	9	2,18	72 500	21	2,23	178 000
9 000—10 000	3	0,72	28 500	9	0,96	85 200
10 000—11 000	3	0,72		8	0,85	
11 000—12 000	2	0,48		7	0,74	
12 000—13 000	1	0,24	95 000	6	0,64	455 000
13 000—14 000	1	0,24		5	0,53	
14 000—15 000	1	0,24		5	0,53	
15 000—16 000				5	0,53	
16 000—20 000	—	—	—	—	—	—
20 000—25 000	—	—	—	—	—	—
25 000 u. mehr	—	—	—	—	—	—
Summe	**413**	**100,00**	**1 604 000**	**941**	**100,00**	**3 037 000**

Auf die Leergewichtskurve der von Stapel gelaufenen Fahrzeuge ist die Massenherstellung gewisser Musterschiffe von großem Einfluß gewesen. Von 2000 zu 3000 t und von 4000 zu 5000 t ist eine ruckartige Zunahme zu spüren, deren Ursache die sogenannten „Standardschiffe“ sind, die in Massenherstellung auf den Werften entstehen. Auch die Gewichtskurve der nach Lloyd's List in Bau befindlichen Schiffe redet, wenn auch nicht so laut, die gleiche Sprache.

Wir haben nach reiflicher Prüfung aller Kurven und Zahlentafeln jetzt keine Zweifel mehr, welche Dockgrößen wir in Zukunft zu bauen haben, es sind dies in erster Linie das 6000 und 15 000 t - Dock, die mit solchem Freibord zu entwerfen sein würden, daß zur Not auch Schiffe Von etwa 6500 und 16 000 t Gewicht darin trocken gestellt werden können. Was die kleineren Dockgrößen angeht, so verlangen die Rücksichten auf den Kleinschiffbau etwa das 500 und das 1000 t-Dock. Es sei hier auch an die Bedürfnisse der Flußschiffahrt erinnert, der in der kommenden Zeit von dem deutschen Schiffbauer ein erhöhte Beachtung zu zollen sein wird. Wir werden gezwungen sein, unsere binnenländischen Schiffahrtswege in weitem Maße unserer Wirtschaft nutzbar zu machen und brauchen dazu eine große Zahl kleiner Schlepper, Leichter, Schleppkähne, Dampfer, Eisbrecher. Das Gewicht aller dieser Fahrzeuge ist nur in seltenen Fällen größer als 500 t, so daß die Bereithaltung von 500 t-Docks fast allen Ansprüchen genügen wird. Auch der größte Teil aller Fischdampfer wird durch Docks dieser Größe aufgenommen werden können, doch wird es ebenso gut sein, wenn man die Fischdampfer nicht einzeln, sondern zu mehreren gleichzeitig in größeren Docks eindockt. Das ist wirtschaftlicher, auch in Rücksicht auf den Werftbetrieb. Das 1000 t-Dock wird hauptsächlich für Marinezwecke in Frage kommen, um Torpedoboote, Minenleger und sonstige Fahrzeuge zu docken, nebenher aber auch von einer sehr großen Zahl kleiner Segler und Küstenfahrer vorteilhaft benutzt werden können.

Für kleinere Handelsdampfer hat ferner das 2000 t-Dock als nächste Stufe durchaus Berechtigung, die große Zahl der 1000—2000 t-Schiffe ist hier von bestimmendem Einfluß. Zwischen dem 2000 t-Dock und dem 6500 t-Dock wird zweckmäßigerweise dann noch ein 3800 t-Dock eingeschaltet, einmal verspricht der Frachtdampfer von rund 3500 t Eigengewicht als ein beliebtes und wirtschaftliches Fahrzeug in größerer Zahl gebaut zu werden, dann aber ist auch die Zahl der Schiffe zwischen 2000 und 6000 t zu groß, um ohne Zwischenstufe auskommen zu können; für den größten Teil aller dieser Schiffe würde die Dockung in einem 6000 t-Dock eine unwirtschaftliche sein.

Anders liegt der Fall schon zwischen der 6000 t- und der 16 000 t-Stufe. Bei der deutschen Handelsflotte von 1914 sind es insgesamt nur etwa 100 Schiffe gewesen, deren Leergewicht zwischen 6500 und 15 500 t gelegen hat, für ein 10 000 t-Dock würden von diesen Schiffen etwa 75 in Frage kommen. Diese Dockgröße ist nicht lohnend, höchstens ließe sie sich verteidigen, wenn man die Vollgewichte ins Auge faßt und in Rücksicht auf die 375 Schiffe, die bei der Handelsflotte 1914 hier in Frage kommen würden, diese Zwischenstufe einschaltet.

Zweckmäßigerweise können wir bei der Frage der Dockung mit Vollgewicht hier einen Augenblick verweilen. Fast nur beschädigte oder gefährdete Schiffe werden ohne ihre Ladung gelöscht zu haben eindocken, und die Zahl dieser Fälle wird eine beschränkte sein. Die Schiffsklassifikationsgesellschaften führen über die Beschädigungen, die den in ihren Verzeichnissen enthaltenen Schiffen zustoßen, genaue Listen, und wenn wir beispielsweise die Aufzeichnungen des Germanischen Lloyd während einiger Monate hindurch verfolgen, so gewinnen wir einen Überblick über die Unfälle und damit auch über die Zahl der Fälle, in denen Schiffe mit Ladung ein Dock aufsuchen müssen.

Art der Beschädigung	März 1920		April 1920		Mai 1920		Juni 1920		Juli 1920	
	Dampfer	Segler	Dampfer	Segler	Dampfer	Segler	Dampfer	Segler	Dampfer	Segler
Infolge Strandung	78	29	93	19	50	15	48	7	57	17
Infolge Zusammenstoß	97	15	120	11	97	7	74	5	46	8
Nothafen angelaufen	29	16	41	25	15	15	17	17	11	13
Maschinenschaden	77	—	83	—	88	—	59	—	59	—
Eisschaden	1	—	4	—	2	—	2	—	2	—
Feuerschaden	24	—	42	2	43	—	30	1	31	7
Verschiedenes	25	—	26	7	38	6	17	2	13	7
Durch Kentern	1	—	—	—	—	—	1	—	1	—
Durch Sinken	3	1	—	2	—	1	—	—	4	2
Durch Sturm	22	7	25	7	13	7	15	3	8	6
Summe	357	68	434	73	341	51	263	35	232	60
Davon waren Schraubenschäden	23	—	14	—	13	—	8	—	16	—

Ist die Beschädigung geringerer Art, und kann das Schiff ohne Gefahr seinen Bestimmungsort erreichen, dann wird es naturgemäß erst nach Löschung der Ladung die Instandsetzung vornehmen und eindocken, falls es notwendig ist.

Dockung mit Ladung wird immer nötig sein, wenn Schiffe sinkend einen Hafen anlaufen, oder wenn sie auf der Reise schwere Schraubenbeschädigung erleiden, sie kann erforderlich sein, wenn Schiffe nach voraufgegangener Strandung glücklich abgeschleppt sind, wenn sie infolge gefährdeter Schwimmfähigkeit einen Nothafen anlaufen, und wenn sie infolge Zusammenstoßes vor Fortsetzung ihrer Reise erst unter der Wasserlinie besichtigt und notdürftig instand gesetzt werden müssen.

Nur in den gekennzeichneten Fällen wird ein Handelsschiff mit Ladung ins Dock gehen, aber ihnen muß im Dockbau besondere Beachtung schon deshalb geschenkt werden, weil die Beanspruchungen, die beladene Schiffe bei einem Dock hervorrufen, bedeutend höhere sind als die durch ein gleich schweres, aber unbeladenes Fahrzeug bewirkten. Das beladene Schiff ist bei gleichem Gewicht naturgemäß erheblich kürzer, bedingt dadurch ein größeres Biegemoment in der Längsrichtung und wegen des höheren Gewichtes je Längeneinheit auch eine erhöhte Beanspruchung des Docks in der Querrichtung.

Wollen wir die Reihe der Dockmuster nach oben hin weiter fortführen, so kommt hinter dem 15—16 000 t-Dock als nächstes das 25 000 t-Dock in Frage, hinter diesem das 36 000 t-Dock und als letztes endlich dasjenige mit etwa 50 000 t Hebefähigkeit. Das vor dem Kriege vielfach gebaute 40 000 t-Dock hat keine Berechtigung mehr, seit die großen Handelsschiffe mit etwa 50 000 t Eigengewicht eine größere Leistungsfähigkeit verlangen, und seit der Kriegsschiffbau den großen Sprung vom 33 000 t-Schiff auf dasjenige mit ungefähr 43 000 t vollzogen hat. Alles in allem haben wir sonach zehn verschiedene Dockgrößen herausgefunden, von denen wir fünf (bei Einschluß des 1000 t-Docks auch sechs) als die Hauptstufen bezeichnen können. Es sind dies die Docks mit 500, (1000), 2000, 6500, 16 000, 36 000 t Hebefähigkeit. Die Zwischenstufen werden gebildet durch die Größen (1000), 3800, 10 000, 25 000, 50 000 t. Durch eine Vereinheitlichung in diesem Sinne können wir allen Ansprüchen gerecht werden. Die Hebefähigkeit soll bei den angeführten Stufen als Höchstmaß aufgefaßt werden, das mit dem betreffenden Docktyp noch erreicht werden kann, das heißt wir wollen mit 100 mm Freibord bis zur Bodenkastendecke rechnen. Auch betreffs des Freibordes müssen wir zu einer Verständigung gelangen. Zwischen 800 mm und 100 mm sind bei den Entwürfen unserer deutschen Docks etwa alle Zwischenstufen zugrunde gelegt, und die Folge davon ist, daß im Betrieb des öfteren die tatsächlichen Beanspruchungen weitab von den rechnungsmäßigen gewesen sind. Denn verständlicherweise sind nicht immer nur Schiffe eingedockt worden, deren Gewicht zu dem vertragsmäßigen Freibord paßte, sondern die Hebefähigkeit ist auch wohl gelegentlich bis zur äußersten Grenze, etwa bis zum Eintauchen der Bodenkastendecke ausgenutzt worden. Ist das gehobene Schiff überdies dann noch ein kurzes und dickes, so sind alle beim Entwurf gemachten Annahmen außer Kraft, und die Zug-, Druck- und Knicksicherheit der Einzelverbandteile ist stark verringert oder gar gefährdet. Wenn den Berechnungen aber anstatt 800 mm nur ein solcher von 100 mm zugrunde gelegt wird, ist eine gefährlich wirkende Überanstrengung nicht möglich. Außerdem werden die Angaben über die Hebefähigkeit der Docks zuverlässigere und richtigere sein, wenn wir berücksichtigen, daß bei einem 40 000 t-Dock beispielsweise 700 mm Freibord mehr oder weniger etwa 7500 t Nutzlast entsprechen, um welche die 40 000 t sich erhöhen oder verringern würden. Es bedeutet auch nichts anderes, wenn ein Dockbesteller sich 800 mm Freibord ausbedingt, daß er die Absicht hat, gelegentlich auch einmal schwerere Schiffe einzudocken und sich dann mit 100—200 mm Freibord begnügt. Er arbeitet dann vom kaufmännischen Standpunkt aus billig und besitzt ein wirtschaftliches Dock, überanstrengt es aber in den meisten Fällen dann in unzulässiger Weise. Aus Zweckmäßigkeitsgründen also Einheitsdocks mit einheitlichem Freibord! Es ist ohnehin in Wirklichkeit nie der Fall, daß nur Schiffe mit dem entwurfsmäßigen Höchstgewicht zur Eindockung gelangen, wenn also infolge einer durch starken Dampferverkehr unruhigen Wasseroberfläche eine größere Austauchung erwünscht ist, wird sie in den weitaus meisten Fällen auch erzielt werden können.

Dann die Frage der Docktypen. Für die höchste Größennummer, also das 50 000-t-Dock, schlägt Verfasser die bisher bei dem 40 000-t-Dock beliebt gewesene Bauart, den Polatyp vor. Das Dock wird aus einer bestimmten Anzahl im wesentlichen gleicher Tröge zusammengesetzt, die Seitenkasten nehmen infolge guter Laschenverbindungen einen großen Teil der Längsbeanspruchungen auf. Der Forderung des Selbstdockens ist Genüge geschehen. Wir haben durch diese Bauart beim vorliegenden Dockmuster den Vorteil, daß eine Vergrößerung der Hebefähigkeit zu gegebener Zeit durch Einschalten eines neuen Troges ohne weiteres möglich ist und so auch zukünftiger weiterer Größenentwicklung Rechnung getragen werden kann. Es kommt hinzu, daß wir auch wegen des Verholens des Docks vom Lieferer zum Besteller in den meisten Fällen auf eine Zerlegung der Länge nach angewiesen sind in Rücksicht auf die Größe des Bauwerkes und die Abmessungen von Schleusen, Hafeneinfahrten und dergleichen. Ferner haben, worauf schon an früherer Stelle hingewiesen worden ist, die großen Schiffe ein bedeutend höheres Widerstandsmoment gegenüber Längsbeanspruchungen als selbst durchlaufende Seitenkasten in kräftiger Ausführung. Bei sachgemäßer Stapelung, das heißt einer genügend dicken Weichholzpackung zwischen Dockstapel und Schiff, die in gewissem Sinne einen Ausgleich in der Druckverteilung zur Folge hat, jedenfalls aber den Schiffsboden vor örtlichen Einbeulungen schützt, bestehen bei den Riesendampfern keine Bedenken, sie in einem Dock trocken zu stellen, das nur einen Teil der Längsbeanspruchungen aufnehmen kann, während ein weiterer Anteil vom Schiff selbst angezogen und der Rest durch entsprechendes Pumpen aufgehoben wird. — Im übrigen brauchen wir in Deutschland infolge des verlorenen Krieges in der nächsten Zeit kein 50 000-t-Schwimmdock, „Vaterland“, „Imperator“ und „Bismarck“ docken jetzt in Amerika und England!

Auch für die zweite Größe, das 36 000-t-Dock, ist eine Notwendigkeit zur Zeit nicht vorhanden, um so mehr als unsere Kriegsmarine von 1914, die das Hauptbedürfnis danach gehabt hätte, auf einen bescheidenen Rest zusammengeschrumpft ist und vorläufig auch nicht in die Lage kommen wird, 36 000-t-

Docks zu gebrauchen. Was die Ausführung angeht, so erscheint auch für das 36 000-t-Dock die Poladock-Bauart als die beste, wenn es wegen der Verschickungsfrage nicht angängig ist, auf ganzer Länge durchlaufende Seitenkasten anzuordnen. Doch selbst, wenn dieses möglich ist, werden wir es doch nicht vermeiden können, hinsichtlich des Pumpens ebenso wie beim Polatyp zu verfahren, um dadurch die Längsbeanspruchungen in erträglichen Grenzen zu halten. Abgesehen von der zweckentsprechenden Anordnung des Auftriebes muß bei diesen großen Docks stets noch mit einer das Biegemoment herabsetzenden, dem Gewicht entgegenwirkenden Ballastwasserverteilung gearbeitet werden. Kein durchlaufender Seitenkasten ist kräftig genug, um bei einem über der ganzen Länge des 36 000-t-Docks gleichmäßig verteilten Auftrieb und gleichmäßig verteilten Ballast- und Restwasser die Beanspruchung auszuhalten, die die Schiffslast unter solchen Verhältnissen erzeugt. Wird beispielsweise die Docklänge zu 200 m angenommen und ist das zu dockende Schiff ein Handelsdampfer von 180 m Länge und 21 m Breite mit einem Vollgewicht von 36 000 t (etwa „Präsident Lincoln"), so ergibt sich das größte Biegemoment zu rund 170 000 mt unter der Voraussetzung, daß der Docktiefgang auf der ganzen Länge gleich sei bei einer Gesamtverdrängung von etwa $D = 54\,000$ t, daß ferner das Restwasser im Innern des Docks gleichmäßig hoch stehe, und daß schließlich die Schiffslast über der Länge von 180 m nach der von Professor Biles empfohlenen Formel sich verteile.

Die beigegebene Abb. 14 gibt die Verhältnisse entsprechend wieder. $P =$ Schiffslast $= P_1 + P_2 + P_3 = 11\,170 + 14\,160 + 10\,670$ t, $G =$ Dockgewicht $+$ Restwasser $= 18\,000$ t.

Auftrieb oder Gewicht	Hebel in m	Moment in Dockmitte	Bemerkungen
$\frac{1}{2} D = -27\,000$ t	50,00	$-\ 1\,350\,000$ mt	
$P_1 = +11\,170$ „	43,70	$+\quad 487\,000$ „	linke Hälfte.
$P_2 = +\ 6\,815$ „	85,55	$+\quad 583\,000$ „	
$\frac{1}{2} G = +\ 9\,000$ „	50,00	$+\quad 450\,000$ „	
$\frac{1}{2} D = -27\,000$ „	50i00	$-\ 1\,350\,000$ mt	
$P_3 = +10\,670$ „	42,20	$+\quad 450\,000$ „	rechte Hälfte.
$P_2 = +\ 7345$ „	84,45	$+\quad 620\,000$ „	
$\frac{1}{2} G = +\ 9\,000$ „	50,00	$+\quad 450\,000$ „	

Gesamtmoment: $+\quad 170\,000$ m/t

Das Biegemoment für einen Seitenkasten würde demnach 85 000 mt betragen. Bei einer größten Zug- oder Druckbeanspruchung $\sigma = 1000$ kg/qcm wird ein Widerstandsmoment $W = \dfrac{M}{1000} = 8{,}5$ m³ erforderlich oder bei rund 14 m Trägerhöhe ein Trägheitsmoment von etwa $J = \frac{1}{2} \cdot 14 \cdot W = 59{,}5$ m⁴. Wegen der notwendigen Beschränkung, die wir uns hinsichtlich des Werkstoffverbrauches wegen der Rücksichten auf Dockgewicht und Wirtschaftlichkeit auferlegen müssen, werden wir einen solchen Träger nicht herstellen können.

Bei den nun folgenden Einheitsdocks mit 25 000, 16 000, 10 000 t Hebefähigkeit ist die Anwendung des Polatyps nicht mehr begründet, durchlaufende

Seitenkasten ohne schwache Verbindungsstellen haben volle Berechtigung.
Wird dem Rechnung getragen, so kommen für Einheitskonstruktionen der
Havanna-Typ und der Rennie-Typ in Frage (vgl. S. 167—170). Beide Arten bestehen aus einer Anzahl Bodenschwimmkästen, die entweder zwischen oder
unter durchlaufenden Seitenkasten befestigt werden und zum Zwecke des Selbstdockens sich lösen lassen. Beim Havanna-Typ sind es in der Regel drei, von
denen der mittlere eine größere Länge besitzt. Beim Rennie-Typ richtet sich
die Zahl der Bodenschwimmkästen nach der lichten Breite des Docks, da bei
Selbstdockung die Schwimmer, nachdem sie von den Seitenkasten gelöst und
hervorgeholt worden sind, um 90° gedreht eingedockt werden. Die lichte Breite
des Docks ist dann für die Längenabmessung der Pontons bestimmend. Der
Havanna-Typ hat zwar dank der weit hinunter reichenden Seitenkasten eine
gute Längsfestigkeit, aber die Befestigung der Bodenschwimmer zwischen den

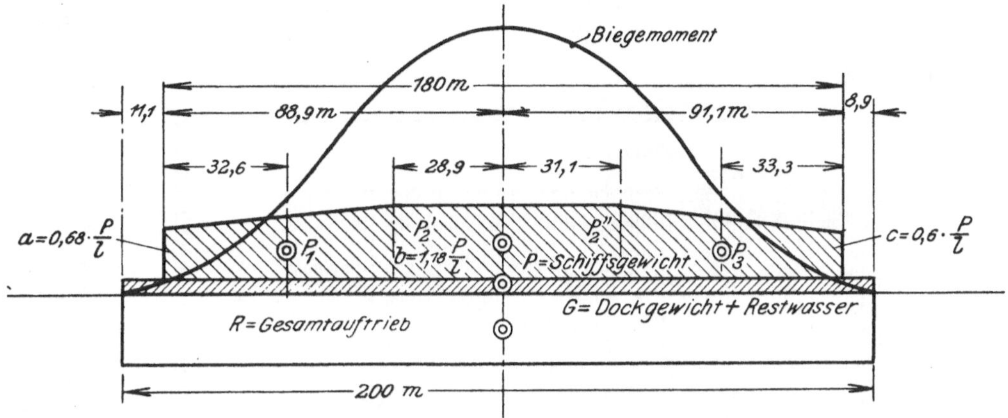

Abb. 14.
Biegebeanspruchung eines 36 000-t-Docks bei unveränderlichem Docktiefgang und gleichmäßiger Restwasserverteilung.

Seitenkasten kann kaum derartig durchgeführt werden, daß die Beanspruchungen sich möglichst gleichmäßig allen Verbandsteilen mitteilen und weitergeleitet
werden. Weil ferner die Befestigungsstelle der Bodenschwimmer seitlich heraus
aus der Schwerebene und damit der Auftriebsrichtung der Seitenkästen liegt,
und zwischen den kräftigen Schwimmern und den hohen Seitenkästen immer ein
weniger starkes Glied darstellt, haben bei Belastung durch das eingedockte
Schiff die Seitenkästen des Havanna-Typs mehr als bei anderen Docks das Bestreben, sich nach innen zu neigen. Da die Belastung durch die Schiffslast
unter gewöhnlichen Verhältnissen von den Dockenden nach der Mitte hin zunimmt, und die Auswirkung der Querverbände auf die Seitenkästen daher verschieden groß ist, kommt hinzu, daß sich diese auch kräftiger in bezug auf ihre
Längsachse krümmen, was auf die Gesamtlängsfestigkeit nachteilig wirken muß.

Diese Tatsachen sind nun allerdings nicht von der Bedeutung, wie es auf
den ersten Blick scheinen mag. Wenn nur das Trägheitsmoment der Schwimm-
kastenbefestigung nicht allzu sehr abweicht von dem des tragenden Spant-
werkes für den Bereich der Befestigung, so wird die tatsächliche Durchbiegung
dadurch wenig beeinflußt. Gelingt es, die Summe der Trägheitsmomente aller

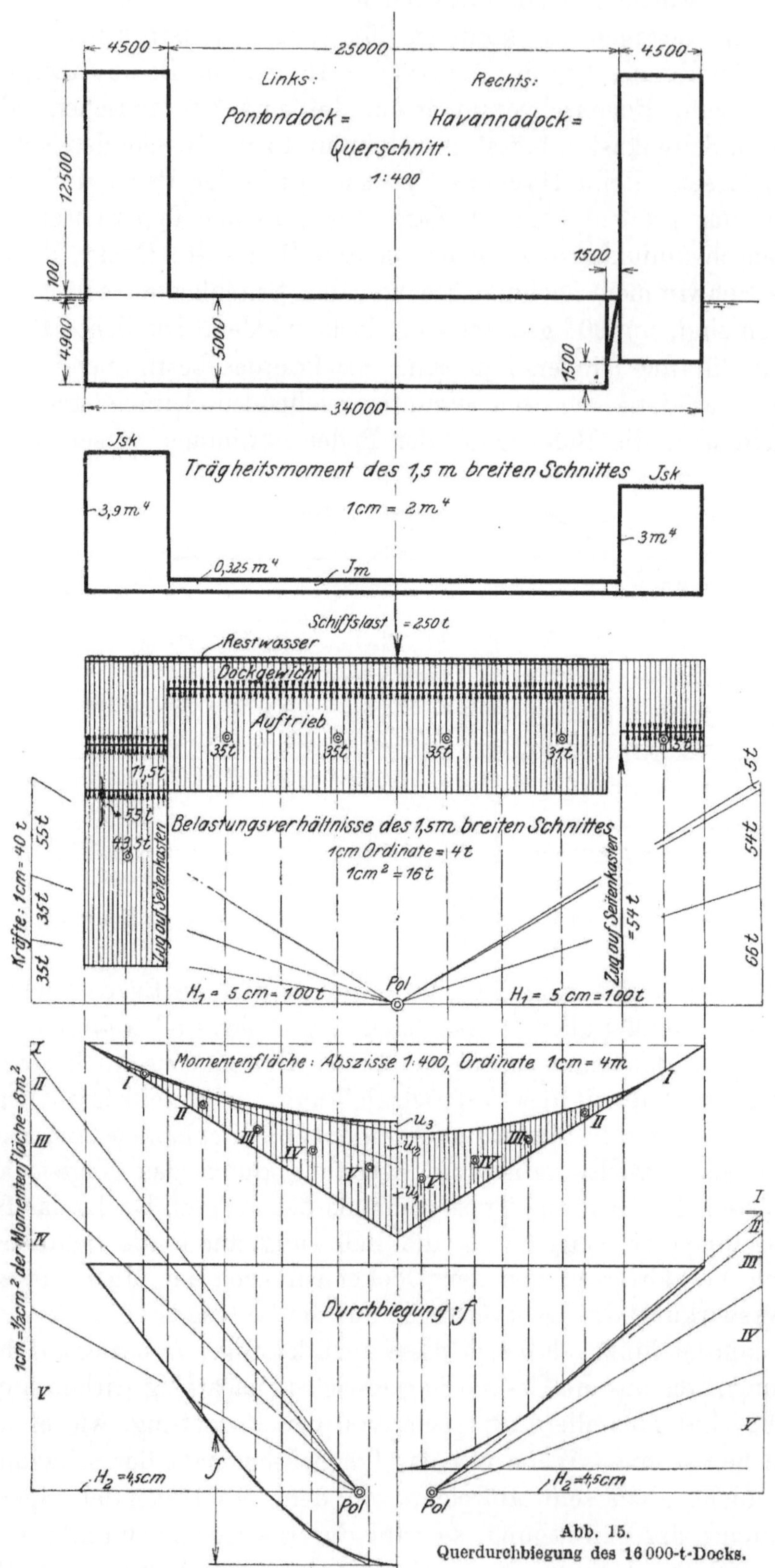

Abb. 15.
Querdurchbiegung des 16000-t-Docks.

Moment.

Moment $M = H_1 \cdot u$, Horizontalzug $H_1 = 5$ cm $= 100$ t, u ist das durch die Seilstrahlen auf den Ordinaten der Momentenfläche jeweilig abgetrennte Stück 1 cm $= 4$ m.

Durchbiegung f.

Bestimmung der Durchbiegung f.

Momentenfläche wird als Belastungsfläche betrachtet. Die Stücke I sind infolge Verwandlung nach J_m vernachlässigbar. $\varepsilon =$ Maßstab der Momentenfläche $= 1:160000$, $\eta =$ Verzerrungsverhältnis der Durchbiegungslinie $= 1:1000$ Horizontalzug $H_2 = 4{,}5$ cm $= \dfrac{E \cdot J}{\eta \cdot \varepsilon \cdot H_1}$, Maßstab für die Durchbiegung f : 1 cm $= 4$ mm.

Befestigungsvorrichtungen eines Bodenschwimmers gleich derjenigen der Tragspanten zu machen und die Kräfte unter Vermeidung von ungünstiger örtlicher Einwirkung gut auf den Seitenkasten zu übertragen, so erhalten wir sogar gegenüber dem Rennie-Typ beim Havanna-Dock eine etwas geringere Durchbiegung in der Querrichtung, weil einmal der Auftrieb der Seitenkasten wegen ihrer geringeren Unterwassertiefe kleiner ist, dann aber auch, weil die Lasten, die aus dem Unterschied zwischen Schiffs- und Dockgewicht einerseits und Dockverdrängung andererseits hervorgehen, an den Innenseiten der Seitenkasten, also näher der Dockmitte, angreifen und infolgedessen ein kleineres Biegemoment bewirken als beim Rennie-Dock. Der Fall, daß das Trägheitsmoment der Pontonaufhängung gleich dem der Pontontragspanten wird, ist der beigefügten Zeichnung, Abb. 15, zugrunde gelegt, in der die Durchbiegungsverhältnisse für einen Tragspant eines 15 000—16 000-t-Docks sowohl des Havanna-Typs wie der Rennie-Bauart untersucht sind unter Berücksichtigung des durch die starre Verbindung mit den Seitenkästen hervorgerufenen Wechsels im Trägheitsmoment des Querschnittes. Die Spantentfernung sei bei beiden Docks 750 mm, jeder zweite Spant sei tragend und als Gitterbalken ausgebildet, zur Betrachtung wird mithin ein Doppelquerschnitt von 1,5 m Breite herangezogen. Beim Havanna-Typ mögen die Seitenkästen auch alle 1,5 m mit den Bodenschwimmkästen verbunden sein, so daß immer ein Gitterspant die Beanspruchungen weiterleitet. Das Trägheitsmoment des 1,5 m breiten Schnittes betrage im Bodenschwimmer schätzungsweise etwa 0,325 m⁴ bei beiden Dockarten, für den Seitenkasten werde es beim Havanna-Typ 3,00 m⁴, beim Rennie-Typ wegen der geringeren Höhe der aufgesetzten Kasten etwa 2,00 m⁴. Denken wir uns aber die Seitenkasten mit den darunter befindlichen Bodenkästen in starrer Verbindung, was in Wirklichkeit zwar nicht völlig zutrifft, so ergibt sich für den Rennie-Dockquerschnitt von 1,5 m Breite seitlich ein Trägheitsmoment von etwa 3,90 m⁴. Die Aufhängevorrichtung des Bodenkastens soll bei dem Havanna-Typ hinsichtlich des Trägheitsmomentes dem Gitterspant als gleichwertig angesehen werden. Die Schiffslast sei in dem betrachteten Querschnitt bei beiden Docks gleich und betrage für das 1,5 m breite Stück 250 t. Die Verdrängung wird unter der Annahme von 100 mm Freibord beim Rennie-Dock gleich 250 t je 1,5 m, beim Havanna-Dock gleich 219 t je 1,5 m, wobei bei letzterem etwa 46 t auf die beiden nicht ganz bis zur Docksohle reichenden Seitenkasten und 173 t auf den Bodenschwimmer entfallen. Ein Teil des Auftriebes wird durch das Eigengewicht des Docks aufgetilgt, das was an Schiffslast etwa überschießt, muß von den Seitenkasten aufgenommen werden und erzeugt in diesen die Längsbeanspruchungen. Betreffs des Dockgewichtes liegen die Verhältnisse etwa so, daß beim Rennie-Dock etwa 77 t, beim Havanna-Dock etwa 70 t für den 1,5 m breiten Querschnitt in Rechnung zu stellen sind. Die Verteilung auf Seitenkasten und Bodenschwimmer ergibt sich aus der Zeichnung. Betreffs der Tragfähigkeit wird das Havanna-Dock etwas ungünstiger sein bei sonst gleichen Abmessungen wie beim Rennie-Dock, dafür ist es etwas leichter. Das Ergebnis der graphischen Berechnung ist, daß unter den gewählten Verhältnissen das Biegemoment in der Mitte eines Tragspantes beim Rennie-Dock 1250 mt und beim Havanna-Dock 1135 mt wird, und daß sich eine größte Durchbiegung im ersten Fall von etwa 16 mm, im zweiten Fall von etwa 11 mm ergibt. Alles in allem besitzt das Havanna-Dock gegenüber dem Rennie-Dock keine wesentlichen Vorteile. Vielleicht könnten wir noch bei dem 25 000-t-Typ die Havanna-Bauart vertreten, weil die erforderliche Längsfestigkeit in den höheren Seitenkästen bequemer untergebracht werden kann. Besonders bei Schiffen mit verhältnismäßig geringem Tiefgang, beispielsweise den Kriegsschiffen, wird das zu erwägen sein, weil wir dadurch an Gesamtdockhöhe sparen können. Das gleiche gilt dann naturgemäß für die kleineren Sorten, die Docks von 16 000 und 10 000 t Hebefähigkeit. Im allgemeinen entspricht bei diesen Größen aber der Rennie-Typ allen Anforderungen, die man billigerweise an eine Normalkonstruktion stellen kann. Die Bodenschwimmkästen sind bis auf diejenigen an den Dockenden gewöhnlich von gleichen Abmessungen, ihre Herstellung ist infolgedessen billig und kurzfristig. Auch die Schwimmer an den Dockenden mit ihrer geringeren Höhe können in ihren übrigen Abmessungen genau den mittleren entsprechen und auch in bezug auf die Schotteinteilung, die Art des Fachwerkes, die Nietteilung, wie überhaupt in ihrer ganzen Anlage den mittleren gleichen. Die Seitenkasten durchlaufen in ihrem festen, ununterbrochenen Gefüge die ganze Länge des Docks, ihre Beplattung ist vollkommen gleichmäßig, die Kosten für Löhne und Werkstoffbearbeitung sind daher so gering wie möglich. Rücksichten auf die Längsfestigkeit zwingen uns nicht, den Rennie-Typ zugunsten der Dewey-Bauart oder des Havanna-Docks zu verwerfen, abgesehen davon, daß wir die Dewey-Bauart, die drei voneinander verschiedene Schwimmkörper bedingt und in den Endstücken besondere Maschinenanlagen, zumindest besondere Kraftübertragungsleitungen dorthin, erfordert, keineswegs als Normalkonstruktion ansehen können.

Die fünf kleinen Einheitsdocks von 500, 1000, 2000, 3800 und 6500 t Hebefähigkeit bereiten betreffs der Wahl des Typs keine Schwierigkeiten. Die Forderung des Selbstdockens braucht nicht mehr gestellt zu werden, da alle fünf Dockgrößen in vorhandenen Trockendocks oder in einem der größeren Schwimmdocks trocken gesetzt werden können. Sie werden also folgerichtig als ein zusammenhängendes ganzes Bauwerk von U-förmigem Querschnitt entworfen, in etwa halbfertigem Zustand vom Stapel gelassen und durch Aufbau der Seitenkästen im Baubecken vollendet. Ob Seitenkasten und Bodenwerk mit voller Beplattung zu versehen sind oder zum Teil im Fachwerk hergestellt werden können, hängt von den besonderen Bedingungen ab und möge an späterer Stelle untersucht werden. Auch die Frage, ob ein oder das andere dieser kleinen Einheitsdocks zweckmäßig als Hebedock ausgebildet wird, das die Möglichkeit gibt, Schiffe auf einem Ponton ruhend zu heben, bis das belastete Ponton aufschwimmt und verfahren werden kann, würde noch zu untersuchen sein. Zusammenfassend können wir feststellen, daß für die Einheitsdocks von 50 000 und 36 000 t Hebefähigkeit der Pola-Typ als brauchbar erkannt ist, daß für die Gruppe der Docks von 25 000, 16 000, 10 000 t der Rennie-Typ (unter gewissen Bedingungen der

Havanna-Typ) als der geeignete gewählt wird, und daß die kleinen Dockmuster
zusammenhängend — ohne die Möglichkeit des Selbstdockens — mit U-förmigem
Querschnitt entworfen werden. Alle drei Bauausführungen können wir als
„Normalkonstruktionen" ansprechen, um so mehr, als sie noch eine
weitgehende Vereinheitlichung aller möglichen Einzelteile zulassen.

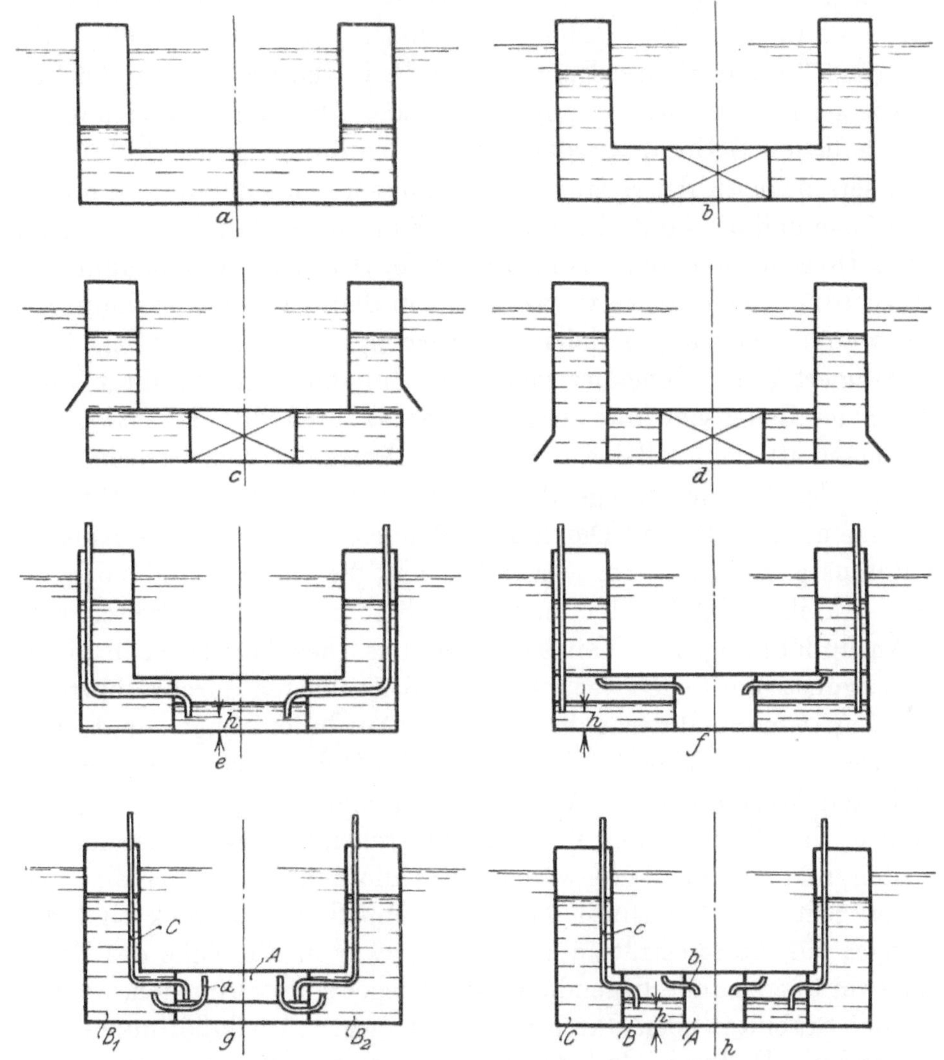

Abb. 16. Verschiedene Arten der Ballastwasserordnung.

Sie gewährleisten dann eine billige Herstellung infolge geringster Arbeitslöhne
und wegen weitgehendster Normung eine billige Werkstoffbearbeitung.

Nachdem wir so für die Einheitsdocks die Typfrage erledigt und das einfachste am zweckmäßigsten befunden haben, können wir nun dazu übergehen,
Hauptabmessungen für die Docks festzulegen und zu diesem Zweck die Bedingungen untersuchen, die an jede der Dockgrößen zu stellen sein werden. Da
jedoch, was die Art und Weise der Anordnung des Ballastwassers und dessen
Entleerung angeht, eine Anzahl verschiedener Wege beschritten werden kann,
ist es notwendig, bei dieser Frage einen Augenblick zu verweilen, um auch in

dieser Beziehung vielleicht zu gewissen Einheitsformen zu kommen, welche möglichst viele Vorteile hinsichtlich der Wirtschaftlichkeit, der Bequemlichkeit, der Festigkeit, der Stabilität und der Sachlichkeit in sich vereinigen[1]). Von der einfachsten Art ausgehend, bei der nur das Mittellängsschott den U-förmigen Dockquerschnitt der Breite nach unterteilt und damit die allernotwendigsten Voraussetzungen für die erforderliche Stabilität des Bauwerkes in geflutetem Zustande schafft, Abb. 16a, gelangt Asmussen (D. R. P. 141 499), Dieckhoff (D. R. P. 150 572) und Flamm-Romberg (D. R. P. 188 826) zu den Ausführungsformen, wie sie in Abb. 16b—d angedeutet sind. Bei der Ausführungsart nach 16a, gewöhnliches U-Dock, werden alle Bodenräume zur Unterbringung des Ballastwassers benutzt, der Systemschwerpunkt kommt dadurch in die denkbar niedrigste Lage und die Förderhöhe für das Füllwasser wird die größtmöglichste. Bei dem U-Dock nach Patent Asmussen, Abb. 16b, ist ein Luftraum im Dockboden angeordnet. Das Ballastwasser steigt in den Seitenkästen dadurch höher, der Schwerpunkt der zu fördernden Wassermenge rückt nach oben, die Pumparbeit verringert sich. Nebenher geht eine Zunahme an Stabilität wegen der Dreiteilung des Bodenschwimmkastens. Der Nachteil der Ballastwasserteilung nach Asmussen ist der, daß bei der tiefsten Versenkung des Docks die Beanspruchungen des Bodens infolge des erhöhten Wasserdruckes recht erheblich werden können. Das Patent Dickhoff und auch die verbesserte Konstruktion Flamm-Romberg, Abb. 16c—d, verbinden mit diesem Nachteil noch den der geringeren Stabilität infolge der durch den Selbstauslauf der Seitenkasten bedingten Ausflußöffnungen[2]). Von beiden ist das Dieckhoff-Dock in dieser Hinsicht das ungünstigere wegen der unter den Seitenkasten durchgeführten Decke der Bodenschwimmer und der Anbringung der Ausflußöffnungen an dem unteren Teil der Seitenkasten an einer Stelle, an der beim Hebevorgang die Dockstabilität ihren kleinsten Wert erreicht. Wegen der durchgeführten Decke ergeben sich beim Heben des Docks zwei übereinanderstehende freie Wasserspiegel, im Bodenkasten und in den Seitenwällen, was die Stabilität ebenfalls nach der ungünstigen Seite hin beeinflußt. Beim Flamm-Romberg-Dock sind die Ausflußöffnungen für die selbsttätige Entleerung zwar in die Nähe des Bodens gelegt, und zwei übereinanderliegende Wasserspiegel sind vermieden, aber die Gefährdung der Stabilität eben durch die selbsttätigen Ausflußöffnungen ist dennoch vorhanden. Dadurch, daß das Ballastwasser in den Seitenkasten infolge der Öffnungen unmittelbar mit dem Außenwasser in Verbindung steht, liegt der Fall hier so, wie bei einem lecken Schiff. Nur bei der Anwendung genügend kleiner Austrittsöffnungen wird von einer ausreichenden Sicherheit gesprochen werden können, eine Stabilitätsverminderung tritt aber auch in diesem Fall ein und bedeutet für den Dockbetrieb eine Gefährdung. Wenn es streng genommen schon bei einem gewöhnlichen Dock nicht zulässig ist, das Füllwasser, das ja mittels zahlreicher Ausflußöffnungen mit dem Außenwasser in Verbindung steht, lediglich als flüssige Ladung aufzufassen, so darf keinesfalls bei den Docks

---

[1]) Der Schiffbau, IX, S. 361. Der Eisenbau, Jahrg. X, Heft 11.
[2]) Schiffbau, Jahrg. VII, S. 823/825 und 862/865.

mit selbsttätigen Ausflußöffnungen diese Annahme gemacht und nur der stabilitätsmindernde Einfluß der Oberfläche einer eingeschlossenen, frei beweglichen Wassermenge in Rechnung gesetzt werden. Dietzius berechnet in seiner Untersuchung über die Einwirkung der Ausflußöffnungen verschiedener Schwimmdocksysteme[1]), daß der stabilitätsmindernde Einfluß bei einem Dieckhoff-Dock etwa viermal so groß ist, wie bei einem gewöhnlichen Dock mit Mittelschott und beiderseits je einem Längsschott, und daß er dreimal so groß ist wie bei einem Asmussen-Dock. Die Ausführungsart Flamm-Romberg stellt sich etwas günstiger als das Dieckhoff-Dock. Nun kann man zwar während des gefährlichen Hebeabschnittes durch geeignete Vorrichtungen die selbststätigen Ausflußöffnungen schließen, dadurch büßen sie jedoch einen Teil ihres Daseinszweckes ein. Die Verringerung der Hebekosten infolge Arbeitsersparnis, zu deren Gunsten ein Teil der Stabilität bei diesen Docks mit selbsttätigem Wasserausfluß geopfert wird, ist übrigens recht geringfügig, wenn man sich vergegenwärtigt, was überhaupt das Heben eines Schiffes kostet und wie verschwindend klein diese Summe gegenüber den anderen Unkosten ist, die beispielsweise durch die Instandsetzungsarbeiten an dem gedockten Schiff, durch den Mietzins für die Dockbenutzung usw. entstehen.

Bei den in den Abb. 16e—g angedeuteten Anordnungen, Abb. e: Mehlhorn-v. Klitzing (D. R. P. 167 735), Abb. f: v. Klitzing-Mehlhorn (D. R. P. 169 703), Abb. g: Asmussen-Mehlhorn-v. Klitzing (D. R. P. 215 845) können wir feststellen, daß sie durch geeignete Anbringung von Luftverdichtungsräumen die Drücke auf die Wandungen des Docks bei der Tiefenstellung herabmindern, dadurch eine Werkstoffersparnis herbeiführen und nebenher eine Verringerung der Pumparbeit anstreben. Den Gedanken haben bereits Clark and Standfield in den siebziger Jahren ausgesprochen und in vollkommener Weise ausgewertet. Einzelheiten über diese Anordnungen geben die Patentschriften, eine gute Zusammenstellung findet sich auch in der schon mehrfach erwähnten Arbeit von Karner „Schwimmdocks und ähnliche Eisenwasserbauten" in der Zeitschrift „Der Eisenbau", Jahrg. X. Hier mag im besonderen betont werden, daß das Patent 169 703 eine sehr brauchbare Ausführungsart darstellt, und zwar in um so höherem Maße, je größer das Dock ist, für welches die Ballastwasserverteilung danach eingerichtet werden soll. Während beispielsweise in dem Dockquerschnitt Abb. 16f noch zwei Wasserspiegel übereinander vorhanden sind und einschränkenden Einfluß auf die Stabilität ausüben, liegt die Sache bei einem größeren Dock, Abb. 16h, zweifelsohne wesentlich günstiger. Durch Einfügung eines zweiten Längsschottes auf jeder Seite sind wir in der Lage, die übereinanderliegenden Wasseroberflächen zu beseitigen, ohne den Grundgedanken der v. Klitzing-Mehlhornschen Anordnung zu entkräften. Beim Versenken strömt, was die Räume B angeht, so lange Luft aus dem Rohr c, bis das Wasser den Stand h erreicht hat und das Rohr c auf diese Weise schließt. Von diesem Zeitpunkt ab findet eine Verdichtung der Luft in den Räumen B und infolge der Rohrverbindung b auch im Raume A statt. Der Innendruck entspricht dann

[1]) Schiffbau, Jahrg. VII, S. 862/865.

bei versenktem Dock dem Druck des Außenwassers, und gegenüber der Anordnung Abb. 16e ist der Vorteil zu verzeichnen, daß der mittlere Raum A niemals geflutet zu werden braucht. Bei dem Patent D. R. P. 215 845, Abb. 16g, fällt dieser Vorteil zwar weg, aber durch den mittels des gebogenen Rohres a im Verein mit den Rohren c hergestellten Druckausgleich wird auch diese Anordnung in hohem Maße brauchbar.

Die Zahl der Ausführungsarten, die sich mit der Frage Pumparbeitsverminderung und der Betriebsverbilligung befassen, ist damit noch keineswegs erschöpft, aber im allgemeinen ist es schwer zu sagen, ob ihre Vorteile die Nachteile noch überwiegen, und diese Frage wird, wie auch Karner betont, sich nur mit einiger Sicherheit entscheiden lassen, wenn bei gegebener Tragfähigkeit die erzielte Längsfestigkeit und die Querstabilität die Vergleichsgrundlage bildet, ebenso, wie nicht übersehen werden darf, daß die Patentablösungsgebühren bei den Dockbeschaffungskosten in vielen Fällen eine große Rolle spielen.

Es ist daher kaum möglich und würde auch die Grenzen der Arbeit überschreiten, für die Einheitsdocks bestimmte Arten der beschriebenen Ausführungsformen festzulegen. Hauptgesichtspunkt muß immer der der Billigkeit bei größtmöglichster Sicherheit, Festigkeit und guter Stabilität sein.

Wir gelangen jetzt zur Festlegung der hauptsächlichsten Abmessungen für die einzelnen Sorten der Einheitsdocks und müssen zunächst einmal feststellen[1]), daß die Grundsätze, nach denen Schwimmdocks entworfen und berechnet werden, in hohem Maße von den Ansichten des Entwerfenden abhängen und der Erörterung und Kritik weiten Spielraum lassen. Veröffentlichungen, die wertvolle Unterlagen bieten, sind recht spärlich, was sich mit der alten Gepflogenheit deckt, nur ja alle Erfahrungen für sich zu behalten, vor allem keine oder nur ungenaue Gewichtsangaben zu machen, die zweifelsohne zu den wichtigsten Entwurfsunterlagen gehören. Bei dem scharfen Wettbewerb, wie er vor dem Kriege auf fast allen Gebieten vorherrschend gewesen, war das auch durchaus verständlich, aber wir werden davon abkommen müssen, wenigstens soweit unser engeres Vaterland in Frage kommt. Wir haben keine Veranlassung, durch Preisabgabe der mit deutschem Gelde, deutschem Fleiß gemachten Erfahrungen dem Auslande goldene Brücken zu bauen, aber wir haben sehr wohl Veranlassung, uns in unserer eigenen Wirtschaft gegenseitig zu helfen und zu fördern aus der Erkenntnis heraus, daß uns gegen die Menge der Feinde, die unseren Untergang wollen, nur der Zusammenschluß stark macht und fähig, den Vernichtungsabsichten von vornherein die Stoßkraft zu nehmen. Das möge jeder Ingenieur in Deutschland erkennen und in die Tat umsetzen. Nicht gegeneinander, sondern miteinander müssen wir arbeiten, im Schiffbau ganz besonders!

In der folgenden Zusammenstellung sind Angaben aus den Fachzeitschriften, soweit sie die Dockabmessungen angehen, geordnet, wobei besonders Wert darauf gelegt ist, möglichst auch über ausländische Dockbauten Angaben hineinzubringen. Einen Anspruch auf Vollständigkeit und strenge Genauigkeit will und kann diese Übersicht nicht machen, da beispielsweise die Längenangaben,

---

[1]) Wiking, „Der Bau von Schwimmdocks“, Jahrb. d. schiffbt. Gesellschaft 1905.

die in den Veröffentlichungen gebracht werden, oft Zweifel darüber lassen, ob angebaute Plattformen und Zuschärfungen einbezogen sind oder nicht. Ebenso verhält es sich mit den Angaben bezüglich der Tragfähigkeit, bei der in den meisten Fällen das Maß des Freibordes gar nicht oder ungenau angegeben ist. Auf diesen Übelstand ist bereits an früherer Stelle, S. 182, hingewiesen worden und dort als Einheitsfreibord 100 mm vorgeschlagen.

Immerhin sind die Angaben geeignet, uns eine Vorstellung zu geben, in welchem Verhältnis Docklänge und Breite zu den entsprechenden Abmessungen der

Liste ausgeführter Docks.

Lfd. Nr.	Bestimmt für	Erbauer und Jahr der Fertigstellung	Tragfähigkeit in t $\sim$	L über alles in m	B außen in m	B licht in m	größtzulässiger Schiffstiefgang	Bemerkung
1	Ententeregierung	Clark & Standfield, 1920	50 000	218,0	?	44,5	$\sim$ 12,0	
2	Hamburg	Blohm & Voß, ?	46 000	222,5	?	40,2	∞ 11,0	
3	Deutsche Marine	Howaldwerke, 1911	40 000	200,0	56,0	45,0	∞ 10,5	
4	Deutsche Marine	Blohm & Voß, 1914	40 000	214,2	56,0	45,0	∞ 11,0	Vollendung durch Krieg gestört
5	Österr. Marine	Blohm & Voß, 1914	40 000	211,8	51,2	40,2	$\sim$ 12,0	
6	Tsingtau	Gutehoffnungsh., —	36 000	205,9	49,0	40,0	$\sim$ 10,5	
7	Hamburg	Blohm & Voß, ?	35 000	222,0	?	37,6	$\sim$ 11,0	
8	Hamburg	Vulkan, Stettin, 1911	35 000	221,0	?	33,2	$\sim$ 10,0	
9	Sheerness	Swan, Hunter 1910	35 000	207,5	?	34,5	$\sim$ 11,0	
10	Portsmouth	Cammel, Laird & Co., 1910	35 000	207,5	?	34,5	11,0	
11	Pola	Staatsarsenal Pola 1911	32 500	178,5	?	34,0	11,3	
12	Montreal	Vickers, ?	27 500	182,9	?	41,1	?	
13	Hamburg	Vulkan, Stettin. 1912	27 000	175,3	?	33,2	10,0	
14	Österr. Marine	? 1912	22 500	164,0	42,7	29/36,0	$\sim$ 10,5	
15	Rio de Janeiro	Vickers, 1910	22 000	168,0	?	30,5	$\sim$ 9,0	
16	Hamburg	Flensburg. Schiffb. 1912	20 000	150,0	?	29,5	?	
17	Cavite	Maryland Steel-Co. 1906	18 500	152,5	41/47,6	32,3	11,5	
18	Algiers	Maryland Steel-Co. 1902	18 000	160,0	?	30,5	8,5	
19	Hamburg	Blohm & Voß, 1902	17 500	180,0	?	34,0	8,9	
20	Hamburg	Blohm & Voß, 1897	17 000	170,0	?	26,8	$\sim$ 9,5	
21	Bermuda	Swan, Hunter, 1902	17 000	166,0	?	30,3	10,3	
22	Tsingtau	Gutehoffnungshütte 1905	16 000	125,0	39,0	30,0	10,0	
23	Rotterdam	Aug. Klönne, 1904	15 600	170,0	36,0	26,4	7,6(?)	
24	Pola	Staatsarsenal Pola 1904	15 000	171,0	?	25,8	.10,3	
25	Havanna	Swan, Hunter, 1897	12 000	137,0	?	25,0	8,3	
26	Amsterdam	Nederl. Scheepsb. My, 1911	12 000	140,0	33,5	23,2	?	
27	Kobe	Mitsu Bishi Co., 1909	12 000	162,5	?	21,4	8,0	
28	Hamburg	Swan, Hunter, 1897	11 500	156,0	?	25,0	7,3	
29	Hoboken	Gutehoffnungshütte, 1903	11 500	148,0	?	22,0	7,5	
30	Hamburg	Flensburg. Schiffb. 1903	11 000	155,0	?	23,2	6,7	
31	Bremen	Weser, A.-G., 1906	10 500	117,0	?	23,6	7,0	
32	Brooklyn	Morse Ironwork, 1900	10 000	142,0	?	28,0	8,0	
33	Emergency	Mill Island, 1920	10 000	125,0	35,7	?	?	
34	Mobile	Alabama Dry Dock and Shipb. Corp. 1920	10 000	128,0	35,4	27,4	∞ 8,5	Holzdock.
35	Hamburg	Flensburg. Schiffb., 1911	6 000	93,0	27,4	?	?	hat beiderseits Stabilisierungskästen.
36	Furness-Eisenb.	Vickers, Barrow, 1920	5 200	128,0	23,9	18,1	7,5	
37	Pensacola	Bruce DryDockCorp., 1920	5 000	116,0	28,6	23,8	?	
38	Danzig	v. Klitzing, 1917	3 500	120,0	27,5	19,5	5,5	Hebedock.
39	Danzig	?	2 500	120/100	$\sim$ 18,5	$\sim$ 15,0	$\sim$ 5,2	
40	Danzig	?	1 400	75/30	24,0	18,5	$\sim$ 5,2	

zu dockenden Schiffe stehen. Die Breite wird in gewisser Weise auch mitbestimmt durch die Rücksicht auf die erforderliche Stabilität. Bei dem Dock Nr. 36 der Übersicht ist der beiderseitige Anbau eines Stabilisierungsluftkastens nötig, obwohl die lichte Breite von 18,1 m für Schiffe von 5200 t Leergewicht in den meisten Fällen noch ausreichen mag. Einige Docks fallen auf durch die außerordentlich geringe Länge gegenüber ihren Nachbarn, man erkennt ohne große Mühe, daß solche Bauwerke hauptsächlich für Kriegsschiffe bestimmt waren (vgl. Nr. 11 und 22) oder sind (vgl. Nr. 1). Ein Schaubild, in das wir die Docklängen eintragen, Abb. 17, führt uns nun weiterhin zu dem bemerkenswerten Ergebnis, daß auffälligerweise die Docks von 10 000—18 000 t Hebefähigkeit eine größere Länge aufzuweisen haben, als selbst solche von 25 000 t. Das findet die einfache Erklärung darin, daß alle größeren Dockbauten von vornherein hauptsächlich auf Kriegsschiffe zugeschnitten sind.

Bei 18 000 t etwa beginnen die Dreadnought-Schiffe, die im Verhältnis zu ihrer kräftigen Breite kurz genannt werden müssen. Die Bedürfnisse der Handelsmarine sind mit dem 16 000 — 18 000 - t - Dock im großen ganzen befriedigt, da schwerere Schiffe nur in geringer Zahl in Frage kommen. In der Handelsmarine ist das gewöhnliche die Leergewichtsdockung, im Kriegsschiffbau dagegen müssen bei den Dockentwürfen die Vollgewichte zugrunde gelegt werden. Dadurch erklärt sich die sprunghafte Änderung der Docklängen bei einer Hebefähigkeit, die ungefähr dem größten leeren Handelsschiff und dem kleinsten Dreadnought-Panzerschiff entspricht. Der Einfluß der Kriegsmarineanforderungen überwiegt bei den großen Docks.

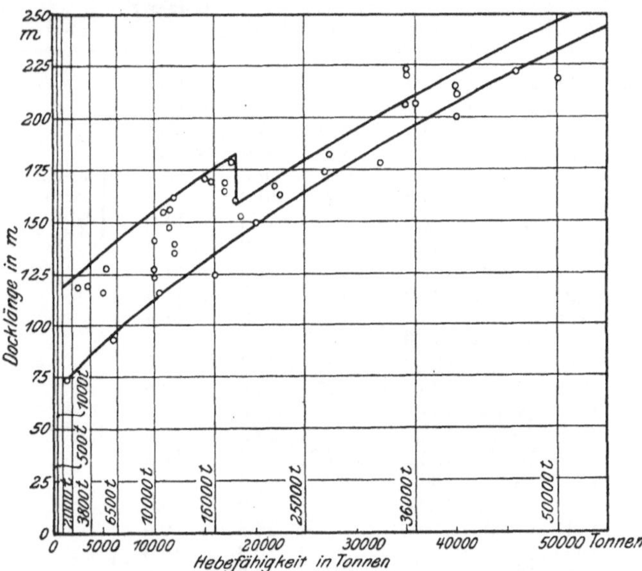

Abb. 17. Beziehung zwischen Docklänge und Hebefähigkeit.

Von den zehn festgelegten Einheitsdocks war die Stufenfolge 500, [1000], 2000, 6500, 16 000, 36 000 als die Hauptgruppe bezeichnet worden. Gehen wir von dem größten Dock dieser Reihe aus, so kommen wir unter Berücksichtigung bewährter Dockausführungen, nach Vergleich der Längen der dem Hebevermögen entsprechenden Schiffe und Abzug eines zulässigen Überganges bei Leerfahrzeugen, zu einer Nutzlänge von rund 195 m. Diese Länge genügt allen Anforderungen. Da für diese Dockgröße die Pola-Bauart in Frage kommt (vgl. S. 183/84), so werden wir fünf Tröge wählen, zwei äußere und drei mittlere, deren Länge wir so bestimmen, daß durch Hinzufügen zweier neuer Abteilungen das 50 000-t-Dock entsteht. In Rücksicht auf diese Erweiterungsmöglichkeit wird auch die Seitenkastenhöhe über Pontondeck reichlich bemessen und zu 14 m vorgeschlagen, welches bei einem Senkfreibord von 1 m und einer Kielstapelhöhe von 1,3 m für Schiffe bis etwa 11,5 m Tiefgang ausreicht. Was die Bodenkastenhöhe dieser hinzugekommenen Abteilungen angeht, so empfiehlt es sich, sie etwas geringer als die der mittleren und etwas höher als die der alten Endtröge zu machen, beispielsweise 5,25 m gegenüber 6 und 4,5 m. Wir tragen so der Lastverteilung des eingedockten Schiffes durch entsprechende Anordnung des Auftriebes Rechnung, was bei den großen Docks nicht unterlassen werden darf. Als lichte Breite wählen wir für das 36 000-t-Dock zweckentsprechend 45 m, das erprobte Maß unserer 40 000-t-Marinedocks, und tragen dabei den Anforderungen des 50 000-t-Docks in gleicher Weise Rechnung. Die Außenbreite mag 55 m betragen, welches Maß jedoch noch hinsichtlich der Stabilität zu untersuchen sein wird und auch zusammen mit der Bodenkastentiefe und der Gesamtverdrängung in Übereinstimmung gebracht werden muß. Wählen wir die Spantentfernung zu 1,2 m bei Anordnung zweistegiger Gurtungen, so ergibt sich bei einer Bodenkastenlänge von 38,4 m und je 0,6 m Spielraum zwischen ihnen eine Gesamtnutzlänge von 194,4 m für das 36 000-t-Dock und eine Nutzlänge von 272,4 m für das verlängerte Bauwerk mit 50 000 t Hebefähigkeit. Auf den ersten Blick könnte es scheinen, als wenn diese Länge zu reichlich bemessen sei gegenüber dem nächstkleineren Dock, aber das 36 000-t-Dock ist vornehmlich Kriegsschiffdock, das 50 000-t-Bauwerk soll dagegen auch die größten Handelsschiffe von Längen bis zu 300 m aufnehmen können. Wenn ein Überhang von 5—7 v. H., in Ausnahmefällen selbst 15—20 v. H., für das Schiff auch ungefährlich ist, so ist es bei den Instandsetzungsarbeiten, welche oft gerade am Achterschiff oder am Vorschiff ausgeführt werden müssen, recht hinderlich, wenn Vorder- und Hinterschiff über die Dockenden hinausragen.

Das 25 000-t-Dock ist das Bindeglied zwischen dem 36 000-t- und dem 16 000-t-Dock. Es wird, wie auf S. 185—88 ausgeführt, zweckmäßig nach dem Havanna-Typ erbaut. Bei 35 m lichter Breite, die den Anforderungen genügt, ergibt sich eine Nutzlänge von 185 m. Eingehängt sind insgesamt 4 Bodenkästen, zwei mittlere zu je 65 m und zwei äußere zu je 26,6 m Länge.

Die Einheitsdocks von 16 000 t und 10 000 t Hebefähigkeit werden nach dem Rennie-Typ gebaut. Sie erhalten zweckmäßig die gleiche Breite, so daß durch Verlängerung aus dem kleineren das größere gewonnen werden kann. Die lichte Breite beträgt 25 m, die äußere 34 m. Erforderlich sind beim 16 000-t-Bau 8 Bodenschwimmkästen mit einer Gesamtlänge von 168,5 m einschließlich der Zwischenräume. Die vier mittleren Schwimmer sind 5 m, die vier äußeren 4 m hoch. Die Länge der Bodenkästen beträgt 21 m bis auf zwei der mittleren, die je 19,5 m messen. Das 10 000-t-Dock besitzt sechs Bodenkästen, wovon die vier mittleren 21 m lang und 4 m hoch, die beiden äußeren 19,5 m lang und 3,5 m hoch sind. Die Gesamtnutzlänge dieses Docks beträgt einschließlich der Zwischenräume 125,5 m.

Bei Fortführung der Reihe erhalten wir für das 6500-t-Dock eine Gesamtlänge von 110 m, von der auf jedem Ende 9 m des Bodenteiles lediglich aus Fachwerk bestehen, während der 92 m lange Mittelteil als Schwimmkasten ausgebildet ist und 4 m hoch ist. Die lichte Breite nehmen wir zunächst zu 20, die äußere zu 28 m an.

In ähnlicher Weise werden auch für die übrigen Docks die Hauptmaße festgelegt. Die vorgeschlagenen Hauptabmessungen sind für die ersten acht Einheitsdocks in der Übersicht S. 197 zusammengestellt. Um bei den kleineren

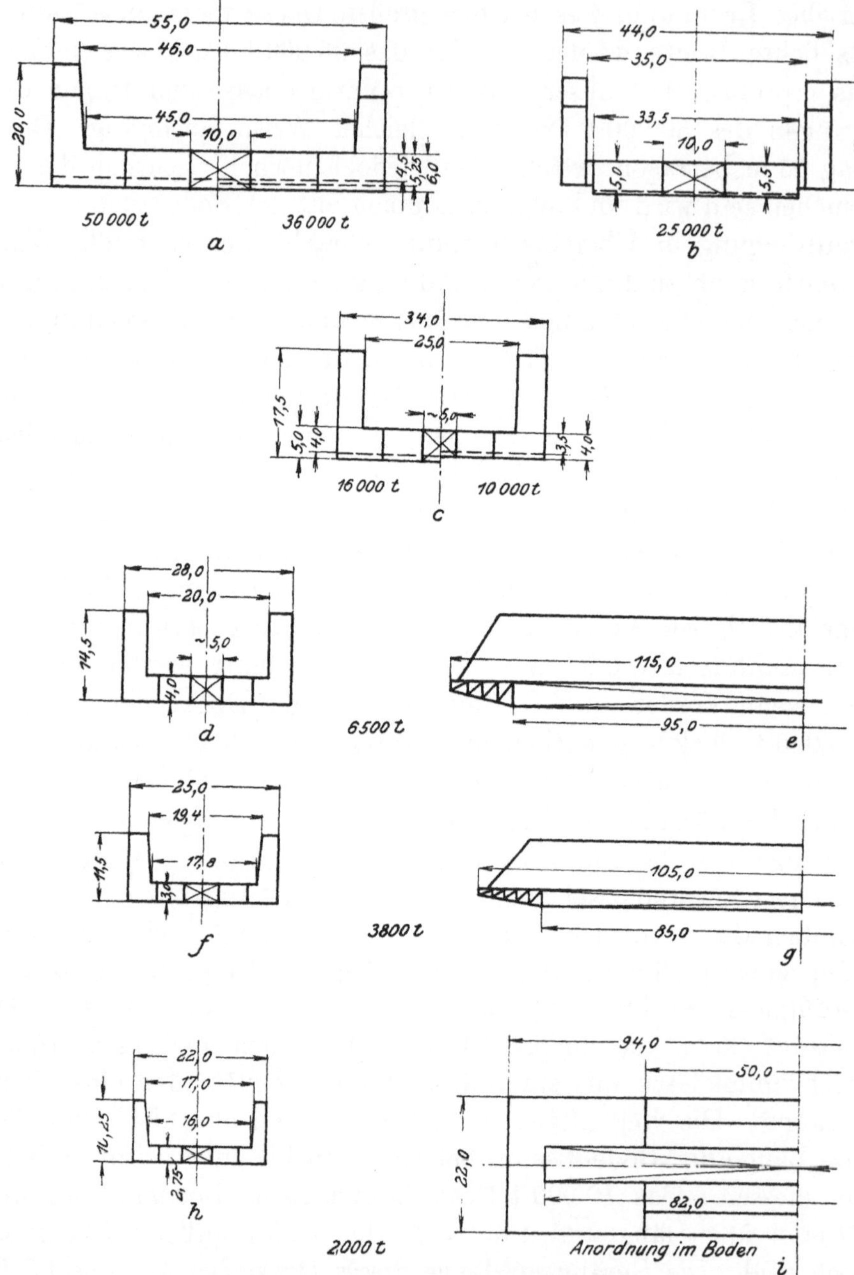

Abb. 18a—i. Die vorgeschlagenen Einheitsdocks.

Docks eine genügende, zweckmäßige Länge bei großer Breite und aus Gründen
der Querfestigkeit erforderlichen ausreichenden Höhe zu bekommen, wird es
bei diesen Bauwerken nötig, den Boden teilweise unbeplattet zu lassen und nur
im Fachwerk zu entwerfen. Wir erhalten so für das 3800-t-Dock beispielsweise
einen geschlossenen Bodenschwimmer von 85 m Länge und auf jedem Ende noch

auf je 10 m der Länge unbekleidete Fachwerkkonstruktion. Ähnlich ergibt sich beim 2000-t-Dock etwa eine Bodenausführung, wie sie aus Abbildung 18i hervorgeht. Auch die Ausbildung der Seitenkasten wird, soweit Stabilitätsrücksichten es zulassen, stellenweise gitterartig geschehen. Doch das sind Einzelfragen, die bei der genauen Durcharbeitung der Entwürfe berücksichtigt werden müssen, hier aber nicht behandelt werden sollen, da sie über die gesteckten Grenzen der Arbeit hinausgehen. Aus diesem Grunde sind auch für die beiden kleinen Dockmuster, das 500- und das 1000-t-Einheitsdock keine Abmessungen vorgeschlagen. Es sind dies jene Größen, die unter Umständen als Hebedock zu entwerfen sein werden, wodurch man zu ganz anderen Abmessungen gelangt. Von offenem Gitterwerk in den Seitenkasten und im Boden wird außerdem weitgehender Gebrauch zu machen sein, und die besonderen Anforderungen, die hinsichtlich des Verwendungszweckes (ob Kriegsmarine oder Handelsmarine) und als Folge von örtlichen Verhältnissen an diese beiden kleinen Dockmuster zu stellen sind, werden zu berücksichtigen sein.

Wenn wir uns nun die Frage vorlegen, in welcher Weise bei den Docks genormt werden kann, so müssen wir sie zunächst dahin beantworten, daß es nicht möglich ist, die Abmessungen einer Dockgröße aus der vorhergehenden mit

Zusammenstellung vorgeschlagener Abmessungen für die Einheitsdocks.

Hebefähigkeit bei 0,1 m Freibord in t	Der Berechnung zugrunde gelegtes Dockgewicht in t	Trimm- und Restwasser bei 0,1 m Freibord in t	Gesamtlänge in m Länge der Zellen	Außenbreite in m	Lichte Breite in m	Seitenhöhe über Pontondeck in m	Bodentiefe in Dockmitte in m	Höhe der Kielstapel in m	Freibord bei größter Versenkung in m	Schiffsschwerpunkt über Kiel in m	Metazenterhöhe bei austauch. Kiel in m	Bemerkungen
50 000	23 000	4500	272,4	55	45	14,0	6,0	1,3	1,0	13,5	6,80	beiderseits zwei Längsschotte im Boden, Mittelraum luftgefüllt
36 000	17 000	3500	194,4	55	45	14,0	6,0	1,3	1,0	11,5	8,20	desgleichen
25 000	12 000	2500	185,0	44	35	13,0	5,5	1,3	1,5	10,0	5,37	Seitenkastengesamthöhe 17,5 m In Pontons beiderseits ein Längsschott, Mittelraum luftgefüllt
16 000	7 500	1200	168,5	34	25	12,5	5,0	1,2	1,5	8,9	3,36	beiderseits 2 Längsschotte, Mittelraum luftgefüllt
10 000	4 800	800	125,5	34	25	12,5	4,0	1,2	1,5	8,0	5,89	desgleichen
6 500	3 300	600	115 [95]	28	20	10,5	4,0	1,2	1,5	7,1	4,51	desgleichen
3 800	2 000	350	105 [85]	25	178/194	8,5	3,0	1,2	1,5	6,0	4,70	desgleichen
2 000	1 100	200	94 [82/50]	22	16/17	7,5	2,75	1,2	1,5	4,9	3,60	desgleichen

Hilfe des Ähnlichkeitsgesetzes zu finden. Die vorstehende Zusammenstellung bringt das auch zum Ausdruck. Nicht die gleichen Gesichtspunkte sind für alle Größen bestimmend, worauf schon hingewiesen ist, und wenn wir beispielsweise Wert darauf legen, ein Dock durch einfache Verlängerung oder Verkürzung aus einem anderen zu erhalten, so folgt daraus ja ohne weiteres, daß wir die Breite beibehalten müssen und auch eine Änderung der Seitenkastenhöhe zweckmäßigerweise unterlassen. Nicht das Verhältnis einer bestimmten Gruppe von Abmessungen zueinander, z. B. Länge : Breite : Höhe kann festgelegt werden und hat für alle Docks gleichmäßig Gültigkeit, sondern jedes Dock der zehnstufigen Reihe muß aus Rücksichten heraus, die jede einzelne Größe besonders verlangt, für sich entworfen werden. Die Normung erstreckt sich dann allenfalls wie bei dem 50 000/36 000-t-Dock und dem 16 000/10 000-t-Dock auf die Beibehaltung des gleichen Querschnittes. Was sich ändert, ist dann lediglich die Länge. Damit ist auch schon sehr viel gewonnen. Wir haben beim 50 000-t-Dock eine Reihe (7 Stück) gleichlanger Tröge, die sich nur in ihrer Bodenhöhe und hinsichtlich des Gewichtes unterscheiden, da die äußeren Abteilungen eine kleinere Bodenstückhöhe besitzen und wegen der geringeren Beanspruchungen auch etwas leichter gebaut sind. Durch Aussonderung zweier bestimmter Abteilungen, der zweiten und der sechsten, entsteht auf die denkbar einfachste Weise das 36 000-t-Dock. Die Seitenkästen der einzelnen Tröge sind vollkommen gleichartig, ihre Beplattung, der Entwurf des Gitterwerkes usw. kann durchaus nach Gesichtspunkten der Normung erfolgen. Die Boden- und Deckenbeplattung der Bodenkästen ist vollkommen gleich, sobald auf Aufkimmung verzichtet wird, die Fachwerksgitterträger sind wenigstens in den Pontons gleicher Höhe übereinstimmend. Die Plattenabmessungen und der Nietdurchmesser können bei den drei größten Docks vollkommen einheitlich sein, wenn für das 25 000-t-Dock auch zweistegiger Spant in 1200 mm Entfernung gewählt wird. Kielstapel von etwa 450 mm Breite werden dann alle 600 mm angeordnet und gewährleisten eine einwandfreie Lastverteilung. Die enge Stellung ist erforderlich, weil in vielen Fällen die Schiffe auf seitlich heraus liegenden Dockkielen ruhen sollen, und dann die Stapelblöcke nach links und rechts abwechselnd herausgezogen werden müssen.

Bei den beiden Docks von 10 000 und 16 000 t Hebefähigkeit sind die Bodenschwimmkästen zur Vereinheitlichung sehr geeignet. Eine größere Anzahl von ihnen ist völlig gleich, andere unterscheiden sich nur in der Höhe. Die Seitenkasten können ohne Fall ausgebildet werden und haben dann vollkommen gleichförmige Außenhautflächen. Bei genauer Anlieferung ist ein Beschneiden der Platten nicht notwendig, und bei Anwendung neuzeitlicher Arbeitsverfahren (Viellochstanze, Paketbearbeitung usw.) erübrigt sich fast völlig das zeitraubende Vorzeichnen. Weiterhin werden wir vom 16 000-t-Dock ab zweckmäßig einstegige Spanten verwenden und beim 16 000/10 000-t-Dock 750 mm Spantabstand wählen. Das entspricht ungefähr auch der mittleren Spantentfernung der Schiffe, die für diese Docks in Frage kommen, und weil die Kielstapel eine ausreichende Breite, 350—400 mm, erhalten, gehen wir auch bei diesen Docks sicher, daß die Schiffe gerade unter den Spanten die erforderliche Abstützung finden. Mit der Vernietung läßt sich der Spantabstand von 750 mm auch gut in Einklang bringen. Die Stärke der Platten und Winkel, die bei diesen beiden Dockgrößen zur Verwendung kommen, liegt etwa zwischen 10 und 18 mm. Für diese Dicken ist aber 20—22 mm ein brauchbarer mittlerer Nietdurchmesser. Daraus folgt weiter, daß der Spantabstand ein Vielfaches von 7—8 mal Nietdurchmesser wird, wenn auch Befestigungswinkel und dergleichen sich in die normale Nietteilung einfügen sollen. Die Entfernung 7—8 mal Nietdurchmesser muß so bemessen sein, daß für Nähte und Stöße 3 bis 4 · d die Hälfte wird. Wählen wir für die ganze Teilung 150 mm, so ergibt sich in Übereinstimmung mit dem Germanischen Lloyd für die in Frage kommenden Plattendicken die Nietentfernung der Nähte zu 75 mm, entsprechend ungefähr 3,5 · d. Die Spantentfernung würde sich daraus zu 600, 750 oder 900 mm ergeben. 750 mm ist ein brauchbarer Mittelwert. Gleiche Nietteilung und gleicher Nietdurchmesser sind mit das wichtigste Erfordernis[1] für die Vereinheitlichung. Möglichst wenige verschiedene Winkelsorten und Plattengrößen sind ein zweiter Gesichtspunkt. Gleiche Flanschbreite der Verband- und Befestigungswinkel, bei dem 10 000- 16 000-t-Dock beispielsweise die 150 · 75er Profile und die 75er Winkel, gewährleisten eine vernünftige Anordnung und gute Einfügung in die gewählte Nietteilung. Die regelmäßige Vernietung bringt es ferner mit sich, daß Maße auch auf die Mittellinien der Nietlöcher bezogen werden können, und daß dadurch die häufigen Unzuträglichkeiten ausgeschaltet werden, die eine Folge der Maßangabe von Mallkante zu Mallkante, von Plattenmitte zu Plattenmitte usw sind. Die Nietteilung muß sozusagen die Maßeinheit für Entfernungsangaben sein. Entwurfsabmessungen sind späterhin so abzuändern, daß sie mit der festgelegten Nietteilung in Einklang stehen. Es wird sich dabei nur um geringfügige Änderungen handeln, die auf das Gesamtbauwerk ohne Einfluß, für den Betrieb und die Herstellung aber von außerordentlichem Wert sind. Der ausgiebigste Gebrauch von Vielfachpunzmaschinen wird dadurch gewährleistet oder das Bohren in Paketen ermöglicht, überhaupt die Massenherstellung einzelner Verbandteile erleichtert und verbilligt, die Auswechselbarkeit der Teile untereinander erreicht und damit das ganze Arbeitsverfahren veredelt. Der Dockbau ist ja der Zweig des Schiffbaues, aus dem das handwerksmäßige Arbeitsverfahren am leichtesten verbannt werden kann, und wo die im Brückenbau übliche Bauweise sich am ehesten Eingang verschafft hat und weiterhin in noch erhöhtem Maße verschaffen wird.

Auch die Plattenjoggelung mag nicht unerwähnt bleiben, da sie im Dockbau besonders vorteilhaft bei den großen Flächen der Seitenkasten und Bodenschwimmer Verwendung finden kann. Außer dem Vorteil, den der Fortfall der Unterlegstreifen mit sich bringt, gibt die Joggelung der Platte ein großes Widerstandsmoment gegen äußeren Druck und stellt daher eine gute Versteifung dar. Wir unterscheiden zwei Ausführungsmöglichkeiten. Entweder werden alle Platten auf einer Seite gejoggelt, oder aber es wird jeder zweite Plattengang auf beiden Seiten gejoggelt. Die erste Ausführungsart bringt eine gleiche Plattenbreite mit sich und ergibt Stemmkanten in einer Richtung, bei den Seitenwänden beispielsweise nur nach unten. Das ist ein guter Schutz gegen Verrotten, weil Wasser auf diesen Stemmkanten sich nicht aufhalten und mit Hilfe des Einflusses freier Luft sich nach und nach Eintritt unter die Überlappung verschaffen kann. Innen kann der bei einer guten Joggelung nur geringe, etwa keilförmige Zwischenraum in ausreichender Weise durch den Asphaltanstrich ausgefüllt werden. Die zweite Ausführungsart zeitigt noch den Übelstand der ungleichen Plattenbreite, wenn die Forderung der gleichmäßigen Nietteilung der Spanten aufrechterhalten wird. Die äußere Nietreihe der Nahtüberlappung muß bei der Kreuzung der Spanten in diesen ein Nietloch vorfinden, das ist bei beiderseitiger Joggelung aber nur möglich, wenn die anliegenden Gänge entweder eine halbe Nietteilung breiter oder schmaler sind. Einen Vorteil hat die zweite Ausführungsart, es brauchen nicht alle Platten zur Joggelmaschine gebracht zu werden. Wir werden zweckmäßig für die senkrechten Flächen der Seiten- und Bodenkästen die erste Ausführungsart, für die wagerechten Flächen des Bodenkasten unter Umständen die zweite wählen.

Es würde zu weit führen, hier noch auf alle die Hilfsmittel besonders einzugehen, deren eine Werft sich bedienen muß, um vorteilhaft zu arbeiten, es mag auf die einschlägigen Veröffentlichungen verwiesen werden, die sich in hervorragendem Maße in den Jahrbüchern der Schiffbautechnischen Gesellschaft finden[1]).

Nachdem wir so, aus der Notwendigkeit heraus, unseren verlorengegangenen Dockpark in geeigneter Weise zu ergänzen, zu der Frage der Einheitsdocks gelangt waren, haben wir im vorhergehenden den Weg gekennzeichnet, der es uns erlaubt, bestimmte Dockgrößen als „Einheitsdocks" herauszufinden. Nach Festlegung des Typs und der Abmessungen dieser zehn verschiedenen Docks in großen Zügen und nach einem kurzen Hinweis auf die Normungs- und Vereinheitlichungsmöglichkeiten allgemein und im besonderen bei den in Besprechung stehenden gestaffelten Docks ist ein Hauptteil der vorliegenden Arbeit beendigt. Wir kommen im nächsten Teil noch kurz auf die Verfahren zu sprechen, mit deren Hilfe wir die Docks auf ihre Brauchbarkeit untersuchen und uns Klarheit verschaffen über die Eigenschaften, die das Bauwerk hinsichtlich der Verdrängung, der Stabilität, der Festigkeit und des Gewichtes hat.

Verdrängungsrechnung.

Was die Verdrängungsrechnung angeht, so ist diese ja ohne besondere Schwierigkeit, da das Dock oder seine einzelnen Teile geometrisch einfache Körper sind, deren Inhalte leicht zu errechnen sind. Immerhin ist möglichste Genauigkeit erwünscht, vor allem bei der Bestimmung der Ballastwassermengen, die zur Füllung der inneren Räume dienen. Die Eisenverbandteile nehmen einen erheblichen Teil des Innenraumes ein und müssen hinreichende Berücksichtigung finden.

---

[1]) Jahrb. 1918, Loof, Neuzeitliche deutsche Werftmaschinen und Bearbeitungsanlagen für den Kriegs- und Handelsschiffbau. Jahrb. 1919, Sütterlin, Die Normung, Staffelung und Aussonderung im Schiffbau. Jahrb. 1920, Foerster, Wirtschaftliche Konstruktionsfragen im künftigen Schiffbau.

Für überschlägliche Berechnungen wird es ausreichen, wenn wir erfahrungs-
mäßige Abzüge machen für die Verdrängung der Raumteile, bei genauerer Rechnung können wir uns des folgenden Hilfsmittels bedienen. Aller eingebaute
Werkstoff sei in die wagerecht und senkrecht durchlaufenden Decks, Schotte
und Seitenwände zusammengeschoben gedacht, wobei das Dockgewicht auf
Boden- und Seitenkästen entsprechend deren Oberflächen verteilt werde. Beispielsweise beträgt
bei dem 16 000-t-Ein-
heitsdock die Ge-
samtoberfläche rund
24 500 m², wovon auf
die Seitenwälle etwa
10 000 m², auf die
acht Bodenschwim-
mer etwa 14 500 m²
entfallen, entspre-
chend 41 und 59 v. H.
des Gesamtgewichtes.
Abb. 19 veranschau-
licht die Aufteilung

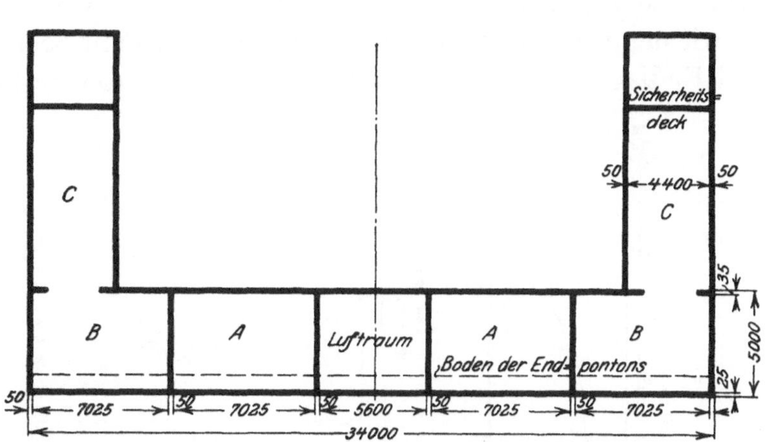

Abb. 19. Verteilung des Dockgewichtes für die Verdrängungsrechnung.

des Baustoffes in 50 mm dicke senkrechte Schotte und 25 bezüglich 35 mm
dicke wagerechte Decks und Böden.

Auf diese Weise ergibt sich in vorliegendem Falle ein Volumen der Raumteile
von etwa 960 m³, entsprechend 7500 t Dockgewicht. Für die Ballastwassermenge,

Dock-Tiefgang in m		Wasserspiegel fällt im Innern		Dockverdr. nimmt ab um	Schiffsverdr. nimmt ab um	Gesamt-abnahme	Förder-höhe	Moment
von	bis	von	bis	in t	in t	in t	in m	in mt
15,00	14,20	12,70	11,90	1 100	—	1 100	2,30	2 530
14,20	11,55	11,90	5,00	3 500	6 000	9 500	4,30	40 800
11,55	9,00	5,00	3,07	3 500	5 200	8 700	6,24	54 200
9,00	7,00	3,07	1,64	2 830	3 700	6 530	5,66	36 950
7,00	6,20	1,64	1,28	1 150	1 100	2 250	5,18	11 640
6,20	5,30	1,28	1,00	1 280	—	1 280	4,60	5 890
5,30	5,00	1,00	0,78	590	—	590	4,25	2 510
5,00	4,90	0,78	0,53	550	—	5 50	4,25	2 340
15,00	4,90	12,7	0,53	14600	16 000	30 600	5,13	156 860

deren Raumberechnung und Peilung sind dann die lichten Maße der Dockzellen
maßgebend, wie sie sich aus Abb. 19 ergeben.

Bezüglich der praktischen Eintragung der Rechnungsergebnisse in ein Kurvenblatt kann auf zahlreiche Veröffentlichungen verwiesen werden[1]). Die Tatsache, daß in jedem Augenblick die Summe aus Ballastwassergewicht, Dockgewicht, Schiffsgewicht gleich der Verdrängung von Dock und Schiff zusammen

[1]) Schiffbau, Jahrg. IX, Flamm, Zur Frage der Schwimmdocks, S. 360/63, Tafel 1 und 2. Z. V. d. I.,
Jahrg. 1912, S. 1221 u. f. Jahrbuch d. Schiffsbt. Gesellsch. 1905, Wiking, Der Bau von Schwimmdocks.

ist, gibt die Grundlage für alle Arten der graphischen Aufzeichnungen. Die Verdrängungskurve des Schiffes wird in Kielstapelhöhe beginnend einfach an die Verdrängungskurve des Dockes herangezeichnet. Vorteilhaft werden auch gleich die Schwerpunktlagen der Verdrängung und des Ballastwassers eingetragen, da sie für weitere Rechnungen dauernd gebraucht werden. Weiterhin müssen wir im Anschluß an die Verdrängungsrechnung die Pumparbeit bestimmen. Sie ergibt sich aus der auszupumpenden Wassermenge, die ebenso groß ist wie der Verdrängungsunterschied des Docks mit Schiff zwischen der Anfangs und Endlage gleich der Verdrängungsabnahme von Beginn des Pumpens bis zur

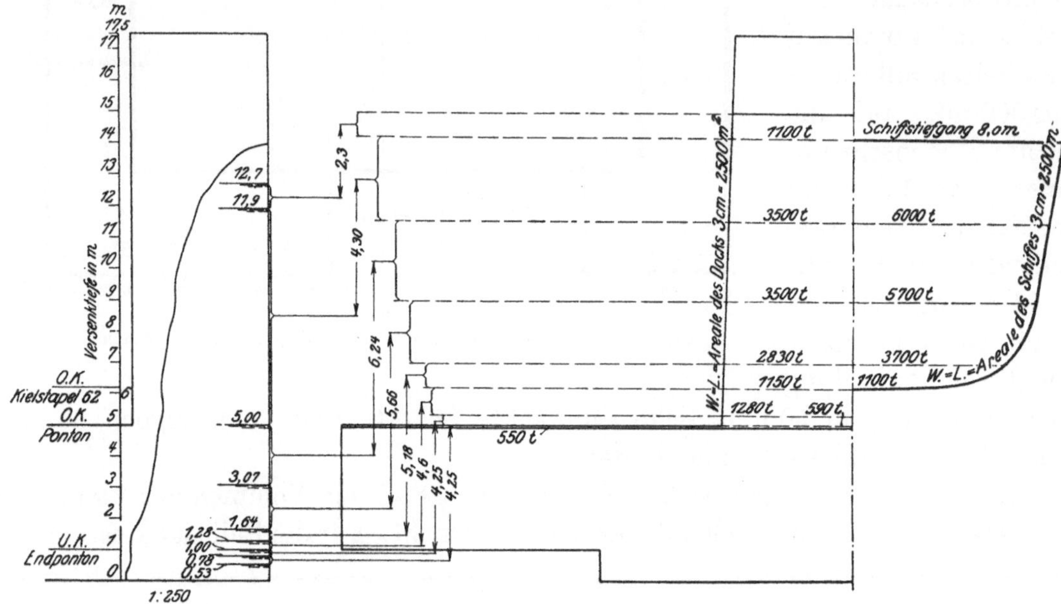

Gesamtfördermenge von Tg. 15 m — 4,9 m $L = 30600\,t$.   Mittlere Förderhöhe $= 5,13$ m.

Bei Beginn des Hebevorganges 0,8 m Spielraum zwischen Schiffskiel und Kielstapel, nach Beendigung des Pumpens 0,1 m Freibord der Bodenkastendecke. Die Senkung des Innenwasserspiegels ist gleichmäßig ohne Rücksicht auf die Erfordernisse des Trimms und des Lastausgleiches angenommen. Bei 11,55 m Docktiefgang sind dann die Seitenkasten lenz, bei 5,3 m die 4 m tiefen Endpontons.

Abb. 20. Förderdiagramm des 16000-t-Docks.

Beendigung des Hebevorganges. Die Zahlentafel Seite 201 und Abb. 20 mögen zur Veranschaulichung dienen.

Stabilität.

Bringt man einen in Ruhe verharrenden Schwimmkörper durch äußere Kräfte aus seiner Ruhelage, beispielsweise so, daß die Mittellinie des Schwimmkörpers um den Winkel φ sich neigt, so wird der Körper, wenn die äußeren Kräfte zu wirken aufhören, entsprechend der Größe des aufrichtenden Momentes schneller oder langsamer in die ursprüngliche Schwimmlage zurückkehren.

Bei einer Schwimmdockanlage wirken Stabilität erzeugend oder aufrichtend die Verdrängung und die Schwimmflächen von Dock und Schiff, Stabilität mindernd bezw. neigend die freien Oberflächen des im Dock enthaltenen Füllwassers und die Gewichte von Dock und Schiff, falls der Schwerpunkt G des

Gesamtgewichtes über dem Schwerpunkt F der Gesamtverdrängung liegt. Der Schnittpunkt der Auftriebsrichtung bei Neigung um den kleinen Winkel $\triangle\varphi$ mit der Schwerlinie des Schwimmkörpers liefert uns das Metazentrum M_φ. Nähert φ sich dem Wert $\varphi = 0$, so ergibt sich schließlich als Grenzlage das Metazentrum M, und damit in der Entfernung $\overline{MG}$ ein Maß für die Anfangsstabilität, die sogenannte metazentrische Höhe. Das Dock wird kentern, wenn M unter G zu liegen kommt, oder wird sich mindestens so weit neigen, bis wieder infolge Auswanderns des Verdrängungsschwerpunktes eine positive Metazenterhöhe erzielt wird.

Das Maß für die Anfangsstabilität liefert uns der bekannte Ausdruck[1]):

$$\overline{MG} = H' = \frac{I - \sum i}{D} - FG,$$

d. h. H' wird erhalten, wenn wir von dem Trägheitsmoment der Schwimmflächen des schwimmenden Systems — des Docks und des fest mit ihm verbunden gedachten Schiffes — die Summe der Trägheitsmomente der Oberflächen des Füllwassers abziehen, diese Differenz durch die Verdrängung D des ganzen Schwimmkörpers dividieren und das Ergebnis um die Größe FG vermindern. Diese Rechnung können wir für alle Tiefenlagen des Docks durchführen, und wenn wir dann die Ergebnisse in bekannter Weise zu einem Schaubild zusammenstellen, sind wir in der Lage, für jeden gewünschten Tiefgang das Maß der Anfangsstabilität abgreifen zu können. Im allgemeinen wird es aber genügen, wenn wir bei ⊔-Schwimmdocks, deren Seitenkasten voll beplattet sind, den Augen-

---

[1]) Wenn durch I das Trägheitsmoment der Schwimmfläche eines Schwimmkörpers bezeichnet wird und durch D das verdrängte Wasservolumen, so ergibt sich die Metazenterhöhe $\overline{MF}$ bekanntlich zu:

$$\overline{MF} = \frac{I}{D}.$$

Aber auch für das im Innern eines Schwimmkörpers frei bewegliche Wasser (Ballastwasser oder Füllwasser) läßt sich der gleiche Ausdruck anschreiben. In Abb. 21 ist $PQRS$ ein auf der Wasserlinie $\overline{WL}$ schwimmendes Dock von dem Volumen (Süßwasserverdrängung) D, $pqrs$ eine bis zur Höhe wl mit Süßwasser vom Gewicht d angefüllte Abteilung. Infolge Neigung des Systems um den Winkel $\varDelta\varphi$ verschiebt sich der Schwerpunkt f der frei beweglichen Füllwassermenge nach f', und es folgt, wenn i das Trägheitsmoment der freien Wasseroberfläche bedeutet:

$$\overline{fm} = n = \frac{i}{d}.$$

Die neigende Wirkung der frei beweglichen Wasseroberfläche äußert sich so, als wenn eine Verlegung des Systemschwerpunktes von G nach G' stattfände:

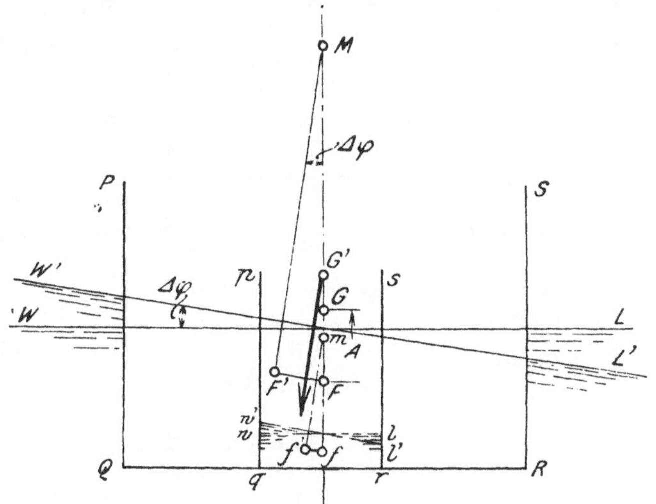

Abb. 21. Einfluß frei beweglicher Wassermengen auf die Stabilität.

$$\overline{GG'} = \frac{d \cdot n}{D}, \quad \text{und da} \quad n = \frac{i}{d}, \quad \text{folgt:} \quad GG' = \frac{i}{D}.$$

Sind mehrere Abteilungen vorhanden, in denen sich frei bewegliches Wasser befindet. so kommt als Gesamtverringerung von $\overline{MF}$ die Größe: $\dfrac{\sum i}{D}$ in Frage.

Metazenterhöhen für die Einheitsdocks.

Bemerkungen: Hinsichtlich der freien Oberflächen des Füllwassers und dessen Schwerpunktslagen sind die ungünstigsten Annahmen zugrunde gelegt worden.

Stabilitätsmoment für kleine Neigungen m^4, $St = D \cdot MG \cdot \sin\Delta\varphi$	$297\,000 \cdot \sin\Delta\varphi$	$487\,900 \cdot \sin\Delta\varphi$	$228\,224 \cdot \sin\Delta\varphi$	$90\,720 \cdot \sin\Delta\varphi$	$103\,075 \cdot \sin\Delta\varphi$	$53\,001 \cdot \sin\Delta\varphi$	$33\,370 \cdot \sin\Delta\varphi$	$14\,760 \cdot \sin\Delta\varphi$
$MG = MF - FG$ m	3,60	8,20	5,37	3,36	5,89	4,53	4,70	3,60
$FG = GK - FK$ m	11,40	10,30	8,73	7,74	6,91	5,97	5,10	3,60
Höhe des Verdräng. ⊙ FK m	3,50	3,45	3,06	2,93	2,29	2,23	1,73	1,66
$MF = \dfrac{J \cdot \Sigma i}{D}$ m	18,2	18,5	14,1	11,1	12,8	10,5	9,8	7,2
D = Gesamtverdr. Dock + Schiff + Ballast m^3	82\,500	59\,500	42\,500	27\,000	17\,500	11\,700	7\,100	4\,100
Trägheitsmom. der Füllwasseroberflächen Σi m^4	127\,600	91\,000	52\,000	20\,300	15\,200	5\,300	3\,540	1\,515
Trägheitsmom. J der Dockschwimmflächen m^4	628\,000	1\,191\,000	652\,000	319\,700	236\,500	128\,000	73\,000	31\,200
Gesamt ⊙ G m	14,90	13,75	11,79	10,67	9,20	8,20	6,83	5,26
Schiffs- ⊙ über Dockboden m	20,80	18,80	16,80	15,10	13,20	12,10	10,20	8,85
Dock- ⊙ G_D m	7,50	7,60	6,35	6,10	5,45	5,00	4,00	3,00
Dock-Leergewicht t	23\,000	17\,000	12\,000	7\,500	4\,800	3\,300	2\,000	1\,100
Füllwasser- ⊙ G_W m	1,7	1,8	0,84	0,4	0,4	0,45	0,6	0,57
Füllwasser in Bodenräumen t	9500	6500	5500	3500	2500	1900	1300	1000
Tiefgang über Pontondecke m	1,3	1,3	1,3	1,2	1,2	1,2	1,2	1,2
Tiefgang Gesamt m	7,3	7,3	6,8	6,2	5,2	5,2	4,2	3,95
Einheitsdock-Größe	50\,000	36\,000	25\,000	16\,000	10\,000	6\,500	3\,800	2\,000

blick ins Auge fassen, wo der Kiel des gedockten Schiffes eben aus dem Wasser taucht. Dann sind es nur die Schwimmflächen der Seitenkästen, die aufrichtende Momente erzeugen. Für die in der Übersicht S. 197 zusammengestellten Einheitsschwimmdocks sind diese gefährlichen Schwimmlagen untersucht und in nebenstehender Zusammenstellung eingetragen.

An dieser Stelle wollen wir beispielsweise das 50 000-t-Dock untersuchen mit einem Handelsschiff darin, dessen Schwerpunkt etwa 13,5 m über Kiel liegt. Die Bodenkästen des Docks seien auf jeder Seite durch zwei Längsschotte unterteilt, so daß in der Mitte ein etwa 10 m breiter Luftraum bleibt, der nicht zur Füllung mit herangezogen wird, wohl aber unter Druck gesetzt wird beim Versenken des Docks entsprechend der Abb. 16h. Der Schwerpunkt des leeren, etwa 23 000 t schweren Docks sei bei dieser Rechnung überschläglich zu 7,5 m über Boden angenommen. Wenn der Kiel des Schiffes austaucht, verdrängen die Bodenkästen des Docks rund 79 000 t mit einer Schwerpunktshöhe 3,33 m über Grundlinie, die Seitenkästen bis zur Stapelklotzhöhe (1,3 m) etwa 3500 t mit Schwerpunktshöhe 6,65 m über Grundlinie. Die Gesamtverdrängung beträgt mithin rund 82 500 t mit 3,5 m Schwerpunktshöhe. Im Dock befinden sich dann noch 82 500 — 50 000 — 23 000 = 9500 t Füllwasser, das in gleichmäßiger Höhe sich in dem Bodenteil der vier Endtröge befinden möge. Die drei Mitteltröge enthalten lediglich Restwasser. Der Schwerpunkt dieser Füllwassermenge liegt dann etwa 1,7 m über Grundlinie, der Gesamtschwerpunkt folgt aus der Zusammenstellung:

Gegenstand	Gewicht	0-Höhe	Moment in mt
Schiff	50 000	20,8	1 040 000
Dock	23 000	7,5	172 500
Füllwasser	9 500	1,7	16 100
Gesamtsystem	82 500	14,9	1 228 600

Trägheitsmoment I der Dockschwimmfläche bei 7,5 m Tauchung:

$$I = \frac{260}{12} \cdot (55^3 - 45^3) = 1\,628\,000 \text{ m}^4.$$

Summe der Trägheitsmomente der Füllwasseroberflächen:

$$\sum i = 7 \cdot \frac{4}{12} \cdot 38,4 \cdot 11,25^3 = 127\,600 \text{ m}^4,$$

wenn, um sicher zu gehen, auch in den mittleren Bodenschwimmkästen die freie Oberfläche des Restwassers berücksichtigt wird.

$$M F = \frac{I - \sum i}{D} = \frac{1\,628\,000 - 127\,600}{82\,500} = 18,2 \text{ m}.$$

Daraus ergibt sich die Metazenterhöhe H' zu:

$$H' = 18,2 - (14,9 - 3,5) = 6,8 \text{ m}.$$

Wir haben also unter den bezeichneten Annahmen in der gefährlichen Hebezone eine Metazenterhöhe von 6,8 m. Die Stabilität würde erst aufgebraucht sein, wenn der Systemschwerpunkt des Schiffes, der zu 13,5 m über Kiel angenommen wurde, um ungefähr 12 m in die Höhe rückte. Dann fällt das Metazentrum mit dem Schwerpunkt des Gesamtsystems zusammen. Es ist also eine recht erhebliche Sicherheit vorhanden.

Wenn in bezug auf die Stabilität von Schwimmdocks sicher gegangen wird, so ist das durchaus kein Fehler. Es ist dem Dockmeister ein beruhigendes Gefühl, zu wissen, daß die Stabilität seines Docks unbedingt ausreichend ist, auch wenn er ein Fahrzeug trocken setzt, dessen Schwerpunktlage höher als gewöhnlich oder ihm womöglich gänzlich unbekannt ist, und wenn er ohne Gefahr in sämtlichen Füllwasserzellen frei bewegliche Wasseroberflächen haben kann. Wir nehmen daher mit Recht einen etwas teuerern Bau infolge größerer Breite in den Kauf und verschmerzen es auch, daß der Kraftverbrauch beim Hebevorgang infolge der vermehrten Ballastwassermenge sich etwas höher stellt. Es macht übrigens nicht viel aus[1]).

Bei kleineren Docks spielt auch der seitliche Winddruck eine Rolle. Da das Stabilitätsmoment für kleine Neigungen $St. = D \cdot \overline{MG} \cdot \sin\varphi$ ist, wird bei bestimmten St (in vorliegendem Falle gleich dem Winddruckmoment) und einem $\overline{MG}$ von gleichbleibendem Wert die Winkelfunktion $\sin\varphi$ nur größer werden können bei kleiner werdendem D. Wenn also auch bei wachsendem Winddruckmoment mit höher und größer werdenden Docks und Schiffen die Funktion $\sin\varphi$ (bei hinreichend kleinen Änderungen auch φ selbst) naturgemäß wächst, so tritt doch die

---

[1]) Schiffbau, Jahrgang IX, S. 362.

bekannte Tatsache in Erscheinung, daß $\overline{MG}$-Werte allein keine Vergleichswerte für Schwimmkörper von ungleicher Verdrängung liefern und daß die Verdrängung D unbedingt mit in die Rechnung gesetzt werden muß.

Festigkeit.

Die Festigkeitsfragen, die den Ingenieur bei all seinen Werken und Schöpfungen bewegen, spielen auch beim Dockbau eine Hauptrolle. Hängt doch von ihrer richtigen Erfassung und Auswertung nicht nur die Sicherheit der eingedockten Fahrzeuge, sondern in ebenso hohem Maße die Wirtschaftlichkeit des ganzen Bauwerkes ab. Leider müssen wir uns gerade auf diesem außerordentlich bedeutungsvollen Gebiet der Technik mit oft recht bescheidener Annäherung an die Wirklichkeit begnügen, weil wir die Beanspruchungen, denen unser Bauwerk im Betriebe ausgesetzt sein wird, nur schätzen und in ihrem vollen Umfang nicht voraussehen können, und weil wir daher in unsere Rechnung Sicherheitszahlen einzuführen haben, die uns über diese Ungewißheit hinweghelfen müssen. Wir werden also Annahmen zu machen haben, die der Wirklichkeit möglichst nahe kommen, und werden dann diesen Annahmen entsprechend unsere Rechnung einrichten. Hinsichtlich des Rechnungsergebnisses wird es uns auf Zahlen nur insofern ankommen dürfen, als sie uns Vergleichswerte liefern, die es gestatten, auf das Verhalten des Baustoffes und der Einzelverbandteile Rückschlüsse zu ziehen. Einzelne Beanspruchungsarten, wie beispielsweise Zug oder Druck, kennen wir in ihrem Verlauf wohl genau und können bei bestimmten Werkstoffen die Zerreiß- und Fließgrenze bis auf wenige Kilogramm scharf angeben, dagegen ist bereits der Knick ein weit verwickelterer Vorgang und wird von außerordentlich vielen Begleitumständen beeinflußt. Sehr selten wird der Techniker den reinen Knickfall vorfinden, die Biegungsbeanspruchung ist fast immer die Folge und bewirkt ein unerwartet frühes Ausknicken des betreffenden Bauteiles. Daher die ungewöhnlich hohe Sicherheitszahl, die bei Untersuchung auf Knickfestigkeit in die Rechnung eingesetzt zu werden pflegt und unser Verantwortlichkeitsgefühl beruhigen muß. Da der physikalisch einwandfreie Knickfall sehr selten ist, kann niemand wissen, ob der Druckstab bis zur rechnungsmäßigen Last aushält, und jeder entwerfende Ingenieur ist auf die Knicksicherheitszahlen angewiesen, die nur zu oft die erforderliche Baustoffersparnis stark beeinträchtigen. Sobald reine, eindeutige Beanspruchungen nicht mehr vorliegen, beispielsweise Knick, Druck und Biegung oder Zug, Biegung, Verdrehung gemeinsam auftreten, gestalten sich alle Festigkeitsuntersuchungen außerordentlich schwierig, wenn es überhaupt noch gelingt, zu lösbaren Gleichungen und Ansätzen zu kommen. Lediglich die Erfahrung bleibt da der treue Bundesgenosse des Ingenieurs. Mit ihrer Hilfe und in Verfolg einschlägiger Versuche kann er jenen verwickelten Verhältnissen erfolgreich zu Leibe gehen. Seine Erfahrungsergebnisse werden ihm dann Fingerzeige für eine vereinfachte, aber auf Wirklichkeitsannahmen aufgebaute Rechnung geben.

Was die Festigkeitsuntersuchung von Schwimmdocks angeht, so begegnen wir hier tatsächlich zahlreichen Schwierigkeiten, die nur durch Annahmen, zu denen uns die Erfahrung berechtigt, behoben werden können.

Zwei Ursachen sind es — wenn wir von den Eigenspannungen des Docks selbst absehen —, welche die Beanspruchungen des Dockkörpers vor und während des Hebevorganges und nach erfolgter Hebung hervorrufen, der Wasserdruck, der auf den Bodenflächen und Seitenwänden des Docks lastet und die eingedockte Schiffslast. Die durch den Wasserdruck hervorgerufenen Beanspruchungen wirken zunächst unmittelbar auf die Blechhaut des Bauwerkes und werden im weiteren Verlauf auf die Bauteile des inneren Gerippes übertragen. Umgekehrt werden die durch die Schiffslast erzeugten Beanspruchungen von dem netzwerkartigen Innengerippe aufgenommen, für dessen parallel in bestimmtem, gleichem Abstande laufende Querträger und senkrecht zu diesen angeordnete versteifende Längsträger oder Längsschotte die Blechhaut eine Art Gurtung darstellt, und als solche an den Zug- und Druckbeanspruchungen teilnehmen muß, die durch das Biegemoment der Schiffslast hervorgerufen werden. Wie bei einem Schiffe, bei dem die Außenhaut ja in der gleichen Weise beansprucht wird und infolgedessen einen äußerst wichtigen Bauteil darstellt, müssen auch beim Dockbau die Abmessungen der Blechhaut sowohl in Rücksicht auf den Wasserdruck als auch bezüglich der Lastwirkungen bestimmt werden. Das hat zunächst einmal zur Folge, daß der Abstand der Querträger ein regelmäßiger und der dem Zusammenhalt dienenden Längsschotte und Längsversteifungen ein möglichst nicht sehr voneinander abweichender ist. An früherer Stelle (S. 198—99) sind wir aus anderen Gesichtspunkten heraus zur Wahl eines geeigneten Spantabstandes gelangt, der zum Teil aus der notwendigen Lastauflagerfläche und damit aus der Zahl der Stapelklötze, als auch aus der mittleren Entfernung der Schiffsspanten selbst sich dargelegt hat. Die Beanspruchung durch den äußeren Wasserdruck ist der dritte wichtige Gesichtspunkt dafür, der unter Beobachtung möglichster Wirtschaftlichkeit, das heißt Baustoffersparnis, uns zu ganz bestimmten Feldgrößen der Blechhaut führt.

Für diese Rechnung gibt es verschiedenartige Wege, aber streng mathematisch ist nur der Fall der kreisförmigen Scheibe zu behandeln, und auch hier nur unter gewissen Voraussetzungen. Staatsrat Dr.-Ing. Bach, der Altmeister unserer neueren Festigkeitsforschung und Festigkeitsuntersuchungen, sagt in seinem Buch „Elastizität und Festigkeit"[1] auf S. 594 bezüglich der Widerstandsfähigkeit ebener Platten und Wandungen gegenüber einer gleichfömigen Belastung, insbesondere durch Flüssigkeitsdruck, oder gegenüber senkrecht zu ihnen wirkenden Einzelkräften, daß die Erörterung und Untersuchung auf eine der schwächsten Stellen der Elastizitäts- und Festigkeitslehre führe. Er fährt wörtlich fort: „Die zur Bestimmung der Inanspruchnahme rechteckiger Platten vorliegenden Angaben beruhen auf Entwicklungen, die zwar zunächst den streng wissenschaftlichen Weg einschlagen, sich jedoch im Verlaufe der Rechnung zu vereinfachenden Annahmen gezwungen sehen, welche die Zuverlässigkeit der Ergebnisse beeinträchtigen. Der zur Lösung der Aufgabe nötige Auf-

---

[1] Bach, Elastizität und Festigkeit, Berlin, Springer, 7. Auflage.

wand an mathematischen Hilfsmitteln ist trotzdem und ganz abgesehen von der Umfänglichkeit der Rechnungen ein sehr bedeutender und geht recht erheblich über das Maß hinaus, das dem zwar wissenschaftlich gebildeten, jedoch mitten in der Ausführung stehenden Ingenieur durchschnittlich geläufig ist."

Bach ist diesem schwierigen Stoff mit Hilfe von geeigneten Versuchen zu Leibe gegangen, er hat einen Näherungsweg eingeschlagen, der darauf hinausläuft, die schwierige Untersuchung auf einfachere Biegungsaufgaben zurückzuführen unter Verwendung von Berichtigungszahlen, die aus den Versuchen bestimmt worden sind. Noch viele andere — Ingenieure sowohl wie reine Wissenschaftler — haben sich mit diesem zähen Stoff befaßt und gelangen zu mehr oder minder glücklichen Ergebnissen und Berechnungsformen. Auch bei ihnen spielen die Voraussetzungen, wie die Art der Auflagerung und Einspannung und die Vereinfachungen der Rechnung eine große Rolle, weshalb die Ergebnisse denn auch ziemlich voneinander abweichen.

Eine der älteren Untersuchungen ist die von Grashof[1]). Seine Arbeiten haben teilweise den Bachschen Berechnungen zugrunde gelegen und sind in die Ergebnisse mit hineingearbeitet. Die Untersuchung der elliptischen Platte mit dem Ergebnis, daß die größte Anstrengung im Mittelpunkt in Richtung der kleinen Achse stattfindet, kann ohne weiteres auch auf die rechteckige Platte Anwendung finden. Auch bei der rechteckigen, freiaufliegenden Platte haben wir die größte Inanspruchnahme in der Mitte in Richtung der kleinen Seite b. Die Bruchlinie verläuft inmitten der Platte, also parallel der langen Seite. Nach außen wird sie Neigung haben, sich in die Richtung einer der Diagonalen einzustellen (Abb. 22).

Die Versuche haben das klar bestätigt, Bach findet für eine rechteckige, s cm dicke Platte mit den Seitenlängen a und b, auf dem Umfang $2 \cdot (a + b)$ frei aufliegend und durch den Flüssigkeitsdruck p kg/cm² belastet[2]):

$$s \gtrless \frac{a \cdot b}{\sqrt{a^2 + b^2}} \cdot \sqrt{\frac{\mu \cdot p}{2\,k_b}} \tag{1}$$

oder

$$k_b = \frac{p \cdot \mu}{2\,s^2} \cdot \frac{a^2\,b^2}{a^2 + b^2}. \tag{1a}$$

Bei näherer Betrachtung des Ausdruckes $\dfrac{a \cdot b}{\sqrt{a^2 + b^2}}$ ergibt sich, daß er der Strecke c in der Abb. 23 entspricht und sich in einfacher Weise bestimmt:

$$p + q = d = \sqrt{a^2 + b^2}$$
$$q = \sqrt{h^2 - c^2}$$
$$p = \sqrt{a^2 - c^2}$$
$$p + q = d = \sqrt{a^2 - c^2} + \sqrt{b^2 - c^2} = \sqrt{a^2 + b^2}$$
$$c^4 = (b^2 - c^2) \cdot (a^2 - c^2)$$
$$c = \frac{a \cdot b}{\sqrt{a^2 + b^2}}$$

---

[1]) Grashof, Theorie der Elastizität und Festigkeit, Berlin 1878.
[2]) Auch Föppl, Vorlesungen über technische Mechanik, bringt in Teil 47 seiner Festigkeitslehre die Ableitung für Gl. 1.

und damit

$$k_b = p \cdot \left(\frac{c}{s}\right)^2 \cdot \frac{\mu}{2}. \tag{2}$$

Da sonst auf der rechten Seite der Gleichung (1) nur noch Festwerte, und zwar μ, eine durch Versuche gefundene Berichtigungszahl, p, der gegebene Flüssigkeitsdruck, und k_b, die Biegungsbeanspruchung, auftreten, ergibt sich, daß die Größe c

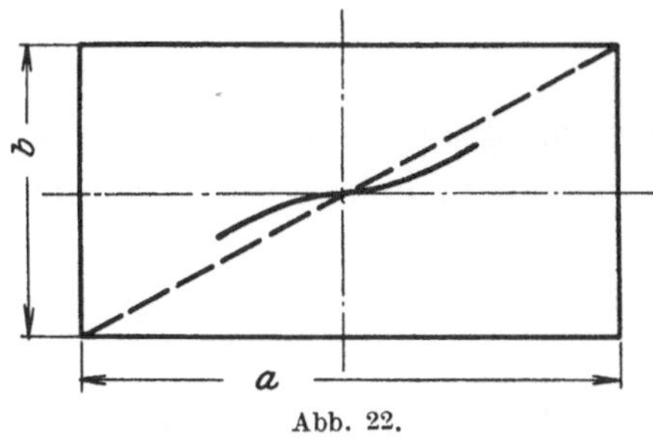

Abb. 22.

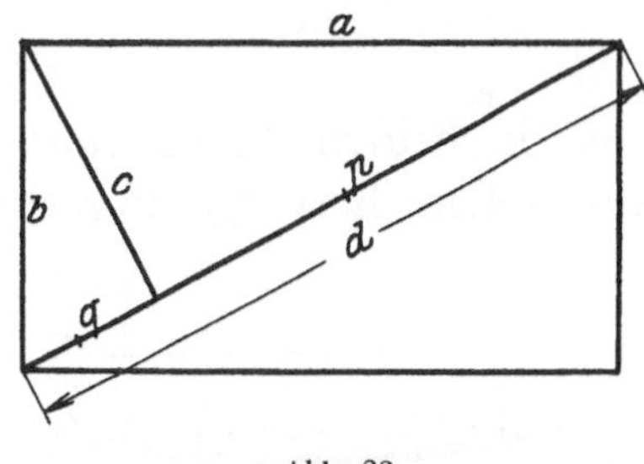

Abb. 23.

bestimmend für die Plattendicke ist. Die Zahl μ ändert sich, je nachdem, ob die Platte frei aufliegt oder sich dem Zustand des Eingespanntseins nähert, nach Versuchen Bachs von 1,12—0,75.

Forchheimer[1]), der zur Grundlage seiner Untersuchung über rechteckige Platten die Annahme macht, daß die belastete Platte an zwei gegenüberliegenden Rändern aufliegt und zwei Fälle unterscheidet, derart, daß das belastete Flächenstück um seine beiden unverrückbaren Auflagerseiten reibungslos dreht und infolgedessen an diesen Stellen die Momente gleich Null werden (Abb. 24 b), oder daß die beiden Ränder fest eingeklemmt sind und nicht wippen können (Abb. 24 c), geht von der Gleichung der elastischen Linie des durchgebogenen Blechstreifens aus, Gleichung (3), worin β eine Berichtigungszahl für die Querzusammenziehung ist.

$$\frac{d^2y}{dx^2} = \frac{M_x}{J \cdot E \cdot (1 + \beta^2)}. \tag{3}$$

Für das Moment M_x gibt Forchheimer die Gleichung (4), zu deren Verständnis die Abb. 24 a dienen möge:

$$M_x = \frac{p \cdot l^2}{2} - \frac{p \cdot x^2}{2} + M_l + S y. \tag{4}$$

Nach Einführung einer Hilfsgröße

$$w = \sqrt{\frac{S}{J \cdot E \cdot (1 + \beta^2)}} \tag{5}$$

und Ausführung der Integration erhält er als allgemeine Gleichung der elastischen Linie des Blechstreifens:

$$y = \frac{e^{wx} + e^{-wx}}{e^{wl} - e^{-wl}} \cdot \left(\frac{M_l}{S} - \frac{p}{S w^2}\right) - p \cdot \frac{l^2 - x^2}{2 S} + \frac{p}{S w^2} - \frac{M_l}{S} \tag{6}$$

oder

$$y = \left[\frac{p}{S w^2} - \frac{M_l}{S}\right] \cdot \left[1 - \frac{e^{wx} + e^{-wx}}{e^{wl} - e^{-wl}}\right] - \frac{p \cdot (l^2 - x^2)}{2 S}. \tag{6a}$$

[1]) Forchheimer, Berechnung ebener und gekrümmter Behälterböden, Sonderdruck aus der Zeitschrift für Bauwesen 1894, Berlin 1909, Verlag Ernst und Sohn.

Von der Wiedergabe der Umformungen und Rechnungen hinsichtlich der angezogenen beiden Fälle (vgl. Abb. 24 b und 24 c) kann hier abgesehen werden. Es genügt zu sagen, daß die größte Spannung beträgt für den Fall 24 a:

$$\sigma_{\max} = \frac{S}{s} + \frac{6 \cdot M_o}{s^2} \qquad (7)$$

und für 24 b:

$$\sigma_{\max} = \frac{S}{s} + \frac{6 \cdot M_l}{s^2}. \qquad (8)$$

S ist in beiden Ausdrücken gleich der horizontalen Zugspannung an den Auflagerstellen, hervorgerufen durch die Dehnung des belasteten Streifens, und beträgt:

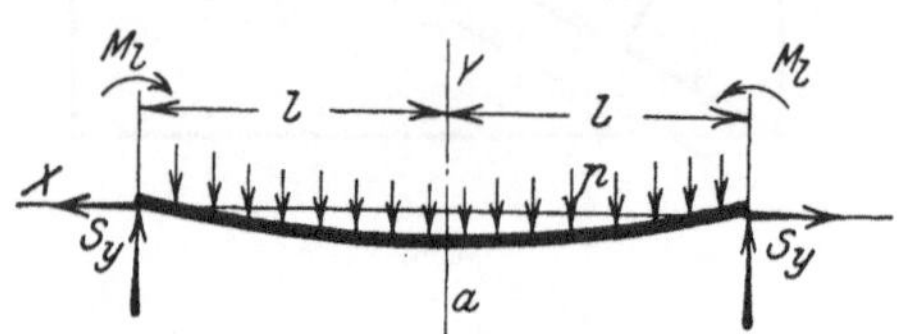

$$S = \frac{l' - l}{l} \cdot E \cdot (1 + \beta^2) \cdot s. \qquad (9)$$

s ist gleich der Dicke des Streifens und M das biegende Moment. Den größten Wert erreicht es in dem einen Fall in der Mitte der Platte für $x = 0$, daher erscheint es in Gleichung (7) als M_o, und im zweiten Fall an der Auflagerstelle $x = l$.

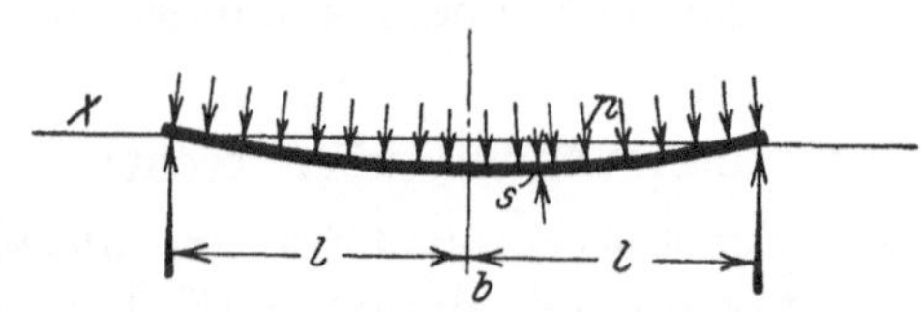

Die von Forchheimer seiner Rechnung zugrunde gelegten Annahmen genügen wenig den wirklichen Verhältnissen bei einer Schiffs- oder Dockblechhaut, und seine Berechnungsart hat sich daher im Schiffbau nicht Eingang verschaffen können.

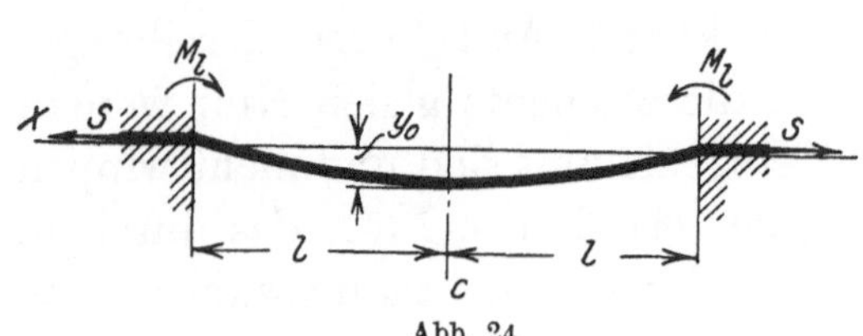

Abb. 24.

Deshalb hat es Muth[1]) unternommen, die Forchheimerschen Betrachtungen so zu erweitern, daß der Auflagerfall auf allen vier Kanten gegeben ist. Der Rechnungsgang ist im wesentlichen der gleiche wie bei Forchheimer, und auch die Endformen für die Spannung σ sind die gleichen, nur für die Momente, die die Durchbiegung bewirken, kommt er zu anderen Ausdrücken. Das Ergebnis ist, daß wir bei Anwendung der Berechnungsformen von Muth zu etwas günstigeren Spannungen kommen als bei Forchheimer.

Es sei dann noch auf Professor Hagers[2]) Arbeiten hingewiesen, deren Ergebnisse insofern sehr lehrreiche sind, als sie einen Überblick über die Spannungsverteilung innerhalb der belasteten und allseitig eingespannten Platte gewähren. Die Berechnungsform Hagers für die größte Spannung läßt sich auf die gleiche Form bringen, wie sie die Bachsche Gleichung (2) zeigt, nämlich:

$$\sigma = p \cdot \frac{b^2}{s^2} \cdot C. \qquad (10)$$

---

[1]) Muth, Die Berechnung der Blechhaut eines Schwimmdocks, Schiffbau XIV, S. 130 u. f.
[2]) Hager, Berechnung ebener, rechteckiger Platten mittels trigonometrischer Reihen, Verlag Oldenbourg, 1911.

Über C, bezogen auf die größte Spannung, gibt eine Zusammenstellung Aufschluß, die sich außer in Hagers Veröffentlichung auch in einer Arbeit von Kammer[1]) findet.

Seitenverhältnis $b:a$	$1:1$	$1:1{,}25$	$1:1{,}5$	$1:2$	$1:3$	$1:4$
Berichtigungszahl C	0,30	0,41	0,47	0,54	1,03	1,44

An Stelle der Größe c [vgl. Gl. (2)] haben wir hier b, die kurze Seite der Platte, und in der Zahl C tritt dann das Seitenverhältnis $a = \lambda \cdot b$ in Erscheinung. Auch die Bachsche Form läßt sich naturgemäß so schreiben und lautet dann:

$$k_b = p \cdot \left(\frac{b}{s}\right)^2 \cdot \frac{\mu \cdot \lambda^2}{2 \cdot (\lambda\,2^2 + 1)}, \tag{11}$$

Für $\mu = 0{,}75$ würden wir nach Bach dem Zustande des Eingespanntseins nahekommen, aber der Ausdruck $\dfrac{\mu \cdot \lambda^2}{(2 \cdot \lambda^2 + 1)}$ würde noch nicht gleich dem Hagerschen C sein.

Alle diese Untersuchungen bestätigen uns, was Bach über die Festigkeitsrechnungen ebener Platten ausgesprochen hat, daß sie in ein schwer zu durchforschendes Gebiet führen, und daß ein außerordentlich starkes mathematisches Rüstzeug erforderlich ist, wenn der theoretisch-wissenschaftliche Weg eingeschlagen werden soll, ja, daß selbst dann ohne vereinfachende Annahmen und Voraussetzungen nicht auszukommen ist. Alle „Formeln" sind schließlich brauchbar, wenn nur die entsprechenden Berichtigungszahlen eingeführt werden, und diese Zahlen können bezüglich der allseitig eingespannten rechteckigen Platte nur durch geeignete Versuche gefunden werden. Die Berechnungsform selbst kann eine sehr einfache sein, die Tatsache und die Art der Veränderlichkeit der Berichtigungszahl ist das bestimmende und ausschlaggebende. Einschlägige und genügend zahlreiche Versuche werden uns das Gesetz für die Veränderlichkeit solcher „Koeffizienten" einwandfrei genug zeigen (mindestens für einen begrenzten Bereich), und dem schaffenden Ingenieur wird das vollauf genügen, wenngleich auch der Wissenschaftler nicht ruhen darf, um aufbauend auf den Ingenieurversuchen auch theoretische Erkenntnis zu erlangen.

Alle theoretischen Untersuchungen jedenfalls helfen dem Ingenieur nicht, solange seine Erfahrung ihn nicht von dem Mißtrauen befreit, in unbekannte Gebiete zu gelangen, aus denen er nicht mehr herausfindet, wenn er ihnen folgt. Der Schiffbauer braucht Versuche mit wirklich fest eingespannten Platten, da nur dann den wirklichen Verhältnissen (durchlaufende Platten) am meisten Rechnung getragen wird. So sind denn auch auf den ersten Versuchen Bachs andere aufgebaut worden, und Bach selbst hat in der Zeitschrift Deutscher Ingenieure[2]) Versuchsergebnisse veröffentlicht, denen wirklich fest eingespannte quadratische Platten zugrunde gelegen haben. Schon vorher hatte auch das Reichsmarineamt solche Versuche vornehmen und die Ergebnisse zusammen-

---

[1]) Schiffbau XIV, S. 239.
[2]) Z. d. V. d. I. 1908, Nr. 45 und 47.

stellen lassen. Es wurden einige quadratische und rechteckige Platten von verschiedenem Seitenverhältnis untersucht, und die Übereinstimmung mit den späteren Bachschen Ergebnissen ist recht gut gewesen. Der leider so früh verstorbene Marineschiffbaumeister Pietzker kommt in seinem Buch[1]) über Festigkeit im vierten Abschnitt auch auf jene Versuche des Reichsmarineamtes zu sprechen und weist auf Überlegungen hin, die ihre volle Bestätigung gefunden haben. Ausgehend von einer eingespannten rechteckigen Platte mit zwei kurzen Seiten b und zwei unendlich langen Seiten a, an denen naturgemäß die größten Spannungen auftreten, und nach dem einfachen Bilde des eingepannten Balkens, für den das Biegemoment, das an der Einspannstelle $\dfrac{p \cdot b^2}{24}$, in der Mitte $\dfrac{p \cdot b^2}{12}$ beträgt, auf der ganzen Länge gleich groß ist, kommt er zu der Beziehung:

$$\sigma = \frac{M}{W} = \frac{p \cdot b^2}{12} \cdot \frac{6}{s^2} = 0{,}5 \cdot p \cdot \left(\frac{b}{s}\right)^2. \tag{12}$$

Die Form ist uns vertraut, nur die Berichtigungszahl fehlt uns noch. Aus dem Rechteck mit einer unendlich langen Seite geht er nun stufenweise zu Recht-

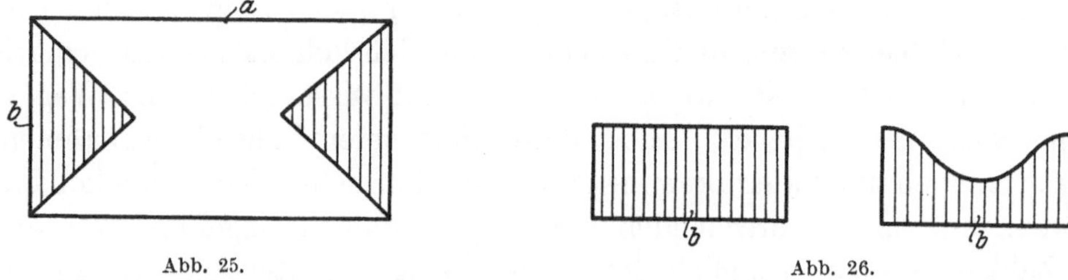

Abb. 25.   Abb. 26.

ecken mit immer kürzer werdender Seite a über. Dann bleibt fürs erste die Spannung in der Mitte der langen Seite noch unverändert, und die kurzen Seiten b äußern ihren Einfluß zunächst nur in den ihnen benachbarten Teilen, und zwar sicherlich in der Form, daß sie eine stützende Wirkung dreieckförmig vorschieben, Abb. 25, und die dicht neben ihnen liegenden Streifen in der Mitte entlasten.

Die beeinflußten Teile erhalten also quer herüber statt einer gleichförmigen Belastung (Ab. 26a) eine solche etwa nach Abb. 26b. Das bedeutet eine Entlastung besonders in dem Sinne, daß das Biegemoment in der Mitte mehr verkleinert wird als das an der Einspannstelle.

Bei genügender Verkürzung der langen Rechteckseiten werden die beiden Einflußzonen der kurzen Seiten sich erreichen, und auch für einen Streifen in der Mitte der langen Seite wird eine Belastung nach Abb. 26b eintreten. Fest eingespannte Platten werden also zweifellos an den Einspannstellen am meisten beansprucht, und ein Bruch wird gegebenenfalls an den Einspannseiten erfolgen, und nicht mehr wie bei den ersten Versuchen Bachs nach Abb. 22. In der Tat haben die Versuche des Reichsmarineamtes und die späteren Untersuchungen Bachs volle Bestätigung jener Überlegungen gebracht und lassen sogar eine angenäherte, zahlenmäßige Festsetzung des Einflusses der verschiedenen Seiten-

---

[1]) Pietzker, Festigkeit der Schiffe, Berlin 1914.

länge zu. Pietzker betont ausdrücklich, daß die Versuche keine einwandfreie Theorie und völlig genaue Zahlen liefern, daß aber dem praktischen Bedürfnis durchaus genügt werden könne. Er schließt seine Betrachtungen folgendermaßen:

1. Die größte Beanspruchung tritt in der Mitte der Einspannkante der langen Seite auf, die Beanspruchung in der Mitte der Platte ist kleiner als halb so groß.

2. Bei Rechtecken mit einem Seitenverhältnis $b : a$ von über 1 : 3 bleibt die größte Beanspruchung ebenso, als wenn die kurzen Seiten nicht vorhanden wären.

3. Bei Rechtecken mit einem Seitenverhältnis $b : a$ unter 1 : 3 muß das Biegemoment mit einer Berichtigungszahl multipliziert werden etwa nach folgender Aufstellung:

Seitenverhältnis $b : a$.	1 : 2,5	1 : 2	1 : 1,8	1 : 1,6	1 : 1,4	1 : 1,2	1 : 1
Berichtigungszahl . . .	0,99	0,96	0,94	0,91	0,86	0,79	0,64

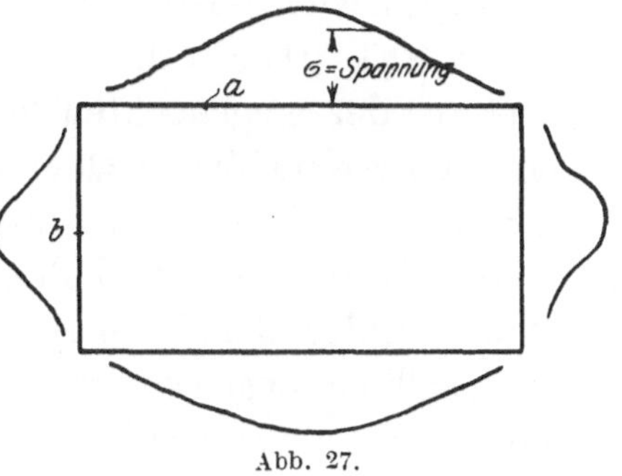

Abb. 27.

4. Die Beanspruchung an den anderen Stellen der Einspannkanten entspricht etwa der Abb. 27. Um die größte Beanspruchung in der Mitte der kurzen Seite zu erhalten, muß das Biegemoment $\dfrac{p \cdot a^2}{12}$ mit einer Zahl multipliziert werden, die sich aus der Zusammenstellung ergibt:

Seitenverhältnis $b : a$.	1 : 2,5	1 : 2	1 : 1,8	1 : 1,6	1 : 1,4	1 : 1,2	1 : 1
Berichtigungszahl . . .	0,03	0,06	0,09	0,14	0,22	0.38	0,64

5. Zweifelhaft ist vorläufig die Beanspruchung in den Ecken der Platte, anscheinend tritt an diesen Stellen eine Umkehrung der Biegungsrichtung ein, und die belastete Platte hat das Bestreben, sich in den Ecken hochzubiegen.

Bringen wir nun unter Ausschaltung der weniger einfachen Berechnungsformen, die von Forchheimer und Muth angegeben sind, die kaum angewandt werden und sich auch nicht unmittelbar mit den anderen in Übereinstimmung bringen lassen, die Gleichungen Bachs, Hagers und Pietzkers auf eine gemeinsame Form:

$$\sigma = p \cdot \left(\frac{b}{s}\right)^2 \cdot \varphi, \tag{13}$$

so können wir φ_B, φ_H, φ_P unterscheiden entsprechend den Berichtigungszahlen von Bach, Hager und Pietzker.

Die folgende Zusammenstellung ermöglicht uns den Vergleich und zeigt, daß die von Pietzker gegebenen Berichtigungszahlen bei den sich der quadratischen Form nähernden rechteckigen Platten den Hagerschen Zahlen, bei den Platten mit größerem Seitenverhältnis den φ-Werten Bachs nahekommen. Umgekehrt scheinen die unteren Zahlen der Bachschen und die oberen der Hagerschen Reihe wenig zuverlässig und sind infolge der Versuche des Reichsmarineamtes auszuschalten:

$b : a$	$1 : 3$	$1 : 2,5$	$1 : 2$	$1 : 1,8$	$1 : 1,6$	$1 : 1,4$	$1 : 1,2$	$1 : 1$
φ_B	0,34	0,32	0,30	0,29	0,27	0,25	0,23	0,19
φ_H	1,03	0,79	0,54	0,51	0,48	0,45	0,45	0,30
φ_P	0,50	0,49	0,48	0,47	0,45	0,43	0,38	0,32

Die Anwendung des φ_P wird Werte liefern, die dem praktischen Bedürfnis durchaus genügen, um so mehr als wir ohnehin zu den errechneten Blechdicken Zuschläge wegen der Abnutzung und des Abrostens zu machen haben. Die allgemeine Anwendung dieser einfachen, durch Versuche befestigten Berechnungsform würde auch der Forderung der Vereinheitlichung entsprechen.

Die aus der eingedockten Schiffslast herrührenden Beanspruchungen unterteilen wir zweckmäßig in Queranstrengungen, die durch das mehr oder weniger enge Spantenwerk, und Längsanstrengungen, die durch die senkrecht dazu verlaufenden Längsträger und Seitenwände des Docks aufgenommen und verteilt werden. Infolge der Eigenart der Belastung, die durch die spiegelgleich zur Dockmittellinie angeordneten, von oben wirkenden Eigengewichte und Nutzlasten und den gleichförmig von unten wirkenden Wasserdruck gegeben ist, stellen die Querträger einseitig eingespannte Balken dar, für welche die Dockmitte die Einspannstelle ist. Beim einseitig eingespannten Träger erreicht das Biegemoment den größten Wert an der Einspannstelle, hier wird unser Querträger also am festesten sein müssen. Ob die Einspannstelle in der Mitte des Docks durch ein Schott — das Mittellängsschott oder Königsschott — oder ob sie durch zwei in bestimmtem Abstand nebeneinander laufende Längswände gebildet wird, die bei Anwendung zweireihiger Stapelung von besonderem Nutzen sein können, bleibt gleichgültig. Verfasser hat an früherer Stelle, vgl. Abb. 18 und die zugehörigen Erläuterungen, das doppelte Mittelschott vorgeschlagen aus Rücksicht auf die Ballastwasseranordnung (Vorteile eines mittleren Luftraumes für die Querstabilität, Verringerung der Pumparbeit usw.) und hat dabei bereits Festigkeitsfragen im Auge gehabt. Die zwei nebeneinander laufenden Mittelschotte bilden mit dem mittleren Stück des Dockdecks und Dockbodens und den inneren rahmenartigen Versteifungen einen kräftigen Kasten, der außerordentlich gut geeignet ist, Ungleichheiten der Schiffslast vermöge seiner eigenen großen Quer- und Längsfestigkeit auszugleichen und an die angeschlossenen Gitterquerträger Kräfte weitergibt, die für benachbarte Bereiche nur unwesentlich voneinander abweichen. Bei nur einem Mittellängsschott wird dies nicht im selben Maß erreicht werden, und wenn wir eine genauere Berechnung der Querfestigkeit durchführen wollen, so werden wir auf die statische Unbestimmtheit des netzartigen Gerippes eine weit größere Rücksicht zu nehmen haben. Wissenschaftliche Berechnungswege und die von Statikern angegebenen Berechnungsarten tun dies meistens in ausgedehntem Maße.

Wenn wir von dem Forchheimerschen Verfahren[1]) absehen, das aus der ersten Entwicklungszeit der Docks stammt und auf Annahmen aufbaut, die allenfalls gemacht werden können, wenn ganz kleine Schiffe und ganz kleine Docks in Behandlung stehen, wenn wir ferner auch von den Vorschlägen absehen, die auf Forchheimerscher Grundlage weiterbauend beispielsweise Muth[2]) gemacht hat, um das Verfahren für große und größte Docks verwendbar zu machen und dabei notgedrungen umständliche Rechnungen in Kauf nimmt, so bleibt uns als einzige, ausschließlich die Festigkeit von Schwimmdocks behandelnde Veröffentlichung die Arbeit von Karner[3]), die bereits an früherer Stelle mehrmals angezogen ist. In sehr schöner Weise und außerordentlich umfassend behandelt dort Karner die Frage der Dockfestigkeit und weist uns Wege, wie man mit der Berechnung von Docks fertig werden und doch den wahrscheinlichen Verhältnissen und den Forderungen des Statikers Rechnung tragen kann. Ausgehend von dem Umstand, daß aus dem statisch bestimmten Hauptsystem — Königsschott mit den daran ansetzenden Querträgern — des Bodenteiles durch die parallel zum Mittellängsschott laufenden Seitenschotte und Seitenträger ein statisch unbestimmtes System hervorgeht, gelangt er zu der Aufstellung der Elastizitätsgleichungen für die statisch unbestimmten Größen, die an den Kreuzungspunkten der Quer- und Längsträger eben durch die steifen Längsverbände auftreten. Er entwickelt sodann Berechnungsausdrücke zur Feststellung der Durchbiegung des Königsschottes und der Querträger unter Berücksichtigung aller nur erdenklichen Belastungen und bringt für sein Verfahren schließlich noch einige Ausführungsbeispiele. Eine bessere Erfassung der schwierigen und verwickelten Beanspruchungen des Dockkörpers, wie sie Karner vorführt, dürfte wohl kaum möglich sein, höchstens bliebe noch die Frage zu untersuchen, wie die Seitenkasten unter dem Einfluß der Bodenkastenbeanspruchungen sich verhalten, wie sie sich in horizontaler Richtung durchbiegen, und welchen Einfluß diese Durchbiegung wiederum auf Längsfestigkeit und Längsdurchbiegung ausübt. Doch das sind Fragen, deren Untersuchung und Beantwortung die gesteckten Grenzen der vorliegenden Arbeit überschreiten würde. Worauf es an dieser Stelle ankommt, ist festzustellen, welche hochwertigen Verfahren es für die Festigkeitsberechnungen der Docks gibt und zu prüfen, ob man in der Praxis auch mit einfacheren Mitteln zum Ziele gelangt. Denn das muß unser Standpunkt sein, daß durch wissenschaftliche Untersuchung und technische Forschung unablässig Klarheit zu schaffen ist, daß aber der ausführende Ingenieur mit möglichst einfachen Mitteln zu arbeiten habe. Es gibt in der Praxis ohnehin genügend

---

¹) Forchheimer, Verfahren zur Berechnung von Schwimmdocks, Berlin 1892, Verlag Ernst Sohn.
²) Muth, Schwimmdockberechnung, Schiffbau XIII, S. 595/600.
³) Karner, Die statische Berechnung von Schwimmdocks und ähnlichen Eisenwasserbauten, Der Eisenbau XI, Heft 1, 2.

Schwierigkeiten zu überwinden, die die ganze Kraft des schaffenden Ingenieurs verlangen, Aufgabe der technischen Wissenschaft muß es sein, Wegweiser- und Ratgeberdienste für ihn zu leisten. Sind die gewiesenen Wege klar und gut begehbar, so wird man sie draußen in Kürze beschreiten, sind sie gewunden und schwierig, so werden sie gemieden oder auf Grund eigener Erfahrung abgeändert werden (Faustformeln). Was den Schiffbau anbetrifft, so hat man sich lange nicht entschließen können, von den Brückenbauern und Eisenhochbauleuten zu lernen. So peinlich genau wie der Statiker beim Brückenbau rechnen kann und auch rechnen muß, wird es leider der Schiffbauer bei seinen Bauwerken niemals können, weil seine Entwürfe auf Annahmen fußen, die notwendigerweise Ungenauigkeiten in sich bergen, und die infolgedessen ein feineres Verfahren für die spätere Rechnung nicht rechtfertigen. Überall da jedoch, wo es gelingt, die Entwurfsvoraussetzungen so fest zu umgrenzen, daß eine Unsicherheit der Annahmen ausgeschaltet wird, kann auch der Schiffbauer zu einer Verfeinerung seines Berechnungsverfahrens schreiten. Wo er die Möglichkeit hatte, dies zu tun, ist es nie zu seinem Nachteil gewesen, wie beispielsweise die Folgen der überaus wichtigen Untersuchungen der Schleppversuchsanstalten es uns zeigen. In zahlreichen Fällen aber überzeugt die „rauhe" Wirklichkeit den Schiffbauer von der Unzulänglichkeit „genauer" Rechnungen, wie jeder weiß, dessen Aufgabe es war, z. B. Gewichts- und Schwerpunktsrechnungen für neuzeitige, große Schiffsentwürfe zu machen, und der späterhin erkennen mußte, sei es durch Krängungsversuche, sei es selbst ohne besondere Vorrichtungen, wie wenig zuverlässig die sorgfältig erwogenen und geprüften Grundlagen, einer Rechnung waren. Auch die Festigkeitsrechnung schwimmender Bauwerke birgt ihre Schwierigkeiten, und wenn auch Karner als Statiker uns in seiner „Statischen Berechnung von Schwimmdocks und ähnlichen Eisenwasserbauten" einen klaren und durchaus beschreitbaren Weg vorzeichnet, der Schiffbauer fühlt, daß die Wirklichkeit die sorgfältige Rechnung stark beeinflussen wird. Es ist nicht möglich, vorher in der Rechnung für die Längs- und Querfestigkeit eines Schwimmdocks alle die Verhältnisse so scharf zu fassen, wie sie uns der Betrieb späterhin in unerwarteter Fülle und bunter Mannigfaltigkeit bringt. Wie uns die Abb. 28 zeigen mag, ist schon die Gewichtsverteilung bei einem beschädigten Schiff nicht vorauszusagen, und wenn, wie in diesem Fall, der Kiel des Schiffes infolge der Beschädigung keine gerade Flucht mehr hat, kann der Druck auf den einzelnen Stapel vollends unberechenbar werden und damit alle sorgfältigen Rechnungen hinsichtlich der Querfestigkeit zunichte machen.

Auch die Abb. 29 gibt Zeugnis davon, was von einem Dock unter Umständen verlangt werden kann. Das Achterschiff hat sich vor dem Zusammenziehen in etwa 5—6 m Abstand vom Vorschiff befunden, auf einer Strecke von rund 20 Spantentfernungen war das Dock so gut wie unbelastet.

Diese Beispiele mögen genügen. Sie zeigen uns, daß oft Grobarbeit verlangt werden muß, für welche Feinrechnungen nicht zugeschnitten sind. Verfeinerte Rechnungsverfahren können und müssen angewendet werden, wenn für ganz bestimmte Fälle mit genauen Berechnungsgrundlagen bestimmte Einwirkungen untersucht werden sollen, oder das fertige Dock in seinem elastischen Verhalten geprüft wird, um für spätere Bauten genaue Entwurfsunterlagen zu schaffen.

Abb. 28.

Abb. 29.
Havarierte Torpedoboote im Dock.

Anmerkung. Abb. 28 und 29 stammen aus der Bildersammlung des Verfassers während seiner Tätigkeit als Betriebsdirigent auf den Werften des Marinekorps und zeigen (Abb. 28) einen durch Mine beschädigten Zerstörer, dessen Vorschiff sich infolge der Detonation nach unten gesenkt hat, und dessen Kiel auf etwa 14 Spantentfernungen zerdrückt ist, und Abb. 29 ein Führerschiff, an dessen gerettetes Vorschiff ein neues, auf der Ostender Werft unter bedeutenden Schwierigkeiten erbautes, etwa 20 m langes Achterschiff herangeschoben werden soll. Der Zusammenbau ist in einem etwa 100 m langen Dock bewerkstelligt, nachdem die beiden Schiffsstücke sorgfältig ausgerichtet in angemessenem Abstand eingedockt worden waren.

Für den Entwurf im allgemeinen genügen gröbere Verfahren, wie sie die Docks betreffend fast ausschließlich und besonders auf Schiffswerften im Gebrauch sind.

Für die Bestimmung der Querfestigkeit wird ein Querträger untersucht und alles, was an äußeren Kräften im wahrscheinlichen Höchstfall auf ihn wirksam, wird bestimmt. Dabei wird gewöhnlich angenommen, daß die Schiffslast gleichmäßig über einen mittleren Teil des Schiffes sich erstrecke und nach den Enden hin abnehme, oder auch an den Enden gleichmäßig verteilt, aber geringer als in der Mitte sei, daß ferner das Schiff genügende Eigenfestigkeit besitze, um Unterschiede in der Gewichtsverteilung selbst in gewissem Grade auszugleichen. Ganz sicher trifft das bei großen Schiffen zu, die ja in der Längsrichtung ein außerordentlich hohes Widerstandsmoment besitzen. Jeder Querträger erhält also eine Last, die für ausgedehnte Bereiche von der des Nachbarträgers kaum oder nur in sehr geringem Maße abweicht. Wird der mittlere Teil des Bodenkastens zudem in der früher vorgeschlagenen Weise in Form eines steifen, durchlaufenden Kastens ausgebildet, so gleicht dieser steife Mittelträger noch selbst größere Lastenunterschiede, wie sie bei Fortnahme einzelner Stapel entstehen, fast völlig aus und gibt an die seitlich angeschlossenen Querträger Belastungen ab, die nennenswerte Verschiedenheiten nicht aufweisen. Die Stabbeanspruchungen des Gitterträgers werden mit Hilfe eines Cremonaplanes oder auf analytischem Wege mit Hilfe der errechneten Momente bestimmt und die Baustoffabmessungen festgelegt im Zusammenhang mit den durch den äußeren Wasserdruck hervorgerufenen Beanspruchungen.

Jeder, die Querbeanspruchungen aufnehmende und übertragende Querträger gibt dann an die Seitenkästen des Docks diejenige Kraft ab — sie mag nach oben oder nach unten wirken — die nötig ist, um Gleichgewicht unter den übrigen äußeren Kräften eines Querträgers herzustellen. Diese an den Seitenkästen des Docks wirkenden Ausgleichkräfte — sie sind in der Regel im mittleren Teil des Docks abwärts wirkend — rufen die Längsbeanspruchungen hervor, die nun in der dem Schiffbauer vertrauten Weise ermittelt werden dadurch, daß aus der Lastdifferenzenkurve die Scheerkraftkurve und aus dieser die Momentenkurve bestimmt wird. Wir sind danach in der Lage, das Widerstandsmoment der Seitenkasten entsprechend dem jeweiligen Biegemoment zu bemessen und, soweit es die Rücksicht auf die Wasserdruckbeanspruchungen zuläßt, die Baustoffabmessungen nach den Enden des Docks hin zu verringern. Neben diesen beiden Hauptrechnungen für die Quer- und Längsrichtung gehen zahlreiche Einzeluntersuchungen, veranlaßt durch örtliche Einwirkungen und Verschiedenheiten des Baues.

Schlußwort.

In einer Zeit, in der die Normungsbestrebungen ganz besonders die deutsche Technikerschaft in Atem halten und bereits die Erkenntnis bewirkt haben, daß auf fast allen Gebieten vereinheitlicht werden kann und auf vielen vereinheitlicht werden muß, wenn der wirtschaftliche Kampf unter den schwer auf uns lastenden Verhältnissen nicht von vornherein ein aussichtsloser sein soll, wird auch der Gedanke einer Vereinheitlichung der Schwimmdocks bezüglich ihrer Größenabstufung, ihrer Bauart und ihrer Abmessun-

gen, ihrer Einrichtung und einer großen Zahl von Ausrüstungs-
stücken, der Vorschlag einer gewissen Vereinheitlichung und Vereinfachung ihrer Berechnung nicht ohne weiteres von der Hand zu
weisen sein. Es ist sogar anzunehmen, daß der Handelsschiffnormenausschuß
nicht an der Frage vorbeigehen wird, vorausgesetzt, daß ihm bei der Fülle von
anderen Aufgaben die Möglichkeit der Bearbeitung bleibt. Aber vielleicht stellt
die vorliegende, soeben abgeschlossene Arbeit eine Art Baustein dar, der mit
Vorteil verwendet werden kann, wenn an den Ausbau dieser Frage herangegangen wird. Wenn wir es nicht selbst schon gewußt hätten, daß ein ausreichender Schwimmdockpark für unsere Schiffbauindustrie und für unsere Schiffahrt
eine Lebensnotwendigkeit ist, so hätten die englischen Auslieferungbedingungen,
die der Ausgangspunkt für diese Arbeit gewesen sind, uns jene Erkenntnis in
deutlichster Weise vermittelt. Der bald fühlbar werdende Mangel an Schwimmdocks wird uns notwendigerweise dazu bringen neue zu bauen, und da wir die
Wirtschaftlichkeit dabei gezwungenermaßen nicht außer acht lassen dürfen,
werden wir zur Vereinheitlichung gelangen. Die Vereinheitlichung ist die Schwe-
ster der Wirtschaftlichkeit!

Anhang zum Teil: Festigkeitsrechnung.

Bachs Gleichung für die Plattendicke:

$$s \gtrless \frac{a \cdot b}{\sqrt{a^2 + b^2}} \cdot \sqrt{\frac{\mu \cdot p}{2\,k_b}}\,. \tag{1}$$

Dieselbe, nach kb aufgelöst:

$$k_b = \frac{p \cdot \mu}{2\,s^2} \cdot \frac{a^2 \cdot b^2}{a^2 + b^2}\,. \tag{1a}$$

Für $\dfrac{a^2 \cdot b^2}{a^2 + b^2}$ wird c gesetzt:

$$k_b = p \cdot \frac{c^2}{s^2} \cdot \frac{\mu}{2}\,. \tag{2}$$

Forchheimers Gleichung für die Durchbiegung eines Blechstreifens:

$$\frac{d^2 y}{dx^2} = \frac{M_x}{J \cdot E\,(1 + \beta^2)}\,. \tag{3}$$

Forchheimers Gleichung für das Moment M_x:

$$M_x = \frac{p \cdot l^2}{2} - \frac{p \cdot x^2}{2} + M_l + S_y\,. \tag{4}$$

Hilfsgröße:

$$w = \sqrt{\frac{S}{J \cdot E \cdot (1 + \beta^2)}}\,. \tag{5}$$

Forchheimers Gleichung für die elastische Linie des Plattenstreifens:

$$y = \frac{e^{wx} + e^{-wx}}{e^{wl} - e^{-wl}} \cdot \left(\frac{M_e}{S} - \frac{p}{S \cdot w^2}\right) - p \cdot \frac{l^2 - x^2}{2\,S} + \frac{p}{S \cdot w^2} - \frac{M_l}{S}\,. \tag{6}$$

Desgleichen:

$$y = \left[\frac{p}{S \cdot w^2} - \frac{M_l}{S}\right] \cdot \left[1 - \frac{e^{wx} + e^{-wx}}{e^{wl} - e^{-wl}}\right] - p \cdot \frac{l^2 - x^2}{2\,S}\,. \tag{6a}$$

Größte Spannung nach Forchheimer, Fall Abb. 24a:

$$\sigma_{\max} = \frac{S}{s} + \frac{6\,M_0}{s^2}. \tag{7}$$

Desgleichen, Fall Abb. 24b:

$$\sigma_{\max} = \frac{S}{s} + \frac{6\,M_l}{s^2}. \tag{8}$$

In diesen Gleichungen ist:

$$S = \frac{l' - l}{l} \cdot E \cdot (1 + \beta^2) \cdot s. \tag{9}$$

Hagers Gleichung für die Spannung:

$$\sigma = p \cdot \frac{b^2}{s^2} \cdot C. \tag{10}$$

Bachs Gleichung mit der Form Hagers in Übereinstimmung gebracht:

$$k_b = p \cdot \frac{b^2}{s^2} \cdot \frac{\mu \cdot \lambda^2}{2 \cdot (\lambda^2 + 1)}. \tag{11}$$

Beanspruchung nach Pietzker für eine rechteckige, eingespannte Platte mit zwei kurzen und zwei unendlich langen Seiten:

$$\sigma = \frac{M}{W} = \frac{p \cdot b^2}{12} \cdot \frac{6}{s^2} = 0{,}5\,p \cdot \frac{b^2}{s^2}. \tag{12}$$

Gemeinsame Form der Gleichungen Bachs, Hagers und Pietzkers:

$$\sigma = p \cdot \frac{b^2}{s^2} \cdot \varphi. \tag{13}$$

Hagers Berichtigungszahl C.

Seitenverhältnis $b:a$	1 : 1	1 : 1,25	1 : 1,5	1 : 2	1 : 3	1 : 4
Berichtigungszahl C	0,3	0,41	0,47	0,54	1,03	1,44

Pietzkers Berichtigungszahl für das Biegemoment.

Seitenverhältnis $b:a$.	1 : 2,5	1 : 2	1 : 1,8	1 : 1,6	1 : 1,4	1 : 1,2	1 : 1
Berichtigungszahl . .	0,99	0,96	0,94	0,91	0,86	0,79	0,64

Pietzkers Berichtigungszahl für die Biegebeanspruchung in der Mitte der kurzen Seite.

Seitenverhältnis $b:a$.	1 : 2,5	1 : 2	1 : 1,8	1 : 1,6	1 : 1,4	1 : 2	1 : 1
Berichtigungszahl . . .	0,03	0,06	0,09	0,14	0,22	0,38	0,64

Vergleichende Zusammenstellung der Berichtigungszahlen φ_B, φ_H, φ_P nach Bach, Hager, Pietzker.

$b:a$	1 : 3	1 : 2,5	1 : 2	1 : 1,8	1 : 1,6	1 : 1,4	1 : 1,2	1 : 1
φ_B	0,34	0,32	0,30	0,29	0,27	0,25	0,23	0,19
φ_H	1,03	0,79	0,54	0,51	0,48	0,45	0,39	0,30
φ_P	0,50	0,49	0,48	0,47	0,45	0,43	0,38	0,32

Erörterung.

Herr Dr.-Ing. F. W. Achenbach, Berlin:

Königliche Hoheit! Meine Herren! Der Vortrag ist so außerordentlich mannigfaltig, daß es kaum möglich ist, ihm in einer Diskussionsrede gerecht zu werden. Ich möchte auf Sinn und Zweck des Vortrages mit einigen Worten eingehen.

Der Vortrag wendet den Begriff der Normung auf solche großen Objekte an, wie sie Schwimmdocks darstellen. Es bedarf daher einer Überlegung, ob dies überhaupt zulässig oder geboten erscheint. Voraussetzung für jede Normung, Vereinheitlichung ist, daß eine große Anzahl Gegenstände nach dem gleichen Muster hergestellt werden können, damit hierdurch Ersparnisse an allgemeinen Unkosten und bei der Verwendung im Betriebe entstehen. Es fragt sich daher zunächst, ist es bei unserer jetzigen Lage — oder büerhaupt — zweckmäßig, eine große Anzahl Schwimmdocks einheitlich zu bauen, um hierdurch nach der Forderung des Herrn Vortragenden unsere Verluste so schnell wie möglich wett zu machen. Es dürfte

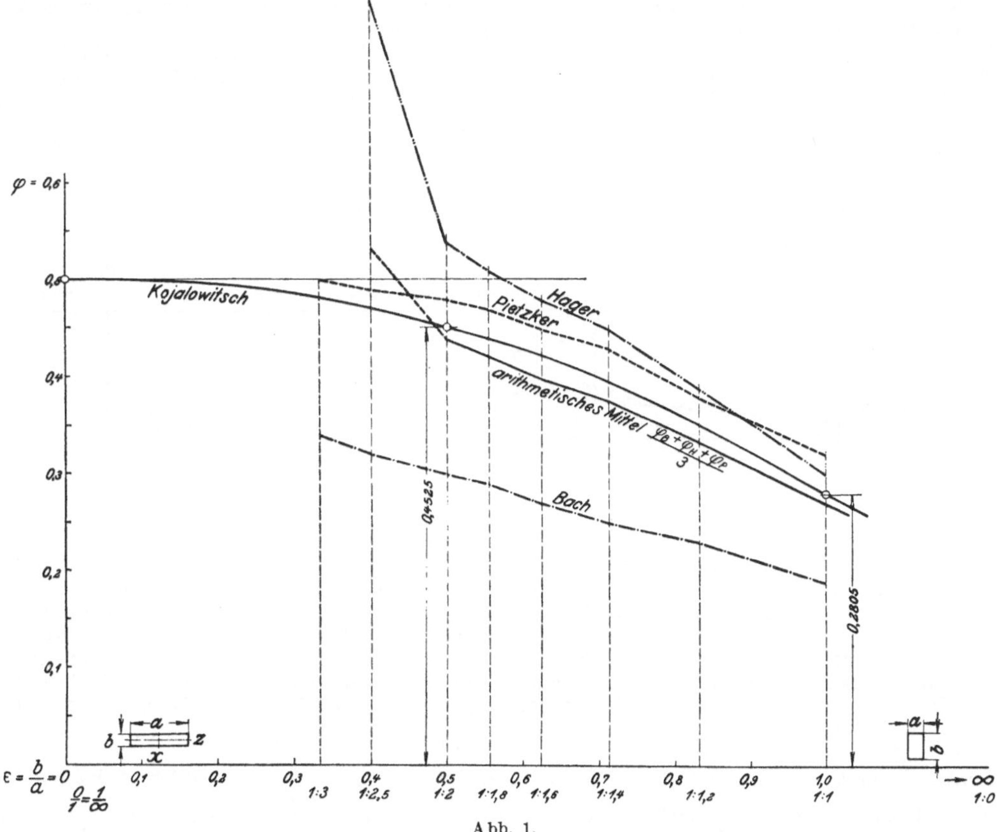

Abb. 1.

wohl nicht unbekannt sein, daß sich Deutschland augenblicklich in einer Rolle des armen Schluckers befindet, dem die welschen Schelme in der nächsten Zeit vielleicht das Hemd vom Leibe pfänden werden. In einer solchen Lage ist es aber das beste, von der Hand in den Mund zu leben, nicht mehr zu beschaffen, als unbedingt nötig ist, und vor allem kein Volksvermögen in Objekten anzulegen, die dem Zugriff besonders ausgesetzt sind. Dies ist aber, wie der Herr Vortragende an verschiedenen Stellen selbst hervorhebt, in hervorragender Weise bei den Schwimmdocks der Fall. Schiffe brauchen wir unbedingt. Aber mit Schwimmdocks müssen wir uns auf das äußerst notwendige Maß beschränken, bis unser Volksvermögen besser gesichert ist. Und wenn wir mit dem, was jetzt vorhanden ist, gerade auskommen, so ist das der beste Zustand.

Was die durch die Vereinheitlichung zu erwartende Ersparnis betrifft, so dürfte diese im Verhältnis zur Größe der Objekte kaum ins Gewicht fallen. Wenn beispielsweise ein 50 000 t-Dock gebaut werden soll, so wird dieses fraglos nach den Erfahrungen der Baufirma von Grund auf neu konstruiert ohne jede Rücksicht darauf, wie etwa andere kleine Docks, die später gebaut werden, aussehen sollen. Ich sehe daher den Wert der vorgetragenen Arbeit weniger in den Vereinheitlichungsvorschlägen als vielmehr in der zusammenfassenden Behandlung aller den Schwimmdockbau berührenden Fragen, denn ein Schwimmdock ist nun einmal kein Gegenstand, der sich mit einem normalisierten Eisenbahnwagen oder einer Einheitstür vergleichen ließe.

Einige Gesichtspunkte, die der Herr Vortragende als leitend eingeflochten hat, erscheinen mir allerdings kaum haltbar. So ist an mehreren Stellen des Vortrages betont, unter anderem unter Bezugnahme auf Staatsrat v. Bach, daß es für den schaffenden Ingenieur unerläßlich sei, mit möglichst einfachen Mitteln seinen Aufgaben gerecht zu werden. Leider erweist sich das, was einfach erscheint, meist bei näherer Betrachtung als außerordentlich verwickelt. Das haben wir z. B. heute wieder gesehen bei der Schubmessung der Schiffe, an und für sich ein sehr einfacher Vorgang, aber die Auswertung ist doch recht schwierig.

Wenn eine einfache Regel für den einzelnen Konstruktionsfall ausreicht, so ist dies ganz und gar nicht mehr der Fall, wenn es sich um die Aufstellung von Normungsgrundlagen handelt, denn jeder Fehler wird durch die vielhundert-, ja tausendfache Ausführung des genormten Gegenstandes potenziert, und wenn er bei dem einzelnen Stück noch so wenig ins Gewicht fiele. Es ist daher bei der Normung erste Forderung, die wissenschaftliche Grundlage der Konstruktion des Gegenstandes mit absoluter Eindeutigkeit zu erforschen und festzulegen und von der Anwendung vereinfachter und in den Grenzen der Brauchbarkeit nicht mehr klar erkennbarer Formulierungen ganz abzusehen. Denken Sie daran, meine Herren, welchen Eindruck auf die akademische Jugend es machen muß, wenn sie immer wieder auf den Wert von abgekürzten und Faustformeln hingewiesen wird. Wir haben die Regeln der Klassifikationsgesellschaften. Die haben sicherlich ihre große Bedeutung. Aber in den Hochschulen angewendet, führen sie dazu, daß die akademische Jugend vorzeitig von dem tiefen Eindringen in die Statik abgehalten wird. Deshalb sollte die Benutzung von Faustformeln und der Formeln und Tabellen der Klassikationsgesellschaften in den Hochschulen bis zu den allerletzten Semestern vollständig unterbleiben.

Ich habe nun einige Besonderheiten technischer Art an dem Vortrag hervorzuheben und bitte um ein Bild hierzu (Abb. 1). Der Herr Vortragende hat an keiner Stelle des Vortrages eine Änderung der Trimmlage des Schiffes ernsthaft in Betracht gezogen. Er setzt vielmehr Gleichlastigkeit des Schiffes voraus

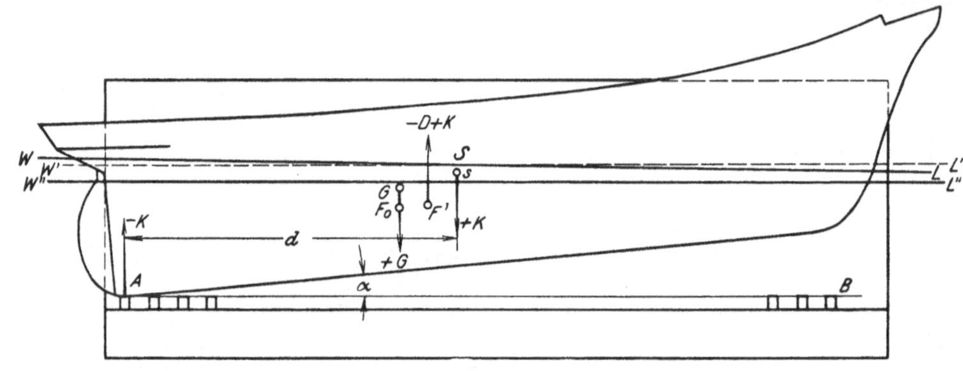

Abb. 2.

und bezeichnet den Kieldruck bei unebenem Kiel als völlig unberechenbar. Sie haben hier ein steuerlastiges Schiff. Es könnte ebenso gut die Betrachtung für Kopflastigkeit gelten. Wir haben eine große Anzahl von Petroleumdampfern, die meistens steuerlastig sind, wenn die Maschinen hinten liegen und das Schiff leer ist; überhaupt sind alle leeren Schiffe meistens steuerlastig, ebenso viele Segelschiffe; und es läßt sich nicht immer vermeiden, daß eine Steuerlastigkeit bei den Schiffen im Dock vollständig ausgeglichen wird. Der Kieldruck K berechnet sich nun nach einer Überlegung sehr einfach: Der Kieldruck K ist ebenso groß wie die Kraft, die, am gleichen Hebel wirkend, nötig wäre, um das Schiff gleichlastig zu legen. Es ist

also $\operatorname{tg} \alpha = \dfrac{K \cdot d}{M G_L \cdot D}$. Nimmt man nun, was sehr nahe zutreffend ist, an, daß: $M G_L = L$, daß der Hebelarm d gleich der halben Länge sei, also $d = \dfrac{L}{2}$, und setzt ferner: $\operatorname{tg} \alpha = \dfrac{1}{100}$, was bedeutet, daß ein 100 m langes Schiff ungefähr 1 m steuerlastig wäre, so folgt: $K = D/50$. Dann erhalten wir bei den Normaldocks diese Kieldrücke: 1000 t, 720 t usw., während die mittlere Belastung des Spantes sich dagegen nur zu 221 t, 223 t usw. berechnet. Wir erhalten also bei den großen Docks einen Druck auf Vorder- oder Hinterteil des Docks, der ungefähr 4,5-, 3,2-, 3,1 mal so groß ist wie die mittlere der Berechnung des Spantes zugrunde gelegte Belastung und sehen, daß das Dock gerade an den Enden stärker gebaut werden muß. Entweder müßten die Spanten enger gestellt oder der Kiel muß entsprechend ausgestaltet werden.

Hebefähigkeit t	Länge m	Spantabstand m	Belastung P pro Spant t	Kieldruck K bei 1⁰/₀ Trimm t	$K : P$
50 000	272,4		221	1 000	4,5
36 000	194,4	1,20	223	720	3,2
25 000	185,0		162	500	3,1
16 000	168,5		71	320	4,5
10 000	125,5		60	200	3,3
6 500	115,0	0,75	42	130	3,1
3 800	105,0		27	76	2,8
2 000	94,0		16	40	2,5

Ich möchte dann noch auf das Plattenproblem zu sprechen kommen, das der Herr Vortragende zwar sehr eingehend, aber bei weitem nicht eingehend genug behandelt hat. Wir brauchen in der Praxis sicher nicht Formeln, welche über ein gewisses Maß von Genauigkeit hinausgehen. Aber wir müssen uns über die Grundlagen der Anwendung klar sein. Ich habe hier die Werte, die der Herr Vortragende in der einen Tabelle (S. 56 des Vortrags) dreistreifig untereinander geschrieben hat, zusammengetragen, Hager, Pietzker und Bach, und daraus das arithmetische Mittel gebildet. Diese Kurve, die arithmetische Mittelkurve, liegt sehr nahe an einer Kurve, die sich auf rein theoretischem Wege ohne jede Einschränkung und ohne jede Vereinfachung ableitet. Es ist die Formel von Kojalowitsch. Ich habe sie hier oben angeschrieben:

$$y = \frac{1}{2}\,(1 - \mu^2)\,\frac{p}{E} \cdot \left(\frac{a}{2\,t}\right)^4 t \left\{\left(1 - \frac{4\,z^2}{a^2}\right)^2 + \sum_{k=0}^{k=\infty}{}' A_{2^k}\,\Phi_{2^k}(x)\cos\frac{2\,k\,\pi\cdot z}{a} + \sum_{k=0}^{k=\infty} B_{2^k}\,\psi_{2^k}(z)\cos\frac{2\,k\,\pi\,x}{b} + C\right\}$$

Der Wert für y enthält Reihen, die schlecht konvergieren und da sind noch vier besondere Bedingungen zu erfüllen, die jedesmal sehr lange Reihen enthalten und schließlich erhält man durch zweimalige Differention σ_{max}, wieder ein Ausdruck, der außerordentlich kompliziert ist. Um einen einzigen beliebigen Punkt dieser Kurve auszurechnen, braucht man Jahre. Das kann natürlich nicht ein Ingenieur machen, der in der Hochschule weiter nichts als Tabellen aufgeschlagen hat. Und es soll in diesem Falle ja auch gar nicht ein einzelner Ingenieur machen, sondern das muß eben von einer wissenschaftlichen Stelle aus bearbeitet werden.

$$\Phi_{2^k}(x) = \frac{Ch\,\dfrac{2\,k\,\pi\,x}{a}\,(k\,\omega\,Ch\cdot k\,\omega + Sh\,k\cdot\omega) - \dfrac{2\,k\cdot\pi\cdot x}{a}\,Sh\,\dfrac{2\,k\,\pi\,x}{a}\,Sh\,k\cdot\omega}{k\cdot\omega + Ch\,k\,\omega\,Sh\,k\,\omega}$$

$$\psi'_{2^k}(z) = \frac{Ch\,\dfrac{2\,k\,\pi\,x}{b}\,(k\,\omega_1\,Ch\,k\,\omega_1 + Sh\,k\,\omega_1) - \dfrac{2\,k\,\pi\,z}{b}\,Sh\,\dfrac{2\,k\,\pi\,z}{b}\,Sh\,k\,\omega_1}{k\,\omega_1 + Ch\,k\,\omega_1\,Sh\,k\,\omega_1}$$

$$A_{2^k} = \frac{48}{(k\,\pi)^4} + \frac{4}{\pi}\left(\frac{a}{b}\right)^3 \sum_{i=0}^{i=\infty}(-1)^{k+i}\,\frac{i^3}{\left[k^2 + i^2\,\dfrac{a^2}{b^2}\right]^2}\,\frac{Ch\,2\,i\,\omega_1 - 1}{Sh\,2\,i\,\omega_1 + 2\,i\,\omega_1}\,B_2\,i$$

$$\omega = \pi\cdot\frac{b}{a}\,,\qquad \omega_1 = \pi\,\frac{a}{b} = \omega\left(\frac{a}{b}\right)^2$$

$$B_{2^k} = \frac{4}{\pi}\cdot\frac{a}{b}\cdot\sum_{i=0}^{i=\infty}(-1)^{k+i}\,\frac{i^3}{\left[i^2 + k^2\,\dfrac{a^2}{b^2}\right]^2}\cdot\frac{Ch\,2\,i\,\omega - 1}{Sh\,2\,i\,\omega + 2\,i\,\omega}\cdot A_2\,i$$

$$\sigma_{max} = \frac{E\,t}{2}\left(\frac{d^2\,y}{d\,x^2}\right)\frac{b}{2}\,,\quad 0 = -\frac{\pi^2}{4}\,(1 - \mu^2)\,p\left(\frac{a}{2\,t}\right)^2\left\{\sum_{i=0}^{i=\infty}k^2\,A_{2^k}\left(1 - 2\,\frac{2^k\,\omega}{2^k\,\omega + Sh\,2^k\,\omega}\right)\right.$$
$$\left. + \left(\frac{a}{b}\right)^2\sum_{i=0}^{i=\infty}k^2\,B_{2^k}\,\psi'_{2^k}(0)\cos k\,\pi\right\}$$

Von dieser Kurve nun sind zwei Punkte berechnet, und zwar für das Seitenverhältnis 1 : 2 und das Seitenverhältnis 1 : 1. Im ersten Falle ergibt sich:

$$\sigma_{max} = 1{,}489\,(1 - \mu^2)\,p\left(\frac{b}{2\,t}\right)^2.$$

Im zweiten:

$$\sigma_{max} = 1{,}233\,(1 - \mu^2)\,p\left(\frac{b}{2\,t}\right)^2.$$

Außerdem sind noch zwei Punkte bekannt, nämlich der Anfangspunkt $\left\{\begin{array}{l}\varepsilon = 0\\ \varphi = 0{,}5\end{array}\right.$ und ein Punkt im Unendlichen für $\varphi = 0$, außerdem zwei Tangenten, nämlich eine im Punkte $\left\{\begin{array}{l}\varepsilon = 0\\ \varphi = 0{,}5\end{array}\right.$ und eine im Punkte $\left\{\begin{array}{l}\varepsilon = \infty\\ \varphi = 0\end{array}\right.$. Danach kann man die Kurve ziemlich genau durchziehen. Ich habe nun in meinem Vortrage vor der Schiffbautechnischen Gesellschaft im Jahre 1916 den Wert 0,4525 benutzt, um einer Formel in ganz bestimmten Grenzen Anwendung zu geben, wie sie gewöhnlich für Schiffsbodenplatten zutreffen, nämlich für das Seitenverhältnis 1 : 2. Da findet sich, wenn man den Druck in Meterwassersäule angibt und mit dem größtmöglichen spezifischen Gewicht des Seewassers 1,03[1]) multipliziert, der Quotient $\frac{0{,}4525}{10}\cdot 1{,}03 = 0{,}0466$, den ich dort angegeben habe (s. Jahrbuch 17. Bd., S. 257). Damals hat Herr Buchsbaum in seiner Erörterung gesagt, diese Kurven seien nicht zu gebrauchen und diese Formel sei nichts wert, er halte es nicht für nötig, darauf einzugehen. Es zeigt sich aber, daß der angegebene Punkt auf Abb. 2 umhüllt wird von der Wahrscheinlichkeit, daß er sehr genau zutrifft, jedenfalls in dem Maße der Grenzen, die ich damals angegeben habe.

Meine Herren! Ich glaube sicher, daß ich dem Herrn Vortragenden mit dem, was ich gesagt habe, nicht zu nahe getreten bin, denn der Vortrag ist außerordentlich fleißig ausgearbeitet und regt sehr zum Nachdenken über viele Punkte des Dockbetriebes an. Ich selbst habe eine Zeitlang einen Dockbetrieb als Betriebsdirigent gehabt und mich da mit manchen Fragen befassen können, so daß ich dem Herrn Vortragenden dankbar bin, daß er dieses Thema in so umfassender Weise behandelt hat.

---

[1]) S. Hütte 21. Aufl.

Herr Geheimrat Rudloff:

Meine Herren Der Vortrag hat mich sehr interessiert; auch ich habe in meiner jungen Ingenieurzeit viel mit Docks zu tun gehabt, habe den Betrieb des ersten Schwimmdocks der Marine und der Trockendocks in Kiel in Gang gebracht und ein kleines Schwimmdock für Torpedoboote konstruiert.

Ich frage den Herrn Vortragenden: Ist man niemals der Konservierung der Dockböden durch Zinkprotektoren nähergetreten, hat man nicht an einen Zinkbeschlag oder an die Verwendung verzinkter Bodenbleche gedacht? Der Zinkbeschlag eiserner Schiffe schützte doch die Außenhaut in ausgezeichneter Weise. Die Schraubbolzen, welche die Holzbeglenkung solcher Schiffe am Boden derselben befestigen, erwiesen sich im Gewinde nach Jahren noch metallisch blank, als wenn sie eben von der Drehbank gekommen wären. Die Wirkung ist ja sehr verständlich. Zink und Eisen zersetzen in Verbindung mit Seewasser dieses und der entstehende Wasserstoff scheidet sich am Eisen ab und wirkt so desoxydierend. Das Docken der Schiffe braucht ja nicht oft zu geschehen, ist aber doch eine kostspielige Sache.

Zur Abbildung 16 bemerke ich folgendes:

In Fig. 1 fehlt doch das Mittelschott, aber das ist wohl im Text erwähnt (Dipl.-Ing. Roeser: Ja). Zu den Figuren b bis n muß ich sagen: es ist eigentlich erstaunlich, was alles als Erfindung gilt und patentiert wird. Es soll sogar noch mehr solcher Patente geben und immer derselbe Gedanke. Mein Kollege Rauchfuß hatte denselben schon vor 40 Jahren bei dem Entwurf eines Docks zur Anwendung gebracht und mein Kollege Gaede bei der Konstruktion von Dockpontons in noch viel feinerer Weise und keiner hat wohl daran gedacht, ein Patent zu nehmen. Damals nannten wir so etwas „Konstruieren", jetzt heißt es „Erfinden". Übrigens kann ich auch nicht zugeben, daß d besser sein soll als c, das Patent von Dieckhooff, d kann so, wie gezeichnet, mit offenen Klappen gar nicht aufgepumpt werden. Durch die Klappen wird überhaupt die Stabilität beeinträchtigt und wenn es auch geht, wie die Ausführung beweist, so ist doch größere Sorgfalt bei der Bedienung der Docks erforderlich. Die geringere Arbeit zum Aufpumpen erscheint mir dagegen nicht so wichtig, das einfachste z. B. b würde doch wohl vorzuziehen sein.

Zu Abb. 16 b frage ich: Ist die Verbindung des Bodenpontons mit den Seitenkasten immer hinreichend sicher, besonders für so große Ausführungen von 25 000 t. Und warum ist diese Anordnung allein für eine solche Größe gedacht. Aufgefallen ist mir, daß im Boden der vorgeschlagenen Docks stets vier Längsschotten vorgesehen sind; ist eine solche Teilung immer erforderlich? Das erste Kieler Schwimmdock hatte nur ein Mittelschott und war vollkommen sicher, allerdings war hier der Seitenkasten im Anschluß an das Bodenponton erweitert.

Ob das Normalisieren der Docks viele Vorteile verspricht, lasse ich dahingestellt sein. Wohl aber könnte ich mir denken, daß es zweckmäßig sein würde, wenn sich einige an der Herstellung derselben interessierte Firmen zusammentäten und mehrere Typen schafften, in ähnlicher Weise, wie das für das im Lichthof der Hochschule zur Besichtigung von der Demag ausgestellte Schiffshebwerk geschehen ist.

Ich hätte noch manches anzuführen, aber unsere Zeit ist knapp, und so beschränke ich mich auf ein paar Bemerkungen über die Ausführungen zur Festigkeit ringsum eingespannter Platten. Die große Beanspruchung tritt doch nur ein, wenn die Platten eben sind und so frage ich: Hat man niemals wieder an die Verwendung von Buckelblechen gedacht, die für Docks doch wohl möglich wäre und die mir die Gutehoffnungshütte für die Konstruktion eines Docks vor vielen Jahren schon empfahl.

Endlich hätte ich noch gern erfahren, wer die von Pietzker in seinem verdienstvollen Buch aus amtlichen Material mitgeteilten φ-Werte ermittelt hat, die im Vergleich mit denen von Hager und v. Bach doch das Richtigste zu treffen scheinen. Man ist es ja gewöhnt, daß in den Ämtern Einzelleistungen vielfach nicht genügend gewürdigt werden; hier handelt es sich aber um wissenschaftliche und dauernd wertvolle Ergebnisse und um ein Problem, an dessen Lösung schon mancher bedeutende Forscher gearbeitet hat. Wer ist es hier nun gewesen, Pietzker war es meines Wissens nicht, diese Werte sind wohl schon vor seiner Zeit im Amte festgestellt (Dipl-Ing. Achenbach: Stieghorst). Ich weiß es nicht; ich hatte gehofft, daß einer der Herren aus dem früheren Reichsmarineamt hier anwesend sein würde, der das feststellen kann; es scheint aber nicht der Fall zu sein. Eine Feststellung wäre doch aber nur gerecht. (Lebhafter Beifall.)

Herr Dr.-Ing. Achenbach, Berlin:

Herr Geheimrat Rudloff fragte, wer die Pietzker-Platten-Formeln aufgestellt hat. Ich habe gelegentlich mit Herrn Stieghorst darüber gesprochen. Herr Stieghorst sagt, sie stammen von ihm.

Herr Dr.-Ing. Roeser, Essen (Schlußwort):

Meine Herren! Herr Dr. Achenbach hat auszusetzen gehabt, — wobei ich bemerken will, daß ich mich durchaus nicht durch seine Ausführungen gekränkt fühle, — daß ich die Frage des Dockens der Schiffe auf ungeradem Kiel nicht genügend ins Auge gefaßt habe. Die Entwickelung, die er uns gebracht hat war mir auch bekannt und ist in der Praxis allgemein üblich. Der Dockmeister aber macht das in der Praxis, wenn es irgend geht, so, daß er sein Dock so schief hinlegt, wie das Schiff schwimmt. Dann brauchen wir keine Hackendrücke usw. auszurechnen, sondern wir docken das Schiff allmählich auf ebenen Kiel. Ich hatte bei meinen Ausführungen auch nur den Fall im Auge, daß ich ein havariertes Fahrzeug ins Dock bekomme, z. B. ein durch Minenexplosion havariertes Schiff. Sie werden die Abbildungen auch im Jahrbuch finden. Ich konnte wegen der beschränkten Lichtbilderanzahl, die die Schiffbautechnische Gesellschaft heute zur Verfügung stellt, nicht alle Lichtbilder so bringen und auch nicht so in der Reihenfolge oder in der Anordnung, wie ich es gern wollte. Infolgedessen mußte ich diese Photographien fortlassen. Ich habe da zwei interessante Lichtbilder, von denen das eine ein Torpedoboot zeigt, das durch eine Minenexplosion auf geknickten Kiel gekommen ist. Meine Herren! Wenn ich solch ein Schiff docke, dann weiß ich tatsächlich nicht, wieviel Druck auf einen bestimmten Dockstapel oder auf eine ins Auge gefaßte Stelle kommt. Ich muß eben docken und muß mich darauf verlassen, daß die Weichholzunterlage, die ich auf meine Dockstapel lege, den Druck allmählich ausgleicht; da bleibt nichts anderes übrig. Im übrigen kann ich mich nur auf die Festigkeit im Schwimmdock verlassen, die hoffentlich ausreichen wird, um diese vermehrte Beanspruchung der Dockstapel und der Querträger auszuhalten.

Und wenn Herr Dr. Achenbach von der Vereinheitlichung der Schwimmdocks spricht und sagt, wir müßten heute mit dem auskommen, was wir haben und dürfen nichts Neues bauen, so stimme ich mit ihm vollkommen überein. Wenn wir auskommen, wir also genug Schwimmdocks haben, dann bin ich der erste, der sagt, wir wollen keine weiteren bauen, sondern mit diesen Docks, die wir einmal haben, das Geld verdienen, so gut es geht. Aber wenn wir neue Schwimmdocks bauen, dann müssen wir uns überlegen, ob wir in dem alten System weiter gehen oder ob wir Schwimmdocks bauen, die sich den Gewichtsverhältnissen der nun einmal gebauten oder zu bauenden Schiffe etwas besser anpassen. Das hatte ich im Auge, als ich die von mir so bezeichneten „Einheitsdocks" vorschlug.

Betreffs der Formel von Kojalowitsch muß ich sagen, daß mir diese bei meinem Vortrag nicht bekannt war. Ich hätte es wohl auch vermeiden müssen, diese Entwickelung zu studieren, weil man, wie gesagt, zwei Jahre braucht, um einen Punkt der Kurve auszurechnen (Heiterkeit). Wenn es Wissenschaftler gibt, die das gemacht haben, so ist das gut. Das habe ich in meinem Vortrag auch gesagt, daß, wenn man wichtige Erfahrungen hat, man natürlich mit diesen Erfahrungen in der Praxis arbeiten muß. Der Ingenieur in der Praxis, im Betriebe hat wirklich oft nicht Zeit, mathematische Entwickelungen an seinem Tisch zu machen. Er wird so dringend im Betriebe selbst gebraucht und durch so viele Kleinigkeiten belemmert, wie der Schiffbauerausdruck heißt, daß er tatsächlich sich nicht darum kümmern kann, ob eine Formel so oder so abgeleitet werden muß. Das müssen wir zum guten Teil den wissenschaftlich arbeitenden Ingenieuren überlassen, die das für uns tun; und wir müssen diese Erfahrungen, die sie herausbekommen haben, entsprechend verwerten. Da mir aber nur die Arbeiten und Untersuchungen von Pietzker, Hager, Bach, Muth und Forchheimer zugänglich waren, habe ich diese nur herangezogen. Von Kojalowitsch habe ich bis heute noch nichts gewußt; ich muß es zu meiner Schande gestehen.

Herr Geheimrat Rudloff kam dann auf den Zinkschutz zu prechen. Da muß ich sagen, daß mir noch nicht bekannt ist, daß man Schwimmdockbodenplatten mit einem Zinkbelag versehen hat. Wohl hat man ja U-Boote und Torpedoboote in den letzten Jahren mit Zinkplatten gebaut, weil man dünne Platten gebrauchen und notwendigerweise das Abrosten möglichst vermeiden mußte. Infolgedessen hat man dort einen starken Zinkschutz angebracht. Er hat sich auch allgemein gut bewährt. Die Platten sind nicht so leicht verrostet. Bei den Docks hat man es wahrscheinlich bisher wegen der größeren Kosten nicht gemacht. Die Kriegsmarine konnte es sich leisten, verzinkte Platten zu benutzen, der Handelsschiffbau, der verhältnismäßig weniger Geld zur Verfügung hat, muß darauf verzichten und auf die Farben zurückgreifen, die für den Rostschutz vorhanden sind, auf gifthaltige Farben, die man dann auch im Dockbau hauptsächlich angewandt hat.

Was die Formel von Pietzker anbetrifft, so sagt ja Pietzker in seinem Buche, daß er diese Untersuchungen und Arbeiten auf Grund amtlichen Materials gemacht habe. Meine Herren, das besagt wohl schon, daß nicht alles von ihm allein stammt. Allerdings ist angenommen, daß der eine oder der andere Gedanke auch von Pietzker selbst sein wird. Ob das nun gerade hier für die Berichtigungszahl in bezug auf die Festigkeit eingespannter Platten zutrifft, das weiß ich nicht. Ich bin Herrn Geheimrat Rudloff insofern dankbar und mit mir wohl auch die anderen Herren, daß er uns gesagt hat, daß diese Zahlen in Reichsmarineamt ausgearbeitet worden sind und man nicht weiß, wer es eigentlich gewesen ist. Bei Staatsbehörden ist das ja ein ganz bekannter Vorgang, es wird vieles ausgerechnet und vieles ausgearbeitet, und der Betreffende, der das herausgefunden hat, bekommt vielleicht eine Gehaltszulage, im übrigen aber wird sein Name nicht so schnell bekannt.

Dann bleibt mir nur noch übrig, meine Herren, Ihnen für die Ausdauer zu danken, die Sie beim Anhören meines Vortrags an den Tag gelegt haben. Leider habe ich mich darauf beschränken müssen, nur einen Teil des Vortrages zu bringen und viele Seiten zu streichen, weil ja die Zeit, die wir hier zur Verfügung haben, nicht ausreicht um eine Druckschrift von 60 Seiten vorzutragen; es würde zu ermüdend sein und hätte auch wenig Zweck. Ich danke den Herren für die Aufmerksamkeit. (Lebhafter Beifall.)

Seine Königliche Hoheit Großherzog Friedrich August:

Die von Herrn Dr. Roeser angestellte Untersuchung, welche Arten und Größen von Schwimmdocks in Deutschland am nötigsten gebraucht und nur allein gebaut werden sollen, ist höchst beachtenswert. Ob jedoch die Feststellung besonderer Bauvorschriften für einen Reihenbau lohnend sein wird, ist vielleicht wegen der geringen Zahl der in den nächsten Jahren herzustellenden Docks zu bezweifeln. Jedenfalls hat uns der Herr Dr. Roeser einen klaren und anregenden Vortrag gehalten, wofür ich ihm namens der Versammlung unseren besten Dank ausspreche. (Beifall.)

XI. Der gegenwärtige Stand des Eisenbetonschiffbaues.

Vorgetragen von Regierungs- und Baurat Dr.-Ing. **Wilhelm Teubert** in Minden i. W.

Einleitung.

Seit dem Vortrag, der hier vor zwei Jahren zuerst die Aufmerksamkeit der schiffbautechnischen Öffentlichkeit auf das den meisten von Ihnen neue Gebiet des Eisenbetonschiffbaues gelenkt und die Grundlagen der Konstruktion des Baustoffes und der technischen und wirtschaftlichen Wettbewerbsfähigkeit mit eisernen Schiffen in umfassender und klarer Darstellung grundsätzlich entwickelt hat, haben die mit dem Eisenbetonschiffbau beschäftigten Kreise einen schweren Kampf durchgeführt. Einen Kampf nicht nur mit dem spröden Baustoff selbst, mit der Schwierigkeit, ihn den mannigfachen und durch die hohe Vervollkommnung des Eisenschiffbaues besonders gesteigerten Ansprüchen hinsichtlich der Gewichtsersparnis, Festigkeit, Wasserdichtigkeit und Dauerhaftigkeit anzupassen, sondern auch einen Kampf mit der in weiten Kreisen der Reederei und des Schiffbaues fest wurzelnden Abneigung gegen steinerne Schiffe, deren Heftigkeit sich in manchen auch öffentlichen Fehden spiegelte und schließlich einen Kampf mit zwei fast übermächtigen Gegnern, der wirtschaftlichen Lage unseres Vaterlandes und den Verhältnissen des Weltmarktes. Wenn ich behaupten sollte, daß der Betonschiffbau in diesem Kampfe Sieger geblieben wäre, so müßte ich lügen. Mancher von Ihnen wird sagen, im Gegenteil, er ist tot.

Meine Herren! Sie können überzeugt sein, daß ich als alter Eisenschiffbauer — ich bin jahrelang im Fluß- und Seeschiffbau tätig gewesen, und stehe auch jetzt noch als Leiter der Staatswerft Minden dem Eisenschiffbau sehr nahe — Ihre kostbare Zeit nicht in Anspruch nehmen würde mit einem Vortrag über den Eisenbetonschiffbau, wenn ich nicht auf Grund der im letzten halben Jahre mit der neuen Betonschiffbauweise gemachten Erfahrungen und tatsächlichen Beweise der festen Überzeugung wäre, daß der Betonschiffbau aus den Kinderkrankheiten heraus ist, daß er mit Hilfe einer ganzen Reihe von Verbesserungen im Baustoff selbst, in der Konstruktion und — vor allem wirtschaftlich — in der neuen Herstellungsweise, nach der die Schiffe im Reihenbau in einer festen schwimmenden Dauerschalform hergestellt werden, wirklich lebensfähig und wettbewerbsfähig und darum geeignet geworden ist, in dem schweren Kampfe, den wir gegen den Neid und die Habgier fast der ganzen Welt zu bestehen haben, ein wertvoller Baustein ist oder werden kann. Deshalb halte ich es im allgemeinen volkswirtschaftlichen Interesse für notwendig, daß die durch die Schiffbautechnische Gesellschaft vertretene oberste Instanz sich unabhängig von dem oft mit nicht ganz sachlichen Gründen, in der Presse ausgefochtenen Widerstreit der Meinungen ein Urteil darüber bildet, ob es nach den bisherigen Erfahrungen verantwortet werden kann, die große Summe an geistiger Arbeit und geldlichen Aufwendungen als verloren abzuschreiben, oder ob es als erwiesen anzusehen ist, daß die Anwendung des Eisenbetons für den Bau von Schwimmkörpern und Schiffen mit und ohne Antrieb innerhalb gewisser, im folgenden noch näher zu umreißender Grenzen technisch einwandfrei möglich ist und wirtschaftlich solche Erfolge verspricht, daß das weitere Eindringen in diese Wissenschaft den Schiffbauern empfohlen werden und der deutschen Reederei mit gutem Gewissen geraten werden kann, sich die Vorteile des Eisenbetons zunutze zu machen.

Art, Zahl und Bewährung bisher gebauter Betonschiffe.

Man kann in der Entwicklung des Betonschiffbaues vier Abschnitte unterscheiden. Die ersten Versuche, die sich von dem ersten Boot des Franzosen Lambot im Jahre 1854, über eine 1887 gebaute holländische Schaluppe „Seemöwe", einen 1892 in Amerika gebauten Küstenschoner zu den 1896 begonnenen erfolgreichen Bauten des Italieners Gabellini entwickelten, dann den zweiten Abschnitt des langsamen Ausbaues der verschiedenen Bauweisen in Holland, Skandinavien, Deutschland, Amerika, England, Italien und Frankreich, wo mit mehr oder weniger Erfolg ziemlich zahlreiche Bauten kleinerer und mittelgroßer Pontons, Prähme, Leichter und Kähne bis 1918 vom Stapel liefen; den dritten Abschnitt des Aufschwunges, der, durch die großen Schiffsverluste und den Mangel an Schiffsbaustahl in den feindlichen Ländern verursacht, den Betonschiffbau zu einem von vielen Seiten anerkannten Ersatz und schon wettbewerbsfähigen Nebenbuhler des Stahlschiffbaues herangezogen hat, so daß jetzt, wo durch die Verschiebung der wirtschaftlichen und politischen Verhältnisse in manchen Ländern die Notwendigkeit eines Stahlersatzes geschwunden, in anderen aber, wie besonders in Deutschland, gewachsen ist, die Entwicklung des Betonschiffbaues in neue verbesserte Bahnen gelangt ist, die im vierten Entwicklungsabschnitt von 1921 ab dazu geführt haben, ihn für gewisse Gebiete dem Eisenschiffbau überlegen und in vielen Fällen wettbewerbs- und dauernd lebensfähig zu gestalten.

Von den Bauten des ersten Abschnittes, die ja schon der Geschichte angehören, sei nur erwähnt, daß Graf Lambots Boot noch nach 60 Jahren und die holländische Schaluppe jahrzehntelang im Betrieb war, daß ein Boot von Regierungsbaumeister Kirn, Berlin, das nur 1,2 cm Wandstärke hat, 8 Jahre lang ununterbrochen auf der Havel im Betrieb gewesen, im Winter mehrfach, ohne Schaden zu nehmen, eingefroren ist und ohne Aufwendungen für Unterhaltung und Ausbesserung noch heute tadellos erhalten ist, und daß auch von den übrigen Fahrzeugen mehr gute als schlechte Erfahrungen bekannt geworden sind.

Aus der zweiten Entwicklungsstufe sind besonders folgende Bauten hervorzuheben:

Die italienischen Bauten Gabellinis, von kleinen Pontons zu einer großen Zahl von Schiffsbrücken, Leichtern und Seeschiffen emporführend, haben sich in vielen schwierigen Erprobungen und im täglichen Betriebe gut bewährt. Seine Bauweise des beiderseitigen Putzens des Betons auf einem engmaschigen Drahtgeflecht ist in anderen Ländern nicht angewendet worden, weil sie viel Arbeitslohn und sehr große Genauigkeit der Arbeit erfordert. Seine 150 t tragende „Liguria" legte 1904 schon 1000 km auf See anstandslos zurück.

Holland hat sich hauptsächlich zum Gießen des Betons zwischen doppelter Holzschalung entschlossen und trotz der damit verbundenen Schwierigkeiten, selbst bei Wanddicken bis zu 3 cm herunter, gute Erfolge erzielt.

Auch Niederländisch-Indien nahm schon in dieser Zeit den Betonschiffbau auf und baute Schiffe bis zu 200 t Tragfähigkeit.

Frankreich, gewissermaßen der Vater des Betonschiffbaues überhaupt, hat infolge ungünstiger Urteile seitens einiger Behörden während des zweiten Abschnittes den Zuschauer gespielt und erst 1912 wieder, jetzt allerdings in beschleunigtem Tempo, Betonschiffe für See- und Binnenschiffahrt gebaut, z. B. in Marseille eine Reihe von 200 t-Schiffen nach Entwürfen von Gabellini.

In Indochina baute bereits 1906 die Firma Brossard Mopin & Co. eine Reihe von Flußschiffen von 100 und 150 t Tragfähigkeit und hat diese Bauweise bis in die neueste Zeit weiter entwickelt.

England, das Mutterland des Eisenschiffbaues, zeigte zunächst die größte Zurückhaltung, um schließlich in den letzten Kriegsjahren zu einem Vorkämpfer des Betonschiffbaues zu werden; 1912 wurde ein Baggerschiff von $30,5 \times 8,5 \times 2,6$ m und in Kanada Schuten von $24 \times 6,5 \times 2,1$ m gebaut.

Die Vereinigten Staaten von Amerika, die schon 1892 erfolgreiche Bauten ausführten, haben während der nächsten 20 Jahre, allgemein im Schiffbau ziemlich müßig, auch auf diesem Gebiete nichts Hervorragendes geleistet. 1910 wurde ein Betonschoner von 20 m Länge, 5 m Breite und 4,3 m Seitenhöhe und von der Concrete Scow Construction Co. in Baltimore ein Leichter von 34 m Länge, 8,8 m Breite und 3,2 m Seitenhöhe bei 7,5 cm Wanddicke gebaut. Bald darauf folgte ein Flottenprogramm von 25 Betonschiffen.

Skandinavien, durch den Mangel an Schiffbaustahl und die Reichtümer an Holz (für die Schalung) am meisten zu diesem, für mittelgroße Schiffe besonders gut geeigneten Baustoff vorherbestimmt, nahm den Betonschiffbau eifrig auf und hat in der Entwicklung neuer Bauweisen, namentlich auch in der Vereinfachung des Stapellaufs, viele neue Gedanken gehabt. Von den nahezu 20 Betonwerften sind besonders Fougner und Alfsen als Bahnbrecher zu nennen.

Das Motorschiff Namsenfjord ist durch seine besondere Bewährung auf See bekannt geworden.

In Deutschland brachten die Jahre 1908 und 1909 wohl die ersten Erzeugnisse. In Hannover baute die Firma Grastorf einen Prahm, in Frankfurt wurde von der Allgemeinen Verbundbaugesellschaft Nast ein Lastschiff für den Main von 42 m Länge, 6 m Breite und 200 t Tragfähigkeit hergestellt, in Mannheim erwarb sich die Stadtverwaltung das Verdienst, den Eisenbeton als geeignetsten Baustoff für Schwimmkörper (Badeanstalten) erkannt und in großem Umfange erprobt zu haben. Gleichzeitig entstand bei der Pommerschen Zementsteinfabrik in Stolp in Pommern ein Kahn von 10 m Länge und 1910 baute Ellmer & Co. in Stettin ein noch heute schwimmendes und im Betrieb befindliches Motorboot. 1912/13 ging dann der Hamburger Ingenieur Rüdiger an den Bau mehrerer Fahrzeuge von 75, 400 und 700 t Tragfähigkeit, bei denen besonders Leichtbeton verwandt wurde, und 1912 baute Züblin & Co., Straßburg, ein Transportschiff in Niedau am Bieler See von 100 t Tragfähigkeit.

Der dritte Entwicklungsabschnitt brachte infolge der Kriegsverhältnisse den großen Aufschwung des neuen Baustoffs zunächst in den von den deutschen U-Booten bekämpften Staaten, während Deutschland, wegen der Küstensperre im Handelsschiffbau gelähmt, erst nach dem Kriege die Erfolge der anderen aufgriff und mit der ihm eigenen Wissenschaftlichkeit und Gründlichkeit tatkräftig entwickelte.

In Italien wurde 1919 ein größerer Eisenbetondampfer dem Betriebe übergeben. Von den übrigen Bauten ist besonders ein großer mit einem starken Marinegeschütz bewaffneter Flußmonitor bemerkenswert, von denen eine ganze Reihe gebaut wurde.

Holland schritt auf dem kühn begonnenen Wege vorwärts und baute eine größere Zahl von Fluß-, Watt- und Seefahrzeugen. 1919 lief ein Schiff von 480 t Verdrängung und 150 t Eigengewicht bei Jouret & Speltineck in Krempen am Leck vom Stapel. Nach Boonschen Plänen wurden auch im Ausland, z. B. Norwegen, eine Reihe von Schiffen erbaut.

In Frankreich gingen mehrere Werften mit neuen Bauweisen zielbewußt vor und fanden bei der Regierung, die für die Binnenschiffahrt auf dem weitausgedehnten Kanalnetz große Bestellungen in Betonschiffen vergeben konnte, kräftige Unterstützung. 1916 baute Lorton nach besonderen Patenten Schiffe von 300 t Tragfähigkeit von 38 m Länge, 5 m Breite und 3 m Höhe, die nur 3 cm Wanddicke hatten und solche von 675 t, die bei 45 m Länge, 7,5 m Breite, 3,15 m Seitenhöhe und 2,95 m Tiefgang 4 cm Wanddicke und bei 170 t Betongewicht nur 12 t Eisen hatten, also nur ein Siebentel von dem zu einem Eisenschiff gleicher Tragfähigkeit notwendigen. 1918 wurden in Roux Schiffe von 900 t Wasserverdrängung in den Abmessungen 45 × 7,8 × 3,75 m gebaut, die mit 330 PS 9 Knoten liefen. An der Gironde entstanden Schiffe von 2000 t und darüber. Die große Gesellschaft Hennebique baute eine Reihe von Schiffen, die bei 55 m Länge, 10 m Breite, 5 m Höhe und 2,7 m Tiefgang 1220 t verdrängten, 1000 t trugen und mit 320 PS 8,5 Knoten liefen. Die Außenhaut ist 10 cm dick, die Spanten 80 × 20 cm. Die Aufträge der Regierung umfaßten 1917 50 Betonschlepper mit Motoren und 94 Betonfrachtschiffe, von denen 75 600 t und 19 1000 t Tragfähigkeit haben. Durch die guten Erfolge dieser Schiffe ermutigt, stellte der Staat für 1918 ein neues Bauprogramm auf, das nicht weniger als 700 Stück 1000-t-Leichter und 50 Stück Bugsierboote umfaßte. In welchem Umfange dieses Programm ausgeführt wurde, konnte ich nicht feststellen, aber die Größe des Programms allein ist ein Beweis dafür, daß man schon damals dem Eisenbeton als Schiffbaustoff volles Verständnis entgegenbrachte. Nach der besonderen Bauweise Lossier gab die französische Regierung schon 1917 150 Kohlenschiffe aus Eisenbeton von 70 × 7,9 × 3,4 m mit einer Verdrängung von 1650 t in Auftrag, von denen 103 in den ersten 2 Jahren ausgeführt wurden und sich besonders gut bewährt haben, da sie nicht so von den Kohlen angegriffen werden wie Eisenschiffe. Außerdem sind Schiffe von 45 m Länge, 7,6 m Breite und 3,6 m Seitenhöhe und 550 t Tragfähigkeit und solche von 70 m Länge, 7,7 m Breite und 3,6 m Seitenhöhe, beide für 3 m Tiefgang, gebaut worden. Die Außenhaut ist 7 cm dick. Die Schiffe wurden sehr scharfen Proben unterworfen und haben sich sehr gut bewährt. In Rochefort sind 6 Betonleichter von 1000 t Tragfähigkeit (Espitallier) im Bau. Sie sind 52 m lang, 10 m breit und 5,7 m hoch.

Auf der Werft der General Concrete Shipbuilding Yards, zwischen Cannes und Antibes, lief im Dezember 1919 die „Villeneuve", ein Seeschiff von 700 t Verdrängung und 500 t Tragfähigkeit, mit 200-PS-Motor ab. Das Schiff hat doppelte Haut. Die Werft hatte 50 Betonschiffe in Auftrag, von denen 4, größer als „Villeneuve", im Bau sind. Eisenbetonschiffe sind auch auf der Werft der Societé Rouennaise de navires en ciment armé in größerer Zahl im Bau, so daß wohl Frankreich, was die Größe der Betonschifflotte anbetrifft, heute an der Spitze aller Länder marschiert.

Auch Indochina hat, wie oben erwähnt, aus leicht verständlichen Gründen den Betonschiffbau aufgenommen. 1917 wurde ein Fährboot für Singapore erbaut. 1918 folgte bei Brossart Mopin & Co. in Saigon ein großes Seeschiff von 4500 t Wasserverdrängung und 2500 t Tragfähigkeit mit 1000-PS-Dieselmotoren. Es ist 82 m lang, 11,5 m breit, 7,5 m hoch und geht leer 3,4, beladen 5,83 m tief. Der Schiffsrumpf hat bei einer Außenhautdicke von 8 cm ein Gewicht von nur 1500 t, gegenüber dem eines eisernen von 1300 t. Pläne für Frachtschiffe von 6000 t und Tankschiffe von 8000 t Tragfähigkeit, also die größten bisher aus Beton gebauten, sind dort in Bearbeitung.

England hat während des Krieges mit großer Tatkraft, allerdings bisher nicht immer mit eben so großer Gründlichkeit und Wissenschaftlichkeit das neue Feld beackert. Auch jetzt nach dem Kriege, wo die Notwendigkeit schneller Schiffsraumschaffung und der Mangel an Schiffbaustahl entfallen sind, sind große Kräfte am Werke, auf dem einmal begonnenen Wege zur Vollkommenheit fortzuschreiten und es muß anerkannt werden, daß bei zunehmender Wissenschaftlichkeit hier großes geleistet wurde, allerdings unter kräftiger staatlicher Unterstützung.

Die Gesellschaft Mouchel & Co., die sich schon eine Reihe von Jahren vor dem Kriege mit dem Betonschiffbau befaßt hat, und mit 8 Eisenbetonwerften zusammenarbeitet, gründete die Ferro Concrete Ship Construction Co. in Westminster, die auf ihrer Werft in Barrow in Furness, die 11 große Hellinge hat, zunächst den Bau von 6 Frachtschiffen von je 1050 t Tragfähigkeit übernahm. Gleichzeitig trat die Regierung mit einem großen Bauprogramm von Betonschiffen hervor, von denen diese Werft zehn 1000-t-Frachtschiffe und 6 Seeschleppdampfer von je 750 PS erhielt. Die Frachtschiffe sind 57 m lang, 9,6/8,88 m breit, 5,79 m hoch und laufen bei 350 PS 7,5 Knoten; die Schlepper sind 40 m lang, 8,38 m breit und 5,77 m hoch und gehen 4,5 m tief. Der Frachtdampfer „Armistice", 62,2 × 9,72 × 5,92 von 1150 t Tragfähigkeit lief Januar 1919 in Barrow vom Stapel und hat sich bei vielen Fahrten über See sehr gut bewährt, besonders hinsichtlich geringer Maschinenerschütterungen. Er hat Kohlen, Erz und Stückgüter bei jeder Witterung gefahren, wobei sich der größere Laderauminhalt besonders für Stückgüter sehr vorteilhaft bezüglich des Frachtenverdienstes erwies. So führte die „Armistice" kürzlich 900 t Hafer, d. h. 200 t mehr als ein Stahlschiff gleicher Tragfähigkeit. Der Kohlenverbrauch war gleich dem eines eisernen Schiffes. Der Rumpf, der keinen Anstrich bekommen hatte, blieb während des Betriebsjahres völlig rein. Die Unterhaltungskosten betrugen nur ein Fünftel derer eines Stahlschiffes. Die Reederei Leopold Walford Ltd. London, der das Schiff gehört, erklärte, sie würde keinen Augenblick zögern, in allen ihren Linien, in denen jetzt Stahlschiffe fahren, Betonschiffe einzustellen. Die Baukosten betrugen 20—40% weniger, als die eines vollständig ausgerüsteten Stahlschiffes. Der zweite Hochseeschlepper lief November 1919 vom Stapel. Auf der Werft von John ter Mehr in Storcham by Sea lief September 1919 der zweite von 6 Schleppdampfern von 750 PS vom Stapel.

Die Ritchie Concrete Engineering and Shipbuilding Co. in Preston baute 2 Motorküstenschiffe von je 300 t Tragfähigkeit unter Lloyds Aufsicht von 37,8 × 7,0 × 3,7 m, Tiefgang bei Volladung 2 m. Die Schiffe haben 240-PS-Glühkopfmotoren. Weiter sind 3 Schiffe von je 3000 t Tragfähigkeit im Bau, die 2 Ölmotoren von je 180 PS bekommen. Außerdem in Nordengland eine Reihe kleinerer Schiffe, von denen 2 zu 500 t Motorantrieb haben. Auf der Witehall Dockgard Co. in Witby sind 2 motorangetriebene Leichter fertiggestellt worden, die bei 33,23 m Länge, 6,4 m Breite, 2,9 m Höhe und 2 m Tiefgang 337 t verdrängen und 7 Knoten laufen.

Außer den für die Admiralität gebauten Betonleichtern „Molliette" und „Violette", die Bolindermotore haben, werden jetzt 3 andere Betonleichter mit je 2 Ölmotoren von zusammen 360 PS versehen.

Von den übrigen etwa 20 Betonwerften in England ist über eine in Poole Harbour näheres veröffentlicht worden. Auf der Betonschiffswerft von Warrenpoint sind 4 Eisenbetonschiffe von je 1000 t Tragfähigkeit gebaut worden. Bei der Stuarts Concrete Ship Co. Ltd. Northfleet Dockgard liefen die Eisenbetonbarken „Creteland" und „Cretemanor", der Betonsegler „Cretehut" und das Frachtschiff „Cretetorent" von je 1000 t Tragfähigkeit vom Stapel. Die Scottish Concrete Shipbuilding Co. in Greenock baute 6 Stück 1000-t-Schiffe, sowie die Bark „Cretehighway" von 780 Br.-Reg.-T. Bei der Wear Concrete Building Co. Ltd. Southwick on Wear ist ein 750-PS-Eisenbetonschleppdampfer gebaut.

Wenn von dieser großen Zahl von Werften, die zum Teil nur für das Kriegsbedürfnis gebaut waren, jetzt, da die Übererzeugung an Weltschiffraum sogar zur Zurücknahme von Stahlschiffaufträgen geführt hat, einige ihren Betrieb einstellen, wie es z. B. in Schottland geschehen ist, so darf man daraus durchaus nicht den Schluß ziehen, daß der Betonschiffbau seines Wesens oder seiner Mängel wegen aufgegeben wurde. Im Gegenteil muß die Tatsache, daß trotz der Übererzeugung an Schiffraum und trotz der vorhandenen Eisenvorräte gerade in England gegen den Wettbewerb der Stahlwerften der Betonschiffbau sich so stark behaupten konnte und ständig vertieft wurde, sehr beachtet werden.

Das englische Marinedepartement des Board of Trade hat Bestimmungen für Betonschiffe erlassen, ebenso das American Joint Commitee. Der englische Betonschiffbau, der teils auch französische Bauweisen angewendet hat, leidet in seiner Wirtschaftlichkeit und Baugeschwindigkeit aber noch unter der Anwendung der Holzschalung. The Journal of Commerce, Liverpool, schreibt über die Preise am 15. 4. 1920: Die Thomas Bros, Shipping Co. Ltd. kaufte einen Stahldampfer von 340 t d. w. zum Preise von 34 500 Pfund und ein ebenso großes, vom Lloyd klassifiziertes Betonschiff für 23 800 Pfund. Das Stahlschiff kostet also 44% mehr, oder in Ansehung des um 20% größeren Laderaumes des Betonschiffes 70% mehr als das Betonschiff.

Im ganzen beabsichtigte das Departement of Merchant Shipbuilding 200 000 t Eisenbetonschiffe zu bauen. In Lloyds Register sind als gebaut folgende Schiffe eingetragen worden: 12 Bugsierboote 38 × 8,46 × 4,5 m, Verdrängung bei 3,65 m Tiefgang rund 630 t; 2 Leichter 38 × 7,6 × 3,15 m; 52 Stück 1000-t-Seeleichter in den Abmessungen 54,7 × 9,60 × 5,77 m mit einem Tiefgang von 4,56 m; der bereits erwähnte 1150-t-Frachtdampfer „Armistice". Diese Lloyds-Registerangaben umfassen aber nur die bis Ende 1919 fertiggestellten Bauten.

Marschiert Frankreich und nach ihm England der Zahl der Schiffe und Werften nach an der Spitze, so halten die Vereinigten Staaten von Amerika den Rekord der größten Betonschiffe. Großzügig wie in allen Industriefragen ergriff der Amerikaner, sobald mit der Not des Krieges und dem Aufblühen des Munitionsgeschäftes die schnelle Schaffung einer Handelsflotte ein Geschäft versprach, neben dem Stahl- und Holzschiffbau auch entschlossen nach dem Betonschiffbau, und hat merkwürdigerweise in den beiden ersteren mehr Nackenschläge erlitten als bei letzterem, obwohl man trotz der wenigen vorliegenden Erfahrungen sofort den Bau von Seeschiffen von 8000 t Wasserverdrängung wagte. Das erste von diesen Schiffen, die 1917/18 gebaute „Faith" ist 102 m lang, 13,7 m breit und 9,5 m hoch, hat bei einer Verdrängung von 7900 t eine Tragfähigkeit von 4500 t und läuft mit 1750 PS 10 Knoten. Die Baukosten betrugen 900 000 Dollars. Über ihre Bewährung nach einjährigem Betrieb im Stillen Ozean wurde auf der Tagung der Society of Naval Architekts und Marine Ingenieers in Philadelphia nur Gutes berichtet und gesagt, daß 1. Betonschiffe imstande sind, allen vorkommenden Kräfteeinwirkungen im gleichen Maße zu widerstehen wie Stahlschiffe; 2. daß das Gewicht der Betonschiffe jetzt so herabgemindert ist, daß ihre Tragfähigkeit bei gleichen Abmessungen größer ist als die von Holzschiffen und nur von Stahlschiffen übertroffen wird. Die „Faith" wurde 1919 an die French-American Steamship Line, New-York, verkauft. Das Schiff hat seitdem rund 20 Reisen von Newyork über den Ozean nach Savona an der Adria mit Kohlen ohne jeden Unglücksfall ausgeführt und sich dabei vorzüglich bewährt.

Herr Ingenieur Kauf, der Leiter einer Wiener Betonwerft, hat in Triest die Besatzung persönlich nach ihrem Urteil gefragt und konnte dabei die vollste Zufriedenheit des Kapitäns sowie auch der gesamten Mannschaft feststellen. Wichtig ist, daß das Schiff unter Wasser keinen Anwuchs zeigte. Wiederholt wurde die „Faith" auch von Lloyds Vertretern besichtigt und das mit vorstehendem übereinstimmende Urteil lautet, daß das Schiff sich in jeder Beziehung als sehr zufriedenstellend erwiesen hat. Bemerkenswert ist noch, daß man auf einer der ersten, sehr stürmischen Reisen von San Francisco nach Vancouver an passenden Stellen im Schiffskörper Spannungsmesser angebracht hatte, durch die festgestellt wurde, daß sich die Spannungen genau im Rahmen der ermittelten Berechnungen bewegten. Es wird auch behauptet, daß das Schiff bei weitem ruhiger geht als ein gleichgroßes Eisenschiff und Seekrankheit auf diesem Schiff daher so gut wie ausgeschlossen sein soll. Dieselbe Werft, die Mac Donald Engineering Co., baute zwei weitere Schiffe dieses Typs von 8000 t Verdrängung und hat jetzt für die French and Canadian Transportation Co. 10 Betonschiffe für den Öltransport nach Mexiko in Bau. Die Schiffe sind rund 80 m lang, 14 m breit, 5,3 m hoch und kosten je 200 000 Dollar.

Die Emergency Fleet Corporation hatte 45 größere Betonschiffe in Auftrag gegeben, von denen allerdings infolge des Kriegsendes nicht alle ausgeführt worden sind.

In der Flotte des Shipping Board wurden Anfang Juni 1920 4 Betonschiffe mit zusammen 13 500 t Tragfähigkeit gezählt. Im Mai 1920 wurden an das Shipping Board zwei Betonschiffe von zusammen 15 000 t Tragfähigkeit abgeliefert (Naut. Gaz. vom 19. 6. 20). Das Schiff „Atlantus" des Shipping Board fährt unter Leitung der Raporel Steamship Co. von Newyork nach Westindien. Es ist 65 m lang, 11,5 m breit, 7 m hoch und verdrängt bei 5,8 m Tiefgang und 2766 t Ladung 5240 t und läuft mit 1520 Psi 10,5 Knoten. Außer diesen sind bei der United States Fleet Corporation 14 Betonschiffe im Bau, von denen 2 Tankschiffe von je 7500 t Tragfähigkeit folgende Abmessungen haben: Länge 110 m, Breite 14 m, Höhe 9, 4m, Tiefgang 6,8 m. Sie laufen bei 2800 PS 10,5 Knoten. Das Bewehrungseisen dieser Schiffe wiegt 1550 t, das des „Atlantus" 500 t. Das spezifische Gewicht des Betons betrug 1,7 bis 2,0. Die Tankschiffe kosteten 167 Dollar je Tonne Tragfähigkeit gegenüber 225 bis 300 Dollar beim gleichzeitig gebauten Stahlschiff, also auch hier, wie in England, über 40% Ersparnis! Der Bau eines Schiffes von 7500 t Tragfähigkeit dauerte nur 33 Wochen bis zum Stapellauf. Von diesem Typ sind 4 Schiffe fertiggestellt: „Palo Alto", „Peralta", „Selma" und „Latham"; letztere laufen 10,5 Knoten und sind für je 700 000 Dollar an die American Fruel Oil Transportation Co. verkauft worden. Ein anderes Schiff, der „Polias", ist auf der Fougner Concrete Shipbuilding Co., New York, erbaut worden. Abmessungen: 67 × 12 × 6,9 m, Tragfähigkeit 3400 t, Verdrängung 6220 t; mit 1400 PS läuft das Schiff 10 Knoten.

Weiter hat das Shipping Boars eine Reihe von Motorschleppern aus Eisenbeton in Auftrag gegeben. Man kann also auch in Amerika nicht von einem Fehlschlagen oder Aufgeben des Betonschiffbaues sprechen, obwohl einige Aufträge zurückgezogen sind; sind doch auch bereits eine ganze Reihe von Werften des Stahl- und Holzschiffbaues abgebrochen worden.

Die amerikanische Kriegsmarine hat 9 Motorschlepper aus Beton von je 600 PS in Auftrag gegeben.

Zwei Motortankschiffe sind auch von der Aransas Pass Texas Co. für die France and Canada Oil Transport Co. geliefert worden. Sie haben eine Länge von 91,5 m, eine Breite von 10,4 m, 6,65 m Seitenhöhe und einen Tiefgang beladen von 5,38 m; bei einer Verdrängung von 4000 t haben sie eine Tragfähigkeit von 1900 t, Geschwindigkeit mit zwei 160 PS-Bolindermotoren 6,5 Knoten. Die Schiffe bestehen aus zwei ineinander verschlungenen Zylindern.

In den Vereinigten Staaten wurden in den Jahren 1917 und 1918 fünf Eisenbetonschiffswerften gegründet, deren Baukosten je 1 Million Dollar betrugen. Auf diesen Werften sind insgesamt 10 Schiffe gebaut, 8 von 7500 t und 2 von 3500 t. Des ferneren baute die Fleet Corporation ein 3000 t-Schiff und den bereits erwähnten Polias. Das Verhältnis zwischen Tragfähigkeit und Verdrängung für diese Schiffe liegt zwischen 0,52 und 0,58. Der Preis beträgt rund 200 Dollar für 1 t Tragfähigkeit.

Außerdem hat die The Inland Waterways Commission unter Aufsicht der Emergency Fleet Corporation 21 Eisenbetonprähme von je 500 t gebaut, die alle auf dem Erie Canal im Betriebe sind.

Von den skandinavischen Ländern hat Norwegen besonders Dank der erfindungsreichen Tatkraft Fougners und Alfsens die Führung im Betonschiffbau übernommen. So wurden im Laufe eines Jahres nicht weniger als elf eisenbetonschiffbautreibende Gesellschaften gegründet. Bis Ende 1919 sind nach „Det Norske Veritas" klassifiziert worden: 8 seetüchtige Schiffe mit einer Tragfähigkeit bis zu 1000 Tonnen. Von Fougners Schiffswerft sind ferner ohne Klasse, aber mit Genehmigung des norwegischen Staates drei Schiffe, von denen das größte „Askelad" 1050 t lädt, gebaut worden. Diese elf Schiffe sind Motorschiffe. Weitere 11 Schiffe befinden sich nach norwegischer Veritasklasse im Bau. Ein Motorschiff mit 1100 t Tragfähigkeit, das sich bei Melby & Scjöll A/S. im Bau befindet, ist das größte von diesen. Außerdem sind eine große Anzahl Prähme und Leichter und ein kleineres Schwimmdock (Fougner) gebaut worden.

Der auch vom Norke Veritas vertretene Standpunkt, daß ein Eisenbetonschiff einem Eisenschiff an Festigkeit nicht nachsteht, kann durch die Beschreibung einiger Havariefälle erhärtet werden. So bewies das oben erwähnte Eisenbetonschiff „Askelad" seine Stärke bei einem ganz besonders harten Grundstoß an der französischen Küste im Februar 1919, nachdem es vom Sturm und schwerer See auf eine Sandbank geworfen war. Durch eigene Hilfe kam das Schiff nach Wochen wieder frei, war dicht und hatte, außer einer unbedeutenden Abschrammung von ein wenig Beton auf einer einzigen Stelle, keinen Schaden genommen. Bei einer späteren Dockuntersuchung in England wurde die beschädigte Stelle wieder ausgebessert. Der Kapitän des Schiffes sprach späterhin seine große Zufriedenheit mit dem Schiffe aus, und insofern er Einwände zu machen hatte, bestanden diese nur darin, daß es nicht genügend zu schrapen und zu malen gebe, so daß es schwer falle, für die Bemannung genügend Arbeit zu schaffen.

Bezüglich des von Melby & Scjöll erbauten, ebenfalls oben erwähnten Schiffes mit einer Tragfähigkeit von 1100 t, dürfte der folgende eigentümliche Unfall Erwähnung verdienen:

Der Schiffskörper stand auf der Bauwerft auf 500 Punkten 1 m hoch vom Grund aufgestapelt, als ein gewaltiger Regenschauer mit nachfolgender riesiger Überschwemmung die Stapelung in Unordnung brachte, wodurch der Körper herunterfiel und alles unter sich zerdrückte. Nach dieser Katastrophe wurde der Körper genau untersucht und es zeigten sich keinerlei Schäden. Zwölf Druckwasserpumpen haben dann den Körper im Laufe von drei Wochen gehoben. Mehrere Eisenschiffbauer haben ihr Urteil übereinstimmend dahin abgegeben, daß ein Eisenschiff einen solchen Unfall nicht so gut überstanden hätte.

Mit dem „Beton I" der Porsgrund Zementscoperie wurden genaue Belastungsproben angestellt, die bei 185 t Belastung 10,5 cm Durchbiegung ergaben, nur 1 cm blieb dauernd. Die Druckspannung im Deck war 30 kg/qcm, die Zugspannung im Boden 700 kg/qcm. Bei genauer Untersuchung der Außenhaut bei den am höchsten beanspruchten Stellen zeigten sich keinerlei Risse oder Sprünge. Auch das Beton-Motorschiff „Namsenfjord" von 550 t und ein anderes von 1000 t Tragfähigkeit haben während eines einjährigen Betriebes zahlreiche Fahrten in der Ostsee und über die Nordsee gemacht, ohne irgendwelche besonderen Nachteile zutage treten zu lassen.

Der Direktor des Norske Veritas hat sich über die Festigkeit und die Bewährung von Eisenbetonschiffen folgendermassen geäußert: Nach den Erfahrungen von Norske Veritas mit seegehenden Eisenbetonschiffen haben diese Schiffe sich technisch befriedigend erwiesen, insofern sie sich wasserdicht und hinreichend fest gezeigt haben. Es sind keine Sprünge eingetreten, die zu Leckagen geführt hätten und nach Zusammenstößen oder Grundberührungen haben sich keine Schwierigkeiten bei der Ausbesserung ergeben.

Das Motorschiff „Fjeldbo" von 600 t Tragfähigkeit und 320 PS, das von Fougner für Tygo Sörensen gebaut ist, hat seine Probefahrten Juli 1920 beendet. Weiter hat Fougner das Betonschiff „Concrete", 51,8 × 9,5 × 5,8 m, mit 1000 t Tragfähigkeit für die Skibsaktiesels Kapet Staal-Beton gebaut.

In Norwegen ist kürzlich auch die Marinebetongs Varv in Nyköping gegründet worden, auf der bereits drei Prähme von 25,4 m Länge, 6,5 m Breite und 2,5 m Tiefgang und 300 t Tragfähigkeit gebaut wurden.

In Schweden lief 1917 auf der Skanska Cementgyuteriet in Malmö ein nach den Plänen des Holländers A. A. Boon gebauter Betonprahm vom Stapel, sowie das 200 t-Motorschiff „Limhamn" mit den Abmessungen 25,6 × 6,2 × 2,77 m und einem Tiefgang von 2,35 m. Ein weiteres Betonschiff „Linnea", das 700 t trägt und 1000 t Wasserverdrängung hat, ist 42 m lang und geht leer 2 m, beladen 4 m tief, hat Glühkopfmotore und läuft 8 Knoten. Es ist durch seine besondere torpedoartige Querschnittsform sowie dadurch bemerkenswert, daß die Bewehrung nicht aus Eisen, sondern aus Holz besteht und daß eigentliche Querspanten fehlen. Die Reederei Betongett will mehrere solcher Schiffe für die Ostsee bauen. Mit dem Patent von Alfsen, Porsgrund, der die Schiffe kieloben baut und so ablaufen läßt, daß sie sich erst im Wasser aufrichten, sind eine Reihe von Booten und kleineren Fahrzeugen erbaut worden, z. B. auch ein Schiff von 275 t Tragfähigkeit. Es bestehen außerdem in Schweden noch mehrere Werften, die sich mit dem Betonschiffbau befassen, zum Teil aber aus verschiedenen, nicht mit dem Wesen und den Erfolgen der Betonbauweise zusammenhängenden Gründen schlecht abgeschnitten haben.

A/B Stal- och Skeppsbetong fing die Tätigkeit im Januar 1919 mit Anlage einer Werft an, auf der sie einen Prahm und einen Motorleichter von je 30 t Tragfähigkeit und einen Prahm von 100 t Tragkraft baute. Ein 300 t-Motorleichter (33,3 × 7,26 × 4,10 m) wurde nach dem Alfsenschen Verfahren mit dem Boden nach oben gebaut.

In Dänemark ist ebenfalls auf ein frisches Draufgehen eine ziemliche Flaute gefolgt, zum Teil , weil die Kosten der Betonschiffe höher wurden als ursprünglich angenommen worden war. Von den im Kriege gegründeten drei Betonwerften baute die Naestved Betonskibsbyggeri A/S. Motorleichter in den Abmessungen 14,5 × 4,33 × 1,57 mit einer Tragfähigkeit von 22 t, Leichter von 115 t Tragfähigkeit den mit Abmessungen 24 × 6 × 2,45 m, Motorschoner von 260 t Tragfähigkeit in den Abmessungen 34,5 × 7,6 × 4,2 m.

Beim Stapellauf erlitt das letztgenannte Schiff durch Senken des Stapels eine sehr ernste Havarie. Das Schiff kenterte halbwegs und blieb im Moor am Ufer des Flusses hängen. Hierbei bohrten sich fünf bis sechs Pfähle in den Schiffsboden, die Stoßkraft wurde von dem Bewehrungseisen aufgefangen und der angerichtete Schaden erwies sich als nur von örtlicher Bedeutung. Nachdem das Schiff wieder flott gemacht war, wurde der Bodenschaden in einem Kopenhagener Dock wieder ausgebessert. Der beschädigte Beton wurde entfernt, die Bewehrungseisen ausgerichtet und neuer Beton eingegossen. Die ganze Ausbesserung nahm, die Zeit für das Erhärten des Betons eingerechnet, nur 8 Tage in Anspruch und kostete nach Angabe des Besitzers rund 3000 Kronen einschließlich Dockmiete. Die Reeder erklärten, daß ein Eisenschiff bei einem gleichen Unfall viel umfangreichere und kostspieligere Arbeiten erforderlich gemacht hätte, weil die Spanten sich durchgebogen und eine Erneuerung verlangt hätten. Wie die früher geschilderten, in Norwegen vorgekommenen Havarien, ist auch dieser Fall ein schlagender Beweis für die große Widerstandsfähigkeit des Betonschiffes gegen Beschädigungen und beweißt auch die Berechtigung der Behauptung, daß sich Ausbesserungen an Betonschiffen leicht und billig durchführen lassen.

1920 liefen auf der Codanwerft in Kjoge für die Reederei Triton zwei Motorschiffe von 1300 t Tragfähigkeit, 60 m Länge, 10 m Breite und 5,59 m Höhe vom Stapel. Bei einem Freibord von 0,74 m haben sie eine Wasserverdrängung von 2220 t. Für die Herstellung des Schiffskörpers wurden 278 cbm Beton und 163 t Bewehrung verwandt, 7,5% beträgt danach das Bewehrungsverhältnis. Ausgerüstet wurden die Schiffe mit einem 410 PS-Dieselmotor und ihre Geschwindigkeit beträgt 7 1/2 Knoten. Für die höchste Klasse des Norske Veritas sind diese Schiffe gebaut.

Auch das im Jahre 1918 von „Danalith" für die Frederikshavns Schiffswerft gebaute Eisenbeton-Schwimmdock verdient Erwähnung. Die Hauptabmessungen sind: Länge 30,5 m, Breite 21,6 m, Höhe des Bodenpontons 2,5 m, Gesamthöhe 11,7 m. Es hat eine Hebefähigkeit von 800 t und ein Eigengewicht von rund 1050 t.

Der größte europäische Betondampfer „Bartels" ist auf der Kopenhagener Flydedock und Skibswaerft für die Damskibsselskabet Patria 1920 erbaut. 3300 t Wasserverdrängung, 1800 t Tragfähigkeit, Länge 70,4 m, Breite 11,17 m, Höhe 7,75 m, Tiefgang beladen 5,33 m, Dicke der Außenhaut 9 cm. Die 600 PS-Maschine liegt ganz hinten und gibt dem Schiffe eine Geschwindigkeit von 7 1/2 Knoten. Der Doppelboden ist 1,8 m hoch und faßt 740 t Ballast. Das Schiff ist ohne Sprung gebaut. Dieses Schiff hat eine sehr schwere Havarie gehabt, deren Ausbesserung sehr zugunsten des Betonschiffes spricht. In einem Bericht von Knud Rassmussen in der dänischen Zeitschrift „Ingeniören", der in der Zeitschrift „Der Bauingenieur" 1921 Heft 14 wiedergegeben ist, heißt es darüber, daß das dänische Betondampfschiff „Bartels" eine sehr schwere Havarie erstaunlich gut überstanden, im Schwimmdock eine durch fehlerhafte Stapelung entstandene sehr ungünstige Belastung glatt ausgehalten und sich nach der mit einfachen Mitteln durchgeführten Ausbesserung eines großen Teiles des Außenbodens als vollständig dicht erwiesen, obgleich das Schiff schon 8 Tage nach dem Betonieren wieder zu Wasser gebracht wurde. Rassmussen schätzt die Kosten der Ausbesserung eines Stahlschiffes bei gleicher Beschädigung auf das 4,5fache der des Betonschiffes. Das Schiff erhielt sofort dieselbe Klasse des Norske Veritas.

Um alle Auslandsbauten zu erwähnen, sei bemerkt, daß Argentinien bei Hume Bros in Buenos Aires während des Krieges ein Betonschiff folgender Abmessungen gebaut hat: Es hat eine Länge von 40 m, eine Breite von 6,4 m, eine Höhe von 4,57 m und einen Tiefgang von 3,65 m. Die Außenhaut ist im Boden 10 cm, an den Seiten 7,5—8,8 cm dick. Als Zuschläge sind reiner Flußsand und Granit verwendet worden. Der Antrieb erfolgt durch zwei Glühkopfmotore von je 100 PS. Auch Dyckerhoff & Widmann A.-G. Biebrich hat während des Krieges in Buenos Aires ein Betonflußschiff gebaut, das sich bei über 20 Fahrten im La Platagebiet gut bewährt hat.

Während über den Bau von Betonschiffen in Japan, das ja eine erstaunliche Tätigkeit im Kriegs- und Handelsschiffbau entwickelt und dabei fast ganz auf ausländisches Eisen angewiesen ist, nichts bekannt geworden ist, hat China 1919 ein großes Betonschiff auf der Werft von Brossard, Mopin & Co. in Tientsin fertiggestellt. Es ist 82,3 m lang, 11,58 m breit und hat bei 5,48 m Tiefgang eine Wasserverdrängung von 2200 t; es hat Fahrgasteinrichtung und zwei Sechszylinder-Dieselmotore von 500 PS.

In Deutschland und Österreich haben folgende Betonbaugesellschaften während des Krieges den Bau von Betonschiffen aufgenommen und nach dem

Kriege mit erhöhter Anspannung vervollkommnet: Dyckerhoff & Widmann A.-G.,
Biebrich-Neuss, Wayß & Freytag A.-G. (später Eisenbetonschiffbau A.-G.,
Bremen), Ed. Züblin, Straßburg, Stuttgart und Danzig, Gottfried Feder, Mün-

Abb. 1.   475 t-Mainkahn.

chen, Ellmer & Co., Stettin, Johannes Müller Marx & Co., Berlin und Wevelsflet,
die Kieler Eisenbeton-Werft A.-G. Neumühlen-Dietrichsdorf und die Mindener

Abb. 2.   450 t-Rheinkahn.

Eisenbeton-Werft A.-G. in Minden, Westfalen. Außerdem auf der Donau das
Syndikat für Eisenbetonschiffe Redlich u. Berger, Wien, und die Betonwerft
L. Kauf & H. Brunner, Wien, sowie Rings & Custer, Preßburg. Von diesen

Gesellschaften, die größtenteils den Betonschiffbau neben ihrem Hauptgeschäft betreiben, sind die nachstehend erwähnten Schiffe und Leichter hergestellt worden.

Dyckerhoff & Widmann A.-G. Biebrich bauten einen Eisenbetonprahm von 120 t Wasserverdrängung, 70 t Tragfähigkeit, Länge 15,7 m, Breite 5,7 m, Höhe 1,9 m, der als Werkschiff für den eigenen Baubetrieb dieser Firma dient. Des ferneren einen Mainkahn

Abb. 3. Argentinisches Flußschiff „El Progreso".

(Abb. 1) von 475 t Tragfähigkeit, Länge 54,8 m, Breite 7,74 m, Leertiefgang 0,68 m; dieses Schiff hat bereits mehrere Fahrten vom Kohlengebiet des Rhein-Herne-Kanals nach Mainz ausgeführt, wurde auf einer dieser Fahrten von dem außergewöhnlichen Hochwasser der Jahreswende 1919/20 und den damit verbundenen Stürmen überrascht und bewährte sich auch auf dieser

Abb. 4. Deutscher 600 t-Seeleichter.

Fahrt. Ferner baute die Firma Dyckerhoff & Widmann A.-G. einen Rheinkahn von 450 t Tragfähigkeit (Abb. 2) und hieran anschließend eine Serie von drei Rheinschiffen von 525 t Tragfähigkeit; desgleichen ist ein Donauschiff von 670 t Tragfähigkeit, Länge 60 m, Breite 9,1 m, Höhe 2,6 m, Tiefgang 2,25 m von Dyckerhoff & Widmann gebaut worden, und in Argentinien der Flußkahn „El Progreso" (Abb. 3) von 450 t

Abb. 5. 300 t-Donau-Schlepp.

Tragfähigkeit, 40 m Länge, 8,5 m Breite, 2,7 m Höhe und 2,4 m Tiefgang.

Ellmer & Co. Stettin bauten einen Seeleichter (Abb. 4) von 600 t Tragfähigkeit, mit Doppelwand. Die Abmessungen sind: Länge über alles 61 m,

Breite 8,25 m, Tiefgang 2,10 m. Das Schiff enthält 4 Laderäume von je
11 × 7,80 m Ladefläche. Bei der Herstellung dieses Schiffes hat man die sonst
übliche Herstellungsweise des Gießens zwischen doppelte Holzschalung verlassen und eine Bauweise gewählt, die die Herstellung des größten Teiles des
Fahrzeuges bei Verwendung von wenigen gleichartigen Bauteilen in einheitlichen Abmessungen gestattet.
Man konnte so den geraden
Mittelteil des Schiffes aus den
in der Werkstatt vorher fertiggestellten Einheitsbauteilen,
wie Spanten, Bodenwrangen,
Außenhaut, Deckbalken, Schotten usw. ohne Schalung aus-
führen; angewendet wurde sie
nur beim Einbau des in ge-
fälligen Linien entworfenen Vor-
und Hinterschiffes.

Die Firma Ed. Züblin,
Straßburg, baute 1918 einen
Motorkahn für den Rhein von

Abb. 6.   700 t-Donau-Schlepp.

80 t Tragfähigkeit und für die Reichswerft Danzig 3 Prähme, davon einer von
100 t Tragfähigkeit.

Dipl.-Ing. Gottfried Feder, München, baute für die Donau ein Schiff
von 32 m Länge, 4,32 m Breite und 1,3 m Seitenhöhe (Abb. 5) mit Motorantrieb. Es hat eine Wanddicke
von 3,5 cm und einen Spandab-
stand von 60 cm, der Leertiefgang beträgt nur 41 cm. Das
Schiff hat sich trotz der sehr
schwierigen Verhältnisse auf der
oberen Donau ganz gut bewährt.

Rings & Custer, Preß-
burg, bauten nach Angaben von
Züblin ein Donauschiff von
500 t Tragfähigkeit, Länge 52 m,
Breite 8,2 m, Höhe 2,4 m, Tiefgang 1,9 m.

Das Syndikat für Eisen-
betonschiffe in Wien hat

Abb. 7.   700 t-Donau-Schlepp.

außer verschiedenen anderen Bauten auf seiner Werft in Krems an der Donau ein
Frachtschiff von 700 t Tragfähigkeit für die Donau gebaut, das im Juli 1921 glücklich vom Stapel gelaufen ist. Die Abmessungen des Fahrzeuges sind: 60 × 8,2 × 2,7
× 2,2. Die äußere Formgebung und die Deckausrüstung entsprechen vollkommen
denen der auf der Donau eingebürgerten Fahrzeuge der D. D. S. G. Reihe 6700. Ab-

weichend sind die wesentlich größeren Ladeluken, von denen drei 8 × 4 m und die vorderste 6 × 4 m messen; ferner die Tatsache, daß im ganzen Schiffe keine Deckstützen oder Säulen vorhanden sind, sondern alle 4 m ein schwerer Querrahmen eingebaut ist. Besonderes Gewicht ist auf die Längsfestigkeit gelegt; das Schiff hat deshalb sieben durchlaufende Kielschweine, ferner ist an jeder

Abb. 8. Zwei 300 t-Motorleichter „Lucian" und „Marianne".

Bordwand ein durchlaufender Seitenstringer und ein durchlaufender Deckstringer vorgesehen. Die Abbildungen 6 und 7 zeigen das gut gelungene und in der Form sehr ansprechende Schiff. Das Syndikat beabsichtigt auf Grund dieses gelungenen Baues ein großes Werftunternehmen für den Betonschiffbau ins Leben

Abb. 9. 300 t-Motorsegler.

zu rufen, das unter Verwendung aller Neuerungen besonders den Reihenbau von Betonschiffen für die Donau durchführen soll.

Die Eisenbetonschiffbaugesellschaft Ingenieure L. Kauf & H. Brunner, Wien, wurde 1918 unter Mitwirkung des österreichischen Lloyd und des Stabilimento tecnico Triestino gegründet. Für die ehemalige k. u. k. österreichische Kriegsmarine übernahm sie einen Auftrag auf eine Reihe von Leichterschiffen, und errichtete zwei Werften, die eine in Klosterneuburg bei Wien und die andere in Muggia am Golf von Triest. Von dieser Gesellschaft sind insgesamt gebaut worden: 5 Motorschiffe mit einer Tragfähigkeit von je 250 t in folgenden Abmessungen: 30,5 m lang, 6 m breit und 3,30 m hoch, Leertiefgang 1,10 m; zwei an der Donau gebaute Leichter „Lucian" und „Marianne" (Abb. 8), die mit 50 PS-Glühkopfmotoren ausgerüstet sind, in Triest Motorleichter, die mit 80 PS-Climaxmotoren 6 Knoten/Stunde Fahrtgeschwindigkeit erreichten; in Wien 3 Prähme von je 250 t Tragfähigkeit, 25 m lang, 7 m breit, 2,90 m Seitenhöhe, Leertiefgang 80 cm. Gegenwärtig sind in Triest im Bau zwei 600 t Motorfrachtschiffe, in Klosterneuburg zwei Motorsegler von 300 t Tragfähigkeit (Abb. 9).

Abb. 10.   1500 t-Dampfer „Götaälf"

Außerdem wurde von Kauf & Brunner auch noch eine Deckbarke gebaut, die für den Transport von schweren Motoren und Blechladungen benutzt wird und die wiederholte Reisen nach Pola anstandslos ausgeführt hat.

Die Zementbaugesellschaft Johannes Müller, Marx & Co., Berlin, baute nach den Plänen von Regierungsbaumeister Kirn ein seegehendes Motorschiff (Abb. 10), das eine Tragfähigkeit von 600 t haben sollte. Die Abmessungen des Schiffes sind: Länge zwischen den Loten 56 m, Breite 8,64 m, Seitenhöhe 4,6 m, Konstruktionstiefgang 4,1 m, Verdrängung 1500 t. Im Vor- und Hinterschiff ist je ein großer Laderaum angeordnet, außerdem noch ein kleiner auf dem Hinterdeck für Stückgut. Zwischen den beiden Laderäumen liegt der Motorenraum, neben ihm der Trinkwasser- und der Ölbehälter. Der Antrieb des Schiffes erfolgt durch zwei Dieselmotore von 500 PS.

Die Eisenbetonschiffbaugesellschaft in Hamburg baute auf dem Gelände der A.-G. Weser in Bremen einen Seeleichter von 1200 t Tragfähigkeit. Das Schiff wurde, wie fast alle bisher erwähnten, in doppelter Holzschalung

Abb. 11. 180 t-Schute.

gegossen. Die Herstellung der doppelten Holzschalung wurde in außerordentlich sorgfältiger und gewissenhafter Weise durchgeführt. Das Schiff muß als einwandfrei gelungen bezeichnet werden, ist aber infolge der kostspieligen Holzarbeiten so teuer geworden, daß auch diese Firma den Betonschiffbau aufgeben will.

Abb. 12. 180 t-Schute.

Die Kieler Eisenbetonwerft A.-G. hat einige gut gelungene Leichter gebaut (Abb. 11 und 12). Die Schute hat sich im längeren Betrieb außerordentlich gut bewährt, was man leider von dem nächsten Bau derselben Werft nicht behaupten kann, da er durch eine Verkettung von unglücklichen Umständen bisher nicht in Fahrt gekommen ist. Es ist dies der erste deutsche Motorschoner aus Eisenbeton. Die Abmessungen des Schiffes, das etwa 210 t trägt, sind: Länge 33,5 m, Breite 8 m, Seitenhöhe 3,35 m. Das Schiff hat die Klasse des Germanischen Lloyd gehabt, die ihm auch nach einem aus nicht aufgeklärten

Ursachen erfolgten Absinken auf den Howaldtswerken in Kiel, nach glücklich erfolgter Hebung sofort wieder erteilt wurde. Bei dieser Hebung, die unter außerordentlich ungünstigen Umständen und bei schwerem Wetter erfolgte, hat sich gezeigt, was ein Eisenbetonschiff aushalten kann. Die Ausbesserung bewies die auch von anderer Seite gebrachten Meldungen, daß die Ausbesserung von Betonschiffen ganz bedeutend schneller und billiger bewerkstelligt werden kann, als die von eisernen. Das Schiff ist mit einem 70 PS-Motor ausgerüstet und ist als Dreimastgaffelschoner mit Toppsegel getakelt. Der Laderaum hat 500 cbm Inhalt und ist mit großen Luken und ganz ohne Deckstützen konstruiert, so daß das Schiff ganz besonders für Holztransporte geeignet ist. Die Linienführung und Formgebung weicht in keiner Weise von der im Eisenschiffbau üblichen ab.

Über die Bauten der Mindener Eisenbeton Werft A.-G. Minden/Westf., die mit der Bauweise in fester, schwimmender Schalform ganz neue und bereits als erfolgreich bewiesene Wege beschritten hat, werde ich im übernächsten Kapitel besonders sprechen.

Zusammenfassend kann festgestellt werden, daß über 300 Fahrzeuge aus Eisenbeton in Fahrt bzw. im Bau sind, von denen fast alle durchaus zufriedenstellend beurteilt werden, obwohl viele ungewöhnlich hohen Beanspruchungen ausgesetzt worden sind. Es sind kleine Boote, Schaluppen, Leichter, Kähne und Küstenschiffe verschiedenster Größe und nach verschiedenen Patenten erbaut worden; Fracht- und Fahrgastschiffe, Tankschiffe, Segler und Leichter, mit und ohne Motorantrieb in Fahrt, Flußschiffe verschiedenster Abmessungen, Dampf- und Motorschlepper für See- und Binnenschiffahrt, große Schiffe für atlantische Fahrt im Betrieb und bis 8000 t Tragfähigkeit im Bau. Zahlreiche Pontons, Prähme, Schwimmgefäße, Fähren, Schwimmbrücken und Schwimmdocks aus Eisenbeton haben sich jahrelang bewährt und abschließend kann der unparteiische Beurteiler nur sagen, daß noch kaum eine Industrie in so kurzer Zeit (wenn man von den ersten Versuchen absieht) so verschiedenartige, schwierige Aufgaben so gut und sicher gelöst hat wie der Eisenbeton.

Meine Herren! Hier möchte mir vielleicht mancher von Ihnen entgegnen: Wie kommt es und wie ist es überhaupt möglich, daß trotz dieser Leistungen und trotz dieser Erfolge, die ja im einzelnen unwiderleglich erwiesen sind, ein so starker Rückgang, ja ein fast völliges Verenden des Betonschiffbaues aus fast allen Weltgegenden gemeldet wird und daß fast jede Zeitung vom Zusammenbruch des Betonschiffbaues zu berichten weiß? Gestatten Sie mir einen kleinen Vergleich! Deutschland hat im Kriege 300 Schlachten gewonnen und doch den Krieg verloren, der Betonschiffbau hatt 300 Fahrzeuge mit Erfolg gebaut und liegt ebenso am Boden, aber beide werden wieder auferstehen! Die Gründe für Deutschlands Zusammenbruch sind Ihnen nicht unbekannt, die für den des Betonschiffbaus möchte ich Ihnen im folgenden erklären:

Vor- und Nachteile der bisherigen Bauweisen.

Wir haben soeben gesehen, eine wie große Zahl von Schiffen aus Eisenbeton gebaut ist und daß sich fast alle gut bewährt haben. Das fordert um so höhere

Anerkennung und spricht um so mehr für die in diesem Baustoff steckenden, noch längst nicht erschöpften Möglichkeiten, als der Bau dieser Schiffe nicht nach einer wissenschaftlich festgelegten und erfahrungsgemäß erprobten Bauweise erfolgte, sondern diese Fahrzeuge eigentlich nur eine Riesenreihe von Versuchsbauten darstellen, denn fast jede Betonwerft hat bis jetzt ihr eigenes Herstellungsverfahren und ihre eigene Bauweise versucht, und zwar in der Mischung des Baustoffs selbst, in der Konstruktion und Ausführung der einzelnen Teile, in der Herstellung des ganzen Schiffes und sogar in der Art des Zuwasserlassens. Dieser letzte Punkt spielt übrigens bei Betonschiffen eine besondere Rolle, weil das Betonschiff seine volle Festigkeit erst nach längerer Zeit, manchmal sogar, bei reichlichem Traßzusatz, erst nach langer Zeit erhält.

Sie haben gesehen, wie der Römer Gabellini seine Fahrzeuge durch doppelseitiges Putzen auf ein engmaschiges Drahtnetz herstellt. Dieses Verfahren hat den Vorteil der großen Ersparnis an Schalung, bietet aber Schwierigkeiten in der Einhaltung der genauen Form und ist empfindlich abhängig von der Sorgfalt und Gewissenhaftigkeit des Arbeiters. Der Hauptnachteil ist aber, daß der mit der Hand aufgeputzte Beton in Festigkeit und Wasserdichtigkeit nicht vollkommen ist. Dieses Verfahren, das für das holzarme und an Arbeitskräften billige Italien empfehlenswert war, ist in anderen Ländern nicht angewendet worden.

Am weitesten verbreitet ist das Gießen zwischen doppelter Holzschalung. Denn es war, abgesehen von der Gabellinischen Bauweise bis vor kurzem die einzige Möglichkeit, senkrechte dünne Wände in Beton herzustellen. Auf diese Weise haben die Holländer, z. B. A. A. Boon, schon Bauten von nur 3 cm Wandstärke ausgeführt. Dieser am weitesten verbreiteten Bauweise haften aber leider sehr erhebliche Mängel an, und zwar sowohl technische wie wirtschaftliche. Meiner Ansicht nach sind diese hauptsächlich Schuld daran, daß der Betonschiffbau bisher nicht auf einen grünen Zweig kommen konnte, abgesehen von der durch die Änderung der wirtschaftlichen und politischen Verhältnisse bedingten Lage. Wenn schon die Aufstellung der äußeren Holzschalung bei der im Schiffbau üblichen komplizierten Formgebung so schwierig und kostspielig ist, daß manche Werften für den Betonschiffbau vereinfachte, aus ebenen Flächen zusammengesetzte, für den Schiffswiderstand natürlich ungünstige Formen gewählt haben, so bietet die Herstellung der inneren Holzschalung und die Einhaltung des genauen Abstandes zwischen beiden Formen ganz außerordentliche Schwierigkeiten. Das größte Hindernis für die Erreichung eines wirklich guten, dünnwandigen Eisenbetons liegt bei diesem Verfahren aber darin, daß es fast unmöglich ist, die genaue Lage und den Abstand der Eisenbewehrung einzuhalten und zu verhindern, daß durch das Hereinfallen von Fremdkörpern oder Sägespänen Nester und undichte Stellen im Beton entstehen. Aber auch wenn dieses alles gelingt, so ist doch dieser Beton, da er, um ein inniges Umschließen des an vielen Stellen stark angehäuften Drahtgeflechtes zu sichern, sehr flüssig eingebracht werden muß, nach dem Verdunsten des Wassers ziemlich porös und wasseraufsaugend. Auch zeigt dieser Beton nach dem Entschalen meist ein sehr trauriges Bild und bedarf umfangreicher Putzarbeiten.

In Erkenntnis dieser Nachteile haben verschiedene Werften neue Wege eingeschlagen. Bei Booten und kleinen Schiffen, namentlich bei solchen, die nur sehr wenig oder gar keine senkrechten Wände haben, wie z. B. der Kieler Motorsegler (Abb. 13), wird der mehr horizontal liegende Bodenteil gestampft und die Kimm und die schräg auflaufenden Wände mit der Kelle auf die einfache hölzerne Außenschalung aufgestrichen.

Den umgekehrten Weg ist der Norweger Alfsen in Porsgrund gegangen, der das Schiff über einer verkehrt liegenden, einfachen Bauform aufstampft, dabei aber zum Zuwasserbringen des Schiffes ein an sich ganz geniales, leider aber nur für kleinere Fahrzeuge brauchbares Verfahren erfunden hat. Ein

Abb. 13. Holzschalung für 200 t-Schoner.

ähnliches Verfahren des Kielobenbauens ist auch von Oberbaurat Emperger angegeben worden, der die Schiffe kieloben in einem tonnenartigen Schwimmdock zu bauen vorschlägt.

Hier muß noch einiger Verfahren gedacht werden, die gleichfalls dem Streben entsprungen sind, die doppelte Holzschalung durch eine andere Herstellungsweise zu ersetzen, wobei ich jedoch mit meinem persönlichen Urteil nicht zurückhalten kann, daß sie zwar einen Fortschritt darstellen, daß aber auch ihnen Mängel anhaften, die ihre allgemeine Einführung nicht empfehlenswert erscheinen lassen.

Es ist dieses erstens die besonders in Frankreich und England angewendete Kompositbauweise, bei der das ganze Trägergerüst, Spanten und Kielschweine aus Eisen und nur die Schiffshaut aus Beton hergestellt wird. Dabei fällt der Hauptvorteil des Betonschiffes, das organische, monolithische Zusammenarbeiten aller Teile fort und es tritt dabei auch eine wesentliche Ersparnis an Schiffbaustahl, die ja eine der Hauptgründe für die Einführung des Eisenbetonschiffbaues ist, nicht mehr in die Erscheinung.

Eine zweite Möglichkeit der Vermeidung der doppelten Holzschalung bietet das von der Betonbaugesellschaft Ellmer & Co., Stettin, bei dem Bau des vorhin erwähnten Seeleichters angewendete Verfahren, bei dem das ganze parallele

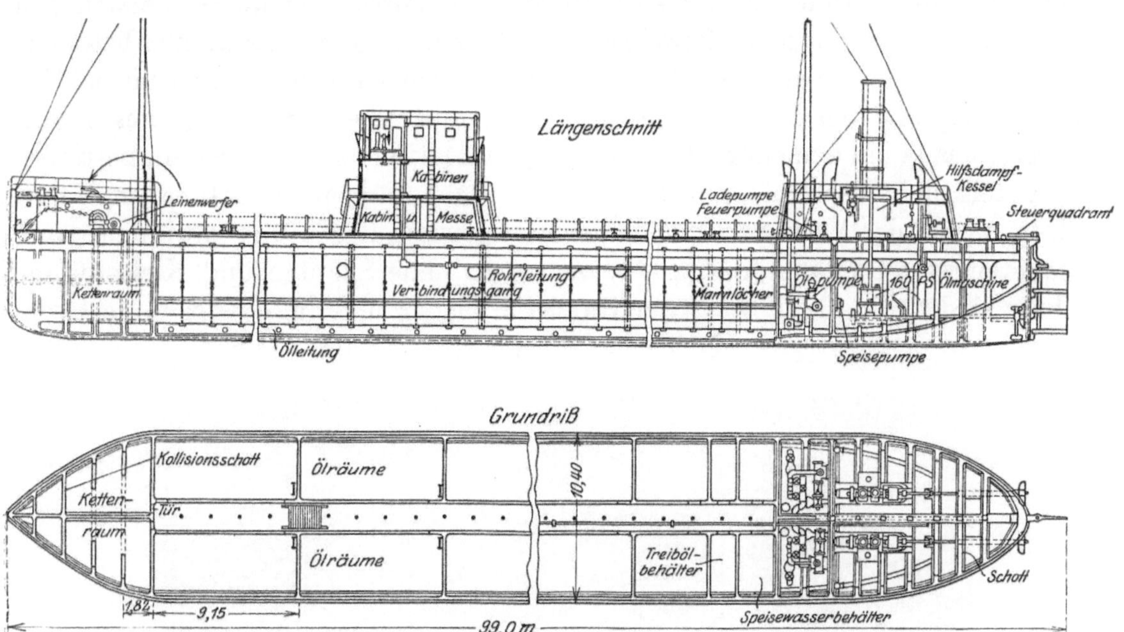

Abb. 14. Amerikanische Zylinderbauweise.

Mittelschiff in einzelnen Teilen in der Werkstätte fertiggestellt, auf der Helling zusammengebaut und eine Schalung nur für das Vor- und Hinterschiff benötigt wurde. Über die Zweckmäßigkeit dieses Verfahrens, sowohl hinsichtlich der

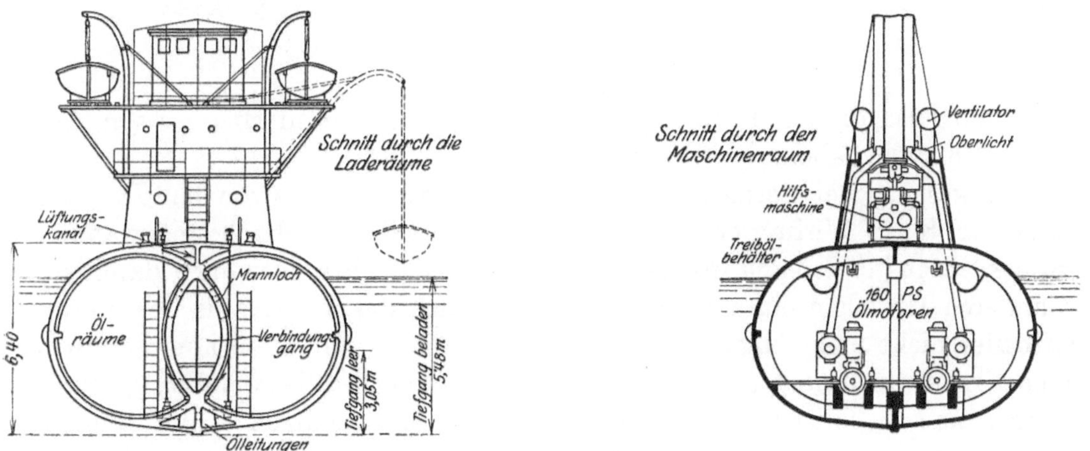

Abb. 15. Amerikanische Zylinderbauweise.

technischen Vollkommenheit, als auch des wirtschaftlichen Erfolges, dürfte ein abschließendes Urteil heute noch nicht möglich sein. Das gleiche gilt von einer ähnlichen, von Dipl.-Ing. Kilgus in Breslau empfohlenen Bauweise.

Ein ganz besonderes Verfahren, bei dem auch der Gedanke des Zusammenbaues einzelner, vorher fertiggestellter Teile eine Rolle spielt, ist bei dem Bau der beiden oben erwähnten 2000 t Tankschiffe der Arransas Paas-Texas Company angewendet worden (Abb. 14 und 15). Die Schiffe bestehen aus zwei nebeneinanderliegenden und ineinandergreifenden großen Zylindern, die zusammen in mehreren kurzen Querabschnitten betoniert und mittels der überstehenden und miteinander verknüpften Bewehrungseisen nachträglich zusammenbetoniert wurden. An diesen parallelen Mitschiffsteil wurden vorn und hinten die schiffsmäßig ausgebildeten Enden angesetzt. Auch über die Bewährung dieses Verfahrens, das ja auf den ersten Blick etwas phantastisch anmutet, ist ein bestimmtes Urteil nicht bekannt geworden. Es ist nicht unmöglich, daß es für Tankschiffe wegen der Vorzüge der Zylinderform gewisse Bedeutung gewinnen kann. Beachtenswert ist dabei, daß die Wände ganz ohne Spanten und Kielschweine gebaut sind und daß die Dicke der Haut am Kiel 25 und am oberen Ende 17 cm

Abb. 16. Amerikanisches Spritzverfahren (Weber).

beträgt, obgleich die Schiffe bei fast 100 m Länge und 10 m Breite einen Tiefgang von 6,35 m haben.

Einen wesentlichen Fortschritt brachte die Übertragung des von dem Deutschamerikaner Karl Weber erfundenen und im Landbau vielfach angewandten Spritzverfahrens in den Schiffbau (Abb. 16). Leider konnte aber auch damit der aus anderen Ursachen einsetzende Zusammenbruch des amerikanischen Betonschiffbaues nicht mehr eingehalten werden. Übrigens war diese amerikanische Zementkanone auch noch keineswegs vollkommen und für die Ausführung dünnwandiger und hochbeanspruchter Schiffswänder notwendigen Anforderungen nicht gewachsen. Der Hauptnachteil lag wohl darin, daß der Beton gleich in der Kanone mit Wasser gemischt wurde, die Flüssigkeit also nicht dauernd geregelt werden konnte und häufige Verstopfung der Druckleitung störend wirkten.

Die Erkenntnis der Unzulänglichkeit der bisher üblichen Herstellung von Binnenschiffen zwischen doppelter Schalung an Land und der übrigen Nachteile, Stapelung, genaue Lage der Bewehrung, veranlaßte im Herbst 1919 eine Gruppe von Kieler Industriellen, die Patente für das Wilhelmische Krängungsdock vom

Verbund-Schiffbau-Studienausschuß zu erwerben und daraufhin die Kieler Eisenbeton-Werft A.-G. zu gründen. Nach diesen Patenten sollte das Schiff in einem um 45° gekrängten Schwimmdock gestampft werden, dessen Innenwand genau der Außenhaut des Schiffes entsprach. Durch die Ungunst örtlicher und allgemein wirtschaftlicher Verhältnisse kam das Dock, das auch den Stapellauf überflüssig machen sollte, nicht zur Ausführung, so daß die Bauten dieser Werft in doppelter Holzschalung hergestellt wurden. Die dabei gemachten Erfahrungen bestärkten wieder die Erkenntnis, daß diese Herstellungsweise nicht glücklich ist und die Werft erwarb deshalb die vom Regierungs- und Baurat Dr.-Ing. Wilhelm Teubert erfundene schwimmende Dauerschalform, deren sämtliche Patentrechte jetzt auf die im Sommer 1920 gegründete Mindener Eisenbetonwerft A.-G. Minden/Westf. übergegangen sind.

Eine neue Stufe in der Entwicklung des Eisenbetonschiffbaues.

Diese neue Betonschiffbauweise besteht darin, daß das Schiff in einem Schwimmdock (Abb. 17) gebaut wird, dessen in Breite und Länge veränderliche

Abb. 17. Baudock der Mewag-Teubert-Bauweise.

Innenhaut für die ganze Länge des parallelen Mittelschiffs genau der Schiffsaußenhaut entspricht. Die Wegerung, Bug- und Heckform bestehen aus dünnen Betonplatten, die durch eine nach dem Spanten- und Wasserlinienriß an Land aufgestellte genaue Holzlehre (Abb. 18 Hinterschiff) durch Spritzbeton hergestellt und dann in das Dock gesetzt wird. Auf diese Innenhaut wird die Eisenbewehrung aufgebracht (Abb. 19), durch besonders patentierte Abstandhalter in der genauen Lage gehalten und darauf der Beton mittels des von der Torkret Gesellschaft m. b. H., Berlin, gelieferten Tektors aufgespritzt (Abb. 20). Für die Herstellung der Bodenwrangen und Spanten wird eine besonders einfach konstruierte Dauerholzschalung verwendet, in die der Beton unter Verwendung von Preßlufthämmern eingerüttelt wird (Abb. 21). Flechten und Betonieren kann an verschiedenen Stellen des Schiffes gleichzeitig begonnen werden, nachdem die Spanten und Bodenwrangen vorher an Land fertig geflochten sind. Wenn der zuletzt eingebrachte Beton 6 Tage alt ist, werden die im

Boden des Docks befindlichen Schieber geöffnet. Durch das zwischen Dockaußenhaut und die die Schalung darstellende Innenhaut eintretende Wasser verliert

Abb. 18. Holzlehre für Betonform.

das Dock den Auftrieb und sinkt langsam auf die Sohle des Hafens ab, während das Schiff unter der langsam zunehmenden Wirkung des Auftriebes

Abb. 19. Verlegen der Eisenbewehrung.

sich aus der nach oben etwas sich verbreiternden Schalform löst und nach Öffnen der einen Dockquerwand aus dem Dock herausgefahren wird. Jedem

Schiffbauer, der die umständlichen Vorarbeiten und die manchmal nicht unge-
fährlichen Schwierigkeiten beim Stapellauf großer Schiffe, ganz gleich, ob es

Abb. 20. Spritzen des Betons im Vorschiff.

Querablauf oder Längsablauf ist, kennt, wird zugeben, daß diese Lösung für
Betonschiffe sicherlich die beste ist.

Nach dem Herausfahren des Schiffes wird das Dock wieder verschlossen und durch eine Pumpe in etwa 10 Stunden wieder ausgepumpt, so daß schon am folgenden Tage mit dem Einbringen des Eisengeflechtes für das nächste

Abb. 21. Einrütteln des Betons.

Schiff begonnen werden kann. Das erste nach diesem Patent erbaute Dock ist 80 m lang, 10 m breit, 3,5 m hoch und hat 5 cm dicke Wände. Es hat eine Gesamtbauzeit von 6 Wochen gehabt, geht 65 cm tief und kostet etwa 400 000 Mark. Es wurde nicht auf der Helling gebaut, sondern auf dem Boden des zu diesem Zwecke abgelassenen Mindener Industriehafens, durch dessen Wiedervollaufen es am 21. April 1921 seinem Element übergeben wurde (Abb. 22), wobei Festigkeit, Stabilität und Wasserdichtigkeit allen Ansprüchen genügte. Obgleich das Dock mit sehr dünnen Wänden und außerordentlich wenig Eisen gebaut ist — nur 180 kg je cbm Beton —, hat es sehr starke, zum Teil durch Zufälle verursachte Beanspruchungen ohne Schwierigkeiten ausgehalten und dabei ein ungewöhnliches Maß von Elastizität gezeigt, z. B. eine Durchbiegung und Verwindung von 30 cm bei 80 m Länge.

Die technischen Vorteile dieser Bauweise sind folgende: Sie erspart die Anlage der Helling und die dazu gehörigen Krananlagen sowie den Stapellauf, der besonders unangenehm für Betonschiffe ist, weil sie, namentlich bei der Verwendung von Traß, erst nach Monaten ihre volle Festigkeit erhalten und weil dementsprechend die Ablieferung sehr verzögert oder eine besondere Verstärkung

Abb. 22. Dock nach dem Leerpumpen.

der Verbände und damit eine Gewichtsvermehrung notwendig wird. Sie hat den Vorteil, daß die übertage auf eine feste unnachgiebige glatte Betonschalung gespritzte Schiffshaut härter, fester, wasserdichter und glatter wird, als die untertage in die Holzschalung eingegossene, der gegenüber sie auch eine genaue Lage der Eisenbewehrung und die Innehaltung einer geringen Wanddicke voraus hat. Dieser Beton ist nach den gemachten Versuchen namentlich auch gegen die Wirkung von Stößen und Reibungen bedeutend widerstandsfähiger als der gegossene Beton. Die Glätte der Außenhaut ist größer als die von eisernen Schiffen, besonders wenn letztere angerostet oder bewachsen sind. So zeigte sich bei der amtlichen Probefahrt des für das staatliche Schleppamt Hannover erbauten Schiffes, das für den Laien überraschende, von den Betonschiffbauern vorhergesagte Ergebnis, daß der Schleppwiderstand bei gleicher Geschwindigkeit beim Betonschiff wesentlich geringer ist, als beim Eisenschiff gleicher Wasserverdrängung, so daß trotz des noch immer größeren Eigengewichts des Betonschiffes das leere Schiff zwischen 5 und 7 km 30—40 v.H. weniger Schleppkraft gebraucht als ein frisch gestrichenes eisernes Schiff gleicher Tragfähigkeit (Abb. 23) und das vollbeladene

Schiff zwischen 4 und 6 km Geschwindigkeit 30 v.H. weniger als ein Rheinschiff und 50 % weniger als ein Weser- oder Kanalschiff gleicher Tragfähigkeit. Die erforderliche Zugkraft je Tonne Ladung ist beim eisernen Schiff mit Eisenboden also annähernd doppelt so groß wie beim Betonschiff (Schiffe mit Holzboden haben noch viel größeren Widerstand), was bei der demnächst zu erwartenden Staffelung

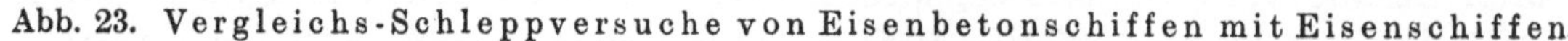

Abb. 23. Vergleichs-Schleppversuche von Eisenbetonschiffen mit Eisenschiffen.

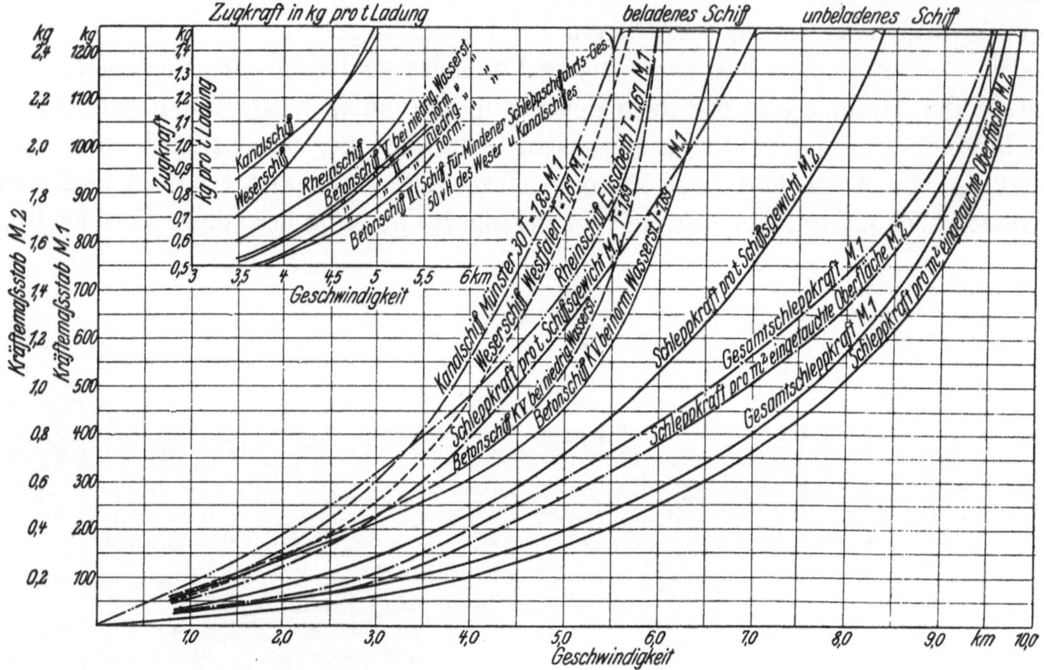

Bei den Kurven für das leere Schiff gelten:

die ausgezogenen Linien ——————— für das Betonschiff K V
die strichpunktierten Linien ——.——. für das Kanalschiff Münster 11

Vergleiche die Schleppversuche von Eisenbetonschiffen mit Eisenschiffen.

	K V	Münster 11
Länge über Alles	67,00	67,00
Breite im Boden	8,48	
„ „ Deck	8,70	8,20 m
Länge zwischen den Loten	65,65	
Größte Höhe	2,25	
Leertiefgang	0,57	0,47
Eingetauchte Fläche b. Leertiefg.	553 qm	525 qm
Völligkeitsgrad bei Leertiefgang	0,836	
„ „ 1,75 Tiefg.	0,867	
„ „ 2,20 „	0,873	

Tragfähigkeit der Schiffe.

Rheinkahn Elisabeth	641 t
Weserkahn Westfalen	671 „
Kanalkahn Münster 30	725 „
Eisenbeton-Kanalkahn K V	820 „

Die Eisenschiffe hatten bei den Versuchen einen 10 cm höheren Wasserstand im Kanal, als Kanalschiff K V.

der Schifplöhne die Wirtschaftlichkeit des Betonschiffes gegenüber dem Eisenschiff außerordentlich vergrößert.

Ein sehr großer Vorteil der Bauweise ist die Schnelligkeit der Herstellung: Da sich der Bau der äußeren Holzschalung ganz und der inneren fast ganz erübrigt, weil ein großer Teil der Bewehrung an Land vorher geflochten werden kann und da das Einbringen der Baustoffe in das Schwimmdock sich einfacher vollzieht und auch die ganze Übersicht und Leitung der Arbeiten einfacher ist, als bei einem auf Helling stehendem Schiff, kann damit gerechnet werden, daß monatlich ein Schiff im Dock fertiggestellt werden wird.

Die wirtschaftlichen Vorteile bestehen für die Werft in der Ersparnis der teuren Helling- und Krananlage, dem Fortfall fast aller Eisenbearbeitungs- und Werkzeugmaschinen, Fortfall des Nietens mit seinem nervenangreifenden Geräusch, der Ersparnis der heute nicht unerheblichen Kosten für den Stapellauf (Versicherung), dem geringen Bedarf an Bearbeitungsmaschinen, der einfachen Arbeit der Herstellung, zu der auch ungelernte Arbeiter verhältnismäßig schnell herangebildet werden können. Die Arbeiten werden sehr vereinfacht und in ihrer Genauigkeit sichergestellt durch das Übertagearbeiten beim Spritzverfahren (Abb. 24). Der Fortfall des größten Teiles der Holzschalung ist infolge der sehr großen Ersparnis an Holz, Nägeln und Löhnen derart einschneidend, daß die

Abb. 24. Ausführung des Spritzverfahrens.

nach dieser Bauweise hergestellten Schiffe, bei technischer Gleichwertigkeit, etwa 30 bis 40 v. H. billiger sind als eiserne. Infolge des fast gänzlichen Fortfalls von Ausbesserungen, Aufschleppen und Wiedererneuerung sind die Instandhaltungskosten nach dem Urteil mehrerer Betonschiffsreedereien kaum ein Fünftel so hoch wie von eisernen; Kosten für die Klassifikation älterer Schiffe fallen fort, weil das Betonschiff mit dem Alter an Stärke zunimmt. Etwa notwendig werdende Ausbesserungen sind erheblich einfacher und billiger als bei Eisenschiffen. Daraus ergibt sich, daß das in einem Betonschiff angelegte Kapital, sich je nach den Frachten und Linien verschieden, etwa doppelt so hoch verzinst als das eines eisernen Schiffes.

Das kann für die Allgemeinheit insofern von Bedeutung werden, als durch den Bau einer größeren Reihe von Betonschiffen anstelle der vom Feinde geraubten, namentlich auch in der Binnenschiffahrt eine Herabsetzung der Schiffs-

frachten und damit eine Verbilligung der Kohle — bei gleichbleibendem Reeder-
gewinn — möglich wird. Bezüglich des zahlenmäßigen Nachweises der wirtschaftlichen Überlegenheit des Betonschiffes verweise ich auf meinen Aufsatz in
Nr. 1 des II. Jahrganges von Werft und Reederei, dessen Annahmen durch die
in Minden fertiggestellten Schiffe als richtig erwiesen sind.

Meine Herren! Damit hat der Betonschiffbau, der infolge der ihm bisher
anhaftenden technischen und wirtschaftlichen Mängel, trotz erstaunlicher Leistungen, nicht gedeihen konnte, eine neue Stufe der Entwicklung erklom-
men. Bisher mußte ich mir bei der öffentlichen Vertretung dieser Ansicht die
mehr oder weniger begründeten Zweifel skeptischer Fachgenossen und Reeder
entgegenhalten lassen, heute aber bin ich in der glücklichen Lage, die Richtigkeit meiner Behauptungen durch die nach dieser Bauweise hergestellten, vollkommen gelungenen Schiffe zu erhärten. Tatsachen beweisen! Ich möchte mir
deshalb erlauben, Ihnen einige Pläne und Abbildungen eines dieser Schiffe vorzuführen, das von der Mindener Eisenbeton Werft A.-G., Minden/Westf., für die
Wasserstraßendirektion (Schleppamt Hannover) gebaut und von dieser Behörde
abgenommen worden ist, da es die vertraglichen Bedingungen in jeder Beziehung
übertroffen und sich im Betriebe vorzüglich bewährt hat. Bei dieser Gelegenheit
möchte ich nicht versäumen, der Mindener Eisenbetonwerft und ihrem tat-
kräftigen Direktor Brune für die Überlassung der Unterlagen meinen Dank
abzustatten, der für die oben gebrachten Bilder auch dem Syndikat für Eisenbetonschiffe, Wien, der Werftunternehmung Kauf & Brunner, Wien, der Firma
Dyckerhoff & Widmann A.-G., Biebrich, Herrn Gottfried Feder, München,
Johannes Müller, Marx & Co., Berlin, Ellmer & Co., Stettin gebührt.

Das für den Mittellandkanal, Rhein und Weser bestimmte Schiff, das bei
67 m Länge über alles, 8,7/8,5 m Breite auf Außenhaut und 2,25 m Seitenhöhe,
beim Kanaltiefgang von 1,75 m 600 t und beim größten Tiefgang von 2,2 m
823 t trägt, ist das größte bisher in Eisenbeton hergestellte Binnenschiff. Auf die
mit einem Gipsputz geglättete Innenhaut wurde nach Verlegung und Flechtung
der Eisenbewehrung, deren Einzelteile vorher an Land fertiggestellt wurden,
der Beton im Boden abgestampft, in den Seitenwänden und im Deck mittels
des Torkret-Tektors aufgespritzt und in den Spanten und Kielschweinen
unter Benutzung von Lufthämmern eingerüttelt. Dadurch wurde der große
technische Vorteil erreicht, daß an Stelle des gegossenen, häufig porösen
und fehlerhaften Betons ein vollkommen dichter, sehr fester und das Eisen-
gerippe dicht umschließender Spritzbeton erzielt wurde, der nur an ganz
wenigen Stellen ein mit Preßluft erfolgendes Nachputzen brauchte und eine derartige Glätte hatte, daß der Reibungswiderstand bedeutend geringer ist als
der eines eisernen Schiffes. Als Beton wurde eine Mischung gewählt, die sich
aus einer langen Reihe von Versuchen im Bauingenieur-Laboratorium
der Technischen Hochschule Hannover hinsichtlich Festigkeit, Wasserdichtigkeit und Leichtigkeit als günstigste ergeben hat. Hierbei war die Mitarbeit des Geh. Regierungsrat Prof. Otzen und des Prof. Quietmeyer besonders wertvoll. Die sämtlichen Materialprüfungen des Betons und Eisens sind

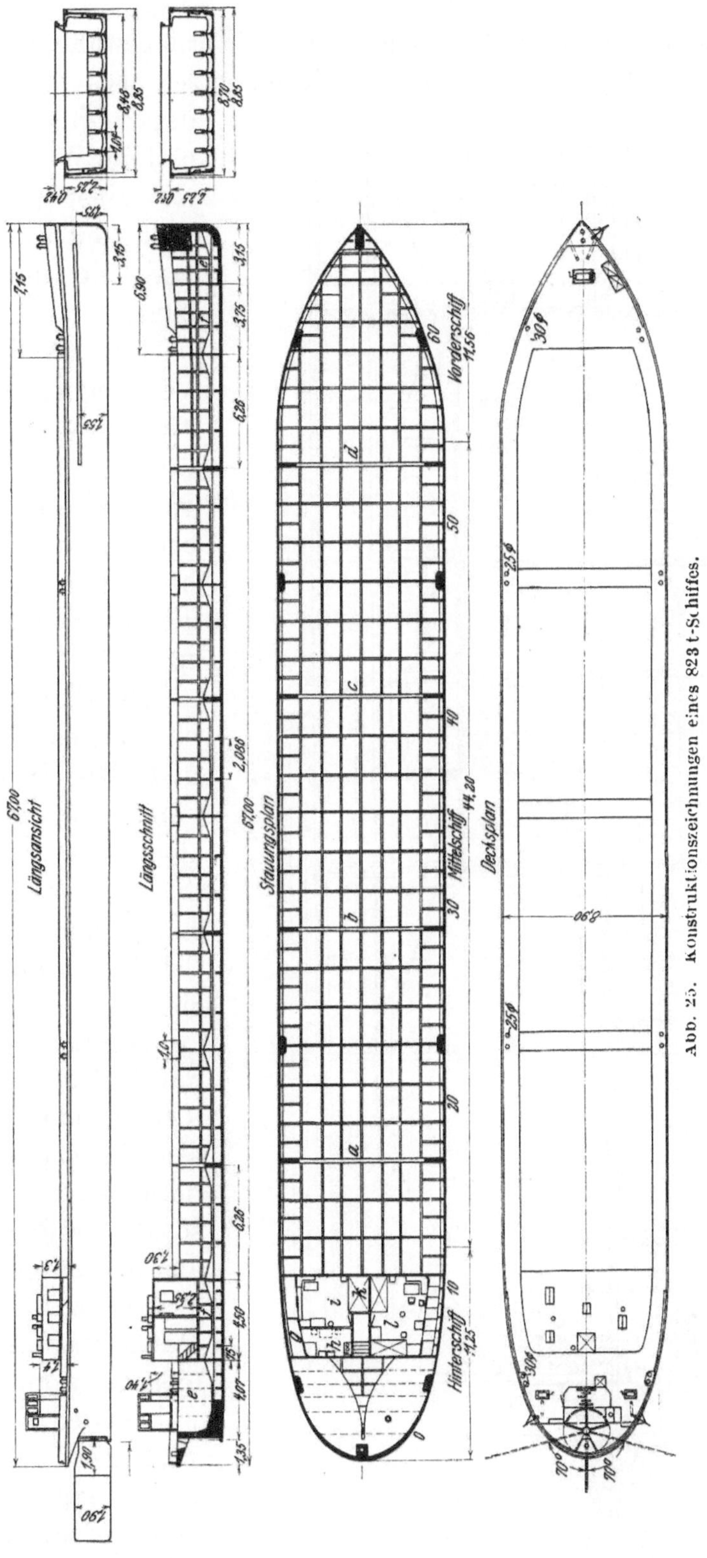

Abb. 25. Konstruktionszeichnungen eines 823 t-Schiffes.

vom Germanischen Lloyd vorgenommen worden, unter dessen Aufsicht und nach dessen Vorschriften das Schiff hergestellt wurde. Hinsichtlich der Formgebung ist unter Berücksichtigung der wirtschaftlichen Forderung nach Schaffung möglichst wenig zahlreicher Normenschiffe eine Form gewählt worden, die sowohl den Vorschriften des nordwestdeutschen Kanalnetzes, als auch den Forderungen der Schiffer auf dem Rhein und der Weser genügt, die also mit einer nicht zu geringen Völligkeit eine gute Steuerfähigkeit des Schiffes verbindet.

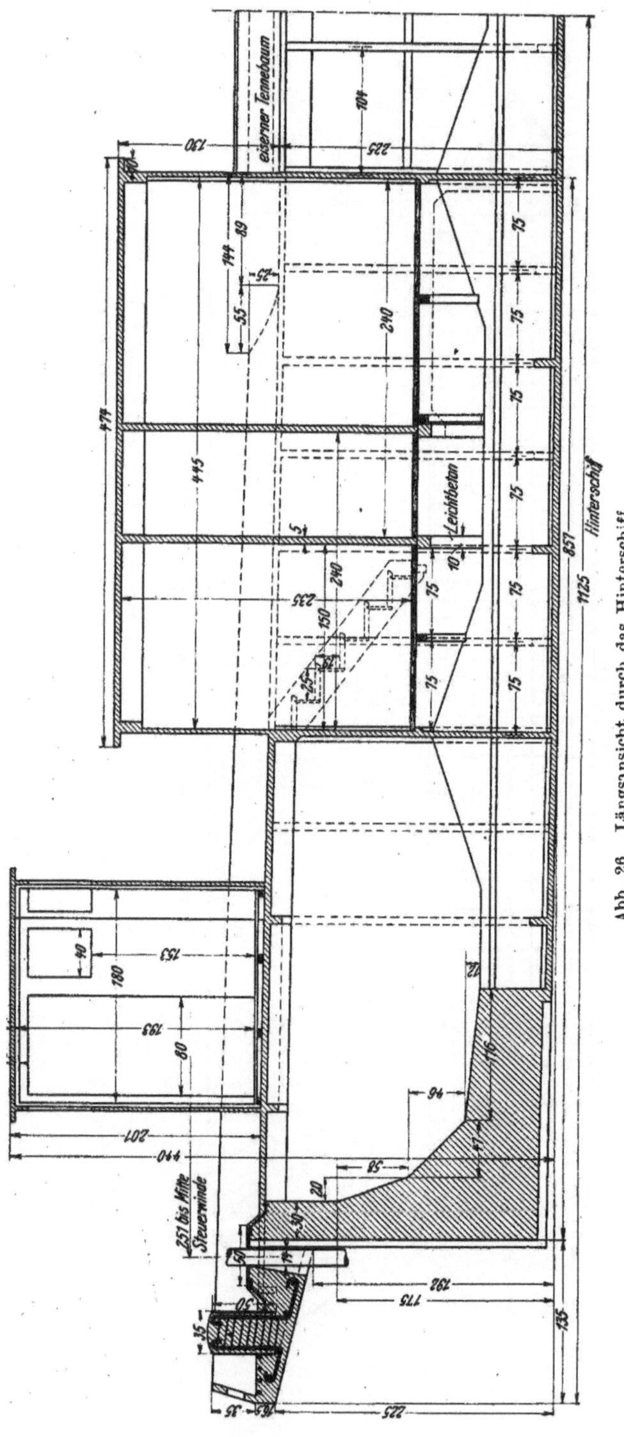

Abb. 26. Längsansicht durch das Hinterschiff.

Der Völligkeitsgrad der Verdrängung beträgt bei 1,75 m Tiefgang 0,867, bei 2,20 m Tiefgang 0,873 m, der Völligkeitsgrad der obersten Wasserlinie bei 1,75 m Tiefgang 0,908 m, bei 2,20 m Tiefgang 0,928 m, der Völligkeitsgrad des Hauptspants beträgt 0,968 m.

Die Einteilung des Schiffes im ganzen, die Anordnung und Abmessungen der Verbände und die gesamten konstruktiven Einzelheiten sind aus der Ansicht, sowie den Längs- und Querschnitten des Schiffes (Abb. 25 und 26) ersichtlich.

Das Schiff hat eine Breite auf Außenhaut im Boden von 8,48 m und im Deck von 8,7 m, also eine geringe Lehnung, die nötig ist, um ein glattes Entschalen des Schiffes beim Lösen aus der durch Einlassen von Wasser auf den Boden des Hafens absinkenden Schalform (des Schwimmdocks) zu gewährleisten. Bei der Formgebung des Schiffes ist auf die Erreichung einer möglichst guten Steuerfähigkeit Wert gelegt, weil dieses Schiff — besonders auch das von der Mindener Schleppschiffahrt-Gesellschaft gebaute gleiche Schiff — für die Weser und den Rhein bestimmt ist. Bei diesem Schiff ist durch die Vermehrung der Zahl der Querschotte das Gewicht der Kielschweine vermindert und eine Anzahl weiterer Gewichtsersparnisse durchgeführt, so daß das Schiff mit voller Ausrüstung nur 54 cm tief geht, sich also von einem normalen Rhein- oder Kanalschiff bezüglich der Schiffseigenschaften kaum und auch hinsichtlich des Schleppwiderstandes nur zugunsten des Betonschiffes unterscheidet.

Ganz besondere Gewichtsersparnisse wurden durch die Anwendung eines kombinierten Längs- und Querspantensystems erzielt. Die Haupttrageglieder des Schiffes sind in die jeweils günstigste Richtung gelegt; im Boden ist das Längsspantensystem angewandt, weil durch die Zahl der Schotte die Spannweite im Boden nur 6,25 m beträgt, in der Querrichtung aber eine Spannweite von 8,45 m zu überbrücken sein würde. Hinzu kommt noch, daß in der Längsrichtung der für den Eisenbetonbau besonders günstige, durchlaufende Balken des ganzen Schiffsträgers liegt, der in der Querrichtung nur als sehr schwach eingespannter Träger gerechnet werden kann. Die Seitenwände sind hingegen wiederum nach dem Querspantensystem gebaut, denn hier ist die Seitenhöhe mit einer Stützweite von 2,25 m bedeutend geringer als die Schottentfernung. Verstärkt sind die Bodenwrangen durch Querspanten, welche keine ausgesprochene statische Bedeutung haben, sondern nur einen gleichmäßigen Spannungsausgleich über sämtliche Kielschweine hin erzielen sollen. Die Querspanten sind versteift durch einen Längsstringer, der einmal eine quadratische Bewehrung der Platten herbeiführen soll, um die Stoßfestigkeit derselben zu erhöhen und zweitens einen Spannungsausgleich über die Querspanten bewirkt. Als Belastung wurden die Annahmen des Germanischen Lloyd zugrunde gelegt, das ist für Platte, Kielschwein, Schott und Begrenzungsschott ein Wasserdruck des halben Tiefgangs von oben und für die Spanten der Wasserdruck des vollen Tiefgangs über die ganzen Spanten. Diese Belastungsbedingungen sind außerordentlich scharf und bedeutend größer als beim Eisenschiffbau. Bei der Durchführung der Bewehrung ist Wert darauf gelegt, daß einmal keine Eisenüberhäufung an irgendeiner Stelle auftritt und zweitens jedes Eisen in seiner ihm vorgeschriebenen Lage einwandfrei gehalten wird. Aus den vorstehenden Abbildungen geht klar hervor, daß dieses im vollen Maße erreicht wurde.

Eine gleichmäßige Durchführung der Querschnittform der einzelnen Spanten würde große Gewichtsmassen an Beton erfordern; sie sind daher ebenso wie die Querschnitte der Kielschweine systematisch, entsprechend den Spannungen und Eisenbewehrungen aufgebaut. Als Form derselben hat sich ein Hammerquerschnitt ergeben, in dem der Steg, mit seiner Lage in der neutralen Achse des Querschnittes, nur 6 cm dick ist, hingegen der Kopf sich den statischen Verhältnissen anpaßt. Der Fuß wird durch die Platte des Bodens gebildet, so daß sich ein Querschnitt mit Anhäufung des Betons und Eisens in den äußersten Zonen und ein minimaler Materialbedarf in der mittleren neutralen Zone, also ein Querschnitt, von verhältnismäßig geringstem Eigengewicht ergibt.

Das gewählte System ist auch besonders günstig für die Aufnahme der Längsbiegemomente, die ja für jedes Flußschiff die gefährlichsten Spannungen hervorrufen, weil hier z. B. bei einem Träger von einer Länge von 67 m und einer Höhe

von nur 2,25 m, d. i. $^1/_{30}$ der Länge, vorhanden ist. Im normalen Eisenbeton-
hochbau wird eine Trägerhöhe von $^1/_{15}$ der Länge nicht unterschritten. Im
Schiffbau liegen aber die Verhältnisse etwas günstiger, da es sich hier um einen
vollkommen elastisch gestützten Träger handelt. Beim Querspantensystem können zur Aufnahme der Längsbiegemomente nur die Bodenhaut und die mit-
tragenden Kielschweine herangezogen werden. Bei der von der Mewag gewählten
Anordnung liegen sämtliche tragenden Teile in Richtung der Längsbiegebean-

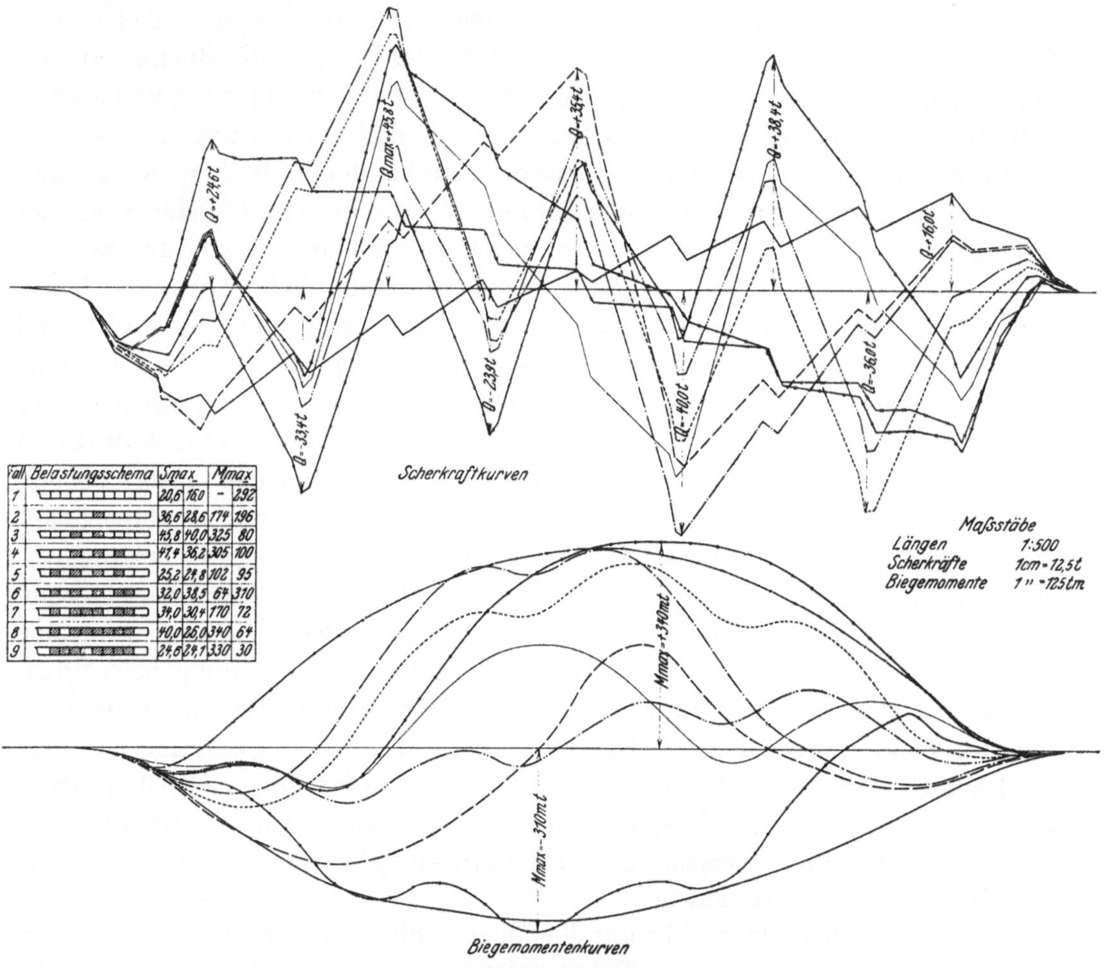

Fall	Belastungsschema	Smax		Mmax	
1		20,6	16,0	–	292
2		36,6	28,6	174	196
3		45,8	40,0	325	80
4		47,4	36,2	305	100
5		25,2	24,8	102	95
6		32,0	38,5	64	310
7		34,0	30,4	170	72
8		40,0	26,0	340	64
9		24,6	24,1	330	30

Abb. 27. Biegemomenten-Kurven.

spruchung, wodurch das Schiff eine größere Längsfestigkeit und eine erhöhte
Sicherheit gegen Unregelmäßigkeiten in der Beladung des Schiffes erhält.

Die Längsbiegemomente und größten Querkräfte wurden nach kombinierter
graphisch-rechnerischer Methode unter Zugrundelegung sämtlicher, bei der Beladung des Schiffes, auftretenden Belastungsfälle ermittelt und eine Umgrenzungskurve sämtlicher Belastungsfälle gezeichnet (Abb. 27), die dann die Grundlage
für die statische Berechnung ergeben haben, wobei sehr sorgfältige Berechnungen
von Prof. Dr.-Ing. Kleinlogel, Darmstadt, benutzt wurden. Die punktierte
Linie um die Umgrenzungskurve veranschaulicht die wirklichen Kräfte, die der
Schiffskörper aufnehmen kann.

Es muß ferner noch auf folgende konstruktive Verbesserungen dieses Schiffes gegenüber den bisher gebauten Betonschiffen hingewiesen werden. Eine große Schwierigkeit besteht hinsichtlich der Konstruktion des Luksülls (Tennebaum), der als oberste Gurtung die größten Druck- und Zugspannungen aufnehmen muß. Dazu kommt, daß von allen Teilen des Schiffes gerade dieser Tennebaum am meisten örtlichen Angriffen ausgesetzt ist, gegen die auch ein hölzerner oder eiserner Kantenschutz nur als recht mangelhaft zu bezeichnen ist. Diese Schwierigkeiten werden durch die zum Patent angemeldete Lösung gehoben, daß ein eiserner, aus Blechen und Winkeln gebauter Tennebaum über die Herften hinweg mit der ande-

ren Seite verbunden, in einer besonders glücklich durchdachten Weise an den Beton wirksam angeschlossen ist, so daß die Druck- und Zugspannungen durch sichere Übertragung der Schubspannungen ohne Schwierigkeit aufgenommen und Beschädigungen durch den eisernen Greifer verhindert werden. Die Einzelheiten sind aus Abb. 28 ersichtlich.

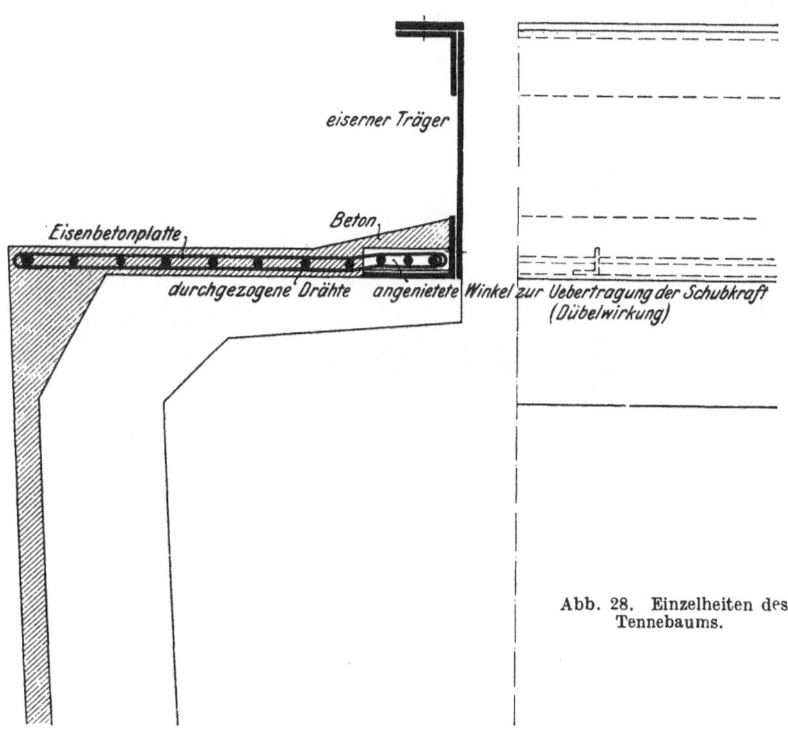

Abb. 28. Einzelheiten des Tennebaums.

Die Frage örtlicher Beschädigungen in der Außenhaut spielt eine vielleicht noch größere, jedenfalls hinsichtlich der Bedenken weiter Reedereikreise wichtigere Rolle, weil — namentlich auf seichten Strömen mit steinigem Boden, Buhnen oder Leitwerken — die Widerstandsfähigkeit des Bodens und der Kimm gegen Stöße und Grundberührungen von ausschlaggebender Bedeutung ist. Hat man doch in dieser Beziehung sogar zum Schiffbaustahl in manchen Kreisen so wenig Vertrauen, daß noch heute, z. B. auf der Elbe, sehr viele eiserne Schiffe mit Holzböden gebaut werden, obwohl nachgewiesen ist, daß diese Fahrzeuge, namentlich wenn die Böden durch längeren Betrieb aufgerauht sind, einen bis zu 50 v. H. größeren Schleppwiderstand haben. Der Weg, den die Mindener Eisenbetonwerft zur Beseitigung dieser, beim Betonschiff wiederholt zutage getretenen Schwäche eingeschlagen hat, ist der folgende:

Bekanntlich muß beim Betonschiffbau großer Wert auf die genaue Innehaltung der rechnerisch ermittelten Lage der Bewehrung und die reichliche Bedeckung der äußersten Bewehrungseisen mit Beton gelegt werden, was nur durch die reichliche Anwendung geeigneter Abstandhalter möglich ist. Dieser Zweck wurde mit den bisherigen Mitteln entweder nicht erreicht, so daß zur Überdeckung der nach dem Entschalen zutage tretenden Eisen ein Putz aufgebracht werden mußte, der nicht als organisches Ganzes angesprochen werden kann, oder es wurde eine große Zahl kleiner Abstandhalter eingelegt, die nach dem Entschalen, also nach dem Abbinden des Betons, herausgerissen werden mußte, was gleichfalls die organische Einheit der dichten außenliegenden Schicht zerstörte. Die Mindener Werft hat nun diese Abstandhalter gewissermaßen als ein fein verteiltes Netz

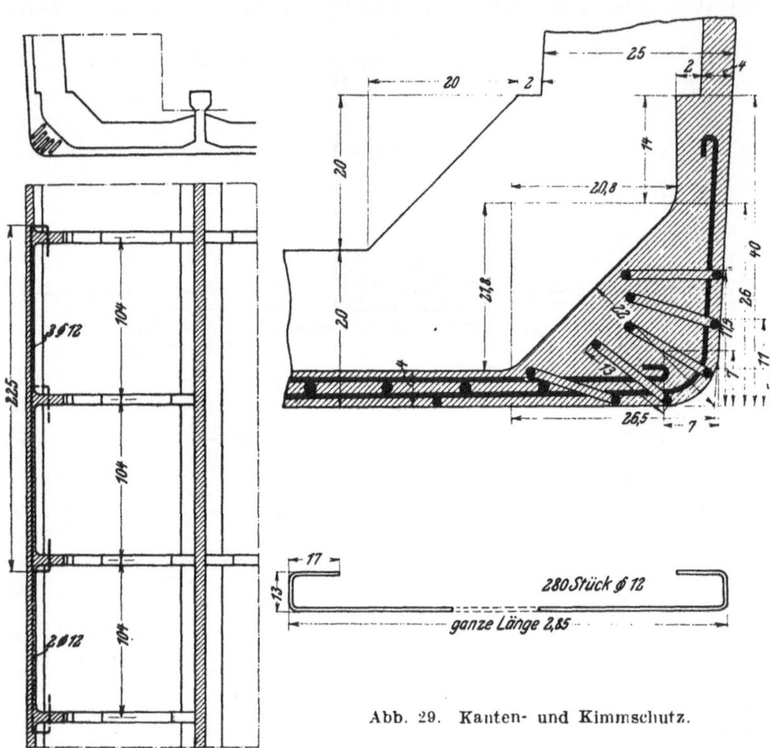

Abb. 29. Kanten- und Kimmschutz.

fest im Beton eingebetteter, in der Längsrichtung liegender Scheuerleisten aus Eisen oder Duraluminium liegen. Dadurch ist also zugleich die richtige Lage und reichliche Bedeckung der tragenden Eisenbewehrung gesichert und ein wirksamer Schutz des Bodens gegen Grundberührungen und Stöße geschaffen. Ebenfalls zum Patent angemeldet ist der auf dem gleichen Gedanken beruhende Kimmschutz, der darin besteht, daß nicht, wie bisher üblich, ein eiserner Winkel bzw. Blech von außen auf der Kimm angebracht wird, sondern daß ein System von einfachen Rundeisen in der verdeckten Betonschicht der Kimm angeordnet wird, so daß auch diese bei Berührung mit Kanalböschungen und Flußufern keinen Schaden mehr nehmen kann (Abb. 29).

Somit sind die Bedenken, die in gewissen Reedereikreisen — und zwar im Hinblick auf die vorgekommenen Havarien nicht ganz unberechtigterweise — gegen die Verwendung von Betonschiffen auf seichten Strömen bestanden, in der Tat gegenstandslos geworden; da die in dieser Weise ausgeführten Betonschiffe weder hinsichtlich des Tiefganges, noch der Widerstandsfähigkeit gegen Beschädigungen den Eisenschiffen nachstehen.

Bezüglich der Einrichtung und Ausrüstung wurde der Grundsatz verfolgt, alles im Betrieb Bewährte und den Schiffern Gewohnte soweit zu übernehmen, wie es sich mit dem Wesen des Betonbaues vereinbaren läßt und die Ausführung und Anbringung der Ausrüstungsteile kräftig, dauerhaft und seemännisch brauchbar zu gestalten, wie es im einzelnen aus den Abbildungen und Zeichnungen ersichtlich ist. Auf die Einrichtung der Wohnräume (Abb. 30), gute Übersichtlichkeit vom Steuerhaus und eine organische und leicht auswechselbare Befestigung des ganzen Bergholzes wurde besonderer Wert gelegt.

Entgegen dem von mir früher vertretenen Standpunkt hat das Schiff einen schwarzen Anstrich erhalten, um es nicht schon von weitem als Betonschiff kenntlich zu machen und die immer noch zahlreichen Gegner des neuen Baustoffes zu Rammversuchen zu reizen. Der Anstrich ist ja, wie oft betont, für die Erhaltung des Betons nicht notwendig, da das Schiff nicht rostet und fast gar nicht

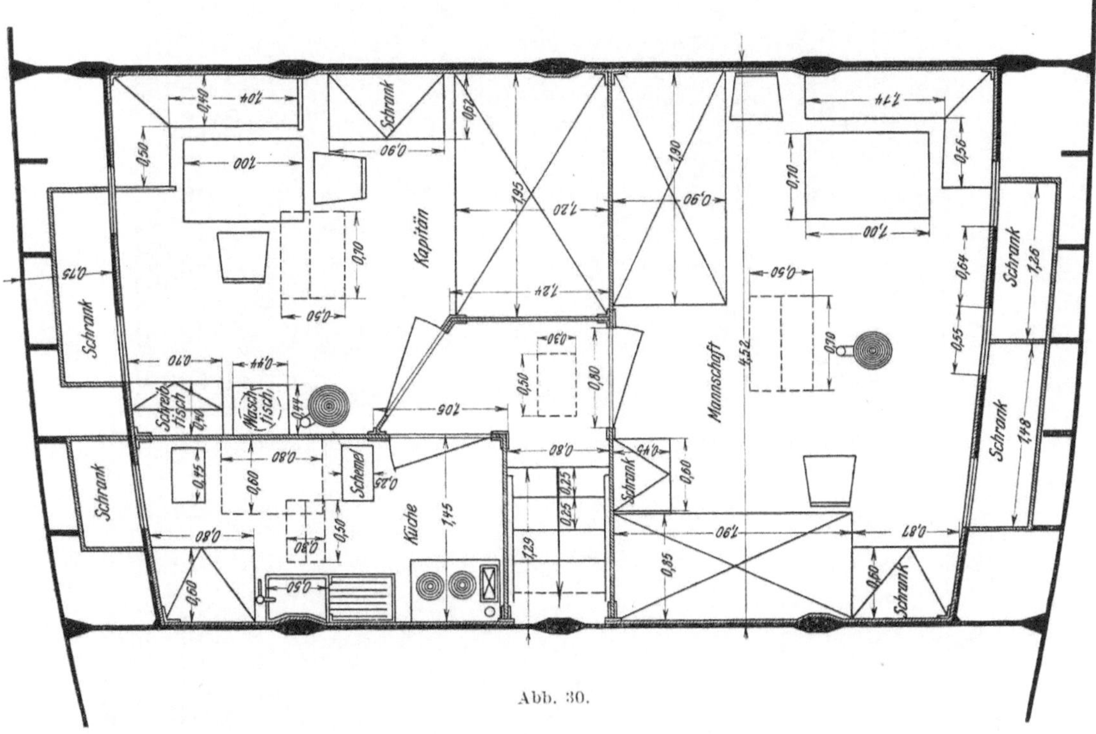

Abb. 30.

bewächst und infolgedessen in der Erhaltung sehr viel billiger ist als ein eisernes Schiff, das auch bei guter Pflege langsam an Festigkeit verliert, während die Lebensdauer des Betons, wenigstens im Süßwasser, als unbegrenzt erwiesen ist.

Ein großes Anwendungsgebiet des Betons, besonders in dem Spritzverfahren der Mindener Werft bietet die Panzerung alter stark abgerosteter Schiffskörper nach einem patentierten Verfahren, bei dem der eiserne Rumpf mit einem dichten Drahtgewebe bedeckt wird, auf das der Beton mit Preßluft aufgespritzt wird (Abb. 31). Der Panzer wird trotz seiner geringen Dicke von nur 2 cm so hart und die Gesamtfestigkeit des Schiffes durch volle Heranziehung des eisernen Körpers so groß, daß schon einige Reeder diese äußerst billige Ausbesserung ihrer Schiffe in Auftrag gegeben haben. Die Tiefgangsvermehrung ist gering, ja unter Umständen gleich Null, wenn der zum Dichten im Innern verwendete Zement entfernt wird.

Hier sei auch auf die besonderen wirtschaftlichen und wärmetechnischen Vorteile des Betons für Kühlschiffe nochmals hingewiesen. Die technische und wirtschaftliche Überlegenheit des Eisenbetons als Baustoff für Pontons, Fähren, Wohnschiffe, Schuten und Arbeitsboote steht außer jedem Zweifel. Von

Abb. 31. Aufspritzen des Betonpanzers auf einen alten eisernen Fischkutter.

Abb. 32. Weserfähre auf Stapel.

diesen vier Typen hat die Mindener Eisenbetonwerft bereits eine ganze Reihe von verschiedenen Wasserstraßen-Direktionen in Auftrag erhalten (Abb. 32), deren verständnisvolle Unterstützung dankbare Anerkennung verdient.

Zum Beweise dafür, daß die Überlegenheit dieser neuen Bauweise von vielen Sachverständigen des In- und Auslandes bereits offen erkannt worden ist, möchte ich Ihnen mitteilen, daß die Mindener Eisenbeton-Werft wegen der Gründung von Betonschiffswerften auf Grund dieser neuen Bauweise mit hervorragenden Unternehmungen des Auslandes in ernsthaften Verhandlungen steht. Überhaupt haben die offensichtlichen Verbesserungen an diesen letzten Bauten (Abb. 33) dem ganzen Betonschiffbau in Deutschland und Österreich einen neuen Ansporn gegeben, und infolgedessen haben sich die in Betracht kommenden Betonschiffswerften und Betonschiffbau treibenden großen Gesellschaften

Abb. 33.   823 t-Schiff des Schleppamts Hannover.

im Mai dieses Jahres zum Verein der Betonschiffwerften E. V. zusammengeschlossen, dessen Vorsitz mir übertragen worden ist.

Meine Herren! Ich benutze deshalb diese Gelegenheit, um Ihnen auch namens dieses Vereins für die Aufmerksamkeit, die Sie meinem heutigen, den meisten von Ihnen dem Stoff nach leider noch fern liegenden Vortrag entgegengebracht haben, verbindlichst zu danken. Ich darf aber auch die Bitte an Sie richten, sich nun auf Grund des vorgetragenen Tatsachenmaterials ein unparteiisches Urteil zu bilden und wenn sich Ihr Urteil dem meinigen in der Hauptsache anschließen kann, auch Ihrerseits dem neuen Baustoff das Vertrauen entgegenzubringen, auf das gerade die in der ganzen Welt anerkannte Wissenschaftlichkeit und Zuverlässigkeit der deutschen Eisenbeton-Industrie berechtigten Anspruch erheben darf. Da nun die Behörden und, wenn auch erst in geringem Maße, die Reederei den Betonschiffbau mit vertrauensvollen Aufträgen zu unterstützen begonnen hat, werden die großen, für die Entwicklung des Betonschiffbaues gemachten Aufwendungen an Forschungsarbeit, Tatkraft und Geldmitteln nicht nutzlos verloren gehen, im Gegenteil — es scheint, daß der Betonschiffbau ein brauchbarer und dauerhafter Baustein werden kann beim Wiederaufbau unseres deutschen, zwar arg bedrängten, aber wie wir doch alle glauben, hoffnungsvollen Wirtschaftslebens.

Erörterung.

Herr Dr.-Ing. Commentz:

Königliche Hoheit! Meine Herren! Nur zu zwei Punkten des Vortrags von Herrn Dr. Teubert möchte ich kurz Stellung nehmen, zur Gewichtsfrage und zur Frage des Widerstandes. Denjenigen unter Ihnen, welche in den letzten Jahren den Streit über Eisenbetonschiffe verfolgt haben, ist es bekannt, daß man die wirtschaftliche Frage überall in den Vordergrund gestellt hat, und mit Recht. Bei anderen technischen Bauwerken kommen neben den Baukosten die Unterhaltungskosten und die Lebensdauer in Frage, im Schiffbau aber in überragender Weise außerdem die Betriebskosten. Die Betriebskosten sind durch das Gewicht der Schiffe außerordentlich beeinflußt. Es wird Ihnen auch aufgefallen sein, daß, je nachdem, ob Gegner oder Anhänger des Eisenbetonschiffbaues zu Worte gekommen sind, außerordentlich verschiedene Gewichtsangaben über eiserne und Eisenbetonschiffe angegeben worden sind. Ich habe diese Frage in den letzten Jahren ständig verfolgt und eine Anzahl mir zugänglicher zuverlässiger Werte über Eisenbetonschiffe zusammengefaßt und versucht, sie in graphischer Weise zu mitteln und sie dann den entsprechenden Gewichten der Eisenschiffe gegenüberzustellen.

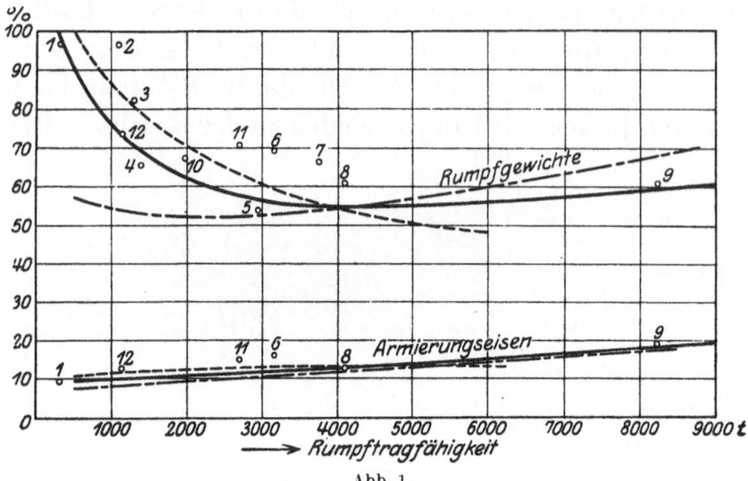

Abb. 1.

Das Ergebnis dieser Untersuchungen möchte ich Ihnen kurz zeigen:

Sie sehen hier zunächst in der ersten Abbildung eine Zusammenstellung über Gewichte von Eisenbetonseeschiffen, und zwar auf der Basis der Tragfähigkeit des Schiffes, aufgesetzt in Prozenten der Tragfähigkeit. Als „Tragfähigkeit" ist dabei die „Rumpftragfähigkeit", also einschließlich Maschinenanlagen angenommen, wie das zum Vergleich selbstverständlich ist. Sie sehen, daß die einzelnen Gewichte prozentual außerordentlich voneinander abweichen.

Als Kurven sind in der Abbildung ferner Mittelwerte verschiedener Untersuchungen zusammengestellt: Strichpunktiert eine englische Darstellung, gestrichelt eine Kurve, welche ich vor etwa drei Jahren zusammengefaßt hatte und ausgezogen die Werte der in der Abbildung durch Punkte dargestellten Einzelwerte; hierbei ist zu bemerken, daß diese Kurven an der unteren Grenze der Einzelwerte gezogen sind, also das darstellen, was sich nach dem Stande der allgemeinen Betonschiffbautechnik heute erreichen läßt. Bei kleinen Schiffsgrößen sind die prozentualen Gewichte sehr groß. Sie nehmen dann verhältnismäßig schnell ab, erreichen bei etwa 3500—4500 t Rumpftragfähigkeit ein Minimum

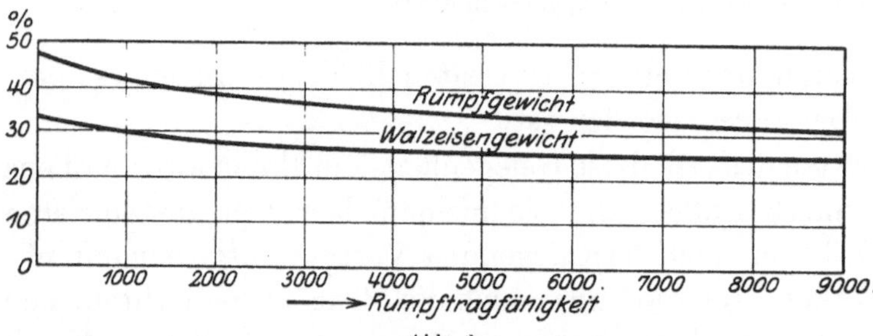

Abb. 2.

und steigen dann wieder an. Dieser Verlauf der Gewichte ergibt sich aus den technischen Bedingungen und hängt damit zusammen, daß bei kleinen Schiffen verhältnismäßig große Wandstärken erforderlich sind und daß bei großen die Längsfestigkeit ein hohes Armierungsgewicht erfordert. Viel Armierung bedingt auch entsprechend hohes Betongewicht, um die Armierung zusammenzuhalten. Die Gewichte der Armierung sind in entsprechender Weise im unteren Teil der Abbildung dargestellt.

Sie steigen ganz bedeutend mit der Schiffsgröße, die ihre Grenze bei 9000 t gefunden hat. Weiter sind die Untersuchungen nicht durchgeführt. Die Tatsache des Minimums ist für das Eisenbetonschiff im Gegensatz zum Eisenschiff bezeichnend. Die entsprechenden Gewichte für Eisenschiffe haben Sie in Abb. 2 und zwar das gesamte Rumpfgewicht und das Gewicht des Walzeisens. Diese Gewichte würden bei wesentlich größeren Schiffen schließlich auch ein Minimum erreichen, weil die Belastungen der Schiffe durch den Seegang schneller wachsen als die Abmessungen, so daß relative größere Materialstärken verwendet werden müssen.

In Abb. 3 sehen Sie sodann aus Abb. 1 und 2 abgeleitet eine prozentuale Darstellung, der Verteilung der Verdrängung auf Eigengewicht und Tragfähigkeit, und zwar für Betonseeschiffe und Eisenseeschiffe. Oberhalb der Linien ist die Tragfähigkeit, unterhalb der Linien das Eigengewicht dargestellt. Bei den Betonschiffen sehen Sie bei 4000—5000 t Tragfähigkeit ein Minimum. Bei den Eisenschiffen ist das Minimum auf der Abbildung noch nicht erreicht. Maßgeblich für die wirtschaftliche Bewertung des Eisenbetonschiffes, und zwar lediglich vom Standpunkte des Gewichts aus, ist aber das Verhältnis der Trag-fähigkeiten zueinander. Setzen wir die Tragfähigkeit der Eisenschiffe gleich 100% in der oberen Linie der Abb. 4, so ergibt sich für Eisenbetonseeschiffe eine niedriger liegende Linie, welche bei 3000—4000 t ein Maximum zeigt, etwa 88%, und dann wieder heruntergeht. Also vom Standpunkte der Gewichts-verteilung aus liegt das günstigste Gewicht für Eisenbetonseeschiffe etwa bei 3000—4000 t. Dies entspricht auch durchaus den aus der Praxis vorliegenden Erfahrungen.

Ganz anders liegt die Sache bei Eisenbetonflußschiffen. Die Gewichte von Flußschiffen weichen an sich wesentlich mehr voneinander ab als die der Seeschiffe. Das liegt daran, daß die Klassifikation anders gehandhabt wird und daß die Bedingungen der verschiedenen Stromgebiete mitsprechen.

Oben in Abb. 5 sehen Sie die Gewichte der Eisenbeton-flußschiffe, unten die Gewichte der Eisenflußschiffe. Sie sehen bei den Eisenschiffen auch eine außerordentliche Abweichung der Einzelwerte voneinander. Die Darstellung der Tragfähig-keit und des Eigengewichtes in Abb. 5 ergibt eine Kurve, die für die Eisenbetonschiffe ähnlich ausfällt wie für die Eisenschiffe. Die Gewichte der Eisenbeton-flußschiffe liegen in ähnlicher Weise wie bei Eisenseeschiffen auf etwa 160—200% des Ge-wichtes der Eisenschiffe. Ich möchte betonen, das sind Mittelwerte, die im Laufe der Entwicklung vielleicht unter Innehaltung der nötigen Festigkeit wesentlich unterschritten werden können, wozu Herr Dr. Teubert uns einen Weg gezeigt hat.

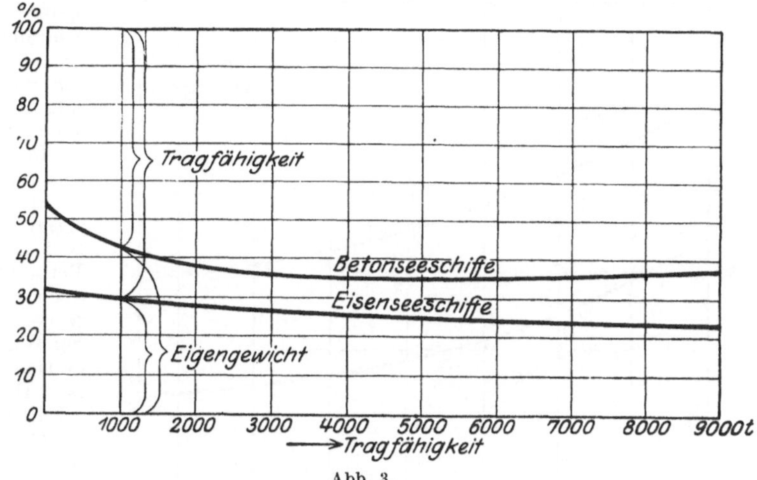

Abb. 3.

Die Darstellung zeigt Ihnen aber, daß bei den Flußschiffen kein Minimum auftritt wie bei den See-schiffen. Das liegt an den wesentlich anderen Bedingungen in bezug auf Beanspruchung, die nur abhängig sind von Beladung, nicht aber von Seegang usw. Daher ergibt sich auch beim Vergleich der Tragfähigkeit, daß die der Eisenbetonschiffe zu der der Eisenschiffe (Abb. 7) einen ganz anderen Verlauf nimmt. Anfangs ist zwar auch ein Minimum vorhanden, das sich aber nur aus der Rücksicht auf die Herstellung der Eisen-betonschiffe ergibt. Aber nachher ist das Verhältnis annähernd gleich verlau-fend.

Ich möchte betonen, daß die Tatsache, daß auch die Flußschiffe relativ zum Gewicht. des Eisenschiffes ein ähnliches Verhältnis der Eigengewichte aufweisen, für die Flußschiffe meiner Ansicht nicht von so großer Bedeutung ist, weil das Gewicht der Flußschiffe an und für sich relativ zur Tragfähigkeit kleiner ist als das der Eisenschiffe, nämlich bei Eisenfluß-schiffen nur 15—35% der

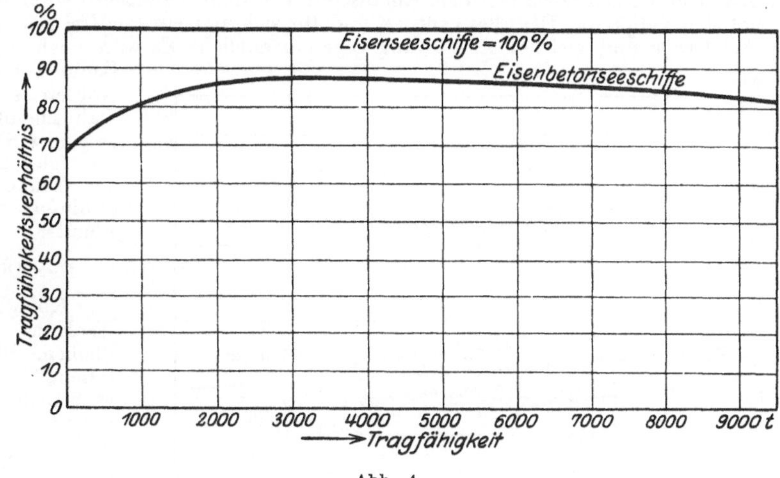

Abb. 4.

Tragfähigkeit, gegen 25—33% bei Eisenseeschiffen. Die Befürchtungen, daß man gerade den Fluß-schiffbau besonders kritisch bewerten müsse bei der Einführung des Betonschiffbaues, sind dadurch zum Teil hinfällig, aber nur, soweit es sich darum handelt, daß Flußschiffe auf Strömen und Kanälen ver-kehren, wo sie ihren Tiefgang ständig ausnutzen können.

Um auch diese Frage vom Standpunkte des Gewichtes aus zu prüfen, habe ich die Sache gleichzeitig für Flußschiffe durchgerechnet, welche nur mit 75% des normalen Tiefganges fahren. Dabei ergeben sich die gestrichelten Kurven der Abb. 3—6. Sie sehen auch hier ein ähnliches Verhältnis von Eisenschiffen zu Eisenbetonschiffen wie beim tiefgeladenen Schiff, dagegen eine wesentlich mindere Tragfähigkeit, die das Eisenbetonflußschiff mehr behindert, als das bei Eisenbetonseeschiffen der Fall ist; anders dagegen bei vollem Tiefgang, wo die Linie unabhängig von der Größe des Schiffes von 400—1800 t ungefähr in der Höhe ver-läuft wie das Minimum bei Seeschiffen, nämlich bei 88% der Tragfähigkeit des entsprechenden Eisenschiffes.

Was die spezielle Ausführung betrifft, die Herr Dr. Teubert uns vorgeführt hat, so glaube ich, daß die Abweichung des Gewichts des Eisenbetonschiffes der Mindener Eisenbetonschiffswerft von den hier gegebenen Zahlen doch nicht sehr groß ist. Das Schiff, das Herr Dr. Teubert uns vorgeführt hat, hat nach dem Vortrage einen Tiefgang von 54 cm. Eisenschiffe mit ähnlichen Abmessungen gehen 37—41 cm tief. Das ist eine Differenz von rund 40%. Das Eisenbetonschiff geht 40% tiefer, trägt aber bei gleichen Abmessungen weniger, so daß man ungefähr auf 50—55% Mehrgewicht für gleiche Tragfähigkeit kommt. Ich glaube, diese Zahl wird Herr Dr. Teubert mir zugeben müssen. Ich habe dabei angenommen, daß das bei den Abmessungen des im Vortrage genannten Eisenschiffes etwa 200 und das Eisenbetonschiff etwa 280 t Eigengewicht hat. Allerdings sind diese 50—55% zweifellos ein wesentlicher Fortschritt gegenüber den von mir gebrachten Werten, die an entsprechender Stelle etwa 80—85% Mehrgewicht ergeben, aber an die Eisenschiffsgewichte kommen sie doch noch bei weitem nicht heran.

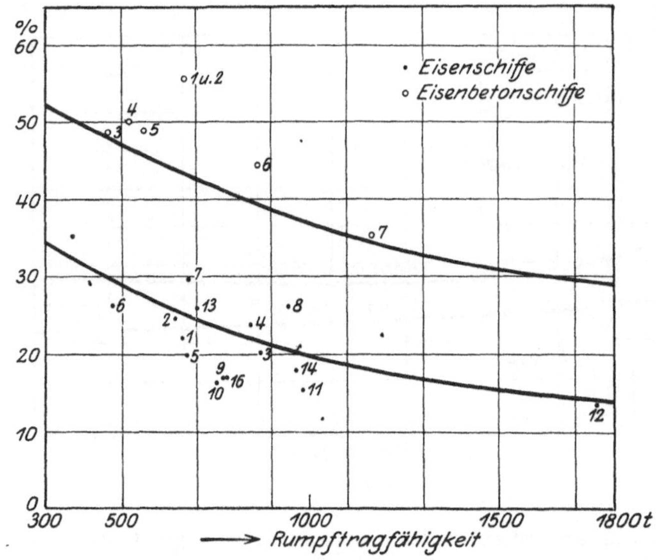

Dann zur Frage des Schleppwiderstandes! Die Zahlen, die Herr Dr. Teubert in bezug auf den Widerstand des Betonschleppschiffes gegeben hat, haben doch wohl nicht allgemein so überrascht, wie er meint. Es ist ganz zweifellos, daß der Widerstand der Betonschiffe, soweit er sich auf Reibung erstreckt, günstiger ist. Diese Frage spielt gerade bei Flußschiffen die Hauptrolle, weil dort kleine Geschwindigkeiten in Frage kommen, und das wird sicher auf den Weg weisen, den Herr Dr. Teubert eingeschlagen hat, zunächst den Gang der Dinge beim Flußschiff zu verfolgen. Es wäre sehr schön gewesen, wenn wir über die Art der Feststellung dieser Zahlen, die Herr Dr. Teubert uns gegeben hat, etwas Näheres gehört

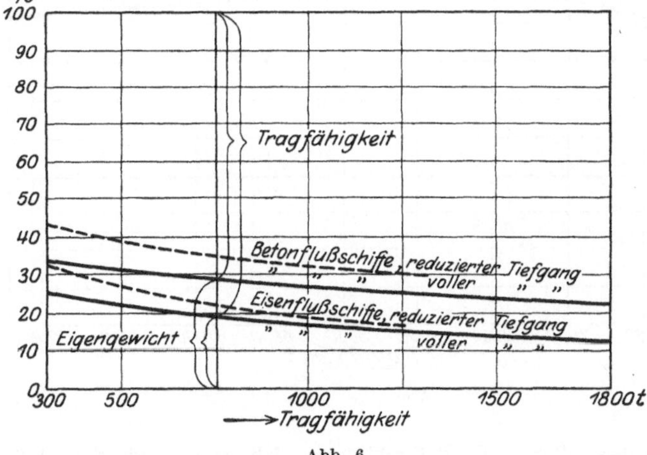

Abb. 5.

hätten; vor allem, ob es sich um Schiffe ähnlicher Formen gehandelt hat, dann, ob es sich um Schiffe gleicher Größe in bezug auf Tragfähigkeit oder Verdrängung gehandelt hat, dann, woher dieser merkwürdige Unterschied zwischen dem Rheinschiff und dem Weserschiff kommen soll. Einmal sind es 50%, einmal 30% Differenz. Das alles kann an und für sich nur einwandfrei geklärt werden, wenn wir Schiffe gleicher Größe und gleicher Ausführung gegenüberstellen. Es wäre auch interessant zu wissen, ob das Schiff mit oder ohne Farbe geschleppt worden ist, weil ja auch darin sich wahrscheinlich ein gewisser Unterschied zeigen wird.

Ich würde mich freuen, wenn Herr Dr. Teubert diese Fragen in seinem Schlußwort noch etwas beantworten könnte.

Herr Direktor Baurat Mohr-Altona:

Königliche Hoheit! Meine Herren! Nach all den hoffnungsvollen Ausblicken, die uns Herr Dr. Teubert in seinem Vortrage gebracht hat, erscheint es beinahe schwer, auf einige Punkte hinzuweisen, die mit diesen hoffnungsvollen Ausblicken doch in einem gewissen Gegensatz stehen.

Herr Dr. Teubert hat in seinem Vortrage hauptsächlich Flußschiffe behandelt und die Erfahrungen mit einigen Seeschiffen nur nachrichtlich

Abb. 6.

nebenbei mit erwähnt, hat bei dieser Gelegenheit aber auch das einzigste in Deutschland bisher fertiggestellte Seeschiff aus Eisenbeton, den Götaälf, genannt. Dieses Schiff war seinerzeit von einem Hamburger Reeder bestellt, der es jedoch mit demjenigen Teil der Reichsabfindung, die ihm jetzt zusteht, nicht fertigstellen konnte, und deshalb gezwungen war, dieses Schiff der Schiffbau-Treuhand-Bank zur Verfügung zu stellen, welche jetzt Eigentümerin dieses Schiffes ist und es verwerten muß. Auf diesem Wege habe ich mit diesem Schiff zu tun bekommen und halte mich deshalb für verpflichtet, kurz die Erfahrungen, die wir mit ihm sammeln mußten, hier mitzuteilen.

Dieses Schiff sollte gemäß Bauvertrag eine Tragfähigkeit von 800 t haben, nicht von 600 t, wie hier in der Druckschrift erwähnt ist. Diese Tragfähigkeit von 800 t wurde nicht erreicht, auch nicht die Tragfähigkeit von 600 t, sondern es besitzt tatsächlich nur eine Tragfähigkeit von 433 t. Dieser offensichtliche Mißerfolg wird von seiten der Erbauer darauf zurückgeführt, daß entgegen dem ursprünglichen Entwurf die Deckaufbauten größer und umfangreicher ausgeführt worden seien und dadurch eine erhebliche Mehrbelastung des Schiffes entstanden sei; ferner sollen die inneren Einrichtungen, die Maschinenanlagen usw. schwerer geworden sein, wie ursprünglich beabsichtigt. Und drittens soll der Germanische Lloyd durch nachträgliche Verstärkung der Eisenbewehrung und des Betons so viel zur Erschwerung des Schiffes beigetragen haben, daß jetzt die Tragfähigkeit nur noch $\sim$ 433 t beträgt. Diese drei Momente liegen tatsächlich wohl vor. Ihre Summe ergibt jedoch nicht die Mindertragfähigkeit, die jetzt tatsächlich festgestellt ist. Zum Teil ist diese Mindertragfähigkeit auch darauf zurückzuführen, daß das Schiff wegen der schweren Aufbauten so unstabil war, daß es 40 t Eisenballast nehmen mußte, um überhaupt von der Werft abgeschleppt werden und eine Probefahrt machen zu können.

Auch der Preis dieses Schiffes ermutigt tatsächlich nicht zu hoffnungsvollen Ausblicken in die Zukunft. Man ist ja jetzt einiges gewöhnt im Preise von Schiffen, die in der schlimmsten Zeit in den Jahren 1919/20 erbaut worden sind, und leider Gottes sind im Schiffbau Preise von 10 000 Mk. die Tonne bei Stahlschiffen keine Seltenheit. Dieses Schiff hat aber, bezogen auf die kontraktliche Tragfähigkeit von 800 t, einen Baupreis von 12 000 Mk. und, bezogen auf die tatsächlich erreichte Tragfähigkeit, einen Baupreis von ungefähr 25 000 Mk. pro Tonne Tragfähigkeit.

Nachdem dieses Schiff die Probefahrt beendet hatte, lag es im Hamburger Hafen und war gegen eventuelle Kollision durch Reibhölzer wie üblich geschützt. Eines Tages fing das Schiff an zu sinken ohne ersichtliche Ursache. Es wurde ins Dock gestellt und dabei festgestellt, daß durch das Auf- und Abschwabbern der Reibhölzer — ich bemerke ausdrücklich: ohne eine Kollision mit einem anderen Fahrzeug — sich die äußere Zementschicht losgelöst hatte, dadurch die innere poröse Zementschicht mit dem Wasser in Berührung gekommen war, so daß durch feine Risse das Schiff über Nacht auf 40 cm vollgelaufen war. Als es dann in das Dock gestellt werden mußte, drückten sich bei der Stapelung noch weitere Stücke dieses Putzes von der Außenhaut ab, so daß eine größere, umfangreichere Reparatur erforderlich wurde.

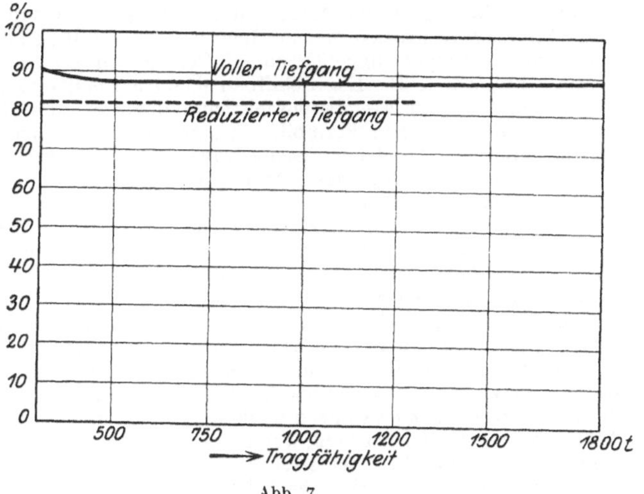

Abb. 7.

Auf Grund dieser Vorkommnisse hat der Germanische Lloyd es abgelehnt, diesem Schiff auch nur Versuchsklasse zu geben. Es hat nur eine Baubescheinigung erhalten, woraufhin wiederum die Seeberufsgenossenschaft die Ausstellung eines Seefähigkeitsattestes ablehnen mußte, so daß dieses Schiff jetzt dazu verurteilt ist, abgewrackt werden zu müssen, um als schwimmende Kühlhalle oder als sonst etwas eine Verwendungsmöglichkeit zu finden.

Auch auf dem Gebiete der Flußschiffe muß ich doch den hoffnungsvollen Ansichten des Herrn Dr. Teubert in gewisser Beziehung widersprechen, und zwar auf Grund der Erfahrungen, die bei der deutschen Regierung gesammelt worden sind mit den Reparationsleistungen, die die deutsche Regierung in Erfüllung des Friedensvertrages auf dem Gebiete des Flußschiffbaues erbringen muß. Bekanntlich müssen wir eine große Menge von Flußschiffen abliefern, und auch welche neu bauen. Die deutsche Regierung hat der Reparationskommission im Frühjahr d. J. vorgeschlagen, daß ein Teil dieser Schiffe nicht aus Stahl, sondern aus Eisenbeton gebaut werden möchte. Man ging dabei von der Hoffnung aus, daß in Frankreich als dem Heimatlande des Eisenbetonschiffbaues für diesen Baustoff eine große Vorliebe herrschte und die Entente in der Aussicht, diese Schiffe evtl. schneller geliefert zu bekommen als Stahlschiffe, auf diesen Vorschlag eingehen würde. Die Angebote, die die deutsche Regierung auf Grund der Angebote der deutschen Zementbaufirmen der französischen Regierung machen konnte, waren nun aber nicht derartig, daß man erwarten konnte, daß die französische Regierung darauf eingehen würde. Es waren bekanntlich in großer Anzahl sog. Penischen — das sind sehr völlige, fast vierkantige Flußfahrzeuge — zu liefern, deren Länge und Breite und Tiefe genau durch die Maße der Schleusen des nordfranzösischen und belgischen Kanalnetzes bestimmt ist. Diese Penischen tragen bei Ausführung in Stahl 350 t Schwergut im Maximum. Eisenbetonfahrzeuge von genau denselben Außenabmessungen können jedoch nur 280 t tragen, eine Mindertragfähigkeit, die sich, soweit ich den letzten Ausführungen von Herrn Commentz eben folgen konnte, genau mit seinen Überlegungen deckt, nämlich eine Mindertragfähigkeit von rund 20%. Daß diese Mindertragfähigkeit durch mindere Instandhaltungskosten und durch Ersparnis an Schlepplohn wirtschaftlich ausgeglichen werden kann, möchte ich stark bezweifeln. Wie denn auch zu erwarten war, hat die französische Reparationskommission, in der nicht nur Verwaltungsbeamte, sondern auch eine Menge von Fachleuten, Reedern und Werftsachverständigen sitzen, es strikte abgelehnt, daß nur ein einziges Schiff aus Eisenbeton gebaut werden darf. Es sind daraufhin, glaube ich, 600—700 von diesen Flußschiffahrtzeugen in Stahl bestellt worden und nicht ein einziges in Eisenbeton.

Meine Herren, diese Erfahrungen berechtigen meiner Ansicht nach, trotz all der aussichtsreichen Hoffnungen, die uns eröffnet werden sind, doch wohl dazu — und auch auf die Gefahr hin, in den Augen der Eisenbetonschiffbauer als ein furchtbarer Reaktionär verschrien zu werden (Heiterkeit), möchte doch dies hier zum Ausdruck bringen — zu sagen, daß namentlich für Seeschiffe die Zeit, wo der Eisenbeton ein wirkungsvoller Konkurrent dem Schiffbaustahl werden wird, noch in sehr weiter Zukunft liegen muß und liegen wird. (Beifall.)

Herr Direktor Dipl.-Ing. Brune-Minden:

Meine Herren! Hier ist vor allen Dingen die Wirtschaftlichkeit des Eisenbetonschiffbaues in den Vordergrund gestellt, da der Baustoff, als solcher ja bereits von meinen Vorgängern anerkannt ist, wird nur noch die Wirtschaftlichkeit für ihn ausschlaggebend sein. Sie tritt aber gerade in der jetzigen Hausse besonders hervor. Ich kann Ihnen einzelne Zahlen vom Flußschiffbau nennen, die ein gutes Bild geben, wie die Sachlage des Betonschiffbaues heute steht.

Ein Flußschiff von etwa 900 t Tragfähigkeit hat eine Eisenmenge von 155 t. Das gleiche Eisenbetonschiff hat 45 t Eisen. Es ist also eine Differenz beim Eisen von 110 t. Das Eisen kostet zur Zeit etwa 6000 M. die Tonne, macht 660 000 M. Als Gegenleistung muß der Eisenbetonschiffbau andere Materialien verwenden, Beton und Zuschlagstoffe. Es werden für ein Eisenbetonschiff von 900 t etwa 80 cbm Beton verwandt. Das ergibt eine Menge an Zement von ungefähr 1000 Sack, der Sack 30 M., sind 30 000 M. Dazu kommen Zuschlagsstoffe in Höhe von 10 000 M., sind 40 000 M. Meine Herren, es besteht also in dem heutigen Moment ungefähr eine Differenz von mindestens 600 000 M. allein im Eisen. Dazu kommt vereinfachte Arbeit. Der Eisenschiffbau als solcher muß einzelne Spanten biegen und jedes Eisen bearbeiten. Er muß nieten. Der Eisenbetonschiffbau, sobald er zum Standardtyp übergeht, schafft sich eine Form. Er hat diese schwierige Formbildung nur einmal durchzuführen. Meine Herren, Sie haben es an den Ausführungen der Mindener Eisenbetonwerft gesehen, wie die Schalung gleichfalls wieder in Beton hergestellt ist, also die schwierigste Arbeit im Eisenbetonschiffbau nur einmal geleistet worden ist. Wenn wir diese Ersparnis an Löhnen noch hinzunehmen, so kommen wir heute zu einer Lohnersparnis von mindestens 40%. Ich will aber auch in Rücksicht ziehen, daß nur das Eisen gespart wird, also 600 000 M. Wenn Sie das Geld, die Verzinsung des Geldes, Versicherung usw. berücksichtigen, so werden Sie bald sehen, wie wirtschaftlich das Eisenbetonschiff als solches werden muß. Es sind also nicht allein die Unterhaltungskosten und Schlepplöhne, die das Eisenbetonschiff wirtschaftlich machen, sondern vor allen Dingen die Anschaffungskosten. Meine Herren, es ist einem Reeder heute nicht mehr möglich, ein großes Binnenschiff in Eisen zu bauen. Der heutige Anschaffungspreis muß mindestens auf 2 Millionen Mark steigen. Wir bekommen eine Baisse und das Schiff als solches fällt wieder. Es ist also das Eisenschiff, viel mehr der Konjunktur unterworfen als das Eisenbetonschiff, weil es an sich viel größere Mengen Eisen bedarf. In der heutigen Zeit ist es noch denkbar, ein Eisenbetonschiff zu bauen, aber nicht ein Eisenschiff. Der Eisenschiffbau als solcher muß, wenn wir diese Eisenpreise behalten, wie wir sie zur Zeit haben, im Binnenschiffbau für lange Zeit tot sein.

Wir haben dann vorhin die Schleppkurven und vor allen Dingen die Vergleichskurven von Eisen- und Eisenbetonschiffen von Herrn Baurat Commentz gesehen. Diese Kurven haben meiner Ansicht nach nur eine geschichtliche Bedeutung. Meine Herren, der Eisenbetonschiffbau ist ein junges Kind, das sich wissenschaftlich ausbaut. Aber leider ist er im allgemeinen zu wenig wissenschaftlich aufgebaut. Es ist an den Eisenbetonschiffbau herangegangen ohne das nötige Maß von Versuchen, ohne die zum Teil notwendigen Berechnungen. Der Eisenschiffbau steht auf einer Höhe. Er hat eine Entwicklung von Jahrzehnten und Aberjahrzehnten hinter sich. Da tritt der Eisenbetonschiffbau ein und soll nun diesem hochentwickelten Gegner die Stange halten. Meine Herren, da ist Arbeit zu leisten, da ist wissenschaftlich große Arbeit zu leisten. Das Eisenbetonschiff Götaelf hat uns genau gezeigt, welche Wege wir nicht gehen dürfen. Es wurde darauf aufmerksam gemacht, daß das Betonschiff sich durchgescheuert hätte, weil die äußere Betonschicht sich abgescheuert hätte. Meine Herren, wir sehen schon daran gleich, welcher Art das Schiff sein muß. Es muß selbstverständlich ein Beton sein, der durch und durch wasserundurchlässig ist, der durch und durch von gleicher Konsistenz ist. Es darf sich die Außenhaut des Betonschiffes nicht aus zwei verschiedenen Baustoffen zusammensetzen. Dann die Tragfähigkeit dieser Schiffe. Sie haben zum Teil Betons verwandt, die nicht genügend wissenschaftlich durchforscht sind. Ich arbeite jetzt auf dem Gebiete des Eisenbetonschiffbaues ein Jahr. Wir haben gerade auf dem Gebiete der Betonmischungen sehr viel erreicht und wir sind Wege gegangen, die an sich auch wieder neuartig sind.

Blicken wir zurück und werfen wir einen Blick auf das Eisen selber. Wir haben Gußeisen und wir haben Stahl. Das Gleiche können wir vergleichsweise beim Eisenbetonschiffbau einführen. Wir können einen Beton von erhöhter und ganz enormer Festigkeit erzielen, der an sich spröde ist. Aber wir können auch Betons erzielen, bei denen Zug- und Druckfestigkeit in einem gewissen homogenen Verhältnis stehen. Wir haben einen Beton durch wissenschaftliche Versuche ermittelt, dessen Zug- und Druckfestigkeit nur noch $1\frac{1}{5}$ beträgt im Verhältnis zur Zug- und Druckfestigkeit des normalen Betons von ungefähr $\frac{1}{18}$. Das zeigt Ihnen aber auch, daß diese Schiffe an sich enorme elastische Durchbiegungen aushalten können. Wie Herr Dr. Teubert schon sagte, haben wir im Dock 30, sogar 40 cm elastische Durchbiegungen und zwar Verdrehungen im Dock auf einer Länge von 80 m gehabt. Das erste Schiff, das die Mindener Eisenbetonwerft gebaut hat, hat Durchbiegungen von 9 und 10 cm in der Längsrichtung. Meine Herren, das sind Durchbiegungen, die normal im Eisenbeton nicht erwartet wurden, die aber auch zeigen, daß ein hochwertiger Eisenbeton- und zwar haben wir im Eisenbetonschiffbau nicht mit dem normalen Eisenbeton zu tun, sondern wir haben einen hochwertigen Eisenbeton, wir haben einen Beton mit einer Bewehrung von 4—500 kg pro Kubikmeter. Der normale Eisenbeton hat eine Bewehrung von etwa 120—180. Wie sich nun diese hochwertige Eisenbetons verhalten werden, muß wissenschaftlich noch weiter erprobt werden. Eins steht aber auch heute schon fest, daß sie bedeutend elastischer sind, als der normale Eisenbeton. Die Schwierigkeit, die in einem derartigen Eisenbeton besteht, ist vor allen Dingen die Art der Unterbringung der Bewehrung. Da ist auch an sehr vielen Schiffen, die im In- und Ausland ausgeführt sind, gesündigt worden. Es treten Überhäufungen von Eisen an gewissen Stellen auf. Das Grundprinzip der Konstruktion muß davon ausgehen, wie kann ich eine Konstruktion schaffen, wo keine Überhäufungen an Eisen auftreten.

Wenn Sie die Eisenpläne von dem Schiff der Mindener Eisenbetonwerft gesehen haben, so werden Sie beobachtet haben, daß an keiner Stelle derartige Überhäufungen auftreten. Wenn nun eine derartige Bewehrung durchgeführt ist, dann ist auch tatsächlich das erreicht, daß der Baustoff als solcher vollwertig ist.

Meine Herren, das erste Schiff hat die erste Reise zum Kohlenbezirk mit etwa 600 t Kohlen glücklich überstanden. Es dient als Depotschiff für Kohlen, eigentlich dem ungünstigsten Zweck, wofür es als Eisenbetonschiff dienen kann, denn es ist tatsächlich Stößen und Aberstößen unterworfen. Es haben etwa 150 Dampfer, jeder zweimal am Schiff angelegt, um Kohlen zu laden. Meine Herren, diese Dampfer — ich bin selbst oft auf dem Schiff gewesen — legen nicht langsam an, sie legen sehr hart an. Wir haben daher auch schon Defekte am Schiff gehabt, die gezeigt haben, einen wie hohen Widerstand diese Schiffe haben und wie leicht derartige Defekte wieder zu beseitigen sind.

Nun möchte ich noch kurz auf die Tiefgangsverhältnisse zurückkommen. Ich sagte vorhin, diese Kurven von Herrn Commentz werden in der Hauptsache nur noch geschichtliche Bedeutung haben. Wir kommen dahin und können es erreichen, daß wir das Eisenschiff erreichen. Hingegen müssen wir auf dem Wege langsam vorwärts gehen. Wir dürfen nicht sprungweise vorwärts gehen, sondern wir müssen konstruktiv unsere Maßnahmen wieder aus den einzelnen Versuchen ermitteln. Das neue Schiff, das wir in der vorigen Woche von Stapel gelassen haben, hat noch einen Tiefgang bei $^3/_4$ Ausrüstung von 47 cm. Es hat 78 cbm Beton à 2,1 spezifisches Gewicht einschließlich Eisen sind 180—185 t gegenüber 155 t Eisen des eisernen Schiffes. Meine Herren, das sind noch 30 t Eisen, die wir bequem an Tragfähigkeit vertragen können, da ja einmal die Anschaffungskosten des Schiffes, zweitens die Unterhaltungskosten sehr viel geringer sind und drittens, wie aus den Versuchen des Schleppamtes Hannover zu ersehen ist, das Eisenbetonschiff einen sehr viel geringeren Schleppwiederstand hat. Die Versuche sind ausgeführt mit gleichartigen Schiffen, d. h. die Schiffe mit gleicher Tragfähigkeit. Da die Vergleichsschiffe Kanaltyp hatten, so werden sie etwas voller, aber nicht sehr viel völliger. Es muß also vor allen Dingen die glatte Haut des Betonschiffes sein, die den geringen Widerstand hervorruft.

Nun, diese 30 t sind im Verhältnis einer außerordentlich geringer Verlust. Es wird ungefähr pro Jahr an Kostenausfall 10 000 M. ausmachen, dagegen eine Differenz von 5—600 000 M. Anschaffungskosten. Meine Herren, mit 10% Geld müssen wir heute rechnen, das macht für Geldverzinsung allein 50 000 M. Versicherung 4% sind 20 000 M. Wir brauchen auf die weiteren Zahlen garnicht einzugehen, um zu zeigen, wie weit das Eisenbetonschiff an Wirtschaftlichkeit den anderen überlegen ist. (Beifall.)

Herr Regierungs- und Baurat Dr.-Ing. Teubert-Minden (Schlußwort):

Ein Teil der Fragen, die die Herren Vorredner an mich gerichtet haben, sind durch die Ausführungen von Herrn Direktor Brune bereits beantwortet worden. Herr Dr. Commentz hat einen kleinen Widerspruch in seinen sonst sehr wertvollen geschichtlichen Vergleichskurven. Er hat das Eisenbinnenschiff zu 200 t Tragfähigkeit angenommen und das Betonschiff zu 250 t Tragfähigkeit und rechnet ein Mehrgewicht von 50% heraus. Das wäre aber doch nur 25%. (Herr Dr.-Ing. Commentz: 200 und 280 Eigengewicht!) — Jedenfalls sind die Zahlen durch Herrn Direktor Brune schon richtiggestellt worden. Es handelt sich um 180 und 220 t Gewicht, also rund 20% Mehreigengewicht gegenüber dem Stahlschiff gleicher Abmessungen.

Die Schleppwiderstandsversuche sind mit Schiffen ausgeführt worden, die in der Form dem Betonschiff ähnlich waren. Der Unterschied zwischen einem Weserschiff bzw. Rheinschiff und Kanalschiff besteht darin, daß das Kanalschiff einen viel größeren Völligkeitsgrad der Verdrängung hat, nämlich 0,88, während das Rheinschiff nur etwa 0,82 hat. Dadurch kommt allein schon ein großer Unterschied heraus. Außerdem sind diese Werte, die in den Kurven dargestellt sind, Mittelwerte von einer großen Reihe von Eisenschiffen, deren Schleppwiderstand das Schleppamt im Laufe der Zeit mit dem Dynamometer gemessen hat. Und dabei ist tatsächlich herausgekommen, daß die Schleppkraft pro Tonne Tragfähigkeit beim Rheinschiff 0,5 bis 0,6 kg war und beim Kanalschiff 1 kg, dagegen beim Betonschiff nur 0,3 bis 0,4 kg je Tonne Tragfähigkeit.

Die Ausführungen von Herrn Marinebaurat Mohr sollten ein Dämpfer auf meine Ausführungen sein. Aber wie Herr Direktor Brune eben schon sagte, das Schiff „Götälf“ ist außerordentlich mißglückt sowohl in der Konstruktion wie auch in der Mischung des Betons; und ich möchte bitten, nicht durch diesen einen Fehlschlag den Wert meiner Darlegungen beeinträchtigen zu lassen. Es handelt sich bei meinen Ausführungen nicht um einen Optimismus und hoffnungsvolle Aussichten in die Zukunft, sondern um Tatsachen und Zahlen, die an den beiden ersten in Minden nach meiner Bauweise gebauten Schiffe erwiesen sind. Ich möchte auf Grund dieser tatsächlichen Ergebnisse und nachgewiesenen Fortschritte zum Schluß bitten, das Vertrauen in die Betonschiffe, namentlich für die Binnenschiffahrt, nicht fallen zu lassen und auf dem Wege fortzuschreiten, den einige deutsche Reedereien und Behörden in dankenswerter Weise schon jetzt beschritten haben. (Lebhafter Beifall.)

Seine Königliche Hoheit Großherzog Friedrich August:

Herr Baurat Teubert hat uns eine sehr eingehende Übersicht über die Entwicklung des Eisenbetonschiffbaues gegeben und hieran eine ausführliche Beschreibung einer von ihm betriebenen Bauweise geknüpft. Wir haben daraus ersehen, mit welchen Schwierigkeiten der Eisenbetonschiffbau noch zu kämpfen hat. Wir können dem Herrn Vortragenden nur wünschen, daß seine Bemühungen von Erfolg gekrönt sein mögen. Für seinen anziehenden Vortrag und die ihn begleitenden zahlreichen Lichtbilder spreche ich Herrn Dr.-Ing. Teubert den wärmsten Dank namens der Gesellschaft aus. (Beifall.)

XII. Vereinfachte Bauweise eiserner Schiffe.

Vorgetragen von Ingenieur **Franz Judaschke,** Hamburg.

Einleitung. Während die Normung von Einzelteilen auch im Schiffbau gute Fortschritte gemacht hat (siehe Sütterlin und Regenbogen, Abhandlungen Jahrbuch Band 21 und 22), konnte man sich bisher nicht entschließen, einheitliche Gesichtspunkte für die Bauausführung eiserner Schiffskörper aufzustellen. Unsere Werften sind jede für sich dabei, ihr eigenes, geschichtlich gewordenes System den Zeitverhältnissen anzupassen und zu vervollkommnen. Es wäre ein verkehrtes Beginnen, die durch die Verschiedenheit der Anlagen nach Örtlichkeit und Betriebsführung bedingten Bauweisen in eine Uniform pressen zu wollen. Darum kann und soll auch die vorliegende Arbeit nichts weiter sein als eine Anregung, das allen Werften Gemeinsame herauszustellen, damit für eine einheitliche konstruktive Bewertung bzw. vereinfachte Materialbestellung die Wege sich ebnen. Darum soll hier auch nicht vom Reihen- oder Typenschiff die Rede sein, sondern es soll nach rein praktischen Überlegungen vom Standpunkte des Konstrukteurs an Hand des bisher bewährten Schiffsmaterials einiges über Vereinfachung der Bauweise gesagt werden.

Materialbeschaffung. Schon während des Krieges machte die rechtzeitige Beschaffung des Schiffbaumaterials Schwierigkeiten. Man war dazu übergegangen, die Profillisten auf die gangbarsten Sorten zu beschränken. Auch in der Nachkriegszeit war man bestrebt, die Spezialprofile auf ein Minimum zu beschränken. Außer U-Eisen von 150/85, 180/80, 220/90 und 260/95 wurden T-Wulste und Z-Eisen sowie Flachbulbs von 260 und 320 mm von den Walzwerken nur in Ausnahmefällen geliefert. Die ungleichschenkeligen Winkeleisen wurden in einer kurzen Sonderliste (s. Tabelle 1) zusammengestellt. Die unruhvollen Zeitläufte machten es aber unmöglich, die Materiallieferungen nach Terminen einzuhalten, so daß die Werften mit erheblichen Bauverzögerungen rechnen mußten. Ein Ausgleich konnte hin und wieder nur da geschaffen werden, wo gangbare Blechstärken und Profile, soweit sie für die verschiedenen Schiffe schon angeliefert waren, eine Auswechslung ermöglichten, oder aber wo ein brauchbares Lager bestand, welches vorhandene Lücken auszufüllen in der Lage war. Immerhin mußte aber eine umständliche konstruktive Arbeit geleistet werden, bedingt durch die verschiedenen Längen- und Breitenabmessungen der Bleche und der verschiedenen Profilsorten.

Tabelle 1.
Vereinfachte Liste der ungleichschenkeligen Winkel-Normal-Profile.

Schiffbau		Eisenbau	
Profil	Geringste Stärke	Profil	Geringste Stärke
45 × 30 ×	3 mm	50 × 30 ×	5 mm
60 × 30 ×	4 „	50 × 40 ×	4 „
75 × 55 ×	5 „	75 × 50 ×	5 „
75 × 65 ×	6 „ notfalls 5 mm	100 × 65 ×	6 „
115 × 65 ×	6 „	130 × 65 ×	8 „ notfalls 7 mm
90 × 75 ×	7 „ „ 5 „	120 × 80 ×	10 „ „ 9
100 × 75 ×	9 „	160 × 80 ×	10 „ „ 9 „
110 × 75 ×	8 „ „ 7 „	150 × 100 ×	10 „
130 × 75 ×	8 „	200 × 100 ×	10 „
150 × 75 ×	9 „		
120 × 90 ×	9 „		
130 × 90 ×	10 „ „ 9 „		
150 × 90 ×	10 „ „ 9 „		
170 × 90 ×	9 „		
200 × 90 ×	10 „ „ 9 „		
250 × 90 ×	10 „ „ 9 „		

Der Schiffbau war von früher gewohnt, die Gebrauchslängen für das Walzmaterial dem lokalen Bedarf der einzelnen Schiffstypen und deren Konstruktionsteilen anzupassen. Erst die Viellochmaschinen und Paketbohrmaschinen brachten eine gewisse Ordnung vor allem in die Breiten der Bleche. Die sogenannten Skizzenplatten spielten aber für Tankbodenstücke, Kimmstützplatten, Doppelboden, Schotten und Decks immer noch eine große Rolle. Wenn man auch bestrebt war, die Profileisen in Längen von 12 und 16 bzw. 18 m zu bestellen, so hielt man bei Balken- und Spantbestellungen peinlich an Bestellung der einzelnen Gebrauchslängen fest in dem Bestreben, ein zuviel von Abfalleisen zu vermeiden. Auch der Umstand, daß die Walzstraßen der Werke verschiedene Längen haben, und viele darunter nicht gern ausschließlich an eine feste Länge gebunden sein wollen, um ihrerseits nicht schon mit Abfall rechnen zu müssen, führt dazu, daß ein Spielraum von Gebrauchslängen für das einzelne Schiff bestehen bleiben muß.

Materialvereinfachungen. Auf das Ganze gesehen, hat man sich bisher besonders beim Walzen von Grobblechen auf einheitliche Größenbildungen nur in beschränktem Maße eingestellt. Neuerdings sind aber Bestrebungen im Gange, die auch auf diesem Gebiet zur Vereinheitlichung führen. So leistet man jetzt vielfach auf die Skizzenplatte Verzicht. Es ist im allgemeinen so, daß die Skizzenplatte auch noch auf der Werft beschnitten werden muß. Darum ist es zweckmäßiger, die Mehrarbeit, welche den Walzwerken durch die Herstellung dieser Platten erwächst, zu sparen, indem man dafür volle rechteckig oder nur einseitig beschnittene Bleche zur Bestellung herausgibt. Die Werften können dann die betreffenden Bleche an Ort und Stelle an Hand ihrer genauen Modelle durch einmaliges Beschneiden schneller und billiger herrichten als die Walzwerke. Der größere Verlust an Abfalleisen ist nur scheinbar, denn der auf den Walzwerken bei dem Schneiden von Skizzenblechen auftretende Verschnitt gleicht diesen Verlust voll aus. Da sich der Schiffbau nicht in allen Teilen auf normale Plattenbreiten festlegen kann (Flachkiel, Mittelkiel, Stringer u. a. Trapezplatten), andererseits die Breiten der Plattenwalzen konstant sind, haben allerdings die Walzwerke immerhin noch mit einem großen Teil Abfalleisen zu rechnen. Diesen Abfall bringen die Werke aus wirtschaftlichen Gründen mit zur Verarbeitung, indem kleine Skizzenbleche (siehe Abb. 4), die in vielfacher Zahl, wie z. B. als Balkenknie, Verwendung finden, auch heute noch zur Bestellung aufgegeben werden. Man ist am Werke durch weitgehende Verwertung des Abfalleisens an Hand der genauen Schablonen die vorhandenen Bleche besser auszunutzen und ferner dabei für Decks, Schotte und Mittschiffsteile der Außenhaut Normallängen und -breiten der Bleche anzustreben.

Durch diese Maßnahmen erreicht man, daß Bleche der verschiedensten Gruppen- und Konstruktionsteile, soweit sie gleiche Dicke besitzen, auswechsel-

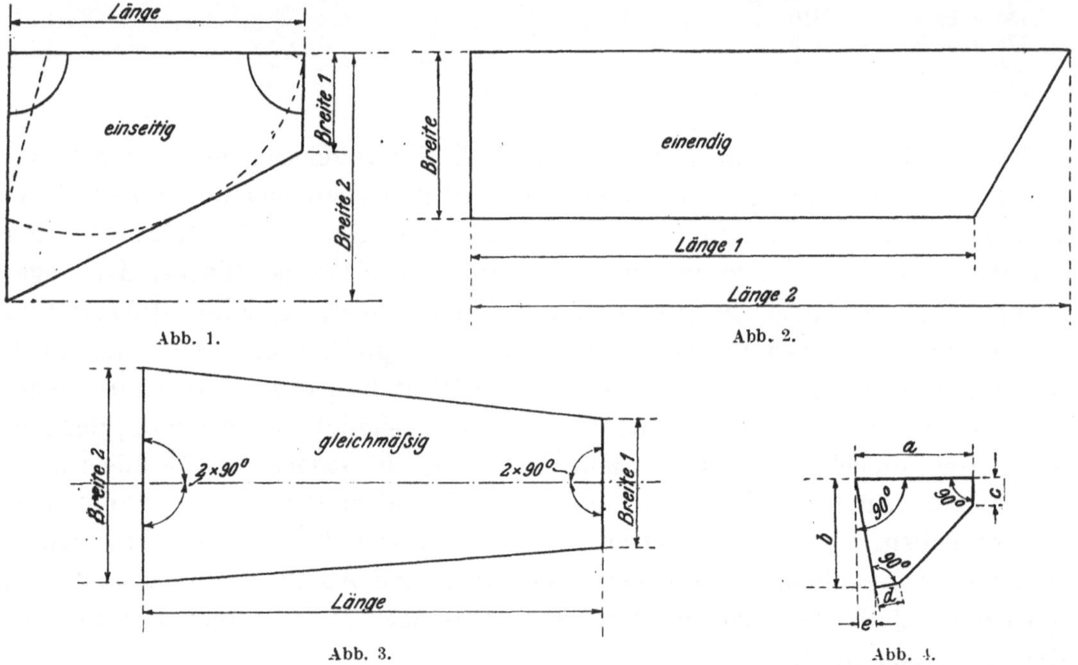

bar sind. Man kann auch bei dem modernen Schneidverfahren die kleineren Stücke aus den großen Blechen ohne viel Verschnitt heraustrennen, oder aber größere Abfallstücke beinahe restlos für kleine Konstruktionsteile, wie Kniebleche und Doppelungen, aufteilen. Die verschiedenen Spantentfernungen der Schiffe bieten darum auch praktisch kein Hindernis, sich auf Einheitslängen festzulegen. Man schneidet in den Fällen, wo ein Plattenstoß mit einem Spantbalken oder einer Versteifung zusammenstößt, entweder soviel von dem Blech ab, als die Vernietung es erfordert, oder aber man schneidet aus den vorhandenen Normallängen neue, der Spantentfernung angepaßte Einheitslängen mit solchen Abfallstücken, die anderweitig als Kniebleche und ähnliche kleine Konstruktionsteile Verwendung finden können. Endlich aber kann man bei feststehenden Spantentfernungen von mehreren Schwesterschiffen eine Plattenlänge von 9, 11 oder 13 Spantentfernungen als Einheitslänge einsetzen. Es ist nämlich ratsam, Plattenlängen in ungeraden Spanten anzuordnen, denn dadurch kann der von den Klassifikationsgesellschaften auf 2 Spantentfernungen (G. L.) angegebene Verschuß der Stöße in den einzelnen Gängen zweckmäßiger und leichter durchgeführt werden.

Es wird auch durch Zusammenlegung von Knieblechen und schmalen Plattenstreifen die Bestellung von Normalgrößen durchgeführt. Doch ist eine restlose Aufteilung in Normalplatten nicht zweckmäßig; denn die Walzwerke haben aus oben angeführten Gründen auch andere Abmessungen für den Schiffbau zu liefern und arbeiten, wie vorher erwähnt, insbesondere bei Schrägplatten selbst mit großem Verschnitt, den sie bei Aufgabe kleiner Plattenmodelle wie bei Knieblechen gut ausnutzen können.

Wie schon eingangs erwähnt, sind die ungleichschenkeligen Profilstahle auf gangbare Sorten beschränkt worden. Ebenfalls hat man das Abwalzen von U-Stahlen usw. auf das geringste Maß gebracht, während man die gleichschenkeligen Winkel bisher noch in allen Breiten nach der Normalliste von 1913 liefert. Hier wäre zu bedenken, ob man nicht Breiten wählt, die entweder für eine einreihige oder aber für eine ordnungsgemäße Zickzacknietung passen. Es ergibt sich dann für die einzelnen Nietdurchmesser eine Schenkelbreite nach folgender Tabelle 2:

Niet $\varnothing$ mm	einreihig mm	zickzack mm
10	40	65
13	50	90
16	65	100—110
19	75	120—130
22	90	150
25	100	160—170
28	110	180

das heißt: Winkeleisen von 40, 50, 65, 75, 90, 100, 110, 120, 130, 150, 160 und 180 mm Schenkelbreite wären für den Schiffbau ausreichend als Verbindungs- und Eckwinkel. Man hat auch hier die Dicken in Abstufungen von halben Millimetern, wie bei den Blechen üblich, nach Möglichkeit bestehen lassen, um einigermaßen die nach den Vorschriften des Germanischen Lloyd erlaubten Verringerungen für Schiffe mit erhöhtem Freibord ausnutzen zu können.

In diesem Zusammenhang wäre zu erwägen, ob nicht als Ersatz für den U-Stahl zu der Einführung des von Herrn Dr. Rehder vorgeschlagenen ⊤-Profils geschritten werden kann. (Jahrbuch Band 20). Seitdem durch die weitgehende Einführung der Ölfeuerung große Tieftanks als Bunker geschaffen werden müssen und für die Versteifungen gegenüber den wasserdichten Schottwänden 30% Aufschlag gemacht werden müssen, ist die Einführung eines neuen Profils, das eine leichtere Bauweise in einzelnen Gruppen ermöglicht, empfehlenswert.

Nun gibt es im Schiffbau Konstruktionsteile, wie Platten für Flach- und Mittelkiel, Bodenstücke, Stringer, die von den Größenverhältnissen und dem Verwendungszweck der Schiffe abhängig sind und in ihren Abmessungen zumeist den

Normalgrößen nicht eingeordnet werden können. Für alle diese Teile fällt die Bearbeitung mit der Viellochmaschine fort. Bei Beplatten von großen ebenen Flächen, wie Doppelboden, Decks, Aussenhaut und Schotten, können aber Normalabmessungen in großem Umfange eingeführt werden. Führt man z. B. für 16 und 19 mm Nietdurchmesser in den Versteifungen bzw. Balkenlagen eine Nietteilung von 140 mm durch (siehe Abb. 7 u. 8), so sind für einfach überlappte Platten etwa Breiten von 1600, 1750 bzw. 1900 mm zu empfehlen, für doppelt überlappte Platten entsprechend der vergrößerten Überlappungsbreite bei abliegenden Gängen 100—120 mm mehr. Aus den beigefügten Querschnitten von Doppelboden und Deck ist zu ersehen, in welcher Weise Platten gleicher Breite nach einheitlicher Nietteilung angeordnet werden können. Für Doppelboden- und Decksplatten ist in diesem Fall 7—11 mm Dicke und, einreihige Nietung vorausgesetzt, 1750 mm Breite gewählt. Für die Bodenplatten der Außenhaut erhält man bei 14—16 mm Dicke, 132 mm Nietteilung und doppelt genieteten Nähten eine Einheitsbreite von rund 1900 mm.

Es kann hier nur andeutungsweise auf die vielfachen Möglichkeiten der praktischen Verwertung des Viellochverfahrens hingewiesen werden. Wichtig erscheint es, auch hier allgemein gültige Regeln aufzustellen.

Baugruppen. Damit ist in großen Zügen das gesagt, was man für die Vereinfachung der Materialbestellung als leitend ansehen kann, oder was zum Teil schon heute in der Praxis nach dieser Richtung geschehen ist und geübt wird. Der Schiffbau steht nach dem Umfang seiner Bestellungen und der Größe seiner Bestellgewichte gegenüber denjenigen im Hoch- und Tiefbau einzigartig da. Es ist darum nötig, schon bei der Bestellung eine möglichst eingehende Gliederung nach Baugruppen durchzuführen.

Die Werften gehen in der Gruppenteilung der einzelnen Arbeiten bisher noch verschiedene Wege. Das liegt einmal in der durch den Verwendungszweck bedingten Verschiedenartigkeit der einzelnen Schiffstypen begründet, dann aber auch an den verschiedenen Größenabmessungen der Schiffskörper an sich. Es ist nicht Absicht der vorliegenden Arbeit, die aus verschiedenen Verhältnissen gebildeten Methoden bis auf das einzelne gehend in ein lebloses Schema drücken zu wollen. Auf die Eigenart der einzelnen Werke ist darum in der Kalkulation und Preisberechnung in vollem Maße Rücksicht zu nehmen. Das aber scheint erstrebenswert, in ähnlicher Weise, wie es schon im Kriegsschiffbau durchgeführt wurde, dem Handelsschiffbau einheitliche Gruppenteilungen zu bescheren.

Wie schon durch die Vorschriften der Klassifikationsgesellschaften einheitliche Bezeichnungen der Konstruktionsteile gegeben sind und dieselben in der Praxis sich eingebürgert haben, so wird es ein Leichtes sein, sich an Hand dieser Bezeichnungen auf eine einheitliche Gruppenteilung festzulegen, die dann für den gesamten Schiffbau als Norm zu gelten hat.

Die Verrechnung und Verwiegung oder Preiszusammenstellung ist lediglich

Gruppenteilung für Eisenschiffbau $= S$.

Gruppen-Nr.	Gegenstand
	a) Schiffskörper.
10—40	Hintersteven, Ruder, Wellenböcke, Vorsteven.
50	Kielkonstruktionen (Mittelkiel, Flachkiel).
60—80	Spantkonstruktionen (außerhalb und innerhalb des Doppelbodens, Rahmenspant).
90	Doppelboden.
100	Außenhaut (Kimmkiel, Schlingerkiel).
100—150	Wasserdichte bzw. öldichte Querschotte (Untergruppen nach Spantnummern).
160	Seitenstringer, Kielschweine.
170—200	Decks (einzeln aufgeführt nach 1. Deck, 2. Deck, Bootsdeck, Promenadendeck).
210	Ladeluken.
220—240	Schächte (Maschinen, Kessel, Luken).
250	Bunkerschotte.
260	Längsschotte.
270—300	Unterzüge.
310	Deckstützen.
	b) Einbauten und Häuser.
320	Wellentunnel.
330	Rohrtunnel, Durchgangstunnel.
340	Wellenlagerböcke.
350—380	Fundamente.
390	Einbauten für Seeventile.
400	Ketten und Klüsenrohre.
410	Unterbauten für Poller und Klampen, Davits.
420—440	Pforten und Kohlenschütten.
450	Leuchttürme.
460	Wellenbrecher.
470	Masten, Maststühle, Ladepfosten.
480—500	Leichte Schotte, Häuser, Kammerwände.
500—530	Einsteige-, Luftschächte, Aufzüge.
540	Frischwasser- und Ölbehälter (nicht fest eingebaut).
550	Schanzkleid.
560	Kommandobrücke.
570	Niedergangsklappen.
580	Schlingerdämpfung.
590	Schwimmbad.
600	Dehnungsfugen.

Sache des kaufmännischen Geschäftsganges, die im einzelnen der Eigenart des in Frage kommenden Betriebes sich empirisch eingliedert. Dem Schiffbauer ist aber durch eine einheitliche Gruppenführung die Möglichkeit gegeben, für die einzelnen Gruppen genaue Gewichtsunterlagen zu bekommen. Um eine wirtschaftliche Lagerhaltung auch für Neubauten möglich zu machen, ist es besonders bei großen Schiffen gut, vorher mit Sicherheit festzustellen, wieviel Mengen an gangbaren Profilen und Blechstärken für die einzelnen Typen nötig sind.

Nebenstehend ist nun eine Gruppenteilung für den Eisenschiffbau zusammengestellt, die lediglich als Anregung aufzufassen und keineswegs als erschöpfend anzusehen ist.

Die Gruppen sind nach Nummern geordnet. Es ist nicht fortlaufend numeriert, sondern je nach Größe und Umfang der Gruppe ist zwecks Einfügung von Untergruppen jedesmal ein Zahlenkomplex vorgesehen, der ermöglicht später Sonderkonstruktionen ohne Schwierigkeiten in die Hauptgruppen einreihen zu können.

Die Gruppen 10 bis einschließlich 310 umfassen den eigentlichen Schiffskörper, die Gruppen 320—600 die Einbauten und leichten Häuser.

Bestellverfahren: An Hand der Gruppenteilung erscheint es nun von Wert, hier kurz das in der Praxis geübte Bestellverfahren durch ein Beispiel vorzuführen und zur Erörterung zu bringen, damit sich auf diesem Gebiete die obwaltenden Gesichtspunkte noch mehr einander nähern bzw. ausgleichen können (s. folgendes Beispiel Tabelle 3—5).

Die Materialbestellung ist an Hand folgender Liste vorgenommen:
Tabelle 3—5.

Tabelle 3.

Bau Nr. 500.   Buch Nr. 1.

Nr.	Stück	Länge mm	Profil mm	Gewicht pro m kg	Stück-gewicht kg	Gesamt-gewicht kg	Gruppe	Bemerkungen
				Spanten (Bulbstahle)				
11,5	20	18 000	220·85·11,5	30,12	542	10 840	70	Spt. 0—10 u. 140—150
11,5	16	16 500	220·85·11,5	30,12	497	7 952	70	usw.
11,5	8	14 800	220·85·11,5	30,12	446	3 568	70	
11,5	16	14 100	220·85·11,5	30,12	425	8 600	70	
11,5	16	14 000	220·85·11,5	30,12	422	6 752	70	
11,5	18	13 600	220·85·11,5	30,12	409	7 362	70	
11,5	42	13 300	220·85·11,5	30,12	401	16 842	70	
11,5	28	12 800	220·85·11,5	30,12	386	10 808	70	
11,5	28	12 500	220·85·11,5	30,12	377	10 556	70	
11,5	30	12 300	220·85·11,5	30,12	371	11 130	70	
11,5	22	11 300	220·85·11,5	30,12	341	7 502	70	
11,5	50	11 100	220·85·11,5	30,12	335	16 750	70	
11,5	48	11,100	220·85·11,5	30,12	331	15 888	70	
11,5	2	10 400	220·85·11,5	30,12	313	626	70	
11,5	8	15 300	220·85·11,5	30,12	461	3 688	70	
						138 864		

Tabelle 4.

Bau Nr. 500. Buch Nr. 1.

Nr.	Stück	Länge mm	Profil mm	Gewicht pro m kg	Stückgewicht kg	Gesamtgewicht kg	Gruppe Nr.	Stück	Bemerkungen
				Gleichschenkelige Winkel					
12,5	34	16000	75 · 75 · 12,5	13,59	218	7400	60	34	Kesselraum
12	11	16000	75 · 75 · 12	13,09	209	2300	65	8	Rahmenspt.
							165	3	Eisstringer
11,5	4	16000	75 · 75 · 11,5	12,40	197,5	792	60	4	Kimmstützplatte
11	31	16000	75 · 75 · 11	12,09	193,5	6014	62	8	Obkt. Kimmstützplatte
							160	23	Seitenstringer
10,5	260	16000	75 · 75 · 10,5	11,58	185,5	48230	60	238	Maschinen und L. R. mittschiffs
							195	3	Tunneldeck
							170	9	kurze Deckwinkel
10	22	16000	75 · 75 · 10	11,08	176,2	3880	62	17	Obkt. Kimmstützplatte
							360	5	Lagerböcke
9	210	16000	75 · 75 · 9	10,16	162,5	34125	60	210	a. d. Enden.

Tabelle 5.

Bau Nr. 500. Buch Nr. 2.

Marke	Nr.	Stück	Länge mm	Breite mm	Dicke mm	Stückgewicht kg	Gesamtgewicht kg	Gruppe	Bemerkungen
				Flachkiel:					
A	1	1	6420	1750/1320	19,5	1600	1600	50	gleichmäßig (s. Abb.)
	2	1	9900	1300	19,5	1960	1960	50	
	3	1	9160	1300	22,5	2140	2140	50	
	4	8	9900	1300	26,5	2690	21520	50	mittschiffs
	5	1	7300	1300	22,5	1710	1710	50	
	6	1	9270	1300	19,5	1830	1830	50	
							30760		
				Mittelkiel:					
M. L.	1	1	10650/8000	1150	10,5	905	905	55	einendig (s. Abb.)
	2	2	9820	1150	10,5	940	1880	55	
	3	3	9820	1150	13	1160	3480	55	
	4	2	9840	1150	13	1180	2360	55	
	5	1	6150	1150	13	735	735	55	
	6	1	11330	1150	15	1565	1565	55	Kesselraum
	7	1	9740	1150	10,5	940	940	55	
	8	1	9290	1150	10,5	895	895	55	
	9	1	7450	1150	10,5	720	720	55	
							12480		

Tabelle 3 zeigt eine Spantbestellung. Spanten von ungefähr gleicher Länge sind zusammengezogen.

Tabelle 4 gibt die Bestelliste von Gleichschenkeligen Winkeln von 75 mm Flanschbreite wieder. Die Bezeichnung der Gruppe und eine Bemerkung gibt die Verteilung an.

Tabelle 5 zeigt markant die Abweichung der Platten eines Flachkiels und Mittelkiels von denen der vorgeschlagenen Normalabmessungen.

Abgeschrägte Platten werden, wie die Abb. 1—3 zeigen, nach 2 Längen bzw. 2 Breiten und entsprechendem Vermerk („einendig“, „einseitig“ oder „gleichmäßig“) versehen.

Die Einzelgewichte nach Gruppen geordnet sind an Hand der Gesamtbestellliste leicht zusammenzulegen und statistisch festzuhalten.

Das Gesamtbruttogewicht der Schiffsbestellung ist nach Profilen und Platten gesondert zusammenzustellen. Die Profile sind für die Gegenüberstellung wieder in Unterabteilungen: a) gleichschenkelige, b) ungleichschenkelige, c) Bulbstahle, zu bringen.

Materiallisten auf den Arbeitszeichnungen. Für die Ausarbeitung der Arbeitszeichnungen, bei welchen im ausgedehnten Maße Einheitsgrößen von Profilen und Platten zur Anwendung kommen, sind allgemeine Richtlinien zu beachten. Besonders ist auf eine übersichtliche Materialliste Wert zu legen. Aus ihr muß hervorgehen, in welcher Weise das aus dem Bestellbuch oder vom Lager genommene Material zur Verwendung kommt, damit man in der Lage ist festzustellen, wieviel Gewicht nun für die einzelne Arbeit endgültig verbraucht wird. Diese Materialliste gibt dann auch wertvolle Anhaltspunkte bei der Bestellung von Schwesterschiffen (s. Schema Tabelle 6).

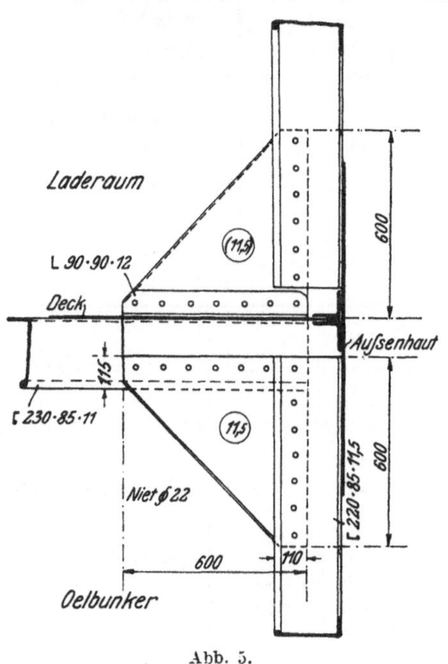

Abb. 5.

In unserm Fall ist auf Grund der Zeichnung eine im Schema ersichtliche Marken- und Stückliste angefertigt, Gebrauchs- und Gesamtlängen der gleichartigen Profile sind aufgeführt und die Gewichte dafür eingetragen. Daneben ist das ·zur Verfügung stehende Material laut Bestell- oder Lagerliste aufgeführt und zum Nachprüfen auf die Bestellbücher und Blattseite verwiesen. Allgemein gilt: in der Stückliste wird fortlaufend numeriert, nur Spanten und Decksbalken erhalten der besseren Übersicht wegen Nummern der Spanten.

Mit den Platten ist in ähnlicher Weise verfahren. Man führt bei der Bestellung von vornherein zur besseren Kennzeichnung die Gebrauchsmarke und Gruppennummer ein, insbesondere zur Vermeidung von Verwechslungen der Plattendicken. Bei der großen Zahl gleichförmiger Platten ist es ratsam, in der Stückliste jede Platte mit einer besonderen Nummer zu versehen und nur Platten zur andern Hand (B. B. — St. B.) mit derselben Zahl zu kennzeichnen. Durch das Herausschreiben der Materialabmessungen in diese besondere Liste gewinnt die Werkstattzeichnung an Übersicht. Es genügt, in der Zeichnung selbst nur die Nummer, höchstens bei Platten die Dicke und bei Profilen die Schenkelbreiten hinzuzufügen.

Tabelle 6.

Schema für Materiallisten auf den Werkstattzeichnungen.

Profile für 1 Schiff.

| | | | | | | | | Stückliste. | | Bestelliste. | | |
Marke	Nr.	Stück	Gebrauchs-länge mm	Gesamt-länge m	Profil mm	Gesamt-gewicht kg	Gruppe Nr.	Oder zu nehmen von: Marke	Nr.	Lauf. m	Bemerkung	Buch	Blatt
$\frac{H}{D}$	1	3	10 000										
,,	2	2	8 100	91,6	L 120 · 120 · 14	2280	170	500/501	14	Aus Normal-längen von: 12 bzw. 16 m	Abfall für kurze Stücke am Mittelkiel verwenden!	1	16
,,	3	2	10 200										
,,	4	2	12 500										
$\frac{H}{W}$	5	2	16 000										
,,	6	1	10 000	80,0	L 250 · 90 · 10	2090	490	500/501	10	Aus: 16 m Normallänge	Grundwinkel für Häuser	1	17
,,	7	2	16 000										
,,	8	1	6 000										

Bleche für 1 Schiff.

| | | | Stückliste. | | | | Bestelliste. | | | | |
Marke	Nr.	Stück	Abmessungen $L \cdot B \cdot D$ mm	Gesamt-gewicht kg	Gruppe Nr.	Oder zu nehmen von: Marke	Nr.	Stück	Abmessungen (Bemerkungen) mm	Buch	Blatt
$\frac{H}{D} \cdot B$	1	2	9000 · 1750 · 11	2760	170						
,, ,,	2	2	9000 · 1750 · 11	2760	170						
,, ,,	3	2	9000 · 1750 · 11	2760	170	$\frac{H}{D} \cdot B$	1	10		1	14
,, ,,	4	2	9000 · 1750 · 11	2760	170						
,, ,,	5	2	9000 · 1750 · 11	2760	170						
$\frac{H}{D} \cdot C$	1	2	9000 · 1750 · 11	2760	170						
,, ,,	2	2	9000 · 1750 · 11	2760	170	$\frac{H}{D} \cdot C$	1	6		1	15
,, ,,	3	2	9000 · 1750 · 11	2760	170						

Konstruktive Vereinfachungen. Der Schiffbau hat naturgemäß mit viel Glühofen- und Schmiedefeuerarbeit zu tun. Darum hat man besonders in neuerer Zeit versucht der hohen Kosten wegen diese Arbeit zu beschränken.

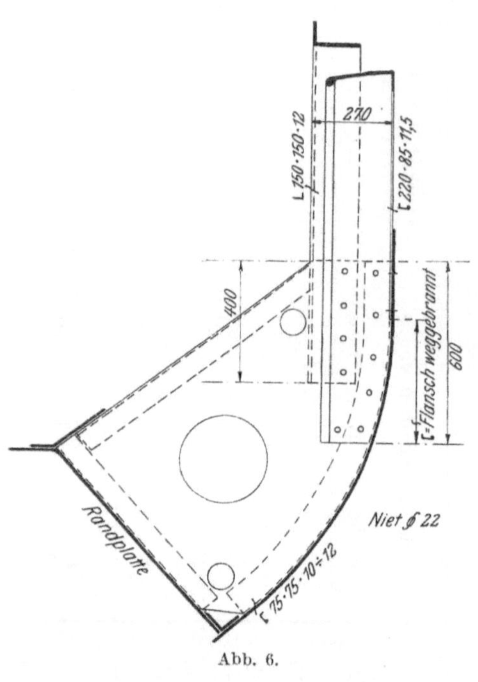

Abb. 6.

Um Winkeldichtungen und Kröpfungen an wasserdichten Decks bzw. Schotten u. a zu vermeiden, setzt man Konstruktionsteile, die früher durchgeführt wurden, wie Spanten, Versteifungen und Stringer, durch Kniestücke ab (s. Abb. 5). Ferner führt man die schweren Spantprofile nicht mehr über die runde Kimm, sondern vernietet sie, wie die Skizzen (Abb. 6, 6a und 7) zeigen, im geraden Teil mit der Kimmstützplatte bzw. Bodenwrange und setzt entweder einen einfachen, gleichschenkeligen Winkel von der Abmessung der Tankspanten stumpf dagegen, oder legt den Winkel (s. Abb. 6) auf die andere Seite der Kimmstützplatte. Man verzichtet auf eine unmittelbare Stoßverbindung, da die hohe Stützplatte und die Außenhaut die Schnittstelle genügend ausgleichen. Aus diesem Grunde hat man auch auf die Kröpfungen der Tankspanten über die Längsnähte der Außenhaut Verzicht geleistet und einfach die Winkelstücke

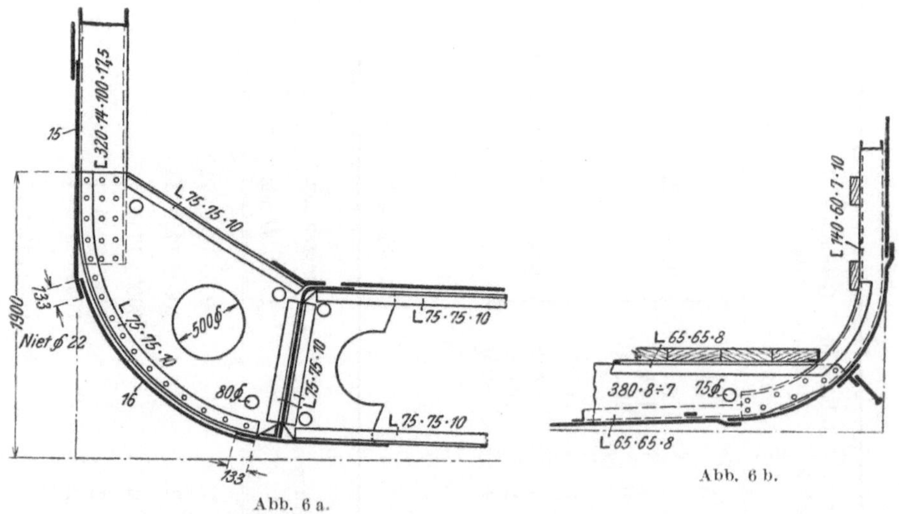

Abb. 6 a.

Abb. 6 b.

bei den Landungen in der Weise stumpf abgesetzt, daß gleichzeitig für den Wasserlauf Platz geschaffen wurde (s. Abb. 7). Auch sonst ist es neuerdings gestattet, bei einwandfreiem Verschießen der Winkelstöße an hohen Plattenträgern die sonst üblichen Winkellaschen fortzulassen. Diese Maßnahmen erleichtern

die massenweise Verwendung kurzer Winkelstücke und ermöglichen damit die
nahezu restlose Aufteilung der in Normallängen gelieferten Profile.

Ferner ist unbedingt auf Einhaltung einheitlicher Nietteilung zu achten,
damit das Viellochverfahren weitgehend zur Anwendung kommen kann. Man
tut gut, bei großen Flächennietungen die Nietteilungen an das größte zulässig
vorgeschriebene Maß zu bringen, um die zu leistende Nietarbeit auf ein Minimum
zu beschränken. In dieser Beziehung kann man bei allen Wänden, soweit keine
Rücksichten auf Wasser, Öl oder Festigkeit zu nehmen sind, noch manche Ersparnisse machen.

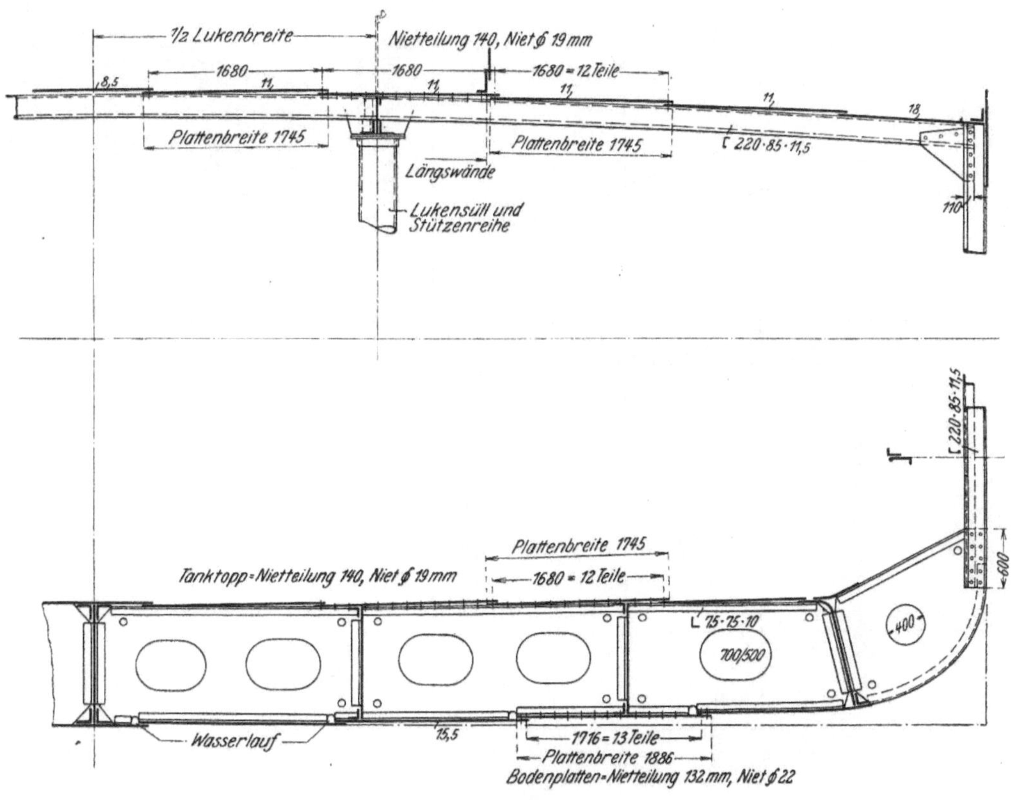

Abb. 7 und 8.

Allerdings gehen die Vorschriften der Klassifikationsgesellschaften manchmal
in bezug auf die Nietteilung nicht ganz dieselben Wege, so daß in einigen Fällen,
um allen Teilen gerecht zu werden, immer der schärferen Vorschrift gefolgt
werden muß. Der Engl. Lloyd schreibt z. B. für Außenhautnietung die Anzahl
der Nieten vor, die in der Nahtreihe innerhalb einer Spantentfernung gezählt
wird; während nach dem Germ. Lloyd die Nietteilung auf 4 × Durchmesser
gesetzt wird. Im letzteren Fall spart man zumeist jedesmal 1 Niet in der Nahtreihe. Vielleicht läßt sich auch hier durch Vereinbarungen unter den Klassifikationsgesellschaften noch manches auf gemeinsame Basis stellen. Immerhin
ist aber bei der Vernietung leichter eiserner Wände bzw. Schotte und leichter
Aufbauten noch ein freies Feld für die Ausnutzung weiter Nietteilungen vorhanden.

In großem Umfang findet auch im Schiffbau die Fertigstellung der Arbeitsstücke nach Schnürbodenriß in der Werkstätte Eingang. Damit ist die frühere Methode der Schablonenanfertigung auf der Helling zum großen Teil verdrängt. Hier ist ein Gebiet im Schiffbau, wo die darstellende Geometrie praktisch weite Verwertung gefunden hat. Es ist erstrebenswert, auch hier die Arbeitsmethodik auf allgemeine Richtlinien zu stellen, damit die Betriebsleitungen noch mehr als bisher Nutzen ziehen können. Die Verwertung der Schmiegentabelle des Schmiegenbockes (Reißbock, Abb. 9) und der Schmiegenschablone ermöglicht das Zusammenstellen der Arbeitsstücke und Konstruktionsteile wie

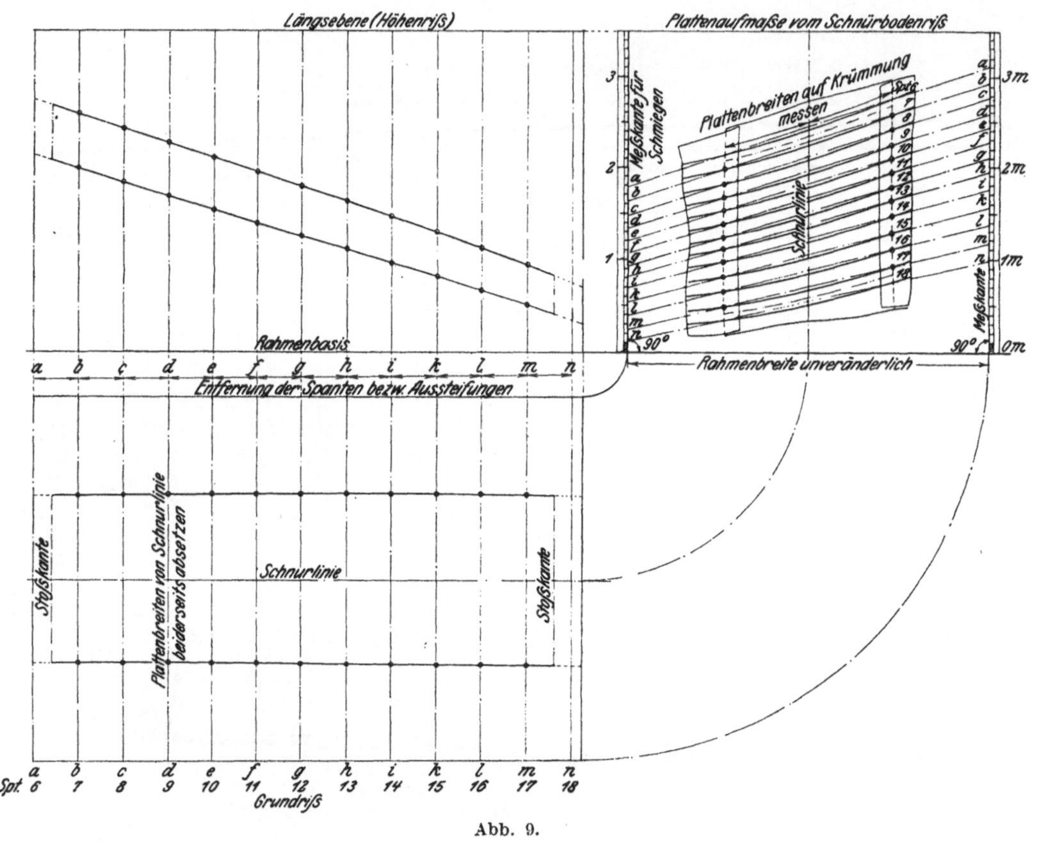

Abb. 9.

Außenhaut und Decks bis weit in die Enden des Schiffes ohne Zuhilfenahme der früher allgemein üblichen Zenten und Klammern.

Allerdings wurde schon früher durch Auslegen der Platten von Decks und Schotten, also von ebenen Plattenflächen, deren Nahtstreifen parallel oder im Winkel von 90° zu den Aussteifungen (Balken oder sonstige Träger) laufen, das Anfertigen von Bordschablonen vermieden. Auch hat man hier und da, besonders im Kriegsschiffbau, nach Aufmaßen des Schnürbodens für leicht gekrümmte Platten Holzschablonen angefertigt. Das machte aber jedesmal umständliche Hilfskonstruktionen in Holz und kostspielige Schnürbodenschablonen nötig. Neuerdings hat man nun durch ein verstellbares Gerüst die Möglichkeit gewonnen, Platten, die schräg über ihre Versteifungen laufen und in der Längsrichtung wie auch quer leicht gekrümmt sind, anzureißen und ohne Bordschablone paßrecht herzustellen. Der für solche Arbeiten konstruierte Bock hat einen rechteckigen Querschnitt. An den Längsseiten sind auf- und niederverschiebbare Träger in Spanten- oder Versteifungsentfernung aufgestellt. Mit Hilfe eines Rahmens, der die gleiche Größe des Querschnittes vom Arbeitsbock hat, werden vom Schnürbodenriß des Schiffes die einzelnen Schrägungen der Spanten bzw. Versteifungen an den auf- und niederstehenden Trägern übertragen.

Die Schräglage der betreffenden Platte wird ferner durch verschraubbare Balken an den eingestellten Spanten festgehalten. Die anzuzeichnende Platte wird nunmehr schnurrecht auf die festgestellten Balken angeklammert und erhält

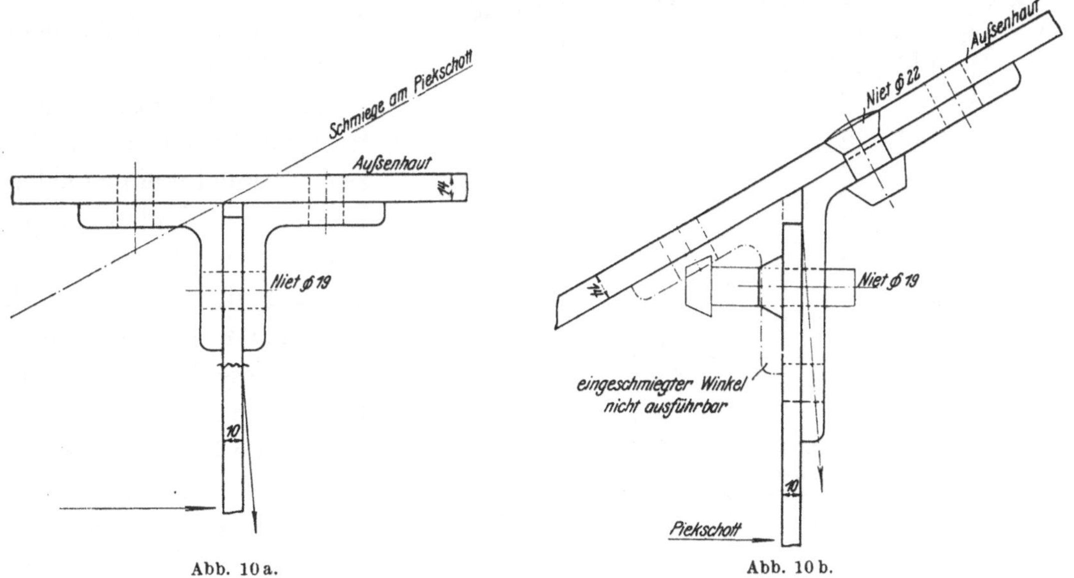

Abb. 10 a.   Abb. 10 b.

somit gegenüber ihren Aussteifungen bzw. angrenzenden Platten u. a. die Lage wie später im Schiff.

Von der Schnurlinie aus werden die Plattenbreiten nach links und rechts abgesetzt. Die so nach ihrer Ausdehnung festgelegte Platte kann jetzt mit Hilfe der Normallochlatten für Stöße und Landungen bzw. für Spanten und Stringer angezeichnet werden (s. Abb. 9, Darstellung in 3 Ebenen). Anliegende Gänge der Außenhaut können auf diese Weise, wie schon erwähnt, bis weit in die Enden vorher fertiggestellt werden.

Durch den Fortfall der zeitraubenden und kostspieligen Zimmermannsarbeit wird damit auf der Helling die Montage vereinfacht und die Bauzeit verkürzt.

„Einwänden gegen zu weitgehende Reformvorschläge. In den bisherigen Ausführungen ist nicht auf die Bestrebungen eingegangen (u. a. Stieghorst), die einer gründlichen Reform des Handelsschiffbaues das Wort reden. Es liegt auch nicht in der Absicht des Vortrages, durch kritische Auslassungen dem Streit der Meinungen nach der einen oder der andern Seite neue Nahrung zuzuführen. Da sich der Wiederaufbau der Handelsflotte — nicht nur in Deutschland, sondern in der ganzen Welt — nun einmal in den von den Klassifikationsgesellschaften gesteckten Bahnen bewegt, konnte mit Rücksicht auf diesen Tatbestand die vorliegende Arbeit nur so und nicht anders behandelt werden. Immerhin scheint es zur weiteren Rechtfertigung gegeben, hier einige Einwände gegen zuweitgehende Vorschläge einzufügen.

1. Der Bau eiserner Schiffe für den Handel und Verkehr führt seiner ganzen Natur nach gegenüber demjenigen von Kriegsfahrzeugen zu Materialanhäufungen an „unrechter" Stelle. So ist der Doppelboden vom praktischen Gesichtspunkte aus mehr denn je unentbehrlich. Seine Verwendung als Ölbunker, neben der als Ballast und Trimmtank, ist nicht mehr zu umgehen.

2. Große Luken und freie zugängliche Laderäume sind für ein schnelles Löschen und Laden Haupterfordernis. Es ist ferner geboten, für das freie Deck Decksplatz zu gewinnen und für die Aufstellung des Rudergeschirrs über der Ruderspindel nach hinten ausladende Heckkonstruktionen beizubehalten.

3. Wenn auch das völlige Hauptspant mit der kurzen Kimm ungeeignet erscheint, die hohen Beanspruchungen der Spantkonstruktionen aufzunehmen, so ist doch immerhin durch die vorgeschriebene Höhe des Doppelbodens dem Krümmungsradius der Kimm eine erträgliche Grenze gesteckt.

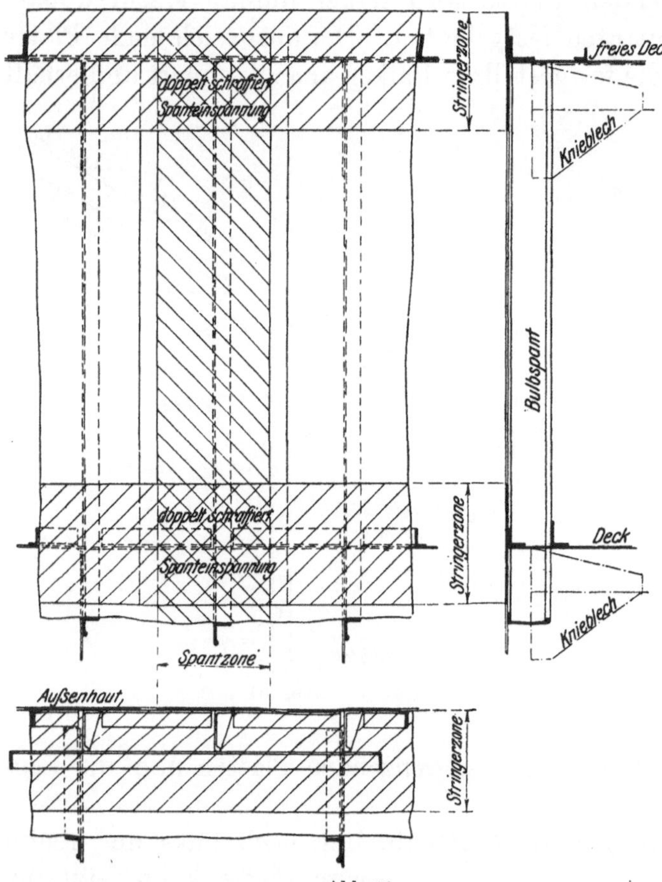

Abb. 11.

4. Die große Schmiege der Spanten im Bereich der wasserdichten Piek- und Kollisionsschotte macht es erforderlich, statt der doppelten Befestigungswinkel an der Außenhaut einfache aufgeschmiegte mit doppelter Zickzacknietung versehene Winkel (s. Abb. 10a und 10b) zu verwenden. Man kann auch hier vom Festigkeitsstandpunkt sagen, daß unter Umständen eine elastische Einspannung denselben Grad von Sicherheit in sich schließt als bei Anwendung von doppelten Befestigungswinkeln. (Für gewöhnliche Schotte ist dann schon ein T-Eisen als Eckbefestigung in Vorschlag zu bringen, da es beide Vorteile in sich vereinigt.)

5. Die Beplattungen der Spanten und der Balken bieten mehr als man annimmt Gewähr, die Trägerkonstruktionen, sei es Unterzug, Balken, Stringer

oder Spant, wirksam zu einem
tragfähigen Gerüst zu vereinen.
Auch dann wenn es den Anschein
hat, daß die Einspannung, wie
etwa durch Fortlassen von Knieblechen bei Spanten ohne Balken,
zu gering erscheint. Die Spanten
hängen keinesfalls wie ein Knochen-
gerüst lose in der Haut, etwa so
wie die mit Segeltuch bespannten
Rippen eines Kahns. Vielmehr
ist die Außenhaut (um bei dem
aufgestellten Gleichnis zu bleiben)
in Verbindung mit den Decks-
stringern und Spanten Fleisch
und Blut eines gesunden Körpers
(Abb. 11).

6. Stevenkonstruktionen bieten
immer Schwierigkeiten. Es ist
darum bei Schwesterschiffen
immer von Vorteil, wenn man
bei den Übergängen und scharfen
Krümmungen mit Stahlguß-
stücken arbeitet. Plattenkon-
struktionen, mögen sie für die
Vernietung noch so große Vorteile
schaffen, bringen für jedes Schiff
immer wieder von neuem müh-
selige Feuerarbeit mit sich und
damit Zeitvergeudung und
große Kosten, dem der Gewinn
an Festigkeit bescheiden gegen-
übersteht.

Wie schon vorher erwähnt,
wird mit Rücksicht auf die teure
Feuerarbeit schon heute nach
Möglichkeit jede Winkelabdich-
tung von Konstruktionsteilen
durch Absetzen von Knieblechen
vermieden und damit auf natür-
liche Weise auch der Festigkeit
gedient (Abb. 5)."

Grenzgebiete. Es ist hier, wie
zu Beginn meiner Ausführungen

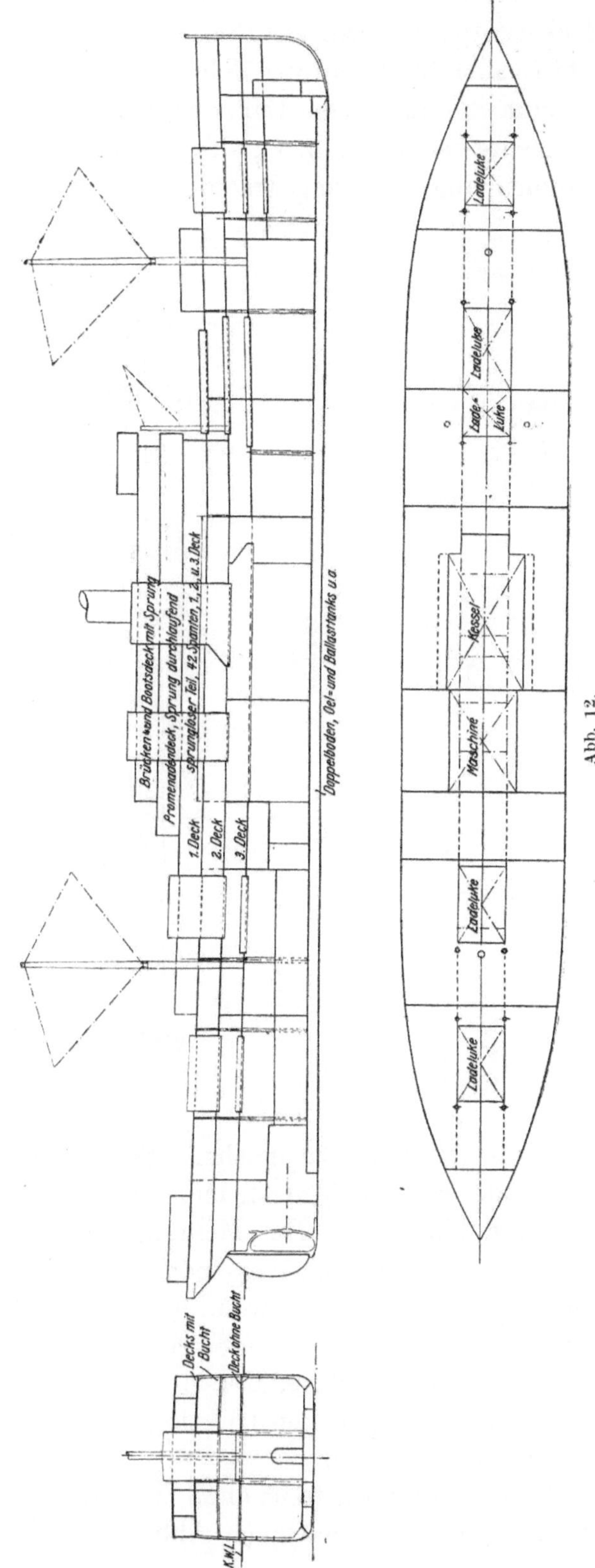

Abb. 12.

erwähnt, nicht Aufgabe dieser Abhandlung, Stellung zu Vorschlägen zu nehmen, die
der Vereinfachung der Schiffsformen (Professor Li n a u) und der Klassenteilung der
Schiffskörper in bezug auf Reihen- und Typenbildung das Wort reden. Immerhin
gibt es auch beim Bau von Schiffen für bestimmte Zwecke Grenzgebiete, wie z. B.
Vereinheitlichung von Lukenbreiten in Verbindung mit Deckunterzügen und
Stützenreihen (s. Abb. 8), die der Beachtung wert erscheinen. In diesem Zusammenhang ist es angebracht, auf die schon in Fahrt befindlichen sprunglosen

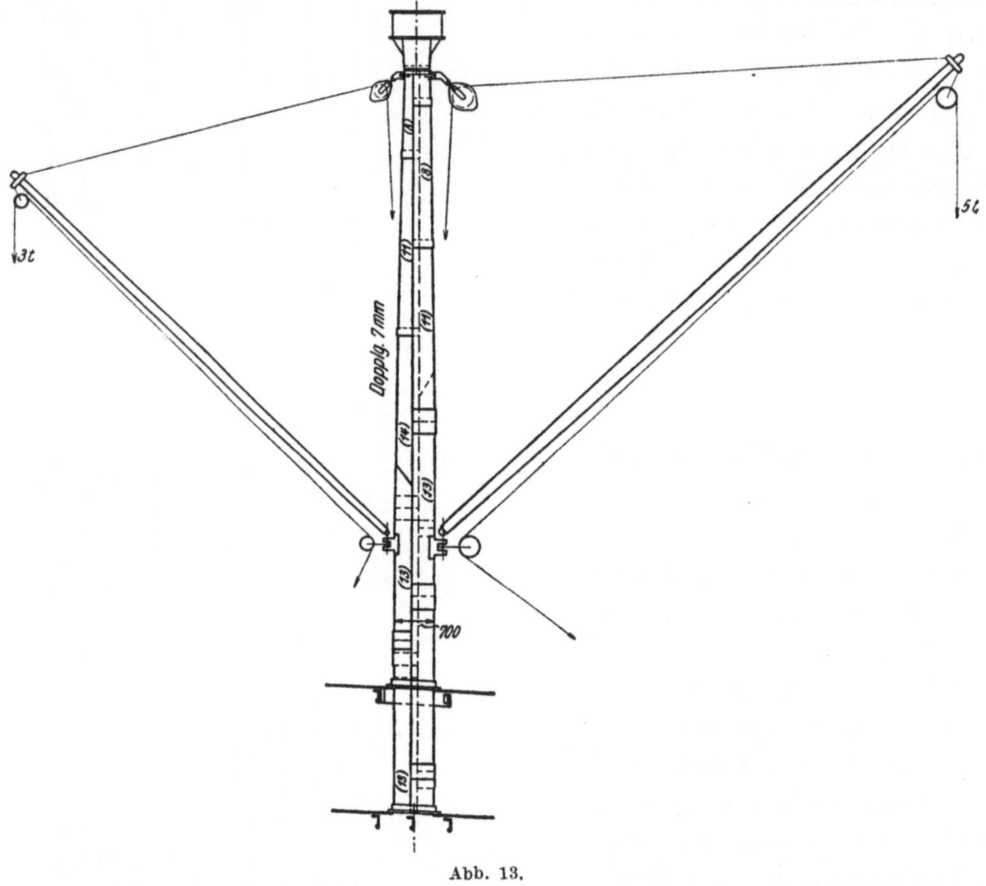

Abb. 13.

Schiffe aufmerksam zu machen. Schon im Jahre 1920 konnte ich in einem Ar-
tikel[1]), der sich im übrigen mehr mit dem Reihenschiff beschäftigte, auf diesen
Umstand hinweisen. Der Meinungsstreit über Beeinträchtigung der Seeeigen-
schaften und über das Aussehen der Schiffe vom ästhetischen Standpunkt aus
wird aber nicht berührt, wenn an der tiefsten Stelle mitschiffs je nach Größe des
Schiffes über 15—30 Spantentfernungen reichend, ein sprungloser Teil einge-
schoben wird (s. Abb. 9, Kessel und Maschinenraum). Der Vorteil, eine Anzahl
genau gleicher Spantkonstruktionen für ein Schiff zu gewinnen, ist nicht von
der Hand zu weisen.

Ferner ist auf die freie, ohne Stage durchgeführte Aufstellung der Ladepfosten
aufmerksam zu machen (s. Abb. 13). Die Pfosten und auch neuerdings die

<hr>

[1]) Hamb. Börsenhalle (Korrespondent), Schiffbau und Schiffahrt, 13. April.

Masten werden in der Einspannstelle mit dem Deck vernietet und nicht wie früher mit Holz verkeilt. Die Holzverkeilung ist bei hölzernen Masten gerechtfertigt; bei eisernen Masten mit hoher Beanspruchung wegen Eintrocknens der Keile nicht ratsam. Bei den Ladepfosten wird ohne Rücksicht auf etwaige Abstagung dann für die durch die Belastungsverhältnisse sich ergebene Biegungsbeanspruchung das erforderliche Widerstandsmoment in die einzelnen Querschnitte gebracht (s. Abb. 14 u. 15). Wenn auch eine Gewichtsvermehrung durch Vergrößerung des Durchmessers, Vermehrung der Plattenstärken oder Anbringen von Profilaussteifungen damit verbunden ist, so steht neben Fortfall der Stage und der damit eingeschlossenen Schmiede- und Taklerarbeit die größere Bewegungsfreiheit der Ladebäume als nicht unterschätzender Vorteil gegenüber. Zu bemerken sei noch an dieser Stelle, daß die als Ersatz von leichten

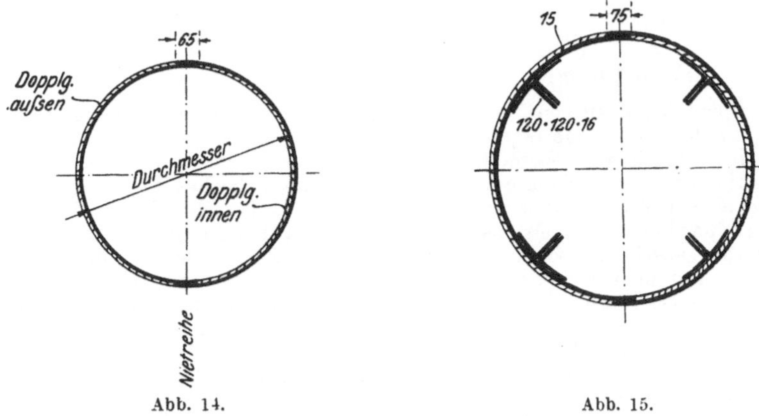

Abb. 14.   Abb. 15.

Wänden eingebauten Sterchamolwände sich nicht billiger stellen und keineswegs Gewichtsersparnis oder Festigkeitszuschuß bedeuten.

Zusammenfassung und Schluß. Die hier vorgebrachten, der Alltäglichkeit entnommenen Dinge finden auf diese oder jene Art ihre Erledigung und erscheinen darum dem ausführenden Praktiker, der Walzeisen verarbeitet, zum Teil selbstverständlich. Wenn nun diese Dinge ja auch weniger auf dem Gebiete der Forschung und des Entwurfs liegen, so sind sie doch unter besonderem Bezug auf Arbeitsökonomie in der Bauweise für die allgemeine Erörterung nicht minder wichtig. Es liegt das Bestreben zugrunde, die empirisch gewonnenen Werte, für die gemeinsame Formen und Ausdrücke möglich sind, der gesamten technischen Wissenschaft — in diesem Falle dem Spezialgebiet des Schiffbaues — als Anregung und Beitrag zuzuführen.

Es ist in kurzen Strichen geschildert worden, wie durch die außerordentlichen Zeitverhältnisse die Verminderung der Profilsorten und Vereinfachung der Walzmaterialbestellung an sich gefördert wurde und dadurch die Möglichkeit gegeben war, brauchbare Lagerbestände auch für Neubauten zu schaffen.

Um für die Statistik brauchbare Gewichtsgegenüberstellungen zu machen, wird im Anschluß daran eine gemeinsame, nach einheitlichen Gesichtspunkten aufgestellte Gliederung in Baugruppen vorgeschlagen. Ferner wird der Vorschlag gemacht, auf den einzelnen Arbeitszeichnungen an Hand eines Schemas neben dem Bestellgewicht, wie es aus der Bestelliste hervorgeht, das Gebrauchsgewicht zu vermerken.

Dann sind kurz die Maßnahmen skizziert, die auf Verminderung von Glühofen- und Schmiedefeuerarbeit hinzielen. Dem Viellochverfahren wird weitgehende Verwendungsmöglichkeit zugesprochen und im Zusammenhang damit der planmäßigen Fertigstellung von Konstruktionsteilen in der Werkstatt an Hand der Schnürbodenunterlagen das Wort geredet. Endlich ist auf einige konstruktive Maßnahmen hingewiesen worden, die auf der Linie weiterer Vereinfachung liegen.

Manches Neue ist im Werden. Möge Wissenschaft und Praxis dann immer den Richtweg unter der Parole des alten Wortes gehen: Prüfet alles und das Beste behaltet.

Erörterung.

Herr Professor Lienau-Danzig:

Königliche Hoheit! Meine Herren! Herr Judaschke hat uns in seinem Vortrage nicht viel Neues gesagt. Das meiste von dem, was vorgetragen wurde, ist nicht nur bereits seit Jahren in der Praxis bekannt, sondern es ist heute vielfach weit überholt.

Ich möchte auf einige wenige Punkte kurz eingehen. Einmal die Festigkeitsfrage: Die Tatsache, daß Profile und Winkel ein einheitliches Ganze im Schiffbau bilden, ist ja nichts Neues. Aber daß man in Rücksicht auf die Verwendung kurzer Winkelstücke, die vielleicht von alten Profilteilen abfallen, ganze Verbände, wie die Bodenspanten, auseinanderschneidet und notwendige Laschen fortläßt, möchte ich doch für sehr bedenklich halten. Selbst wenn rechnerisch die Biegungsbeanspruchungen nicht erheblich beeinträchtigt werden, so sind doch die Querkräfte, die in der Querrichtung Scherbeanspruchungen hervorrufen, so groß, daß vor einer Zerschneidung von sonst durchlaufenden Winkelverbänden, wie es hier im Boden für Bodenspanten und Gegenspanten vorgeschlagen wurde, gewarnt werden sollte. Es läßt sich leicht nachrechnen, daß dadurch die reine Querfestigkeit des Bodenverbandes um etwa 30% herabgesetzt wird. Da man in der Nähe der ausgesparten Wasserlöcher dann noch das Mannloch hat, so bleibt nur ein kleines Stück Blech von vielleicht 250 mm Höhe oben und unten übrig, das bei einer Bodenberührung unweigerlich seitlich ausknickt.

Die zweite Frage ist die: Wie kommen wir zu einer wirklichen Vereinfachung und Verbilligung in der Herstellung?

Das erwähnte Zulegeverfahren und die Verwendung des Spantenbockes sind nicht nur längst bekannt, sondern für viele Zwecke überholt, und verbesserte Methoden sind an deren Stelle getreten. Durch wissenschaftliche systematische Erforschung der Abwickelbarkeit von gebogenen Platten ist es heute gelungen, auch schwierige Teile des Schiffes einwandsfrei auf dem Schnürboden sehr genau abzuwickeln. Die Schnürbodenarbeit ist zu einer Kernfrage für die Entwicklung der Vereinfachungsmethoden geworden. Eine Grundfrage war es dabei, einmal die Abwickelbarkeit von Raumflächen klarzustellen. Welche Flächen sind überhaupt abwickelbar? Wenn man ein mathematisches Lehrbuch in die Hand nimmt, so findet man die Erklärung für abwickelbare Flächen folgendermaßen dargelegt: Jede abwickelbare Fläche ist die Tangentenfläche einer beliebigen Raumkurve. Wenn wir also eine beliebige Raumkurve haben und legen an jeden Punkt dieser Kurve eine Tangente, dann ist die Fläche, in der alle diese Tangenten liegen. eine abwickelbare Fläche. Von diesem Gesichtspunkt aus kann man nun die Flächen des Schiffskörpers betrachten, wobei es allerdings nicht ganz einfach ist, die Abwickelbarkeit in der Projektionsart, in der wir gewohnt sind, den Schiffskörper darzustellen, also im Aufriß, Grundriß und Spantenriß festzustellen, und aus dieser Darstellung heraus sofort zu sagen: Diese Fläche ist abwickelbar und jene nicht. Das ist nicht ohne weiteres möglich. Aber als Grundsatz läßt sich folgendes sagen: Wenn von einer beliebigen Fläche des Schiffskörpers die Projektion des Schnittes in nur einer Richtung eine gerade oder annähernd gerade Linie ergibt, so habe ich eine ziemlich gut abwickelbare Fläche. Wir müssen deshalb anstreben, an jeder Stelle wenigstens in einer Richtung einen gradlinigen Verlauf der Schiffslinien zu erhalten. Dabei brauchen wir nicht einmal die gute alte Schiffsform zu verlassen. Man kann z. B. die Senten an den Stellen, wo in der Querrichtung große Krümmungen sind, gerade machen, oder an Stellen, wo wir für die Wasserlinien Krümmungen brauchen, die Spanten oder Schnitte gerade machen usw. Wenn man diesen Weg der Abwicklungsmöglichkeit krummer Flächen weiter verfolgt, so kommt man dahin, wie es heute auf manchen Werften der Fall ist, daß man fast keine Schablonen mehr gebraucht, sondern nur noch Meßlatten oder Stöcke anwendet, die das genaue Maß vom Schnürboden geben. Das Ideal, dem man schon sehr nahe ist, ist ja nach Zeichnung und Schnürbodenmaß unmittelbar, wie es der Maschinenbau macht, in der Werkstatt ohne Schablone jede Form von Platten und Profilen festzulegen und anzuzeichnen. Wenn ich hier einige Erfahrungen der Praxis mitteilen darf, so ist man heute so weit, daß die größten Abweichungen bei der Abwicklung von gebogenen Platten auf dem Schnürboden nur 2 bis 3 mm betragen gegenüber der an Bord genommenen Schablone. Das ist ein gewaltiger Fortschritt; denn 3 mm Abweichung hat man bei Schablonen auch noch gehabt.

Eine weitere Frage ist die der Verringerung der Glühofen- und Schmiedearbeit. Auch hier sind erhebliche Fortschritte gemacht, die der Redner nicht erwähnt hat. Ich erinnere nur daran, daß heute sehr viele Platten, z. B. am Hinterschiff, ohne Glühofen- oder andere Warmarbeit einfach kalt hydraulisch gedrückt werden. Bedenken dagegen liegen nicht vor; denn wenn man ein hohes U-Profil ohne Hinderung seiner Festigkeit kalt durchsetzen oder joggeln kann, dann ist es auch durchaus angängig, eine Platte mit viel geringerer Deformation auf kaltem Wege in eine beliebige Form hineinzudrücken. So werden heute von manchen Werften die Heckplatten nicht mehr warm, sondern kalt auch in nicht abwickelbare Formen gepreßt.

Es ist zu hoffen, daß durch weitere Bearbeitung des Problems der abwickelbaren Flächen und durch Ausbildung neuer Methoden, auch schwer abwickelbare Flächen möglichst genau in die Planebene zu legen und dort unmittelbar aufzureißen, wir einmal so weit kommen, das ganze Schiff auf Zeichnung und Schnurboden genau festzulegen und gar keine Schablonenarbeit mehr zu machen. (Beifall.)

Herr Rechnungsrat Stieghorst, Berlin:

Königliche Hoheit! Meine Herren! Nach seinem Vortrage will Herr Judaschke mir ein Stück des Weges folgen, den ich gehe. Dann will er mich verlassen. An sich ist das für mich betrüblich. Aber ich lasse darum die Hoffnung noch nicht sinken. Ich sehe an seinem Vortrag und besonders an seinen Vorschlag über die Abstagung der Masten und Kranpfosten, daß er schon viel weiter auf meinem Wege ist, als es ihm vielleicht scheint. Daraus schließe ich, daß er sich noch einmal ganz auf meinem Wege befinden und das auch erkennen wird.

Was mich aber in höherem Maße an seinem Vortrage interessiert, ist der Wille, den er hier zum Ausdruck bringt. Er will nur ein Stück Weges mit mir gehen, und dann will er mich verlassen. Bei dieser Sachlage ist doch wohl die Frage berechtigt oder stößt uns auf: haben wir denn überhaupt einen Willen? Und wenn wir einen Willen haben, welcher Art muß dieser Wille sein? Und wie muß er beschaffen sein? Dieses dürfen wir vielleicht an ein paar kleinen Beispielen uns überlegen.

Als erstes Beispiel wollen wir einen Davit nehmen. Meine Herren, wenn ich die Aufgabe bekomme, einen Davit zu konstruieren, so werde ich damit zunächst vor die Entscheidung gestellt, ob ich den Davit als einen Hohlstab entwerfen und bauen will, oder ob ich ihn aus vollem Material herstellen will. Ist es ein großer Davit, so fällt ja die Entscheidung nicht schwer. Vernunftsgründe sagen mir dann, daß ich den Davit als Hohlstab bauen muß. Ist es ein kleiner Davit für kleine Lasten, dann sagen mir dieselben Gründe, daß ich den Davit aus vollem Material herstellen muß. Hier ist mein Wille aber schon nicht mehr ganz frei. Er ist schon durch Vernunftsgründe beeinflußt. Jedoch gibt es Grenzgebiete, wo es sich um Davits handelt, die weder groß noch klein sind, weder für große noch für kleine Lasten dienen sollen. Da ist meiner Entcheidung voller Spielraum gelassen. Da kann ich heute entscheiden: ich will einen Davit als Hohlstab bauen und morgen kann ich sagen; ich will den Davit aus vollem Eisen bauen. Ich habe dann immer recht. Aber nach dieser Entscheidung trete ich eigentlich erst in die Konstruktionsarbeiten ein. Dann erst beginnt für mich die Aufgabe, die ich zu lösen habe. Da habe ich nun zunächst die Belastung des Davits nach Größe und Richtung festzustellen und danach sorgsam darauf zu achten, daß in den Davit so viel Material hineingebaut wird, wie hineingebaut werden muß, um das Material nicht zu überanstrengen. Ich muß andererseits aber auch wieder darauf achten, daß ich nicht zu viel Material hineinbaue, denn wenn ich darauf nicht achte, bin ich nicht brauchbar, dann bin ich ein unwirtschaftlicher Konstrukteur. Also hier sind mir ganz enge Grenzen gestellt, und innerhalb dieser Grenzen sehe ich immer nur ein Muß, keinen eigenen Willen, sondern nur Pflichten und diese Pflichten haben wir zu erfüllen

Nun das andere Beispiel aus dem Vortrage des Herrn Judaschke. Ich will als Beispiel seinen Vorschlag nehmen, durch den er empfiehlt, die Platten länger zu bestellen, als es bisher üblich war. Der Vorschlag hat etwas Bestechendes an sich. Gewiß, nur dann sind Übermaße fehlerhaft, wenn die entstehenden Abschnitte für andere Zwecke nicht verwendet werden können. Das betrifft also die Breite, nicht aber die Länge der Platten, die man so wählen kann, daß brauchbare Abschnitte entstehen. Und daraus ergibt sich dann die Regel, daß man die Breite der Platten genau bestellen, an ihrer Länge aber ein gehöriges Stück zugeben soll. Eine sehr gute Regel scheint das zu sein. Aber im Schiffbau muß man den Regeln gegenüber etwas vorsichtig sein. Wir haben schon so viele Regeln kennen gelernt, z. B. die Regel von drei Dicken, die Regel über öldichte Nietung und oft sind das Regeln, die ohne es zu sein, unbegrenzt gültig scheinen, die uns aber auch schon zu Fehlern verführt haben. In diesem Zusammenhange denken wir auch an unser Sprichwort: Keine Regel ohne Ausnahme und schließen, daß die Regel, die aus diesem Vorschlage abzuleiten wäre, vielleicht auch nur eine begrenzte Gültigkeit haben könnte. Man sucht nun, diese Grenze zu ermitteln, geht im Geiste den Schiffskörper durch und kommt zunächst auf die Frage: Zu welchem Zwecke soll ich diese Abschnitte benutzen und was soll ich aus ihnen bauen? Außer einigen Dopplungen will sich da kaum etwas anderes finden lassen, als Kniee, die Herr Judaschke schon nannte. Im Hinblick auf diese Kniee könnte man sagen, Herr Judaschke hilft seinem Vorschlag noch ein wenig nach, indem er die Spanten am Zwischendeck abschneidet und dadurch für eine größere Zahl von Knieen sorgt, wenn auch die Öldichtigkeit der tatsächliche Grund für ihn ist. Aber die Öldichtigkeit kann hier nicht allein in Betracht kommen; man muß auch den Nachteil betrachten, den man den Spanten mit diesem Abschneiden zufügt. Wir wissen alle, meine Herren, daß ein gebrochenes Bein, wenn es auch ganz gut wieder heilt, doch nicht wieder so wird, wie das alte war, und auch in den Knieen, die den Schnitt im Spant überbrücken sollen, stecken noch Mängel, die wir nicht außeracht lassen dürfen.

Meine Herren, vorhin habe ich gesagt, wenn wir etwas konstruieren und bauen sollen, ist es unsere Pflicht, Belastung und Tragvermögen des Eisens miteinander in Einklang zu bringen. So auch hier. Wir dürfen nicht davon absehen, auch den Nieten der Kniebleche diese Fürsorge zuteil werden zu lassen. Das ist zwar unbequem, aber wir müssen uns dazu zwingen. Wenn wir nun die für eine richtige Bemessung der Niete erforderlichen Untersuchungen anstellen, so finden wir, daß die Niete, die in Knieblechen von der üblichen Form und Größe angeordnet werden können, stets in hohem Maße überanstrengt werden. Die

Kniebleche entpuppen sich dann als richtige Scheusale und in der Erkenntnis dieser Eigenschaft nehmen wir dann schnell unsere Kniebleche unter den Arm, tragen sie auf den Abfallhaufen, widmen ihnen dort noch eine Weile stillen Gedenkens und bestellen danach die Platten wieder wie früher, hübsch genau nach Länge und Breite; wir freuen uns außerdem noch, daß wir das Schiff durch Fortlassen der Kniebleche um ein klein wenig Ballast vermindert haben und daß wir das Schiff etwas wirtschaftlicher bauen, weil wir für das Material und die Bearbeitung der Kniebleche kein Geld mehr ausgeben.

Meine Herren! Ich sagte eben, die Knieplatten sind richtige Scheusale. Das ist eine Behauptung, und Behauptungen sollte man hier nicht aufstellen, ohne sie zu belegen. Um aber diese und andere Be-Behauptungen belegen zu können, müßte ich Ihre Zeit lange in Anspruch nehmen, zumal noch eine ganze Reihe von Punkten dafür in Frage kämen. Außerdem geht das auch deshalb nicht, weil die Besprechung all dieser Punkte die Arbeit der Studierstube verlangt. Wenn wir nun aber den rechten Nutzen aus diesem Vortrag ziehen wollen, ist es geboten, uns noch weiter mit ihm zu beschäftigen und aus diesem Grunde schlage ich Ihnen vor, den Vortrag des Herrn Judaschke mit der Besprechung an dieser Stelle nicht abgeschlossen sein zu lassen, sondern daß alle, die sich dafür interessieren, sich zusammentun und sich schriftlich mit Herrn Judaschke noch darüber unterhalten. Und ferner mache ich Ihnen den Vorschlag, daß Herr Judaschke das Ergebnis aus diesem Gedankenaustausch zusammenstellt und unserem verehrlichen Vorstande vorlegt, der es dann als Nachtrag zu unserem Jahrbuch drucken läßt und je einen Druck des Ergebnisses jedem einzelnen Mitarbeiter an dieser Sache ohne weiteres und allen übrigen Mitgliedern, die sich dafür interessieren, auf Anfordern gibt. (Beifall.)

Herr Ingenieur Judaschke-Hamburg (Schlußwort):

Ich danke den Herren Diskussionsrednern für ihre Worte, die sie meinem Vortrage gewidmet haben. Wie ich schon seinerzeit Herrn Geheimrat Busley geschrieben habe, sollte mein Vortrag ja nur ein kleiner Ausschnitt aus dem Arbeitsgebiet der Praxis sein, in dem ich mich befinde. Darum konnte er ja nicht umfassend und tiefgründig wissenschaftlich im hergebrachten Sinne sein. Er war eigentlich nur als ein kurzes anregendes Referat gedacht. Darum bitte ich sie auch, diesen Vortrag so entgegenzunehmen. Es sind praktische Gesichtspunkte, die mich besonders bewogen haben, diesen Vortrag hier zu halten.

Und da möchte ich Herrn Professor Lienau doch sagen: Ganz richtig betont er, daß man die angezogenen Spanten aus Festigkeitsgründen nach Möglichkeit nicht durchschneiden soll. Nun

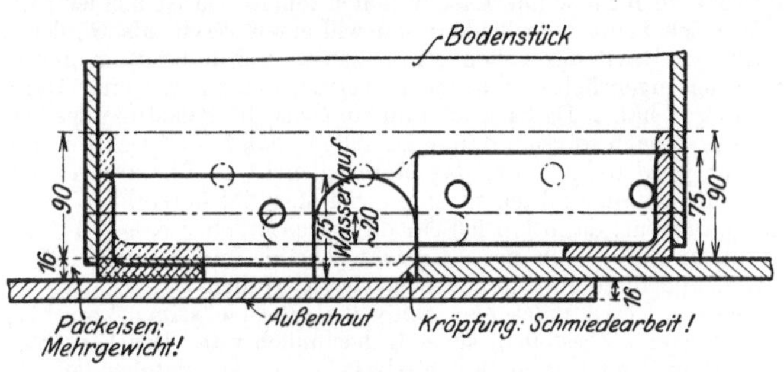

Abb. 1.

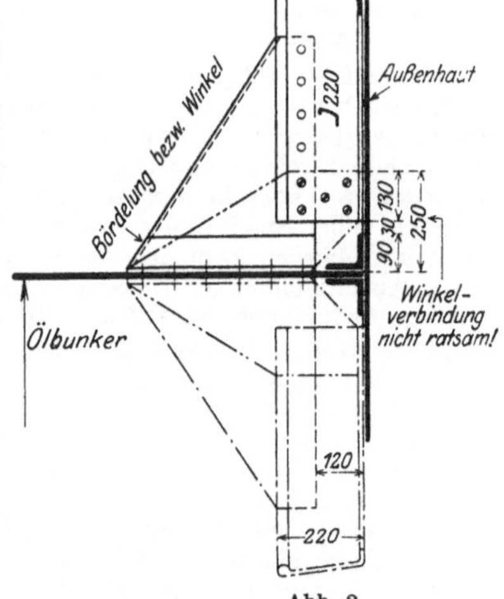

Abb. 2.

bedenken sie aber, m. H., diese Spantwinkel sind 75 mm breit, die Außenhautplatten sind etwa 16 mm dick. Wenn Sie nun eine einwandfreie Vernietung im Bodenstück hervorbringen wollen, dann müssen Sie diese Winkel, die 75 mm breit sind, mindestens auf 90 oder 100 mm vergrößern. Das vermeide ich aber, wenn ich bei den Wasserlauflöchern bzw. Landungen diese Winkel abschneide (Abb. 8). Außerdem spare ich das Packeisen. Zu bemerken ist hierbei: Der englische Lloyd legt Wert darauf, daß der Raum zwischen den Schnittstellen möglichst klein bleibt.

Wenn ich nun in dem anderen Falle diese Winkel kröpfe, dann ist es ungefähr dasselbe, als wenn ich sie abschneide; denn eine Kröpfung ist tatsächlich auch eine Verminderung der Festigkeit an dieser Stelle des Profils. Also es sind praktische Gesichtspunkte, die leitend gewesen sind, es in diesem Falle so zu machen. Wir wollen möglichst, wie ich es in meinem Vortrage immer wieder betont habe, das Gewicht erleichtern und die Kosten vermindern (siehe Skizze Abb. 1).

Im übrigen gebe ich zu, daß manche Werften in der Abwicklung ganzer Konstruktionsteile, die sie schon in der Werkstelle herstellen, vorangeschritten sind. Aber auch Meßlatten und Lochlatten habe ich erwähnt. Diese werden ja auch z. B. bei der Deutschen Werft in Hamburg und auch vereinzelt anderswo schon in weitgehendem Maße gebraucht. Inwieweit aber die Kosten für die angewandten zeichnerischen Mehraufwendungen dazu in nutzbringendem Verhältnis stehen, muß ich dahingestellt sein lassen.

Zu den Ausführungen des Herrn Stieghorst möchte ich sagen: Es hat mich sehr warm berührt, daß Herr Stieghorst meinem Vortrage solche Anerkennung hat zuteil werden lassen. Nach den Ausführungen, die sonst Herr Stieghorst schon im Laufe dieses Jahres über den Wiederaufbau der Handelsflotte gemacht hat, in denen er scharfe Angriffe gegen die Handelsschiffbauer unternommen hat, konnte ich annehmen, daß er hier vielleicht eine viel schärfere Klinge führen würde. Um so mehr begrüße ich es, daß er doch Hand in Hand mit uns, den Handelsschiffbauern, arbeiten will und daß auf dem Wege des gegenseitigen Meinungsaustausches vielleicht eine Verständigung möglich wird.

Ich möchte nur den angezogenen Fall von den Knieblechen hier erörtern. Auch da sind es praktische Gesichtspunkte, die mich treiben, die Kniebleche anstatt der kurzen Winkelstücke zu verwenden.

Ganz kurz eine Skizze! (skizziert an der Tafel Abb. 2).

Ich denke mir hier, wie etwa bei einem Ölbunker, die Spanten abgeschnitten. Hier die Außenhaut, hier die Bunkerwand, als Eckwinkel setze ich einen Winkel von 90 mm Schenkelbreite hinein. Dann nehme ich an, in das abgeschnittene Spant sei ein Bulb oder ein anderes Profil von etwa 200 oder 220 mm Breite. Was soll ich nun in dieser Lage machen? Soll ich nach dem Wunsche des Herrn Stieghorst einen Winkel als Verbindung hinsetzen? Dann sind bei 90 mm Schenkelbreite und 30 mm Stemmkante 120 mm Luftraum zwischen Spant und Verbindungsstelle nötig. Was muß ich dann für einen Winkel nehmen, um eine gute Verbindung zu erzielen? Die größten Winkel haben 250 mm Schenkelbreite. Da ist es mir vielleicht grade möglich, 6 Nieten hineinzubringen, genau genommen nur 5. Ich erhalte dann aber so ein Monstrum von Winkel bei Einhaltung der 30 mm Stemmkante, daß Herr Stieghorst selbst sagen muß, diese Art Verbindung ist in diesem Fall doch nicht ganz einwandfrei. Darum sage ich mir, ich mache ein kräftiges Knieblech, abgesteift vielleicht durch einen Winkel und ich weiß dann, das ist eine Verbindung, die in diesem Falle doch besser ist, als ein Zwischending von eingespannten oder nicht eingespannten Balken.

Im übrigen danke ich für die Aufmerksamkeit, die Sie meinen Ausführungen haben zuteil werden lassen. Ich hoffe, daß in irgendeiner Form auch auf diesem Wege der Handelsschiffbau vorwärts kommt im Bau eiserner Schiffe. (Lebhafter Beifall.)

Seine Königliche Hoheit Großherzog Friedrich August:

Der Herr Vortragende hat eine Reihe von Vorschlägen zur Vereinfachung verschiedener Arbeitsvorgänge im Eisenschiffbau gemacht, die zwar in den Reihen seiner Betriebskollegen teilweise schon bekannt waren, aber doch zeigen, daß er sich auf dem richtigen Wege befindet. Wir danken Herrn Judaschke für die kurze Wiedergabe seiner Gedankengänge ganz besonders warm und knüpfen daran die Bitte, daß bald mehr von unseren Mitgliedern uns mit ähnlichen praktische Vorschläge behandelnden Vorträgen erfreuen möchten. (Beifall.)

XIII. Beiträge zur Berechnung von Lademasten.

Vorgetragen von Dr.-Ing. **W. Gütschow,** Danzig.

Die Notwendigkeit, die unproduktiven Betriebskosten so weit wie angängig herabzusetzen, fordert in der Schiffahrt möglichste Verkürzung der Hafenliegezeit. Die Dauer des Hafenaufenthaltes ist in erster Linie von der Güte der zur Verfügung stehenden Ladeeinrichtung abhängig. Wenn auch die landfesten Krananlagen den an Bord befindlichen Ladeeinrichtungen bei weitem überlegen sind, so sind die Schiffe doch in sehr vielen Fällen auf eigenes Ladegeschirr angewiesen; auch dieses sollte daher möglichst zweckmäßig ausgebildet sein.

Daß die Entwicklung des Ladegeschirres der Schiffe nur langsam vor sich geht, liegt zum großen Teile in den besonderen Verhältnissen der Seeschiffahrt begründet. Die während der Seereise auf das Schiff einwirkenden Naturkräfte und die im bewegten Schiff vorhandenen Massenkräfte erfordern eine viel stärkere Rücksichtnahme des Lieferers auf die von seinem Kunden gestellten Forderungen, als es sonst üblich ist: Die Werft ist von den Auffassungen der seemännischen Fachleute über das, was zweckmäßig ist, sehr erheblich abhängig. Der Ingenieur muß oft dem Seemann und im Zusammenhang damit die Wissenschaft und technische Erfahrung der Überlieferung das Feld räumen.

Diese teilweise begründete Verschiebung und Überlappung der Einflußkreise genannter Berufszweige und die daraus sich ergebende Gewöhnung des Schiffbauingenieurs an den Verzicht auf rechnerische Erfassung vieler in seinem Tätigkeitsgebiet auftretenden Kräfte und Beanspruchungen hat dazu geführt, daß im Schiffbau die statische Berechnung weit mehr, als berechtigt ist, vernachlässigt wird, und daß in Fällen, wo die Berechnung durchaus möglich ist, gewohnheitsmäßig nach überliefertem Vorbild gearbeitet wird. Zu diesem Zustande haben auch die Vorschriften des Germanischen Lloyd beigetragen: Der Zwang, wegen der Schwierigkeit oder Unmöglichkeit zahlenmäßiger Berechnung der Schiffsverbandteile ihre Abmessungen in Tabellen auf Grund erfahrungsmäßiger Staffelung festzulegen, hat die Einführung von Tabellen für sämtliche Schiffsverbandteile veranlaßt und als Folge davon vielfach auch dort die theoretische Ermittelung von Materialstärken nicht aufkommen lassen, wo diese durchaus möglich ist.

So ist es denn auch erklärlich, daß das Ladegeschirr der Schiffe hinter den an Land vorhandenen Ladeeinrichtungen weiter, als die Bordverhältnisse bedingen, zurücksteht, und ebenso erklärlich ist es, daß der Rechnungsgang zur Ermittlung der in Lademast und Zubehör auftretenden Kräfte und Spannungen noch nicht einwandfrei gefunden ist. Sind diese Kräfteverhältnisse aber nicht bekannt, so können die für jede Einzelkonstruktion erforderlichen Abmessungen nicht richtig festgelegt werden: Es wird entweder zu stark oder zu schwach gebaut. Und ferner fehlt der allgemeine Überblick über die grundsätzlichen Vorteile und Nachteile der bisherigen Bauweise, mithin auch der Vergleichsmaßstab für die Bewertung einer Neuerung.

In vorliegender Arbeit sollen einige der auf dem Gebiete der Berechnung von Lademasten vorhandenen Lücken und Irrtümer nach Möglichkeit beseitigt und ferner Wege gezeigt werden, auf denen die Schwierigkeiten, die bisher der Mastberechnung entgegenstanden, umgangen werden können.

Es soll die übliche Bauart des im obersten Deck gehaltenen und durch Wanten und Stage abgefangenen Mastes untersucht werden. Der aus der statischen Unbestimmtheit des Systems von Mast und stehendem Gut sich ergebende Rechnungsgang ist kurz folgender: Der Hangerzug längt das stehende Gut und biegt den Mast aus; sind die Maße für Mast und Wanten bekannt oder vorläufig angenommen, so lassen sich aus den bekannten Beziehungen zwischen Kraft sowie Ausbiegung und Längung die auf Mast und Want entfallenden Kräfte und damit die bei ihrer Aufnahme eintretenden Beanspruchungen und weiter die erforderlichen Querschnitte ermitteln.

Zunächst muß also Größe und Richtung der ungünstigsten, im Ladebaumhanger auftretenden Kraft gefunden werden. Sodann soll untersucht werden, ob die bisherigen Rechnungsverfahren die beim statisch unbestimmten System erforderliche Genauigkeit ermöglichen; im Anschluß daran soll ein durch ein Rechnungsbeispiel erläuterter Weg gezeigt werden, für jede beliebige Hangerrichtung die Mast- und Wantbeanspruchungen und -abmessungen zu finden. Und schließlich werden Vorspannung und Eigengewicht des stehenden Gutes, die ja meist vernachlässigt werden, in ihrem Einfluß auf die Mastkräfte untersucht werden.

Für die Ermittlung des Hangerzuges müssen die verschiedenen gebräuchlichen Ladeverfahren untersucht werden. Die Arbeit von Meyer[1]) gibt hierüber ausführliche Auskunft; es genügt deshalb, hier darauf hinzuweisen, daß entweder mit einem Ladebaum, der durch Geeren von der Mittschiffs- zur Außenbordlage geschwenkt wird, oder mit zwei gekuppelten Ladeseilen, die zu je einem durch Geeren festgehaltenen Mittschiffs- und Außenbordsbaum führen, gearbeitet wird, und daß die gekuppelten Bäume mit ihren Hangern und Geeren ganz erheblichen Zusatzkräften unterliegen.

Der Hangerzug wird für einfache Bäume in bekannter Weise aus dem Kräfteplan ermittelt; es ist gleichgültig ob der in Baumrichtung wirkende Seilzug, der bis zu etwa 5% größer sein kann als die Last, in den Kräfteplan einbezogen wird, oder nachher zur Druckkraft im Baum hinzugezählt wird. Ist für einen Baum in beliebiger Lage die Baumkraft ermittelt, so bleibt sie für alle übrigen Lagen des Baumes die gleiche, die Hangerkraft dagegen nimmt zu, je weiter der Baum abgefiert wird. Denn das Kräftedreieck ist dem von Mast, Baum und Hanger gebil-

---

[1]) S. Quellennachweis.

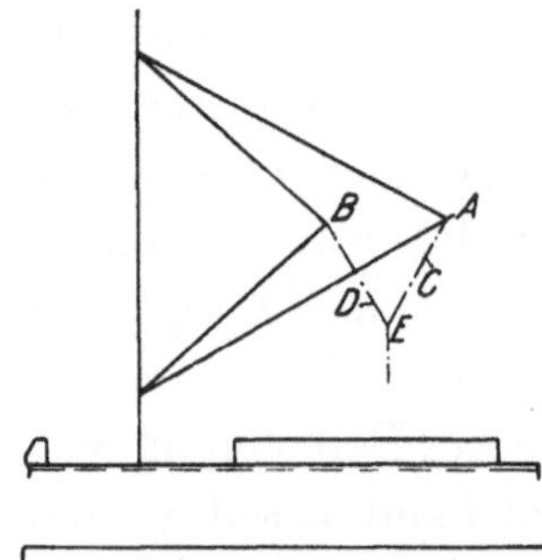

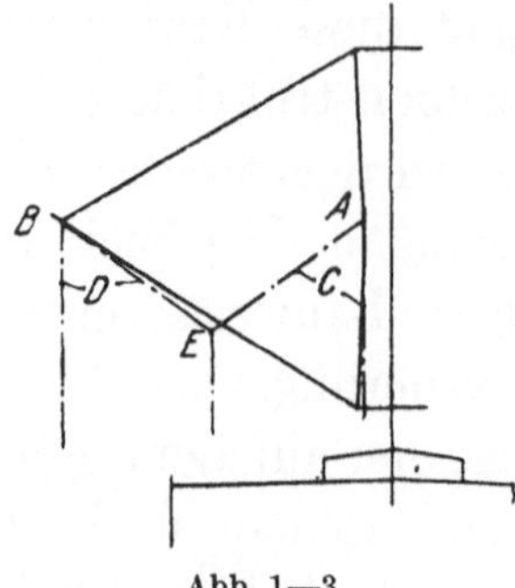

Abb. 1—3.

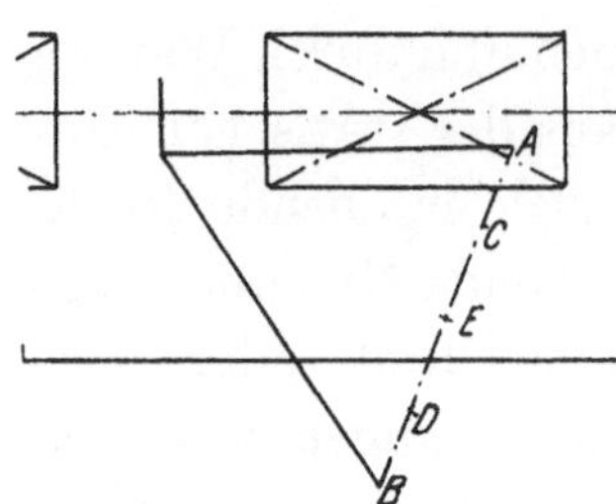

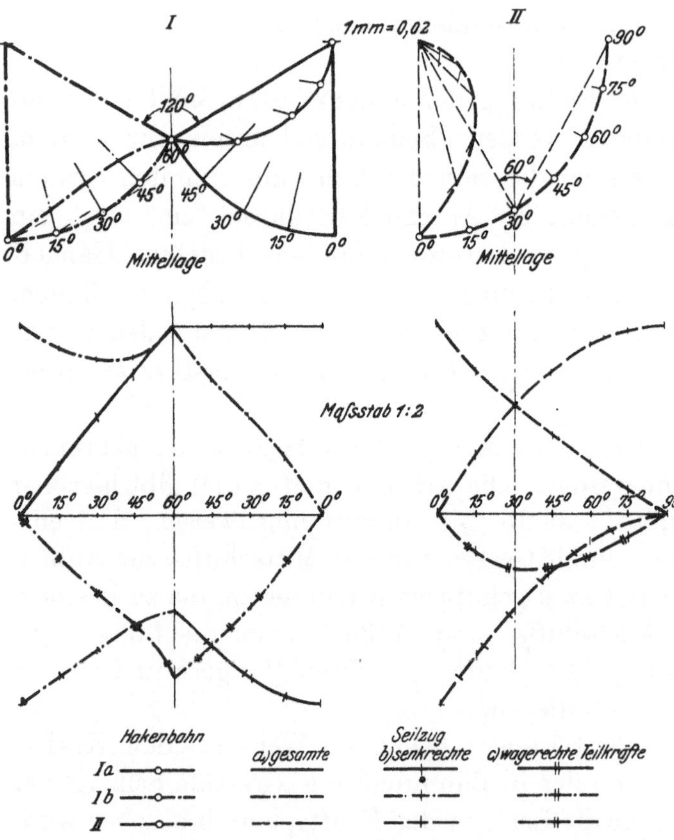

Abb. 4—7.

deten Dreieck ähnlich, und da die dem senkrechten Mast parallele Last die gleiche bleibt, muß auch die dem Baum parallele Baumkraft für verschiedene Baumlagen gleich groß sein; die Kraft im Hanger nimmt dagegen entsprechend seiner Länge zu.

Um die an gekuppelten Bäumen auftretenden Kräfte untersuchen zu können, muß der Ladevorgang näher betrachtet werden. An den beiden Ladeseilen C und D (Abb. 1—3), die über die Baumnocken A und B führen, ist ein Ladehaken E angebracht. Soll aus dem Schiff gelöscht werden, so holt C die Last herauf; dabei wird die Lose von D durchgeholt. Ist die Last genügend weit über Deck, oder ist C zu Blocks geholt, so wird durch weiteres Hieven von D die Last nach B hinübergeholt. Je nach der verfügbaren Höhe und dem Abstande der beiden Baumnocken voneinander wird während des Herüberholens oder erst später, mit D auch C gefiert. Der größte von C und D in der Mittellage gebildete Winkel darf nicht größer als 120° sein, weil sonst der im Seil auftretende Zug größer wird als der bei senkrecht wirkender Last, für den Seil und Winde berechnet sind. Wird C und D nur mit einer Winde aufgeholt, und zwar C auf der Trommel, D auf dem Spillkopfe, so wird bei schwereren Lasten der erreichbare Winkel von C und D erheblich kleiner sein, weil der nur durch Reibung auf den Spillkopf ausgeübte Seilzug nicht entsprechend der Last gesteigert werden kann. Für den unteren Grenzfall, daß D gar nicht hieven, der Spillkopf also nur zum Durchholen der Lose und zum Abfieren benutzt werden soll, ist der von C und D in der Mittellage gebildete Winkel 60°, wenn C ganz zu Blocks geheißt wird; sonst ist er noch kleiner.

Über die bei der Querbewegung des Lasthakens auftretenden Seilkräfte sowie die hierbei sich ergebenden Seilbahnen geben die Abb. 4—7 Aufschluß, bei deren Aufstellung folgende Fälle angenommen wurden:

I. C und D bilden in der Mittellage einen Winkel von 120°.

    a) Mit C und D wird so gearbeitet, daß bis zur Mitte in C, von da ab in D immer ein der Last gleicher Zug wirken soll. Wie die aus dieser Forderung sich ergebende Bahn von E zeigt, wird die Last nur mit C ganz vorgeheißt; dann heißt D, während C fiert, bis beide Seile in der Mittellage den Winkel von 120° bilden. Von da ab tauscht D mit C.

    b) Mit C und D wird derart gearbeitet, daß E Kreisbogen, zunächst um A, dann um B beschreibt.

II. In der Mittellage bilden C und D einen Winkel von 60°, es soll — wie bei I — das Zublocksheißen und das Schwenken um die Baumnock untersucht werden. Die drei Strecken AB, AE, BE sind gleich; wird C ganz vorgeheißt, wobei die Lose von D durchgeholt wird, und dann C wieder abgefiert, so schwenkt E auf einem Kreisbogen um B. II stellt also nahezu eine Verbindung von I a und I b für den Winkel von 60° dar.

Die bei diesen drei verschiedenen Hakenwegen auftretenden wagerechten und senkrechten Teilkräfte von C und D sind im Schaubild 6 und 7 aufgetragen; die wagerechten Kräfte von C und D sind natürlich gleich. Ferner sind die von den beiden Seilen jeweils gebildeten Winkel sowie die Bahnen des Lasthakens eingezeichnet. Die Schaubilder beziehen sich auf die Bewegung des Seiles C aus der Senkrechten bis zur Mitte; rechts von der Nullinie sind die für C, links die für D gültigen Werte aufgetragen. Die behandelten Fälle sind nur einige von den zahlreichen denkbaren, sie genügen aber, um ein Bild von den auftretenden Kräften zu geben. Insbesondere geht aus den Schaubildern hervor, daß bei den behandelten Fällen die Seilkraft nie größer wird als die Last, und daß der wagerechte Anteil der Seilkraft in der Mittellage immer seinen Höchstwert erreicht.

Von den Abmessungen der Ladeeinrichtungen des einzelnen Schiffes, insbesondere Höhe des Mastes, Länge und Stellung der Bäume, Größe der Luken, ferner der Breite des Schiffes und schließlich von der Größe der Frachtgüter hängt es nun ab, wie hoch geheißt werden muß, damit die Ladung von Luke und Schanzkleid frei geht. Auch die in den verschiedenen Häfen herrschenden Gewohnheiten der Schauerleute sind von Einfluß auf die Art des Hievens und die dadurch beim Laden mit gekuppelten Bäumen auftretenden Kräfte.

Der mit Rücksicht auf die Beanspruchung von Seil und Winde festgesetzte Seilwinkel von 120° wird wohl praktisch nie erreicht werden; man wird immer mit kleineren Winkeln auskommen können. Es dürfte aber immerhin zweckmäßig sein sicherzustellen, daß der der Rechnung zugrunde gelegte Winkel nicht überschritten wird. Dies läßt sich dadurch leicht erreichen, daß die beiden Seilenden in einer Entfernung von $s = 0{,}5$ bis $1{,}0$ m von ihrer Verbindungsstelle durch eine Kette verbunden werden, deren Länge gleich $2\,s \cdot \sin\alpha$ ist, wenn 2α der gewählte Seilwinkel ist. Die Kette hängt durch, solange dieser Winkel noch nicht erreicht ist; wird sie steif, dann ist der Winkel gerade erreicht, und erhalten die Seile durch die Kette einen Knick, so ist der Winkel überschritten. Der Grenzwinkel für das Heißen kann also festgestellt werden.

Die Beanspruchung des Ladegeschirres ist nicht nur vom eben behandelten Spreiz der beiden Ladeseile, sondern auch von der Stellung des Baumes und ganz besonders von der Richtung der Geere abhängig. In Bild 8—17 sind die bei bestimmten Stellungen der beiden gekuppelten Bäume im äußeren Baum sowie seinem Hanger und seiner Geere auftretenden Kräfte ermittelt, und zwar für zwei verschiedene Geerenfußpunkte und für zwei verschiedene Hangerlängen. Der Rechnungsgang ist folgender:

Vom Seilzug wird die wagerechte Komponente mit dem Wert 1 untersucht. Dann können die hieraus zu ermittelnden in Baum, Hanger und Geere auftretenden Kräfte bequem mit den in üblicher Weise ermittelten Kräften aus dem senkrechten Seilzug zusammengesetzt werden. Die vom wagerechten Seilzug geweckten Kräfte werden folgendermaßen gefunden: Die Einheitskraft des Seilzuges erzeugt eine im Ladebaum auftretende Kraft und eine Mittelkraft M, die im Schnitt der von Einheitskraft und Baum einerseits, und andererseits von Hanger und Geere gebildeten Ebenen wirkt; diese Mittelkraft ist dann in die Hanger- und Geerenkraft zu zerlegen. Die Ermittlung der Ebenen und Richtungen dieser Kräfte erfolgt nach den bekannten Grundsätzen der darstellenden Geometrie. In Abb. 8—13 ist das Verfahren für einen der beiden Geerenfußpunkte ausführlicher dargestellt. Die für die vier verschiedenen Fälle a, b, d, e sich ergebenden Kräfte sind in Tabelle 1 zusammengestellt; hinzu-

Tabelle 1.

Ermittlung der Kräfte in Hanger, Baum und Geere für verschiedene Winkel zwischen den Ladeseilen.

Zu Abb. 8—13		cos 15° = 0,966	sin 15° = 0,259	Zus.	cos 30° = 0,866	sin 30° = 0,50	Zus.	cos 45° = sin 45° = 0,707	Zus.	cos 60° = 0,50	sin 60° = 0,866	Zus.
Hanger 2—4	a	0,19		0,05	1,13		0,10	1,06	0,13	0,91		0,16	0,82
Hanger 2—4	b	2,26		0,59	1,67		1,13	2,09	1,60	2,38		1,96	2,52
Hanger 2—4	c	1,11	1,08			0,96			0,78		0,56		
Baum 1—3	a	1,96		0,51	1,61		0,98	1,97	1,38	2,18		1,70	2,27
Baum 1—3	b	5,00		1,29	2,39		2,50	3,49	3,54	4,34		4,33	4,90
Baum 1—3	c	1,14	1,10			0,99			0,80		0,57		
Geere (3)—4	a	1,80		0,47	0,47		0,90	0,90	1,27	1,27		1,56	1,56
Geere (3)—4	b	4,14		1,07	1,07		2,07	2,07	2,93	2,93		3,58	3,58
Zu Abb. 14—17												
Hanger 2—4	d	0,57		0,15	0,81		0,29	0,88	0,40	0,88		0,49	0,83
Hanger 2—4	e	1,94		0,50	1,16		0,97	1,56	1,37	1,85		1,68	2,02
Hanger 2—4	f	0,68	0,66			0,59			0,48		0,34		
Baum 1—3	d	2,12		0,55	1,65		1,06	2,05	1,50	2,30		1,84	2,41
Baum 1—3	e	3,79		0,98	2,08		1,90	2,89	2,68	3,48		3,28	3,85
Baum 1—3	f	1,14	1,10			0,99			0,80		0,57		
Geere (3)—4	d	2,19		0,57	0,57		1,10	1,10	1,55	1,55		1,90	1,90
Geere (3)—4	e	3,46		0,90	0,90		1,73	1,73	2,45	2,45		3,00	3,00

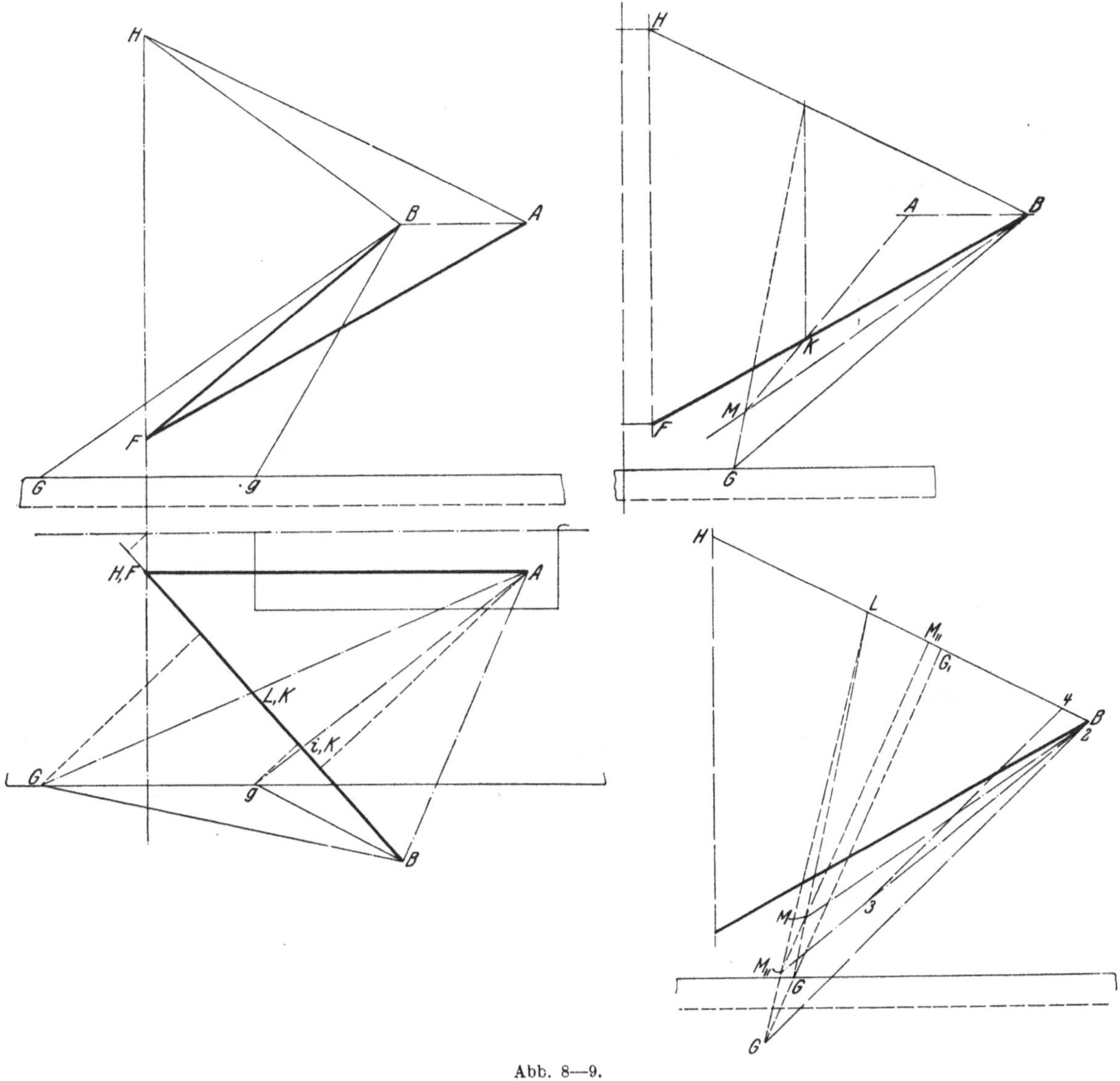

Abb. 8—9.

gefügt sind für verschiedene Seilwinkel $2\,\alpha$ die wirklichen Baum-, Hanger- und
Geerenkräfte. Die Ergebnisse sind in den Schaubildern 19 und 20 in Kurven
aufgetragen; der Rechnungsgang ergibt sich ohne weiteres aus den beiden Tafeln,
sowie Abb. 18. Aus den Schaubildern geht das starke Anwachsen der Kräfte
bei zunehmendem Spreiz der Ladeseile hervor. Es ist ferner zu beachten, daß,
je weiter der Geerenfußpunkt auf dem Schanzkleid zur Baumnock hin wandert,
die auf den Hanger ausgeübte Zusatzkraft einmal wegen des abnehmenden
Spreizes im Grundriß und ferner wegen des gleichzeitig im Aufriß wachsenden
Spreizes zwischen Geere und Baum und der damit wiederum größer werdenden
Geerenzugkraft ganz erheblich zunimmt. Je weiter der Geerenfußpunkt zum
Baum hinwandert, um so mehr nähern sich die Baum-, Hanger- und Geerenkräfte
unendlich großen Werten.

Die Wahl des Spreizes zwischen Baum und Geere, im Grundriß gesehen, ist
auch bei richtiger Anordnung der Geerenfußpunkte insofern noch den Schauer-

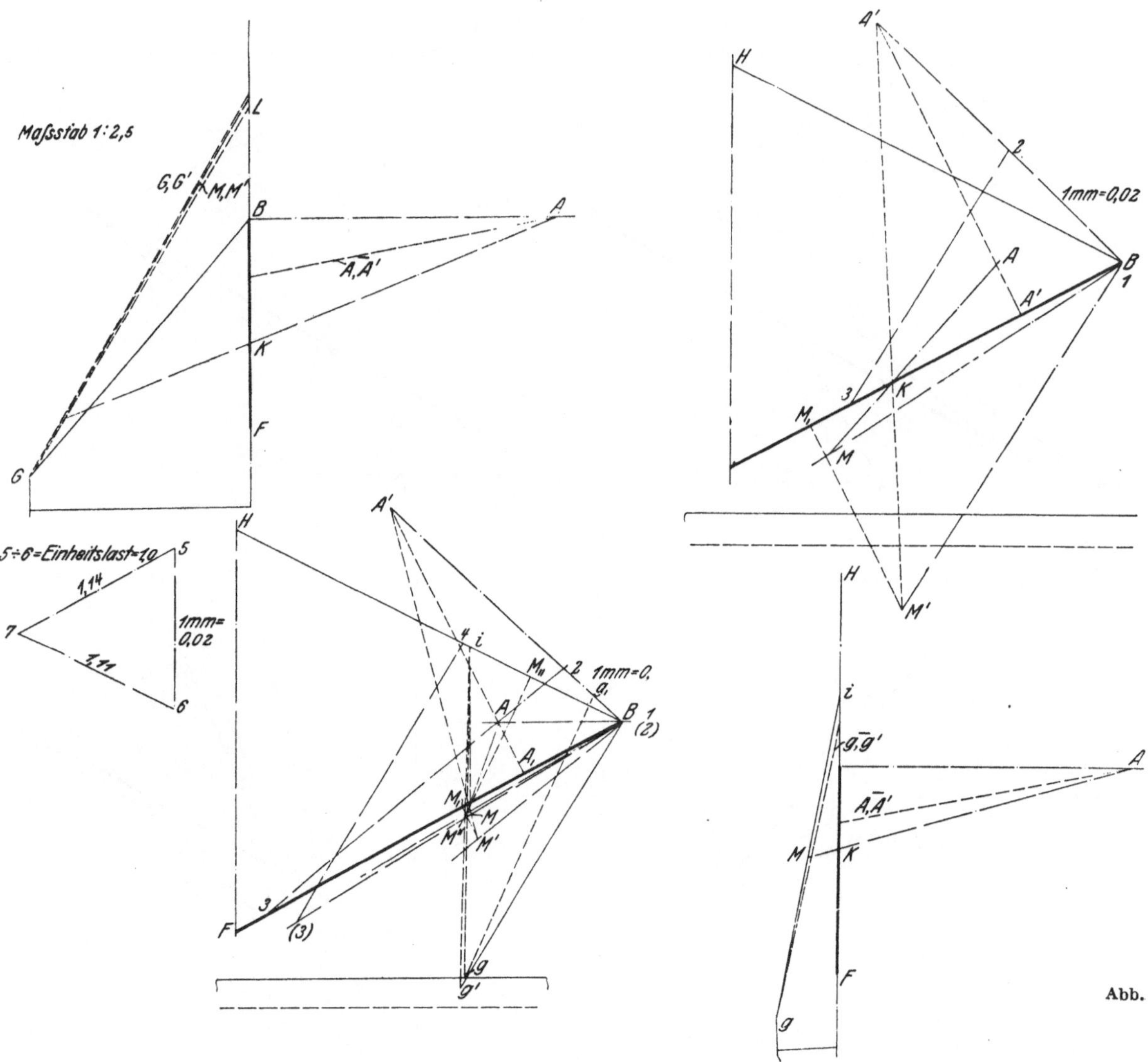

leuten überlassen, als ihnen die Wahl der verschiedenen vorhandenen Fußpunkte freisteht; dabei wird leicht das zulässige Mindestmaß des Spreizes überschritten. Oft werden auch schon bei der Berechnung des Ladegeschirres diese ganz veränderten Beanspruchungen infolge der Geerenkraft nicht berücksichtigt sein. Auf jeden Fall liegt beim Arbeiten mit gekuppelten Bäumen eine Unsicherheit vor; vielfach hilft man sich durch Wahl größerer Sicherheit, wenigstens für die auf Knicken beanspruchten Bäume, die oft bis zu achtfach genommen wird. Da nun aber vergrößerter Hangerzug auch erhöhte Mast- und Wantenbeanspruchung bedeuten, müssen die Hangerkräfte auch für die Mastberechnung eingehend untersucht werden; und wenn auch nicht jedesmal die vorstehend angegebene Ermittlung angestellt zu werden braucht, so muß man sich doch wenigstens über die ungefähre Größe der Zusatzkraft in Hanger und Baum ein Bild verschaffen.

Nachdem nun der Weg zur Ermittlung der auf den Mast wirkenden Hanger-

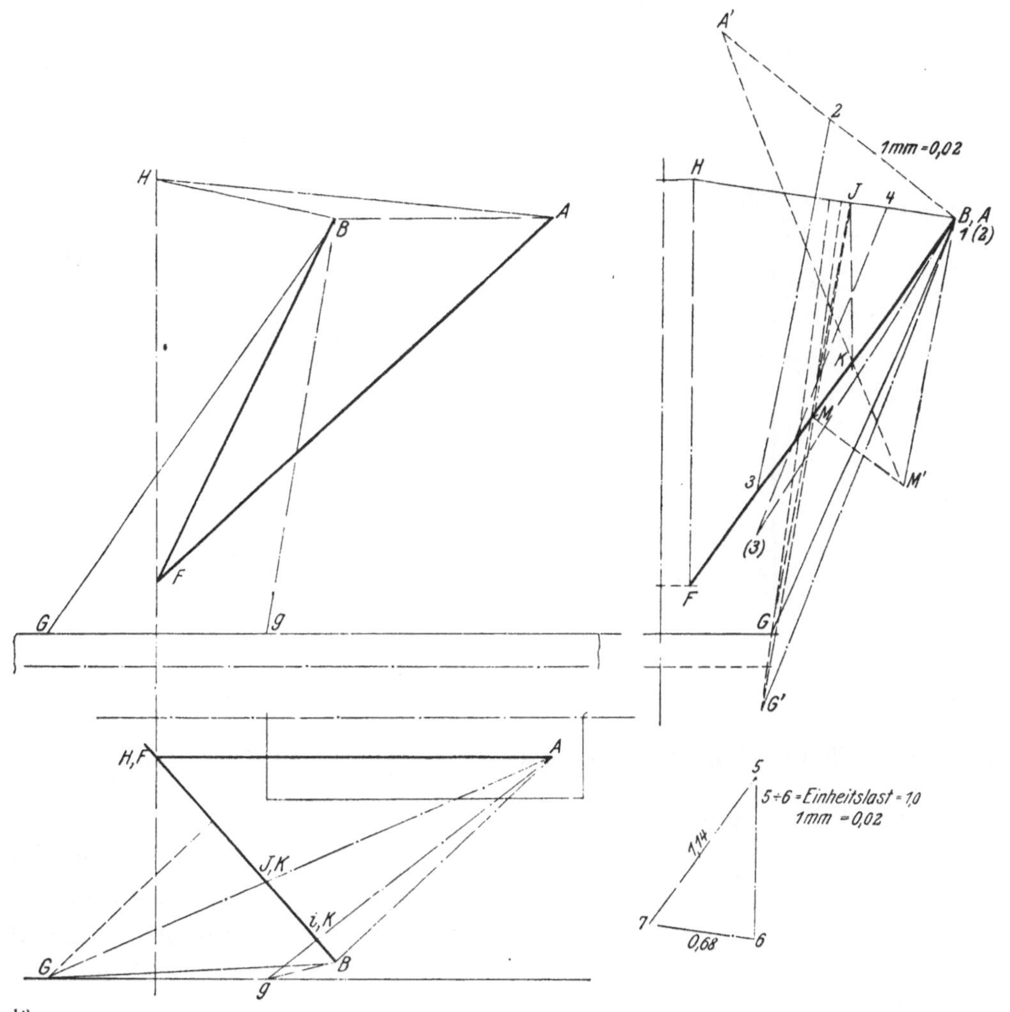

10—13.

kraft gegeben ist, soll untersucht werden, wie weit die bisherigen Rechnungs-
verfahren den Anforderungen an Genauigkeit, die ja bei statisch unbestimmten
Systemen wegen der recht geringen Längenänderungen besonders groß sein
muß, entsprechen. Dazu muß zunächst die bei der Mastberechnung erforderliche
Genauigkeit ermittelt werden; wie groß diese sein muß, läßt sich unter gewissen
Annahmen leicht zahlenmäßig feststellen.

Ist die Längung eines Zugmittels unter der Beanspruchung σ gleich $\varDelta l$,
dann ist

$$\frac{\varDelta l}{l} = \frac{\sigma}{E} = \varepsilon, \qquad \varDelta l = l \cdot \varepsilon.$$

Von der Größe der spezifischen Längenänderung ε hängt also ab die Größe
von $\dfrac{\varDelta l}{l}$, somit auch das Maß der Genauigkeit, mit der $\varDelta l$ errechnet werden muß.

Soll es genügen, daß die tatsächliche Beanspruchung die als zulässig angenommene
infolge von Ungenauigkeiten um nicht mehr als etwa $^1/_{10}$ ihres Wertes über-
schreitet, beispielsweise also statt 1000 kg/cm² höchstens 1100 betragen darf,

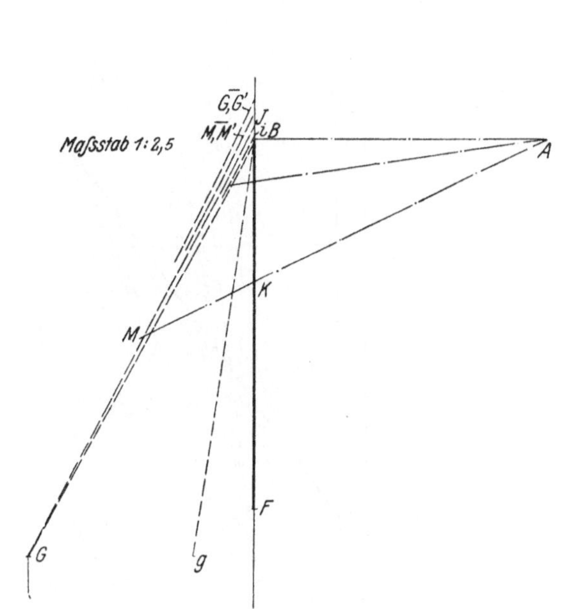
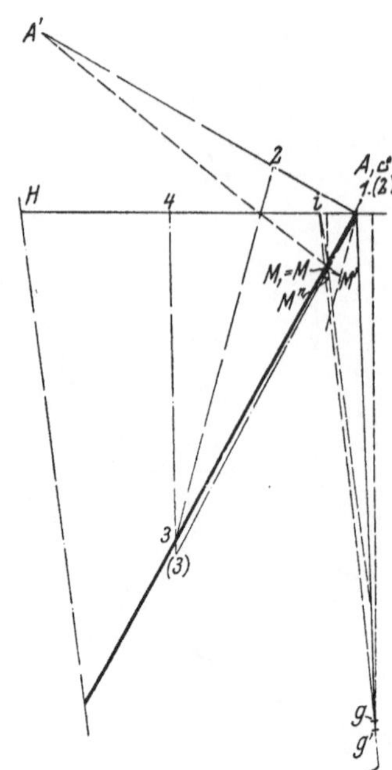

Abb. 14—17.

dann muß der Fehler von $\Delta\,l$ kleiner sein als $\dfrac{\Delta\cdot l}{10} = 0{,}1\,l\cdot\varepsilon$. Es kann also für die erforderliche Genauigkeit, d. h. den zulässigen Fehler, gesetzt werden: $G : l \lessgtr 0{,}1\,\varepsilon$. Diese Genauigkeit muß natürlich auch bei allen Zwischenrechnungen eingehalten werden. Das vorstehend Gesagte gilt sinngemäß auch für Druckstäbe.

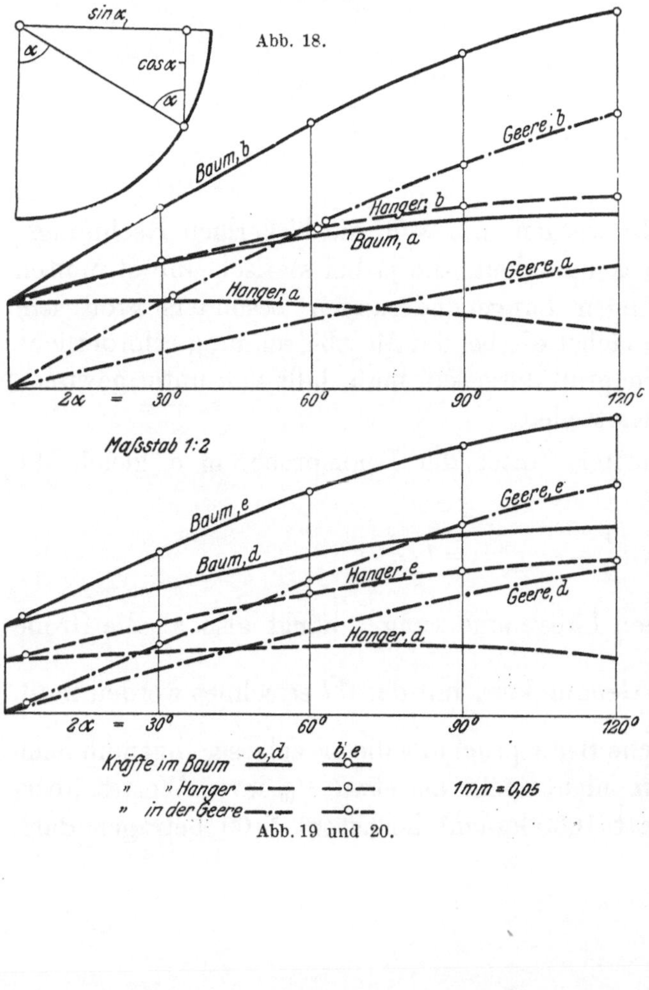

In Tabelle 2 sind nun für verschiedene Baustoffe die Werte von K_z, von σ bei etwa vierfacher, für einige Baustoffe auch noch bei größerer Sicherheit, ferner die Werte von E, ε und G/l angegeben. Für die Beanspruchungen von Flußeisen und Holz wurden wegen der aus der erforderlichen Knicksicherheit sich ergebenden niedrigen Druckbeanspruchung zwei Werte gewählt, bei Stahldrahtseilen, um die es sich hier ja hauptsächlich handelt, sollte der Einfluß verschiedener Werte von Bruchfestigkeit,

Abb. 18.

Abb. 19 und 20.

Sicherheit und Elastizitätsmodul auf die Höhe des Genauigkeitswertes gezeigt werden. Die Werte von K_z, σ und E wurden — unter teilweiser Abweichung von den üblichen Werten — so gewählt, daß die ε-Werte entsprechend dem recht roh angenommenen Verhältnis von G/l zu ε möglichst runde Zahlen ergaben.

Tabelle 2.

Genauigkeitswerte.

	[1]) Hanfseil	[2]) Stahldraht			[3]) Flußeisen		[4]) Gußeisen	[5]) Holz (Kiefern)	
kz	300	a 1500	b 4500	c 4500	a 1100	b 220	420	a 45	b 180
Sicherh.	4	6—12	2—4	2—4	4	20	4	16	4
E	10 000	1 500 000	1 500 000	750 000	2 2000 00	2 200 000	1 050 000	90 000	90 000
$\varepsilon = \dfrac{\sigma}{E}$	$3 \cdot 10^{-2}$	$1 \cdot 10^{-3}$	$3 \cdot 10^{-3}$	$6 \cdot 10^{-3}$	$5 \cdot 10^{-4}$	$1 \cdot 10^{-4}$	$4 \cdot 10^{-4}$	$5 \cdot 10^{-4}$	$2 \cdot 10^{-4}$
$G : l = 0.1\,\varepsilon$	$3 \cdot 10^{-3}$	$1 \cdot 10^{-4}$	$3 \cdot 10^{-4}$	$6 \cdot 10^{-4}$	$5 \cdot 10^{-5}$	$1 \cdot 10^{-5}$	$4 \cdot 10^{-5}$	$5 \cdot 10^{-5}$	$2 \cdot 10^{-5}$

Aus der Tabelle 2 ergibt sich, daß für niedrig beanspruchtes Flußeisen die G/l-Werte am kleinsten sind, die Genauigkeit somit am größten sein muß. Bei der Mastberechnung sind für den Mast die G/l-Werte für Flußeisen, für das stehende Gut die Werte für Drahtseil zu nehmen. Der Einfluß des Axialdruckes auf die Längenänderung des Maßes ist äußerst gering; es genügt daher, den Wert von G/l für das stehende Gut unter der Annahme, daß die Mastlänge sich durch den Axialdruck nicht ändert, festzulegen: er beträgt je nach Bruchfestigkeit, Sicherheit und Elastizitätsmodul etwa $1 \cdot 10^{-4}$ bis $6 \cdot 10^{-4}$. Der Einfluß verschiedener Größe dieser drei Festigkeitswerte auf die ganze Mastberechnung wird auf Seite 34 gezeigt werden.

Während nun die Festigkeitsrechnung unter Berücksichtigung der elastischen Formänderung recht große Genauigkeit verlangt, die je nach dem verwendeten Baustoff bis $1 \cdot 10^{-5}$ betragen muß, wird für die übrigen Rechnungen auf rein statischer Grundlage eine Genauigkeit genügen, die den angenommenen Wert $G/\varepsilon \cdot l = 0.1$ nicht erheblich unterschreitet; in den meisten Fällen ist jedoch eine Genauigkeit von 1—5% zu erreichen.

Wie eben gezeigt wurde, spielt der Elastizitätsmodul bei der Mastberechnung eine Hauptrolle; da aber über seine Größe bei Drahtseilen noch weit auseinandergehende Auffassungen herrschen, sei folgendes festgestellt: Nach neueren Untersuchungen[2]) weicht der Elastizitätsmodul für Drahtseile nicht sehr erheblich von dem des einzelnen unverseilten Drahtes ab. Die frühere auch im „Schiffbau"[3]) veröffentlichte Auffassung, daß das Verhältnis von Seil und Draht wie $0.36 : 1$ sei, bei $E^d = 2\,000\,000$ also $E^s = 720\,000$ sei, ist damit hinfällig. Dieses im Laufe der Jahrzehnte veränderte Verhältnis der beiden E-Werte wird seinen Hauptgrund in der verbesserten Herstellungsart der Drähte und Drahtseile haben. In Abb. 21 und 22 sind die Schaubilder für die E-Werte eines Aufzugseiles und seines Drahtes sowie die zugehörigen Angaben über das Seil nach Hirschland[4]) wiedergegeben; über Seile für stehendes Gut waren genaue Angaben nicht zu erhalten. Danach ist im Bereich der vierfachen Sicherheit für E der Wert 1 500 000 kg/cm² zu setzen, wie er auch schon in Tabelle 2 eingesetzt war.

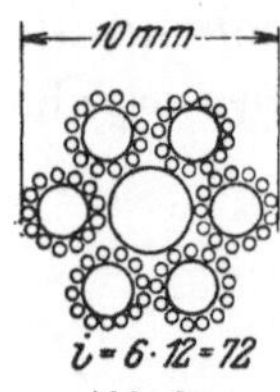

Abb. 21.

Nach diesen allgemeinen Feststellungen soll das übliche Mastberechnungsverfahren auf seine Genauigkeit untersucht werden. Bei diesem Verfahren wird angenommen, daß die Mastspitze infolge des Hangerzuges rechtwinklig zur ursprünglichen Mastachse um die Strecke d auswandert, Abb. 23. Dann ist, wenn $\varDelta\alpha = 0$ ist, $\varDelta l = d \cdot \cos\alpha$, und es ist die zum Längen des Wantes erforderliche Kraft $Z = f \cdot \sigma$. Da nach Seite 301 $\dfrac{\varDelta l}{l} = \dfrac{\sigma}{E} = \varepsilon$, also $\sigma = \dfrac{\varDelta l}{l} \cdot E$, ist $Z = f \cdot \dfrac{\varDelta l}{l} E = f \cdot E \cdot \dfrac{d}{l} \cos\alpha$, und da $\cos\alpha = \dfrac{b}{l}$, ist $Z = f \cdot E \cdot \dfrac{d \cdot b}{l^2}$. Der wagerechte Anteil der Wantkraft ist

$$Q = Z \cdot \cos\alpha = Z \cdot \frac{b}{l} = f \cdot E \cdot \frac{d\,b^2}{l^3},$$

der in der Mastachse wirkende Anteil der Wantkraft ist

$$D = Z \cdot \sin\alpha = Z \cdot \frac{L}{l} = f \cdot E \cdot \frac{a \cdot b \cdot L}{l^3}.$$

Andererseits ist der vom Mast aufgenommene Anteil der wagerechten Hangerkraft $T = \dfrac{3\,E \cdot J}{d \cdot l^3}$, und die gesamte wagerechte Hangerkraft ist $H = Q + T$. Dann sind für die drei Unbekannten Q, T und d drei Gleichungen vorhanden, aus denen die Unbekannten errechnet werden können.

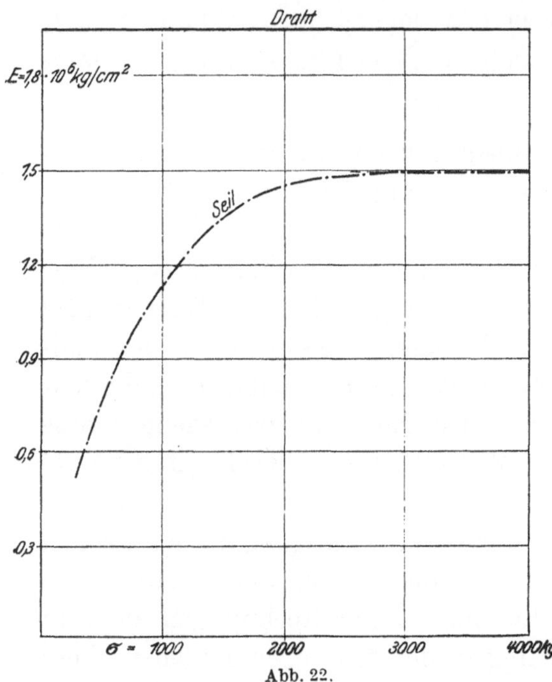

Abb. 22.

Abb. 23.

Es handelt sich zunächst nun um die Untersuchung, ob die über den Weg der Mastspitze und die Größe von $\varDelta\alpha$ gemachten Annahmen zutreffen. Diese Untersuchung kann nur zahlenmäßig vorgenommen werden. Um den Weg der Mastspitze zu finden, muß der Verlauf der Biegelinie der Mastachse bei den üblichen Mastformen errechnet werden. Um Mittelwerte für die Mastdurchmesser D und Blechstärken s am Fuß, im Deck und an der Spitze zu erhalten, sind aus der Bauvorschrift des Germanischen Lloyd die für verschiedene Mastlängen vorgeschriebenen Mastdurchmesser am Fuß, im Deck und am Wantenangriff mit ihren Blechdicken ausgezogen; daraus sind Mittelwerte gebildet, die auf den Mastdurchmesser im Deck als den Einheitswert bezogen sind. Zusammengestellt sind diese Werte in Tabelle 3.

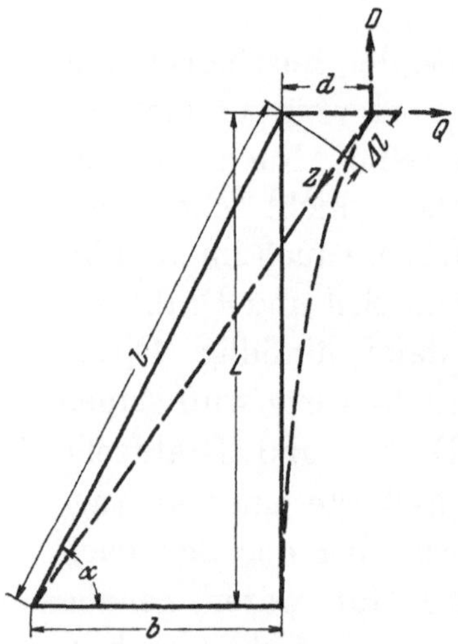

Das Mastprofil erhält unter Einhaltung der drei Hauptdurchmesser verschiedene Begrenzungslinien; diese sind:

1. Parabeln für Ober- und Untermast mit Scheitel im Deck;
2. Parabeln für Ober- und Untermast mit Scheitel auf 0,25 über Deck, bei einem Verhältnis von Unter- zu Obermast $= 0{,}7$;
3. gerade Linien mit Knick im Deck.

Tabelle 3.
Blechstärken der Masten nach G. Ll. 2.

Mastlänge in m	Am Fuß (F)			Im Deck (D)			Am Wantenangriff (W)		
	D_F	s	$s:D_D$	D_D	s	$s:D_D$	D_W	s	$s:D_D$
20	370	7,0	0,01400	500	8,0	0,01600	390	7,0	
25	460	8,0	0,01333	600	9,5	0,01591	490	8,0	wie bei F
30	535	9,5	0,01357	700	10,5	0,01500	580	9,5	
35	610	10,5	0,01313	800	12,0	0,01500	655	10,5	

$$\frac{D_F}{D_D} = \frac{1975}{2600} = 0{,}7596 \qquad \textstyle\sum = 0{,}05403 \qquad 2600 \qquad \textstyle\sum = 0{,}06191 \qquad \frac{2115}{2600} = 0{,}8135 = \frac{D_W}{D_D}$$

$$\frac{2s}{D} = \textstyle\sum/2 \backsim 0{,}027 \qquad\qquad \frac{2s}{D} = \textstyle\sum/2 \backsim 0{,}031$$

Die Materialstärken werden als gleichmäßig nach den Enden zu abnehmend angenommen; der Mast wird als nahtloses Rohr ohne Nietschwächung und ohne Verstärkung durch Längsnähte und Winkel betrachtet.

Für diese verschiedenen Mastformen werden nach dem Mohrschen Verfahren mit Hilfe der Simpsonschen Regel die Durchbiegungen an mehreren Punkten der Länge unter einer Einheitsbiegekraft ermittelt; aus diesen Ausbiegungen ergeben sich die einzelnen Biegelinien. Dem Mohrschen Verfahren liegt der Satz zugrunde, daß die Durchbiegung an irgendeinem Punkte eines belasteten Trägers gleich dem $\frac{1}{E \cdot J}$-fachen Werte des Momentes für diesen Punkt ist, das durch die gegebene

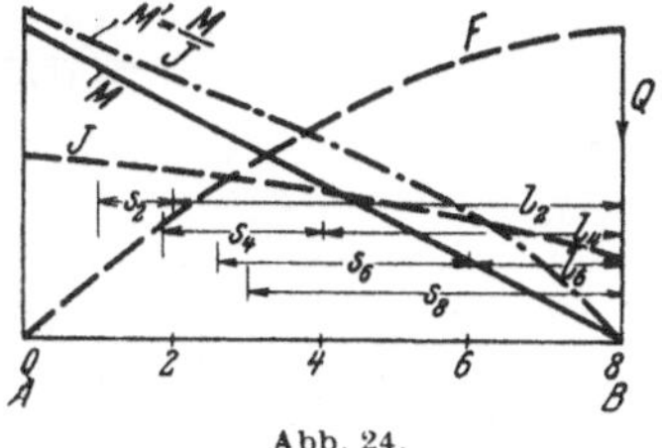
Abb. 24.

Biegemomentenfläche M als neue Belastungsfläche des Trägers erzeugt wird. Ist J veränderlich, so wird J durch das jeweilige J' und die M-Fläche durch die verzerrte M'-Fläche ersetzt. Ist AB (Abb. 24) der durch die Einzellast Q belastete Träger, so ist die M-Fläche ein Dreieck, die $\frac{M}{J'}$-Fläche eine den Querschnittsveränderungen entsprechend verzerrte Kurve. Für den Punkt 4 z. B. ist die Durchbiegung $d = \frac{s \cdot F}{E}$, wenn F der Inhalt der durch die verzerrte Momentenlinie zwischen Einspannung und Punkt 4 begrenzte Fläche und s der Abstand ihres Schwerpunktes von 4 ist. Hiernach sind nach Simpson für die drei erwähnten Mastformen, getrennt nach a) Obermast und b) Untermast, die Ausbiegungen für jedes Viertel der Länge errechnet; für Form 1a ist die Ausrechnung in Tabelle 4 gegeben, die übrigen Ausbiegungen sind in gleicher Weise ausgerechnet und in Tabelle 5 zusammengestellt. Dabei

Tabelle 4.
Errechnung der Ausbiegung für Mastform 1a.

1	2	3	4	5	6	7	8	
0	0,00	1,00	0,031	0,969	1,00000	0,88165	0,11835	1) n
1	0,00297	0,99703	0,0 305	0,96653	0,98817	0,87269	0,11548	2) $\left(\dfrac{n}{8}\right)^2 \cdot 0{,}19$
2	0,01188	0,98812	0,0300	0,95812	0,95332	0,84271	0,11061	3) $1{,}0 - 2) = Da$
3	0,02672	0,97328	0,0295	0,94378	0,89726	0,79335	0,10391	4) $2\,s$
4	0,04750	0,95250	0,0290	0,92350	0,82311	0,72736	0,09575	5) $Da - 2\,s = Di$
5	0,07405	0,92595	0,0285	0,89745	0,73511	0,64869	0,08642	6) Da^4
6	0,10687	0,89313	0,0280	0,86513	0,63630	0,56018	0,07612	7) Di^4
7	0,14547	0,85455	0,0275	0,82705	0,53328	0,46787	0,06541	8) $Da^4 - Di^4$
8	0,19000	0,81000	0,0270	0,78300	0,43047	0,37588	0,05459	9) $\dfrac{1}{Da^4 - Di^4} = \dfrac{1}{8)}$

9

0	8,4495	½	4,2248	8	33,7984	$\dfrac{\sum m}{8\sum f} = 0{,}87959$	$d_2 = \dfrac{s \cdot F}{E} = \mathbf{2{,}2769 \cdot 10^{-6}}$
1	7,5771	2	15,1542	7	106,0794	$-\ 0{,}75$	
2	6,7806	½	3,3903	6	20,3418	$s_2 = 0{,}12959$	
	$F = 38{,}654$	$\sum f$	22,7693	$\sum m$	160,2196		
2			3,3903		20,3418	$\dfrac{\sum m}{8\sum f} = 0{,}76943$	$d_4 = \mathbf{8{,}4827 \cdot 10^{-6}}$
3	6,0148	2	12,0296	5	60,1480	$= 0{,}50$	
4	5,2219	½	2,6110	4	10,4438	$s_4 = 0{,}16943$	
	$F = 69{,}264$		40,8002		251,1532		
4			2,6110		10,4438	$\dfrac{\sum m}{8\sum f} = 0{,}67680$	$d_6 = \mathbf{17{,}695 \cdot 10^{-6}}$
5	4,3393	2	8,6786	3	26,0358	$= 0{,}25$	
6	3,2782	½	1,6391	2	3,2782	$s_6 = 0{,}42680$	
	$F = 91{,}213$		53,7289		290,9110		
6			1,6391		3,2782	$\dfrac{\sum m}{8\sum f} = 0{,}62945 = s_8$	$d_8 = \mathbf{28{,}750 \cdot 10^{-6}}$
7	1,9110	2	3,8220	1	3,8220		
8	0,0	½	0,0	0	0,0		
	$F = 100{,}484$		59,1900		298,0112		

Tabelle 5.
Ordinaten der Biegelinien für verschiedene Mastformen $\cdot\, 10^{-6}$.

Ordinaten	2	4	6	8	$\dfrac{2)}{8)}$	$\dfrac{4)}{8)}$	$\dfrac{6)}{8)}$
1 a	2,2769	8,4827	17,695	28,750	0,07920	0,29505	0,61548
1 b	2,2795	8,5197	17,867	29,193	0,07808	0,29184	0,61203
2 a	2,2083	8,0018	16,407	26,482	0,08339	0,30216	0,61955
2 b	2,3273	8,8486	18,695	30,612	0,07603	0,28906	0,61071
3 a	2,3923	9,1055	19,186	31,637	0,07562	0,28781	0,60644
3 b	2,4041	9,3526	19,574	33,022	0,07280	0,28322	0,59276
1 a′	2,0221	7,9742	16,931	27,727	0,07293	0,28760	0,61065
konstantes J	1,630	6,520	14,670	26,081	0,0625	0,25	0,5625
Kreis	0,00125	0,0050	0,01125	0,02	0,0625	0,25	0,5625

ist für die Untermasten die gleiche Länge wie für die Obermasten zugrunde gelegt. Die zu Abb. 24 gehörenden Formeln sind in Tabelle 6 zusammengestellt.

Die so ermittelten Biegelinien können nur gelten, wenn der Baumfuß nicht am Mast angreift, also etwa an Deck gelagert wäre, wie es bei den Schwergutbäumen üblich ist. Der vom Baum ausgeübte wagerechte Druck wirkt dem wagerechten Hangerzuge in gleicher Größe in Lümmelhöhe entgegen und verringert dadurch

Tabelle 6.

Formeln zur Berechnung der Ausbiegung nach Mohr.

$$1)\quad M = P \cdot L = 1 \cdot L;$$

$$2)\quad J = (Da^4 - Di^4)\,\frac{\pi}{64};$$

$$3)\quad M' = F = {}^2/_3 \sum f \cdot \frac{L}{8} \cdot \frac{64}{\pi} = \sum f \cdot \frac{16}{3\pi} = 1{,}69755 \cdot \sum f;$$

$$4)\quad s = \frac{\sum m}{8 \sum f} - e;$$

$$5)\quad d = \frac{s \cdot F}{E} = \frac{s \cdot \sum f}{E} \cdot \frac{16}{3\pi} = 1{,}69755\,\frac{s \cdot \sum f}{E}.$$

die Ausbiegung. Es ist daher nötig, den Einfluß dieses Baumdruckes auf die Ausbiegung zu untersuchen. Die Größe des Verhältnisses des wagerechten Baumdruckes zu der vom Mast aufgenommenen Hangerkraft ist von der stets verschiedenen Verteilung des wagerechten Hangerzuges auf Mast und stehendes Gut abhängig, irgendwelche festen Werte lassen sich daher nicht geben. Um jedoch eine Grundlage zur Nachrechnung zu haben, wird angenommen, daß die vom Mast aufgenommene Kraft $^1/_{10}$ der Gesamtkraft sei, ein Mittelwert, dessen Richtigkeit sich später noch ergeben wird. Für die Höhenlage des Baumfußes wird $^1/_8\,L$ gewählt; das sind bei 16 m Mastlänge 2 m, etwa das übliche Maß. Da nach den Formeln zu Abb. 24 das in Deckshöhe auf den Mast wirkende Moment $= 1 \cdot L$ ist, so wird durch den Baumdruck dieses Moment um $^1/_8 \cdot 10 \cdot L = ^5/_4\,L$ auf $-^1/_4\,L$ verringert; von diesem neuen Wert in Deckshöhe geht die Biegemomentenkurve geradlinig zur alten Ordinate in Höhe des Baumfußes, von wo aus sie den bisherigen Wert beibehält (Abb. 25). Entsprechend der neuen Biegemomentenkurve ändern sich auch die in Tabelle 4 für Mastform 1a angegebenen Werte für

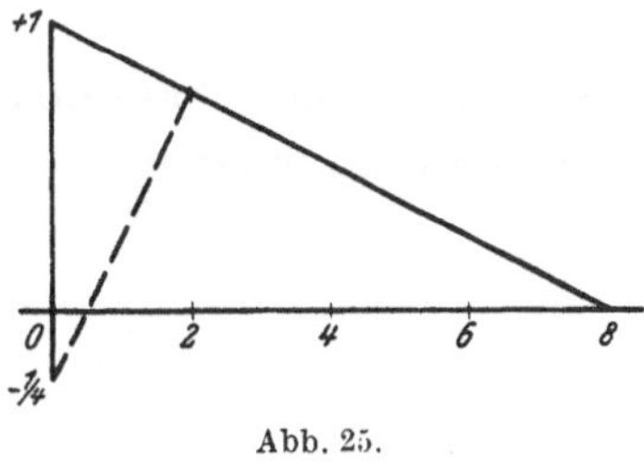

Abb. 25.

$\dfrac{1}{Da^4 - Di^4}$, mit denen die Zusammensetzung nach Simpson erneut durchzuführen ist. Dann ergeben sich die in Tabelle 5 unter 1a' aufgeführten Ausbiegungswerte; hinzugefügt sind noch die Ausbiegungen für einen zylindrischen Mast von durchweg gleicher Blechstärke und die Ordinaten eines Kreisbogens, dessen Endordinate $= 0{,}02\,L$ ist, bei einem Obermast von 16 m Länge also einer Ausbiegung von 0,32 m entsprechen würde. Daneben sind die Zwischenordinaten der d-Werte ins Verhältnis zu ihren Endordinaten gesetzt. Man sieht, daß die Abweichungen in den Ordinaten nicht sehr erheblich sind; es dürfte somit berechtigt sein, die Biegelinien sämtlich als Kreisbögen anzusehen. Denn wenn dies zulässig ist, ergibt sich der große Vorteil, als Maßstab für die Mastausbiegung den Zentriwinkel des Biegungskreisbogens wählen zu können, mit dessen Hilfe die Koordinaten der ausgebogenen Mastspitze leicht zu errechnen sind. Die Länge des Bogens ist — unter Vernachlässigung der Zusammendrückung des Mastes durch die Axialkraft — gleich der Länge L.

20*

Ob diese Annahme, daß die Biegelinie durch einen Kreisbogen zu ersetzen ist, auch bezüglich der Bogenlänge mit genügender Genauigkeit zutrifft, muß erst noch untersucht werden. Aus den Unterschieden der Zwischenordinaten und ihren Entfernungen wird die Länge der einzelnen Sehnen errechnet. Der Unterschied aus den Summen der zusammengehörigen Längen der einzelnen Sehnen wird zur Projektion k der Biegelinie ins Verhältnis gesetzt. Wird nun — nur für vorliegende Genauigkeitsermittlung — statt k die Länge L gesetzt, dann ist $k/4 = 0{,}25\,L$, so daß aus den d-Werten die Sehnenlängen leicht zu errechnen sind. Für die Mastformen 1a, 2a, 1a′ und für den Kreisbogen sind die Ergebnisse in Tabelle 7 zusammengestellt; die unterste Reihe zeigt, daß für die flachste der vorkommenden Biegelinien, 2a, der Unterschied gegen die Kreissehnenlängen $2{,}2 \cdot 10^{-5}$, und für die am meisten gekrümmte Biegelinie 1a, bei dem sehr ungünstigen Ladebaumdruck, $0{,}6 \cdot 10^{-5}$ ist. Da nach Seite 7 die größte Genauigkeit für Drahtseile $6 \cdot 10^{-4}$ beträgt, ist der begangene Fehler weniger als $^1/_{20}$ so groß wie zulässig. Mithin ist auch die Annahme, die Biegelinie bezüglich ihrer Ordinaten und ihrer Länge durch einen Kreisbogen ersetzen zu können, durchaus einwandfrei Aus dieser Kreisbogenform der Biegelinie ergeben sich recht bequeme Beziehungen, aus denen die Koordinaten der Mastspitze als Funktionen des Zentriwinkels des Biegungskreises

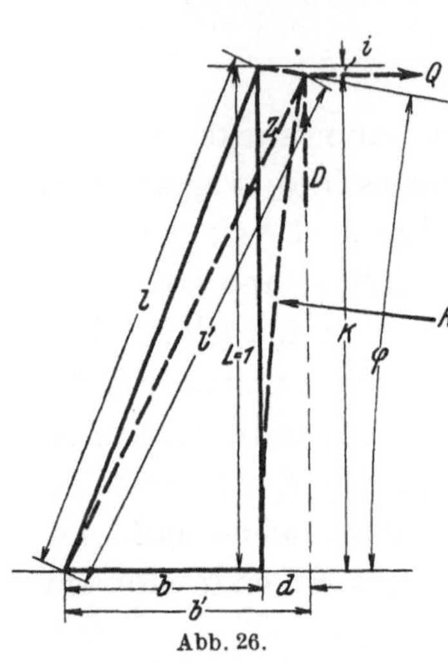

Abb. 26.

errechnet werden können. Diese Beziehungen sind aus Abb. 26 und den beigefügten Formeln zu ersehen.

$$\text{arc}\,\varphi \cdot R = \text{Bogenlänge} = L = 1,$$
$$R = \frac{1}{\text{arc}\,\varphi},$$
$$g = R \cdot \cos\varphi,$$
$$d = R - g = R(1 - \cos\varphi),$$
$$k = R \cdot \sin\varphi,$$
$$i = 1 - k,$$
$$l = \sqrt{b^2 + 1},$$
$$l' = \sqrt{(b + d)^2 + k^2} = l + \Delta l,$$
$$\varepsilon = \frac{\Delta l}{l},$$
$$Z = E \cdot f\,\varepsilon,$$
$$D = Z \cdot \frac{k}{l'}\,; \quad \varepsilon \cdot \frac{k}{l'} = \eta,$$
$$Q = Z \cdot \frac{b'}{l'}\,; \quad \varepsilon \cdot \frac{b'}{l'} = \vartheta.$$

Tabelle 7.

Unterschiede der Sehnenlängen der Mastbiegelinien
gegen die Kreissehnenlängen.

	1a	2a	1a′	Kreis
0—2	0,250005	0,250006	0,250003	0,250003
2—4	0,250040	0,250038	0,250032	0,250028
4—6	0,250080	0,250080	0,250088	0,250078
6—8	0,250118	0,250116	0,250133	0,250153
Σ	1,000243	1,000240	1,000256	1,000262
Untersch.:	0,000019	0,000022	0,000006	—

Nach diesen Formeln ist für zwei Zentriwinkel die Ausrechnung vorgenommen, um auch den Einfluß der Veränderung des Winkels auf die von ihm abhängigen Werte feststellen zu können. Gewählt ist $\varphi = 2°$, wobei die Ausbiegung 0,01745 ist; als zweiter Winkel sind 6° genommen. Die Rechnung ist durchgeführt für die Werte von $b = 0,2\,L$ bis $2,0\,L$. Für die beiden Grenzwerte sind die Ergebnisse dieser genauen Ausrechnung mit denen der vereinfachten Berechnung nach den Formeln auf Seite 304 zusammengestellt (Tabelle 8).

Tabelle 8.

Vergleich der ε, ϑ, η bei $\varphi = 2°$ und $\varphi = 6°$, sowie bei genauer und bei angenäherter Ausrechnung für $\varphi = 2°$.

	b/L	$\varphi = 2°$			$\varphi = 6°$		
		ε	ϑ	η	ε	ϑ	η
1) genau	0,2	0,003301	0,000702	0,003226	0,009580	0,002023	0,009303
2) angenäh.	—	0,003356	0,000658	0,003291	—	—	—
1) : 2)	—	0,000984	1,000067	0,000980	1,000337	1,000410	1,000403
3) genau	2,0	0,006944	0,006222	0,003083	0,0 02062	0,001823	0,009033
4) angenäh.	—	0,006980	0,006241	0,003122	—	—	—
3) : 4)	—	0,000995	0,000997	0,000988	1,000103	1,000240	1,000239

Es zeigt sich, daß die Unterschiede zwischen der genauen und der angenäherten Rechnung im allgemeinen nur 2% betragen, eine Abweichung, die ja belanglos ist. Trotzdem sollen die genauen Werte weiter benutzt werden. Denn wenn einmal für mehrere Werte von b/L die Zahlenwerte von ε, ϑ und η ausgerechnet und in Kurven aufgetragen sind, lassen sich für jedes b/L die zugehörigen Werte abgreifen. Diese Werte von ε, ϑ und η geben Tabelle 9

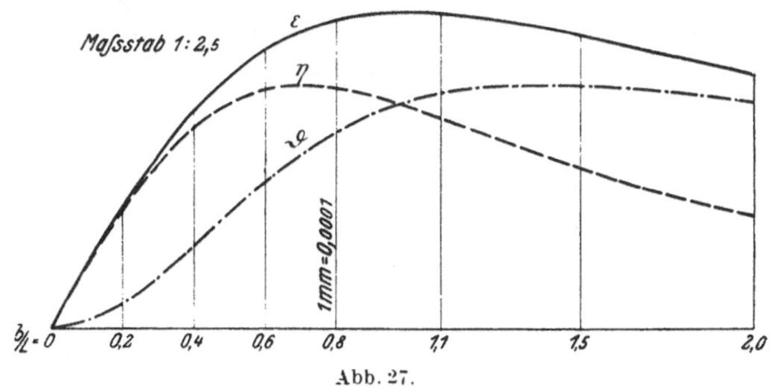

Abb. 27.

und Abb. 27 an. Tabelle 8 zeigt noch diese Werte für 6° Zentriwinkel und ihr Verhältnis zu den Werten bei 2° an; mit einer Ungenauigkeit von höchstens rund 4% stehen diese Werte in konstantem Verhältnis zu ihren Zentriwinkeln. Es lassen sich daher, wie zu erwarten, die von der Wantlängung abhängigen Kräfte unmittelbar zum Zentriwinkel ins Verhältnis setzen, so daß die für $\varphi = 2°$ ermittelten Werte von ε, ϑ und η auch für alle anderen Mastausbiegungen nach entsprechender einfacher Umrechnung gültig sind.

Tabelle 9.

Werte von ε, ϑ und η für $\varphi = 2°$ bei verschiedenen b/L.

b/L	ε	ϑ	η
0,2	0,003301	0,000702	0,003226
0,4	5954	2294	5494
0,6	7662	4033	6519
0,8	8445	5346	6538
1,1	8624	6427	5750
1,5	8000	6680	4402
2,0	6944	6222	3083

Die bisher angenommene feste Einspannung des Mastes im obersten Deck
wird in den meisten Fällen nicht zutreffen; es soll daher noch der im obersten
Deck freigeführte, bis auf den Doppelboden reichende Mast untersucht werden.
Grundsätzlich ist die Ermittlung der Mastspitzenkoordinaten in gleicher Weise
durchzuführen. Als Ausgangswert wird wieder der Zentriwinkel $2°$ genommen,
von dem die Richtung der Tangente an den Mast im Deck abhängig ist. Dann
ergeben sich folgende Beziehungen (Abb. 28):

$$T' \cdot L' = T \cdot L$$

$$d = \frac{Q \cdot L^3}{3 \cdot E \cdot J} \cdot \gamma,$$

$$d' = \frac{Q' \cdot L'^3 \, 3}{3 \cdot E \cdot J} \cdot \gamma',$$

$$d' = d \cdot \frac{L'^2}{L^2} \cdot \frac{\gamma'}{\gamma}, \quad \text{also}$$

$$d' = \frac{d \cdot Q \cdot L \cdot L'^2}{3 \cdot E \cdot J} \cdot \gamma',$$

wenn γ und γ' die Verhältnisse der Mastausbiegungen von Ober- und Untermast
bei veränderlichem Trägheitsmoment der Mastquerschnitte zur Ausbiegung bei
gleichbleibenden Trägheitsmoment sind. Die Gleichungen für die Mastspitzenkoordinaten sind dann leicht abzuleiten.

Bekannt sind d, i und φ:

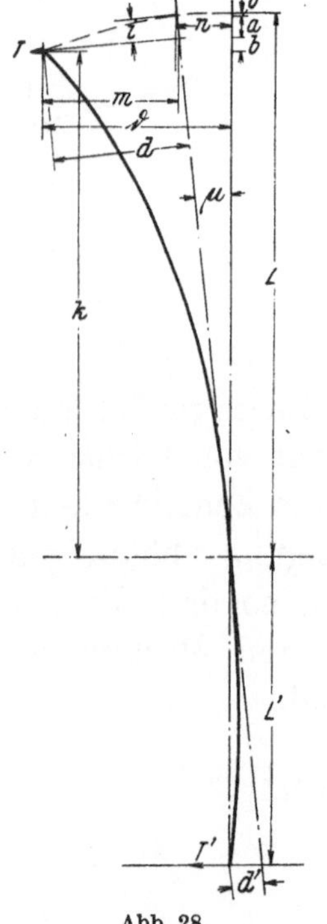

$$\operatorname{tg} \mu = \frac{d'}{L'} = \frac{d\,L'}{L^2} \cdot \frac{\gamma'}{\gamma},$$

$$m = d \cdot \cos \mu,$$

$$b = d \cdot \sin \mu,$$

$$c = i \cdot \sin \mu,$$

$$a = i \cdot \cos \mu,$$

$$n = d' \cdot \frac{L}{L'} = d \cdot \frac{L'}{L} \cdot \frac{\gamma'}{\gamma},$$

$$o = L\,(1 - \cos \mu),$$

$$\mathfrak{b} = m + n - c,$$

$$= d \cdot \cos \mu + d \cdot \frac{L'}{L} \cdot \frac{\gamma'}{\gamma} - i \cdot \sin \mu,$$

$$= d \left(\cos \mu + \frac{L'}{L} \cdot \frac{\gamma'}{\gamma} \right) - i \cdot \sin \mu,$$

$$k = L - (b + a + o),$$

$$= L - [d \cdot \sin \mu + i \cos \mu + L\,(1 - \cos \mu)],$$

$$= (L - i) \cos \mu - d \sin \mu.$$

Abb. 28.

Daraus ergeben sich, ähnlich wie vorher, die Werte für die Wantlängung:
$\varDelta l = \sqrt{(b + \mathfrak{b})^2 + k^2}$, so daß auch für den im obersten Deck nicht fest eingespannten
Mast die zahlenmäßige Ermittlung der Wantlängung und der hierbei auftreten-

den Kräfte möglich ist. Für die Werte von $b/L = 0,2$ und $2,0$ und für zwei Werte von tg μ sind die Werte von ε zahlenmäßig untersucht; für tg μ wurde genommen $\dfrac{L'}{L} = 0,7$ und $1,0$, $\dfrac{\gamma'}{\gamma} = 1,156$ entsprechend Unter- und Obermast von Mastform 1. Die wichtigsten sich hierbei ergebenden Zahlenwerte sind in Tabelle 10 zusammengestellt. Werden die neuen ε-Werte mit ε' bezeichnet, dann ergibt sich, daß das Verhältnis $\dfrac{\mathrm{tg}\,\mu}{\dfrac{\varepsilon'}{\varepsilon} - 1}$ von $0,01745 = d : L$ um höchstens $2,4\%$ abweicht, also mit genügender Genauigkeit $= d : L$ gesetzt werden kann. Daraus folgt:

$$\varepsilon' = \varepsilon\left(\left(1 + \frac{\mathrm{tg}\,\mu}{d/L}\right) = \varepsilon\left(1 + \frac{L'}{L} \cdot \frac{\gamma'}{\gamma}\right)\right).$$

Für $L' : L = 1,0$ ist noch für $\varphi = 6°$ die gleiche Rechnung durchgeführt; sie zeigt, daß mit weniger als 3% Abweichung auch hier wieder die ε sich wie die Zentriwinkel verhalten.

Tabelle 10.
ε' bei verschiedenen tg μ, b/L und φ.

φ	2°				6°		
tg μ	0,014120		0,020172		0,020172		
b/L	0,2	2,0	0,2	0,2	0,2	2,0	
ε'	0,005994	0,012530	0,007208	0,014935	0,021001	0,043977	$\dfrac{\varepsilon'\,6°}{\varepsilon'\,2°}$
ε	0,003301	0,006946	0,003301	0,006946	2,9136	2,9445	
$\dfrac{\mathrm{tg}\,\mu}{\varepsilon'/\varepsilon - 1}$	0,017307	0,017565	0,017042	0,017538			
$\dfrac{\mathrm{tg}\,\mu}{\varepsilon'/\varepsilon - 1} : \dfrac{d}{L}$	0,9918	1,0065	0,9766	1,0050			

Zu den bekannten Werten von ε läßt sich also für jedes beliebige $\dfrac{L'}{L} \cdot \dfrac{\gamma'}{\gamma}$ das ε' ermitteln; zur Errechnung von ϑ' und η' sind ϑ und η mit dem gleichen Verhältnis $\dfrac{L'}{L} \cdot \dfrac{\gamma'}{\gamma}$ zu multiplizieren.

Bei der Mastberechnung muß stets untersucht werden, welche Art der Masteinspannung zutrifft. Die beiden Grenzfälle werden nur selten vorliegen, so daß meistens ein Zwischenwert für ε, ϑ und η genommen werden muß.

Bei den bisherigen Rechnungen ist die vereinfachende Annahme gemacht, daß die Fußpunkte des stehenden Gutes in einer Höhe mit der Lagerung des Mastes liegen. Diese Annahme trifft in Wirklichkeit ja nicht zu. Es muß daher untersucht werden, wie sich ε mit der Höhenlage der Wantfüße ändert. Abb. 29 und die nebenstehenden Formeln geben die Beziehungen an, nach denen die zahlenmäßige Ermittlung vorgenommen werden kann.

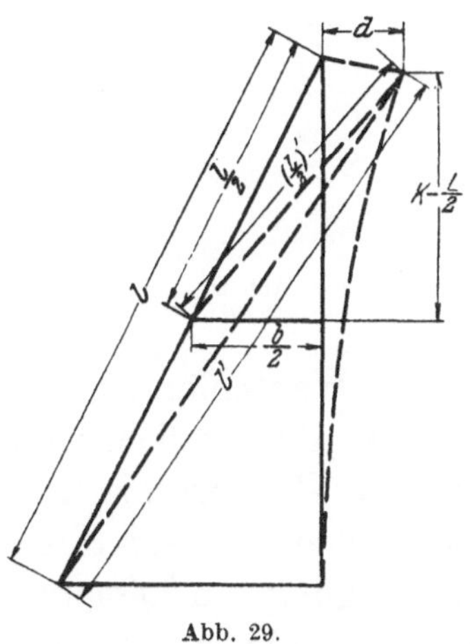
Abb. 29.

$$\left(\frac{l}{2}\right)' = \sqrt{\left(\frac{b}{2} + d\right)^2 + \left(k - \frac{L}{2}\right)^2},$$

$$\varepsilon = \frac{\left(\dfrac{l}{2}\right)'}{\dfrac{l}{2}} - 1, \qquad \vartheta = \varepsilon \cdot \frac{\dfrac{b}{2} + d}{\left(\dfrac{l}{2}\right)'}, \qquad \eta = \varepsilon \cdot \frac{k - \dfrac{L}{2}}{\left(\dfrac{l}{2}\right)'}.$$

Diese Ermittlung ergibt, wie Tabelle 11 für Verschiebung des Wantfußes auf halbe Masthöhe zeigt, daß ε sich mit dem Verhältnis der Mastlänge zum senkrechten Abstand des Wantfußes von der Mastspitze ändert, daß also auch diese Berichtigung sehr leicht durchzuführen ist; entsprechend ändern sich auch ϑ und η.

Tabelle 11.

ε bei veränderter Höhenlage des Wantfußes.

$b:L$	ε°	$0,5\,\varepsilon^\circ$	ε	$\dfrac{0,5\,\varepsilon^\circ - \varepsilon}{\varepsilon}$
0,2	0,006 674	0,003 337	0,003 301	1,1 %
2,0	0,013 904	0,006 952	0,006 946	0,09%

Es ist in vorstehendem nachgewiesen, daß sich aus den für verschiedene Werte von $b:L$ ermittelten Beiwerten ε, ϑ und η der Want- und Mastkräfte

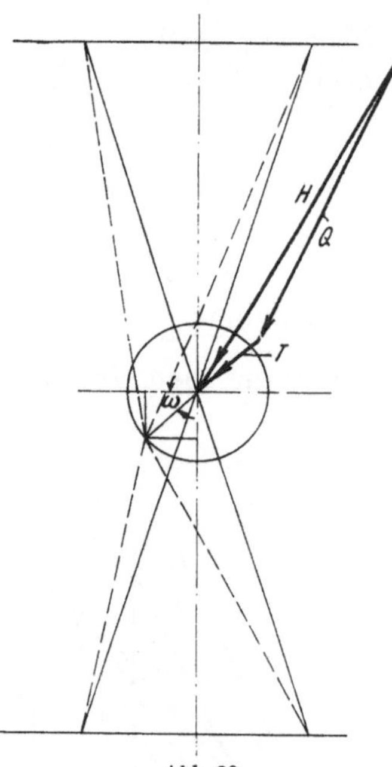

Abb. 30.

des eingespannten Mastes die den verschiedenen andersgearteten Verhältnissen entsprechenden Werte ohne viel Mühe mit hinreichender Genauigkeit umrechnen lassen. Ferner hatte sich ergeben, daß die übliche Art der Errechnung von Wantlängung und den sich aus ihr ergebenden Kräften hinreichend genaue Werte ergibt.

Auf einen beträchtlichen Fehler der bisherigen Mastberechnung muß aber hingewiesen werden; sie hat zur Voraussetzung, daß Hangerzug, Wantenzug und Mastbiegekraft in einer Ebene wirken. Dieses kann nur der Fall sein, wenn die quer zur Hangerebene wirkenden Wantkräfte sich aufheben, also in den Symmetrieebenen. Für alle anderen Fälle muß ein besonderes Verfahren angewendet werden. Hierbei wird nicht zu gegebenem Hangerzug die von Mast und von den Wanten aufgenommene Kraft ermittelt, sondern umgekehrt für eine nach Größe und Richtung bestimmte Mastausbiegung die zugehörige Wantenlängung bestimmt. Dann werden die zum Ausbiegen und zum Längen erforderlichen Kräfte in einem Kräfteplan zur Resultierenden, der wagerechten Hangerkraft, zusammengesetzt (Abb. 30). Im Verhältnis der tatsächlichen Hangerkraft zu dieser errechneten Hangerkraft ändern sich dann die Ausbiegung und Längung und die aus ihnen sich ergebenden Werte. Im einzelnen ergibt sich für dieses Verfahren folgender Weg:

Für einen beliebigen Winkel ω, den die Biegungsebene des Mastes mit der Längsschiffsebene bilde, werden die Entfernungen der Mastspitzenprojektion in Deckshöhe von den Wantfüßen ausgerechnet. Aus diesen Strecken, sowie den bereits ermittelten Koordinaten der Mastspitze in der senkrechten Ebene, lassen sich für die Wanten die erforderlichen Dehnungen und daraus in bekannter Weise die Werte von ε, ϑ und η ausrechnen. Werden diese Rechnungen für mehrere Winkel und für verschiedene Entfernungen von Want- zu Mastfuß ausgeführt, dann läßt sich aus der zum Zentriwinkel von $2°$ gehörenden Durchbiegung d und den den einzelnen Wanten und Stagen entsprechenden ϑ-Werten, die noch für die Wantfußhöhenlage zu berichtigen sind, die von jedem Seil unter vorläufiger Annahme seiner Stärke, seines Elastizitätsmoduls sowie der zulässigen Beanspruchung aufzunehmende wagerechte Hangerkraft entnehmen. Wird weiter aus den vorläufig angenommenen Mastquerschnitten unter Benutzung der für verschiedene Mastformen bereits gefundenen Einheitsdurchbiegungen die für die Ausbiegung d erforderliche wagerechte Kraft ermittelt, dann können die zum Ausbiegen des Mastes sowie die zum Längen der einzelnen Seile aufzuwendenden Kräfte zu einem Kräfteplane zusammengesetzt werden, der die zum Ausbiegen des ganzen Systems in Richtung von ω nötige Kraft nach Größe und Richtung angibt. Zur Ausrechnung des axialen Mastdruckes werden die η-Werte der einzelnen Wanten zusammengezählt; die hieraus errechnete Axialkraft wird zu den aus dem Hangerzug herrührenden Axialkräften addiert.

Zunächst sei wieder zahlenmäßig untersucht, in welcher Abhängigkeit von ω die nach ω veränderten Werte von ε stehen, um dann allgemeine Regeln für diese Abhängigkeit aufstellen zu können. Diese Rechnung sei wiederum für die Werte $b:L = 0{,}2$ und $2{,}0$ durchgeführt, und zwar soll ω um je $15°$ wachsen. Neben die errechneten ε-Werte sind die Zahlen geschrieben, die sich bei Multiplikation von ε mit $\cos \omega$ ergeben (Tabelle 12).

Tabelle 12.
ε bei verschiedenen ω.

ω	$b : L = 0,2$		$b : L = 2,0$	
	ε	$\varepsilon^° \cdot \cos \omega$	ε	$\varepsilon^° \cdot \cos \omega$
$5°$	0,003301	0,003301	0,006946	0,006946
$15°$	3186	3188	6708	6709
$30°$	2857	2859	6015	6015
$45°$	2319	2334	4913	4912
$60°$	1621	1651	3473	3473
$75°$	814	854	1794	1798
$90°$	52	0,000000	10	0,000000

Der Unterschied der Werte ist so gering, daß er vernachlässigt und ganz allgemein gesagt werden kann, daß die ε-Werte beim Drehen der ausgebogenen Mastspitze um den Winkel ω sich mit $\cos \omega$ ändern. In gleicher Weise ändern sich auch ϑ und η. ω ist natürlich immer von der Verbindungslinie des Wantfußes mit dem Mastfuß zu rechnen; hierauf ist bei der Ausrechnung der berichtigten Werte von ε, ϑ und η für die einzelnen Wanten und Stage zu achten.

Nachdem so der Weg zur Ermittlung der auftretenden Kräfte gezeigt ist, soll die Bestimmung der aus ihnen sich ergebenden Beanspruchungen erörtert werden. Diese Beanspruchungen sind: Biegung, Knickung und Druck und schließlich Drehung.

Biegung tritt auf durch die zum Ausbiegen des Mastes erforderliche Kraft, deren Größe aus der tatsächlichen Ausbiegung errechnet wird; Hebelarm ist die Mastlänge oberhalb des untersuchten Querschnittes. Ein weiteres Biegemoment tritt dadurch auf, daß die an der Mastspitze angreifenden senkrechten Druckkräfte infolge der Mastausbiegung mit dieser Strecke als Hebelarm ein Moment bilden. Schließlich kann Biegung noch dann eintreten, wenn die an der Mastspitze angreifenden Kräfte sich nicht in der Mastachse schneiden; das Moment dieser Kräfte — Exzentrizitätsmoment — ist über die ganze Mastlänge gleichbleibend.

Als Druck im Mast wirken die senkrechten Anteile der Wantkräfte sowie des Hangerzuges und ferner die in der senkrechten holenden Part des Hangers oder Lastseiles bzw. deren Flaschenzug vorhandene Kraft.

Drehmomente werden gebildet durch die wagerechten Kräfte, die nicht in der Mastachse angreifen.

Eine getrennte Untersuchung der durch die wagerechten und senkrechten Kräfte gebildeten Biegemomente ist nicht möglich, da beide sich gegenseitig beeinflussen und vom Verlauf der Biegelinie abhängig sind. Als Grundlage für die Untersuchung diene die Formel[6]:

$$M_x = \frac{Q}{\omega} \cdot \frac{\sin \omega \, (l - x)}{\cos \omega \cdot l},$$

in der

$$\omega = \sqrt{\frac{V}{E \cdot J}}$$

ist; ω ist im Bogenmaß zu messen.

Die Formel ist aufgestellt für gleichbleibendes J; bei wechselndem J, wie es bei Masten der Fall ist, ist ein mittleres J_m zu nehmen, das sich aus Tabelle 13 je nach Mastform zu 0,907 bis 0,790 J ergibt.

Tabelle 13.
Mittlere Trägheitsmomente bei verschiedenen Mastformen.

	Zylinder	1a	1b	2a	2b	3a	3b
$d \cdot 10^{-6}$	26,081	28,750	29,193	26,482	30,612	31,637	33,022
J_m/J	1,0000	0,9072	0,8934	0,9849	0,8520	0,8244	0,7898

Zu diesem Moment aus den senkrechten und wagerechten Kräften kann das Exzentrizitätsmoment ohne weiteres hinzugezählt werden; das Drehmoment wird mit den Biegemomenten nach der Formel[7] zusammengefaßt:

$$M_i = 0,35 \, M + 0,65 \sqrt{M^2 + (\alpha_0 M d)^2}; \qquad \alpha_0 = k \, b : 1,3 \, K d \, .$$

Dieses neue Moment M_i wird nach Krohn[8] mit der Axialkraft nach der Formel $\dfrac{P'}{F} + \dfrac{M_i}{W} = 1200$ kg/cm² zusammengezogen, in der P' die im Verhältnis von 1200 zu der von λ abhängigen zulässigen Knickspannung erhöhte Axialkraft ist. Diese Knickspannung ermittelt **Krohn** für den Bereich der **Euler**-schen und den der **Tetmajer**schen Knickformel gesondert aus den Formeln:

$$k = \frac{5000}{\lambda^2} \;(\text{Euler}); \qquad k = 1,0 - 0,0052\,\lambda \;(\text{Tetmajer}).$$

Die hieraus sich ergebenden Werte von k sind in Abhängigkeit von $\lambda = \dfrac{l}{\sqrt{\frac{J}{f}}}$ in

Abb. 31 aufgetragen, und zwar beiderseits über ihren Gültigkeitsbereich hinaus, um den Einfluß des Überschreitens der bei $\lambda = 105$ liegenden Grenze zu zeigen.

Eigenartig ist, daß die **Euler**sche k-Linie von der verlängerten **Tetmajer**schen noch einmal geschnitten wird; ob der Grund hierzu in unrichtigem Auf-bau der nach Versuchsergebnissen aufge-stellten Formeln liegt, soll hier nicht unter-sucht werden, besonders da so hohe Werte von λ kaum vorkommen. Sehr wichtig aber ist der große Unterschied der Werte von k nach **Tetmajer** und **Euler** im **Tetmajer**schen Bereich. Den λ-Werten, die bei Masten bis auf 50 heruntergehen, entsprechen **Euler**sche k-Werte von 2000 kg/cm², die also in der Nähe der Proportionalitätsgrenze liegen. Daß so hohe Werte nicht zulässig sind, liegt auf der Hand; es ist daher keineswegs an-gängig, nur nach der üblichen **Euler**schen Formel zu rechnen. Eher könnte schon emp-

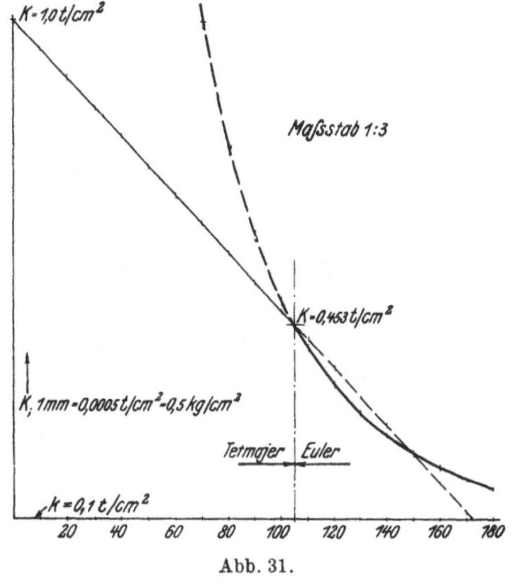

Abb. 31.

fohlen werden, der Einfachheit halber nur nach **Tetmajer** zu rechnen. Denn auch im **Euler**schen Bereich behält die **Tetmajer**sche Formel ihre Gültigkeit, wenn man den geringen Unterschied dieser Formeln vernachlässigt, der seinen Höchstwert mit weniger als 10% bei $\lambda = 125$ erreicht.

Nach diesen Untersuchungen kann die Berechnung eines Lademastes be-gonnen werden. Als Beispiel werde ein Mast mit einem 40 t-Baum, der seinen Fußpunkt auf dem Deck hat, und dessen Anordnung sich aus Abb. 32 ergibt, gewählt. Im Anhalt an Ausführungen sind für Fockstag und Backstag gleiche Querschnitte gewählt; bei den Wanten ist für jede Schiffsseite nach vorn und hinten nur je ein Want genommen. Denn es ist nicht richtig, die Wanten in früherer Weise gleichmäßig auf die verfügbare Länge zu verteilen; sie sind vielmehr mit möglichst großem Spreiz anzuordnen, d. h. in der größten zulässigen Längs-schiffsentfernung. Ob dabei nur eins in jeder Ecke der Wantpyramide verwandt wird, oder je zwei halb so starke in der geringstmöglichen Entfernung, ist gleich-gültig, wenn nur durch irgendeinen Ausgleich dafür gesorgt wird, daß beide gleichmäßig zum Tragen kommen.

In der Bemessung des Querschnittes der Wanten im Vergleich zu dem der Stage weichen die „bewährten" Ausführungen erheblich voneinander ab, von

$^1/_2$ bis auf 2, wobei die zur gleichen Ecke gehörenden Wanten zusammengezählt sind. Für das vorliegende Beispiel erhält jedes Want zunächst den Querschnitt der Stage.

Die ϑ-Werte werden vor Zusammensetzung zum Kräfteplan zweckmäßig nur mit dem Verhältnis der zugehörigen Seilquerschnitte multipliziert; dann ändert eine gemeinsame Querschnittsänderung nichts am Kräfteplan.

Nachdem für die ε, ϑ und η-Werte die Berichtigung für die durch Sprung und Aufbau verringerte Wantlänge durchgeführt ist, ergibt sich nach Annahme bestimmter Werte von k_z und E der Seile die zulässige Mastausbiegung d'; aus d'/d und $\Sigma\vartheta$ erhält man die von den nicht höher als mit k_z beanspruchten

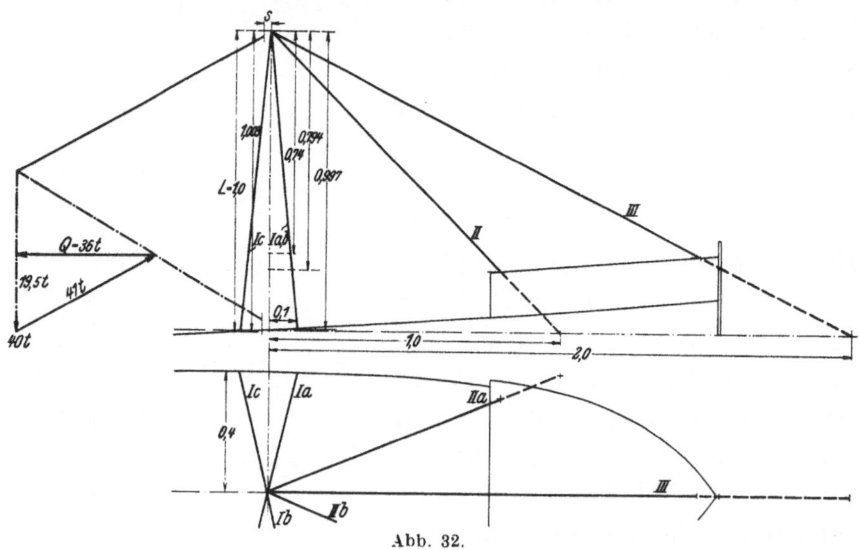

Abb. 32.

Seilen ausgeübte wagerechte Zugkraft beim Einheitsquerschnitt. Wird zunächst angenommen, daß der gesamte wagerechte Hangerzug von dem stehenden Gut allein aufgenommen wird, so ist aus dem Verhältnis der tatsächlichen Zugkraft zur Zugkraft für den Einheitsquerschnitt der Seilquerschnitt bestimmt. In der Außenbordlage wird der Hangerzug noch durch Krängung des Schiffes und den dabei auftretenden Geerenzug erhöht; doch soll der Übersichtlichkeit halber von der Berücksichtigung dieser Einflüsse abgesehen werden.

Es sei besonders darauf hingewiesen, daß zur Bestimmung der zulässigen Beanspruchungen und Ausbiegungen jedes Seil einzeln untersucht werden muß, und daß die Höchstbeanspruchung eines Seiles für die Ausbiegung des ganzen Systems maßgebend ist, daß aber für die Bestimmung der von den Seilen aufzunehmenden Hangerkraft und des von ihnen ausgeübten Mastdruckes die aus den Kräfteplänen sich ergebende Summe der Seilanteile nach Maßgabe ihrer Beanspruchung bestimmend ist.

Die aus dem eben skizzierten Rechnungsgang folgenden Formeln, die sich an die auf Seite 304 gegebenen anschließen, sind nachstehend angegeben.

Aus $Q = E \cdot f \cdot \vartheta$ folgt bei mehreren Seilen

$$Q = E \cdot f \cdot \textstyle\sum \vartheta;$$

daraus

$$f = Q \cdot \frac{1}{E \cdot \sum \vartheta} = \frac{Q}{k_z} \cdot \frac{\varepsilon'}{\sum \vartheta};$$

ferner ist

$$D = Q \cdot \frac{\sum \eta}{\sum \vartheta}.$$

Bei jedem einzelnen ω ist für ε' der jeweils größte Wert zu nehmen. $\sum \vartheta$ ergibt sich durch Zusammensetzen der einzelnen ϑ' zur Resultanten unter Berücksich-

tigung von Richtung und Querschnittsverhältnis (Abb. 33). Aus den Formeln für f und D ergibt sich die zunächst überraschende Tatsache, daß die Größe der Seilelastizität auf die Querschnittbemessung der Seile ganz ohne Einfluß ist, so

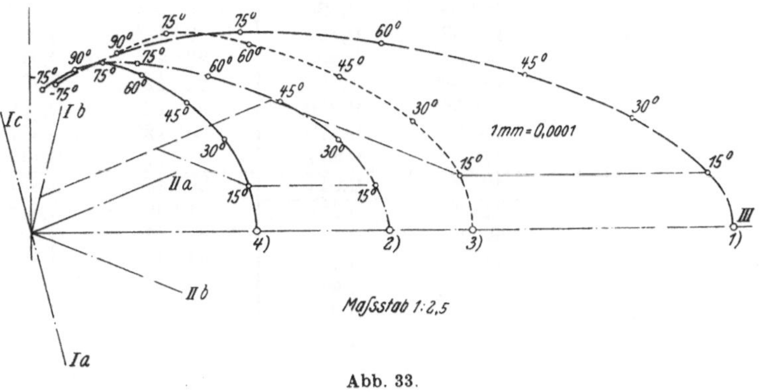

Abb. 33.

lange der Biegungswiderstand des Mastes vernachlässigt wird.

Wird nun zunächst die vom Mast aufzunehmende Last T nicht berücksichtigt, so ist Q gleich dem wagerechten Anteil der Hangerkraft, der sich aus dem Kräfteplan von Abb. 32 zu 36 t ergibt. Es ist die Seilprojektion b für Seil

$$\text{I gleich } \sqrt{0,1^2 + 0,4^2} = 0,4123,$$
$$\text{II } ,, \quad \sqrt{1,0^2 + 0,4^2} = 1.0770,$$
$$\text{III } ,. \qquad\qquad\quad 2,0.$$

Dann ergibt sich aus Abb. 27 unter Berücksichtigung der verschiedenen Höhen der Seilfüsse Tabelle 14. Nach Ermittlung der Werte von β für Want und

Tabelle 14. Berichtigung der Werte von ε, ϑ, η nach der Wantfuß-Höhenlage.

	ε	ϑ	η	Wantfußhöhe	ε'	ϑ'	η'
I	0,00604	0,00240	0,00559	∞ 1,00	0,00604	0,00240	0,00559
II	0,00861	0,00637	0,00583	0,794	0,01083	0,00803	0,00734
III	0,00694	0,00622	0,00308	0,740	0,00938	0,00840	0,00416

Backstag (Tabelle 15) sind die Umrechnungen mit cos ω vorzunehmen, wobei zu beachten ist, daß bei den kleineren Werten von ω auch Want und Backstag der anderen Schiffsseite, und bei größerem ω das nach hinten zeigende Want mitträgt; die unteren bzw. rechten Hälften der Tabellen 16 und 17 geben die Werte aus diesen benachbarten Quadranten an. Die so ermittelten Werte von ϑ' für Seil *I*, *II* und *III* werden zu Kräfteplänen für die einzelnen ω zusammengesetzt, wobei zunächst gemäß S. 316 angenommen ist, daß alle Seile gleiche Querschnitte

Tabelle 15.　Ermittlung der von Seilprojektion und Schiffsmittellinie gebildeten Winkel β.

	tg β	β
II	$0{,}4 : 0{,}1 = 4{,}0$	$75°\,58'$
I	$0{,}4 : 1{,}0 = 0{,}4$	$21°\,48'$

Tabelle 16.　Errechnung von $\cos(\omega - \beta)$.

ω	I $\omega - \beta$	I $\cos(\omega - \beta)$	II $\omega - \beta$	II $\cos(\omega - \beta)$	III $\omega - \beta$	III $\cos(\omega - \beta)$
0°	$-75°\,58'$	0,241	$-21°\,48'$	0,929	0°	1,000
15°	$-60°\,58'$	0,484	$-\;6°\,48'$	0,993	15°	0,966
30°	$-45°\,58'$	0,694	$8°\,12'$	0,990	30°	0,866
45°	$-30°\,58'$	0,857	$23°\,12'$	0,919	45°	0,707
60°	$-15°\,58'$	0,961	$38°\,12'$	0,786	60°	0,500
75°	$-\;0°\,58'$	0,999	$53°\,12'$	0,599	75°	0,259
90°	$14°\,2,$	0,970	$68°\,12'$	0,371	90°	0,000
−75°	$29°\,2'$	0,874	$83°\,12'$	0,118	−75°	—
15°	$-89°\,2'$	0,017	$36°\,48'$	0,801		
30°	$74°\,2'$	0,275	$51°\,48,$	0,618		
45°	$59°\,2'$	0,515	$66°\,48'$	0,394		
60°	$44°\,2'$	0,719	$81°\,48'$	0,143		
75°	$29°\,2'$	0,874				
90°	$14°\,2'$	0,970				
−75°	$0°\,58'$	1,000				

Tabelle 17.　Erweiterung von ε', ϑ', η' mit $\cos(\omega - \beta)$

I

ω	ε'		ϑ'		η'	
0°	0,00146	0,00146	0,00058	0,00058	0,00135	0,00135
15°	292	010	116	004	270	009
30°	419	167	167	066	387	154
45°	517	310	206	124	479	288
60°	581	434	231	173	536	401
75°	603	528	240	211	557	489
90°	586	586	233	233	541	542
−75°	527	604	200	241	488	559

II

ω	ε'		ϑ'		η'	
0°	0,00996	0,00996	0,00745	0,00745	0,00682	0,00682
15°	1075	869	798	643	730	588
30°	1072	670	795	496	726	453
45°	998	427	737	316	674	289
60°	852	155	631	115	577	105
75°	649		481		439	
90°	401		298		273	
−75°	127		095		087	

III

ω	ε'	ϑ'	η'
0°	0,00938	0,00840	0,00416
15°	907	810	394
30°	812	726	352
45°	662	593	287
60°	469	420	208
75°	243	217	108
90°			
−75°			

haben sollen. Außer diesem Fall 1, daß der Querschnitt von Want zu Backstag zu Fockstag sich verhalte wie $1 : 1 : 1$, werde noch

    Fall 2 $1 : 0{,}5 : 0{,}5$,

    „ 3 $1 : 1 : 0$,

    „ 4 $1 : 0{,}5 : 0$ untersucht.

Abb. 33 zeigt die hieraus sich ergebenden Kräftepläne, Tabelle 18 die verschiedenen $\sum \vartheta$. Bei Fall 2—4 werden die ϑ'-Werte von Seil II und III mit dem zugehörigen Querschnittsverhältnis zu Seil I erweitert, bevor sie zum Kräfteplan zusammengesetzt werden. Werden nun gemäß der oben angegebenen Formel für f

Tabelle 18. Zusammenstellung der in Abb. 33 ermittelten $\sum \vartheta'$ und der hieraus errechneten Wantquerschnitte f cm².

ω	$\sum \vartheta_1$	$\sum \vartheta_2$	$\sum \vartheta_3$	$\sum \vartheta_4$	f_1	f_2	f_3	f_4
$0°$	0,0225	0,0114	0,0141	0,0072	5,3	10,5	8,5	16,6
$15°$	218	111	138	71	5,9	11,6	9,4	18,2
$30°$	197	102	127	68	6,5	12,6	10,1	18,9
$45°$	166	90	111	65	7,2	13,1	10,7	18,3
$60°$	127	75	92	61	8,1	13,7	11,2	16,9
$75°$	92	63	77	58	8,5	12,5	10.2	13,5
$90°$	62	52	62	52	11,4	13,6	11,4	13,6
$-75°$	46	44	46	44	15,7	16,3	15,7	16,3
$= I\,a$	51	49	51	49	13,9	14,4	13,9	14,4

die jeweils größten, zum gleichen ω gehörenden Werte von ε' durch diese $\sum \vartheta$ dividiert und mit dem stets gleichen Wert $\dfrac{Q}{k_z} = \dfrac{36\ t}{3000\ \text{kg/cm}^2}$ multipliziert, dann ergibt sich der für das Want erforderliche Querschnitt, Tabelle 18; die Querschnitte der Stage bestimmen sich aus den jeweiligen oben festgelegten Querschnittsverhältnissen. Um einen Vergleich des Seilbedarfes für die vier Fälle

Tabelle 19. Seillängen.

Seil	l	Wantfuß-höhe	l'
I	$\sqrt{1^2 + 0{,}4^2 + 0{,}1^2} = \sqrt{1{,}17} = 1{,}082$	1,0	1,082
II	$\sqrt{1^2 + 0{,}4^2 + 1^2}\ \ = \sqrt{2{,}16} = 1{,}470$	0,794	1,166
III	$\sqrt{1^2 + 2^2}\ \ \ \ \ \ \ \ = \sqrt{5}\ \ \ = 2{,}236$	0,740	1,652

zu erhalten, ist der erforderliche größte Seilquerschnitt mit der Summe aus Länge mal Querschnittsverhältnis der einzelnen Seile zu multiplizieren, Tabelle 19, 20; die Seilstärken nach der üblichen Bezeichnung des Umfanges in englisch Zoll gibt Tabelle 21 an. Den geringsten Seilbedarf haben Fall 2 und 3; danach können also die Stage erheblich schwächer als die Wanten sein. Durch weiteres Probieren mit anderen Querschnittsverhältnissen und anderen Seilfußpunkten ließe sich der absolut kleinste Seilbedarf ermitteln. Endgültig können die Seilquerschnitte aber erst festgelegt werden, nachdem die Berechnung des Mastes ergeben hat, welchen Anteil des Hangerzuges der Mast aufnimmt. Über den Verlauf der Werte von f und seinen Zwischenwerten in Abhängigkeit von ω gibt Abb. 34 Aufschluß.

Die η'-Werte aus Tabelle 17 werden einfach addiert, um $\Sigma\eta$ und daraus D zu erhalten (Tabelle 22).

Für die nun folgende Mastberechnung wird ein Mast angenommen, der die doppelte vom Germanischen Lloyd geforderte Blechdicke hat; die Rechnung

Tabelle 20. Erforderliche Seilmengen.

	$\Sigma l'$	ω	f_{max}	$\Sigma l' \cdot f$	Seilgewicht
1	8,31	∞ −78°	13,9	115,5	1,56 t
2	6,32	∞ −87°	14,4	91,0	1,23 ,,
3	6,66	∞ −78°	13,9	92,6	1,25 ,,
3	5,49	∞ 30°	18,9	103,6	1,40 ,,

Tabelle 21. Erforderliche Seilstärken; Seilumfänge in $''$ engl.

	I	Querschnitt		II	III
		geford.	vorhanden		
1	$2 \times 5^1/_4''$	13,9	13,94	$2 \times 5^1/_4''$	$2 \times 5^1/_4''$
2	$2 \times 5^1/_2''$	14,4	15,24	$1 \times 5^1/_2''$	$1 \times 5^1/_2''$
3	$2 \times 5^1/_4''$	13,9	13,94	$2 \times 5^1/_4''$	—
4	$2 \times 6''$	18,9	18,08	$1 \times 6''$	—

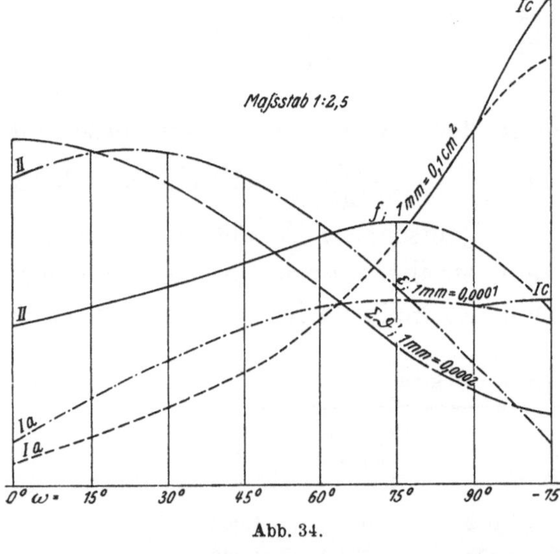

Abb. 34.

wird ferner durchgeführt für die drei- und vierfache Blechdicke und zwar für den im Deck eingespannten Mast mit gerader Erzeugenden nach Form 3a. Die Durchmesser im Deck werden zu 60, 75 und 90 cm gewählt. Bei der doppelten Blechdicke werden noch die Masten mit Form 1a und 2a untersucht; so läßt sich ein Bild über den Einfluß der verschiedenen Abänderungen gewinnen.

Die vom Wantenreck abhängige Ausbiegung der Mastspitze ist:

$$d' = d \cdot \frac{k_z}{\sigma} = d \cdot \frac{k_z}{E \cdot \varepsilon'}.$$

Hierbei ist d die Ausbiegung bei $\varphi = 2°$; für ε' wird der kleinste vorkommende Wert genommen, der sich beim Ausschwenken des Baumes bis in die Richtung

Tabelle 22.
Zusammenstellung der $\Sigma\eta$ und der hieraus errechneten Axialkräfte D.

ω	$\Sigma\eta_1$	$\Sigma\eta_2$	$\Sigma\eta_3$	$\Sigma\eta_4$	D_1	D_2	D_3	D_4
0°	0,02050	0,01160	0,01634	0,00952	32,8	36,6	41,6	47,6
15°	1991	1135	1597	938	32,9	36,8	41,6	47,6
30°	2072	1307	1720	1131	37,8	46,1	48,8	60,0
45°	2017	1393	1730	1249	43,6	55,7	56,1	68,1
60°	1827	1382	1619	1278	51,7	66,5	63,4	75,7
75°	1593	1320	1485	1266	62,4	75,5	69,3	78,7
90°	1356	1220	1356	1220	78,8	84,5	78,8	84,5
−75°	1134	1091	1134	1091	88,8	89,5	88,8	89,5
= Ia					∞ 87,0	∞ 87,0	∞ 87,0	∞ 87,0

des hinteren Wantes zu etwa 0,00570 ergibt, bei ω zwischen 75° und 90°. Aus der Beziehung zwischen Ausbiegung und Biegekraft:

$$T = \frac{3d \cdot E \cdot J}{L^3}.$$

folgt nach Einsetzen von γ, dem bereits auf S. 310 benutzten Werte für das Mastausbiegungsverhältnis bei veränderlichem gegenüber konstantem J,

$$T = \frac{3d \cdot E}{L^3 \cdot \gamma} \cdot J$$

Nach Einsetzen der Zahlenwerte wird

$$d = 0,01745 \cdot \frac{3000}{1,5 \cdot 10^6 \cdot 0,00570} = 0,00612;$$

bei 15 m Masthöhe ist dann $d = 9,18$ cm,

$$T = \frac{3 \cdot 9,18 \cdot 2,2 \cdot 10^6}{1500^3 \cdot 1,214} \cdot J = 0,0144 \cdot J.$$

Entsprechend den verschiedenen Trägheitsmomenten der einzelnen untersuchten Masten ergeben sich Werte für T, die von 1,85 t beim weichsten Mast bis auf 17,3 t beim starrsten Mast ansteigen. Da $H = Q + T$ ist, T aber zunächst vernachlässigt wurde, wird Q um T, also im Verhältnis $\dfrac{H - T}{H}$, kleiner werden; dementsprechend nehmen dann die erforderlichen Seilquerschnitte ab. An dem gegenseitigen Güteverhältnis der vier untersuchten Abstagungen ändert sich jedoch nichts. Mit abnehmendem Q werden natürlich auch die Werte von D in gleicher Weise kleiner; diese müssen also auch für jeden Mast berichtigt werden. Zu diesem aus der Abstagung des Mastes herrührenden Druck müssen noch die übrigen auf den Mast wirkenden senkrechten Kräfte hinzugezählt werden, um die senkrechte Gesamtkraft zu erhalten; diese Kräfte sind:

1. der senkrechte Anteil der Hangerkraft . . . . $= 19,5$ t
2. die Zugkraft in der holenden Part des Hangers oder des Lastseiles

$$\frac{41}{8} \cdot \frac{1}{0,97^8} \quad . . . . = 6,5 \text{ t}$$

3. das Eigengewicht von Obermast rd. 10 t
     und den Abstagungen   rd.   2 t
     an der Mastspitze   2 t, in Deckshöhe . . . . . . $= 12,0$ t
     dazu $D_{\max}$ . . . . $= 87,0$ t

$$V_{\max} = 125,0 \text{ t}$$

Da nicht nur die Querschnitte in Deckshöhe, sondern auch noch auf $^1/_4$ und $^1/_2$ Höhe des Mastes untersucht werden, wird bei diesen $^3/_4$ und $^1/_2$ Mastgewicht eingesetzt.

Die konstanten Werte für $\omega\, l = l \sqrt{\dfrac{V}{E \cdot J}}$ ergeben mit $l = 15$ m und $E = 2,2 \cdot 10^6 : \omega \cdot = 1,011 \sqrt{\dfrac{V}{J}}$. Um die Umrechnung von $\omega \cdot l$, das in Bogenmaß zu messen ist, in $\dfrac{\sin \omega (l - x)}{\omega\, l \cdot \cos \omega\, l}$ zu erleichtern, sind in Abb. 35 die Werte von $\dfrac{\sin \omega l}{\omega\, l \cdot \cos \omega\, l} = \operatorname{tg} \omega\, l$ für $\omega\, l$ von 0,0 bis 1,25 aufgetragen. Für die Querschnitte auf $^1/_4$ und $^1/_2$ Höhe sind die Werte $\sin \omega l$ noch eingetragen; durch Multiplikation von $\dfrac{\operatorname{tg} \omega l}{\omega l}$ mit $\dfrac{\sin \omega (l - x)}{\sin \omega l}$ ergibt sich $\dfrac{\sin \omega (l - x)}{\omega l \cdot \cos \omega l}$, d. i. der für $^1/_4$ und $^1/_2$ Höhe erforderliche Wert. Zur einfacheren Ausrechnung des auf S. 19 angegebenen Wertes für $Mi = 0{,}35\,M + 0{,}65\,\sqrt{M^2 + (\alpha \cdot Md)^2}$ ist in Abb. 36 der Wert für $\dfrac{Mi}{M}$ in Abhängigkeit von $\dfrac{\alpha\,Md}{M}$ angegeben; für jedes beliebige vorkommende Verhältnis $\dfrac{\alpha\,Md}{M}$ kann also Mi sofort abgegriffen werden. Da $\alpha = \dfrac{kb}{1{,}3\,kd} = \dfrac{1200}{1{,}3 \cdot 900} = $ rd 1,0 ist, kann für die Abszissenwerte auch $\dfrac{Md}{M}$ genommen werden. Dann ergibt sich aus $\dfrac{Mi}{W}$ die auftretende Biegungsbeanspruchung des durch die Kräfte T und V belasteten Mastes.

Zu dieser Biegungsbeanspruchung wird dann die Druckbeanspruchung, die nach S. 314 zu ermitteln ist, hinzugezählt. Wenn auch strenggenommen diese von Krohn angegebene Beanspruchung nur im gefährlichen Knickquerschnitt — etwa in halber Höhe — auftritt, so soll doch der Einfachheit und Sicherheit

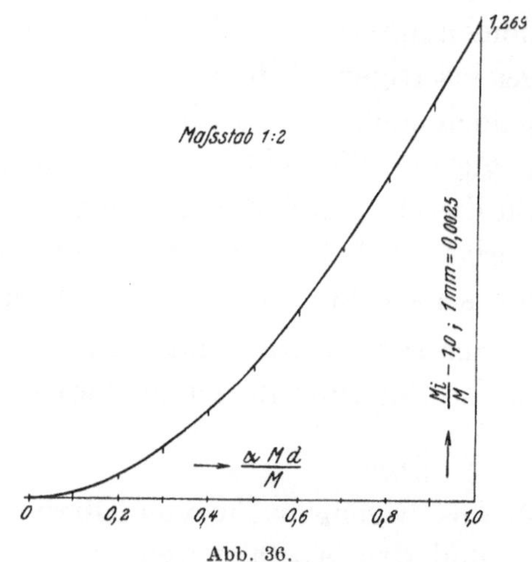

Abb. 35.   Abb. 36.

halber diese Rechnungsweise auch auf die anderen Querschnitte Anwendung finden, mit Ausnahme des Wantenangriffes, an dem ja von Knickung keine Rede sein kann. Es sei jedoch ausdrücklich festgestellt, daß durch Wahl der Krohnschen Knickungsberechnung noch kein Urteil über die verschiedenen Knicktheorien abgegeben sein soll. Es müßten vielmehr noch eingehende Untersuchungen angestellt werden, um eine richtige Knickberechnung für Masten zu finden.

Nach diesen Gesichtspunkten ist die Berechnung der verschiedenen Mastformen durchgeführt worden; die Ergebnisse sind in den Tabellen 23 und 24 zusammengestellt. Es zeigt sich allgemein, daß der kleinere Durchmesser dem größeren überlegen ist; die Spannungen sind bei jenem trotz des viel geringeren

Tabelle 23. Berechnung der Mastbeanspruchungen in Deckshöhe; Mastform 3a; doppelte Blechdicke.

	60	75	90
Da/cm	60	75	90
s/cm	1,85	2,33	2,80
J/cm^4	142200	353000	729000
W/cm^3	4740	9410	16200
F/cm^2	339	527	766
i/cm	20,5	25,9	30,9
T/t	1,86	4,61	9,53
V/t	120,4	113,6	101,7
ω	0,931	0,576	0,378
$\dfrac{\mathrm{tg}\,\omega \cdot l}{\omega \cdot l}$	1,482	1,127	1,051
M/mt	41,4	78,0	150,2
$M_d : M$	0,392	0,208	0,108
$M_i : M$	1,048	1,014	1,004
$M\,i$/mt	43,4	79,1	150,8
kb	916	840	931
$k_{zul.}$	611	698	747
k	699	370	214
Σk	1615	1210	1145

Tabelle 24. Zusammenstellung der Beanspruchungen bei verschiedenen Blechdicken, Durchmessern, Formen und Querschnittshöhen des Mastes.

Blechdicke		doppelt			dreifach			vierfach		
Mast-∅/cm		60	75	90	60	75	90	60	75	90
Mastform 3 a; gerade Erzeugende										
Deck	kb	916	840	931	762	800	912	709	784	909
	k	699	370	214	381	240	158	348	178	90
	Σk	1615	1210	1145	1143	1040	1070	1057	962	999
$^1/_4$ Höhe	kb	1108	767	806	848	713	788	665	689	776
	k	751	398	230	524	261	141	386	193	97
	Σk	1859	1165	1036	1372	974	929	1051	882	873
$^1/_2$ Höhe	kb	800	582	602	611	547	592	540	520	577
	k	830	430	246	560	282	152	424	210	104
	Σk	1630	1012	848	1171	829	744	964	730	681
Spitze	kb	295	151	89	206	105	61	163	83	48
	k	456	274	164	306	178	102	229	130	69
	Σk	751	425	253	512	283	163	392	213	117

Blechdicke doppelt										
Mast-∅/cm		60	75	90	60	75	90	60	60	60
Mastform		Parabel mit Scheitel im Deck; 1 a			Parabel mit Scheitel auf $^1/_4$ Höhe; 2 a			1 a		
Deck	kb	995	906	1006	1061	957	1101	516	1770	338
	k	690	368	208	682	363	202	701	664	695
	Σk	1685	1274	1214	1743	1320	1303	1217	2434	1033
$^1/_4$ Höhe	kb	895	795	841	865	740	861	Mast im Deck nicht eingespannt	$\varepsilon = 0,004$	$\varepsilon = 0,0005$
	k	726	390	216	696	372	209			
	Σk	1621	1185	1057	1561	1112	1070			
$^1/_2$ Höhe	kb	780	644	659	736	616	649			
	k	780	415	231	750	395	221			
	Σk	1560	1059	890	1486	1015	870			

Stoffaufwandes nicht viel größer als bei diesem, bei den größeren Blechdicken sind sie sogar geringer. Das kommt daher, daß die Ausbiegungskraft, also auch das Biegemoment, dem Trägheitsmoment, somit der 4. Potenz des Durchmessers, das Widerstandsmoment aber nur der 3. Potenz verhältnisgleich ist, die Biegungsspannungen also mit dem Durchmesser wachsen. Da aber die übrigen Spannungen, die vom axialen Biegemoment, dem Drehmoment und der Axialkraft herrühren, mit wachsendem Durchmesser abnehmen, so verwischen sich diese beiden Einflüsse bei der Gesamtspannung. Aus dem gleichen Grunde hat eine Vergrößerung der Blechdicke bei gleichem Durchmesser keinen Einfluß auf die Biegungsspannung, sondern nur auf die anderen Beanspruchungen.

Bei diesen Berechnungen ist der Mast als naht- und nietloses Rohr aufgefaßt worden; es muß nun noch untersucht werden, wie hoch im Stoß die Spannungen in Blech und Nieten sind. Da zeigt es sich, daß die Schwächung des Mastquerschnittes an den Stößen der Bleche keine nennenswerte Rolle spielt; es nimmt zwar das Trägheitsmoment des Querschnittes auf $0{,}85\,J$ ab, wenn in der gezogenen Faser das Blech auf $^1/_3$ Umfang um $^1/_4$ seines Querschnittes entsprechend 4 d-Nietteilung geschwächt wird. Da aber gleichzeitig der neue Flächenschwerpunkt um $0{,}16\,R$ wandert, wird für die gedrückte Faser $e = 0{,}84\,R$, d. h. $W = \dfrac{0{,}85\,J}{0{,}84\,R} \sim \dfrac{J}{R}$ $= W$. Das Widerstandsmoment für die gedrückte Faser behält also seinen Wert bei; für die gezogene wird es zwar auf $\dfrac{0{,}85\,J}{1{,}16\,R} = 0{,}733\,W$ verringert. Dafür wirkt die Druckbeanspruchung aus der Axialkraft entgegen. Trotz der Nietschwächung wird daher eine gleich hohe Spannung wie in der gedrückten Faser erst erreicht, wenn $\dfrac{k_b}{0{,}733} - k = k_b + k$, oder $k = 0{,}18\,k_b$ wird. Liegt der Stoß nicht in der äußersten gezogenen Faser, so spielt die Nietschwächung eine noch geringere Rolle. Ungünstiger ist die Lage bei den Stoßnieten. Der Germanische Lloyd schreibt für die Stöße der Masten doppelte, bei Segelschiffen dreifache Nietung vor. Nun ist z. B. bei einem Blech von 15 mm mit 22 mm Nieten von 88 mm Entfernung der beanspruchte Querschnitt in der gedrückten Faser $= 13{,}2$ cm², von Mitte bis Mitte Niet; ein Niet hat unter Berücksichtigung seiner um etwa $^1/_5$ niedriger zu wählenden Spannung einen gleichwertigen Querschnitt von $3{,}04$ cm², es wären also mehr als 4 Nietreihen erforderlich. Wenn auch die Druckbeanspruchung aus der Knickkraft bei den Nieten auf den Wert $\dfrac{V}{F}$ herabgesetzt werden könnte, so reicht dreifache Nietung doch noch nicht aus. Es müßte hier und in vielen anderen Fällen vierfache Vernietung der Maststöße angewandt werden.

Nachdem nun für verschiedene im Deck fest eingespannte Masten die Spannungen bei festgelegtem k_z und E des stehenden Gutes errechnet sind, soll untersucht werden, wie sich die Verhältnisse ändern, wenn

1. der Mast im Deck nicht fest eingespannt ist, und
2. das Verhältnis k_z/E sich ändert.

Für 1. sind die vorbereitenden Untersuchungen bereits auf S. 310 angestellt; es ergibt sich: $d' = d\left(l + \dfrac{L' \cdot \gamma'}{L \cdot \gamma}\right)$; entsprechend ist die neue Ausbiegungskraft $T' = \dfrac{T}{t + \dfrac{L' \cdot \gamma'}{L \cdot \gamma}}$. Wird $\dfrac{L' \cdot \gamma'}{L \cdot \gamma} = t$ angenommen, wobei der Untermast etwas kürzer als der Obermast ist, dann ist $T' = \dfrac{T}{2}$. Zunächst wird dadurch Q, also auch der erforderliche Seilquerschnitt, größer; die Beanspruchung des Mastes erniedrigt sich aber in Deckshöhe von Form 3a, bei 60 cm Durchmesser, von 1615 auf 1217 kg/cm². Es ist angenommen, daß trotz Wegfall der Einspannung die mit der Knickbeanspruchung in Zusammenhang stehende Druckbeanspruchung in gleicher Weise wie vorher zu errechnen ist. Wie weit dies im Decks- und den anderen Querschnitten zutrifft, soll hier nicht untersucht werden.

Wird bei 2. ε kleiner, so wird auch die Ausbiegung und T entsprechend kleiner; damit wächst ebenfalls wieder Q und der Seilquerschnitt. War die Verringerung von ε Folge geringerer zulässiger Zugbeanspruchung k_z, so wird der Seilquerschnitt wegen des geringeren k_z und gleichzeitig wegen des größer gewordenen Q vergrößert werden müssen. War jedoch E für die Änderung von ε maßgebend, so ändert sich der Seilquerschnitt nur wegen des durch T vergrößerten Q. In den folgenden Rechnungsbeispielen ist einmal angenommen, daß E von $1{,}5 \cdot 10^6$ auf $0{,}75 \cdot 10^6$ verringert, ε also von 0,002 auf 0,004 erhöht wird, und zweitens wird statt Drahtseil Rund- oder Flacheisen angenommen, bei dem $\varepsilon = \dfrac{1100}{2{,}2 \cdot 10^6}$ = 0,0005 ist. Die neuen Spannungen für den gleichen Mast sind dann 2434 und 1033 kg/cm², gegenüber 1615 beim festeingespannten und 1317 beim nicht eingespannten. Für die übrigen Mastformen, -durchmesser und -querschnitte würden sich ähnliche Verhältnisse ergeben.

Aus den vorgenannten Spannungswerten folgt, daß der festeingespannte Mast erheblich stärker beansprucht wird als der frei durchs Deck hindurchgeführte. Bei kleinerem Elastizitätsmodul oder höherer zulässiger Beanspruchung des stehenden Gutes wächst die Spannung im Mast ganz bedeutend, während sie umgekehrt bei einem Baustoff des stehenden Gutes von geringerer zulässiger Zugbeanspruchung und höherem E sinkt. Diese Zusammenhänge sind außerordentlich wichtig: sie erfordern sorgfältige Berücksichtigung und eingehende Vergleichsrechnung über den Stoffaufwand für Mast und stehendes Gut, um die jeweils billigste Bauart herauszufinden.

Bei der Mastberechnung war auf S. 321 und später stillschweigend angenommen, daß $H = Q + T$ ist. Dies stimmt zunächst nur dann, wenn Q und T in gleicher Richtung wirken. Wie sich aus Abb. 33 ergibt, weichen die beiden Richtungen zuweilen recht erheblich voneinander ab; so ist die Abweichung für Fall 1 bei $\omega = 60°$ etwa $32°$. Da aber im allgemeinen T erheblich kleiner ist als Q, ist der Fehler unbedeutend. Ist z. B. $T : Q = 1 : 4$, so ist bei $32°$ Abweichung $T + Q = 0{,}974\, H$, bei $T : Q = 1 : 2$ ist $T + Q = 0{,}962\, H$. Hiernach ist also die Formel $H = Q + T$ für jede Richtung des Hangerzuges gültig, so daß nach endgültiger Festlegung von Mastdurchmesser, -form und -blechdicke die Querschnitte des stehenden Gutes berichtigt werden können.

Daß die Richtungen von Wantenzug und Mastausbiegung so stark voneinander abweichen, hat seinen Grund darin, daß außerhalb der Symmetrieebenen die im stehenden Gut auftretenden zum Hangerzug senkrechten Zugkraftanteile, die einander entgegenwirken, sich nur dadurch aufheben können, daß die einzelnen Seile des stehenden Gutes verschieden stark beansprucht werden. Andererseits kommt nicht nur ein Seil allein zum Tragen, sondern die übrigen werden auch mehr oder minder mit in Anspruch genommen. Wie weit nun hierbei die einzelnen Seile sich gegenseitig belasten oder entlasten, das läßt sich in einfacher Weise nur auf die hier benutzte Art ermitteln, nicht aber dadurch, daß man annimmt, jedes Seil werde dann am meisten beansprucht, wenn der Hangerzug in der Seilebene wirkt. So zeigen in Tabelle 18 die Werte von f_2 und f_3 bei $\omega = 60°$ deutliche Maxima, trotzdem sich dort keine Seilebene befindet.

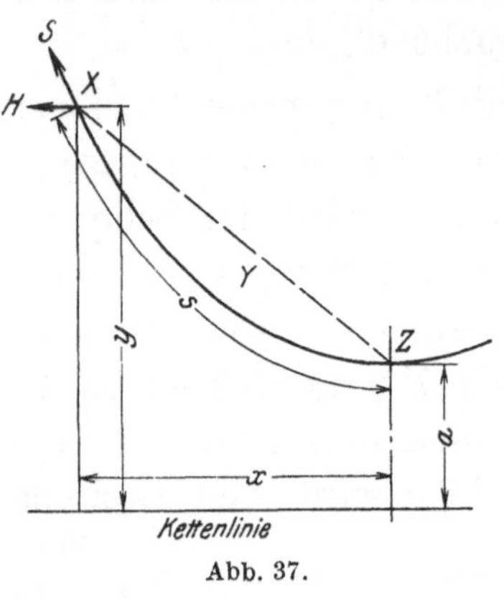

Abb. 37.

Die vorstehende Rechnungsweise ist ebenfalls sehr gut anzuwenden, wenn mehrere Seile in der gleichen Ebene angeordnet sind. Ihre Anwendung ist recht bequem, nachdem einmal die Werte von ε, ϑ, η errechnet sind, so daß Vergleiche zwischen verschiedenen Anordnungen ohne viel Mühe durchzuführen sind.

Zum Schluß sei noch eine wichtige Frage, der Einfluß des Eigengewichtes und der Vorspannung vom stehenden Gut, behandelt. Dieser Einfluß wird ja bei Mastberechnungen vernachlässigt; man muß sich aber einmal über seine Größenordnung ein Bild machen, wenn es auch nicht nötig ist, bei jeder Mastberechnung ihn zahlenmäßig in die Rechnung einzuführen.

Ist der Linienzug $X\,Y\,Z$ der Abb. 37 eine Kettenlinie, d. h. eine Linie, deren Verlauf eine Kette oder ein Seil ohne eigene Biegungsfestigkeit unter dem Einfluß des Eigengewichtes von γ kg/m und bei einer Horizontalkraft H annimmt, dann gelten folgende Gleichungen[9]):

$$a = \frac{H}{\gamma} = y_0\,, \tag{1}$$

$$y = a \cdot \mathfrak{Cof}\,\frac{x}{a}\,, \tag{2}$$

$$S = y \cdot \gamma\,, \tag{3}$$

$$s = a \cdot \mathfrak{Sin}\,\frac{x}{a}\,. \tag{4}$$

Aus diesen Formeln lassen sich einige für die Vorspannung wichtige Beziehungen ableiten. Ist $A\,B\,C$ ein Stag (Abb. 38) mit den Koordinaten x_2, y_2; x, y; x_1, y_1, so ist

$$\mathrm{tg}\,DCA = \mathrm{tg}\,\chi = DA : DC = \frac{y_2 - y_1}{x_2 - x_1}\,. \tag{5}$$

Mit den Werten für y aus (2) wird nach Einführung von

$$x_2 : a = \psi_2 , \tag{6}$$

$$x : a = \psi' , \tag{7}$$

$$x_1 : a = \psi_1 , \tag{8}$$

$$\operatorname{tg} \chi = a \cdot \frac{\operatorname{\mathfrak{Cof}} \psi_2 - \operatorname{\mathfrak{Cof}} \psi_1}{a\,(\psi_2 - \psi_1)} = \frac{\operatorname{\mathfrak{Cof}} \psi_2 - \operatorname{\mathfrak{Cof}} \psi_1}{\psi_2 - \psi_1} . \tag{9}$$

Wird

$$\psi_2 = \psi + \tau , \tag{10}$$

$$\psi_1 = \psi - \tau , \tag{11}$$

und daher

$$\psi_2 - \psi_1 = 2\,\tau \tag{12}$$

gesetzt, so wird

$$\operatorname{tg} \chi = \frac{\operatorname{\mathfrak{Cof}}(\psi + \tau) - \operatorname{\mathfrak{Cof}}(\psi - \tau)}{2\,\tau} = \operatorname{\mathfrak{Sin}} \psi \, \frac{\operatorname{\mathfrak{Sin}} \tau}{\tau}\ ^{10}) . \tag{13}$$

Wird die Strecke $CD = x_2 - x_1$ sehr klein, so wird

$$x_2 - x_1 = \varDelta x , \tag{14}$$

$$\psi_2 - \psi_1 = \varDelta \psi \tag{15}$$

und ferner aus Gleichung (2), (5) und (7):

$$\operatorname{tg} \chi = \frac{\varDelta \operatorname{\mathfrak{Cof}} \psi}{\varDelta \psi} . \tag{16}$$

Wird ψ unendlich klein, dann wird

$$\operatorname{tg} \chi_0 = \frac{d \operatorname{\mathfrak{Cof}} \psi}{d \psi} = \operatorname{\mathfrak{Sin}} \psi . \tag{17}$$

Dann sind durch $\operatorname{tg} \chi$ die Sehne der Kettenlinie, durch $\operatorname{tg} \chi_0$ die Tangente an die Kettenlinie im Punkte B bestimmt.

Der Durchhang $h = BE$ ist:

$$h = \frac{y_2 + y_1}{2} - y = a \cdot \frac{\operatorname{\mathfrak{Cof}}(\psi + \tau) + \operatorname{\mathfrak{Cof}}(\psi - \tau)}{2} - a \cdot \operatorname{\mathfrak{Cof}} \psi$$

$$= a \cdot \operatorname{\mathfrak{Cof}} \psi \cdot (\operatorname{\mathfrak{Cof}} \tau - 1) ; \tag{18}$$

da nach (2) und (8) $y = a \operatorname{\mathfrak{Cof}} \psi$, ergibt sich

$$h = y\,(\operatorname{\mathfrak{Cof}} \tau - 1) , \tag{19}$$

und

$$\frac{h}{y} = \operatorname{\mathfrak{Cof}} \tau - 1 . \tag{20}$$

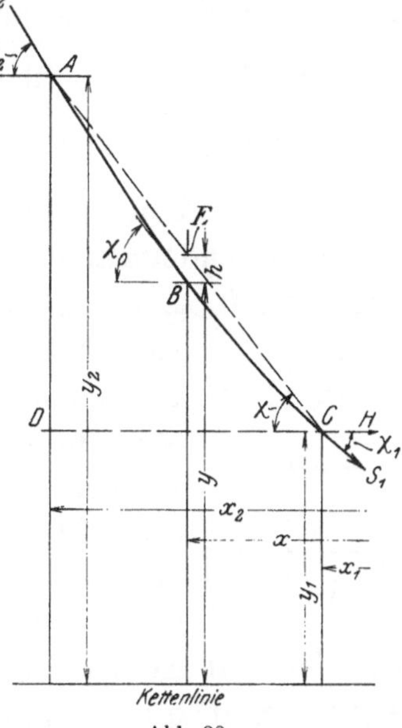

Wird der Unterschied aus der Bogenlänge $ABC = s_2 - s_1$ und der Sehne AC mit t bezeichnet, dann ist

$$t = s_2 - s_1 - AC = a\,[\operatorname{\mathfrak{Sin}}(\psi + \tau) - \operatorname{\mathfrak{Sin}}(\psi - \tau) - \sqrt{AD^2 + CD^2}\,]$$

$$= a\,[\operatorname{\mathfrak{Sin}} \psi \operatorname{\mathfrak{Cof}} \tau + \operatorname{\mathfrak{Cof}} \psi \operatorname{\mathfrak{Sin}} \tau - \operatorname{\mathfrak{Sin}} \psi \operatorname{\mathfrak{Cof}} \tau + \operatorname{\mathfrak{Cof}} \psi \operatorname{\mathfrak{Sin}} \tau - \sqrt{(y_2 - y_1)^2 + (x_2 - x_1)^2}\,]$$

$$t = a\,[2 \operatorname{\mathfrak{Cof}} \psi \operatorname{\mathfrak{Cof}} \tau - 2 \sqrt{\operatorname{\mathfrak{Sin}}^2 \psi \operatorname{\mathfrak{Sin}}^2 \tau + \tau^2}\,] = 2a\,[\operatorname{\mathfrak{Cof}} \psi \operatorname{\mathfrak{Sin}} \tau - \sqrt{\operatorname{\mathfrak{Sin}}^2 \psi \operatorname{\mathfrak{Sin}}^2 \tau + \tau^2}\,] . \tag{21}$$

So sind die Werte, die für den Seildurchhang von Bedeutung sind, nämlich die Richtung der Sehne, die Richtung der Tangente an das Seilstück in der Mitte seiner Projektion auf die Wagerechte, der Durchhang in dieser Mitte sowie der Unterschied der Längen von Seilstück und Sehne durch Formeln bestimmt.

Wenn nun die in diesen Formeln bestimmten Werte zahlenmäßig ausgerechnet und in Kurven aufgetragen werden können, würde sich zur praktischen Verwertung folgender Weg ergeben:

Bekannt ist außer der Richtung der Sehne, die ja durch die beiden Endpunkte des zu untersuchenden Seils bestimmt ist, das Metergewicht γ. Wird für (1) $a = \dfrac{H}{\gamma}$ ein für die Rechnung bequemer Wert, z. B. 1000 m, genommen, so ergibt sich daraus für jedes vorkommende γ zunächst ein ganz bestimmtes H. Aus (12) sowie (6) und (8) folgt:

$$2\,\tau = \psi_2 - \psi_1 = \frac{x_2}{a} - \frac{x_1}{a} = \frac{x_2 - x_1}{a}\,. \tag{22}$$

Wird für $x_2 - x_1$ der Wert 20 m, der in der Nähe der meist vorkommenden Größe der Stagprojektion liegt, genommen, so ist $2\,\tau = \dfrac{20}{1000} = 0,02;\ \tau = 0,01$. Werden für $\psi = \dfrac{x}{a}$, Gleichung (7), einzelne Zahlenwerte eingesetzt und dann nach Gleichung (21) die Werte für $\dfrac{t}{a}$ errechnet und zusammen mit den Werten von $\mathfrak{Sin}\ \psi$ und $\mathfrak{Cof}\ \psi$ als Funktionen von ψ im Schaubild aufgetragen, so lassen sich zu irgendeinem ψ die zugehörigen Werte abgreifen. Es genügt, für ψ die Werte von 0 bis 4,4 zu nehmen; letzterer ergibt für tg χ_0 den Wert 40,72. Das ent-

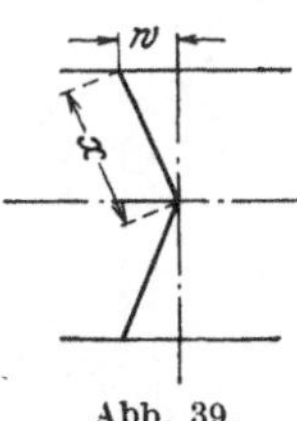

Abb. 39.

spricht bei 16 m Masthöhe über Deck einer Entfernung des Wantfußes vom Mast von rd. 0,39 m; damit genügt dieser Endwert allen im Schiffbau vorkommenden Anforderungen. Als wagerechte Kathete von tg χ_0 ist natürlich immer die in der senkrechten Ebene durch Want- und Mastfuß gemessene Strecke zu nehmen, und nicht etwa der Abstand des Mastfußes von der Verbindungslinie von zwei gegenüberliegenden Wantfüßen, also x und nicht w (Abb. 39). Aus den auf Abb. 40 dargestellten Schaulinien lassen sich, wenn einige Werte gegeben sind, die übrigen ablesen. An einem Beispiel werde die Benutzung des Schaubildes gezeigt:

Ein Fockstag von $5''$ Umfang hat ein Gewicht von 5,60 kg/m; sein Angriffspunkt am Mast liege 16 m über Deck, sein Fußpunkt entsprechend dem angenommenen $\tau = 0,01$ und $a = 1000$ m 20 m vom Mast entfernt. Dann ist tg $\chi_0 = 0,8$. Nach (13) und (17) ist, da τ sehr klein, auch tg $\chi = \mathfrak{Sin}\ \psi = 0,8$. Dazu gehört $\psi = 0,732$, also ist $x = 0,732 \cdot 1000 = 732$ m. Nach (2) und (7) ist $y = a \cdot \mathfrak{Cof}\ \psi$; zu $\psi = 0,732$ gehört $\mathfrak{Cof}\ \psi - \mathfrak{Sin}\ \psi = 0,481$, woraus sich $\mathfrak{Cof}\ \psi$ zu 1,281 ergibt; dann ist $y = 1281$ m. Der Wert $\mathfrak{Cof}\ \psi - \mathfrak{Sin}\ \psi$ liefert genauere Ablesungen, als wenn $\mathfrak{Cof}\ \psi$ unmittelbar abgemessen würde, weil ersterer mit wachsendem ψ nur allmählich von 1 abnimmt und daher einen größeren

Maßstab gestattet. Nach Gleichung (18) ist $h = y\,(\mathfrak{Cof}\,\psi - 1)$; da $\mathfrak{Cof}\,\psi - 1$
$= 0{,}00005$ ist, ist auch $h = 1281 \cdot 0{,}00005 = 6{,}4\,\mathrm{cm}$. t ist nach dem Schaubild
$2 \cdot 1000 \cdot 26 \cdot 10^{-8} = 0{,}52\,\mathrm{cm}$. Ferner ist nach Gleichungen (2), (3) und (6)
$S = a \cdot \mathfrak{Cof}\,\psi_2 \cdot \gamma = 1000 \cdot 1{,}281 \cdot 5{,}60 = 7210\,\mathrm{kg}$. H ist nach Gleichung (1)
$= 1000 \cdot 5{,}60 = 5600\,\mathrm{kg}$, und die Richtung der Tangente an die Kettenlinie
im Angriffspunkt von H, $\mathrm{tg}\,\chi_2 = \mathfrak{Sin}\,\psi_2 = 0{,}811$, χ_2 also $= 39°\,3'$. Da nun
$H : S = \cos\chi_2$, ergibt sich andererseits $S = 5600 : 0{,}777 = 7210\,\mathrm{kg}$. Diese

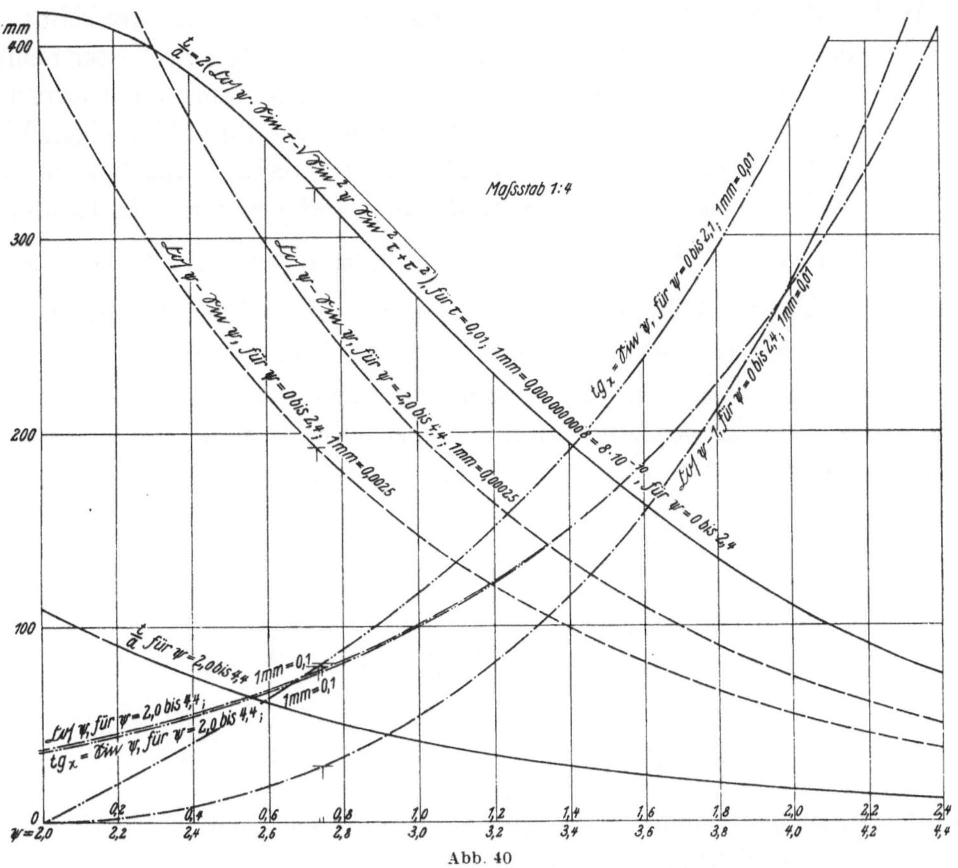

Abb. 40

doppelte Rechnung gibt die gleichen Werte, ein Zeichen, daß die Darstellungs-
weise der Zahlenwerte im Schaubild genügt.

Es werden nun der zu $a = 1000\,\mathrm{m}$ und $\tau = 0{,}01$ sowie dem jeweiligen γ ge-
hörende H-Wert, und ebenfalls die übrigen Werte, natürlich nicht gerade der
gegebene oder gesuchte Wert sein, und ebensowenig wird der mit 20 m angenommene Wert von $x_2 - x_1$ das richtige Maß sein. Daher müssen noch jedesmal
Berichtigungen der beiden Werte von a und τ vorgenommen werden. Für diese
Untersuchung ist wiederum gegeben die Lage der beiden Endpunkte des Stages,
sowie sein γ. Es sei irgendeine Kraft H angenommen, die zusammen mit γ einen
von 1000 m abweichenden Wert von a ergibt. Unbeeinflußt bleibt natürlich
$\mathrm{tg}\,\chi$, die Richtung der Sehne der Kettenlinie; da nun nach dem Beispiele $\dfrac{\mathfrak{Sin}\,\tau}{\tau}$
von 1 kaum abweicht, kann $\mathrm{tg}\,\chi_0$ auch als unveränderlich angenommen werden,

so daß auch $\mathfrak{Sin}\,\psi$ und ψ als unverändert angesehen werden können. Die übrigen Werte sind aber alle von a abhängig: es ist $x = a \cdot \psi$, $y = a \cdot \mathfrak{Cof}\,\psi$. Ferner ändert sich auch τ mit a, da $x_2 - x_1 = \tau \cdot 2\,a$, und zwar, da die Strecke $x_2 - x_1$ als Stagprojektion ihre Größe beibehält, im umgekehrten Verhältnis von a. Dementsprechend sind die von τ abhängigen Werte abzuändern, wie:

$$S = a\,\mathfrak{Cof}\,(\psi + \tau)\,;\quad h = y \cdot (\mathfrak{Cof}\,\tau - 1)\,;\quad t = 2\,a\,(\mathfrak{Cof}\,\psi\,\mathfrak{Sin}\,\tau - \sqrt{\mathfrak{Sin}^2\,\psi \cdot \mathfrak{Sin}^2\,\tau - \tau^2})$$

Die Werte, die von a und τ abhängig sind, bedürfen somit einer doppelten Berichtigung. Während nun a mit den von ihm abhängigen Werten linear durch Multiplikation verbunden ist, so daß a in diesen in Schaulinien aufgetragenen Werten nicht enthalten zu sein braucht und daher eine eigentliche Umrechnung nicht erforderlich ist, ist die Umrechnung bei τ schwieriger, weil in den von ihm abhängigen Werten seine Hyperbelfunktionen enthalten sind. Es ist daher zunächst zu untersuchen, in welcher Weise sich diese τ-Funktionen mit τ ändern. Es handelt sich in erster Linie um die Werte $\dfrac{\mathfrak{Sin}\,\tau}{\tau}$ und t; aber auch beim Werte von $\mathfrak{Cof}\,\tau - 1$ wird zweckmäßig die Abhängigkeit untersucht, während bei S einfacher nach Ermittlung von τ, aus $\psi\,\mathfrak{Cof}\,\psi_2 = \mathfrak{Cof}\,(\psi + \tau)$ unmittelbar abgelesen wird.

Zur Ermittlung dieser Berichtigungen muß zunächst näher auf die Formeln zur Berechnung der Hyperbelfunktionen eingegangen werden, da aus ihnen sich einfache Beziehungen für die Umrechnung ableiten lassen. Es ist:

$$\mathfrak{Sin}\,\xi = \xi + \frac{\xi^3}{3!} + \frac{\xi^5}{5!} + \cdots, \tag{23}$$

daraus

$$\frac{\mathfrak{Sin}\,\xi}{\xi} = 1 + \frac{\xi^2}{3!} + \frac{\xi^4}{5!} + \cdots; \tag{24}$$

ferner ist

$$\mathfrak{Cof}\,\xi = 1 + \frac{\xi^2}{2!} + \frac{\xi^4}{4!} + \cdots \tag{25}$$

Wird für den in Gleichung (13) vorkommenden Ausdruck $\dfrac{\mathfrak{Sin}\,\tau}{\tau}$ nur das erste Glied mit τ berücksichtigt, dann ist

$$\frac{\mathfrak{Sin}\,\tau}{\tau} = 1 + \frac{\tau^2}{3!} = 1 + 0{,}167\,\tau^2\,. \tag{26}$$

Für $\tau = 1{,}0$ sei untersucht, wie weit der vorstehende Wert vom richtigen abweicht:

$$\frac{\mathfrak{Sin}\,1}{1} = \mathfrak{Sin}\,1 = 1{,}17520$$

$$1 + 0{,}16667 \cdot 1^2 = \underline{1{,}16667}$$

$$\text{Unterschied} = 0{,}00853\,;\qquad \frac{0{,}00853}{1{,}17520} = 0{,}72\,\%$$

Bei $\tau = 1{,}0$ beträgt also der Fehler der Annäherungsrechnung weniger als 1%. Da τ immer kleiner als 1 sein wird, genügt obige Formel für die Umrechnung auf das jeweilige τ; es ist also

$$\operatorname{tg}\chi = \operatorname{tg}\chi_0\,(1 + 0{,}167\,\tau^2)\,. \tag{27}$$

Für den in Gleichung (19) vorkommenden Wert $\mathfrak{Cof}\,\tau - 1$ sind die Zahlenwerte im Schaubild aufgetragen. Für Rechnungen mit kleinen Werten soll jedoch die Formel gegeben werden: Nach Gleichung (25) ist

$$\mathfrak{Cof}\,\tau - 1 = \frac{\tau^2}{2!} + \frac{\tau^4}{4!} + \cdots$$

Wird wieder nur das erste Glied berücksichtigt, dann ist

$$\mathfrak{Cof}\,\tau - 1 = \frac{\tau^2}{2} = 0{,}5\,\tau^2$$

$$\text{Für} \quad \tau = 0{,}5 \text{ ist der richtige Wert} = 0{,}1276$$
$$\text{der angenäherte} = 0{,}5 \cdot 0{,}5^2 \quad = 0{,}1250$$
$$\text{Unterschied} \quad = 0{,}0026;$$

der Fehler ist $\dfrac{0{,}0026}{0{,}1276} = 2\%$, könnte also noch vernachlässigt werden; doch geben die Ablesungen aus dem Schaubild schon genügend genaue Werte.

Um für den in Gleichung (21) angegebenen Wert von t den Einfluß der Veränderung von τ festzustellen, müssen, da $\mathfrak{Sin}\,\psi$ mit $\mathfrak{Sin}\,\tau$ und τ unter der Wurzel vorkommt, außer verschiedenen τ-Werten auch mehrere ψ-Werte angenommen werden; letztere seien: 1. $\psi = 0{,}0$; 2. $\psi = 1{,}0$; 3. $\psi = 4{,}4$. Für τ werde genommen: a) $\tau = 0{,}01$; b) $\tau = 0{,}1$; c) $\tau = 1{,}0$. Dann ergibt sich für $\dfrac{t}{2a}$ bei

	1	2	3
$\psi =$	0,0	1,0	4,4
und $\tau =$ a) 0,01	0,000 000 167	0,000 000 11	0,000 000 0
b) 0,1	0,000 167	0,000 106 8	0,000 003
c) 1,0	0,175 2	0,108 3	0,003 98

Diese Werte entsprechen mit geringer Abweichung der Formel:

$$\frac{t}{2a} = z\left(\frac{\tau}{\tau_0}\right)^3,$$

wenn z der für $\tau = 0{,}01$ errechnete Wert von $\dfrac{t}{2a}$ ist. Die größte Abweichung

Tabelle 25. Formeln für die Kettenlinie.

1	a	$= \dfrac{H}{\gamma}$	
2	x	$= a \cdot \psi$	
3	y	$= a \cdot \mathfrak{Cof}\,\psi$	
4	S	$= a \cdot \mathfrak{Cof}\,(\psi \pm \tau) \cdot \gamma$	
5	s	$= a \cdot \mathfrak{Sin}\,\psi$	
6	$\operatorname{tg}\chi_0$	$= \mathfrak{Sin}\,\psi$	
7	$\operatorname{tg}\chi$	$= \mathfrak{Sin}\,\psi \cdot \dfrac{\mathfrak{Sin}\,\tau}{\tau}$	$1 + 0{,}00001667 \cdot \nu^2$
7a	$\operatorname{tg}\chi_{2(1)}$	$= \mathfrak{Sin}\,(\psi \pm \tau)$	
8	h	$= a \cdot \mathfrak{Cof}\,\psi \cdot (\mathfrak{Cof}\,\tau - 1)$	S. $\cdot\,9$
9	η	$= \dfrac{h}{y} = \mathfrak{Cof}\,\tau - 1$	$0{,}00005 \cdot \nu^2$
10	$t : a$	$= 2\left[\mathfrak{Cof}\,\psi \cdot \mathfrak{Sin}\,\tau - \sqrt{\mathfrak{Sin}^2\psi\,\mathfrak{Sin}^2\tau + \tau^2}\right]$	$z \cdot \nu^3$

ist bei 1 c) $= \dfrac{0{,}1752 \cdot 0{,}01^3 - 0{,}1667 \cdot 0{,}01^3}{0{,}1667 \cdot 0{,}01^3} = 5{,}1\%$. So hohe Werte von τ dürften aber kaum vorkommen, so daß auch diese Vereinfachung berechtigt ist.

Die Verhältniswerte, mit denen sich die von τ abhängigen Werte bei verändertem τ ändern, sind somit festgelegt, so daß es hiernach möglich ist, sämtliche vorkommenden Rechnungen auszuführen. Der Übersichtlichkeit halber sind die Hauptformeln mit den ermittelten Abänderungsabhängigkeiten in Tabelle 25 zusammengestellt; es bedeutet $\nu = \dfrac{\tau}{\tau_0}$.

Mit Hilfe dieser Formeln soll nun untersucht werden, welche Kräfte ein Fockstag auf die nach hinten zeigenden Wanten nur durch sein Eigengewicht

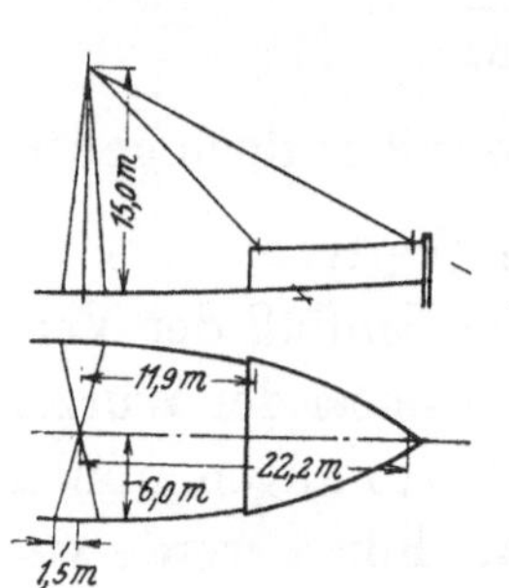
Abb. 41.

ausübt. Es gelte die auf S. 20 gewählte Anordnung von Fockstag und Wanten (Abb. 41); der Übersichtlichkeit halber seien zunächst die vorderen Wanten und die Backstage weggelassen.

Für Stage und Wanten sei eine Stärke von $5''$ mit $\gamma = 5{,}60$ kg/m angenommen. Bei einer Nutzbeanspruchung von 3000 kg/cm² ist der zulässige Seilzug 19,02 t; $^1/_5$—$^1/_6$ davon als Vorspannung sind 3,44 t. Aus $\operatorname{tg} \chi \sim \operatorname{tg} \chi_0 = 0{,}5 = \mathfrak{Sin}\, \psi$ folgt $\chi_0 = 26°\,30'$ und $\psi = 0{,}481$. Wird nun zur Ermittlung von $\psi_2 = \psi + \tau$ angenommen, daß $a = 1000$ m sei, dann ist

$$\tau = \frac{22{,}2}{2 \cdot 1000} = 0{,}011; \quad \psi_2 = 0{,}481 + 0{,}011 = 0{,}492 \ .$$

Daraus:

$$\operatorname{tg} \chi_2 = \mathfrak{Sin}\, 0{,}492 = 0{,}512; \quad \chi_2 = 27°\,10' .$$

Da $H = S \cdot \cos \chi_2$, ist $H = 3{,}44 \cdot 0{,}8897 = 3{,}06\ t$; $a = \dfrac{H}{\gamma} = \dfrac{3{,}06}{0{,}0056} = 547$ m. Mit diesem neuen a ist die Rechnung zu wiederholen:

$$\tau = \frac{11{,}1}{547} = 0{,}0203, \quad \psi_2 = 0{,}481 + 0{,}020 = 0{,}501; \quad \operatorname{tg} \chi_2 = \mathfrak{Sin}\, \psi_2 = 0{,}522;$$

$$\chi_2 = 27°\,40', \ \cos \chi_2 = 0{,}8857, \ \text{und} \ H = 3{,}44 \cdot 0{,}8857 = 3{,}051\ t; \quad a = \frac{3{,}051}{0{,}0056} = 544{,}8 \ \text{m}.$$

Dieser zweite Wert deckt sich auf 0,4% mit dem zuerst errechneten von 547 m, die erste Annäherung darf daher als hinreichend genau angesehen werden. Der Durchhang ist $h = a \cdot \mathfrak{Cof}\, \psi \cdot (\mathfrak{Cof}\, \tau - 1)$; nach S. 32 ist $\mathfrak{Cof}\, \tau - 1$ für

$$\tau = 0{,}0202 = 0{,}5 \cdot 0{,}0202^2 = 0{,}000204; \ h = 547 \cdot 1118 \cdot 0{,}000204 = 0{,}125 \ \text{m} = 12{,}5 \ \text{cm}.$$

Rechtwinklig zur Sehne beträgt die Abweichung des Stages:

$$h \cdot \cos 26°\,30' = 12{,}5 \cdot 0{,}8949 = 11{,}2 \ \text{cm}.$$

Die Verlängerung des Seiles gegenüber der Sehne beträgt nach dem Schaubild für $\tau = 0{,}01$:

$$t = 547 \cdot 0{,}000000296, \quad \text{für} \quad \tau = 0{,}0202 \quad \text{ist} \quad t' = t \cdot 2{,}03^3 = 0{,}00133 = 1{,}33 \ \text{mm}.$$

Nach

$$S = a \cdot \mathfrak{Cof}\,(\psi + \tau) \cdot \gamma \quad \text{ist} \quad S = 547 \cdot \mathfrak{Cof}\,0{,}492 \cdot 5{,}6\,,$$

für

$$\psi'_2 = 0{,}492 \quad \text{ist} \quad \mathfrak{Cof}\,\psi'_2 - \mathfrak{Sin}\,\psi'_2 = 0{,}613;$$

da

$$\mathfrak{Sin}\,\psi_2 = 0{,}512$$

ist, ist auch

$$\mathfrak{Cof}\,\psi'_2 = 0{,}512 + 0{,}613 = 1{,}125; \quad S = 545 \cdot 1{,}125 \cdot 5{,}6 = 3{,}435\,\text{t}\,.$$

Auch hier ist wieder vollkommene Übereinstimmung mit dem Ausgangswerte von $S = 3{,}44\,\text{t}$. Es empfiehlt sich, diese Nachprüfung jedesmal vorzunehmen, da so mit Sicherheit Fehler im Rechnungsgang festgestellt werden können.

Soll nun durch Vorspannung und Eigengewicht des Seiles der Mast nicht ausgebogen, also nicht auf Biegung beansprucht werden, so muß der wagerechte Zug des Fockstages durch die beiden hinteren Wanten aufgenommen werden. Da Fockstag und Wanten je zwei Seile haben, genügt es, für diese Rechnung nur je eins einzubeziehen. Die Wanten greifen unter

$$w = \operatorname{arctg} \frac{0{,}4}{0{,}1} = 76^\circ$$

an, daher ist die von jedem Want (B.-B. und St.-B.) aufzunehmende Horizontalkraft

$$H_w = \frac{H}{2 \cdot \cos 76^\circ} = \frac{H}{2 \cdot 0{,}2588} = 1{,}932\,H = 5{,}919\,\text{t}\,.$$

Wird nun statt des Winkels χ beim Fockstag für die Wanten der Winkel ξ eingeführt, so ist

$$\operatorname{tg}\xi = \frac{1}{\sqrt{0{,}4^2 + 0{,}1^2}} = 2{,}425 = \mathfrak{Sin}\,\psi'; \quad \psi' = 1{,}622\,.$$

$$a \text{ ist } \frac{H_w}{\gamma} = \frac{5919}{5{,}6} = 1057\,\text{m}, \quad \tau = \frac{0{,}422 \cdot 15}{2 \cdot 1057} = 0{,}002995 \backsim 0{,}003;$$

$$\psi_2 = \psi + \tau = 1{,}622 + 0{,}003 = 1{,}625;$$

$$\operatorname{tg}\xi_2 = \mathfrak{Sin}\,1{,}625 = 2{,}432, \quad \xi_2 = 67^\circ\,39'\,.$$

Dann ist

$$S = \frac{H_w}{\cos 67^\circ\,39'} = \frac{5919}{0{,}3803} = 15560\,\text{kg}\,.$$

Andererseits ist

$$S = 1057 \cdot \mathfrak{Cof}\,1{,}625 \cdot 5{,}60 = 1057 \cdot 2{,}638 \cdot 5{,}60 = 15615 \text{ (statt } 15560\text{) kg}\,.$$

Der Durchhang beträgt

$$h = 1057 \cdot \mathfrak{Cof}\,1{,}598 \cdot (\cos\tau - 1);$$

$$\mathfrak{Cof}\,1{,}622 = 2{,}631, \quad \mathfrak{Cof}\,\tau - 1 \text{ bei } \tau = 0{,}003 = 0{,}00005 \cdot 0{,}3^2 = 0{,}0000045\,.$$

$$h = 1057 \cdot 2{,}631 \cdot 0{,}0000045 = 0{,}0125\,\text{m} = 1{,}25\,\text{cm};$$

die Abweichung rechtwinklig zur Sehne gemessen ist

$$1{,}25 \cdot \cos 67^\circ\,39' = 0{,}475\,\text{cm}\,.$$

$$t \text{ ist } 1057 \cdot 0{,}000000130 \cdot 0{,}3^3 = 0{,}00003\,71\,\text{m} = 0{,}00371\,\text{mm}\,.$$

Der im Want durch Eigengewicht und Vorspannung des Fockstages auftretende Zug erreicht also nahezu die zulässige Belastung von $19{,}02\,\text{t}$. Tritt nun noch der Zug durch die vorderen Wanten sowie die Backstage hinzu, so wird der Zug noch viel größer. Bei den Backstagen ist, wenn hier ϱ statt χ gesetzt wird,

$$\operatorname{tg}\varrho = \frac{1}{\sqrt{1 + 0{,}4^2}} = 0{,}929 = \operatorname{Sin}\psi, \quad \psi = 0{,}830, \quad \varrho = 42^\circ 50'.$$

Wird $a = 1000$ m angenommen, dann ist, da die Länge der Backstage $= 12{,}82$ m,

$$\tau = 0{,}0064, \quad \psi_2 = 0{,}8364; \quad \operatorname{tg}\varrho_2 = \operatorname{Sin}\psi_2 = \operatorname{Sin}0{,}8364 = 0{,}938; \quad \operatorname{tg}\varrho_2 = 43^\circ 10'.$$

$$H = S \cdot \cos\varrho_2 = 3{,}44 \cdot 0{,}7314 = 2516 \text{ kg},$$

daraus

$$a = \frac{H}{\gamma} = \frac{2516}{5{,}6} = 449 \text{ m}.$$

Dann wird

$$\tau = \frac{6{,}41}{449} = 0{,}0143 \,; \quad \psi_2 = 0{,}844, \quad \operatorname{tg}\varrho_2 = \operatorname{Sin}0{,}844 = 0{,}947; \quad \varrho_2 = 43^\circ 30';$$

$$H = 3{,}44 \cdot 0{,}725 = 2495 \text{ kg}.$$

Zur Nachprüfung wird

$$S = a \cdot \operatorname{Cof}\psi_2 \cdot \gamma$$

ermittelt:

$$S = 449 \cdot \operatorname{Cof}1{,}378 \cdot 5{,}6 = 3{,}46 \text{ t};$$

auch hier ist der Ausgangswert wieder erreicht.

Die beiden von den Backstagen herrührenden Kräfte setzen sich zu einer Mittelkraft zusammen, die sich wieder auf die beiden hinteren Wanten verteilt. Die von jedem Want aufzunehmende wagerechte Kraft hat die Größe $2495 \cdot \dfrac{\sqrt{0{,}17}}{\sqrt{1{,}17 \cdot 0{,}1}} = 9778$ kg . Wie zur Aufnahme der vom Fockstag herrührenden Horizontalkraft von $5{,}919$ t ein Wantenzug von $15{,}25$ t nötig war, so ergibt entsprechend die Kraft von $9{,}78$ t eine Wantkraft von $25{,}19$ t . Ganz genau stimmt dieser Wert nicht, da mit verändertem a infolge anderen Wertes von H auch τ und damit ψ sich ändert; doch mag für diese überschlägliche Rechnung die Annäherung genügen. Die Vorspannung des vorderen Wantes kann, da sie im symmetrisch liegenden hinteren Want den gleichen Zug hervorruft, ohne weiteres addiert werden.

Das vor dem Mast angebrachte stehende Gut übt also auf jedes hintere Want einen Zug von $15{,}25 + 25{,}19 + 3{,}44 = 43{,}88$ aus, das sind 130% über die zulässige Nutzlast von $19{,}02$ t. Danach darf die Vorspannung gar nicht so weit getrieben werden; andererseits nimmt bei kleinerer Vorspannung der Wert t erheblich zu, der neben der Strecke $\varDelta l$ für die Ausbiegung des durch eine Hangerkraft belasteten Mastes maßgebend ist. Durch besondere Rechnung mit Hilfe der bereits gegebenen Formeln und Zahlenwerte läßt sich der gegenseitige Einfluß von Durchhang und Dehnung feststellen.

Daß die Vorspannung des nach vorn zeigenden stehenden Gutes infolge seines Eigengewichtes für die hinteren Wanten oft zu hoch wird, läßt sich bei den meisten Schiffen beobachten, deren Masten übermäßig lang und nach Herkommen mit der bei Segelschiffen üblichen und erforderlichen Takelung versehen sind. Auf S. 319 war gezeigt worden, daß selbst für den 40 t-Baum die Stage schwächer sein können als die Wanten. Das Anbringen von überflüssigen oder übermäßig starken Stagen bedeutet also nicht nur eine Verschwendung von hochwertigem Material, sondern außerdem noch eine Überlastung der hinteren Wanten. Es sei deshalb empfohlen, der Vorspannung des stehenden Gutes mehr Aufmerksamkeit als bisher zu widmen.

Der unmittelbare Wert der vorliegenden Arbeit soll in der Festlegung von neuen Rechnungswegen und Zahlenwerten zur Berechnung von Lademasten liegen, so daß einmal genauer und einfacher als bisher solche Rechnungen durchgeführt, und ferner Vergleiche zwischen überlieferter und neuerer Ausführung angestellt werden können. Darüber hinaus sollte aber gezeigt werden, daß es mit verhältnismäßig einfachen Mitteln der Wissenschaft möglich ist, das bisher als schwer zugänglich angesehene Gebiet der Mastberechnung zu erschließen, und es sollte so zu ausgiebigerer Anwendung von Festigkeitsrechnungen im Schiffbau zur Erzielung von Stoffersparnis angeregt werden.

Quellennachweis.

[1]) **Meyer:** Über die Lade- und Löscheinrichtungen der Frachtschiffe. Schiffbau, XXI. Jahrgang Hefte 35, 36, 39, 40.

[2]) **Woernle:** Ist die heutige Berechnungsweise der Drahtseile zulässig? Bericht des Karlsruher B.-V. des V. d. I., 1919, S. 19.

[3]) **Wahl:** Schiffbau, XIX. Jahrgang, Heft 9, S. 175, Zuschrift.

[4]) **Hirschland:** Über die Formänderung von Drahtseilen. Dissertation Hannover 1909, S. 13, Tab. 13.

[5]) **Hütte I,** 18. Auflage, S. 376/377.

[6]) ebenda, S. 424.

[7]) ebenda, S. 429.

[8]) **Krohn:** Zulässige Beanspruchung von Flußeisen in Bauwerken. Zentralbl. d. Bauverwaltung 1917, S. 436 (25. Aug.).

[9]) **Föppl,** Vorlesungen über technische Mechanik, 2. Bd., S. 83ff.

[10]) **Ligowski:** Tafeln der Hyperbelfunktionen und Kreisfunktionen, nebst einem Anhange. Berlin Ernst & Sohn, 1890, S. 100.

Ferner:

Geyer: Ein Beitrag zur Berechnung von Masten. Schiffbau, XVIII. Jahrgang, Heft 10.

Siemann: Beitrag zur Mastberechnung. Schiffbau, XX. Jahrgang, Heft 18 (9. Juli 1919).

Erörterung.

Herr Marinebaumeister v. d. Steinen:

Königliche Hoheit! Meine Herren! Bei der außerordentlich kurzen Zeit, welche zur Durchprüfung der von Herrn Dr. Gütschow vorgeschlagenen Methode zur Verfügung stand, war es mir leider nicht möglich, Vergleichsrechnungen anzustellen. Ich kann deshalb keineswegs eine eingehende Kritik üben, es drängte sich mir nur bei der Durchsicht der Eindruck auf, daß sich ohne Zweifel einige Rechnungen wesentlich vereinfachen ließen. Es ist ja gerade für das Schiffbaukonstruktionsbureau von außerordentlichem Wert feste Formeln zu bekommen. Formeln, die nach Einsetzen einiger Winkel und Längen gleich den günstigsten Fall als Lösung ergeben. Ich glaube, daß es möglich ist, derartige Formeln für die Trossenberechnung aufzustellen.

Allgemein gefaßt liegt unserer Berechnung folgende Aufgabe zugrunde: In einem räumlichen Fachwerk von elastischen, kugelgelenkig befestigten Stäben, welche von gegebenen Festpunkten aus in einen gemeinsamen Knotenpunkt zusammenlaufen, sollen die Stabquerschnitte und die Auswanderung des Knotenpunktes bestimmt werden. Die im Knotenpunkt angreifende Resultante aller Belastungskräfte ist der Größe nach konstant, variiert jedoch in ihrer Richtung.

In dieser Aufgabe kann der Raum des Knotenpunktes als Kraftfeld aufgefaßt werden, denn jeder Stab des Fachwerks stellt eine elastische Zentralkraft dar, deren Raumfunktion durch das Hooksche Gesetz festgelegt ist. Da nun alle Kraftfelder, welche auf Zentralkräfte zurückgeführt werden können, wirbelfrei sind, also ein Potential zulassen, kann ohne weiteres der geometrische Ort berechnet werden, welcher alle Raumpunkte verbindet, deren Kraftbetrag dem der Belastungsresultierenden gleichkommt. Dieser geometrische Ort aller Punkte mit gleicher Kraftgröße wird Isodyne genannt. Für den vorliegenden Fall ist es ein dreiachsiges Ellipsoid. Für ein räumliches Fachwerk von drei Stäben sind für die wirtschaftlichste Konstruktion durch die geometrischen Beziehungen am Ellipsoid schon die Querschnittsverhältnisse der Stäbe festgelegt, denn wir müssen selbstverständlich verlangen, daß die Punkte der zulässigen Dehnungen bei den einzelnen Trossen auf der Isodyne liegen. Die zulässige Dehnung ergibt sich aber ohne Rücksicht auf den Querschnitt allein aus der zulässigen Beanspruchung, kurz der Stäbe. Mit anderen Worten:

Bei einer auf Festigkeits- und Wirtschaftlichkeitsforderungen Rücksicht nehmenden Konstruktion sind für eine Belastung, welche bei gleichbleibender Größe ihre Richtung beliebig ändert, schon allein durch die Raumwinkel und die elastischen Längen auch das Querschnittsverhältnis und die Knotenpunktswanderfläche mitbestimmt; oder: das Querschnittsverhältnis der Stäbe und die Auswanderung des Knotenpunktes sind unabhängig von der Belastungsgröße. Die Belastungsgröße ist nur maßgebend für den Absolutwert der Stabquerschnitte.

Wenden wir dieses Verfahren auf die vorliegende Lademastaufgabe, auf die Berechnung der Querschnitte von Wanten und Stagen, an, so ergibt sich, daß vorher noch einige Punkte infolge der Eigenart der Aufgabe geklärt werden müssen. 1. Der Mast darf nicht ohne weiteres als Fachwerkstab in die Berechnung eingesetzt werden. Seine Abmessungen sind durch die Knickbeanspruchungen bedingt, welche bei dem Verfahren nicht berücksichtigt werden sollen. Also scheidet der Mast aus, und mit ihm gleichzeitig die vertikalen Kraftkomponenten der Trossen, so daß aus dem räumlichen ein ebenes Fachwerk, aus dem dreiachsigen Ellipsoid eine zweiachsige Ellipse wird. 2. Trotzdem darf der Mast bei der Berechnung nicht übergangen werden, denn weil er im Deck verspannt ist, ergibt sich bei seiner Ausbiegung eine horizontale Zusatzkraft. Diese ist jedoch wieder eine elastische Zentralkraft, fügt sich also sehr gut in die Rechnung ein. 3. Eine Trosse kann nur Zug-, keine Druckbeanspruchungen aufnehmen. Soll sie daher einen Fachwerkstab vollwertig ersetzen, so muß sie mit gleichen elastischen Längen und unter gleichen Winkeln in positiver wie negativer Richtung verspannt werden. 4. Schließlich ergeben sich noch Schwierigkeiten durch die Vorspannungen. Diese sind aber rein praktischer Natur, es handelt sich nämlich nur darum, den richtigen Prozentsatz zu treffen, welchen die Vorspannung im Vergleich mit der zulässigen Beanspruchung der Trossen haben soll, oder besser im Betrieb wirklich haben wird.

Beim ebenen Fachwerk sind durch die Geometrie der Ellipse die Querschnittsverhältnisse für zwei Trossenrichtungen (etwa Wanten + Backstage, oder Wanten + Fockstag usw.) ohne weiteres gegeben. Sobald drei Richtungen auftreten, kommen wir mit den Bedingungsgleichungen nicht mehr aus, es muß dann noch eine weitere Gleichung hinzugenommen werden. Das ist die des minimalen Materialverbrauches. Also ergeben sich erst bei weiteren Richtungen Zweideutigkeiten, die aber auch nicht weiter gefährlich werden können, die Formeln werden nur etwas umständlicher.

Ich habe vor einiger Zeit diese Rechnung gerade unter Berücksichtigung der Ansprüche, wie sie der Schiffbauer stellt, durchgeführt, halte es aber nicht für tunlich, Ihnen hier ohne Vordrucke die Formeln zu verlesen. Ich möchte deshalb lieber meine Ausrechnung im „Schiffbau" veröffentlichen, wo dann die einzelnen Formeln und Gleichungen ordnungsgemäß abgeleitet werden können, wozu hier an sich schon die Zeit fehlen würde. Ich werde dort den Beweis erbringen, daß nur durch Einsetzen der Raumwinkel und der elastischen Längen der Trossen die eigentliche Ausrechnung außerordentlich schnell und einfach durchgeführt werden kann. In den Daten läßt sich sehr viel berücksichtigen, so spielt die direkte Höhe der Wantfüße gar keine Rolle bei diesem Verfahren, weil damit ja die Trossenrichtung nicht berührt wird. Weiter können die Spannschrauben und ähnliche Ungleichartigkeiten im Baustoff durch reduzierte Längen zu ihrem Recht kommen, oder auch ganz vernachlässigt werden. Ich glaube daher, daß dies Verfahren der Trossenberechnung eine ziemliche Vereinfachung bedeuten dürfte. (Beifall.)

Herr Ober-Ingenieur Buchsbaum, Berlin:

Eure Königliche Hoheit! Meine Herren! Herr Dr. Gütschow hat uns einen außerordentlich anregenden, wertvollen Vortrag über einen Gegenstand gehalten, der bisher, soviel ich weiß, in unserer Gesellschaft noch nicht behandelt worden ist. Aber nicht nur der Gegenstand, sondern auch die Art der Entwickelung, die er gebracht hat, für die Berechnung von Lademasten, macht den Vortrag für mich ansprechend. Ich muß allerdings zugeben, daß mich der Vortrag besonders deshalb anzieht, weil ich mich vor zehn Jahren selbst damit beschäftigt habe. Ich nehme wohl nicht mit Unrecht an, daß auch diejenigen Herren, die sonst für mathematische Entwickelungen kein großes Interesse haben, gefunden haben werden, daß die exakte mathematische Ableitung zu Ergebnissen führt, die zum Teil überraschend, auf alle Fälle aber sehr interessant sind.

Nun muß ich aber zu meinem Bedauern bemerken, daß nach meiner Meinung die schöne Entwickelung des Herrn Dr. Gütschow nicht ohne weiteres für die Praxis brauchbar ist. Ich glaube nämlich nicht, daß im allgemeinen unsere Ingenieure die Zeit haben werden, sich so tief in die Sache zu versenken, daß sie in jedem Fall die ganze Rechnung vornehmen können. Es wäre also die Hoffnung, der Herr Dr. Gütschow Ausdruck gegeben hat, nämlich daß sein Vortrag zu genauer Berechnung der Lademasten führen wird, eine trügerische gewesen. Ich möchte daher dem Herrn Vortragenden zu erwägen geben, ob es ihm nicht möglich ist, selbst Vereinfachungen an seiner Rechnung vorzunehmen. Der Herr Vorredner hat zu meiner Befriedigung auch schon eine ähnliche Anregung gegeben. Vielleicht ist es Herrn Dr. Gütschow möglich dadurch, daß er Beiwerte in Schaubildern oder in Tabellen bringt, und daß er die eine oder andere ganz genaue Rechnung durch eine Annäherungsrechnung ersetzt, eine für die praktische Verwendung brauchbare Formel zu schaffen. (Beifall.)

Herr Dr.-Ing. Gütschow, Danzig (Schlußwort):

Eure Königliche Hoheit! Meine Herren! Ich danke den beiden Herren Vorrednern für das Interesse, das sie meiner Arbeit entgegengebracht haben. Ich werde ihre Vorschläge gern weiter verfolgen. Verwirklichen läßt sich aber das, was sie angeregt haben, erst, nachdem Herr v. d. Steinen seinen Aufsatz im „Schiffbau" veröffentlicht hat. Nach dem, was ich dann dort sehe, will ich gern meinen Vortrag durcharbeiten und untersuchen, wie weit es erforderlich wird, für die praktische Benutzung auf dem Konstruktionsbüro Änderungen zu treffen. Herrn Buchsbaum weise ich darauf hin, daß ich bereits im Schaubild 37 die Kurven der Werte von ε, ϑ, η gebracht habe, so daß eine erhebliche Ausrechnung gar nicht nötig ist, sondern die Werte für jedes beliebige $b : L$, wie es gerade bei irgend einem Mast vorkommt, abgegriffen werden können. Ebenso ist es auch möglich, für irgend einen beliebigen Fall von Wantdurchhang oder -vorspannung die entsprechenden Werte aus dem Schaubild 40 abzulesen und daraus in einfacher Umrechnung die gewünschten Zahlengrößen zu erhalten. Aber ich würde mich freuen, wenn ich besonders in dem Aufsatz von Herrn v. d. Steinen etwas finden würde, was mich veranlassen könnte, noch eine Verbesserung vorzunehmen. (Lebhafter Beifall.)

Seine Königliche Hoheit Großherzog Friedrich August:

Es ist ein großes Verdienst von Herrn Dr. Gütschow, daß er einen so wichtigen Ausrüstungsgegenstand der neuen Frachtdampfer, wie ihn die Ladebäume bilden, bezüglich seiner Berechnungsart einer gründlichen Untersuchung unterzogen hat. Die Praxis wird daraus sicherlich großen Nutzen ziehen, und dafür spreche ich Herrn Dr. Gütschow den besten Dank der Versammlung aus. (Beifall.)

Besichtigungen.

XIV. Das Goerz-Werk.

Von

F. M. Feldhaus.

Des Menschen schaffender Alltag benötigt, ohne daß wir uns dessen immer
bewußt werden, eine Reihe von Gebrauchsgegenständen, deren Werdegang uns
zeigt, wie der Mensch bemüht ist, sie in jeder Hinsicht verwendungsfähiger

Abb. 1. Kommerzienrat Dr.-Ing. h. c. C. P. Goerz.

zu gestalten. Das irdene Eßgeschirr, das gegerbte Leder, der gewobene Stoff,
das Glas vom Spiegel bis zur Brille, vom Trinkgefäß bis zum Fenster sind Beispiele,
die jeder Augenblick unseres Daseins willkürlich vermehrt. Die Entstehung
solcher Utensilien reicht in urgeschichtliche Zeiten des Menschengeschlechts
zurück. Ihre Techniken und Praktiken haben eine immer größere Verfeinerung
erlebt, bis schließlich wie beim Glas, ein Produkt entstand, das ein Gegenstand
der Praxis, der Wissenschaft und des Kunstgewerbes zugleich sein konnte.

Hier gehen wissenschaftliche Kenntnis und technische Fortschritte Hand
in Hand; aus den alten Methoden des Glasblasens, des Schleifens, entwickelten
sich komplizierte Verfahren, die alle Mittel und Möglichkeiten chemischer,

physikalischer und technologischer Forschung ausnutzen und in Ergebnisse umsetzen, deren „sachlicher" Gehalt wohl kaum mehr zu überbieten ist.

Zu den zahllosen technischen Betrieben, die in ihrer Gesamtheit die umfassendste deutsche Industriestadt Groß-Berlin bilden, gehören als die eigenartigsten die „Werke" des Goerz-Konzerns, deren neueste und größte Betriebe an der Peripherie der viertgrößten Stadt der Erde liegen. Der Weg, der zur Entwicklung dieser Werke führte, ist von einem Manne in ständigem Aufstieg durchschritten worden, der heute noch seine Fürsorge den einzelnen Zweigen der von ihm geschaffenen, zu einer Weltfirma gewordenen Anlage zuwendet. Carl Paul Goerz (Abb. 1), der in Brandenburg a. H. am 21. Juli 1854 geboren ist, hatte 1886 in Berlin ein Versandhaus für mathematische Instrumente, Reißzeuge, Winkel und ähnliche Dinge gegründet, die er in erster Linie an Schulen vertrieb. Trotz der Beschränktheit dieses Absatzgebietes stieg der Umsatz, und nach kaum einem Vierteljahr nahm Goerz sich den ersten Angestellten. Als Kaufmann erkannte er, daß die Photographie — es war die Zeit, in der die Trockenplatte ihren Siegeszug um die Welt antrat — unter Liebhabern und Fachleuten immer weitere Kreise zu ziehen begann. Er erweiterte darum seinen Geschäftsbereich durch die Aufnahme photographischer Apparate und Materialien, deren geschickte Auswahl bald dazu beitrug, daß ihr Umsatz den der mathematischen Instrumente überstieg. 1888 erwarb C. P. Goerz eine kleine mechanische Werkstatt, um Photoapparate selbst herstellen zu können. Ihre exakte Ausführung vergrößerten das Absatzgebiet des jungen Geschäftes bald. Nun lag der Gedanke nahe, in Zukunft nicht nur die einzelne Kamera, sondern auch die Objektive selbst herzustellen. Goerz ließ sich ein Objektiv berechnen, und mit einer Schleifmaschine, einem Arbeitstisch und einigem Gerät wurde aus Jenaer Glas die Fabrikation der Linsen aufgenommen und in wissenschaftlich exakter Technik durchgeführt. Da die Arbeitsräume zu eng wurden, zog Goerz 1889 aus dem Nordosten der wachsenden Weltstadt nach dem werdenden Westen. Auf der Jubiläumsausstellung des Berliner Photographischen Vereins, die 1889 aus Anlaß des 50jährigen Jubiläums der Photographie stattfand, zeigte Goerz die erste originelle Konstruktion: eine Geheimkamera, die die Form eines Buches hatte. Ein Jahr später übernahm Goerz in zielsicherer Erkenntnis des hohen Wertes die von Anschütz erfundene neue Art des Momentverschlusses: den Schlitzverschluß, der von Anschütz zwar schon in der Wissenschaft durch ausgezeichnete Tieraufnahmen bekannt, der allgemeinen photographischen Technik aber bis dahin nicht zugänglich war. Die sogenannte Goerz-Anschütz-Kamera war das originelle Fabrikat von Goerz, der im Juni 1891 bereits das 4000. Objektiv fabrizieren konnte; wenige Wochen später ging Goerz zum Aluminiumobjektiv über.

Noch aber bedurfte die Firma eines eigenen Fabrikates, das geeignet war, durch Eigentümlichkeit der Konstruktion und Ausführung die Konkurrenz endgültig zu übertreffen. Darum stellte C. P. Goerz dem jungen Emil von Höegh die Aufgabe, ein für damalige Verhältnisse ideales Objektiv zu berechnen. Nach wenigen Wochen, im November 1892, war der berühmte Goerz-Doppel-Anastigmat, der heutige Dagor, fertig, der ein großes Gesichtsfeld mit größter Helligkeit vereinigte. Er erregte 1893 auf der Weltausstellung in Chikago die allgemeine Aufmerksamkeit, und das Geschäft, dessen Arbeiterzahl bereits das erste hundert überschritten hatte, dehnte sich derartig aus, daß 1893 in Paris, 1895 in Neuyork, 1899 in London, 1905 in Petersburg und 1909 in Wien Filialen errichtet werden mußten.

Die Fabrikation der Doppel-Anastigmate machte 1894 einen neuen Umzug nötig, und zur selben Zeit ging man, wohl als eine der ersten deutschen Fabriken, zum achtstündigen Arbeitstag über. Auch wurden soziale Einrichtungen: Konsumverein, eigene Krankenkasse und Ferien für die Arbeiter eingeführt.

Neben der Optik für photographische Zwecke berechnete v. Höegh ein neues verkittetes Objektiv für Prismenfernrohre.

Als 1896 bei einem Arbeiterstand von über 300 Köpfen das 30 000. Objektiv bei Goerz vollendet wurde, ward das erste Trieder-Binokel fertiggestellt, und wichtige Hilfswerkstätten für Galvanoplastik, Schleiferei, Lackiererei und Lederarbeiten wurden in Betrieb genommen.

Die Fabrikation der Trieder-Binokel füllte schnell alle verfügbaren Räume, und wiederum stand 1897 ein Umzug bevor, der im folgenden Jahr in eigene große Werkstätten nach Friedenau erfolgte.

Zwei Jahre später erteilte die preußische Heeresverwaltung ihren ersten Auftrag auf Prismenfernrohre. Damit wurde ein Weg beschritten, der die Leistungsfähigkeit der Firma für fast 20 Jahre auf immer neue Proben stellte.

Zu Anfang des neuen Jahrhunderts wurde das 100 000. Objektiv bei Goerz fertig und ein lichtstarkes Prismenglas für Jagdzwecke wurde in die Fabrikation aufgenommen. Schon 1903 mußte eine eigene Militärabteilung eingerichtet werden. Doppelfernrohre, Zielfernrohre, Bussolen-Richtkreise für Feld- und Fußartillerie und vor allem Sehrohre für die neue Waffe der Marine, das Unterseeboot, wurden in die Fabrikation aufgenommen. Krupp versah seine Versuchsgeschütze mit Panorama-Fernrohren von Goerz. Die russische Artillerie folgte diesem Beispiel. Eine eigene Fabrik in Preßburg versah die Länder der Donaumonarchie mit militärischen Apparaten. In Friedenau arbeiteten die militärischen Abteilungen in drei Schichten. Das Scherenfernrohr, das Rundblicksehrohr für Unterseeboote, waren Neuerungen von Goerz in den nächsten Jahren auf militärischem Gebiet, und die zusammenklappbare Spiegelreflexkamera, in der man das Aufnahmeobjekt bis kurz vor der Exposition auf der Mattscheibe betrachten konnte, war ein neuer Friedensartikel. Eine meteorologisch-aeronautische Abteilung erweiterte die Grenzen der Fabrikation. Als am 23. Januar 1911 das kleine Parseval-Luftschiff für eine Reklamegesellschaft seine erste Fahrt über Berlin machte, warfen neue Goerz-Projektionsapparate Schriften und Bilder weithin sichtbar in der Luft auf die Wandungen des Luftschiffes.

Nach fünfundzwanzigjähriger Tätigkeit lieferte Goerz im Jahre 1911 das 300 000. Objektiv ab.

Ein weiterer Fortschritt war es, als 1912 das Dogmar herausgebracht wurde, ein photographisches Objektiv, das eine Lichtstärke bis 1:4,5 aufwies.

Ein Jahr vor dem Weltkrieg schloß Goerz einen Lieferungsvertrag für optisches Glas mit den Sendlinger Optischen Glaswerken bei München,
die vom Enkel des berühmten Carl August Steinheil auf Grund von Versuchen seines Vaters und Großvaters im Jahre 1899 errichtet worden waren.
Wenige Monate vor dem Weltkrieg wurde Goerz Teilhaber dieser Glashütte. Als der
„technischste" aller Kriege eine ungeheure Steigerung der Goerzschen Produktion
zur Folge hatte, machte sich die räumliche Trennung des Glaserzeugers in München
vom Verbraucher in Berlin störend bemerkbar. Es darf mit vollem Recht als

Abb. 2. Das Gelände des Goerz-Konzerns am Teltower Stichkanal. Links die Gebäude der Optischen Anstalt C. P. Goerz A. G.,
rechts daneben die der Sendlinger Opt. Glaswerke G. m. b. H. Auf dem freien Felde rechts im Hintergrunde steht jetzt die
Fabrik der Goerz Photochemischen Werke G. m. b. H.

zukunftweisendes Zeichen deutscher Tatkraft angesehen werden, daß Goerz
sich entschloß, das Glaswerk vom Sendlinger Oberfeld während des Weltkrieges
nach Berlin zu verlegen. Er errichtete auf einem großen Gelände am Teltowkanal, der ihm eine billige Zufuhr von Kohle und anderen Massengütern sicherte,
auf Zehlendorfer Gebiet ein Glaswerk in größtem Maßstab und baute nebenan
neue, geräumige Werkstätten zur Bearbeitung des Glases, zur Herstellung von
Objektiven und von anderen Fabrikaten der Feinmechanik (Abb. 2). Später
folgte hier als dritter, in sich abgeschlossener Komplex die Neuanlage der Filmfabrik, der Goerz Photochemischen Werke G. m. b. H.

Das Heer der Arbeiter und Beamten wird zum Glaswerk, zur Optischen
Anstalt C. P. Goerz und zur Filmfabrik mit einer eigenen Eisenbahn befördert.

Glas ist verschieden durchsichtig. Flaschenglas ist, wenn man es in dicken Stücken betrachtet, dunkel, Fensterglas ist grün und optisches Glas, je nach dem Grad der Durchsichtigkeit, mehr oder weniger weiß. Die Anforderungen, die an hochwertiges Glas gestellt werden, sind mannigfachster Art, und so müssen für jeden optischen und technischen Zweck stets neue Bedingungen bei der Schmelze erfüllt werden.

Bei des Glases Werdegang wird das Goethe-Urwort vom „Stirb und Werde" zur Wahrheit, denn das eigentümlichste Merkmal dieses über Monate aus-

Abb. 3. Die maschinelle Fabrikation des Hafens. Zwischen „Mantel" und „Kern" wird der Tonbrei eingegossen, nach einigen Tagen der „Kern" herausgehoben (im Hintergrund) und wiederum nach einiger Zeit der „Mantel" entfernt (im Vordergrund).

gespannten technischen Vorgangs ist die verblüffende Tatsache, daß er — um es trivial auszudrücken — zweimal von vorn anfängt (Schmelzprozeß und Senkprozeß)!

Von zwei Seiten her werden die Vorbereitungen getroffen, die beide aus einer Mischung chemischer Substanzen das Glas in rechter Art und Güte bedingen. Zunächst konzentrieren sich die vorbereitenden Tätigkeiten auf die Herstellung der Häfen, der großen Gefäße, darin später das Glas geschmolzen, und der kleineren Formen, darin es die zweite Erhitzung durchmachen muß. Da das Glas Einschmelztemperaturen bis zu 1500° aushalten soll, kann zu den Häfen nur ein Ton von höchster Feuerfestigkeit verwendet werden. Ton hat „kolloidale" Eigenschaften, d. h. er ist ein nicht kristallisierender Körper, der nur schwer oder gar nicht diffundiert: die Tonkolloide sind quellbar und gehen durch alkalische

Abb. 4. Das Hafenmachen von Hand. Der Ton wird durch Werfen aneinandergefügt.

Abb 5. Das Einlegen des aus reinen Chemikalien hergestellten Gemenges mittels langer Schaufeln, in den im Ofen befindlichen erhitzten Hafen.

Substanzen in Lösung über. So gelingt es, den Ton zu verflüssigen, ohne daß der Tonbrei mehr Wasser enthält, als sonst nötig wäre, ihn plastisch zu machen. Der Tonbrei wird maschinell gemischt und dann in eine aufklappbare Form von porösem Gips gegossen (Abb. 3). Der Gips zieht das Wasser aus der Tonmasse heraus, so daß der Tonhafen nach einigen Tagen entformt werden kann, worauf er einem mehrmonatigem Trockenprozeß unterworfen wird. Auch die alte Art des Hafenmachens von Hand wird für spezielle Zwecke noch angewandt,

Abb. 6. Das Ausfahren des Hafens mit dem fertigen flüssigen Glas auf alte Art. Jetzt geschieht dies mittels einer elektrisch betriebenen Maschine.

wobei der Ton durch „Werfen“ möglichst blasenfrei aneinandergefügt wird (Abb. 4).

Das andere Verfahren schafft aus restlos chemisch-reinen Chemikalien das „Gemenge“ der Schmelzmaterialien, aus denen das Glas entsteht. Sie werden in der Gemengemacherei mittels einer genauen Wage in ihr gegenseitiges Gewichtsverhältnis gebracht und in einer Mischmaschine gleichmäßig untereinander verteilt.

In einem von Generatorgas geheizten, backofenähnlichen Gemäuer wird ein für die Glasschmelze der Größe nach geeigneter Hafen „getempert“, d. h. langsam auf die Schmelztemperatur gebracht. Das aus der Gemengemacherei in niedrigen Wagen ankommende Gemenge wird mittels einer langen Schaufel (Abb. 5) nach und nach in den im Schmelzofen stehenden Hafen gefüllt. Damit beginnt der

Vorgang des „Lauterschmelzens", der 8 bis 12 Stunden dauert, und aus einer schaumig-moussierenden Masse bildet sich in dieser Zeit das blanke Glas als feurig-klare Flüssigkeit. Der kontrollierende Menschengeist muß während dieses Prozesses über Zeit und Temperatur sorgfältig wachen. Die Verantwortung für die Durchführung des Schmelzprozesses hat der Schmelzmeister. Die Oberfläche des Hafens muß durch „Abfeinen" stets gereinigt und die flüssige Glas-

Abb. 7. Das Zerlegen des roh abgekühlten Hafens.

masse mittels eines Tonstabes, der an einer wassergekühlten Eisenstange sitzt, von einer Rührmaschine stets umgerührt werden, damit sich im Glas keine „Schlieren" bilden. Ist die Glasmasse, der ab und zu vom Schmelzmeister Proben entnommen wurden, fertig und reif, dann wird der Hafen aus dem Ofen mittels einer großen fahrbaren Zange „ausgefahren" (Abb. 6). Neuerdings faßt eine elektrisch betätigte ähnliche Maschine den glühenden Hafen im Ofen und fährt ihn durch die Halle auf einen gemauerten Untersatz, wo er abgesetzt und mit einer Eisenbandage umgeben wird, worauf man ihn in besonderer Weise während ca. 14 Tagen langsam abkühlen läßt. Dabei erstarrt der Inhalt des Hafens zu Glas, zerteilt sich aber bei der Abkühlung samt dem Hafen in größere und kleinere Brocken. Wiederum faßt die fahrbare Zange den Hafen und setzt ihn in der Halle ab, wo ein Arbeiter das Gebilde mittels einer Brechstange (Abb. 7) vollends auseinanderbricht: Hafen und Glasinhalt liegen in Trümmern am Boden. Das Glas zeigt an den Bruchflächen einen eigentümlichen, muschelartigen

Abb. 8. Das Sortieren der Hafenglasbrocken. Mittels eines Hammers werden scharfe Kanten, Einsprünge usw. entfernt, oder der Brocken zerlegt.

Abb. 9. Roher Hafenglasbrocken in der Senkform.

Charakter. Wenn die Kühlung mißlingt, sind die Bruchflächen des Glases so splitterig, daß der ganze Inhalt unbrauchbar ist.

Das Glas eines brauchbaren Hafens wird nach Größe und Art der Bruchstücke sortiert (Abb. 8). Stücke, die allzu starke Schlierenbildung zeigen, werden ausgeschieden. Brauchbare Stücke werden gewogen und nach ihrem Gewicht in passende, kleine Formen aus Schamotte (Abb. 9) gelegt. Viele dieser Formen

Abb. 10. Kühlöfen. Links das Einlegen der aus dem 'Senkofen kommenden Formen mit dem „gesenkten" Glas. Rechts: Entleeren eines Ofens.

werden in das eine Ende eines langgestreckten Tunnelofens eingesetzt, den sie bis zum anderen Ende langsam durchwandern. In diesem Ofen steigt durch verteilte Gasfeuerung die Raumtemperatur allmählich und unter ständiger Kontrolle durch Pyrometer bis zur Schmelztemperatur des Glases, so daß sich jeder Glasbrocken in seine Form „senkt". Aus diesem Senkofen kommen die kleinen Schamotteformen samt ihrem zäh-flüssigen Inhalt in Kühlöfen (Abb. 10), die gleichfalls durch Gas geheizt werden. Diese Öfen werden, wenn sie ganz gefüllt sind, zugemauert und in einer vier- bis achtwöchentlichen Periode abgekühlt.

Die den Senkformen entnommenen Glasplatten (Abb. 11) haben eine rauhe Oberfläche und sind undurchsichtig. Sie werden auf Eisenplatten in große Eisenringe gestellt und mit Gips zusammengegossen, um dann von Maschinen

Abb. 11. Form mit gesenkter Glasplatte, wie sie aus dem Kühlofen kommt. Die Oberflächen sind undurchsichtig. Links: an zwei gegenüberliegenden Seiten anpolierte Senkplatte.

Abb. 12. Feinsortieren des Glases. Die anpolierten Platten werden auf Spannung (links) und Schlieren (rechts) untersucht.

mit Sand geschliffen und mit Polierrot poliert zu werden. Dies geschieht an zwei
sich gegenüberliegenden Seiten, so daß man nun durch die Senkplatte (Abb. 11
links) hindurchsehen kann. In der Feinsortiererei (Abb. 12) wird jede Platte
genau auf Blasen, Schlieren und die selteneren Fehler der Entglasung (Abb. 13)
usw. untersucht. Die Glasplatten, von denen jede die Nummer der Schmelze
trägt, werden ins Glaslager gebracht. Wenn 20% der im Hafen enthalten ge-
wesenen Glasmasse zur weiteren technischen Verarbeitung an das Lager abgegeben werden können, dann hat man eine „gute Schmelze". Mehr als ein

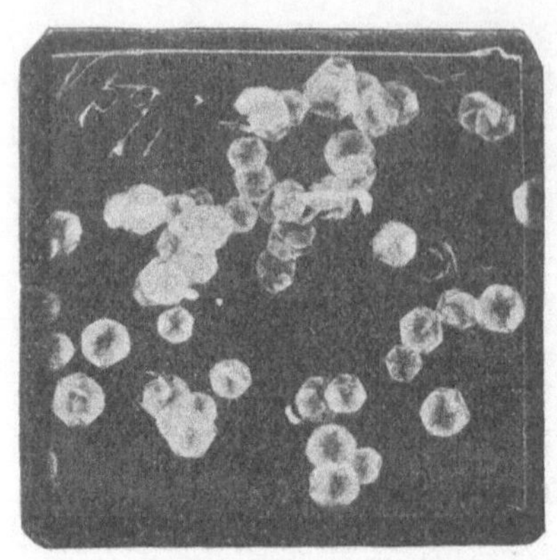

Abb. 13. Entglasungserscheinungen. Kristalle,
die sich beim Abkühlen gebildet haben.

Vierteljahr vergeht von dem Augenblicke an, da
das Gemenge dem Hafen anvertraut wird, bis
zur Ablieferung des Glases an das Lager. Auf
diesem zeitlich so langen Wege ist das werdende
Glas fast immer dem direkten kontrollierenden
Einfluß des Menschen entzogen und nur höchstmögliche Verfeinerung der Methoden vermag eine
Stetigkeit des Prozesses und Produktes zu ver-
bürgen. Man stellt je nach der Verwendung des
Glases an seine Lichtdurchlässigkeit, Härte und
thermische Ausdehnung bestimmte Anforderungen, denen dieser Werdeprozeß gerecht werden
muß. Sind alle Voraussetzungen erfüllt, dann
kann die technische Feinbehandlung die Gläser zu
Linsen oder Prismen für die verschiedenartigsten optischen Instrumente ver-
arbeiten, auf daß es dazu diene, unser Wissen von den Dingen um uns her
zu vertiefen und zu erweitern.

In der Optischen Anstalt C. P. Goerz A. G., geht nun der Verarbeitung des Rohglases zu Linsen die Konstruktion und die Berechnung der
Fernrohre, photographischen Objektive und anderer Linsensysteme im Konstruk-
tions- und Rechenbureau voran. Die Berechnung (die sogenannte Fehlerkor-
rektion) des Objektivs geschieht in der Weise, daß man gewisse charakteri-
stische Lichtstrahlen rechnerisch durch das ganze System verfolgt und systematisch die Kugelflächen, von denen die Linsen begrenzt werden, die Abstände
der Linsen voneinander evtl. auch die Gläser so lange ändert, bis der gewünschte
Korrektionszustand erreicht ist. Solche Rechnungen sind oft sehr langwierig
und erfordern viel Geduld, da unter Umständen durch eine ganz geringe Änderung eines Kugelradius oder eines Abstandes eine bedeutende Änderung des
Korrektionszustandes herbeigeführt werden kann. Liegen nach Beendigung
der Korrektion die Radien der Linsenflächen, die Luftabstände zwischen den
einzelnen Linsen und ihre Dicken fest, so beginnt man mit der Fabrikation.
Wir treten in die Schrupperei ein und sehen dort, daß zunächst die Glasplatte,
wie sie vom Lager entnommen wird, mit der Diamantsäge in dünne Streifen
zerschnitten wird (Abb. 14). Hierbei wird durch zufließendes Wasser das Glas
dauernd gekühlt, um ein Zerspringen durch die infolge der Reibung auftretende

Abb. 14. Glasschneiderei. Die vom Lager kommenden Glasplatten werden mittelst Diamantsägen in Streifen zerlegt.

Erwärmung zu verhüten. Auf diese Glasstreifen werden die gewünschten Linsengrößen mit Bleistift aufgezeichnet und die einzelnen Stücke von den Streifen abgetrennt. Um eine annähernd runde Form zu erhalten, werden die über den Kreis hervorstehenden Glasteile mittels einer Zange „abgebröckelt" und

Abb. 15. Schrupperei. Mit Hilfe von Sand und grobem Schmirgel werden die Flächen der Linsen vorgeschruppt.

die so erhaltenen Stücke zu einer „Wurst" zusammengekittet. Unter Beifügung von Sand wird diese auf einer rotierenden Platte so lange hin und her gerollt, bis sie die Form eines Zylinders mit dem gewünschten Durchmesser hat. Die einzelnen Scheiben werden nun von der Rolle abgesprengt, und der Schrupper gibt ihnen auf vertieften oder gewölbten Schleifköpfen konkave oder konvexe Flächen (Abb. 15).

In der Schleiferei werden nun, auf Schalen ähnlich den beim Schruppen verwandten, die Linsen geschliffen. Zu diesem Zwecke werden sie auf eine Schale, den Linsenkopf, mit Siegellack aufgekittet. Dieser wird auf die Schleifmaschine aufgesetzt, und während der Linsenkopf um seine Achse rotiert, wird die Schale exzentrisch über die Linsen hin und her bewegt. Unter Verwendung von Schmirgel und Wasser werden die Linsen auf diese Weise geschliffen. Sodann wird der Kopf gut gereinigt und auf die Poliermaschine (Abb. 16) aufgesetzt, wo die

Abb. 16. Poliererei. Auf „Köpfen" (im Vordergrund) werden die Linsen mit Siegellack aufgekittet (rechts) und dann unter fortwährender Beigabe von Wasser und feinem Schmirgel bzw. Polierrot feingeschliffen und poliert.

bis jetzt noch undurchsichtigen Flächen so lange poliert werden, bis sie vollständig durchsichtig sind und die gewünschte Kugelform haben. Um dies zu erkennen, wird ein Versuch mit dem „Probeglas" gemacht. Wohl bei keiner Fabrikation wird so genau gearbeitet, wie bei der optischen, da man hier mit Bruchteilen von Lichtwellenlängen mißt. Hat nämlich die Linsenfläche noch nicht die dem Probeglas entsprechende Form, so entstehen an den Berührungsstellen bunte, konzentrische Kreise, die Newtonschen Farbenringe. Erst wenn man beim Auflegen des Probeglases (Abb. 17) diese nicht mehr sieht und höchstens ein Hauch verwaschener Farben zu erkennen ist, ist der Polierprozeß beendet.

Nach dem Reinigen und genauer Kontrolle der Linsen kommen sie in die Zentriererei. Hier setzt der Arbeiter die Linse mit Siegellack so gegen ein um ihre Achse rotierendes Rohr, die Zentrierschale, daß das an der Vorder- und Rückseite gespiegelte Bild irgendeiner hellen Fläche, z. B. des Fensters, bei

der Rotation der Linse vollkommen ruhig stehen bleibt (Abb. 18). Bei größeren
Linsen wird zur Kontrolle, ob die Linse „läuft", ein Hebel benutzt, dessen eines
Ende gegen die Vorderfläche der rotierenden Linse gehalten wird. Der am
längeren Ende angebrachte Zeiger zeigt den Ausschlag an; befindet er sich am
Ende, so läuft die Linse bei der Rotation zentrisch. Nun erfolgt das eigentliche
Zentrieren, d. h. vom Rand der Linse wird so viel abgeschliffen, daß alle seine
Punkte gleichweit von der optischen Achse der Linse entfernt liegen. Danach

Abb. 17. Durch Auflegen des Probeglases prüft der Polierer, ob die Linsenflächen genau sind.

wird die Linse facettiert, d. h. die scharfe, am Rande stehenbleibende Kante
abgeschliffen. Zentrieren und Facettieren werden besonders bei kleinen Linsen
auf einer Maschine gleichzeitig ausgeführt (Abb. 19).

Nun sind die Linsen soweit, daß sie zu Objektiven zusammengesetzt werden
können. Sollen zwei Linsen miteinander verkittet werden, so erwärmt man sie,
bringt auf die eine etwas Kanadabalsam und drückt die andere dagegen. Unter
Benutzung eines Hebels, der eine Libelle trägt, wird die Linse zentriert (Abb. 20),
d. h. die Linsen so lange gegeneinander verschoben, bis die Libelle beim Drehen
derselben in Ruhe bleibt.

Auf ähnliche Weise wie die Linsen werden auch die Prismen geschliffen und
poliert, wobei man mit eigens dazu eingerichteten Meßinstrumenten fortwährend
die Winkel der Prismen mißt, bis sie die gewünschte Genauigkeit erhalten haben.

Nach peinlichster Kontrolle werden dann Linsen und Prismen gefaßt, um als photographische Objektive, Fernrohre, Polarisationsapparate oder sonstige optische Instrumente die Werkstätten zu verlassen.

Im Objektivbau sieht man die Herstellung der mechanischen Einzelteile eines photographischen Objektivs und wie diese zu der Fassung zusammengesetzt

Abb. 18. Zentrieren der Linsen. Man beobachtet, ob das an den Linsenflächen gespiegelte Bild, z. B. des Fensters, „steht" oder der gegen die Linse gehaltene Fühlhebel sich vollkommen in Ruhe befindet.

werden. Unser Bild (Abb. 21) zeigt gerade, wie der „Fasser" eine Linse in die Fassung einsetzt. Natürlich müssen auch die Flächen der einzelnen Linsen gut zentrisch zueinander stehen, und besondere Sorgfalt muß auf die genaue Einhaltung der Luftabstände gelegt werden.

Ist das Objektiv vollständig fertiggestellt, so wird es einer strengen Prüfung unterzogen. Zu diesem Zwecke kommt es zunächst in das Prüfzimmer (Abb. 22). Hier wird die Güte des Objektivs optisch aufs genaueste geprüft, um später im Atelier einer letzten photographischen Prüfung unterzogen zu werden.

Abb. 19. Zentrieren und Facettieren der Linsen auf einer Maschine. Die zum Abschleifen benutzten Carborundumscheiben rücken nach Beendigung der Arbeit automatisch ab.

Abb. 20. Verkitten der Linsen. Unter fortwährendem Drehen der Linsen beobachtet man die Libelle, die auf dem gegen die Linsenfläche anliegenden Fühlhebel angebracht ist.

Abb. 21. Objektivbau. Das Einsetzen der Linsen in die Fassungen.

Abb. 22. **Prüfzimmer.** Optische Prüfung der Güte des von dem Objektiv entworfenen Bildes.

Abb. 23. Kamerabau. Einsetzen der Objektive in die Kamera.

Abb. 24. Fernrohr-Justiererei. An den beiden im Vordergrund abgebildeten Instrumenten werden die optischen Achsen der Einzelfernrohre eines Doppelfernrohres parallel gerichtet.

Der größte Teil der hergestellten Objektive wird nun in Kameras montiert, die gleichfalls in großem Maßstab bei Goerz fabriziert werden. Die Einzelteile aus Metall werden in einer besonderen Werkstatt präzise gestanzt. Die erforderlichen Lederteile, wie z. B. Lederbezüge, Balgen, Behälter usw. fertigt die Firma selbst in einer eigenen großen Sattlerei an. In weiten Sälen werden dann die Einzelteile zu Kameras zusammengesetzt und endlich mit dem Objektiv versehen (Abb. 23). Zum Schluß wird jede einzelne Kamera einer genauen Prüfung unterzogen.

Abb. 25. Prüfzimmer des Doppelfernrohrbaues. Hier wird die letzte Prüfung der fertigen Fernrohre vorgenommen. Vor allen Dingen werden die Instrumente auf Gesichtsfeld, Parallelität der Achsen, Vergrößerung und Austrittspupille (Helligkeit) geprüft.

Ein Teil der Linsen wandert aus den optischen Werkstätten in den Fernrohrbau, wo sie gefaßt und in die Gehäuse von Doppelfernrohren eingesetzt werden.

Die Doppelfernrohre müssen vor allen Dingen so zusammengebaut werden, daß die optischen Achsen der Einzelfernrohre einander parallel sind, damit die Augen des Beobachters nicht schielen oder gar windschief gerichtet werden müssen. Sind große Abweichungen von der Parallelität vorhanden, so sieht man Doppelbilder, sind die Abweichungen kleiner, so werden die Augen sehr bald ermüdet. Abb. 24 zeigt einen Teil der Werkstatt, in der diese Justierung ausgeführt wird.

Nach der Fertigstellung der Doppelfernrohre werden diese in dem Abnahmeraum (Abb. 25) auf alle wichtigen Eigenschaften geprüft. Vor allen Dingen wird noch einmal die Parallelität der Achsen untersucht, ferner die Größe des Gesichtsfeldes, die Vergrößerungszahl und die Größe der Austrittspupille (Helligkeit).

Es bricht sich immer mehr die Erkenntnis Bahn, daß ein gutes unbewaffnetes
Auge nicht immer so gut sehen kann, wie ein schlechtes bewaffnetes, und daß
es auch für das normale Auge vorteilhaft sein kann, unter gewissen Umständen
sich der Unterstützung eines optischen Instrumentes zu bedienen. So werden
als Touristengläser Prismenfeldstecher (Triëder - Binokel) gebaut, denen
eine gesteigerte Plastik gegeben ist. Um sie auf die Sehweite des Beobachters
einstellen zu können, müssen die Okulare für Kurzsichtige der Bildebene etwas
genähert, für Weitsichtige etwas von ihr entfernt werden. Durch diese Verschiebung der Okulare wird ein sonst notwendiges Brillenglas vermieden. Für Tou-
risten und Sportsleute empfiehlt sich eine nicht zu starke Vergrößerung, da das
Fernrohr meistens in der freien Hand gehalten wird und ihr Zittern sich als
Schwanken des Bildes zeigt. Nach angestrengten Fußmärschen ist es besonders

Abb. 26. Helinox 8 × 30. Dieses Instrument hat ein subjektives
Gesichtsfeld von 70°.

schwierig, die Hand ruhig zu halten; deswegen ist es ratsam, nur
eine sechs- bis achtfache Vergrößerung zu wählen. Für Reise- und
Sportzwecke braucht auch die
Helligkeit nicht sehr groß zu sein,
denn da bei hellem Tageslicht die
Augenpupille nur einen Durchmesser von 2,5 bis 3 mm hat, so
genügt bereits eine Austritts-
öffnung von 3 mm. Bei den
Theatergläsern kommt es darauf
an, daß sie eine kleine handliche
Form haben, nicht zu schwer sind

und eine verhältnismäßig große Helligkeit haben. Dagegen braucht das Gesichts-
feld nicht sehr umfassend zu sein, da man ja bei der Betrachtung durch den
„Operngucker" meistens nur Einzelheiten des Bühnenbildes ins Auge faßt.
Trotzdem werden in jüngster Zeit gern Prismengläser für die Zwecke des
Theaterbesuches benutzt, da eine Vergrößerung des Gesichtsfeldes bei einer
genauen Betrachtung der Bühneneinzelheiten nicht unwichtig erscheint.

Das Goerz-Trieder-Binokel „Fago" mit $3^{1}/_{2}$facher Vergrößerung ist vor
allen Dingen für den Gebrauch im Theater bestimmt; es hat trotz seiner geringen
Größe ein großes Gesichtsfeld und eine beträchtliche Helligkeit.

Im Kriege wurden an die Helligkeit und das Gesichtsfeld der Doppelfernrohre
immer größere Anforderungen gestellt. Schließlich wurden für Nachtbeobach-
tungen, insbesondere nach Flugzeugen, Doppelfernrohre mit 8facher Vergrößerung verlangt, die die Helligkeit 49 (Austrittspupille 7 mm) und ein schein-
bares Gesichtsfeld von 70° besitzen, während bis dahin war das größte scheinbare Gesichtsfeld 50° gewesen. Diese früher für unausführbar gehaltene Forderung
wurde von der Firma Goerz als erste erfüllt. Ein solches Doppelfernrohr, das
gleichzeitig diese ungewöhnlich große Helligkeit und das ungewöhnlich große
Gesichtsfeld besitzt, hat natürlich auch entsprechend große Objektive und

Umkehrprismen und daher auch ein sehr großes Gewicht (3½ kg), es kann daher nur mit einem Stativ benutzt werden und ist für den landläufigen Gebrauch viel zu schwer. Die Firma Goerz hat kürzlich ein Doppelfernrohr konstruiert, das zwar ebenfalls ein subjektives Gesichtsfeld von 70° hat, aber nur eine Austrittspupille von etwa 4 mm bei 8facher Vergrößerung

Abb. 27. Die drei Kreise stellen das Gesichtsfeld eines Galileifernrohres mit 8facher Vergrößerung, zweier Prismenfernrohre mit 8facher Vergrößerung und einem subjektiven Gesichtsfeld von 50 bzw. 70° dar.

(Abb. 26). Dieses Fernrohr hat trotz der 8fachen Vergrößerung ein ebenso großes wahres Gesichtsfeld, wie das seit langem eingeführte Glas mit 6facher Vergrößerung. Abb. 27 zeigt das Gesichtsfeld, wie es ein Galilei-Fernrohr mit 8facher Vergrößerung haben würde und wie es ein bisheriges Prismendoppelfernrohr mit 8facher Vergrößerung hat, gegenüber diesem neuen Instrument.

Eine weitere Neuerung stellt das kleine „Universal-Glas" mit 4½facher Vergrößerung und 4½ mm Austrittspupille dar (Helligkeit 20) (Abb. 28). Infolge seiner zierlichen Form und seines geringen Gewichtes eignet es sich ebensogut für den Gebrauch im Theater wie auf Reisen usw.

Seit kurzem ist auch mit Rücksicht auf den verhältnismäßig geringen Preis und das geringe Gewicht die Herstellung von holländischen Theatergläsern aufgenommen worden. Diese von der Optischen Anstalt C. P. Goerz eingeführte, gänzlich neue Konstruktion zeichnet sich dadurch aus, daß die beiden Fernrohrkörper vollkommen staub- und wasserdicht abgeschlossen sind. Die übliche Verbindungsbrücke zwischen den Okularen, die sonst zum Scharfeinstellen

Abb. 28.   Universal-Neo 4½ fach.

benutzt wird, fehlt hier vollständig. Alle Teile sind absolut fest miteinander verbunden, und die Scharfeinstellung erfolgt durch Drehen an dem Knopf zwischen den beiden Einzelfernrohren (Abb. 29). Wie aus Abb. 30 hervorgeht, werden durch diese Einstellungen die beiden Objektive im Innern der Fernrohre verschoben.

Für die Beobachtung und für das Absuchen des Geländes nach Wild gebraucht der Jäger Fernrohre, die sich vor allen Dingen durch große Helligkeit auszeichnen müssen. Aber auch ein großes Gesichtsfeld ist für den Jäger von wesentlichem Nutzen, so daß hier Prismenfeldstecher sehr viel verwendet werden.

Abb. 29.   Unipont. Das neue Galilei-Fernrohr.

Der Jäger aber braucht nicht nur zur Beobachtung des Wildes ein Fernrohr, sondern, wenn er wirklich von der durch das Fernrohr gesteigerten Möglichkeit, das Wild zu entdecken, Nutzen haben will, so muß er auch durch ein Fernrohr zielen können (Abb. 31 und 32). Hier muß die Helligkeit noch größer sein als beim Beobachtungsfernrohr. Der Hauptvorteil der Zielfernrohre liegt nicht in der Vergrößerung, d. h. in der scheinbaren Annäherung des Zieles, sondern darin, daß das Auge tatsächlich die Zielmarke und das Ziel vollkommen gleichzeitig scharf sieht. Bei dem Zielen über Kimme und Korn muß das Auge auf drei verschiedene Entfernungen (Kimme, Korn, Ziel) eingestellt werden. Natürlich kann das Auge diese drei Objekte niemals gleichzeitig scharf sehen, sondern es muß in kurzen Zeitabständen nacheinander auf sie „akkommodiert" werden. Dadurch wird das genauere Zielen sehr erschwert, so daß schon ein Zielfernrohr, das das Ziel dem Schützen in derselben Entfernung erscheinen läßt wie im freien Sehen, ein wesentlich besseres Sehen ermöglicht als über Kimme und Korn.

Seit Galilei zum ersten Male ein Fernrohr nach dem Himmel richtete und in kürzester Zeit die grundlegenden Beobachtungen und Entdeckungen der beginnenden modernen Astronomie machte, sind die astronomischen Fernrohre einer ständig zunehmenden und durchgreifenden Verbesserung unterzogen worden.

Das von Galilei wieder erfundene holländische Fernrohr ist in der Astronomie
vollkommen durch das Keplersche verdrängt, da dieses eine reelle Bildebene
besitzt, in der ein Fadenkreuz oder Mikrometer angebracht werden kann. Diese
Fernrohre haben ein verhältnismäßig großes Gesichtsfeld, aber keine sehr große
Helligkeit. Wenn letztere verlangt wird, verwendet der Astronom Spiegelteleskope,
und zwar in letzter Zeit fast ausschließlich solche nach dem von Cassegrain
angegebenen Typ, wenn es sich um Beob-
achtungen handelt; während photographische
Aufnahmen meistens ohne Hilfsspiegel gemacht
werden. Die Firma Goerz hat eine Kombination von Refraktor und Reflektor geschaffen
durch einen sog. Linsenspiegel, der aus einem
zweiteiligen Objektiv besteht, dessen letzte
Fläche versilbert ist. Die Lichtstrahlen gehen
also zunächst durch das Linsensystem, werden
an der letzten Fläche reflektiert und gehen

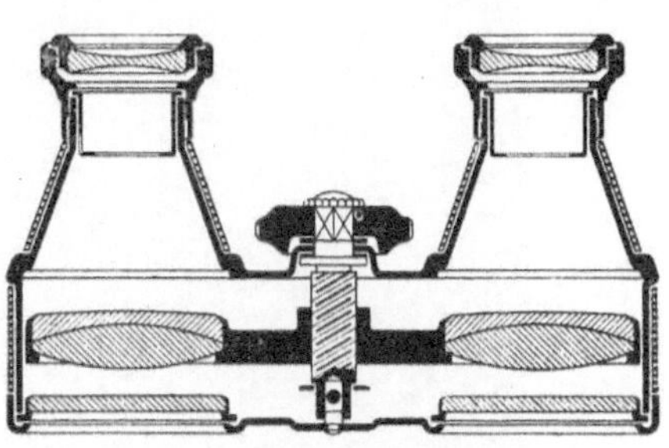

Abb. 30. Unipont. Schematische Schnittzeichnung des neuen Galileifernrohres.

rückwärts noch einmal durch das Linsensystem. Diese Anordnung vereinigt die
Vorteile der Reflektoren und der Refraktoren miteinander, da sie gleichzeitig
ein großes Öffnungsverhältnis (große Helligkeit) und ein großes Gesichtsfeld
besitzt. In Abb. 33 ist das mit dem Linsenspiegel ausgerüstete Fernrohr in der
Sternwarte der Op-
tischen Anstalt C. P.
Goerz dargestellt.

Für astronomische
Arbeiten ist auch
eine sehr exakte Zeit-
bestimmung erfor-
derlich. Die Firma
Goerz hat zu diesem
Zweck eine vorzüg-
liche Riefleruhr mit
Nickelstahlpendel in

Abb. 31. Gewehrzielfernrohr Certar mit 4¹/₂ facher Vergrößerung.

luftdicht abgeschlossenem Gehäuse angeschafft, welche in einem besonderen
unterirdischen Raum erschütterungs- und temperatursicher aufgestellt ist. Eine
drahtlose Zeitsignalanlage empfängt jeden Mittag um 1 Uhr von Nauen die genaue astronomische Zeit. Außerdem sind überall in der Fabrik elektrische
Uhren angebracht, die von einer Zentraluhr aus betrieben werden. Letztere wird

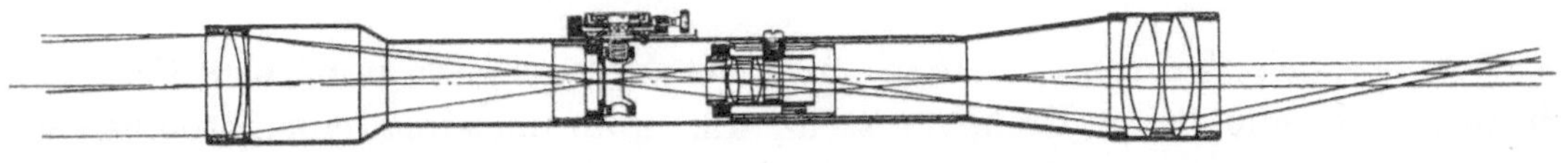

Abb. 32. Schnittzeichnung des Gewehrzielfernrohres Certar mit 4¹/₂ facher Vergrößerung.

von der genannten Riefler - Uhr dauernd in ihrem Gang geregelt. Während die normalen Fabrikuhren Minutenspringer sind, sind an besonders wichtigen Stellen Sekundenspringer angebracht, die bis auf $\pm$ 0,3 Sekunden richtig gehen.

Abb. 33. Große Astrokuppel von 10 m Durchmesser der Optischen Anstalt C. P. Goerz mit Spiegelteleskop. Das Objektiv ist ein nach neuen Gesichtspunkten berechneter Linsenspiegel mit 400 mm Öffnung und 1,20 m Brennweite.

Als Aussichtsfernrohre werden meistens kleinere astronomische Fernrohre benutzt, die mit einem Umkehrsystem, und zwar meistens einem solchen aus Prismen, ausgestattet sind (vgl. Abb. 34). Zuweilen werden auch sog. Stangen-

fernrohre für diese Zwecke benutzt, die sich infolge der weit auseinandergerückten
Eintrittsöffnungen durch eine besonders große Plastik auszeichnen und infolgedessen besonders geeignet sind für Beobachtungen in reich gegliedertem Gelände.

Auf den Fortschritt und die Ausdehnung des Goerzschen Militärgeschäftes
ist bereits oben hingewiesen worden. Obwohl der Firma durch das Friedens-
diktat die Möglichkeit, militärische Instrumente für das Inland oder Ausland
herzustellen, vollkommen genommen ist und eine Besprechung derselben heute

Abb. 34. Aussichtsfernrohr mit 130 mm Objektivdurchmesser. Der Okularrevolver liefert drei Ver-
größerungen, und zwar eine 30-, eine 60- und eine 100 fache.

nur noch historisches Interesse hat, so sei die Entwicklung dieses einzigartigen
Spezialzweiges deutscher Optik doch ausführlicher geschildert, zumal gerade
die militärisch-optischen Instrumente zeigen, welch hohen Stand unsere optische
Industrie sowohl in wissenschaftlicher wie in technischer Beziehung erreicht hat.

Seit 1897 bemühte sich die Firma Goerz ein Militär-Handdoppelfernrohr
zu schaffen, das möglichst große Stabilität und Lichtstärke zeigt. Letztere ist von
ihr dadurch noch besonders gesteigert, daß die Prismen in der Nähe der Okulare
zusammengerückt werden, infolgedessen kleiner ausgeführt werden können und
geringere Lichtverluste verursachen. Außerdem können infolge dieser Anordnung
Objektive mit größerem Öffnungsverhältnis verwandt werden. Allerdings wird
ein solches Fernrohr in seiner Länge weniger verkürzt (Abb. 35).

Das Scherenfernrohr hat die Firma Goerz aus einem Instrument, welches
fast nur der Beobachtung diente, zu einem modernen Artilleriemeßgerät um-

gewandelt. Es wurde zu diesem Zweck der alte, nur zu oberflächlichen Messungen
brauchbare Nonius-Richtkreis mit einem modernen Meßschrauben-Richtkreis
ausgerüstet und der Träger des Fernrohres bekam den „unabhängigen Gelände-
winkelmesser". Letzteres Meßorgan ermöglichte erst die genaue Messung auch
kleiner Geländewinkeldifferenzen und machte den Beobachter unabhängig von
dem leichten und darum unsicher stehenden Stativ, insbesondere auf unebenen
und unsicherem Boden. Auch die Benutzung von Dachkantprismen, welche dem

Abb. 35. Pernox 15 fach. Doppelfernrohr mit 15 facher Vergrößerung und
4 mm Austrittspupille (Helligkeit 16).

Konstrukteur gerade beim Scherenfernrohr größere
Freiheit in der Formgebung der dem Scharnier be-
nachbarten Gehäuseteile gewährt, wurde durch die
Firma eingeführt.

Das von dem Goerz'schen Chefkonstrukteur
H. Jakob konstruierte und vollständig weiter ver-
vollkommnete Rundblickfernrohr (Panoramafern-
rohr) wurde in kurzer Zeit zu einem vollendeten
kriegsbrauchbaren Richt- und Meßgerät entwickelt
und hat seitdem als Visierfernrohr für Geschütze
jeder Art, eine außerordentliche Verwendung gefunden. Die bei der Schaffung dieses Fernrohres und
seiner Fabrikation in der Optik neu eingeführten
Konstruktionselemente und Fabrikationsmethoden
bedeuten eine völlige Umwälzung auf dem Gebiet
der Fernrohrtechnik. Vorher fand das Fernrohr nur
als starres Ganze Verwendung zum Beobachten oder
Messen; jetzt ordnete man Prismen und Linsen
gegeneinander beweglich an. Zum Beobachten des
ganzen Geländes wird im Rundblickfernrohr (Abb. 36)
der Lichteintrittsreflektor um eine vertikale Achse
gedreht. Das hierdurch hervorgerufene Stürzen des

Bildes wird durch ein mit diesem Reflektor gekuppeltes, ebenfalls drehbares
Prisma behoben. Der Zusammenbau des Instrumentes wird so solide ausgeführt,
daß es als Geschütz-Zielfernrohr vollständig widerstandsfähig gegen alle ungünstigen Einflüsse beim Gebrauch ist, und die Justierung ist so exakt, daß
die verschiedenen Fernrohre ohne weiteres gegeneinander umgewechselt
werden können.

Unter den Artilleriemeßgeräten stehen die Richtkreise der Fußartillerie aus
dem Jahre 1906 sowie der Feldartillerie aus dem Jahre 1908 an erster Stelle.
Dreiecksrichtkreise (Abb. 37) und Entfernungsmesser haben die Leistungsfähigkeit der Artillerie in Heer und Marine außerordentlich erhöht, und seitdem die
Flugzeuge und Unterseeboote als die neuen Waffen im Weltkrieg immer mehr
in die vorderste Linie rückten, hat sich die Tätigkeit der Firma Goerz auch der
Vervollkommnung der hier nötigen Konstruktionen zugewendet.

Die Entfernungsmesser sind vor allen Dingen für den Kampf zur See und
gegen Luftfahrzeuge unentbehrlich; sie sind während des Krieges wesentlich

vervollkommnet. Abb. 38 zeigt ein für die Marine bestimmtes Instrument mit 10 m Basis, den bisher größten Entfernungsmesser. In Abb. 39 ist ein Teil der Entfernungsmesserjustiererei wiedergegeben. Diese Instrumente konnten im geschlossenen Raum, also unabhängig von den Witterungsverhältnissen, vollkommen fertiggestellt werden; sogar die Richtigkeit der Skalen konnte ohne Zuhilfenahme äußerer Objekte geprüft werden. Wie wichtig diese Vervollkommnung der Justiermethode ist, wird ohne weiteres verständlich, wenn man bedenkt, daß im Winter zuweilen wochenlang keine genügend entfernten Objekte sichtbar sind, nach denen die Entfernungsmesser geprüft werden können, und daß ein derartiger Zeitverlust im Krieg absolut unzulässig ist.

Auch im Sehrohrbau (Abb. 40) ist die Firma Goerz immer in führender Stellung geblieben und hat fortgesetzt grundlegende Neuerungen in der Verbesserung der optischen und mechanischen Mittel für Vergrößerungswechsel, Zenitbeobachtungen und dergleichen geschaffen. An der flaschenförmigen Verjüngung der oberen Sehrohrenden, welche seinerzeit infolge des plötzlichen scheinbaren Unsichtbarwerdens des Instrumentes in der gegnerischen Presse die Nachricht verursachte, die deutschen Unterseeboote arbeiteten ohne Periskop, hat die Firma Goerz mit in erster Linie gearbeitet.

Vor allen Dingen trifft dies zu in bezug auf die Ausbildung des sog. Standsehrohres. Mit Rücksicht darauf, daß durch das Sehrohr das Unterseeboot nicht verraten werden soll, darf es nur so weit aus dem Boot herausgeschoben werden, daß die Lichteintrittsöffnung gerade aus dem Wasser herausragt. Infolgedessen richtet sich die Höhe

Abb. 36.
Rundblickfernrohr für Feldgeschütze.

des Okulares nach der Tauchtiefe des Bootes, solange es sich um ein gewöhnliches Sehrohr handelt. Diese um mehrere Meter wechselnde Höhe des Okulares ist für die Beobachtung sehr lästig. Infolgedessen wurde sehr bald der Wunsch geäußert, daß, unabhängig von der Tauchtiefe des Bootes, das Okular am selben Ort bleiben soll. Diese Aufgabe wurde zuerst von der Firma Goerz durch das sog. Standsehrohr (Abb. 41) erfüllt. Bei diesem Instrument wird die wechselnde Höhe des aus dem Boot herausragenden Teiles dadurch ausgeglichen, daß die Lichtstrahlen in einer mehr oder weniger langen Schleife, ähnlich wie bei einer Posaune herumgeführt werden. Der Kommandant braucht also jetzt nur noch auf seinem Beobachtungssitz entsprechend den Drehbewegungen des Sehrohres um dieses herumgefahren zu werden, während er früher in seinem Fahrstuhl auch den auf- und abwärts gerichteten Bewegungen folgen mußte.

Der Bombenabwurf vom Flugzeug wurde von Goerz seit Kriegsbeginn in der intensivsten Weise bearbeitet. Abwurfvisierfernrohre wurden geschaffen, die ein bequemes und genaues Einstellen der Visierwinkel und das Absuchen des in der Fahrtrichtung vorausliegenden Gesichtsfeldes bis zum Horizont ermöglichten. Ein vollkommen neuer Typ, welcher die Einstellung des Visierwinkels und die Berücksichtigung des Windes ohne Messung selbsttätig besorgte, kam

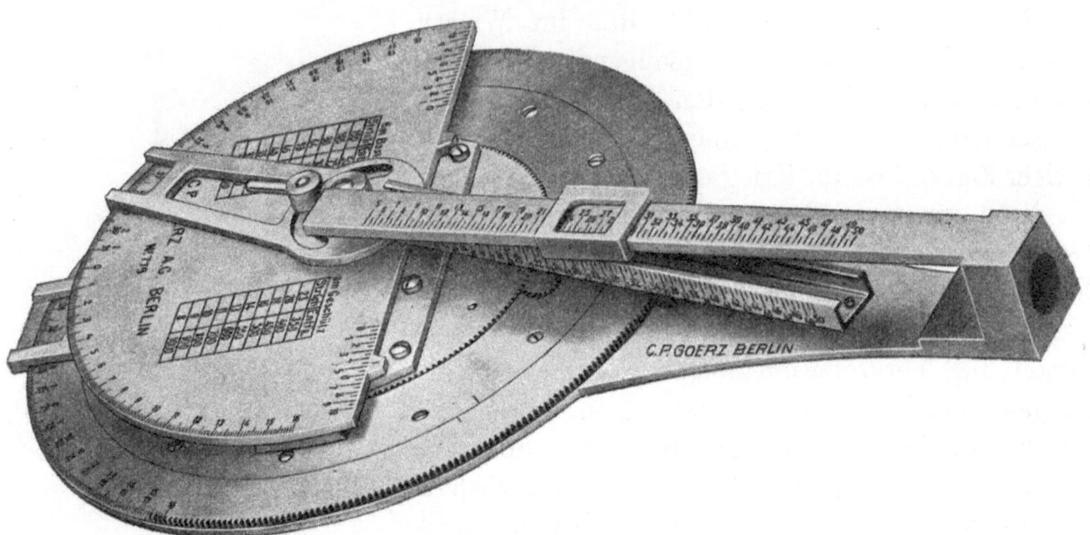

Abb. 37. Dreiecksrichtkreis. Mit Hilfe der Lineale und Kreistellungen wird das Geländedreieck, das durch die Orte des Geschützes, des Beobachters und des Zieles dargestellt wird, ausgewertet.

nur mehr zu beschränktem Frontgebrauch, weil der Krieg inzwischen beendigt war. Die von der Inspektion für Fliegertruppen zur selben Zeit eingeführten Sprengbomben sind von Goerz in eine vom Hergebrachten grundsätzlich abweichende Gestalt geschaffen. Die Bomben (Abb. 42) zeichneten sich durch eine außer-

Abb. 38. Koinzidenz-Entfernungsmesser mit 10 m Basis, Gesamtlänge ca. 11 m und 15- bzw. 25 facher Vergrößerung.

ordentlich präzise Flugbahn mit großer Treffsicherheit aus, und sie waren trotz großer Festigkeit besonders günstig durchkonstruiert hinsichtlich des Verhältnisses von Stahlmantel und Sprengstoffgewicht. Interessante und wichtige Neuerungen zeigten auch die Zünder, die mit einer großen Sicherheit bei der Handhabung eine außerordentliche Empfindlichkeit im Aufschlag verbanden, so daß bei eingestellter Feinzündung die Bomben noch vor dem Eindringen der Bombe in das Ziel explodierten und ihren Sprengstücken eine horizontale Bahn

Abb. 39. **Entfernungsmesser-Justiererei.** Durch die Einrichtung von Kollimatoren können die Entfernungsmesser ohne Zuhilfenahme von Zielen im Gelände, also unabhängig von der Witterung, justiert werden.

gaben, während andererseits auch Verzögerungen für eingedeckte Ziele in jedem
wünschenswerten Maß erreicht werden konnten.

Der Bau von Höhenmessern und Höhenschreibern für Luftschiffe und

Abb. 40. Justiererei der Standsehrohre.

Flugzeuge ergänzt diese militärische Tätigkeit der Firma; eine besondere Anordnung der Barometerdosen und beweglichen Teile machte die Apparate unempfindlich gegen alle Stöße, die früher ein ständiges Zittern und Springen des Zeigers

verursachten, so daß die Ablesung unsicher war. So hat der Krieg dazu beigetragen, daß die deutsche Optik und Feinmechanik in den Goerzschen Erzeugnissen eine außerordentliche Höhe erreicht haben; es mag, um einen Begriff von der Gesamtleistung zu geben, angeführt werden, daß bereits bis zum November 1918 die Anzahl der Konstruktionen nur etlicher Instrumentengruppen zu folgenden Ziffern angewachsen war:

Doppelfernrohre, Scherenfernrohre usw............ 340
Zielfernrohre für Gewehre und Geschütze...... 394
Rundblickfernrohre...................... 533
Kameras 388
Sehrohre für U-Boote 452
Scheinwerfer und Signalgeräte............ 254
Entfernungsmesser 178

Die photogrammetrische Abteilung beschäftigt sich mit der Lösung der gegenwärtig modernsten Frage der Photogrammetrie, d. i. die photogrammetrische Landesaufnahme aus Luftfahrzeugen. Dieses Problem, dessen Lösung bestimmt ist, eine klaffende Lücke der modernen Technik auszufüllen, wird seitens der Optischen Anstalt C. P. Goerz auf ganz neuartige Weise gelöst werden. Die Aerophotogrammetrie ist eine Wissenschaft für sich selbst und ist vielleicht berufen, unsere ganzen Anschauungen auf dem Gebiete der Landesvermessung zu revolutionieren.

Wir treten nun in die Abteilung für Polarisationsapparate. Je nach der zu beanspruchenden Genauigkeit und dem Verwendungszweck ist eine Verschiedenheit des Aufbaues notwendig, die sich demgemäß auf Umfang und Feinheit der Teilung sowie auf die Art des Einstellungsverfahrens erstreckt. Während für wissenschaftliche Untersuchungen fast ausschließlich Kreisapparate zur Verwendung gelangen (Abb. 43), für welche homogenes Licht Bedingung ist, werden für technische Zwecke vorzugsweise Apparate mit Quarzkeilkompensation benutzt. Wenn auch bei letzteren infolge der größeren Intensität weißer Lichtquellen gegenüber monochromatischen Lichtquellen eine größere Helligkeit des Gesichtsfeldes erreichbar ist, so muß doch beachtet werden, daß bei empfindlichen Apparaten die Benutzung nur im Dunkelraume möglich ist, da sonst die Empfindlichkeit der Apparate nicht vollständig ausgenutzt werden kann. Es liegt in der Natur des Meßverfahrens, daß die Einstellungsgenauigkeit um so größer ist, je geringer die Helligkeit des Gesichtsfeldes — vorausgesetzt gleiche Intensität der Lichtquelle — ist. Erschwerend wirkt noch, daß häufig die zu untersuchenden Lösungen gefärbt sind und die Helligkeit des Gesichtsfeldes durch Absorption vermindern. Soweit die Benutzung auf die Laboratorien beschränkt ist, kann diesen Forderungen ohne Schwierigkeit Rechnung getragen werden, und es läßt sich auch die Skalenbeleuchtung durch die Goerzsche Skalenbeleuchtungslampe in angemessener Weise bei den Apparaten durchführen, bei denen die Skalenbeleuchtung nicht schon durch die Lichtquelle selbst bewirkt wird, wie es bei den Keilkompensationsapparaten der Fall ist. Die Polarisations-

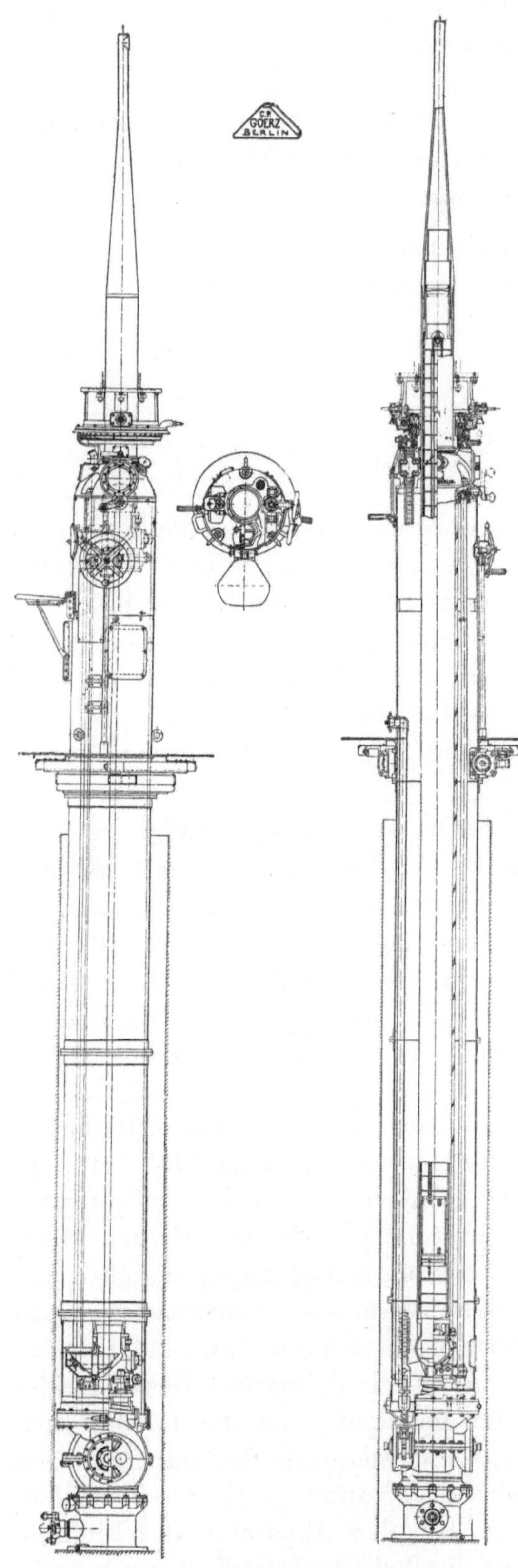

Abb. 41. Standsehrohr.
Außenansicht.   Schnittzeichnung.
Abstand vom Okular bis Eintrittsöffnung 3½ bis 7 m; ganze
Länge 8½ bis 13 m.

apparate dieser Art werden außer in der Zuckerindustrie auch im Gärungsgewerbe und in der Kunstseidenindustrie benutzt, während die medizinische Praxis am besten sich solcher Apparate bedient, die nicht an bestimmte Lichtquellen gebunden sind und auch mit Tageslicht Messungen erlauben (Abb. 44). Sie dienen zum Nachweis von Glukose und Eiweiß im Harn.

Im Gegensatz zu den Polarimetern, welche die Konzentration optisch aktiver Stoffe nachzuweisen gestatten, geben die Refraktometer die Gesamtmenge gelöster Substanz, so daß die Konzentration wäßriger oder alkoholischer Lösungen ermittelt werden kann, Öle und Fette auf Reinheit untersucht werden können, ebenso wie Benzin, Petroleum, Wachs, Paraffin usw. Eine wichtige Rolle spielen die Refraktometer auch bei der Untersuchung von Nahrungsmitteln. Sie werden ebenso wie die Polarisationsapparate von der Firma Goerz für die verschiedenen Spezialzwecke gebaut.

Dem verbreitetsten optischen Verbrauchsgegenstand, dem Brillenglas, hat die Firma neuerdings sorgfältige Durcharbeitung zuteil werden lassen. Solange ein fehlsichtiges (kurzsichtiges oder weitsichtiges) Auge durch die Mitte des korrigierenden Glases hindurchsieht, spielt die Form des Brillenglases keine Rolle. Ein altes bikonkaves bzw. bikonvexes Brillenglas (unter dem Namen Bi-Glas bekannt) liefert für zentralen Durchblick dasselbe wie ein modernes „durchgebogenes" Glas. Das Auge ruht jedoch nicht unbeweglich in seiner Höhlung, sondern „rollt" beim freien Blicken um einen in seinem

Innern gelegenen Drehpunkt, es sieht also auch durch seitliche Teile des Brillenglases. Um nun auch in dieser Blickrichtung möglichst deutlich zu sehen, muß
man dem Glas eine ganz bestimmte Form geben. Die bisher als die besten dieser

Abb. 42. Moderne Fliegerbomben von 12 bis 300 kg Gesamtgewicht und 75
bis 275 cm Länge.

durchgebogenen Arten bezeichneten Gläser waren die punktuell abbildenden
Brillengläser, bei denen ein ganz bestimmter Fehler der optischen Abbildung, nämlich der „Astigmatismus schiefer Bündel" behoben ist. Den Bemühungen der
Firma Goerz gelang es nun, in ihren Largon-Brillengläsern die Schärfe der Abbildung für schrägen Durchblick noch erheblich zu steigern, so daß diese neuen

Gläser beim Blick durch seitliche Teile ohne Akkommodationsanstrengungen eine etwa doppelt so scharfe Abbildung gestatten als die punktuell abbildenden Gläser.

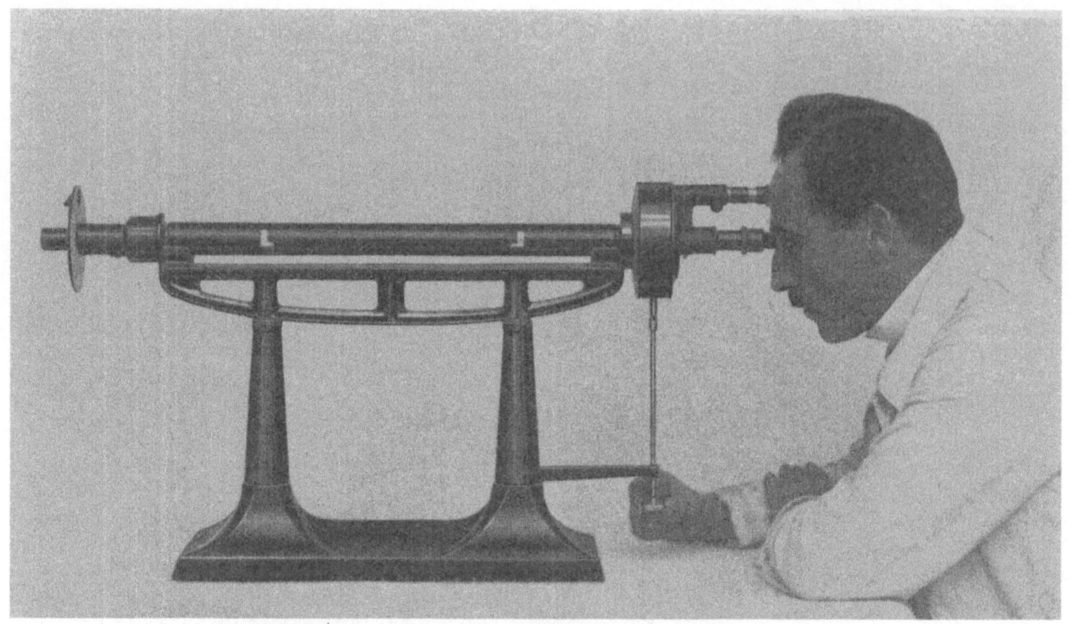

Abb. 43. **Polarisationsapparat** mit einfacher Keilkompensation für Zuckeruntersuchungen.

Auch achromatische **Lupen** stellt die Firma Goerz her in zwei Ausführungen, als Stiellupen und als Einschlaglupen mit 3,3facher und 6,6facher Ver-

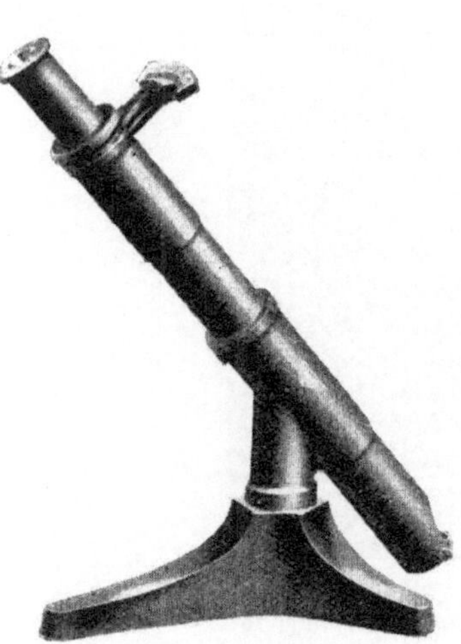

Abb. 44. **Polarisationsapparat** für Harnuntersuchungen in weißem Licht.

größerung. Sie sind als Universallupen gedacht, aus welchem Grunde absichtlich von einer zu starken Vergrößerung Abstand genommen wurde, um so ein möglichst großes Gesichtsfeld zu erhalten. Aus diesem Grunde konnte mit nur zwei verkitteten Linsen ein in optischer Beziehung hervorragendes Bild erzielt werden.

Ganz besonderen Wert hat Goerz auf die Verbesserung und Vermehrung seiner **photographischen Objektive** gelegt. Sie dienen den verschiedensten Zwecken der Technik, der Wissenschaft und des Sportes. Für letzteren kommen all die Objektive kleinerer Brennweiten verschiedenster Lichtstärke in Frage, unter denen **Dagor** (Abb. 45) und **Dogmar** (Abb. 46) die Freude des Amateurs geworden sind.

Für das Vermessungswesen konstruiert die Firma das verzeichnungsfreie Objektiv **Geodar**, für die Reproduktionstechnik das für Dreifarbenaufnahmen unentbehrlich gewordene **Artar**. Eine einzigartige Stellung unter den Objektiven nimmt das **Hypergon** ein, das mit einem Bildwinkel von 140° alle anderen Weitwinkelobjektive übertrifft (Abb. 47). Für Fernaufnahmen wird das Telegor (Abb. 48) gebaut, ein Teleobjektiv, das bei einer Lichtstärke von 1:6,3 ein in jeder Hinsicht hervorragendes Bild liefert.

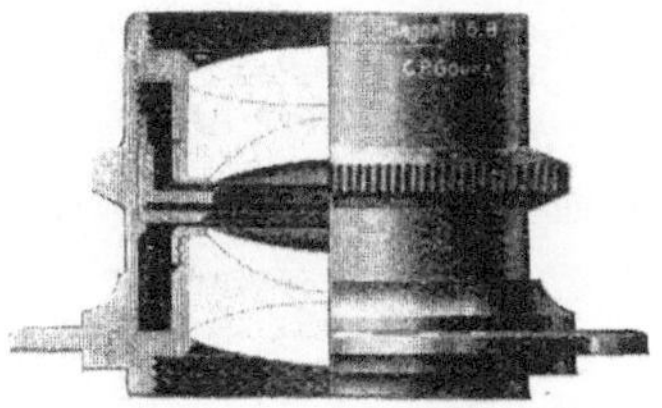

Abb. 45. Goerz Doppel-Anastigmat Dagor 1:6,8.

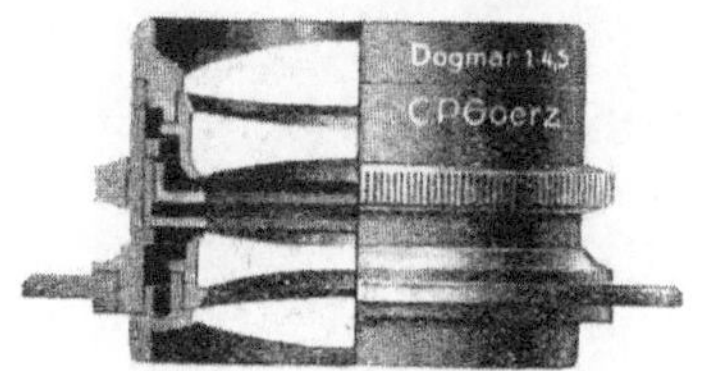

Abb. 46. Goerz Dogmar 1:4,5.

Zur Optik eines photographischen Apparates tritt die Ausbildung der Kamera, von der die Firma Goerz eine ganze Reihe Typen in den Handel gebracht

a)

b)

c)

Abb. 47. Goerz Weitwinkel-Objektiv Hypergon.
a) mit herabgeklappter, b) mit aufgeklappter Sternblende, c) Seitenansicht.

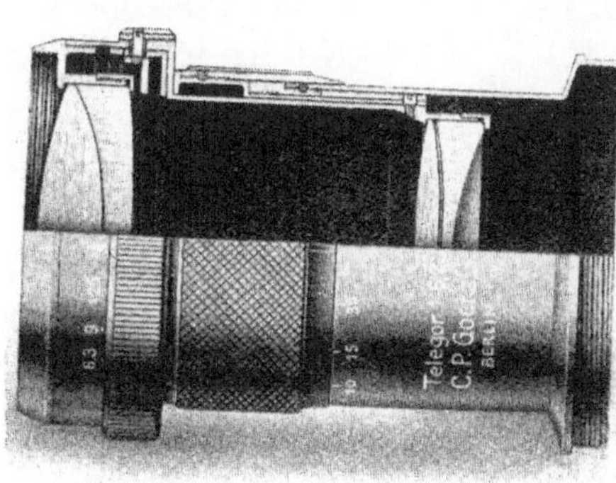

Abb. 48. Tele-Anastigmat, Telegor mit der Lichtstärke 1:6,3.

hat. Die Rollfilmkamera, bei der das Gehäuse, der Deckel- und Laufboden aus Aluminium mit Lederbezug hergestellt sind. Die Taschenkamera, die Hand- und Klappkamera sind die wichtigsten Beispiele für diesen Geschäftszweig. Die Firma ist ständig bemüht, gerade auf diesem Gebiet beste Ausführung mit möglichst wohlfeilen Preisen zu vereinen, war doch der Photoartikel der Ausgangspunkt des ganzen gewaltigen Unternehmens.

Die jüngste Neuerung ist hier die Zielphotographie nach dem Verfahren

Abb. 49. Das Richterhaus auf dem Rennplatz Grunewald, in dessen mittlerem Stockwerk 2 Apparate der Zielphotographie für Sieger- und Platzpferde eingebaut sind. Vorne links die beiden Photographen, welche mit Hilfe eines Morsetasters die Apparate zur Auslösung bringen.

Goerz-Stahlknecht, welche auf vielen Rennplätzen des In- und Auslandes zur Unterstützung des Richters bei ihren oft schweren Entscheidungen eingeführt ist. Der Apparat stellt eine Kombination von fünf übereinander gebauten Kameras mit besonders lichtstarken Objektiven dar und wird auf elektrischem

Wege ausgelöst. Infolge der sich nach dem Kriege durch die vermehrte Wett-
lust wesentlich gesteigerten Umsätze hat die Erfindung große Bedeutung angenommen. Abb. 49 zeigt zwei Apparate der Zielphotographie, wie sie im mittleren Stockwerk des Richterhauses Grunewald genau in die Ziellinie einjustiert
sind, wobei der eine Apparat für den Sieger, der andere für die Platzpferde
bestimmt ist; an der Barriere stehen die beiden Photographen an ihren Aus-
lösungsvorrichtungen. Daß die Zielphotographie auch für andere Sportzweige,
wie z. B. den Wassersport, geeignet ist, geht aus Abb. 50 hervor, welches eine
Entscheidung der Grünauer Ruderregatta darstellt.

In jüngster Zeit stellte die Firma Goerz einen Apparat her, der es ermöglicht,
die im modernen Betriebe als äußerst lästig empfundene Abschreibearbeit auf

Abb. 50. Zielphotographie. Die Aufnahme kurz vor dem Ziel.

ein Minimum herabzusetzen, wenn nicht gar ganz zu vermeiden. Der Konto-
phot - Goerz ist eine photographische Vervielfältigungskamera, mit der in
verblüffend kurzer Zeit fehlerlose und originalgetreue Kopien von Schriftstücken,
Geschäftsbüchern, Tabellen und vielen anderen Arten von Druck- und Schreib-
werken direkt auf Papier in der Größe des Originals oder in jeder beliebigen
Vergrößerung bzw. Verkleinerung hergestellt werden können. Der Apparat ist
von besonderer Wichtigkeit für Banken und Handelshäuser, Steuerbehörden,
Patentämter und viele andere Institute, die auf schnelle ungefälschte, getreue
Wiedergabe von Originaldokumenten angewiesen sind.

Besondere Aufmerksamkeit hat die Firma in letzter Zeit auch der Kinotechnik
zugewandt. Kinematographische Objektive für alle nur denkbaren
Zwecke, für Aufnahme und Projektion sowie Kondensoren und Spiegel für
Beleuchtungszwecke werden hergestellt. Die befreundete Firma Aktien-
gesellschaft Hahn für Optik und Mechanik, Ihringshausen - Cassel,
fertigt hierzu die Aufnahme- und Wiedergabeapparate (Abb. 51) an.

Einen großen Fabrikationszweig bilden für diese Firma außerdem die geodätischen Instrumente (Abb. 52).

Strom und Kohle sparen sind die beiden Gesichtspunkte für jede Entwicklung
der Kino- und Projektionstechnik. Die Scheinwerferbauabteilung der
Goerz-Aktiengesellschaft in Leutsch b. Leipzig hat eine neue Projektionslampe
hergestellt, bei der diese Grundsätze im weitesten Maße verfolgt werden; sie
hat dazu die Lampe mit solchen optischen Mitteln ausgestattet, die es erlauben,
das Licht in einem viel größeren Winkel auszunutzen, als dies bei den bisherigen
Kondensoren möglich gewesen war. Als optisches Mittel kommt dabei ein

Abb. 51.
Kino-Projektionsapparat Hahn-Goerz.

Abb. 52. Hahn-Goerz-Theodolit, der A.-G.
Hahn für Optik und Mechanik, Cassel.

Hohlspiegel zur Anwendung, der auf der Rückseite einen dauerhaften Silberbelag trägt. Dieser Glasspiegel kann in der Richtung seiner Achse so verstellt
werden, daß das auf ihn fallende Licht gesammelt das sog. „Filmfenster" des
Apparates trifft; der Kondensor kommt also ganz in Wegfall. Dadurch werden
die Lichtverluste im Glas vermieden, der gesamte Lichtstrom kommt unmittelbar
dem Bilde zugute. Der Betriebsstrom wird erheblich verringert und auch infolge
eigentümlicher Kohlen werden die Betriebskosten um 80% herabgesetzt. In
dem Goerz-Projektionsapparat können Projektionslampen in beliebiger
Ausführungsform verwandt werden, Lampen für normale Kohlen und auch
solche für Kohlen mit erhöhter Helligkeit. Hier kann auch die Stellung der
Kohlen zueinander ganz beliebig sein, ohne daß das lästige Zischen im Apparate
auftritt. Die Kohlen für 20 Ampère können bis zu 70 Ampère überlastet werden,

Abb. 53. Goerz-Scheinwerferbau Leipzig-Leutzsch.

Abb. 54. Scheinwerferübungen bei Nacht.

das Bild wird klarer und die Lampen bleiben ruhig. Das ist auch für die Durchführung der Bühnenbeleuchtung bei Theatern ein in wirtschaftlicher und technischer Hinsicht gleich wertvolles Ergebnis.

Der Goerz-Scheinwerferbau (Abb. 53) führt noch einmal zurück in die außerordentlichen Kriegsleistungen der Firma. Es war nötig, ein Leuchtgerät zu erhalten, das die Beleuchtung auf weite Entfernung zur Erkundung des Geländes der feindlichen Stellungen usw. ermöglicht. Mit der zunehmenden Tragfähigkeit der Geschütze und mit der vergrößerten Schußweite der Torpedos wuchs das Verlangen, auch die Reichweite der Scheinwerfer (Abb. 54) zu vergrößern,

Abb. 55. S c h e i n w e r f e r von 2 m Spiegeldurchmesser.

also ihren Leuchteffekt zu steigern. Die Scheinwerferhelligkeit hängt von dem optischen Mittel, seiner Güte und Ausdehnung und von der Intensität der Lichtquelle ab. Die Fortschritte in der Entwicklung der Bogenlampe und die Verbesserung der Scheinwerferteile sowie seines Aufbaues gingen hier Hand in Hand. Die geschliffenen Glasspiegel sind fast mathematisch genau und müssen als ein Präzisionsstück deutscher Technik gelten. Es würde der deutschen Technik ohne Schwierigkeiten gelingen, größere Spiegel als die von 2 m Durchmesser herzustellen, doch ist aus Gründen der Handhabung mit diesem Umfang die obere Grenze der Brauchbarkeit erreicht (Abb. 55).

Lange Zeit hindurch wurden für den Betrieb der Scheinwerfer die sog. Reinkohlen verwendet bis zu einer Stromstärke von 180 Ampère. Die oben erwähnte Einführung der hoch überlasteten Kohlen in die Scheinwerfertechnik hat auch bei den Scheinwerfern großen Formats, die für militärische Zwecke bestimmt sind, eine vollständige Umwälzung hervorgerufen. Bei der Ausbildung des Scheinwerfers und der Lampe für die Flugabwehr tauchten hier ganz neue Forderungen und Aufgaben auf, da es notwendig war, daß der Scheinwerfer um 90° und mehr nach oben durchgeschwenkt werden kann. Das bedingte erneute Durchkonstruktionen der Kohlenhalterköpfe und der ganzen Handhabung des Apparates. Jetzt wurden auch neue Kohlen hergestellt, und es gelang, eine Strahlenintensität der 2-m-Scheinwerfer von 2 Milliarden Kerzen zu erreichen. Was das heißt, möge ein kleines Beispiel erläutern: Diese Helligkeit ist so groß, daß der Scheinwerfer in Mondentfernung von der Erde aus als Stern sechster Größe, d. h. mit bloßem Auge sichtbar sein würde. Die Lichttelegraphie

über kosmische Entfernungen ist verwirklicht! Zum zweiten Male vermochte
die Goerzsche optische Technik ihre Flammenzeichen an den Himmel zu schreiben.

Zu militärischen Zwecken wurden die so konstruierten Scheinwerfer auf
Wagen montiert, um in Züge zusammengefaßt und somit leicht bewegt werden
zu können. Die Aufgabe dieser Züge
war, feindliche Flugzeuge zur Umkehr
zu zwingen oder der Artillerie die
Möglichkeit zu geben, sie herunter-
zuholen. Einen großen Erfolg bedeutete die ungeheure Steigerung der
Scheinwerferhelligkeit verbunden mit
der blendenden Weißfärbung des
Lichts, so daß der Scheinwerfer der
Firma Goerz als wirksame Abwehr-
waffe auftreten konnte, die ein red-
liches Teil dazu beigetragen hat, daß

Abb. 56. Goerz Stations-Barograph.

das deutsche Land von umfangreicheren Verwüstungen durch feindliche Flieger
bewahrt geblieben ist.

In der Erkenntnis der stetig wachsenden Bedeutung der Meteorologie für
die Volkswirtschaft hat die Firma Goerz auch die Fabrikation meteorologischer
Instrumente im Großen aufgenommen. Hier kamen ihr die Erfahrungen, die
im Kriege beim Bau der vielen Tausenden von Flugzeuginstrumenten gesammelt
wurden, sehr zustatten. Vor allem auch, daß ihr große Vorräte ausgezeichneten,
gut gealterten Dosenmaterials für diese Instrumente zur Verfügung standen.
Es ist nämlich unmöglich, eine Fabrikation von meteorologischen Meßinstrumenten aus dem Boden zu stampfen, weil es lange Zeit braucht, bis die Meß-
elemente, das sind in der Hauptsache elastische Dosen, genügend gealtert sind,
um die für Meßzwecke so unbedingt notwendige
Konstanz zu erlangen. Die Früchte dieser
Friedensumstellung sind vor allem 4 Instrumente.
Es sind dies der neue Goerz-Stationsbaro-
graph (Abb. 56) mit seinem charakteristischen
ovalen Schutzgehäuse, welches nahezu drei Viertel
der Schreibtrommel übersehen läßt. Dann der
Thermograph (Abb. 57), welcher ebenfalls das
ovale Schutzgehäuse aufweist, und bei welchem
abweichend von allen übrigen Konstruktionen das

Abb. 57. Goerz Thermograph nach Ab-
nahme der Schutzklappe.

thermometrische Element (ein sog. Bimetallstreifen) in das Innere des Schutz-
gehäuses verlegt ist, so daß das Instrument in seiner Form kompendiöser und Beschädigungen weniger ausgesetzt ist als früher. Zusammen mit dem Thermographen
wird auch ein Thermohygrograph erzeugt, der neben der Temperatur auch die prozentuale Luftfeuchtigkeit mittels eines Haarhygrometers mißt und registriert.

Diese beiden Instrumente, Thermograph und Thermohygrograph, dienen
nicht nur meteorologischen Zwecken, sondern haben auch einen stets wachsenden

Verwendungsbereich in der Industrie und Gartenkultur bzw. die Thermographen auch im Transportwesen (Kühlanlagen).

Abb. 58 zeigt das G o e r z - T i s c h b a r o m e t e r, welches mit der exakten Durchführung des instrumentalen Teiles eine künstlerische Form verbindet und gegenüber den sonst üblichen Aneroidbarometern den Unterschied aufweist, daß es direkt auf Meeresniveau reduzierten Barometerstand anzeigt. Dieser auf Meeresniveau reduzierte Barometerstand ist es ja bekanntlich, welcher die Grundlage für jedwede Prognosespekulation auf Grund des Luftdruckes darstellt.

Abb. 58a. Goerz Tisch-Barometer
(Außenansicht).

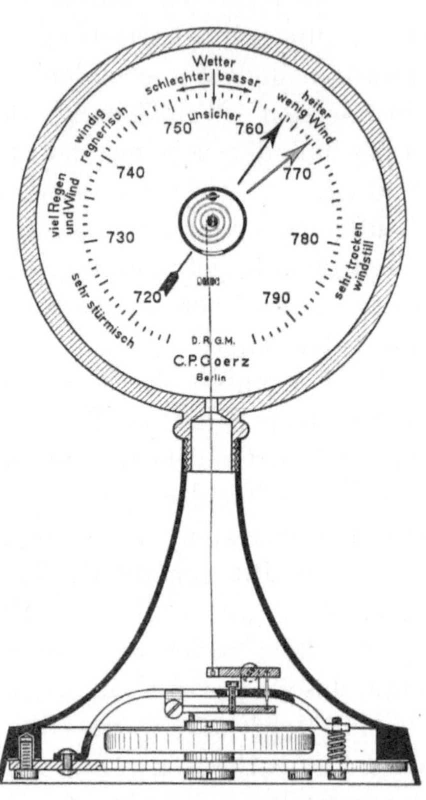

Abb. 58b. Schematische Schnittzeichnung des
Tisch-Barometers.

Außerdem hatte die Firma Goerz schon in den Jahren vor dem großen Kriege sich mit Versuchen auf dem Gebiete der R e c h e n m a s c h i n e n beschäftigt. Bei der schwierigen Umstellung auf die Friedensarbeit kamen diese Vorarbeiten der Firma sehr zustatten, und es konnte sogleich nach Fertigstellung endgültiger Typen mit den Fabrikationseinrichtungen für eine eigenartige selbstschreibende Addier- und Subtrahiermaschine begonnen werden. Bei den günstigen Arbeitsergebnissen an den Modellen und den guten Absatzaussichten für diese hochwertige, Bureauarbeit sparende Maschine wurde die Fabrikation gleich auf breiter Grundlage angelegt, die einen in kurzer Zeit bis zur Massenfabrikation sich steigernden Umfang im gegebenen Falle durchführen konnte. Welche Arbeit in einer solchen Maschine steckt, macht man sich am besten klar, wenn man hört, daß sie rund 800 verschiedene Teile enthält, von denen viele zehn- bis zwanzigmal vorkommen. Jeder Teil braucht im Durchschnitt zu seiner Vollendung 5 bis 6 Operationen und mindestens noch eine für die Zusammensetzung, so daß zur Herstellung einer einzigen Rechenmaschine 5 bis 6 tausend Arbeitsgänge erforderlich sind.

Für all die verschiedenen Fabrikate, die aus den weitangelegten Fabrikräumen der Goerzwerke hervorgehen, müssen zunächst die Vorarbeiten gemacht werden. Dies geschieht in den wissenschaftlichen Bureaus, Konstruktionsbureaus und in den Laboratorien. Solche sind für alle Fabrikationszweige eingerichtet. Besonders erwähnt seien das photographische Meßlaboratorium, in dem die optischen Konstanten der Gläser bestimmt und neu konstruierte photographische Objektive geprüft und nachgemessen werden. Ähnliche Laboratorien sind für Fernrohre und Polarisationsapparate vorhanden. Im physikalischen und mechanischen Laboratorium werden die in den Werkstätten verwendeten Materialien der verschiedensten Art einer genauen Prüfung auf ihre Brauchbarkeit unterworfen. So begleiten dauernd Prüfungen und Kontrollen die verschiedenen Instrumente von ihren ersten Anfängen bis zur völligen Fertigstellung, und fortwährend ist die Firma bemüht, ihre Erzeugnisse zu verbessern und zu vermehren.

Der Rundgang durch das Goerz-Werk ist zu Ende. Vom bescheidensten Versandgeschäft erwuchs es in nunmehr 35 jähriger Arbeit zu einem führenden Welthaus der Optik empor. Glück und Glas, die nach der Weisheit des Sprichwortes ein gar vergängliches Gut sein sollen, haben sich hier mit unermüdlicher, restloser und rastloser Tatkraft und klarer Erkenntnis der Möglichkeiten, Forderungen und Ziele dieser Technik vereinigt, die launische Fortuna ward bezwungen, und Glas in allen Formen und zu allen Zwecken, wie es Goerz in immer größerer Vollendung schuf, um es dann selbst herzustellen, ward ein Gegenstand der deutschen Ausfuhr, der um den Erdball zog. Und der Wahlspruch der Firma C. P. Goerz kann dem deutschen Menschen dieser mühsamen Gegenwart Mut für seine und seines Volkes Zukunft geben, denn was Bekenntnis ihres Schöpfers und jedes Mitarbeiters war und ist, das ist die sittliche Notwendigkeit unserer Zukunft: Die Tat ist alles!

XV. Namenverzeichnis
der Redner in den Vorträgen und Erörterungen nebst Sachangabe und Seitenzahlen.

Die Namen der Verfasser sowie die Titel der Vorträge sind **fett gedruckt**.